计算思维与计算机应用基础

主　编　唐铸文

华中科技大学出版社
中国·武汉

内容提要

本书共分为6章，主要介绍了计算思维、计算机基本知识及计算机病毒与防治、中文操作系统Windows 7、文字处理软件Word 2010、电子表格软件Excel 2010、文稿演示软件PowerPoint 2010、计算机网络及网络新技术等方面的内容。全书力求用简洁、通俗的语言引导读者逐步掌握计算机基础知识、操作系统和办公软件的操作要领。在内容设计上突出实用性，围绕实际使用需要选取了大量案例，使读者明确如何去做；在风格上力求文字精练、图文并茂、重点突出，能使读者达到事半功倍的效果；精心设计的习题用来检验读者的学习效果。

本书是根据教育部高等学校大学计算机基础教学指导委员会《大学计算机基础课程教学基本要求》和教育部考试中心发布的《全国计算机等级考试二级MS Office高级应用考试大纲(2019年版)》组织编写的，内容通俗易懂，实用性强，可作为应用技术大学本科、高等职业院校各专业的计算机基础课程教材，也可供有关培训机构和自学者使用。

图书在版编目(CIP)数据

计算思维与计算机应用基础/唐铸文主编. —武汉：华中科技大学出版社，2019.8
ISBN 978-7-5680-5594-9

Ⅰ.①计… Ⅱ.①唐… Ⅲ.①计算方法-思维方法-高等学校-教材 ②电子计算机-高等学校-教材 Ⅳ.①O241②TP3

中国版本图书馆CIP数据核字(2019)第185709号

计算思维与计算机应用基础 唐铸文 主编
Jisuan Siwei yu Jisuanji Yingyong Jichu

策划编辑：谢燕群
责任编辑：李 昊
封面设计：原色设计
责任监印：徐 露
出版发行：华中科技大学出版社(中国·武汉) 电话：(027)81321913
武汉市东湖新技术开发区华工科技园 邮编：430223
录 排：华中科技大学惠友文印中心
印 刷：荆州市今印印务有限公司
开 本：787mm×1092mm 1/16
印 张：24.75
字 数：646千字
版 次：2019年8月第1版第1次印刷
定 价：55.80元

前　言

计算机技术的发展速度远远超出人们想象，计算机的应用从科学计算、数据处理、自动控制、办公自动化、电子商务，到移动通信、人工智能、物联网、云计算、大数据等，在社会经济、人文科学、自然科学的方方面面引发了一场深刻的革命，改变着人们的思维和生产、生活、学习方式。无处不在的计算思维已成为人们认识问题、分析问题和解决问题的基本能力之一。计算机技术的应用能力和计算思维，不再只是计算机科学技术及相关专业学生应该具备的素质和能力，而是所有大学生应该具备的基本素质和核心能力。

信息化社会对人才的计算思维能力和知识结构提出了更高的要求，对计算机操控能力的要求也越来越高，使得普通高等教育的课程体系、教学内容、教学方法和手段发生重大而深刻的变革。如何让大学生通过学习、理解计算机学科的基本知识和方法来提高学习、工作和生活所必备的计算机应用能力，全面提升计算思维能力和信息素养，是大学计算机基础课程教学的总体目标，也是本书的主要任务。

编者根据教育部高等学校计算机课程教学指导委员会《大学计算机基础课程教学基本要求》，结合多年教学经验，以及《全国计算机等级考试二级 MS Office 高级应用考试大纲(2019年版)》编写了本书。

本书力求用简洁、通俗的语言引导学生逐步掌握计算机基础知识、操作系统和办公软件的操作要领。为激发大学生探索知识的兴趣，在内容设计上力求实用，围绕实际应用选取了大量案例，使读者明确如何去做；在风格上力求文字精练、图文并茂、重点突出，能使读者达到事半功倍的效果；在构建全员、全程、全方位育人上注重计算机知识与育人元素的融合，突出课程的思政功能，精心设计习题用以检验读者的学习效果。

本书共分为 6 章。其中，第 1 章计算思维与计算机，主要介绍计算思维、计算机基本知识及计算机病毒及其防治；第 2 章中文操作系统 Windows 7，主要介绍操作系统的基本概念和 Windows 7 的基本知识；第 3 章文字处理软件 Word 2010，主要介绍 Word 2010 的基本知识和操作方法；第 4 章电子表格软件 Excel 2010，主要介绍 Excel 2010 的基本知识和操作方法；第 5 章文稿演示软件 PowerPoint 2010，主要介绍 PowerPoint 2010 的基本知识和操作方法；第 6 章计算机网络，主要介绍计算机网络及网络新技术等方面的内容。

本书由具有多年计算机基础教学经验的一线教师唐铸文主持编写。全书由李红梅校核、唐铸文审定。荆楚理工学院的各级领导在本书的编写过程中给予了大力支持，在此一并表示感谢！

由于编者能力和水平有限，书中难免有不足之处，恳请读者批评斧正！

编　者

2019.5

目　录

第 1 章　计算思维与计算机 …… 1

1.1　计算思维与算法 …… 1

1.1.1　计算思维 …… 1

1.1.2　算法 …… 3

1.2　计算机概述 …… 5

1.2.1　计算机的发展简史 …… 5

1.2.2　计算机的分类 …… 7

1.2.3　计算机的特点 …… 7

1.2.4　计算机的应用 …… 8

1.2.5　计算机的发展趋势 …… 10

1.3　计算机系统 …… 12

1.3.1　计算机硬件系统 …… 12

1.3.2　计算机软件系统 …… 18

1.3.3　计算机的工作原理 …… 20

1.4　计算机的数据与编码 …… 21

1.4.1　数制的概念 …… 22

1.4.2　常用的进位计数制 …… 22

1.4.3　制数之间的转换 …… 24

1.4.4　计算机中数的表示 …… 28

1.4.5　计算机中的编码 …… 31

1.5　计算机应用辅助知识 …… 35

1.5.1　正确开关计算机 …… 35

1.5.2　计算机系统主要技术指标 …… 36

1.5.3　计算机的工具作用 …… 37

1.5.4　自主选择学习内容 …… 37

1.6　计算机病毒 …… 38

1.6.1　计算机病毒简史 …… 38

1.6.2　计算机病毒的定义与特性 …… 40

1.6.3　计算机病毒的结构、分类和命名方法 …… 43

1.6.4　计算机病毒的危害及症状 …… 46

1.6.5　计算机病毒的预防与清除 …… 49

1.7　信息安全初步知识 …… 49

1.7.1　什么是信息安全 …… 49

1.7.2　国家信息安全管理 …… 49

习题 1 …… 50
第 2 章 中文操作系统 Windows 7 …… 53
2.1 操作系统与 Windows 7 …… 53
2.1.1 操作系统的基本概念 …… 53
2.1.2 Windows 7 操作系统 …… 55
2.1.3 安装或升级到 Windows 7 …… 57
2.1.4 Windows 7 的启动和退出 …… 58
2.2 Windows 7 的基本操作 …… 60
2.2.1 键盘和鼠标 …… 61
2.2.2 Windows 7 桌面 …… 66
2.2.3 Windows 7 中文版的窗口和对话框 …… 76
2.2.4 启动和退出应用程序 …… 82
2.2.5 剪贴板的使用 …… 83
2.2.6 Windows 7 帮助系统 …… 84
2.3 文件管理 …… 89
2.3.1 Windows 资源管理器 …… 89
2.3.2 使用“库” …… 97
2.3.3 管理文件和文件夹 …… 101
2.4 控制面板 …… 108
2.4.1 用户账户管理 …… 108
2.4.2 程序和功能 …… 110
2.4.3 外观和个性化 …… 115
2.4.4 字体 …… 119
2.4.5 设备和打印机 …… 120
2.5 Windows 7 中文输入法基本知识 …… 122
2.6 附件应用程序 …… 125
2.6.1 使用“记事本” …… 125
2.6.2 使用“写字板” …… 126
2.6.3 使用“画图” …… 127
2.7 磁盘维护 …… 128
2.7.1 定期清理磁盘 …… 128
2.7.2 定期进行磁盘碎片整理 …… 129
习题 2 …… 130
第 3 章 文字处理软件 Word 2010 …… 134
3.1 Office 2010 概述 …… 134
3.1.1 安装和卸载 Office 2010 …… 134
3.1.2 启动和退出 Office 组件 …… 138
3.1.3 Office 2010 操作环境的设置 …… 139
3.2 Word 2010 简介 …… 141
3.2.1 Word 2010 窗口 …… 141

3.2.2 新建 Word 文档 …… 149
3.3 文档的基本操作 …… 152
3.3.1 输入文本 …… 152
3.3.2 保存文档 …… 154
3.3.3 打开文档 …… 159
3.3.4 选择正确的文档显示方式 …… 159
3.3.5 选定、移动和复制、删除文本 …… 164
3.3.6 查找和替换文本 …… 166
3.3.7 自动更正与拼写检查 …… 169
3.3.8 修订文档 …… 171
3.4 文档排版 …… 173
3.4.1 美化字符 …… 174
3.4.2 美化段落 …… 176
3.4.3 项目符号和编号列表 …… 182
3.4.4 格式化节和分栏排版 …… 187
3.4.5 样式、模板和主题 …… 188
3.4.6 添加页面和封面 …… 193
3.5 使用图形和艺术字 …… 193
3.5.1 插入图片 …… 194
3.5.2 调整与修饰图片 …… 196
3.5.3 创建 SmartArt 图形 …… 200
3.5.4 插入形状 …… 202
3.5.5 使用艺术字 …… 205
3.5.6 编辑公式 …… 206
3.5.7 文本框的使用 …… 207
3.5.8 制作水印 …… 209
3.6 处理 Word 表格 …… 209
3.6.1 创建表格 …… 209
3.6.2 编辑表格 …… 212
3.6.3 格式化表格 …… 214
3.6.4 创建图表 …… 217
3.7 邮件合并 …… 218
3.7.1 邮件合并的过程 …… 219
3.7.2 合并文档 …… 219
3.7.3 使用其他数据源创建邮件合并 …… 220
3.7.4 使用功能区执行复杂的邮件合并 …… 220
3.8 设置页面格式和打印文档 …… 221
3.8.1 设置纸张大小、方向和来源 …… 221
3.8.2 设置页眉、页脚和页码 …… 222
3.8.3 文件的打印 …… 223

习题 3 …… 223

第 4 章 电子表格软件 Excel 2010 …… 229

4.1 Excel 2010 简介 …… 229

4.1.1 认识 Excel 2010 工作界面 …… 229

4.1.2 基本概念 …… 232

4.1.3 Excel 的基本操作 …… 234

4.2 工作表的编辑与格式化 …… 251

4.2.1 单元格内容的编辑 …… 251

4.2.2 单元格的插入和删除 …… 254

4.2.3 撤销与恢复操作 …… 255

4.2.4 工作表的格式化 …… 255

4.3 Excel 数据管理 …… 270

4.3.1 数据分析与统计 …… 270

4.3.2 用图表表现数据 …… 288

4.4 屏幕显示与打印工作表 …… 291

4.4.1 冻结、分割窗口 …… 291

4.4.2 打印设置 …… 293

4.4.3 工作表打印 …… 295

习题 4 …… 296

第 5 章 文稿演示软件 PowerPoint 2010 …… 303

5.1 演示文稿的基本操作 …… 303

5.1.1 创建演示文稿 …… 303

5.1.2 演示文稿的浏览和编辑 …… 309

5.1.3 保存和打开演示文稿 …… 311

5.2 美化演示文稿 …… 312

5.2.1 格式化幻灯片 …… 312

5.2.2 处理幻灯片 …… 316

5.3 动画和超级链接技术 …… 322

5.3.1 动画设计 …… 322

5.3.2 创建交互式演示文稿 …… 325

5.4 放映和输出演示文稿 …… 327

5.4.1 使放映更有效 …… 327

5.4.2 输出演示文稿 …… 332

5.4.3 打印演示文稿 …… 334

习题 5 …… 336

第 6 章 计算机网络 …… 339

6.1 计算机网络概述 …… 339

6.1.1 计算机网络的发展 …… 339

6.1.2 计算机网络的定义和功能 …… 340

6.1.3 计算机网络的分类及其结构 …… 341

6.1.4 网络参考模型 …… 343
6.2 计算机网络系统 …… 344
6.2.1 计算机网络硬件系统 …… 344
6.2.2 计算机网络软件系统 …… 346
6.2.3 计算机网络的主要性能指标 …… 347
6.3 Internet 基础 …… 348
6.3.1 Internet 的基本概念 …… 348
6.3.2 Internet 连接 …… 350
6.4 Internet 的应用 …… 352
6.4.1 基本服务 …… 353
6.4.2 浏览器的使用 …… 354
6.4.3 电子邮件 …… 358
6.4.4 Internet 的其他应用 …… 362
6.5 网络信息安全 …… 363
6.5.1 网络信息安全概述 …… 364
6.5.2 网络信息安全技术 …… 366
6.5.3 防火墙技术的使用 …… 368
6.6 计算机网络新技术 …… 369
6.6.1 云计算 …… 369
6.6.2 物联网 …… 372
6.6.3 大数据 …… 374
6.6.4 移动互联网 …… 377
6.6.5 人工智能 …… 377
习题 6 …… 378
附录 A 全国计算机等级考试一级 MS Office 考试大纲(2019 年版) …… 381
附录 B 全国计算机等级考试二级 MS Office 高级应用考试大纲(2019 年版) …… 384
参考文献 …… 386

第1章　计算思维与计算机

1980 年前后，个人计算机开始普及，计算机走进千家万户，极大地提高了社会生产力，人类迎来了第一次信息化浪潮。1995 年前后，人类全面进入互联网时代，互联网的普及使得人们自由地使用、分享信息，人类迎来了第二次信息化浪潮。2010 年前后，随着移动通信、云计算、大数据、物联网等技术的迅猛发展，第三次信息化浪潮扑面而来，信息技术已经融入社会生活的各个方面，深刻改变着人类的思维、生产、生活、学习方式，深刻展示了人类社会发展的前景。随着信息技术的不断深入，无处不在的计算思维成为人们认识和解决问题的基本能力之一。计算思维，是所有身处信息社会的人们都应该具备的基本素质和能力，能够正确掌握计算思维的基本方式，将终身受益。

1.1　计算思维与算法

计算是人类文明进步的推动力。从远古的结绳计算、手指计算，到中国古代的算盘计算、算筹计算，到 17 世纪的纳皮尔筹计算和帕斯卡计算器计算，再到现代的电子计算机计算，计算创新在人类发展史上从没有停止过。

1.1.1　计算思维

通俗地讲，计算思维就是像计算机科学家一样的思维。2006 年，卡内基·梅隆大学周以真教授在美国计算机权威期刊《Communications of the ACM》上发表了题为《Computational Thinking》的论文，首次系统地定义了计算思维。

1. 计算思维的概念和内涵

周以真教授认为，计算思维是运用计算机科学的基本理念进行问题求解、系统设计、人类行为理解等涵盖计算机科学之广度的一系列思维活动。也就是说，计算思维是研究计算的，是数学思维、工程思维的补充和结合，是一种解决问题的思考方式，而不是具体的学科知识，这种思考方式要运用计算机科学的基本理念。

计算思维和实证思维、逻辑思维一样，是人类认识世界和改造世界的 3 种基本科学思维方式之一。科学思维(Scientific Thinking)是指理性认识及其过程，即经过感性阶段获取的大量材料，通过整理和改造，形成概念、判断和推理，以便反映事物的本质和规律。简而言之，科学思维是大脑对科学信息的加工活动。

实证思维(Positivism Thinking)又称经验思维，是通过观察和实验获取自然规律法则的一种思维方法。它以实证和实验来检验结论正确性为特征，以物理学科为代表。与逻辑思维不同，实证思维需要借助某种特定的设备来获取客观世界的数据，以便进行分析。

逻辑思维(Logical Thinking)又称理论思维，是指通过抽象概括，建立描述事物本质的概念，应用逻辑的方法探寻概念之间联系的一种思维方法。它以推理和演绎为特征，以数学学科为代表。逻辑源于人类最早的思维活动，逻辑思维支撑着所有的学科领域。

计算思维(Computational Thinking)又称构造思维，以设计和构造为特征，以计算机学科为代表。

实证思维、逻辑思维和计算思维的一般过程都是对客观世界的现象进行分析和概括，从而得到认识论意义上的结论。根据分析与概括方式的不同，计算思维可以是观察和归纳、推理和演绎，也可以是设计和构造。计算思维与实证思维、逻辑思维的关系是相互补充、相互促进的。计算思维相对于实证思维和逻辑思维，在工程技术领域尤其具有独特的意义。

计算思维吸收了解决问题所采用的一般数学思维方法、现实世界中巨大复杂系统设计与评估的一般工程思维方法，以及复杂性、智能、心理、人类行为理解等一般科学思维方法。计算思维的本质是抽象(Abstraction)和自动化(Automation)，它虽然具有计算机科学的许多特征，但是计算思维并不是计算机科学家独有的。不论是在人文社会科学领域，还是在自然科学领域，抽象都是一种被广泛使用的思维方法。

计算思维中的抽象完全超越物理的时空观，可以用符号来表示，其中，数字抽象只是一类特例。与数学抽象相比，计算思维中的抽象显得更为丰富，更为复杂。数学抽象的特点是抛开现实事物的物理、化学和生物等特性，仅保留其量的关系和空间的形式，而计算思维中的抽象却不仅仅如此。堆栈是计算学科中常见的一种抽象数据类型，这种数据类型就不可能像数学中的整数那样进行简单的相“加”；算法也是一种抽象，也不能将两个算法简单地放在一起实现一种并行算法；程序也是一种抽象，这种抽象也不能随意组合。

抽象层次是计算思维中的一个重要概念，它使人们可以根据不同的抽象层次有选择地忽视某些细节，最终控制系统的复杂性。在分析问题时，计算思维要求将注意力集中在感兴趣的抽象层次或其上下层，以及抽象层次之间的关系。

计算思维中抽象的最终目的是能够利用机器一步一步自动地执行。为了确保机器的自动化，就需要在抽象过程中进行精确和严格的符号标记和建模，同时也要求计算机硬件系统或软件系统供应商能够向人们提供各种不同抽象层次之间的翻译工具。

2. 计算思维的特征

计算思维的特征是设计和构造，可以从以下 6 个层面理解。

①计算思维是属于人的思维方式，不是计算机的思维方式。计算思维是人类求解问题的一条途径，并不是要使人类像计算机那样思考。计算机的一切能力是人类赋予的，人类设计了计算设备，就能用自己的智慧去解决那些在计算机时代之前不敢尝试的问题。

②计算思维可由人执行也可由计算机执行。

③计算思维是概念化的抽象思维，不是程序设计。计算机科学不仅仅指计算机编程，像计算机科学家那样去思维意味着不仅能为计算机编程，还能够在抽象的多个层次上思维。

④计算思维是思想，不是人造物。计算思维不只是将人们制造的计算机硬件、设计的计算机软件等人造物以物理形式呈现，还能用来接近和求解问题、管理日常生活、与他人交流和互动的计算概念。

⑤计算思维是数学思维和工程思维的补充与融合。计算机科学在本质上源自数学思维、工程思维，像所有其他科学一样，其基础建筑于数学之上；人类建造的、能够与物理世界互动的系统，迫使计算机科学家必须计算性地思考，而不能只是数学性地思考。构建虚拟世界的自由使人类能够设计出超越物理世界的各种系统。

⑥计算思维是人的基础技能,不是死记硬背的技能。

3. 计算思维基本方法

计算思维方法有以下5种基本方法。

①抽象和分解方法:用来解决繁杂的任务或者设计巨大复杂的系统。

②约简、嵌入、转化、建模和仿真方法:把复杂的、困难的问题,用合适的数学语言描述,重新阐释成我们知道怎样解决、容易解决的问题。

③启发式方法:利用启发式推理来寻求解答,即在不确定情况下的规划、学习和调度的思维方法。

④递归、并行方法。由一种(或多种)简单的基本情况定义的一类对象或方法。一组程序按独立异步的速度执行可大幅提高递归覆效率。

⑤容错、纠错方法:按照预防、保护及通过冗余、容错、纠错的方式从最坏情形恢复的思维。

4. 计算思维的作用与意义

计算思维以抽象和自动化为手段,着眼于问题求解和系统实现,是人类改造世界的最基本的思维模式之一。计算机的出现强化了计算思维的意义和作用,使理论与实践的过程变成了实际可以操作并实现的过程,实现了从想法到产品整个过程的自动化、精确化和可控化,实现了自然现象与人类社会行为的模拟,以及海量信息的处理分析、复杂装置与系统的设计、大型工程组织等,大大拓展了人类认知世界和求解问题的能力和范围。

1.1.2 算法

算法(Algorithm)的中文名出自公元前1世纪的《周髀算经》,英文名来自9世纪波斯数学家Al-Khwarizmi,意思是阿拉伯数字的运算法则。18世纪的欧几里得算法被认为是史上第一个算法。

1. 算法的概念和内涵

算法是指对解决问题的方案准确、完整的描述,在计算机领域是一系列解决问题的清晰指令。算法代表着用系统的方法描述解决问题的策略机制。不同的算法可能用不同的时间、空间或效率来完成同样的任务。一个算法的优劣程度可以用空间复杂度与时间复杂度来衡量。

就像按照菜谱的步骤可做出一道菜一样,人们遵循这些算法步骤就能解决问题。古希腊数学家欧几里得提出了寻求两个正整数最大公约数的辗转相除算法,它由有限个步骤组成,对于问题中的每个给定的具体问题,机械地执行这些步骤就可以得到问题的解。算法可以理解为由基本运算及规定的运算顺序所构成的、完整的解题步骤,或看作按照要求设计好的有限、确切的计算序列,并且用这样的步骤和序列可以解决一类问题。然而,算法不等于程序,也不等于计算机方法,程序的编制不可能优于算法的设计。

2. 算法的基本特征

一个算法通常具有以下5个特征。

①确定性(Definiteness):算法的每一个步骤必须有确定的定义,不允许有模棱两可的解释,不允许有多义性。

②有穷性(Finiteness):算法中描述的操作都可以通过已经实现的基本运算执行有限次来

实现。

③可行性(Efectiveness):又称有效性,算法中执行的任何计算步骤都可以被分解为基本的、可执行的操作步骤,即每个计算步骤都可以在有限时间内完成。

④输入(Input):有0个或多个输入,取自某个特定的对象集合。0个输入是指算法本身给出了初始条件。

⑤输出(Output):有1个或多个输出,以反映对输入数据加工后的结果。没有输出的算法毫无意义。

3. 算法的基本要素

一个算法由两个基本要素组成,一是对数据对象的运算和操作,二是算法的控制结构。

(1) 对数据对象的运算和操作

在计算机系统中,基本的运算和操作有以下4类。

①算术运算:主要包括加、减、乘、除等运算。

②逻辑运算:主要包括与、或、非等运算。

③关系运算:主要包括大于、小于、等于、不等于等运算。

④数据传输:主要包括赋值、输出、输入等操作。

(2) 算法的控制结构

一个算法的功能不仅取决于所选用的操作,还与各操作之间的执行顺序有关。算法中各操作之间的执行顺序称为算法的控制结构。一个算法一般可以由顺序、选择、循环3种基本控制结构组合而成。描述算法的工具有自然语言、传统流程图、问题分析图N-S图和伪代码等。

①顺序结构:算法的各个动作严格按它们书写的先后顺序自上而下依次执行。前一个步骤执行完毕后,顺序执行紧跟在后面的步骤。

②选择结构:用于判断给定的条件,根据判断的结果执行不同的操作。

③循环结构:在一定条件下重复执行某操作的结构。循环结构的三要素为循环变量、循环体和循环终止条件。

4. 常用算法简介

计算机中采用的算法很多,这里介绍几种常用的算法。

(1) 递推算法

递推算法是按照一定的规律来计算序列中的每个项,通常是通过前面的一些项来得出序列中的指定项的值。其思想是把一个复杂的庞大的计算过程转化为简单过程的多次重复,该算法利用了计算机速度快和不知疲倦的机器特点。

(2) 贪婪算法

贪婪算法是先将一个问题分成几个步骤进行操作,每个步骤总是包含了一个已优化的目标函数,以当前目标函数为基础作最优选择而不考虑各种可能的整体情况。它省去了为找最优解要穷尽所有可能而必须耗费的大量时间。它采用自顶向下、以迭代的方法做出相继的贪婪选择,每做一次贪婪选择就将所求问题简化为一个规模更小的子问题,通过每一步贪婪选择,最终得到问题的一个最优解。

(3) 递归算法

递归算法是一个过程或函数在其定义或说明中有直接或间接调用自身的一种方法。它通常把一个大型复杂的问题层层转化为一个与原问题相似的规模较小的问题来求解。递归策略只需少量的程序就可描述出解题过程所需要的多次重复计算，大大地减少了程序的代码量。一般来说，递归需要有边界条件、递归前进段和递归返回段。当边界条件不满足时，递归前进；当边界条件满足时，递归返回。

(4) 穷举算法

穷举算法，也称为暴力破解法。其基本思路是，对于要求解的问题，列举出它的所有可能的情况，逐个判断有哪些是符合问题所要求的条件，从而得到问题的解。它常用于密码的破译，即将密码进行逐个推算直到找出真正的密码为止。

(5) 回溯算法

回溯算法是一种选优搜索法，按选优条件向前搜索，以达到目标。当探索到某一步时若发现原先选择并不优或达不到目标，就退回一步重新选择。这种走不通就退回选一条路再走的技术称为回溯法，满足回溯条件的某个状态点称为"回溯点"。

(6) 动态规划算法

动态规划是运筹学中用于求解决策过程中的最优化数学方法。其基本思想是，将原问题分解为相似的子问题，在求解的过程中通过子问题的解求出原问题的解。动态规划的思想是多种算法的基础，被广泛应用于计算机科学和工程领域。

1.2 计算机概述

计算机可以快速高效地对各种信息进行存储和处理，在科学实验、生产活动及人类生活的各个领域得到了广泛的应用，并已成为衡量一个国家现代化水平高低的重要标志。

1.2.1 计算机的发展简史

1946年2月，美国宾夕法尼亚大学研制出世界上第一台电子数字计算机ENIAC(Electronic Numerical Integrator And Computer，电子数字积分计算机)，它重达30吨，占地170平方米，启动功耗150 000瓦，用了18 000个电子管，运算速度仅为每秒5 000次，只能保存80个字节。但是，在不到100年的时间内，计算机系统和计算机应用得到了飞速发展。元器件制作工艺水平的不断提高是计算机发展的物质基础，因此以计算机元器件的变革作为标志，将计算机的发展划分为5个阶段，这5个阶段通常称为计算机发展的5个时代。

1. 第一代计算机

第一代计算机(1946—1958年)的主要特征是采用电子管作为主要元器件。这一代计算机体积大、运算速度低、存储容量小、可靠性差。采用机器语言或汇编语言编程，几乎没有什么软件配置，主要用于科学计算。尽管如此，这一代计算机却奠定了计算机技术的基础，如二进制、自动计算及程序设计等，对以后计算机的发展产生了深远的影响。

2. 第二代计算机

第二代计算机(1958—1964年)的主要特征是其主要元器件由电子管改为晶体管。这不仅使得计算机的体积缩小了许多，同时使机器的稳定性增加以及运算速度提高，而且使计算机的功耗减小、价格降低。一些高级程序设计语言，如 FORTRAN、ALOGOL 和 COBOL 相继问世，因而也降低了程序设计的复杂性。软件配置开始出现，外部设备也由几种增加到几十种。这一代计算机除应用于科学计算外，还开始应用于数据处理和工业控制等方面。

3. 第三代计算机

第三代计算机（1964—1974 年）的主要特征是用半导体中小规模集成电路代替分立元件的晶体管作为核心元件。通过半导体集成技术将许多逻辑电路集中在只有几平方毫米的硅片上，这使得计算机的体积和耗电显著减小，而计算速度和存储容量有较大提高，可靠性也大大加强。计算机系统结构有了很大改进，软件配置进一步完善，并有了操作系统。商品计算机开始标准化、模块化、系列化，从而也解决了软件兼容问题。此时，计算机的应用进入许多科学技术领域。

4. 第四代计算机

第四代计算机（1974 年至今）的主要特征是以大规模和超大规模集成电路为计算机的主要功能部件。大规模、超大规模集成电路的出现，使计算机沿着两个方向飞速发展。一个方向是，利用大规模集成电路制造多种逻辑芯片，组装出大型、巨型计算机，使运算速度向每秒十亿次、百亿次、十万亿次及更高速度发展，而其存储容量已达到 300 千兆字节。巨型机的出现，推动了许多新兴学科的发展。另一个方向是，利用大规模集成电路技术，将运算器、控制器等部件集中在一个很小的集成电路芯片上，从而产生了微处理器。微处理器和半导体存储芯片及外部设备接口电路组装在一起构成了微型计算机。微型计算机得到了飞速发展，逐步渗入人类社会生活的各个领域，并快速地进入家庭。

5. 第五代计算机

1981 年 10 月，日本为适应未来社会信息化的要求，首先向世界宣告开始研制第五代计算机，并于 1982 年 4 月制订为期 10 年的“第五代计算机技术开发计划”，总投资为 1 000 亿日元。第五代计算机是把信息采集、存储、处理、通信同人工智能结合在一起的智能计算机系统。它能进行数值计算或处理一般的信息，主要能面向知识处理，具有形式化推理、联想、学习和解释的能力，能够帮助人们进行判断、决策、开拓未知领域和获得新的知识。人-机之间可以直接通过自然语言（声音、文字）或图形、图像交换信息。

第五代计算机又称新一代计算机，它与前四代计算机有着本质的区别，是计算机发展史上的一次重要变革。其基本结构通常由问题求解与推理、知识库管理和智能化人-机接口三个基本子系统组成。问题求解与推理的子系统相当于传统计算机中的中央处理器，与之打交道的程序语言称为核心语言，国际上都以逻辑型语言或函数型语言为基础进行这方面的研究，它是构成第五代计算机系统结构和各种超级软件的基础。知识库管理子系统相当于传统计算机主存储器、虚拟存储器和文体系统结合，与之打交道的程序语言称为高级查询语言，用于知识的表达、存储、获取和更新等。这个子系统的通用知识库软件是第五代计算机系统基本软件的核心，通用知识库包含有：日用词法、语法、语言字典和基本字库常识的一般知识库，用于描述系统本身技术规范的系统知识库，以及把某一应用领域，如超大规模集成电路设计的技术知识集中在一起的应用知识库。智能化人-机接口子系统是使人能通过声音、文字、图形和图像等与计算机对话，用人类习惯的各种可能方式交流信息。这里，自然语言是最高级的用户语言，它使非专业人员操作计算机并从中获取所需的知识信息成为可能。

1.2.2 计算机的分类

计算机的分类标准比较多。按处理数据的方法可分为模拟式计算机和数字式计算机两大类。模拟式计算机所处理的电信号是模拟信号。模拟信号是指在时间上连续变化的物理量的数据表示。数字式计算机所处理的电信号是数字信号。数字信号是指其数值在时间上是断续变化的信号。人们通常所说的计算机就是指数字式计算机。

按照规模的大小和功能的强弱可以将计算机分为巨型机、大型机、中型机、小型机和微型机。

1. 巨型机

巨型机也称为超级计算机，其主要特点为高速度和大容量，配有多种外部和外围设备及丰富的、高功能的软件系统，价格也比较昂贵，一般用于尖端的科技领域中，如天气预报、地质勘探等。我国生产的比较有代表性的巨型机有“银河”、“天河一号”、“神威”等。“天河一号”超级计算机由国防科技大学于2009年9月研制成功并对外发布，其峰值性能为每秒1 206万亿次。由此，中国成为继美国之后世界上第二个能够研制千万亿次超级计算机的国家。

2. 大型机

大型计算机的主要特点是存储量很大，运算速度很快，一般用于数据处理量很大的领域。代表机型有IBM公司的IBM3033、DEC公司的VAX8800等。

3. 中型机

中型计算机的功能介于大型机和小型机之间。

4. 小型机

小型计算机是相对于大型计算机而言的，小型计算机的软件、硬件系统规模比较小，但价格低、可靠性高、便于维护和使用。它在存储容量和软件系统方面有较强的优势，用途非常广泛。代表机型有PDP-11、VAX-11等。

5. 微型机

微型计算机简称“微型机”、“微机”，由于其具备人脑的某些功能，所以也称其为“微电脑”。其核心(CPU)芯片由大规模集成电路组成。它由微处理器(核心)、存储器、输入和输出设备、系统总线等部件组成。其特点是功能全、体积小、灵活性高、价格便宜、使用方便，目前应用最为广泛。

1.2.3 计算机的特点

顾名思义，计算机是一种能帮助人们进行数值计算的电子工具。事实上，今天的计算机可以进行各种各样的信息处理。这些信息可以是图形、文字或通过专用设备输入计算机的声、光、电、热、机械等运动形式的物理量。从这种意义上讲，计算机是能够进行自动加工处理，并输出结果的电子设备。

计算机已成为第三次工业革命中最激动人心的成就之一。计算机有如下几个方面的特点。

1. 运算速度快、精度高

计算机运算速度，慢则每秒数万次，快则每秒上亿次。现在世界上最快的计算机每秒可以运算千亿次以上。如果与每秒一百万次的计算机相比，则它连续工作一小时所完成的工作量，一个人一生也做不完。

计算机的字长越长，其精度越高。目前的个人计算机的精度已经达到了 32 位、64 位有效数字。对于气象预报等复杂、时间性强的工作，没有计算机进行数据处理，单靠手工已无法实现。

2. 具有逻辑判断和记忆能力

计算机有准确的逻辑判断能力和高超的记忆能力，可以把庞大的国民经济信息或一个大图书馆的全部文献资料存储在计算机系统中，随时提供情报检索服务。

计算机的计算能力、逻辑判断能力和记忆能力三者的结合，使之可以模仿人的某些智能活动。因此，计算机已经远远不只是计算的工具，更是人类脑力延伸的重要助手。有时我们把计算机称作“电脑”，就是这个原因。

3. 高度的自动化和灵活性

计算机采取存储程序方式工作，即把编好的程序输入计算机，便可依次逐条执行。这就使计算机实现了高度的自动化和灵活性。

每台计算机提供的基本功能是有限的，这是在设计和制造时就决定了的。然而，计算机区别于其他机器之处，就在于这些有限的功能可以在人的精心编排设计下，快速、自动地完成多种多样的基本功能序列，从而实现计算机的通用性，达到计算机应用的各种目的。

1.2.4 计算机的应用

计算机诞生不久就突破了“计算”的狭义范围，在非数值计算方面找到了大有可为的天地。

1. 科学计算

用于完成科学研究和工程技术中提出的数值计算问题是计算机诞生的第一个目的。当时，用 ENIAC 计算炮弹从发射到弹道轨道 40 个点的位置只用了 3 秒，它代替了 7 个小时的人工计算，速度提高了 8 000 倍。现在，很多科研和工程设计等方面的精度要求高、难度大、时间紧的计算任务已离不开计算机。例如，石油地质勘探的数据分析、气象预报中求解大气运动规律的微分方程、计量经济模型的计算等。

2. 数据处理

在整个计算机应用中，计算机在数据处理和以数据处理为主的信息系统方面的应用所占比例为 70%～80%。一个国家的现代化水平越高，科学管理、自动化服务的要求就越迫切，因此各行各业的计算机在信息系统和数据处理方面的应用所占的比例也越高。可以粗略地把信息系统和数据处理分为管理型系统和服务型系统两大类。

管理型系统包括各类行政事务管理、生产管理、业务管理等系统，例如，国家经济信息系统、各企事业单位的管理信息系统等。

服务型系统的特点是利用计算机的硬件、软件和数据资源来提高社会服务水平与质量，例如，银行储蓄通存通兑系统、航空公司订票系统、各类情报资料检索系统等。

3. 计算机辅助工程

计算机辅助工程是指利用计算机帮助人们完成工程设计、制造、管理等工作，以缩短工作周期，提高工作效率。常见的计算机辅助工程主要有以下方面。

计算机辅助设计(Computer-Aided Design，CAD)的概念早在1962年就出现了。计算机辅助设计是指工程设计人员借助计算机的存储技术、制图功能等，利用体系模拟、逻辑模拟、插件划分、自动布线等技术，人机会话式地进行设计并使设计方案优化。CAD使设计过程走向半自动化或全自动化，可以大大缩短设计周期，提高设计水平，节约人力和时间。在微电子线路设计、飞机设计、船舶设计、建筑工程设计等领域都有计算机辅助设计软件包。

计算机辅助制造(Computer-Aided Manufacturing，CAM)就是用计算机进行生产设备的管理、控制和操作的过程。使用CAM技术可以提高产品的质量，降低成本，缩短生产周期。

计算机集成制造系统(Computer Integrated Manufacturing System，CIMS)是指以计算机为中心的现代信息技术应用于企业管理与产品开发、制造的新一代制造系统，是CAD、CAM、CAE(计算机辅助工程)、管理与决策、网络与数据库及质量保证等子系统的技术集成。

4. 自动控制

自动控制又称实时控制，是指在没有人直接参与的情况下，计算机自动采集数据、分析数据，并利用外加的控制装置或控制器自动调节被控对象(机器设备或生产过程)的某个工作状态或被控制量，自动地按照预定的规律运行。

5. 计算机网络

计算机网络是利用通信线路把地理上分散的多台自主计算机系统通过通信设备连接起来，在相应的网络操作系统、网络协议、网络通信等技术支持下，实现数据通信和资源(包括硬件、软件等)共享的系统。目前，广泛应用的有因特网(Internet)、移动互联网和发展迅猛的物联网等。

6. 办公自动化

办公自动化(Office Automation，OA)是将现代化办公和计算机网络结合起来的一种新型办公方式。随着OA设备的不断完善，OA邮件系统、远程会议系统、办公信息处理系统、决策系统等都取得了新的进展。目前，OA系统呈现集成化、智能化、多媒体化、运用电子数据交换(EDI)等新特点。

7. 电子商务

电子商务(Electronic Commerce，EC)通常是指全球各地广泛的商业贸易活动在因特网开放的网络环境下，基于浏览器/服务器应用方式，买卖双方不谋面地进行各种商贸活动，实现消费者的网上购物、商户之间的网上交易和在线电子支付以及各种商务活动、交易活动、金融活动和相关的综合服务活动的一种新型的商业运营模式。

电子商务涵盖的范围很广，一般可分为B2B、B2C、C2C、B2M四类电子商务模式，即企业对企业(Business-to-Business)、企业对消费者(Business-to-Consumer)、消费者对消费者(Consumer-to-Consumer)、企业对企业的销售者或管理者(Business to Manager)。

电子商务最常见的安全机制有SSL(安全套接层协议)及SET(安全电子交易协议)两种。

8. 人工智能

人工智能(Artificial Intelligence，AI)是研究、开发用于模拟、延伸和扩展人的智能的理论、方法、技术及应用系统的一门新的技术科学。它包括用计算机模仿人类的感知能力、思维能力和行为能力等。该领域的研究包括机器人、语言识别、图像识别、自然语言处理和专家系统等。现在已经开始走向实用阶段，如医院的专家系统、具有一定思维能力的机器人等。

1.2.5 计算机的发展趋势

计算机的发展趋势表现为两个方面，即冯·诺依曼体系结构计算机的深层次发展和非冯·诺依曼体系结构的发展。

1. 冯·诺依曼体系结构计算机的发展趋势

冯·诺依曼体系结构的计算机正向巨型化、微型化、网络化、多媒体化和智能化方向发展。

(1) 巨型化

巨型化是指计算机的运行速度更快、存储量更大、功能强大，称为巨型计算机。其运算能力一般在每秒一百亿次以上、数据容量在几百兆字节以上，主要应用于天文、气象、地质、国防军事、核技术、航天飞机和卫星轨道计算等尖端科学技术领域。巨型计算机的技术水平是衡量一个国家技术和工业发展水平的重要标志。

(2) 微型化

微型化是指利用微电子技术和超大规模集成电路技术，把计算机的体积进一步缩小，价格进一步降低。目前，各种笔记本电脑、平板式计算机就是计算机微型化的例子。

(3) 网络化

网络化是指利用网络技术管理网上资源，把整个互联网虚拟成一台空前强大的一体化系统，在这个动态变化的网络环境中实现计算资源、存储资源、数据资源、信息资源、知识资源、专家资源的全面共享，从而让用户享受可灵活控制的、智能的、协作式的信息服务，并获得前所未有的便利。

(4) 多媒体化

多媒体技术是指把文字、音频、视频、图形、图像、动画等多种媒体信息通过计算机进行数字化采集、获取、压缩/解压缩、编辑、存储等加工处理，再以单独或合成形式表现出来的一体化技术。多媒体技术具有下列关键特性。

①多样性。数字化信息载体的多样化，并有效地解决了数据在处理传输过程中的失真问题。

②集成性。采用数字信号可以综合处理文字、声音、图形、动画、图像、视频等多种信息，并将这些不同类型的信息有机地结合在一起。

③交互性。信息以超媒体结构进行组织，可以方便地实现人机交互。

④智能性。提供了易于操作、十分友好的界面，使计算机更直观、更方便、更亲切、更人性化。

⑤易扩展性。可方便地与各种外部设备挂接，实现数据交换、监视控制等多种功能。

多媒体技术的应用范围包括信息管理、宣传广告、教育与训练、演示系统、咨询服务、电子出版物、视频会议、家庭、通信等。

①信息管理。多媒体信息管理的内容是多媒体与数据库相结合，用计算机管理数据、文字、图形、静态图像和声音资料。

②宣传广告。多媒体系统声像图文并茂，在宣传广告效果上有特殊的优势。制作广告节

目要用专门的多媒体节目制作软件。

③教育与训练。多媒体技术在教育上的应用,实质上是多媒体系统阅读电子书刊、演放教育类的多媒体节目。

④演示系统。演示系统是指用计算机向观众介绍各种知识,并把立体声、图形、图像、动画等结合起来。

⑤咨询系统。利用多媒体系统提供高质量的无人咨询服务。如旅游、邮电、交通、商业、金融、证券、宾馆咨询等。

⑥多媒体电子出版物。利用 CD-ROM 的大容量存储介质,代替各种传统出版物,特别是各种手册、百科全书、年鉴、音像、辞典等电子出版物。

⑦多媒体通信。多媒体技术在通信工程中应用,如可视电话、视频会议系统等。

(5) 智能化

智能化是指计算机具有模拟人的感觉和思维过程的能力。智能化包括模拟识别、自然语言处理、博弈、自动推理、知识表示、自动程序设计、专家系统、学习系统和智能机器人等。

2. 非冯·诺依曼体系结构计算机的发展

冯·诺依曼体系结构的计算机就是我们现在通用的硅芯片计算机。40 多年来,制造技术的革命大大提高了传统硅芯片的集成度。1971 年 Intel 公司生产的第一个芯片只含有2 300个晶体管,2000 年年底 Intel 公司推出的奔腾 4 芯片则集成了 4 200 万个晶体管。英特尔公司的奠基人之一摩尔在 20 世纪 70 年代发现,集成在一块芯片上的晶体管数量大约每两年增加一倍,即摩尔定律。这一发现被其后数十年芯片发展的实际情况所验证。按摩尔定律计算,随着晶体管集成度的提高,芯片的耗能和散热成了全球关注的重大问题。据 Intel 公司负责芯片内部设计的首席技术官盖尔欣格预测,如果芯片的耗能和散热问题得不到解决,当芯片上集成了 2 亿个晶体管时,就会热得像"核反应堆";一个芯片上集成的晶体管数目超过 10 亿个时,就会热得像火箭发射时高温气体的喷嘴,甚至会与太阳的表面一样热。因此,科学界中绝大多数人都认为,传统的硅芯片计算机将不可避免地遭遇发展极限。怎么办?科学家们认为,研制一种全新的计算机才是出路。

(1) 量子计算机

许多科学家受量子力学的启示开始研究所谓的量子计算机,即基于量子力学的某些原理,利用质子、电子等亚原子构成计算机的各种硬件。量子理论认为,原子等粒子是无法确定其所处的状态的,除非采用其他物体进行测量或者与之发生作用。非相互作用下,原子在任一时刻都处于两种状态,称之为量子超态。对这种超态粒子进行测量时,粒子会由于测量导致的扰动而脱离不确定的超态,从而呈现出清晰明确的 0 或 1 状态。

2000 年,日本日立公司成功开发一种量子元件——单个电子晶体管,可以控制单个电子的运动,具有体积小、功耗低的特点,只有目前功耗最小的晶体管功耗的 1/1 000 倍。日本富士通公司正在开发量子元件超高密度存储器,在 1 平方厘米的芯片上可存储 10 万亿比特的信息,相当于可存储 6 000 亿个汉字。美国物理学家的翰逊博士成功开发的电子自旋晶体管,有可能将集成电路的线宽降至 0.01 微米。在一个小小的芯片上可容纳数万亿个晶体管,使集成电路的集成度大大提高。

2011 年 5 月,加拿大计算机公司 D-Wave 宣布,全球首台真正的商用量子计算机 D-Wave One 终于诞生了!它采用了 128-qubit(量子比特)的量子处理器,性能是原型机的四倍,理论运算速度远远超越现有所有的超级计算机。D-Wave One 在散热方面亦有非常苛刻的要求,自启动起必须全程采用液氦散热，以保证其在运行过程中足够“冷静”。

2013 年 6 月，中国科学技术大学潘建伟院士领衔的量子光学和量子信息团队首次成功实现了用量子计算机求解线性方程组的实验。

(2) 光计算机

光计算机是利用纳米电浆子元件作为核心来制造、通过光信号来进行信息运算的。这种利用光作为载体进行信息处理的计算机被称为光计算机，又称为光脑。

光计算机是由光代替电子或电流，实现高速处理大容量信息的计算机。其基础部件是空间光调制器，并采用光内连技术，在运算部分与存储部分之间进行光连接，运算部分可直接对存储部分进行并行存取。它突破了传统的用总线将运算器、存储器、输入和输出设备相连接的体系结构。其运算速度极高，传输和处理的信息量极大，耗电极低。

1969 年，研究光计算机的序幕由美国麻省理工学院的科学家揭开。1982 年，英国赫端-瓦特大学物理系教授德斯蒙德·史密斯研制出光晶体管。1983 年，日本京都大学电气工程系佐佐木昭夫教授、腾田茂夫副教授也独立地研制出光晶体管。1986 年，美国贝尔实验室发明了用半导体做成的光晶体管，功能与晶体管的功能一样，起“开”与“关”的作用。科学家们运用集成光路技术把光晶体管、光源光存储器等元件集积在一块芯片上，制成集成光路。用集成光路进行组装，就得到光计算机。1990 年，贝尔实验室推出了一台由激光器、透镜、反射镜等组成的计算机，尽管它的装置很粗糙，由激光器、透镜、棱镜等组成，且只能用来计算。但是，它毕竟是光计算机领域中的一大突破。随后，英、法、比、德、意等国的 70 多名科学家研制成功了一台光计算机，其运算速度比现在最快的电子计算机快 1 000 倍。

(3) 分子计算机

分子计算机目前还处于理论准备阶段。分子计算计划就是尝试利用分子计算的能力进行信息处理。分子计算机的运行靠的是分子晶体可以吸收以电荷形式存在的信息，并以更有效的方式进行组织排列。凭借着分子纳米级的尺寸，分子计算机的体积将剧减。此外，分子计算机耗电可大大减少并能更长期地存储大量数据。

1.3 计算机系统

总体上讲，计算机系统由计算机硬件系统和计算机软件系统两大部分组成。计算机硬件系统由一系列电子、机械和光电元器件及有关设备按照一定逻辑关系连接而成，是计算机系统的物质基础。计算机软件由系统软件和应用软件组成，指挥、控制计算机硬件系统，使之按照预定的程序运行，从而达到人们预定的目标，是计算机系统的灵魂，如图 1.1 所示。

1.3.1 计算机硬件系统

目前计算机的种类很多，制造技术也发生了很大的变化，但在其硬件结构方面却依然沿袭着冯·诺依曼的体系结构，它将计算机的硬件从功能上划分为 5 个基本组成部分，即运算器、控制器、存储器、输入设备、输出设备。控制器和运算器一起组成了计算机的核心，称为中央处理器(CPU)；通常把控制器、运算器和内(主)存储器一起称为主机，而其余的输入与输出设备和外(辅助)存储器称为外部设备。

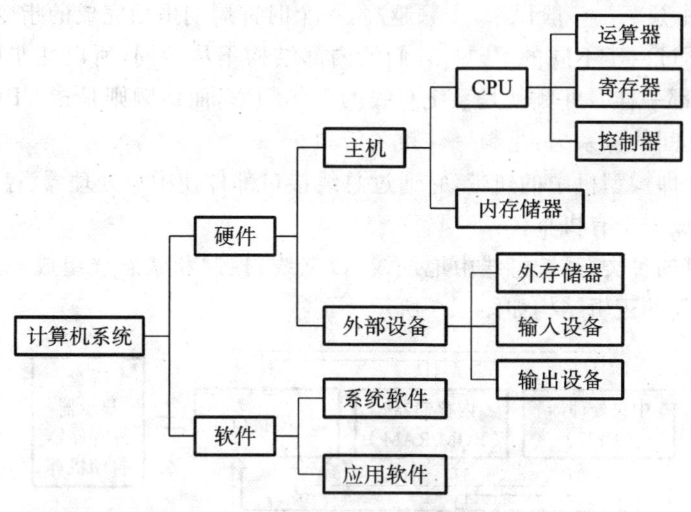

图1.1 计算机基本结构

图1.2所示是依据冯·诺依曼结构绘制的计算机系统基本硬件结构，计算机各部件的联系主要是通过信息流来实现的。其工作原理在1.3.3节介绍。

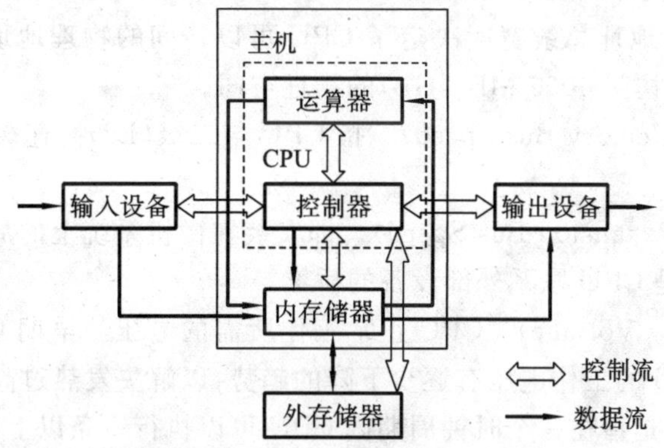

图1.2 计算机系统基本硬件结构

1. 中央处理器

中央处理器(Central Processing Unit,CPU)是计算机中最为关键的部件，在微型计算机中它又称为微处理器，是由超大规模集成电路工艺制成的芯片。CPU的内部结构包括控制器、运算器和寄存器3大部分。CPU的工作原理如图1.2所示。

运算器又称算术逻辑单元(Arithmetic Logic,ALC)，是对信息进行加工处理的部件。它在控制器的控制下与内存储器交换信息，负责进行各类基本的算术运算和与、或、非、比较、移位等各种逻辑判断。此外，在运算器中还含有能暂时存放数据或结果的寄存器。

控制器是整个计算机的指挥中心。它负责从内存储器中取出指令并进行分析、判断，发出控制信号，使计算机的有关设备协调工作，确保系统自动运行。

寄存器是用来存储当前运算所需要的各种操作数据、地址信息、中间结果等内容。将数据暂时存于CPU内部储存器中，以加快CPU的操作速度。

CPU的主要的性能指标有以下几项。

①主频，倍频和外频。主频就是CPU的时钟频率(CPU Clock Speed)，也可以说就是

CPU 运算时的工作频率。一般说来，主频越高，一个时钟周期里面完成的指令数也越多，CPU 的速度就越快。不过由于不同的 CPU，它们的内部结构不尽相同，所以并非所有时钟频率相同的 CPU 的性能都一样。外频就是系统总线的工作频率，而倍频则是指 CPU 外频与主频相差的倍数。三者之间的关系为：主频＝外频×倍频。

②系统总线。即微型机中的纽带，它通过总线接口部件使中央处理器、存储器和键盘等输入、输出设备连接成一个有机整体。

根据传送信息的种类，系统总线由地址线、数据线、控制和状态线组成。从总线结构关系的角度，各部件之间的逻辑结构如图 1.3 所示。

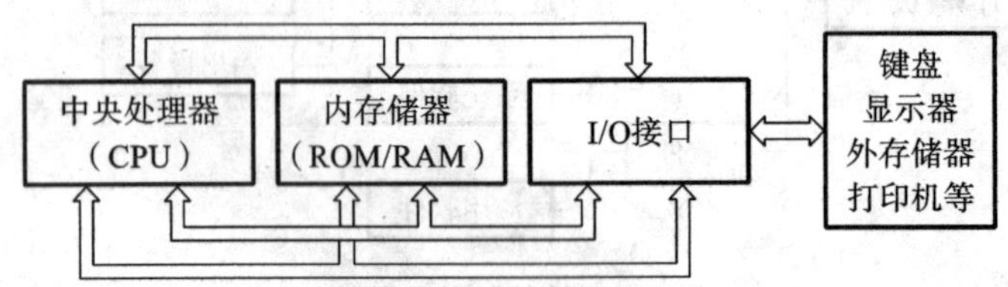

图 1.3　微型机结构关系

• 数据总线宽度。数据总线负责整个系统的数据流量的大小，而数据总线宽度则决定了 CPU 与二级高速缓存、内存以及输入/输出设备之间一次数据传输的信息量。

• 地址总线宽度。地址总线宽度决定了 CPU 可以访问的物理地址空间，地址线的宽度为 32 位，最多可以直接访问 4096 MB(4GB)的物理空间。

• 内存总线速度(Memory-Bus Speed)。指 CPU 与二级(L2)高速缓存和内存之间的通信速度。

• 扩展总线速度(Expansion-Bus Speed)。即安装在微机系统上的局部总线，如 VESA 或 PCI 总线等，扩展总线是 CPU 联系外部设备的桥梁。

③工作电压(Supply Voltage)。CPU 正常工作所需的电压。早期 CPU 的工作电压一般为 5V，近年来各种 CPU 的工作电压有逐步下降的趋势，以解决发热过高的问题。

④超标量。超标量是指在一个时钟周期内 CPU 可以执行一条以上的指令。

⑤一级高速缓存(L1 高速缓存)。在 CPU 里面内置了高速缓存可以提高 CPU 的运行效率。

⑥采用回写(Write Back)结构的高速缓存。它对读和写操作均有效，速度较快。而采用写通(Write-through)结构的高速缓存仅对读操作有效。

⑦动态处理。动态处理是应用在高能奔腾处理器中的新技术，创造性地把三项专为提高处理器对数据的操作效率而设计的技术融合在一起。这三项技术是多路分流预测、数据流量分析和猜测执行。动态处理并不是简单执行一串指令，而是通过操作数据来提高处理器的工作效率。

• 多路分流预测。通过几个分支对程序流向进行预测，采用多路分流预测算法后，处理器便可参与指令流向的跳转。它预测下一条指令在内存中的位置的精确度可以在 90%以上。这是因为处理器在取指令时，还会在程序中寻找未来要执行的指令。这个技术可加速向处理器传送任务。

• 数据流量分析。抛开原程序的顺序，分析并重排指令，优化执行顺序，处理器读取经过解码的软件指令，判断该指令能否处理或是否需与其他指令一道处理。然后，处理器决定如何优化执行顺序以便高效地处理和执行指令。

• 猜测执行。通过提前判读并执行有可能需要的程序指令的方式可提高执行速度。当处理器执行指令时(每次五条),采用的是猜测执行的方法。这样可使处理器的超级处理能力得到充分的发挥,从而提升软件性能。被处理的软件指令是建立在猜测分支基础之上的,因此结果也就作为"预测结果"保留起来。一旦其最终状态能被确定,指令便可返回到其正常顺序并保持永久的机器状态。

2. 输入设备

输入设备是向计算机输入信息的装置,用于把原始数据和处理这些数据的程序输入计算机系统中。根据计算机的不同应用,可选择各种不同输入设备。常用的输入设备有键盘、鼠标、手写笔、扫描仪、读卡机、触摸屏、条形码和二维码阅读器等。

(1) 键盘

键盘是计算机的标准输入设备之一。用户的程序、数据以及计算机命令都要通过键盘输入。

根据按键的方式,键盘可分为触点式和无触点式两类。机械触点式、薄膜式均属于触点式键盘;电容式属于无触点式键盘,是目前键盘的发展方向。

根据按键的数量,键盘又可分为86键、101键、104/105键以及适用于ATX电源的107/108键键盘。目前在使用Windows操作系统的微机上配置的是104键键盘,该键盘共有4个键区:功能键区、主键盘区、光标控制键区和数字键区(小键盘)。

(2) 鼠标

鼠标也是计算机的标准输入设备。随着Windows的广泛应用,鼠标已成为与键盘并列的输入设备,它主要用于程序的操作、菜单的选择。

根据使用原理的不同,鼠标可分为机械鼠标、光电鼠标、光电机械鼠标和网络鼠标。根据按键数量的不同,鼠标可分为两键鼠标、三键鼠标和多键鼠标。

(3) 扫描仪

扫描仪是一种光电一体的高科技产品,它是将各种形式的图像信息输入计算机的重要工具。

扫描仪由扫描头、主板、机械结构和附件4个部分组成。按照其处理的颜色可分为黑白扫描仪和彩色扫描仪2种,按照扫描方式可分为手持式、台式、平板式和滚筒式4种。影响扫描仪性能的指标通常有分辨率和扫描速度等。

(4) 其他输入设备

人们根据需要还可以选择其他的输入设备,如麦克风、条形码阅读器等,甚至是查询系统的触摸屏和游戏机手柄等。

3. 输出设备

各种输出设备的主要任务是将计算机处理过的信息以用户熟悉、方便的形式输送出来。常用的输出设备有:屏幕显示器、打印机、绘图仪、音箱等。

(1) 显示器

显示器是计算机系统中最基本的输出设备,也是计算机系统中不可缺少的部分。它以可见光的形式传递和处理信息,是目前应用最广泛的人-机通信设备。

显示器的种类很多,可以按以下几种方式分类。

按所采用的显示器件,显示器可分阴极射线管((Cathode Ray Tube,CRT)显示器、液晶

(Liquid Crystal Display,LCD)显示器、发光二极管(Light Emitting Diode,LED)显示器、等离子显示器等。目前微机系统所配备的显示器很多是CRT显示器。液晶显示器和等离子显示器是平板式的,它们的特点是体积小、功耗少,是很有发展前途的新型显示器件,主要用于笔记本型的计算机,在台式机中也已经普及了。

按所显示的信息内容,显示器可分为字符显示器、图形显示器、图像显示器3大类。

按显示器的功能,显示器可分为普通显示器和显示终端两大类。

显示器的技术指标主要有分辨率及刷新率。分辨率(Resolution)是指单位面积显示像素的数目,像素是可以显示的最小单位。分辨率越高,显示的像素就越多,显示效果越清晰。

刷新率是指每秒屏幕画布刷新的次数。刷新率越高,画面闪烁越小,一般设置为90 Hz。

(2) 打印机

打印机(Printer)是计算机的输出设备之一,用于将计算机处理结果打印在相关介质上。

打印机的分类方法很多。按照打印机的工作原理,将打印机分为击打式和非击打式两大类。按照打印机的工作方式,将打印机机分为点阵打印机、针式打印机、喷墨式打印机、激光打印机等。针式打印机通过打印机和纸张的物理接触来打印字符图形,而后两种是通过喷射墨粉来印刷字符图形的。按打印机的用途,将打印机分为办公和事务通用打印机、商用打印机、专用打印机、家用打印机、便携式打印机等。

目前应用最多的是非击打式打印机,主要有喷墨打印机、激光打印机等。喷墨打印机是利用墨水通过精细的喷头喷到纸面上,从而产生字符和图像的,主要特点是价格便宜、噪音低、打印质量较高,但墨水消耗比较大。激光打印机是激光扫描技术与电子照相技术相结合的产物,由激光扫描系统、电子照相系统和控制系统3大部分组成。其工作原理是激光扫描系统利用激光束的扫描形成静电潜像,电子照相系统再将这些静电转变成为可见图像。其特点是速度快、打印质量高,但价格贵一些。

人们根据不同的输出需求,还可以选配如投影仪、绘图仪等输出设备。

4. 存储器

存储器是计算机的记忆装置,用于存放原始数据、中间数据、最终结果、处理程序等。为了对存储的信息进行管理,把存储器划分成单元,每个单元的编号称为该单元的地址。各种存储器基本上都是以1个字节作为1个存储单元。存储器内的信息是按地址存取的。向存储器内存入信息也称为"写入",写入新的内容则覆盖了原来的内容。从存储器里取出信息也称为"读出",读出信息后并不破坏原来存储的内容,因此信息可以重复取出,多次利用。

计算机的存储器可分为主存储器和辅助存储器两种。

(1) 主存储器

主存储器一般装在主机机箱里,因此也称为内存储器,简称为内存。内存存取信息的速度快,价格比较贵。内存一般由半导体集成电路构成。有了内存储器,计算机才能脱离人的直接干预,自动地工作。

按存储信息的功能,内存储器可分为只读存储器(Read Only Memory,ROM)、可改写的只读存储器(Erasable Programmable ROM, EPROM)和随机存储器(Random Access Memory,RAM)。我们平常所说的内存是指RAM,其主要作用是存放各种输入、输出数据和中间计算结果,以及与外部存储器交换信息时作缓冲用。内存中的信息是用电信号写入的,在计算机断电时,其中的信息会丢失。

由于CPU只能直接处理内存中的数据,所以内存的速度和大小对计算机性能的影响是相当大的。为了解决这一问题，在内存和CPU之间增设了高速缓冲存储器。

(2) 辅助存储器

辅助存储器也称外存储器，通常简称外存。其特点是速度较慢、容量大、价格低廉。外存一般是成批地与内存交换信息，以补充内存容量的不足。内存与外存相辅相成，构成计算机的存储系统。常见的外存有硬盘、U盘、磁带和光盘等。

硬盘是计算机的必备外存，这里着重介绍一下硬盘。

硬盘又叫"温盘"，即基于1968年推出的温彻斯特(Winchester)技术的硬盘，它是电脑中最重要的存储器之一。随着硬盘技术的不断发展，它不仅在台式电脑和笔记本电脑中不可或缺，也正成为MP3播放器、智能手机、掌上电脑、数码相机/数码摄像机等设备提高存储能力的重要装备。

温彻斯特技术的特点是部件全部是密封、固定并高速旋转的镀磁盘片，磁头沿盘片径向移动，磁头悬浮在高速转动的盘片上方，而不与盘片直接接触。

①物理结构。硬盘主要由密封盘体、磁盘机构、磁头盘组件、控制电路板、接口等5大部分组成，如图1.4所示。磁盘看上去很像具备金属光感的CD光盘，一般是由铝或玻璃制成，而盘片表面光亮的涂层则主要是由铁氧化物组成的可以存储数据的磁介质。磁片被固定在马达的转轴上，一般一块硬盘由1～5张磁盘组成。马达包含轴承和驱动电机，为硬盘提供转速，现在主流硬盘已普遍使用FDB液态轴承电机。磁头组件由读/写磁头、传动手臂、传动轴等三部分组成。磁头驱动机构(头盘组件)由电磁线圈电机、磁头驱动小车、防震动装置等部件构成。每个磁片的上下两面各有一个磁头，用于存/取硬盘上的数据，但它们与磁片不接触。

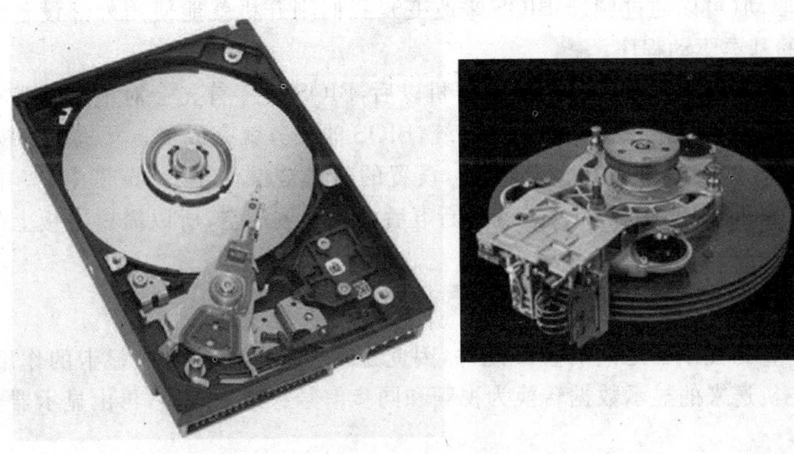

图1.4 硬盘内部结构示意图

②工作原理。所有的数据都存储在磁盘上。当硬盘工作时，电机带动主轴，主轴带动磁盘高速旋转，旋转带来的上升空气将磁盘上的磁头托起，磁头通过磁盘的转动读取数据。移动臂用来固定磁头，让磁头能在磁盘上不同磁道之间来回移动，读取数据。目前硬盘转速可以达到每分钟一万转。

5. 主板

主板是电脑系统中最大的一块电路板，它的英文是Mainboard或是Motherboard，简称M/B。它为CPU、内存、显卡等其他电脑配件提供插槽，并将它们组合成一个整体。因此，电脑整体运行速度和稳定性在相当程度上要取决于主板。

主板一般包含插槽类(CPU 插槽、DDR3 内存插槽、PCI 插槽等)、接口类(HDMI 接口、USB 接口、VGA 接口、串行接口、并行接口、SATA 接口、DVI-D 接口等)、芯片类(芯片组、时钟芯片、I/O 芯片、BIOS 芯片、声卡芯片等)、供电部分和其他元器件等几部分。其中最重要的是主板的芯片,这里只介绍主板上几个主要的芯片。

(1) 时钟芯片(Clock)

时钟芯片的作用非常重要,它能够给整个电脑系统提供不同的频率,使得每个芯片都能够正常地工作。如果把电脑系统比喻成人体,那么 CPU 就是人的大脑,而时钟芯片则是人的心脏。如果心脏停止跳动,人的生命也将终结。时钟芯片也一样,只有时钟芯片给主板上的芯片提供时钟信号,这些芯片才能够正常地工作。如果缺少时钟信号,主板就会瘫痪。

(2) I/O 芯片

I/O 是英文 Input/Output 的缩写,意思是输入与输出。它一般位于主板的边缘地带。

I/O 芯片的功能主要是为用户提供一系列输入与输出的接口,如经常要用键盘、鼠标将字符或鼠标移动的信息传递给电脑,就必须将键盘鼠标连接到主板相应接口上,这个接口就是我们经常要用到的 PS/2 接口,控制这个接口的芯片就是 I/O 芯片。还有目前已经不常见的 COM 口(又称串口),打印机用的并口和 USB 接口等,都统一由 I/O 芯片控制。部分 I/O 芯片还能提供系统温度检测功能,我们在 BIOS 中能够看到的系统温度最原始的来源就是这里。

(3) BIOS 芯片

BIOS 的全称是 Basic Input Output System,即基本输入输出系统。电脑开机以后到进入操作系统之前的这一段时间里,BIOS 起关键性作用。在 BIOS 芯片里固化了一定的程序和一些硬件的基本驱动(可以通过刷新 BIOS 来改变),我们刚开机就能使用外部设备键盘是因为有 BIOS 提供的基本驱动程序。

BIOS 芯片位于最后一个 PCI 附近。开机以后,BIOS 程序首先会对电脑的基本硬件进行检测并读取信息,最后将主控权交给操作系统,BIOS 的任务就完成了。开机连续按 Del 键,我们能够进入 BIOS 界面并对 BIOS 进行设置,设置的信息被保存在 Ram 芯片中。也就是我们经常说的 CMOS 和 RAM 芯片的特点就是断电后内容就被清空,所以需要主板上的电池供电才能够保存设置。

6. 显卡

显卡是 CPU 与显示器之间的重要配件,因此也叫“显示适配器”。显卡的作用是在 CPU 的控制下,将主机送来的显示数据转换为视频和同步信号送给显示器,再由显示器输出各种各样的图像。

根据显卡结构的不同,显卡大致可以分为板卡式显卡与板载显卡两大类。前者又可以分为 PCI 显卡和 AGP 显卡。早期的 PCI 显卡通过 PCI 接口连接到主板上,而 AGP 显卡通过 AGP 接口插在主板上。

显卡一般都由 PCB 基板、显示芯片、显存、显卡 BIOS 芯片、散热器等部分构成。

主板和显卡是微型计算机中的必要硬件设备。

1.3.2 计算机软件系统

计算机软件是指用来指挥计算机运行的各种程序的总和以及开发、使用和维护这些程序所需的技术资料。

计算机程序就是用来告诉计算机做些什么和按什么方法、步骤去做的指令集合。在计算机术语中，表示计算机可识别和执行的操作步骤称为程序。我国颁布的《计算机软件保护条例》对程序的概念给出了精确的描述："计算机程序，是指为了得到某种结果而可以由计算机等具有信息处理能力的装置执行的代码化指令序列，或者是可以被自动转换成代码化指令序列的符号化指令序列或者符号化语句序列。"

文档是指用来描述程序的内容、组成、设计、功能规格、开发情况、测试结果及使用方法的文字资料和图表等，如程序设计说明书、流程图、用户手册等。

在计算机软件系统中，还有一个非常重要的概念——指令。指令就是计算机可以执行的操作。任何程序必须转换为该机硬件能够执行的一系列指令。

按软件的功能来划分，软件可分为系统软件和应用软件两大类。软件的具体分类情况如图1.5所示。

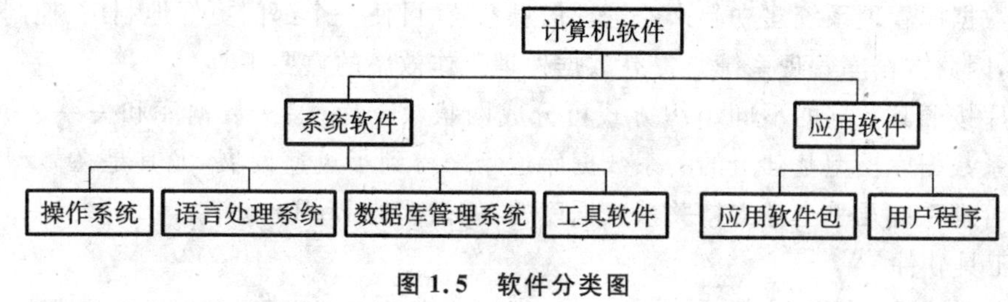

图1.5 软件分类图

1. 系统软件

由于软件是在硬件基础上对硬件功能的扩充与完善，因此又可将一部分软件看作是在另一部分软件基础上的扩充与完善。也就是说，可以把软件分成若干层，最内层是对硬件的扩充与完善，而外层则是对内层虚拟机的再扩充与再完善。

一般把靠近内层、为方便使用和管理计算机资源的软件称为系统软件。系统软件的功能主要是简化计算机操作，扩展计算机处理能力和提高计算机的效益。系统软件有两个主要特点：一是通用性，即无论哪个应用领域的计算机用户都要用到它们；二是基础性，即应用软件要在系统软件支持下编写和运行。

系统软件由计算机厂家提供，它们有的写入ROM芯片随机提供，有的存入软盘、硬盘或光盘供用户选购。在同一类型的计算机上，软件配备得越丰富，机器发挥的作用就越大，用户使用起来越方便。对于计算机应用人员来讲，熟悉系统软件的目的是为了更有效地开发应用软件和编制应用程序。

(1) 操作系统

系统软件的核心是操作系统。操作系统(Operating System，OS)是由指挥与管理计算机系统运行的程序模块和数据结构组成的一种大型软件系统，其功能是管理计算机的全部硬件资源和软件资源，为用户提供高效、周到的服务界面。

没有配备任何软件的硬件计算机称为裸机。裸机向外部世界提供的界面只是机器指令，为了驯服令人费解且难以使用的裸机，用户及其他程序都利用了系统软件，即通过操作系统来使用计算机。

常用的操作系统有PC-DOS、Windows NT、Windows 98、Windows 2000、Windows 2003、Windows XP、Windows 7、Linux、UNIX、OS/2等。

(2) 语言处理系统

使用计算机时,事先要为待处理的问题编排好确定的工作步骤,把预定的方案用特定的语言表示出来,即编写程序。这种计算机系统所能接受的语言称为程序设计语言。

程序设计语言按其发展的过程和应用级别分为机器语言、汇编语言、高级语言。其中,汇编语言也是一种面向机器的语言。

(3) 数据库管理系统

数据库技术是20世纪60年代末至20世纪70年代初计算机在数据管理方面发展的最新技术。数据库是以一定的组织方式存储起来的具有相关性的数据集合。数据库中的数据没有不必要的冗余,且独立于任何应用程序而存在,可为多种应用服务。

数据库管理系统就是在具体计算机上实现数据库技术的系统软件,用户用它来建立、管理、维护、使用数据库等。

借助数据库管理系统建立起来的管理信息系统,可使一个部门更好地利用、控制它的宝贵数据资源,因此数据库管理系统是提高数据处理工作效率的重要工具。

数据库按照其数据的不同组织方式可分成网状数据库、层次数据库和关系数据库3类。建立在关系数据库模型基础上的关系数据库近年来得到了迅速发展,尤其是在微型计算机上的数据库管理系统几乎全是支持关系数据库的,如微软的FoxPro。

(4) 工具软件

工具软件也称为服务软件,是软件开发、实施和维护过程中使用的程序,如输入阶段的编辑程序、运行阶段的连接程序、测试阶段的排错程序、测试数据产生程序等。众多的工具软件组成了“工具箱”,在软件开发的各个阶段,用户可以根据不同的需要,选择合适的工具来提高工作效率并改善软件产品的质量。

2. 应用软件

应用软件是用户利用计算机软、硬件资源为解决各类应用问题而编写的软件。应用软件一般包括用户程序及其说明性文件资料。随着计算机应用的推广与普及,应用软件将会逐步地标准化、模块化,并逐步地按功能组合成各种软件包以方便用户的使用。应用软件的存在与否并不影响整个计算机系统的运转,但它必须在系统软件的支持下才能工作。

最常用的应用软件有Microsoft公司的Office系统,它包括字处理软件Word、电子表格处理软件Excel、演示文稿处理软件PowerPoint等。我国金山公司的WPS Office也是常用应用软件,它的2010版包括WPS文字、WPS表格、WPS演示三大功能软件,是一款跨平台的办公软件。它既可以在Windows操作系统上运行,还可以运行在主流的Linux操作系统上。目前,金山公司的WPS文字、WPS表格、WPS演示与Microsoft公司的Word、Excel、PowerPoint不分伯仲。

1.3.3 计算机的工作原理

在计算机中,硬件和软件的结合点是计算机的指令系统。指令是计算机可以识别并执行的操作。计算机可以执行的指令的全体就称为指令系统。

任何程序都必须转换成为该计算机硬件可以识别并执行的一系列指令。计算机的基本工作原理是存储程序和对程序进行控制。

1. 冯·诺依曼原理

存储程序和程序控制原理最初是由美籍匈牙利数学家冯·诺依曼(John Von Neumann)在1945年提出来的,故称为冯·诺依曼原理。该原理指出:预先把指挥计算机如何进行操作的指令序列(通常称为程序)和原始数据通过输入设备输入计算机的内部存储器中。每一条指令中明确规定了计算机从哪个地址取数,进行什么操作,然后送到什么地址等步骤。计算机在运行时,先从内存中取出第一条指令,通过控制器的译码,按指令的要求,从存储器中取出数据进行指定的运算和逻辑操作,然后再按地址把结果送到内存中去。接下来,再取出第二条指令,在控制器的指挥下完成规定操作。依次进行下去,直至遇到停止指令。简而言之,即将程序与数据一起存储,按程序编排的顺序,一步一步地取出指令,自动地完成指令规定的操作。

2. 计算机的指令系统

如上所述,程序是指令的序列集合,而指令规定了计算机完成的某一种操作。加、减、乘、除、存数、取数等都是一个基本操作,分别可以用一条指令来实现。一台计算机可以有许多指令,作用也各不相同。计算机所能执行的所有指令的集合称为该计算机的指令系统。指令系统是依赖于计算机的,不同类型的计算机指令系统是不同的,因此它们所能执行的基本操作也是不同的。

指令通常由两部分组成:操作码和地址码。操作码指明计算机应该执行某种操作的性质与功能(如加减乘除、存取数等)。地址码指出被操作的数据(称为操作数)、结果以及下一条指令存放的地址。在一条指令中,操作码是必须有的,地址码可以有多种形式,如二地址、三地址、四地址等。

指令系统中的指令条数因计算机的不同类型而异,少则几十条,多则数百条。一般来说,无论是哪一种类型的计算机都具有以下功能的指令:数据传送型指令、数据处理型指令、程序制造型指令、输入/输出型指令、硬件控制型指令。

需要注意的是,计算机硬件只能识别并执行机器指令,高级语言编写的程序必须由程序语言翻译为机器指令后,计算机才能执行。

3. 计算机的工作过程

依据冯·诺依曼原理,计算机的工作过程实际上就是快速地执行指令的过程。当计算机在工作时,有两种信息在流动:数据信息和指令控制信息。数据信息是指令原始数据、中间结果、结果数据、源程序等,这些信息从存储器读入运算器进行运算,所得的计算结果再存入存储器和传送到输出设备。指令控制信息是由控制器对指令进行分析、解释后向各部件发出的控制命令,指挥各部件协调地工作。

指令执行是由计算机硬件来实现的,冯·诺依曼原理就是计算机的工作原理。

1.4 计算机的数据与编码

计算机尽管能处理很复杂的问题,且速度很快,但计算机的整个构造归根结底还是数字电路。在计算机的整个运行过程中,其内部所有的器件只有两种状态:“0”和“1”。计算机也只能识别这两种信号,且对它们进行处理。因此,所有计算机处理的问题都必须转换成相应的“0”和“1”的状态组合以便与机器的电子元件状态相适应。计算机的运算基础是二进制。

1.4.1 数制的概念

用一组固定的数字和一套统一的规则来表示数据的方法称为数制。数制有进位计数制和非进位计数制两类。按照进位方式计数的数制称为进位计数制。现在常用的就是进位计数制。

进位计数制涉及"基数"与各数的"位权"。基数是指该进制中允许使用的基本数码的个数。每一种进制都有固定的数目计数符号。不同位置上的数字所代表的值是确定的，这个固定位置上的值通常称为位权，简称权。各进位制中位权的值是基数的若干次幂。

计算机中常用的数制有十进制、二进制、八进制、十六进制等，如表 1.1 所示。

表 1.1 计数原则与计数符号

进制	计数原则	计数符号
十进制	逢十进一	0、1、2、3、4、5、6、7、8、9
二进制	逢二进一	0、1
八进制	逢八进一	0、1、2、3、4、5、6、7
十六进制	逢十六进一	0、1、2、3、4、5、6、7、8、9、A、B、C、D、E、F

十进制数是人类使用最方便的进制方式，但应用到计算机中就遇到了困难，这主要是由于用 10 个不同符号表示和运算非常复杂。因此，计算机主要采用二进制表示和存储信息，原因如下。

- 物理上容易实现。二进制中只有"0"和"1"两种状态，需要表示"0"和"1"两种状态的电子器件很多，如开关的接通和断开、晶体管的导通和截止等。使用二进制，电子器件具有实现的可行性。
- 运算简便。由于二进制只有"0"和"1"两个符号，因此运算法则少，运算简单。
- 逻辑计算方便。二进制的"0"和"1"正好可以和逻辑代数的"假"和"真"相对应，有逻辑代数的理论基础，用二进制表示逻辑真假很自然。

1.4.2 常用的进位计数制

1. 十进制

十进制记数法有以下两个特点。

①它有 10 个不同的记数符号 0,1,2,…,9。每一位数只能用这 10 个记数符号之一来表示，称这些记数符号为数码。

②它采用逢十进一的原则计数。小数点自右向左，分别为个位、十位、百位、千位等，称各个数码所在的位置为数位。

从以上两个特点可以看出，同一个数码出现在不同数位所代表的数值是不相同的，即一个数所代表的数值由两个因素决定：数码本身和其所在的数位。例如，666.66 这个十进制数，个位的 6 表示其本身的数值；而十位的 6 表示其本身数值的 10 倍，即 6×10；百位的 6 则代表其本身数值的 100 倍，即 6×100；而小数点右边第一位小数位的 6 表示 6×0.1 的值；第二位小

数位的 6 表示 6×0.01 的值。因此这个十进制数可以用多项式展开写成

$$666.66=6\times10^{2}+6\times10^{1}+6\times10^{0}+6\times10^{-1}+6\times10^{-2}$$

如果用 a_i 表示某一位的不同数码，对任意一个十进制数 A，可用多项式表示为

$$A=a_{n-1}10^{n-1}+a_{n-2}10^{n-2}+\cdots+a_{1}10^{1}+a_{-1}10^{-1}+\cdots+a_{-m}10^{-m}=\sum_{i=n-1}^{-m}a_{i}10^{i}$$

其中，m、n 为正整数，n 为小数点左边的位数，m 为小数点右边的位数，即 $-m$、n 为相应的数位值。各个数码由于所在数位不同而乘以 10 的若干次幂称为相应数位的权。权的底数称为进位制的基数。在这里，基数是 10，所以它是十进制数。

以上是十进制数的计数机理，在正常书写时，各数码的“权”隐含在数位之中，即

$$A=a_{n-1}a_{n-2}\cdots a_{1}a_{0}a_{-1}a_{-2}\cdots a_{-m}$$

2. 二进制

与十进制相似，二进制记数法也有两个特点。

①它有两个不同的记数符号 0 和 1 作为数码。

②它采用逢二进一的原则计数。也就是说，进位基数是 2。数码在不同的数位所代表的值也是不相同的，各数位的“权”是以 2 为底的幂。例如，

$$(10110.1)_2=1\times2^{4}+0\times2^{3}+1\times2^{2}+1\times2^{1}+0\times2^{0}+1\times2^{-1}=(22.5)_{10}$$

与十进制数类似，任意一个二进制数 B，可以展开成多项式之和：

$$B=b_{n-1}2^{n-1}+b_{n-2}2^{n-2}+\cdots+b_{1}2^{1}+b_{0}2^{0}+b_{-1}2^{-1}+\cdots+b_{-m}2^{-m}=\sum_{i=n-1}^{-m}b_{i}2^{i}$$

其中，b_i 的取值为 0 或 1，n 为小数点左边的位数，m 为小数点右边的位数。二进制记数法各数位的权，整数部分从低位向左分别为 1,2,4,8,16,32……小数部分的权，从小数点向右分别为 0.5,0.25,0.125……数位的权是以 2 为底数的幂，即该进位制的基数是 2，故称为二进制数。一般书写时，各数码的权隐含在数位之中，即

$$B=b_{n-1}b_{n-2}\cdots b_{1}b_{0}b_{-1}\cdots b_{-m}$$

3. 八进制

与十进制相似，八进制记数法也有两个特点。

①用八个不同的记数符号 0～7 作为数码。

②采用逢八进一的进位原则。在不同的数位，数码所表示的值应乘上相应数位的权。例如，

$$(456.45)_8=4\times8^{2}+5\times8^{1}+6\times8^{0}+4\times8^{-1}+5\times8^{-2}=(302.578125)_{10}$$

一般地，任意一个八进制数可以表示为

$$C=c_{n-1}8^{n-1}+c_{n-2}8^{n-2}+\cdots+c_{1}8^{1}+c_{0}8^{0}+c_{-1}8^{-1}+\cdots+c_{-m}8^{-m}=\sum_{i=n-1}^{-m}c_{i}8^{i}$$

其中，c_i 只能取 0～7 之一的值，进位基数是 8，故称为八进制数。

4. 十六进制

与十进制相似，十六进制记数法也有两个特点。

①16 个不同的记数符号 0～9 及 A、B、C、D、E、F 作为数码。将它们换算成十进制数后，A 表示 10，B 表示 11，C 表示 12，D 表示 13，E 表示 14，F 表示 15。

②采用逢十六进一的进位原则，各数码的权是以 16 为底数的幂。例如，

$$(2AF)_{16}=2\times16^2+A\times16^1+F\times16^0=2\times16^2+10\times16+15\times1=(687)_{10}$$

一个任意的十六进制数可以表示为

$$D=d_{n-1}16^{n-1}+d_{n-2}16^{n-2}+\cdots+d_1 16^1+d_0 16^0+d_{-1}16^{-1}+\cdots+d_{-m}16^{-m}=\sum_{i=n-1}^{-m}d_i 16^i$$

其中，d_i 可以取 0～F 之间的值，该进位制的基数是 16，故称为十六进制数。

综合上述分析可以看出，各种进位计数制的基本道理有共同之处。只因人们在日常生活中不大用到二进制、八进制和十六进制数，所以对它们不熟悉而已。表 1.2 给出了这几种进位制的数从$(0\sim17)_{10}$的对照表。

表 1.2　常用的几种进位计数制对照表

十进制数	二进制数	八进制数	十六进制数
0	0	0	0
1	1	1	1
2	10	2	2
3	11	3	3
4	100	4	4
5	101	5	5
6	110	6	6
7	111	7	7
8	1000	10	8
9	1001	11	9
10	1010	12	A
11	1011	13	B
12	1100	14	C
13	1101	15	D
14	1110	16	E
15	1111	17	F
16	10000	20	10
17	10001	21	11

1.4.3　制数之间的转换

1. 十进制数与二进制数之间的转换

计算机内部是使用二进制数，然而，人们习惯于十进制数，要把十进制数输入计算机中参与运算，就必须将其转换成二进制数。计算机输出运算结果时，又要把二进制数转换成十进制数来显示或打印。这种数制之间的相互转换过程在计算机内频繁地进行着。当然，有专门的程序自动完成这些转换工作，但仍有必要了解数制转换的基本步骤。

(1) 二进制数转换成十进制数

这种转换比较方便，只要将待转换的二进制数按各数位的权展开成一个多项式，求出该多项式的和就可以了，例如，

$$(1101.01)_2=1\times2^3+1\times2^2+0\times2^1+1\times2^0+0\times2^{-1}+1\times2^{-2}=(13.25)_{10}$$

(2) 十进制整数转换成二进制整数

逐次除以 2 取余法：用 2 逐次去除待转换的十进制整数，直至商为 0。每次所得的余数即为二进制数码，先得到的余数排在低位，后得到的余数排在高位。

【例 1.1】 将十进制数 83 转换成二进制数。

逐次除以 2 取余：

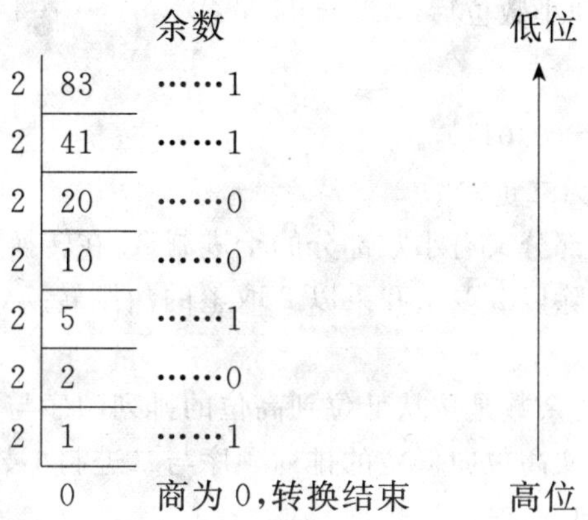

所以 $(83)_{10}=(1010011)_2$。

(3) 十进制小数转换成二进制小数

逐次乘 2 取整法：逐次用 2 去乘待转换的十进制小数，将每次得到的整数部分(0 或 1)依次记为二进制小数 $b_{-1},b_{-2},\cdots,b_{-m}$。

【例 1.2】 将 0.8125 转换为二进制小数。

逐次乘以 2 取整：

		整数	
小数乘以 2：	0.8125		高位
	× 2		↓
去掉整数 1 再乘以 2：	①.625	……1	
	× 2		
去掉整数 1 再乘以 2：	①.25	……1	
	× 2		
去掉整数 0 再乘以 2：	⓪.5	……0	
	× 2		
去掉整数 1 后纯小数为 0，转换结束	①.0	……1	低位

所以 $(0.8125)_{10}=(0.1101)_2$。

值得注意的是，并非每一个十进制小数都能转换为有限位的二进制小数，否则可以采用 0 舍 1 入的方法进行处理(类似于十进制中的四舍五入方法)。

【例 1.3】 将 0.335 转换为二进制小数，精确到 0.001。

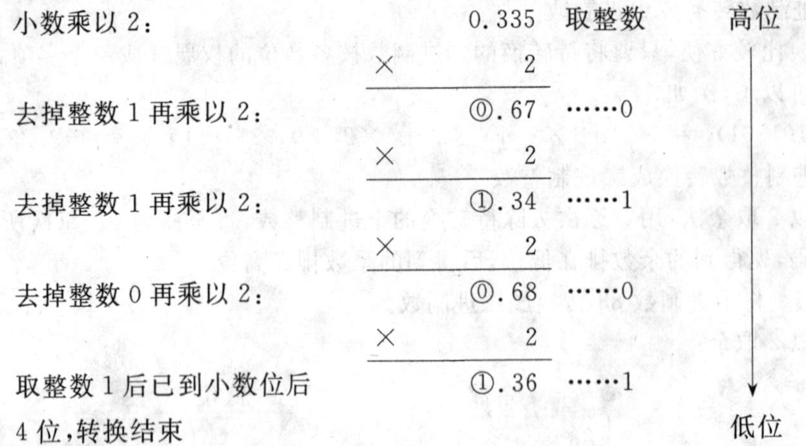

可得$(0.335)_{10} \approx (0.0101)_2 = (0.011)_2$。

(4) 任意十进制数转换为二进制数

对于任意一个既有整数部分又有小数部分的十进制数，在转换为二进制数时，只要将它的整数部分和小数部分分别按除以 2 取余和乘以 2 取整的法则转换，最后把所得的结果用小数点连接起来即可。

注意：逐次除以 2 取余的余数是按从低位到高位的排列顺序与二进制整数数位相对应的；逐次乘以 2 取整的整数是按从高位向低位的排列顺序与二进制小数数位相对应的。其共同特点是以小数点为中心，逐次向左、右两边排列。

2. 十进制数与八进制数、十六进制数的转换

(1) 八进制数、十六进制数转换成十进制数

具体方法同二进制数到十进制数的转换，分别套用相应转换公式。

(2) 十进制数转换成八进制数、十六进制数

与十进制数转换成二进制数相似，分别采用除以 8 取余法(对小数部分为乘以 8 取整法)、除以 16 取余法(对小数部分为乘以 16 取整法)。

注意：在将十进制数转换成十六进制数的过程中，对于采用除以 16 取余法得到的余数和采用乘以 16 取整法得到的整数，若结果为 10～15 之间的数值，最后要分别用字符 A、B、C、D、E、F 代替。

3. 二进制与八进制、十六进制的转换

(1) 二进制数转换成八进制数

因为 $2^3=8$，所以三位二进制数位相当于一个八进制数位，它们之间存在简单又直接的关系。

三位一并法：从待转换的二进制数的小数点开始，分别向左、右两个方向进行，将每三位划分成一组，不足三位的以 0 补齐。然后，每三位二进制数用相应的八进制码(0～7)表示，即完成二—八转换工作。

【例 1.4】 将$(101010001.001)_2$转换成八进制数。

首先以小数点为中心，分别向左右两个方向每三位划分成一组(以逗号作为分界符)，然后，每三位用一个相应八进制数代替：

101，　010，　001　.　001

↓　　↓　　↓　　↓　　↓

5　　2　　1　　.　　1

所以$(101010001.001)_2=(521.1)_8$。

【例 1.5】 将$(10010001.0011)_2$转换成八进制数。

首先以小数点为中心，分别向左右两个方向每三位划分成一组（以逗号作为分界符）：

10，　010，　001.001，　1

从上面的分组情况可以看到：小数点的左边有一组“10”，不足三位，应该补一位0，注意补0的位置应在最左边，即应补为“**0**10”（补位的“0”用黑体表示）；小数点的右边有一组“1”不足三位，应该补两位0。注意：补0的位置应在最右边，即应补为“1**00**”。然后，每三位用一个相应八进制数代替：

010，　010，　001　.　001，　1**00**

↓　　↓　　↓　　↓　　↓　　↓

2　　2　　1　　.　　1　　4

所以$(10010001.0011)_2=(221.14)_8$。

(2) 八进制数转换为二进制数

八进制数转换为二进制数的过程为二进制数转换成八进制数的逆过程。将每一位八进制数码用三位二进制数码代替，即“一分为三”。

【例 1.6】 将$(576.35)_8$转换成二进制数。

将八进制数的每位数依次用三位二进制数代替：

5　　7　　6　　.　　3　　5

↓　　↓　　↓　　↓　　↓　　↓

101　111　110　.　011　101

所以$(576.35)_8=(101111110.011101)_2$。

(3) 二进制数转换为十六进制数

因为$2^4=16$，因此四位二进制数与一位十六进制数是完全对应的。

四位一并法：从待转换的二进制数的小数点开始，分别向左、右两个方向进行，将每四位划分成一组，不足四位的以0补齐。然后每四位二进制数用一个相应的十六进制数码（0～F）表示，即完成二进制数到十六进制数的转换工作。

【例 1.7】 将$(10110001.0011)_2$转换成十六进制数。

首先以小数点为中心，分别向左右两个方向进行，将每四位划分成一组（以逗号作为分界符）。然后，每四位用一个相应十六进制数代替：

1011，　0001　.　0011

↓　　↓　　↓　　↓

B　　1　　.　　3

所以$(10110001.0011)_2=(B1.3)_{16}$。

【例 1.8】 将$(1001001.001)_2$转换成十六进制数。

首先以小数点为中心，分别向左右两个方向进行，将每四位划分成一组（以逗号作为分界符）：

100，　1001.001

从上面的分组情况可以看到：小数点的左边，有一组“100”不足四位，应该补一位 0，注意补 0 的位置应在最左边，即应补为“**0**100”；小数点的右边有一组“001”不足四位，应该补一位 0，注意补 0 的位置应在最右边，即应补为“001**0**”。然后，每四位用一个相应十六进制数代替：

0100， 1001 . 001**0**

↓ ↓ ↓ ↓

4 9 . 2

所以$(1001001.001)_2=(49.2)_{16}$。

(4) 十六进制数转换为二进制数

与八进制数到二进制数的转换类似，采用“一分为四”的方法，把每个十六进制数用四位二进制数代替就完成了十六进制数到二进制数的转换工作。

【例 1.9】 将$(E76.35)_{16}$转换成二进制数。

将十六进制数的每位数码依次用四位二进制数代替：

E 7 6 . 3 5

↓ ↓ ↓ ↓ ↓ ↓

1110 0111 0110 . 0011 0101

所以$(576.35)_{16}=(111001110110.00110101)_2$。

从上面的叙述可知，二进制与八进制、十六进制的转换比较简单、直观。所以，在程序设计中，通常将二进制数用简捷的八进制数或十六进制数表示。

1.4.4 计算机中数的表示

1. 正数与负数

在计算机中数的符号也是用数来表示的，一般用“0”表示正数的符号，“1”表示负数的符号，并放在数的最高位。

例如，$(01011)_2=(+11)_{10}$，$(11011)_2=(-11)_{10}$。

2. 原码、补码、反码

在计算机中，带符号数可以用不同方法表示，常用的有原码、补码或反码。上面讲到的正数与负数表示法即为原码表示法。

正数的原码、补码、反码是相同的，而负数的就不同了。

假设 x 为 n 位小数，用小数点左边一位表示数的符号，则

$$[x]_{原}=\begin{cases}x & (0\leqslant x<1),\\ 1-x & (-1<x\leqslant 0),\end{cases}$$

数的范围为$(1-2^{-n})\sim-(1-2^{-n})$。

零有两种表示，正零为 0.0…0；负零为 1.0…0。

$$[x]_{补}=\begin{cases}x & (0\leqslant x<1),\\ 2+x & (-1<x\leqslant 0),\end{cases}$$

数的范围为$(1-2^{-n})\sim-1$。

零的表示是唯一的，即 0.0…0。

$$[x]_{反}=\begin{cases}x & (0\leqslant x<1),\\ (2-2^{-n})+x & (-1<x\leqslant 0),\end{cases}$$

数的范围为$(1-2^{-n})\sim-(1-2^{-n})$。

零的表示有两种：正零为0.0…0，负零为1.1…1。

下面举例说明x的原码、补码、反码表示。

【例1.10】 设$x=+0.1011$，则

$$[x]_{原}=0.1011,$$
$$[x]_{补}=0.1011,$$
$$[x]_{反}=0.1011$$

【例1.11】 设$x=-0.1011$，则

$$[x]_{原}=1-x=1.1011,$$
$$[x]_{补}=2+x=(2)_{10}+(-0.1011)_2=1.0101,$$
$$[x]_{反}=(2-2^{-n})+x=2+x-2^{-n}$$
$$=(2)_{10}+(-0.1011)_2-(2^{-4})_{10}=1.0100$$

从本例可见，将$[x]_{原}$的符号位保持不变，数值部分按位取反（即$0\rightarrow1,1\rightarrow0$），即可得$[x]_{反}$；而$[x]_{反}$的最低位加1即可得$[x]_{补}$。

对补码进行运算，可将加、减运算统一成加法运算，从而降低了对计算机运算器的要求，因此得到广泛的应用，补码的运算结果仍为补码，举例如下。

【例1.12】 设$x=+0.1011$　$y=0.0110$，求$x-y$。

$$x-y=x+(-y),$$
$$[x]_{补}=0.1011,\quad[-y]_{补}=1.1010,$$
$$[x-y]_{补}=[x]_{补}+[-y]_{补}=0.1011+1.1010$$
$$=\boxed{1}\,0.0101\longrightarrow0.0101$$

运算结果按模2(mod 2)处理，最高位舍去。

【例1.13】 设$x=0.0110$　$y=0.1011$，求$x-y$。

$$x-y=x+(-y),$$
$$[x]_{补}=0.0110,\quad[-y]_{补}=1.0101,$$
$$[x-y]_{补}=[x]_{补}+[-y]_{补}=0.0110+1.0101=1.1011$$

其结果即为-0.0101的补码。

3. 定点数和浮点数

(1) 定点数表示法

在机器中，小数点位置固定的数称为定点数，一般采用定点小数表示法，即小数点固定在符号位与最高位之间。有时也采用定点整数表示法，此时将小数点固定在数的最低位的后面。定点数的运算规则比较简单，但不适宜对数值范围变化比较大的数据进行运算。

(2) 浮点数表示法

浮点数可以用来扩大数的表示范围。

浮点数由两部分组成，一部分用来表示数据的有效位，称为尾数；另一部分用来表示该数的小数点位置，称为阶码。

一般阶码用整数表示，尾数大多用小数表示。一个数N用浮点数表示可以写成

$$N=M\cdot R^e$$

其中，M表示尾数，e表示指数，R表示基数。基数一般取2,8,16。一旦机器定义好了基数值，

就不能再改变了。因此，在浮点数表示中，基数不出现，是隐含的。尾数和阶码可以采用不同的码制表示法，一般尾数常采用原码或补码表示法；阶码采用补码或移码表示法。移码表示法也叫增码表示法。

任意一个整数 x，若用 n 位二进制数来表示（含符号位），则其移码为真值 x 加 2^{n-1}，即

$$[x]_{移} = 2^{n-1} + x(-2^{n-1} < x < 2^{n-1})$$

当 $x \geqslant 0$ 时，$[x]_{移}$ 只要将 x 的最高位加 1，符号位为 1；

当 $x < 0$ 时，$[x]_{移}$ 则要将 2^{n-1} 减去 x 的绝对值，符号位为 0。

【例 1.14】 已知 $x=+6$，求$[x]_{移}$。

$$x=(+6)_{10}=+(0110)_2,$$

$$[x]_{移}=2^3+(0110)_2=(1110)_2，即最高位加 1。$$

【例 1.15】 已知 $x=-6$，求$[x]_{移}$。

$$x=(-6)_{10}=-(0110)_2,$$

$$[x]_{移}=2^3-(0110)_2=(0010)_2,$$

当 $x=0$ 时，$[x]_{移}=100\cdots00$，表示是唯一的。

一个浮点数，尾数用来表示数的有效值，其位数反映了数据的精度；阶码用来表示小数点在该数中的位置，其位数反映了该浮点数所表示的数的范围。

通常把 32 位浮点数称为单精度浮点数，64 位浮点数称为双精度浮点数。

用相同的位数表示浮点数，采用的基数不同，所能表示的数的范围也不同。例如，有一个 32 位浮点数，假设其阶码有 8 位，尾数为 24 位（包括一位符号位），都用补码表示，基数为 2，那么阶码最大值为 $2^7-1=(127)_{10}$，阶码最小值为 $-2^7=(-128)_{10}$，该数的表示范围为 $-1\times2^{127}\sim(1-2^{-23})\times2^{127}$。假如其基数为 8，其余不变，那么数的表示范围将扩大到 $-1\times8^{127}\sim(1-2^{-23})\times8^{127}$。

为了提高数的有效位数，在计算机中，浮点数是以规格化的形式出现的。当基数为 2，且尾数用补码表示时，规格化浮点数的特征是尾数最高位与符号位相反，即尾数为 0.1××…× 或 1.0××…×。

当一个浮点数的尾数为 0，或阶码小于机器所能表示的最小值时，当作零看待，称为机器零，这时要把该浮点数的阶码和尾数全置成零。阶码最小值用移码表示时全为 0，正好与机器零一致。

(3) 定点数的运算

定点数在计算机中可进行算术运算与逻辑运算。

算术运算一般指的是加、减、乘、除运算。定点数的补码加减法运算在前面已举过例子。当两个数进行运算的结果超出了机器所能表示的数的范围时就产生溢出。

补码加减法运算判断溢出的方法通常有 3 种。

①两正数相加，结果的符号位应为 0（正数），若符号位为 1，则发生了溢出；两负数相加，结果的符号位应为 1（负数），若符号位为 0，则发生了溢出。两个异符号数相加，不会发生溢出。

两异符号数相减，运算结果的符号与减符号相同，则发生了溢出。两个同符号数相减，不会发生溢出。

②双符号位法。对于每个操作数再增加一个符号位，增加的符号位叫第 1 符号位，原来的那个叫第 2 符号位。两个符号位全部参加运算，如果运算结果两符号位相同，则不会发生溢出；如果运算结果两符号位不同，则发生了溢出，而第 1 符号位代表了真正结果的符号。

③当数的最高位和符号位同时产生进位信号或都不产生进位信号时，不会发生溢出，否则发生溢出(补码加减法运算统一执行加法操作)。

定点数的乘法运算采取逐次加与移位的方法实现。定点(小数)乘法运算不会发生溢出。

经常采用原码进行乘法运算，结果的符号位是相乘两数符号位的按位加(异或)，其数值部分为两数的绝对值的乘积。其乘法规则是：每次根据乘数(数值部分)每个数位(自低位到高位)是“1”还是“0”，决定是加上被乘数还是加上“0”，获得部分积后右移一位，直到做完为止，两个 n 位数相乘，结果为 $2n$ 位。

采用布斯补码乘法，允许参加运算的两个操作数都用补码表示，它们的符号位与数值位一起参加运算，结果仍以补码表示。

定点数的除法运算采取逐次减与移位的方法。当每次进行减法运算时，若够减，则上商1；若不够减，则上商0。加、减交替法的原码除法运算规则是：当第一次从被除数中减去除数时，若够减(余数为正)，则表示溢出(一般停止除法运算)；若不够减(余数为负)，则继续按下述规则进行，直到得到所希望的有效位为止。

当余数为正时，则商上“1”，余数左移一位后减除数；当余数为负时，则商上“0”，余数左移一位后加除数。

对两个数进行逻辑运算指的是逻辑加、逻辑乘、逻辑非等操作，是在两个操作数的同一位上按位进行的。相邻位之间没有互相作用。

逻辑加即“或”操作，逻辑乘即“与”操作，逻辑非即“求反”操作。

(4) 浮点数的运算

参加运算的数是规格化数，其运算步骤如下。

①浮点加、减法运算。

对阶：小阶的数向大阶的数对齐，先求出两数的阶差，然后将小阶的尾数按阶差右移若干位，这样两个数的阶码就相等了。

尾数相加(减)：其方法同定点数运算。

运算结果规格化：如果尾数加减后发生了溢出，并不表示数据一定溢出，此时右移一位，阶码加1，称为右规。假如加1后阶码发生了溢出，那么表示结果发生了溢出。如果尾数加减后不会发生溢出，也不是规格化的数，那么就要进行向左规格化，每左移一位，阶码减1，直到结果成为规格化数为止。在左规过程中如出现阶码为机器所能表示的最小值，则将运算结果置成机器零，这种情况称为下溢；运算结果超过机器表示的最大值，则称为上溢。右规后如要进行舍入，就有可能使尾数再次产生溢出，需再右规，并注意阶码是否溢出。

②浮点乘法运算。阶码相加，尾数相乘。尾数乘法运算规则同定点数乘法。根据阶码结果判断运算结果是否溢出。其运算结果应是规格化数。

③浮点除法运算。阶码相减，尾数做除法。除法规则与定点除法的相同，运算结果规格化，并判断阶码是否溢出。

1.4.5 计算机中的编码

计算机只能识别1和0，因此在计算机内表示的数字、字母、符号等都要以二进制数码的组合来表示，这就是二进制编码。根据不同的用途，二进制编码有各种各样的编码方案，较常用的有 ASCII、EBCDIC、汉字编码等。

1. 计算机中数据的单位

计算机中数据的常用单位为:位、字节和字。

(1) 位(bit)

位是计算机中存储数据的最小单位,指二进制数中的一个位数,其值为 0 或 1,也称比特。计算机中最直接、最基本的操作就是对二进制位的操作。

(2) 字节(Byte)

字节简写为 B,是计算机用来表示存储空间大小的最基本的单位。一个字节包含 8 个二进制位。

字节的单位还有 KB(千字节)、MB(兆字节)、或 GB(吉字节)。常用这些单位来表示存储器(内存、硬盘、软盘、移动存储器等)的存储容量或文件的大小。

常用的存储单位有 B、KB、MB、GB 与 TB,另外还有 PB、EB、ZB、YB 等单位。其换算关系如表 1.3 所示。

表 1.3 数据存储单位之间的换算关系

单位	换算关系
Byte(字节)	1 B=8 bits
KB(Kilobyte,千字节)	1 KB=2^{10} B=1024 B
MB(Megabyte,兆字节)	1 MB=2^{20} B=1024 KB
GB(Gigabyte,吉字节)	1 GB=2^{30} B=1024 MB
TB(Trillionbyte,太字节)	1 TB=2^{40} B=1024 GB
PB(Petabyte,拍字节)	1 PB=2^{50} B=1024 TB
EB(Exabyte,艾字节)	1 EB=2^{60} B=1024 PB
ZB(Zettabyte,泽字节)	1 ZB=2^{70} B=1024 EB
YB(Yottabyte,尧字节)	1 YB=2^{80} B=1024 ZB

需要注意区分的是:位是最小的数据单位,字节是计算机中基本的信息单位。

(3) 字

字是计算机内部作为一个整体参与运算、处理和传送的一串二进制数,其英文名为"Word"。字是计算机内部 CPU 进行数据处理的基本单位。

2. 常用的数据编码

(1) 二-十进制编码(BCD 码)

由于人们日常使用的是十进制数,而机器内使用的是二进制码,所以,需要把十制数表示成二进制码。

一位十进制数字用 4 位二进制编码来表示可以有多种方法,但常用的是 BCD 码。4 位二进制数表示 24 即 16 种状态。只取前 10 种状态来表示 0~9,从左到右每位二进制数的权分别为 8、4、2、1,因此又叫 8421 码。

BCD 码有 10 个不同的码:0000,0001,0010,0011,0100,0101,0110,0111,1000,1001。且它是逢"十"进位的,所以是十进制数,但它的每位是用二进制编码来表示的,因此称 BCD 为二进制编码的十进制(Binary-Coded Decimal)。BCD 码十分直观,可以很容易实现与十进制数的转换。

例如,(0010 1000 0101 1001.0111 0010)BCD 可以方便地认出 2859.72 是它代表的十进制数。

用十进制输入的数,通过键盘变成 BCD 码,再由程序自动转换成真正的二进制数参与运算。因此,BCD 码是一种过渡码。

(2) ASCII

ASCII(American Standard Code for Information Interchange)即美国标准信息交换码,在计算机界,尤其是在微型计算机中得到了广泛使用。这一编码最初是由美国制订的,后来由国际标准组织(ISO)确定为国际标准字符编码。为了和国际标准兼容,我国根据它制定了国家标准,即 GB1988。其中除了将货币符号($)转换为人民币符号(¥)外,其他相同。

ASCII 采用 7 位二进制位编码,共可表示 $2^7=128$ 个字符。

计算机中常以 8 位二进制,即一个字节为单位表示信息,因此将 ASCII 的最高位取 0。当 ASCII 的最高位取 1 时,又可表示 128 个字符,这种编码称为扩展 ASCII,主要是一些字符。如表 1.4 所示。

表 1.4 标准 7 位 ASCII 码表

高位 低位	000	001	010	011	100	101	110	111
0000	NUL	DLE	SP	0	@	P	`	p
0001	SOH	DC1	!	1	A	Q	a	q
0010	STX	DC2	"	2	B	R	b	r
0011	ETX	DC3	#	3	C	S	c	s
0100	EOT	DC4	$	4	D	T	d	t
0101	ENG	NAK	%	5	E	U	e	u
0110	ACK	SYN	&	6	F	V	f	v
0111	BEL	ETB	'	7	G	W	g	w
1000	BS	CAN	(	8	H	X	h	x
1001	HT	EM	)	9	I	Y	i	y
1010	LF	SUB	*	:	J	Z	j	z
1011	VT	ESC	+	;	K	[	k	}
1100	FF	FS	,	<	L	\	l	|
1101	CR	GS	-	=	M	]	m	}
1110	SO	RS	.	>	N	^	n	~
1111	SI	US	/	?	O	_	o	DEL

要确定某个数字、字母、符号或控制符的 ASCII,可以在表 1.4 中先查到它的位置,确定它所在位置的相应行和列,然后根据列确定高 3 位的编码,再根据行确定低 4 位的编码,最后将高 3 位编码与低 4 位编码合在一起就是要查的字符的 ACSII。

从 ASCII 编码中可以看出,前 32 个和最后一个通常是计算机系统专用的,代表一个不可见的控制字符。数字字符 0~9 的 ASCII 是连续的,为 30H~39H(H 表示十六进制数);大写字母 A~Z 和小写字母 a~z 的 ASCII 也是连续的,分别是 41H~5AH 和 61H~7AH。因此,在知道一个字母或数字的ASCII后，很容易推算出其他字母或数字的编码。同样，也可以通过查ASCII码表得到某个字符。例如，有一ASCII为1100011，则查表可知，它是小写字母"c"。

值得注意的是，数值与数字字符在计算机中的表示是不同的。如十进制数5的7位二进制数是0000101，而它的ASCII为0110101。数值5表示大小，可以参与运算；而数字字符5则只表示一个符号，不能参与运算。

(3) 汉字编码

由于汉字具有特殊性，计算机在处理汉字信息时，汉字的输入、存储、处理及输出过程所使用的代码都不相同。主要汉字编码有汉字输入码、汉字内码、汉字字形码、汉字地址码及汉字信息交换码等。

①汉字输入码(外部码)。

汉字处理系统对每种汉字输入方法规定了输入计算机的代码，即汉字的输入码(也称汉字外码)，由键盘输入汉字时输入的就是汉字的外部码，每个汉字对应一个外部码。输入方法不同，同一个汉字使用的外码也不相同。目前常用的汉字输入编码有全拼码、五笔字形码、简拼码、自然码、表形码、区位码和电报码等，用户可以根据需要选择不同的输入方法。

②汉字交换码(国际码)。

汉字是世界上最庞大的字符集，因此，汉字在信息传递、交换中必须规定统一的编码才不会造成混乱。目前，国内计算机采用的标准汉字交换码是1980年我国根据有关国际标准规定的《信息交换用汉字编码字符集·基本集》，即国家标准GB2312—1980，简称国标码。该字符集把常用汉字分成两个字库：一级字库有3 755个汉字，占常用汉字的90%左右，按拼音字母顺序排列；二级字库不太常用，有3 008个汉字，按部首顺序排列。另外还收录了图形符号682个。汉字和图形符号合计7 445个。

国标码采用2个字节(2×8=16位)来表示一个汉字。两个字节的最高位均不用，置0。故汉字编码采用双7位方案，大约可以表示128×128=16 384种状态。由于每个字节的低7位中不能再用控制字符位，因而双7位能表示94×94=8 836种可见字符编码。国际码采用行、列形式，第一字节为行号，其行号叫区号；第二个字节为列号，其列号叫位号。01区到09区为各种符号，16区到55区为一级字库，56区到87区为二级字库。88区到94区为空。

③汉字的机内码。

机内码是计算机内部存储和加工汉字时所使用的代码。计算机处理汉字，实际上是处理汉字的机内码。不管用哪一种输入码输入汉字，为了存储和处理的方便，都需要将输入码转换为长度一致的机内码。一般用2个字节表示一个汉字。

不同的系统使用的汉字的机内码可能不同。目前使用最为广泛的是一种为2B机内码，它就是将国标码的2个字节最高位分别置为1而得到的。它的最大优点是表示简单，且与交换码之间有明显的对应关系，同时也解决了中英文机内码存在二义性的问题。

④汉字输出码。

汉字输出码也称为汉字字形码，主要用于汉字的显示和打印。因为汉字的机内码不能直接表示每个汉字输出的字形信息，所以，必须要根据汉字内码在字形库中检索出相应的字形信息后才能输出。汉字字形经过数字化处理后的一串二进制数称为汉字输出码。

汉字字形主要有点阵和矢量两种表示方式。用点阵表示字形时，汉字字形码指的是这个汉字字形点阵的代码。根据输出汉字的要求不同，点阵的多少也不同。简易型汉字为16×16点阵，提高型汉字有24×24点阵、32×32点阵、48×48点阵等。点阵规模越大，字形越清晰美观，所占存储空间也越大。

矢量表示方式存储的是描述汉字字形的轮廓特征，当要输出汉字时，通过计算机的计算，由汉字字形描述生成所需大小和形状的汉字点阵。矢量化字形描述的是最终文字显示的大小，与分辨率无关，因此可以产生高质量的汉字输出。Windows 中使用的 TrueType 技术就是汉字的矢量表示方式。

汉字字形数字化后，以二进制文件形式存储于存储器中，构成汉字字模库。汉字字模库也称汉字字形库，简称汉字字库。

1.5 计算机应用辅助知识

了解计算机的一些主要技术指标，对使用和选配计算机硬件都有较大帮助。而了解计算机在哪些方面与我们的工作、生活密切相关，则有利于明确学习方向。

1.5.1 正确开关计算机

正确、良好的开关机习惯，是保证计算机正常运行并延长其使用寿命的基本条件。启动计算机有 3 种方式。

1. 冷启动

冷启动是指计算机在没有加电的状态下初始加电，一般程序是先打开外设（如显示器、打印机等）电源，再打开主机箱上的电源。这是因为，主机的运行需要非常稳定的电源，按此顺序操作可以防止外设启动引起电源波动而影响主机运行。而关机的操作顺序正好相反，一般应先关主机箱上的电源，再关外设电源。这样可以防止外设电源断开一瞬间产生的感应电压对主机造成意外损害。

2. 热启动

热启动是指计算机在 DOS 状态下运行时，同时按下 Ctrl＋Alt＋Del 键，计算机会重新启动。这种启动方式是在不断电状态下启动计算机的，所以称为热启动。

如果计算机运行的是 Windows 7 操作系统，同时按下 Ctrl＋Alt＋Del 键，系统会显示如图 1.6 所示为 Windows 7 安全界面，而不是热启动方式启动计算机。

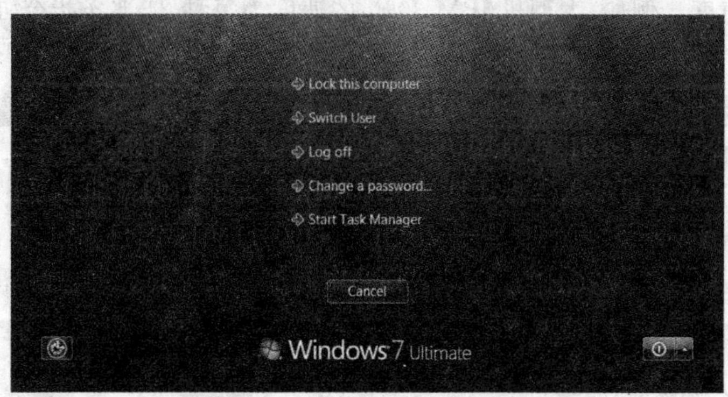

图 1.6 Windows 7 安全界面

3. 复位启动

复位启动是指计算机死机后，甚至连键盘都不能响应时采用的一种热启动方式。主机箱面板上一般都会有一个复位(Reset)按钮，按下它，计算机就会重新加载硬盘等所有硬件及系统的各种软件。值得注意的是，这种启动方式对计算机的威胁不亚于热启动。

1.5.2 计算机系统主要技术指标

衡量一台微型计算机的性能，主要根据机器的字长、时钟周期和主频、运算速度、内存容量、数据输入/输出最高速率等指标综合考虑，且不同用途的计算机其侧重点也有所不同。

1. 字长

在计算机中，一般用若干二进制位表示一个数和一条指令。前者称为数据字，后者称为指令字。

通常把 8 个二进制位称为一个字节。一个字由一个或多个字节组成，一个字的字节大小因计算机系统的不同而不同。字长的长短直接影响计算机的功能、计算精度和计算速度。一般，大型计算机的字长在 48～64 位之间；中型计算机字长在 32 位左右；小型计算机字长在 16～32位之间；微型计算机的字长在 8～32 位之间。目前，Intel Pentium 系列的微型计算机均为 32 位机，现已有 64 位计算机。

2. 时钟周期和主频

计算机的中央处理器对每条指令的执行是通过若干个微操作来完成的。这些微操作是按时钟周期的节拍来“动作”的，时钟周期的微秒数反映出计算机的运算速度。有时也用时钟周期的倒数，即我们习惯所说的主频来表示运算速度，主频单位为 MHz(兆赫兹)。一般说来，主频越高(时钟周期越短)，计算机的运算速度就越高。但是，主频并不能全面准确地反映计算机的运算速度，而 MIPS(每秒百万条指令)指标则能较全面准确地反映计算机的运算速度。

3. 运算速度

计算机的运算速度是衡量计算机水平的一项主要指标，它取决于指令执行时间。运算速度的计算方法多种多样，目前常用单位时间内执行多少条指令来表示，常以 MIPS(每秒百万条指令)或 MFLOPS(每秒百万条浮点指令)为单位来描述。由于计算机执行各种指令所需时间各不相同，因此常以一些典型计算中的各种指令执行的频度以及每种指令执行时间来折算出计算机的等效速度。例如，大型机 IBM 3090 的速度为每秒 21 兆条指令，即 21MIPS。

4. 内存容量

内存容量指内存储器中的 RAM 与 ROM 的容量的总和。存储器的容量反映计算机记忆信息的能力，它常以字节为单位表示。存储器的容量越大，记忆的信息越多，运算速度越快，计算机处理数据的能力越强。

如前所述，计算机中的操作大都是与内存交换信息，但内存的存取速度相对 CPU 的算术和逻辑运算的速度要低 1 至 2 个数量级。因此，内存的读/写速度也是影响计算机运行速度的主要因素。

5. 数据输入/输出最高速率

主机与外部设备之间交换数据的速率也是影响计算机系统工作速度的重要因素之一。各种外部设备本身工作的速度不同，通常用主机所能支持的最大数据输入/输出速率来表示计算机的速度。

此外，评价计算机性能还有一些其他综合指标，如系统的兼容性、完整性、安全性及性能价格比等。个人使用计算机的习惯以及操作系统与应用软件之间的配合程度也会影响计算机的整体性能。

1.5.3 计算机的工具作用

随着计算机技术的迅速发展，计算机越来越明显地成为人们工作、学习和生活不可缺少的"工具"，主要体现在以下两个方面。

①辅助性。目前在计算机的应用领域中，绝大部分是使用计算机来完成某些特定的工作，如科学计算、图形绘制、自动控制、计算机辅助测试(CAT)、计算机辅助教学(CAI)、计算机辅助设计(CAD)等。这些应用无不体现了计算机的辅助性。

②娱乐性。计算机作为工具不仅为人们带来了高质量和高效率的工作结果，而且在人们的娱乐方面也起了很大的作用。人们可以用计算机看电影/电视、听音乐、玩游戏、进行视频通话聊天等。

计算机作为一种工具，已经显现出它的不可替代性。

1.5.4 自主选择学习内容

计算机的功能涵盖面特别广泛，如图像处理、医疗诊断、电影编辑、应用程序开发、游戏编程、办公应用等，每一种应用都有其特定的方向性和专业性，对绝大多数计算机使用者而言，不需要也不可能完全掌握计算机的全部功能，而只能根据自己的工作、生活、娱乐等需求来选择一些实用内容进行学习。表1.5列出了一些常用的应用软件所能完成的工作，以供用户选择学习。

表1.5 一些常用软件的应用方向

软件名称	应用方向	解决的问题
Office 系列	办公应用	Word 文字处理，可进行公文的编辑排版；Excel 电子表格，可满足表格创建和数据分析的需要；PowerPoint 演示文稿，可以创建会议、演讲等多媒体文件；Outlook 用于管理个人信息和日程
Photoshop	图像处理	用于平面图像、广告宣传设计
Dreamweaver	网页制作	用于创建静态、动态网页，组建团队和个人网站平台
3DS MAX	动画制作	可创建三维模型、建筑模板和动画
Flash		可创建网络动画，在教学中用于制作多媒体教学课件

1.6 计算机病毒

1.6.1 计算机病毒简史

早在1949年，计算机的先驱者冯·诺依曼在他的论文《复杂自动机组织论》中就提出了计算机程序能够在内存中自我复制的概念，即已把病毒程序的蓝图勾勒出来，但当时绝大部分计算机专家都无法想象这种程序会自我繁殖，可是少数几个科学家默默地研究冯·诺依曼所提出的概念。直到10年之后，在美国电话电报公司的贝尔实验室中，三个年轻程序员道格拉斯·麦耀莱、维特·维索斯基和罗特·莫里斯在工作之余设计出了一种电子游戏叫作“磁芯大战”，其程序可以自我复制。

据美国国家计算机安全协会估计，每天正在产生几种甚至十几种新的病毒。

计算机病毒的发展可以归纳为以下6个阶段。

1. 第一阶段病毒

第一阶段病毒的产生年限可以认为在1986—1989年之间，这一期间出现的病毒可以称之为传统的病毒，是计算机病毒的萌芽和滋生时期。由于当时计算机的应用软件少，而且大多是单机运行环境，因此病毒没有大量流行，流行病毒的种类也很有限，病毒的清除工作相对来说较容易。这一阶段的计算机病毒具有如下的一些特点。

①病毒攻击的目标比较单一，或者是传染磁盘引导扇区，或者是传染可执行文件。

②病毒程序主要采取截获系统中断向量的方式监视系统的运行状态，并在一定的条件下对目标进行传染。

③病毒传染目标以后的特征比较明显，如磁盘上出现坏扇区，可执行文件的长度增加、文件建立日期、时间发生变化等。这些特征容易被人工或杀毒软件所发现。

④病毒程序不具有自我保护的措施，容易被人们分析和解剖，从而使得人们容易编制相应的杀毒软件。

随着计算机反病毒技术的提高和反病毒产品的不断涌现，病毒编制者也在不断地总结自己的编程技巧和经验，千方百计地逃避反病毒产品的分析、检测和解毒，从而出现了第二代计算机病毒。

2. 第二阶段病毒

第二阶段病毒又称为混合型病毒（又有人称之为“超级病毒”），其产生的年限可以认为在1989—1991年之间，它是计算机病毒由简单发展到复杂、由单纯走向成熟的阶段。在这一阶段，计算机局域网开始应用与普及，许多单机应用软件开始转向网络环境，应用软件更加成熟。由于网络系统尚未有安全防护的意识，缺乏在网络环境下防御病毒的思想准备与方法对策，给计算机病毒带来了第一次流行高峰。这一阶段的计算机病毒具有如下特点。

①病毒攻击的目标趋于混合型，即一种病毒既可传染磁盘引导扇区，又可传染可执行文件。

②病毒程序不采用明显地截获中断向量的方法监视系统的运行，而采取更为隐蔽的方法

驻留内存和传染目标。

③病毒传染目标后没有明显的特征，如磁盘上不出现坏扇区、可执行文件的长度增加不明显、不改变被传染文件原来的建立日期和时间等。

④病毒程序往往采取了自我保护措施，如加密技术、反跟踪技术，制造障碍，增加人们分析和解剖的难度，同时也增加软件检测、解毒的难度。

⑤出现许多病毒的变种，这些变种病毒较原病毒的传染性更隐蔽，破坏性更大。

总之，这一时期出现的病毒不仅在数量上急剧地增加，更重要的是病毒从编制的方式、方法，驻留内存以及对宿主程序的传染方式、方法等都有了较大的变化。

3. 第三阶段病毒

第三阶段病毒的产生年限可以认为从1992年开始至1995年，此类病毒称为“多态性”病毒或“自我变形”病毒，是最近几年来出现的新型的计算机病毒。所谓“多态性”或“自我变形”的含义是指此类病毒在每次传染目标时，放入宿主程序中的病毒程序大部分都是可变的，即在搜集到同一种病毒的多个样本中，绝大多数病毒程序的代码是不同的，这是此类病毒的重要特点之一。正是由于这一特点，传统的利用特征码法检测病毒的产品不能检测出此类病毒。

据资料介绍，此类病毒的首创者是Mark Washburn，他并不是病毒的有意制造者，而是一位反病毒的技术专家。他编写的“1260”病毒就是一种多态性病毒，此病毒于1990年1月问世，有极强的传染力，被传染的文件被加密，每次传染时都更换加密密钥，而且病毒程序进行了相当大的改动。他编写此类病毒的目的是为了研究。他将此类病毒散发给他的同事，其目的是为了向他们证明特征代码检测法不是在任何场合下都是有效的。然而，不幸的是，为研究病毒而发明的此种病毒超出了反病毒的技术范围，流入了病毒技术中。1992年上半年，在保加利亚发现了黑夜复仇者(Dark Avenger)病毒的变种“Mutation Dark Avenger”。这是世界上最早发现的多态性的实战病毒，它可用独特的加密算法产生几乎无限数量的不同形态的同一病毒。据悉该病毒作者还散布一种名为“多态性发生器”的软件工具，利用此工具将普通病毒进行编译即可使之变为多态性病毒。

我国在1994年年底已经发现了多态性病毒——“幽灵”病毒，迫使许多反病毒技术部门开发了相应的检测和杀毒产品。

由此可见，第三阶段是病毒的成熟发展阶段。在这一阶段病毒的发展主要是病毒技术的发展，病毒开始多维化发展，即传统病毒传染的过程与病毒自身运行的时间和空间无关，而新型的计算机病毒则将与病毒自身运行的时间、空间和宿主程序紧密相关，这无疑将导致计算机病毒检测和消除的困难。

4. 第四阶段病毒

20世纪90年代中后期，随着远程网、远程访问服务的开通，病毒的流行渠道更加广泛，病毒的流行迅速突破地域的限制，首先通过广域网传播至局域网内，再在局域网内传播扩散。1996年下半年，随着国内Internet的大量普及及Email的使用，夹杂于Email内的WORD宏病毒已成为当时病毒的主流。由于宏病毒编写简单、破坏性强、清除繁杂，加上微软对DOC文档结构没有公开，给直接基于文档结构清除宏病毒带来了诸多不便。从某种意义上来讲，由于微软Word Basic的公开性以及DOC文档结构的封闭性，宏病毒对文档的破坏已经不仅仅属于普通病毒的概念。如果放任宏病毒泛滥，不采取措施彻底解决，宏病毒将对中国的信息产业产生不可预测的后果。

这一时期病毒的最大特点是利用 Internet 作为其主要传播途径，因而，病毒传播快、隐蔽性强、破坏性大。

5. 第五阶段病毒

这一时期病毒的最大特点是具有主动攻击性。典型代表为 2003 年出现的“冲击波”病毒和 2004 年流行的“震荡波”病毒。这些病毒利用操作系统的漏洞进行攻击性的扩散，并不需要任何媒介或操作，用户只要接入互联网络就有可能被感染。

6. 第六阶段病毒

此阶段即“手机病毒”阶段。随着移动通信网络的发展以及移动终端——手机功能的不断强大，计算机病毒开始从传统的互联网络走进移动通信网络。与互联网用户相比，手机用户覆盖面更广、数量更多，因而高性能的手机病毒一旦爆发，其危害和影响比“冲击波”、“震荡波”等互联网病毒还要大。

1.6.2 计算机病毒的定义与特性

1. 计算机病毒的定义

《中华人民共和国计算机信息系统安全保护条例》第二十八条对计算机病毒明确定义：“编制或者在计算机程序中插入的破坏计算机功能或者毁坏数据，影响计算机使用，并能自我复制的一组计算机指令或者程序代码”。计算机病毒是一个程序，一段可执行码。它能影响计算机软件、硬件的正常运行，破坏数据的正确与完整，占据存储空间，降低计算机的性能。

2. 计算机病毒的特性

计算机病毒一般具有以下特性。

(1) 计算机病毒的程序性(可执行性)

计算机病毒与其他合法程序一样，是一段可执行程序，但它不是一个完整的程序，而是寄生在其他可执行程序上，因此它享有一切程序所能得到的权力。在病毒运行时，与合法程序争夺系统的控制权。计算机病毒只有当它在计算机内得以运行时，才具有传染性和破坏性等活性。也就是说，计算机 CPU 的控制权是关键问题。若计算机在正常程序控制下运行，而不运行带病毒的程序，则这台计算机总是可靠的。在这台计算机上查看病毒文件的名字、查看计算机病毒的代码、打印病毒的代码，甚至拷贝病毒程序，都不会感染上病毒。反病毒技术人员整天就是在这样的环境下工作。他们的计算机虽也存有各种计算机病毒的代码，但已置这些病毒于控制之下，计算机不会运行病毒程序，整个系统是安全的。相反，计算机病毒一经在计算机上运行，在同一台计算机内病毒程序与正常系统程序，或某种病毒与其他病毒程序争夺系统控制权时往往会造成系统崩溃，导致计算机瘫痪。反病毒技术就是要提前取得计算机系统的控制权，识别出计算机病毒的代码和行为，阻止其取得系统控制权。

(2) 计算机病毒的传染性

传染性指病毒对其他文件或系统进行一系列非法操作，使其带有这种病毒，并成为该病毒的一个新的传染源的过程。这是病毒的最基本特征。

在生物界，病毒通过传染从一个生物体扩散到另一个生物体。在适当的条件下，它可得到大量繁殖，并使被感染的生物体表现出病症甚至死亡。同样，计算机病毒也能使自身的代码强行传染到一切符合其传染条件的、未受到传染的程序之上。计算机病毒可通过各种可能的渠道,如软盘、计算机网络去传染其他的计算机。当用户在一台机器上发现了病毒时,往往曾在这台计算机上用过的软盘已感染上了病毒,而与这台机器联网的其他计算机也许也被该病毒感染了。是否具有传染性是判别一个程序是否为计算机病毒的最重要条件。病毒程序通过修改磁盘扇区信息或文件内容并把自身嵌入其中的方法,达到传染和扩散病毒的目的。其中,被嵌入的程序叫作宿主程序。

(3) 计算机病毒的潜伏性

计算机病毒的潜伏性主要有两种表现。①不用专用检测程序检查不出病毒程序,因此病毒可以在几周或者几个月甚至几年内隐藏在合法文件中,对其他系统进行传染,而不被发现。②计算机病毒的内部往往有一种触发机制,不满足触发条件时,计算机病毒除了传染外不做什么破坏。一旦满足触发条件,有的在屏幕上显示信息、图形或特殊标识,有的则执行破坏系统的操作,如格式化磁盘、删除磁盘文件、对数据文件做加密、封锁键盘以及使系统死锁等。

潜伏性越好,其在系统中存在的时间就会越长,病毒的传染范围就会越大。

(4) 计算机病毒的可触发性

病毒因某个事件而实施感染或进行攻击的特性称为可触发性。为了隐蔽自己,病毒必须潜伏,少做动作。如果完全不动,一直潜伏,那么病毒既不能感染也不能进行破坏,便失去了杀伤力。病毒既要隐蔽又要维持杀伤力,它必须具有可触发性。病毒的触发机制就是用来控制感染和破坏动作的频率的。病毒具有预定的触发条件,这些条件可能是时间、日期、文件类型或某些特定数据等。病毒运行时,触发机制检查预定条件是否满足,如果满足条件,就启动感染或破坏动作,使病毒进行感染或攻击。

(5) 计算机病毒的破坏性

计算机病毒的破坏性是指病毒在满足触发条件时,立即对计算机系统运行进行干扰或对数据进行恶意的修改。病毒破坏性的大小完全取决于该病毒编制者的意愿。所有计算机病毒都存在一个共同的危害,即降低计算机系统的工作效率,占用系统资源,其具体情况取决于入侵系统的病毒程序。计算机病毒的破坏性主要取决于计算机病毒设计者的目的,如果病毒设计者的目的在于彻底破坏系统的正常运行,那么这种病毒对于计算机系统进行攻击造成的后果是难以设想的,它可以毁掉系统的部分数据,也可以破坏全部数据并使之无法恢复。但并非所有的病毒都对系统产生极其恶劣的破坏作用。有时几种原本没有多大破坏作用的病毒交叉感染,也会导致系统崩溃等重大后果。

(6) 攻击的主动性

病毒对系统的攻击是主动的,不以人的意志为转移。从一定的程度上讲,计算机系统无论采取多么严密的保护措施都不可能彻底地排除病毒对系统的攻击,而保护措施充其量是一种预防的手段。

(7) 病毒的针对性

计算机病毒是针对特定的计算机和特定的操作系统的。例如,有针对 IBM PC 机及其兼容机的,有针对 Apple 公司的 Macintosh 的,还有针对 UNIX 操作系统的。其中,小球病毒就是针对 IBM PC 机及其兼容机上的 DOS 操作系统的。

(8) 病毒的非授权性

病毒的非授权性是指病毒未经授权而执行。一般正常的程序是由用户调用,再由系统分配资源,从而完成用户交给的任务。其目的对用户是可见的、透明的。而病毒具有正常程序的一切特性,它隐藏在正常程序中,当用户调用正常程序时窃取到系统的控制权,先于正常程序执行。病毒的动作、目的对用户是未知的，是未经用户允许的。

(9) 病毒的隐蔽性

病毒的隐蔽性是指病毒的存在、传染和对数据的破坏过程不易为计算机操作人员发现，同时又是难以预料的。病毒通常附在正常程序中或磁盘较隐蔽的地方，也有个别的以隐含文件形式出现。其目的是不让用户发现它的存在。如果不经过代码分析，病毒程序与正常程序是不容易区别开来的。一般在没有防护措施的情况下，计算机病毒程序取得系统控制权后，可以在很短的时间里传染大量程序。受到传染后，计算机系统通常仍能正常运行，用户不会感到任何异常，好像不曾在计算机内发生过什么。大部分的病毒的代码之所以设计得非常短小，也是为了隐藏。病毒一般只有几百或一千字节，而PC机对DOS文件的存取速度可达每秒几百千字节以上，所以病毒转瞬之间便可将这短短的几百字节附着到正常程序之中，使人非常不易察觉。

计算机病毒的隐蔽性表现主要有以下两个方面。

①传染的隐蔽性。大多数病毒在进行传染时速度是极快的，一般不具有外部表现，不易被人发现。但有些病毒非常“勇于暴露自己”，时不时在屏幕上显示一些图案或信息，或演奏一段乐曲。许多用户对计算机病毒不关心，更不用说心理上的警惕了。他们见到这些新奇的屏幕显示和音响效果，还以为是来自计算机系统，而没有意识到这些病毒正在损害计算机系统，制造灾难。

②病毒程序存在的隐蔽性。这是指正常程序被计算机病毒感染后，其原有功能基本上不受影响，病毒代码附于其上而得以存活，不断地得到运行的机会，去传染出更多的复制体，与正常程序争夺系统的控制权和磁盘空间，不断地破坏系统，从而导致整个系统瘫痪。

(10) 病毒的衍生性

这种特性为一些好事者提供了一种创造新病毒的捷径。通过分析计算机病毒的结构可知，传染的破坏部分反映了设计者的设计思想和设计目的。但是，这可以被其他掌握原理的人以其个人的企图进行任意改动，从而又衍生出一种不同于原版本的新的计算机病毒(又称为变种)。这就是计算机病毒的衍生性。这种变种病毒造成的后果可能比原版病毒严重得多。

(11) 病毒的寄生性(依附性)

病毒程序嵌入宿主程序中，依赖于宿主程序的执行而生存，这就是计算机病毒的寄生性。病毒程序在侵入到宿主程序中后，一般对宿主程序进行一定的修改，宿主程序一旦执行，病毒程序就被激活，从而可以进行自我复制和繁衍。

(12) 病毒的不可预见性

从对病毒的检测方面来看，病毒还有不可预见性。不同种类的病毒，它们的代码千差万别，但有些操作是共有的(如驻内存，改中断等)。有些人利用病毒的这种共性，制作了声称可查所有病毒的程序。这种程序的确可查出一些新病毒，但由于目前的软件种类极其丰富，且某些正常程序也使用了类似病毒的操作甚至借鉴了某些病毒的技术，使用这种方法对病毒进行检测势必会造成较多的误报情况。而且病毒的制作技术也在不断地提高，病毒对反病毒软件永远是超前的。新一代计算机病毒甚至连一些基本的特征都隐藏了，有时可通过观察文件长度的变化来判别。然而，最新的病毒也可以在这个问题上蒙蔽用户，它们利用文件中的空隙来存放自身代码，使文件长度不变。许多新病毒则采用变形来逃避检查，这也成为新一代计算机病毒的基本特征。

(13) 计算机病毒的欺骗性

计算机病毒行动诡秘,而计算机对其反应迟钝,往往把病毒造成的错误当成事实接受下来,故病毒很容易获得成功。

(14) 计算机病毒的持久性

即使在病毒程序被发现以后,数据和程序以至操作系统的恢复都非常困难。特别是在网络操作环境下,病毒程序由一个受感染的拷贝通过网络系统反复传播,使得病毒程序的清除非常复杂。

1.6.3 计算机病毒的结构、分类和命名方法

1. 计算机病毒的结构

计算机病毒一般包括 3 大功能模块,即引导模块、传染模块和表现或破坏模块。后两个模块各包含一段触发条件检查代码。但不是所有病毒都包括这 3 个模块。

2. 计算机病毒的分类

(1) 按照计算机病毒攻击的系统分类

①攻击 DOS 系统的病毒。

②攻击 Windows 系统的病毒。由于 Windows 的图形用户界面(GUI)和多任务操作系统深受用户的欢迎,Windows 已取代 DOS,从而成为病毒攻击的主要对象。

③攻击 UNIX 系统的病毒。当前,UNIX 系统应用非常广泛,并且许多大型的操作系统均采用 UNIX 作为其主要的操作系统,所以 UNIX 病毒对人类的信息处理也是一个严重的威胁。

④攻击 OS/2 系统的病毒。世界上已经发现第一个攻击 OS/2 系统的病毒,它虽然简单,但也是一个不祥之兆。

(2) 按照病毒的攻击机型分类

①攻击微型计算机的病毒。这是世界上传染最为广泛的一种病毒。

②攻击小型机的计算机病毒。小型机的应用范围是极为广泛的,它既可以作为网络的一个节点机,也可以作为小范围计算机网络的主机。

③攻击工作站的计算机病毒。攻击计算机工作站的病毒的出现也是对信息系统的一大威胁。

(3) 按照计算机病毒的链接方式分类

由于计算机病毒本身必须有一个攻击对象以实现对计算机系统的攻击,故计算机病毒所攻击的对象是计算机系统中可执行的部分。

①源码型病毒。该病毒攻击高级语言编写的程序,在高级语言所编写的程序编译前插入原程序中,经编译成为合法程序的一部分。

②嵌入型病毒。这种病毒是将自身嵌入现有程序中,把计算机病毒的主体程序与其攻击的对象以插入的方式链接。这种计算机病毒是难以编写的,一旦侵入程序体后难以消除。如果同时采用多态性病毒技术、超级病毒技术和隐蔽性病毒技术,就会给当前的反病毒技术带来严峻的挑战。

③外壳型病毒。该病毒将其自身包围在主程序的四周,对原来的程序不进行修改。这种

病毒最为常见，易于编写，也易于发现，一般通过测试文件的大小即可发现。

④操作系统型病毒。这种病毒用它自己的程序意图加入或取代部分操作系统进行工作，具有很强的破坏力，可以导致整个系统的瘫痪。圆点病毒和大麻病毒就是典型的操作系统型病毒。这种病毒在运行时，用自己的逻辑部分取代操作系统的合法程序模块，根据病毒自身的特点和被替代的操作系统中合法程序模块在操作系统中运行的地位与作用，以及病毒取代操作系统的取代方式等，对操作系统进行破坏。

(4) 按照计算机病毒的破坏情况分类

①良性计算机病毒：不包含有立即对计算机系统产生直接破坏作用的代码。这类病毒为了表现其存在，只是不停地进行扩散，从一台计算机传染到另一台，并不破坏计算机内的数据。有些人对这类计算机病毒的传染不以为然，认为这只是恶作剧，没什么关系。其实良性和恶性都是相对而言的。良性病毒取得系统控制权后，会导致整个系统运行效率降低，系统可用内存总数减少，不能运行某些应用程序。它还与操作系统和应用程序争抢 CPU 的控制权，导致整个系统死锁，给正常操作带来麻烦。有时系统内还会出现几种病毒交叉感染的现象，一个文件反复被几种病毒所感染。

②恶性计算机病毒：在其代码中包含有损伤和破坏计算机系统的操作，在其传染或发作时会对系统产生直接的破坏作用。这类病毒有很多，如米开朗基罗病毒(米氏病毒)。当米氏病毒发作时，硬盘的前 17 个扇区将被彻底破坏，使整个硬盘上的数据无法被恢复，造成的损失是无法挽回的。有的病毒还会对硬盘进行格式化。这些操作代码都是刻意编写进病毒的，是其本性之一。因此这类恶性病毒是很危险的，应当注意防范。所幸防病毒系统可以通过监控系统内的这类异常动作识别出计算机病毒的存在与否，或至少发出警报提醒用户注意。

(5) 按照计算机病毒的寄生部位或传染对象分类

传染性是计算机病毒的本质属性，根据寄生部位或传染对象分类，也即根据计算机病毒传染方式进行分类，有以下几种。

①引导区传染的计算机病毒。磁盘引导区传染的病毒主要是用病毒的全部或部分逻辑取代正常的引导记录，而将正常的引导记录隐藏在磁盘的其他地方。由于引导区是磁盘能正常使用的先决条件，因此，这种病毒在运行的一开始(如系统启动)就能获得控制权，其传染性较大。由于在磁盘的引导区内存储着需要使用的重要信息，如果对磁盘上被移走的正常引导记录不进行保护，则在运行过程中就会导致引导记录的破坏。引导区传染的计算机病毒较多，例如，大麻病毒和小球病毒就是这类病毒。

②操作系统传染的计算机病毒。操作系统是一个计算机系统得以运行的支持环境，它包括 COM、EXE 等许多可执行程序及程序模块。操作系统传染的计算机病毒就是利用操作系统中所提供的一些程序及程序模块寄生并传染的。通常，这类病毒作为操作系统的一部分，只要计算机开始工作，病毒就处在随时被触发的状态。而操作系统的开放性和不绝对完善性给这类病毒出现的可能性与传染性提供了方便。操作系统传染的计算机病毒目前已广泛存在，"黑色星期五"即为此类病毒。

③可执行程序传染的计算机病毒。可执行程序传染的病毒通常寄生在可执行程序中，一旦程序被执行，病毒也就被激活，病毒程序首先被执行，并将自身驻留内存，然后设置触发条件，进行传染。

对于以上 3 种病毒的分类，实际上可以归纳为引导区型病毒和文件型病毒两大类。

(6) 按照计算机病毒激活的时间分类

计算机病毒按照激活的时间可分为定时病毒和随机病毒。定时病毒仅在某一特定时间才发作,而随机病毒一般不是由时钟来激活的。

(7) 按照传播媒介分类

①单机病毒。其载体是磁盘,常见的是病毒从软盘传入硬盘,感染系统,然后再传染其他软盘,而软盘又传染其他系统。

②网络病毒。其传播媒介是网络通道,这种病毒的传染能力更强、破坏力更大。

(8) 按照算法分类

①伴随型病毒。这类病毒并不改变文件本身,它们根据算法产生 EXE 文件的伴随体,具有同样的名字和不同的扩展名(COM)。当 DOS 加载文件时,伴随体优先被执行,再由伴随体加载执行原来的 EXE 文件。

②"蠕虫"型病毒。它通过计算机网络传播,不改变文件和资料信息,利用网络从一台机器的内存传播到其他机器的内存,将自身的病毒通过网络发送。有时它们在系统中存在,一般除了占用内存外不占用其他资源。

③寄生型病毒。除伴随型和"蠕虫"型病毒外,其他病毒均可称为寄生型病毒,它们依附在系统的引导扇区或文件中,通过系统的功能进行传播,按其算法不同还可细分为练习型病毒、诡秘型病毒和变型病毒(又称幽灵病毒)等几类。

3. 病毒的命名方法

(1) 按病毒发作的时间命名

这种命名取决于病毒表现或破坏系统的发作时间。这类病毒的表现或破坏部分一般为定时炸弹,如"黑色星期五"是因该病毒在某月的 13 日恰逢星期五破坏执行文件而得名;又如米氏病毒,其病毒发时间是 3 月 6 日,而 3 月 6 日是世界著名艺术家米开朗基罗的生日,于是得名米开朗基罗病毒。

(2) 按病毒发作症状命名

以病毒发作时的表现来命名,如小球病毒,是因为该病毒病发时在屏幕上出现小球不停地运动而得名;又如火炬病毒,是因为该病毒病发时在屏幕上出现五支闪烁的火炬而得名;再如 Yankee 病毒,因为该病毒激发时将演奏 Yankee Doodle 乐曲,于是人们将其命为 Yankee 病毒。

(3) 按病毒自身包含的标志命名

以病毒中出现的字符串、病毒标识、存放位置或病发表现时病毒自身宣布的名称来命名,如大麻病毒中含有 Marijuana 及 Stoned 字样,所以人们将该病毒命名为 Marijuana(译为大麻)和 Stoned 病毒;又如 Liberty 病毒,是因为该病毒中含有该标识;再如 Disk Killer 病毒,该病毒自称为 Disk Killer(磁盘杀手)。CIH 病毒是由刘韦麟博士命名的,因为病毒程序的首位是"CIH"。

(4) 按病毒发现地命名

以病毒首先发现的地点来命名,如"黑色星期五"又称 Jerusalem(耶路撒冷)病毒,是因为该病毒首先在耶路撒冷发现;又如 Vienna(维也纳)病毒是首先在维也纳发现的。

(5) 按病毒的字节长度命名

以病毒传染文件时文件的增加长度或病毒自身代码的长度来命名,如 1575、2153、1701、1704、1514、4096 等。

1.6.4 计算机病毒的危害及症状

1. 计算机病毒的工作过程

计算机病毒的完整工作过程应包括以下 6 个环节。

①传染源：病毒总是依附于某些存储介质构成传染源。

②传染媒介：病毒传染的媒介由工作的环境来定，可能是计算机网，也可能是可移动的存储介质，例如软磁盘等。

③病毒激活：将病毒装入内存，并设置触发条件，一旦触发条件成熟，病毒就开始自我复制到传染对象中，进行各种破坏活动等。

④病毒触发：计算机病毒一旦被激活，立刻就发生作用，触发的条件是多样化的，可能是内部时钟、系统的日期、用户标识符，也可能是系统一次通信等。

⑤病毒表现：表现是病毒的主要目的之一，有时在屏幕显示出来，有时则表现为破坏系统数据。可以这样说，凡是软件技术能够触发到的地方，都在其表现范围内。

⑥传染：病毒的传染是病毒性能的一个重要标志。在传染环节中，病毒复制一个自身副本到传染对象中去。

2. 计算机病毒的传播途径

计算机病毒的传播途径有以下几个方式。

(1) 通过计算机硬件设备传播

通过不可移动的计算机硬件设备进行传播，这些设备通常有计算机的专用 ASIC 芯片和硬盘等。这种病毒虽然极少，但破坏力极强，目前尚没有较好的检测手段对付。

(2) 通过移动存储设备传播

在移动存储设备中，软盘是使用最广泛、移动最频繁的存储介质，因此也成了计算机病毒寄生的“温床”。目前，大多数计算机都是从这类途径感染病毒的。

(3) 通过计算机网络进行传播

现代信息技术的巨大进步已使空间距离不再遥远，“相隔天涯，如在咫尺”，但也为计算机病毒的传播提供了新的“高速公路”。计算机病毒可以附着在正常文件中通过网络进入一个又一个系统。国内计算机感染一种“进口”病毒已不再是什么大惊小怪的事了。在我们信息国际化的同时，我们的病毒也在国际化。以后这种方式将成为第一传播途径。

(4) 通过点对点通信系统和无线通道传播

在信息时代，这种途径与网络传播途径成为病毒扩散的两大“时尚渠道”。

3. 计算机病毒的生命周期

计算机病毒的产生过程可分为：程序设计—传播—潜伏—触发、运行—实行攻击。计算机病毒拥有一个生命周期，从生成开始到完全根除结束。下面介绍计算机病毒的生命周期。

开发期：在几年前，制造一个病毒需要计算机编程语言的知识。但是如今，了解计算机编程知识的人都可以制造一个病毒。计算机病毒通常是一些误入歧途的、试图传播计算机病毒和破坏计算机的个人或组织制造的。

传染期：在一个病毒制造出来后，病毒的编写者将其拷贝并确认其已被传播出去。通常的办法是感染一个流行的程序，再将其放入 BBS 站点上、校园和其他大型组织当中分发其复制品。

潜伏期：病毒是自然地复制的。一个设计良好的病毒可以在它活化前长时期被复制。这就给了它充裕的传播时间。这时病毒的危害在于暗中占据存储空间。

发作期：带有破坏机制的病毒会在遇到某一特定条件时发作。一旦遇到某种条件，比如某个日期或出现了用户采取的某特定行为，病毒就被活化了。没有感染程序的病毒属于没有活化，这时病毒的危害在于暗中占据存储空间。

发现期：当一个病毒被检测到并被隔离出来后，它被送到计算机安全协会或反病毒厂家，在那里，病毒被通报和描述给反病毒研究工作者。通常发现病毒是在病毒成为计算机的灾难之前完成的。

消化期：在这一阶段，反病毒开发人员修改他们的软件以使其可以检测到新发现的病毒。这段时间的长短取决于开发人员的素质和病毒的类型。

消亡期：若是所有用户安装了最新版的杀毒软件，那么任何病毒都将被扫除。这样没有什么病毒可以广泛地传播，但有一些病毒在消失之前有一个很长的消亡期。至今，还没有哪种病毒已经完全消失，但是某些病毒已经在很长时间里不再是一个重要的威胁了。

4. 计算机病毒的危害

计算机病毒的危害主要有以下6个方面。

(1) 病毒激发对计算机数据信息的直接破坏作用

大部分病毒在激发的时候直接破坏计算机的重要信息、数据，所利用的手段有格式化磁盘、改写文件分配表和目录区、删除重要文件或者用无意义的“垃圾”数据改写文件、破坏CMOS设置等。

(2) 占用磁盘空间和对信息的破坏

寄生在磁盘上的病毒总要非法占用一部分磁盘空间。引导型病毒的一般侵占方式是由病毒本身占据磁盘引导扇区，把原来的引导区转移到其他扇区，也就是引导型病毒要覆盖一个磁盘扇区。被覆盖的扇区数据永久性丢失，无法恢复。文件型病毒利用一些DOS功能进行传染，这些DOS功能能够检测出磁盘的未用空间，把病毒的传染部分写到磁盘的未用部位去。所以在传染过程中一般不破坏磁盘上的原有数据，但非法侵占了磁盘空间。一些文件型病毒的传染速度很快，在短时间内感染大量文件，每个文件都不同程度地加长了，造成磁盘空间严重浪费。

(3) 抢占系统资源

大多数病毒动态常驻内存，抢占一部分系统资源。病毒所占用的基本内存长度大致与病毒本身长度相当。病毒抢占内存，导致内存减少，一部分软件不能运行。除占用内存外，病毒还抢占中断，干扰系统运行，而计算机操作系统的很多功能是通过中断调用技术来实现的。病毒为了传染激发，总是修改一些有关的中断地址，在正常中断过程中加入病毒程序，从而干扰系统的正常运行。

(4) 影响计算机运行速度

①病毒为了判断传染激发条件，总要对计算机的工作状态进行监视，这相对于计算机的正常运行状态既多余又有害。

②有些病毒为了保护自己，不但对磁盘上的静态病毒加密，而且对进驻内存后的动态病毒也加密。CPU每次寻址到病毒处时要运行一段解密程序把加密的病毒解密成合法的CPU指令再执行，病毒运行结束后再用一段程序对病毒重新加密。这样CPU额外执行数千条以至

上万条指令。

③病毒在进行传染时同样要插入非法的额外操作，特别是传染软盘后，不但计算机速度明显变慢，而且软盘正常的读/写顺序被打乱，发出刺耳的噪声。

(5) 计算机病毒错误与不可预见的危害

计算机病毒与其他计算机软件的一大差别是病毒的无责任性。编制一个完善的计算机软件需要耗费大量的人力、物力，经过长时间调试完善。但在病毒编制者看来既没有必要这样做，也不可能这样做。很多计算机病毒都是个别人在一台计算机上匆匆编制调试后就向外抛出。反病毒专家在分析大量病毒后发现，绝大部分病毒都存在不同程度的错误。错误病毒的另一个主要来源是变种病毒。有些初学计算机者尚不具备独立编制软件的能力，出于好奇或其他原因修改别人的病毒，造成错误。计算机病毒错误所产生的后果往往是不可预见的，但是人们不可能花费大量时间去分析数万种病毒的错误所在。大量含有未知错误的病毒扩散传播，其后果是难以预料的。

(6) 计算机病毒的兼容性对系统运行的影响

兼容性是计算机软件的一项重要指标，兼容性好的软件可以在各种计算机环境下运行，兼容性差的软件则对运行条件有要求，如要求机型和操作系统版本等。病毒的编制者一般不会在各种计算机环境下对病毒进行测试，因此病毒的兼容性较差，常常导致死机。

5. 计算机感染病毒后的主要症状

从目前发现的病毒来看，主要症状有如下方面。

①计算机动作比平常迟钝。

②对一个简单的工作，磁盘机似乎花了比预期长的时间。

③硬盘的指示灯无缘无故地亮了。

④由于病毒程序把自己或操作系统的一部分用坏簇隐藏起来，因此磁盘坏簇莫名其妙地增多。

⑤可执行程序的大小改变了。由于病毒程序附加在可执行程序头尾或插在中间，使可执行程序容量增大。

⑥病毒程序把自己的某个特殊标志作为标签，使接触到的磁盘出现特别标签。

⑦病毒本身或其复制品不断侵占系统空间，使可用系统空间变小。

⑧病毒程序的异常活动，造成异常的磁盘访问。

⑨病毒程序附加或占用引导部分，使系统导引变慢。

⑩丢失数据和程序。数据和程序莫名地消失，或数据和程序的内容被加一些奇怪的资料，或数据和程序名称、扩展名、日期、属性被更改。

⑪中断向量发生变化。

⑫打印出现问题。在系统内装有汉字库且汉字库正常的情况下不能调用汉字库或不能打印汉字。

⑬生成不可见的表格文件或特定文件。

⑭系统出现异常动作。例如，突然死机；在无任何外界介入下，自行启动。

⑮出现一些无意义的画面、问候语等。

⑯内存中增加来路不明的常驻程序。

⑰程序运行中出现异常现象或不合理的结果。

⑱磁盘的卷标名发生变化。

⑲系统不认识磁盘或硬盘不能引导系统等。

⑳在使用写保护的软盘时屏幕上出现软盘写保护的提示。

㉑异常要求用户输入口令。

1.6.5 计算机病毒的预防与清除

计算机病毒以及反病毒技术这两种对应的技术都是以编程技术为基础的，所以，计算机病毒以及反病毒技术的发展是交替进行、螺旋上升的发展过程。因此，在现有计算机体系结构的基础上，彻底防御计算机病毒是不可能的，当遭遇到病毒袭击时，只能想办法把损失降到最低限度。

1. 计算机病毒的预防

一般来说，计算机病毒的预防包括管理方法上预防和技术预防两种。

所谓从管理方法上预防，就是计算机管理者应充分认识到计算机病毒对计算机的危害，制定完善计算机使用的有关管理措施，养成及时备份数据的良好习惯，经常对计算机和移动存储介质进行病毒检测。

用技术手段预防，就是采用一定的技术措施，如杀毒软件、防火墙技术等，预防计算机病毒的入侵，或发现病毒欲入侵系统时向用户发出警报。

2. 计算机病毒的清除

当遇到病毒袭击时，应尽量遵循一个黄金原则，即在压力下保持冷静。

对于一般用户来说，多是采用反病毒软件的方法来杀毒。目前各种杀毒软件有很多，如瑞星杀毒软件、江民杀毒软件、360 杀毒软件等。

1.7 信息安全初步知识

1.7.1 什么是信息安全

信息是人类社会传播的一切内容。信息作为一种资源，它具有普遍性、共享性、增值性、可处理性和多效用性，对人类具有特别重要的意义。

所谓信息安全是指需保证信息的保密性、真实性、完整性、未授权拷贝和所寄生系统的安全性。

1.7.2 国家信息安全管理

国家高度重视信息安全。在高等学校开设有信息安全专业，该专业属于计算机类，是计算机、通信、数学、物理、法律、管理等学科的交叉学科，主要研究、确保信息安全的科学与技术。

我国成立了中共中央网络安全和信息化领导小组，中共中央总书记、国家主席、中央军委主席习近平亲自担任组长；李克强、刘云山任副组长。其主要职能是，着眼国家安全和长远发展，统筹协调涉及经济、政治、文化、社会及军事等各个领域的网络安全和信息化重大问题；研究制定网络安全和信息化发展战略、宏观规划和重大政策；推动国家网络安全和信息化法治建设，不断增强安全保障能力。中共中央网络安全和信息化领导小组的办事机构为中央网络安全和信息化领导小组办公室。

中国信息安全测评中心。该中心是国家信息安全保障体系中的重要基础设施之一，拥有国内一流的信息安全漏洞分析资源和测试评估技术装备；建有漏洞基础研究、应用软件安全、产品安全检测、系统隐患分析和测评装备研发等多个专业性技术实验室；具有专门面向党政机关、基础信息网络和重要信息系统开展风险评估的国家专控队伍。

中国信息安全认证中心。该中心是国家批准的信息安全专业认证与培训机构，负责产品认证、体系认证、服务认证、人员认证与服务、技术服务等。

中国国家信息安全漏洞库。履行漏洞分析和风险评估的职能，负责建设运维的国家信息安全漏洞库，为我国信息安全保障提供基础服务。负责实时发布漏洞信息、漏洞报告、漏洞预警、补丁信息、网安时情等。

习题 1

一、选择题

1. 第一台电子计算机使用的逻辑部件是________。

A)集成电路　　B)大规模集成电路　　C)晶体管　　D)电子管

2. 运算器的主要功能是________。

A)实现算术运算和逻辑运算　　B)保存各种指令信息供系统其他部件使用

C)分析指令并进行译码　　D)按主频的频率定时发出时钟脉冲

3. 第四代计算机的主要元器件采用的是________。

A)晶体管　　B)小规模集成电路

C)电子管　　D)大规模和超大规模集成电路

4. 计算机硬件的五大基本构件包括：运算器、存储器、输入设备、输出设备和________。

A)显示器　　B)控制器　　C)磁盘驱动器　　D)鼠标器

5. 系统总线包括________与控制线 3 种。

A)数据线、地址线　　B)数据线、逻辑线　　C)接口线、逻辑线　　D)接口线、地址线

6. 系统总线中，数据线传送信息，地址线指出信息的来源和目的地，控制线规定总线的动作，一切都是________负责指挥。

A)总线控制设备　　B)总线控制逻辑　　C)系统本身　　D)CPU

7. 运算器的功能是________。

A)执行算术运算指令　　B)执行逻辑运算指令

C)执行算术、逻辑运算指令　　D)执行数据分析指令

8. 计算机的软件系统可分为________。

A)程序和数据　　B)操作系统和语言处理系统

C)程序、数据和文档　　D)系统软件和应用软件

9. 若你正在编辑某个文件时突然停电,则________中的信息将全部丢失。

A)RAM 和 ROM　B)RAM　C)ROM　D)硬盘或软盘

10. 在计算机中信息储存的最小单位是________。

A)字节　B)字长　C)字段　D)位

11. 在计算机中通常以________为单位传送信息。

A)位　B)字　C)字节　D)双字

12. 存储容量 1 GB 等于________。

A)1024 B　B)1024 KB　C)1024 TB　D)1024 MB

13. 下面属于输入设备的是________。

A)绘图仪　B)打印机　C)显示器　D)键盘

14. 下列 4 种设备中,属于计算机输出设备的是________。

A)扫描仪　B)键盘　C)绘图仪　D)鼠标

15. 下列关于存储器的叙述中正确的是________。

A)CPU 能直接访问存储在内存中的数据,也能直接访问存储在外存中的数据

B)CPU 不能直接访问存储在内存中的数据,能直接访问存储在外存中的数据

C)CPU 只能直接访问存储在内存中的数据,不能直接访问存储在外存中的数据

D)CPU 既不能直接访问存储在内存中的数据,也不能直接访问存储在外存中的数据

16. 在微型计算机中,应用最普遍的字符编码是________。

A)ASCII　B)BCD 码　C)汉字编码　D)补码

17. 下列字符中,其 ASCII 码值最大的是________。

A)9　B)D　C)a　D)y

18. 五笔字型码输入法属于________。

A)音码输入法　B)形码输入法　C)音形结合输入法　D)联想输入法

19. 与十进制数 100 等值的二进制数是________。

A)0010011　B)1100010　C)1100100　D)1100110

20. 执行二进制算术加运算 11001001+00100111,其运算结果是________。

A)11101111　B)11110000　C)00000001　D)10100010

21. 16 个二进制位可表示整数的范围是________。

A)0～65535　B)－32768～32767

C)－32768～32768　D)－32768～32767 或 0～65535

22. 与十进制数 291 等值的十六进制数为________。

A)123　B)213　C)231　D)132

23. 计算机病毒可以使整个计算机瘫痪,危害极大。那么计算机病毒是________。

A)一条命令　B)一段特殊的程序　C)一种生物病毒　D)一种芯片

24. 计算机发现病毒后最彻底的消除方式是________。

A)用查毒软件处理　B)删除磁盘文件　C)用杀毒药水处理　D)格式化磁盘

25. 下列选项中,不属于计算机病毒特点的是________。

A)破坏性　B)潜伏性　C)传染性　D)免疫性

二、填空题

1. 计算思维是运用计算机科学的基本理念进行________、________、________等涵盖计算机科学广度的一系列思维活动，是一种________的思考方式。

2. 计算思维的特征是________和________，其本质是________和________。

3. 计算机软件主要分为________和________。

4. 组成第二代计算机的主要元件是________。

5. 存储器一般可以分为________和________两种。

6. 内存储器按工作方式可分为________和________两类。

7. 目前微型计算机中常用的鼠标有________和________两类。

8. 在计算机中，Intel Core i7 通常指的是________的型号。

9. 按照打印机的工作方式可分为________、________、________和________4类。

10. ________是沟通主机和外部音频设备的通道。

11. 一个二进制整数从右向左数第八位上的1相当于________的________次方。

12. 表示7种状态至少需要________位二进制码。

13. 十六进制数F所对应的二进制数是________。

14. 已知字符“A”的ASCII为65，则“F”的ASCII为________。

15. 十进制数87转换成二进制数是________。

16. 计算机病毒具有________、________、________、________和________等特点。

17. 计算机能直接识别和执行的语言是________。

三、操作题

1. 查看一下你的计算机配置情况，并查看你计算机中所安装的软件。

2. 查找资料，了解什么是计算机发展过程中的“摩尔定律”。

3. 试写出下列文字的五笔字型编码和智能ABC的编码。

画；垢；赠；甩；乙；细；高级；计算机；光明日报；中华人民共和国。

4. 将十进制数357.96分别转换为二进制数、八进制数、十六进制数；将二进制数111010011010110分别转换为八进制数、十六进制数。

5. 下载一种打字软件，安装后再找一篇科技论文作为测试材料，测试一下你的打字速度，看看每分钟能否达到40个汉字以上。

6. 在你的计算机上安装一种杀毒软件，并将其病毒库更新为最新的，然后扫描所有的硬盘，看看是否有病毒，如果有，立即进行杀毒处理。

第2章　中文操作系统 Windows 7

计算机操作系统一直在不断地升级换代，从 DOC 系统发展到 Windows 系统（如 Windows 3.1、Windows 98、Windows 2000、Windows ME、Windows XP、Windows Vista、Windows 7 等），从单机系统到网络系统（如 Windows NT、Windows 2003 Server 等）。本章主要介绍中文操作系统 Windows 7 的使用。

2.1　操作系统与 Windows 7

操作系统是系统软件中的核心，本节主要介绍操作系统的作用、功能和类型等基本知识。

2.1.1　操作系统的基本概念

操作系统（Operating System，OS）是管理计算机硬件与软件资源的计算机程序。它相当于计算机的大脑，它告诉计算机做什么以及如何做。每台计算机都必须有操作系统才能完成其基本功能，如从键盘和鼠标输入、从显示器输出、访问文件和程序以及控制数据存储设备和外围设备。

1. 操作系统的作用

操作系统的作用主要表现在以下 3 个方面。

①操作系统是计算机系统应用平台的组成部分。

一般地，一台只包含计算机硬件系统的计算机系统，用户是无法直接使用的。因为，一般的系统软件或应用软件都必须在操作系统的支持下才能正常安装、运行。

②操作系统的类型决定了计算机系统的应用模式。

计算机系统的应用领域不同，用户对计算机系统性能的要求也不相同。有的用户要求计算机系统的用户界面要非常的友好，有的用户要求计算机系统的数据处理能力非常强（如银行、计算中心等），还有的用户要求计算机系统有很好的交互性能（如软件开发、测试中心等）。

为了满足用户不同的需求，操作系统的开发者在设计和开发操作系统软件时，就充分考虑到了这些特点。因此，最终提供给用户的操作系统软件产品体现出明显的针对性和适应性特征。也就是说，一个实际的操作系统软件通常不是为适应所有的应用场合和所有用户需求而设计、开发的，而是为适应某一类应用、某一些计算机用户的需求而设计、开发的。这是实际的操作系统软件都会表现出各种各样特征的原因。

③操作系统决定计算机系统在网络中扮演的角色。

在 Internet 中有各种各样的服务器（如 Web 服务器、FTP 服务器、E-mail 服务器等），这些服务器实际上是一些运行服务器程序的计算机系统。很多服务器程序需要在网络操作系统的支持下才能很好地运行。因此，一台计算机是否安装网络操作系统，通常决定了该计算机系统在网络中扮演什么样的角色，即是服务器还是客户机。

2. 操作系统的功能

(1) 处理机管理

在多任务操作系统支持下，一段时间里可以同时运行多个程序，而处理机只有一个。这些程序不是一直同时占用处理机资源，而是在一段时间内分享处理机资源。操作系统的处理机管理模块需要根据某种策略将处理机不断地分配给正在运行的不同的程序(包括从程序那里回收处理机资源)。

有了这种处理机管理机制，在操作系统的支持下，计算机可以“同时”为用户做几件事情。如，在 Windows 7 操作系统的支持下，用户可以一边听音乐一边编辑文档。

(2) 存储器管理

操作系统的存储管理指的是对内存存储空间的管理。在计算机中，内存容量在一定程度上属于稀缺资源。在有限的存储空间中要运行程序并处理大量的数据，这就要靠操作系统的存储管理功能模块来控制。对于多任务系统来讲，一台计算机上要运行多个程序，也需要操作系统来为每一个程序分配内存的存储空间和回收内存的存储空间。

(3) 文件管理

计算机内存是有限的，大量的程序和数据需要保存在外部存储器设备中。这些程序和数据是以文件的形式在外部存储器中被保存和管理的。

文件管理是指操作系统对计算机信息资源的管理，主要任务是管理好外存空间(磁盘)和内存空间，决定文件信息的存放位置，建立起文件名与文件信息之间的对应关系，实现文件的读、写等操作。

(4) 设备管理

设备管理主要是针对计算机外部设备，如磁带机、磁盘等存储设备和键盘、显示器等输入/输出设备的管理。例如读出磁盘上的文件信息或把磁盘上的信息传送到系统，以及从键盘上输入信息等都由操作系统进行调度和控制。它提供了一种统一调用外部设备的手段。

(5) 作业管理

将需要计算机系统为用户做的事情，以及完成的工作称为一个作业(如一个数值计算、一个文档打印等)。对这些作业进行必要的组织和管理，提高计算机的运行效率是操作系统的作业管理功能。

3. 操作系统的分类

常见的计算机操作系统有以下 4 种类型。

(1) 批处理操作系统

批处理操作系统能够大幅度提高系统的数据处理和数据传输能力，但安装和使用批处理操作系统会使计算机系统的交互性能大大降低，用户界面也不够友好。

(2) 分时操作系统

在分时操作系统的管理和控制之下，计算机系统可以允许多个用户同时使用。这些用户通过计算机终端设备以交互式的方式使用计算机系统。所谓“交互式方式”是指用户向计算机系统发出一个命令(比如，运行一个程序、复制一个文件、打印一个文件等)，操作系统要立即解释用户的命令，完成该命令要求计算机系统要做的工作，并将结果通过终端设备反馈给用户。

(3) 网络操作系统

为了支持计算机网络系统的正常、高效工作，网络操作系统的作用是非常重要的。一般地，网络操作系统除了具有传统操作系统的一些基本功能外，还应该具有一些与网络软件、硬件的管理、控制，网络资源共享，网络信息传输安全、可靠，网络服务等相关功能。

(4) 多用户操作系统

多用户操作系统可以支持多个用户分时使用，Windows 系统就是典型的多用户、多任务操作系统。

2.1.2 Windows 7 操作系统

Windows 7 被划分为 Windows 7 入门版、家庭普通版、家庭高级版、专业版、旗舰版/企业版等多个版本，本节主要介绍 Windows 7 旗舰版的一些新特点。

1. Windows Aero 界面

用户界面就是用户与计算机之间交互的界面。任务栏左边是一个“开始”按钮，右边是一个时钟和一些小图标，中间的空间留给代表程序的按钮使用。它们的作用是启动程序或切换正在运行的应用程序窗口。用户也可将快捷方式固定到任务栏上，使它们随时可用(即使它们代表的程序没有运行)，而且可以通过左右拖动按钮来重新排列它们。

如果任务栏按钮代表的程序正在运行，将鼠标指针指向它，在 Aero 界面中就会出现一个实时的缩略预览图，显示了与那个按钮关联的每一个窗口。将鼠标指针指向某个预览窗口，Aero Peek 功能就会隐藏其他窗口，只向用户在桌面上显示当前鼠标指针指向的这个窗口的内容。将鼠标指针移走，就会恢复先前的桌面。

为了解决通知区域小图标数量过多给用户带来的烦恼，Windows 7 通知区域图标默认是隐藏的。用户可以自定义单独的通知，使它们总是可见，也可以通过单击可见图标左侧的“隐藏的图标”箭头来显示并调整所有隐藏的图标。在“通知区域图标”对话框中，用户可以单独调整每个图标的行为，也可以使用对话框底部的链接对这个区域的外观与行为进行统一更改。

用户可以使用自定义的桌面背景、声音和屏幕保护对 Windows 环境进行个性化设置，所有个性化设置都会被整合到一个对话框中。

Windows 7 还对浮动在桌面上的小工具进行了完善，这些小程序执行一些简单任务，如显示时钟或图片、获取 RSS 源(简易信息聚合是一种消息来源格式规范，用以聚合经常发布更新数据的网站。RSS 文件(或称摘要、网络摘要、频更新，提供到频道)包含了全文或是节录的文字，再加上发行者所订阅的网摘数据和授权的元数据)或监视 CPU 及网络活动等。用户可以按“Windows 徽标键＋G”允许临时将所有正在运行的小工具移动到桌面顶部——在所有程序窗口之上。

2. 跳转列表

跳转列表(Jump List)是 Windows 7 中的新增功能，可帮助用户快速访问常用的文档、图片、歌曲或网站。用户只需用右键单击 Windows 7 任务栏上的程序按钮即可打开跳转列表，或通过在“开始”菜单上单击程序名称旁的箭头来访问跳转列表。

用户在跳转列表中看到的内容完全取决于程序本身。如 Internet Explorer 的跳转列表可显示经常浏览的网站，Windows Media Player 12 列出了经常播放的歌曲。

跳转列表不仅显示文件的快捷方式，有时还会提供相关命令（例如撰写新电子邮件或播放音乐）的快捷访问。

3. 组织和查找文件

Windows 资源管理器是一个全功能的外壳程序，能帮助用户全方位地管理操作系统。在 Windows 7 中，驱动器号和目录（文件夹）树的作用被淡化，取代它的是一个新的导航系统，强调使用一个新的文件组织功能——库。

库是一个虚拟文件夹，其中包含了到实际文件夹的链接（实际文件夹可能在用户的系统中，也可能在网络上）。也就是说，库可以汇集不同位置的文件，并将其显示为一个集合，而无须从其存储位置移动这些文件。在 Windows 资源管理器中查看一个库时，窗口右侧的内容窗格会显示这个库中的所有文件和文件夹，无论这些内容具体位于什么地方，用户可在这个统一的视图中执行搜索、筛选、排序和分组操作。Windows 7 默认创建了视频、图片、文档和音乐 4 个库。

Windows 7 只需利用搜索框中上下文敏感的选项，就能帮助用户细化搜索条件。

4. 数字媒体技术

Windows 7 提供了 Windows Media Player 和 Windows Media Center 等两个对数字音乐、电影和照片进行管理、播放以及共享的工具。

Windows Media Player 12 是最新一代的 Windows 核心媒体管理器兼播放程序。它的左边是导航窗格，中间是内容窗格，右边是一些卡片，分别显示了播放、同步或刻录的项目。它现在支持的文件类型有很多，包括用数码摄影机拍摄的以及以 H. 264 和 AVC 格式存储的标清和高清影片。它允许在 Windows 网络的不同设备之间流式传输音频和视频。

Windows Media Center 在播放媒体文件方面与 Windows Media Player 共享了大量代码，但 Media Center 能使用 TV 调谐器来录制电视节目。

5. 网络和共享中心

Windows 7 的“网络和共享中心”使常见的任务更容易实现。在联网方面，使用了互联网通信协议第 6 版（即 IPv6）。当然，用户需要了解 IPv6 和 IPv4 如何协同工作，如何利用“链路层拓扑发现系统”构建一个虚拟网络地图等。Windows 7 网络新功能还包括帮助用户连接到无线访问点、“家庭组”。其中，“家庭组”允许多台计算机共享文件、打印机和媒体流，不必再费心设置用户账户和权限。

6. 效率与安全

Windows 7 比以往的 Windows 系统运行得更快，它的许多工具可以帮助用户提高计算机性能，诊断顽固的程序和硬件，并在发现问题后进行修正。Windows 7 系统管理工具箱中的“操作中心”集消息、故障诊断工具和基本系统管理功能于一体。用户可以通过它长驻于通知区域的图标进行访问，也可在控制面板的“系统和安全”区域单击“查看您的计算机状态”。

7. Internet Explorer 8

Windows 7 使用 Internet Explorer 8（IE8）作为浏览网页和显示 HTML 内容的默认程序。IE8 具有可靠的安全性，它能防范恶意的网页、脚本程序和下载，可以用 Microsoft SmartScreen 筛选器来阻止已知的危险代码来源。

IE8 对标签式浏览进行了极大的改进，使它变得更有用了。如从现有标签打开的新标签页会进行着色处理，很容易就能看出它们是一组的。IE8 可使用“加速器”的加载项来增强基本的浏览功能。

IE8 严格遵守现代 Web 标准，提供了大量兼容工具，并具有良好的兼容性。

2.1.3 安装或升级到 Windows 7

安装、维护操作系统 Windows 7 是用户的必备技能。

1. 硬件要求

Microsoft 公布了 Windows 7 零售版（家庭高级版、专业版、旗舰版）的最低硬件要求，如表 2.1 所示。

表 2.1 Windows 7 零售版的最低硬件要求

组件	最低硬件要求
CPU	1GHz 或更快速的 32 位（x86）或 64 位（x64）处理器
内存	1GB RAM（32 位），2GB RAM（64 位）
图形处理器	带有 WDDM 1.0 或更高版本的驱动程序的 DirectX 9 图形设备
硬盘	16GB 可用空间（32 位）或 20GB 可用空间（64 位）

2. 全新安装 Windows 7

执行全新安装，最安全的方式是从 Windows 7 DVD 光盘启动，插入光盘后重启计算机。启动时，要注意观察屏幕提示，有时要按一个键才能从光盘启动（或者在 CMOS 中设置从光盘启动）。在安装过程中，需用户介入的操作很少，下面简要介绍安装过程。

在 Windows 7 DVD 光盘启动时，第一个需要介入的是两个初始屏幕，允许用户指定安装期间使用的语言和 Windows 本身的语言首选项。这两种语言通常是相同的。

在“您想进行何种类型的安装”对话框中，单击“自定义（高级）”选项来执行一次全新安装。在“您想将 Windows 安装在何处？”对话框中，列出所有物理硬盘、分区和未分配的空间，要选择一个硬盘或分区。用户选好安装 Windows 7 的磁盘位置后，安装程序将自动复制文件和配置硬件设备，不再要求用户介入。

注意：如果在一块干净的、没有任何现成分区的硬盘上安装 Windows 7，它会在硬盘起始位置创建一个 100 MB 大小的系统保留分区，剩下的未分配空间用来创建系统驱动器。这个小分区不会分配驱动器号，用户甚至不知道它的存在，只有在用“磁盘管理”控制台、Diskpart 工具或其他第三方硬盘分区软件来检查磁盘结构时才能发现。

这个小分区是 Windows 7 新增的，有两方面的作用。一是它容纳了“启动管理器”代码和“启动配置数据库”，二是它为 BitLocker 驱动器加密功能所需的启动文件保留了空间。这样，以后使用 BitLocker 对系统驱动器进行加密时，就不需要重新对系统驱动器进行分区了。

完成安装后，在用户首次登录前，还需填写一些基本信息。

- 键入用户名和计算机名称。键入的用户名会成为第一个用户账户，它是管理员（Administrators）组的成员。计算机名称默认是用户键入的用户名加后缀“-PC”，用户也可以键入一个名称。
- 为用户账户设置密码。

• 键入 Windows 产品密钥。可以现在键入产品密钥，也可以暂时跳过，在“激活和验证 Windows 7”时再键入。

• 选择自动更新设置。对大多数用户而言，选择“使用推荐设置”最合适。

• 查看时间和日期设置。

• 设置网络。

当完成这个过程的最后一步时，用户会看到一个登录屏幕，就可以登录畅游 Windows 7 了。

3. 升级到 Windows 7

用户计算机上如果安装有 Windows Vista SP1 或更高版本，或者是 Windows 7 的某个版本，那么可以升级到更高版本的 Windows 7。从 Windows Vista 各版本升级到 Windows 7 各版本的路线如表 2.2 所示。

表 2.2 从 Windows Vista 升级到 Windows 7 允许的路线

当前操作系统的版本	可以升级的新版本
Windows Vista 家庭普通版	Windows 7 家庭普通版、家庭高级版、旗舰版
Windows Vista 家庭高级版	Windows 7 家庭高级版、旗舰版
Windows Vista 商业版	Windows 7 专业版、旗舰版、企业版
Windows Vista 旗舰版	Windows 7 旗舰版

要进行升级安装，首先启动当前 Windows 操作系统，然后在其中运行 Windows 7 安装程序。如果使用 Windows 7 DVD 光盘启动，可以直接在“自动播放”对话框中选择“运行 Setup.exe”；也可以在 Windows 资源管理器中打开 DVD，然后双击 Setup.exe；或者在“运行”对话框（按“Windows 徽标键＋R”可启动它）中输入“D:\Setup.exe”后（将 D 替换成计算机的 DVD 驱动器号），单击“确定”按钮。在“安装 Windows 对话框”中单击“现在安装”按钮开始安装，按提示完成升级安装。

注意：在完成从 Windows Vista 的升级，并确定所有数据文件都原封不动，而且所有设置都正确迁移之后，就要清理升级时的遗留文件。最快最安全的方法是使用“磁盘清理”程序，选择“Windows 升级遗留文件”选项，单击“确定”按钮。

32 位 Windows Vista 只能升级成 32 位 Windows 7，64 位 Windows Vista 只能升级成 64 位 Windows 7。不能在 64 位 Windows 上安装 32 位 Windows 7，反之亦然。

不能直接从 Windows XP 升级到 Windows 7。

2.1.4 Windows 7 的启动和退出

1. Windows 7 的启动

可以使用直接启动和通过菜单启动的方式启动 Windows 7 系统。

(1) 直接启动

由于 Windows 7 支持多系统安装与启动选择，因此，打开显示器及主机电源开关，系统自检后就会显示如图 2.1 所示的启动菜单，用↑键或↓键选择要启动的 Windows 7 系统后，等待自动启动 Windows 7 操作系统或者按下 Enter 键立即启动。

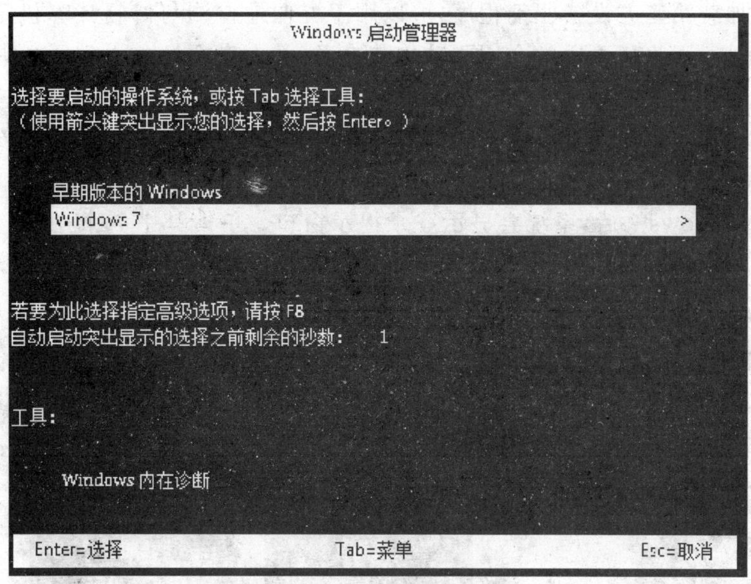

图 2.1　双系统启动菜单

注意：按住 Ctrl＋Alt＋Delete 组合键时，Windows 暂时停止该计算机上运行的任何其他程序。这是为了保证用户密码安全，防止黑客植入计算机的木马程序捕获用户账户名和密码。

(2) 通过菜单启动

在打开计算机电源、BIOS 加载完之后迅速按下 F8 键；如果有多系统引导，则在选择 Windows 7 后就迅速按下 F8 键。这时，屏幕会显示如图 2.2 所示的 Windows 高级启动选项菜单。用户根据需要，选择一项启动 Windows。

高级启动选项

选择以下内容的高级选项：Windows 7
（使用箭头键以突出您的选择。）

修复计算机

安全模式
网络安全模式
带命令提示符的安全模式

启用启动日志
启用低分辨率视频（640x480）
最近一次的正确配置（高级）
目录服务模式
调试模式
禁用系统失败时自动重新启动
禁用驱动程序签名强制

正常启动 Windows

描述：查看可用于解决启动问题的系统恢复工具列表，运行诊断程序，或者还原系统。

Enter=选择　　Esc=取消

图 2.2　启动菜单

安全模式是 Windows 操作系统中的一种特殊模式。在“安全模式”下只有系统最基本的组件在运行，不加载第三方设备驱动程序，可以用于方便地检测与修复计算机系统的错误，也是杀毒的最佳环境，因为病毒通常会用驱动伪装自己，而在安全模式下就无所遁形。“网络安全模式”是指在安全模式的基础上多运行支持网络连接或者拨号的组件或者驱动程序，实现基本的网络连接功能，解决在安全模式下的网络连接需要。在“带命令提示符的安全模式”下会弹出命令提示符(CMD)窗口，利于高级用户或者计算机维护人员解决计算机的问题。

正常启动 Windows 7 后，系统会显示登录提示窗口。单击其中一个用户(图标)后，系统即以该用户身份登录计算机，显示 Windows 桌面。

2. Windows 7 的退出

在关闭或重新启动计算机之前，一定要先退出，否则可能会破坏一些没有保存的文件和正在运行的程序。用户可以按以下步骤安全地退出 Windows 系统。

①关闭所有正在运行的应用程序。

②单击“开始”按钮，再单击“关机”按钮，如图 2.3 所示。

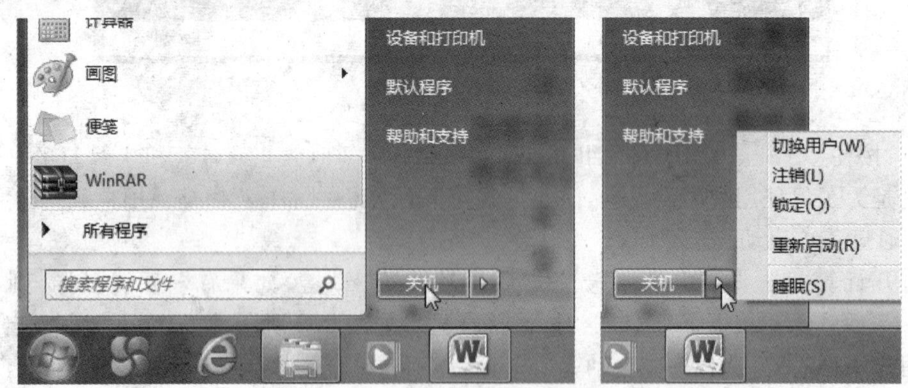

图 2.3 关闭 Windows 对话框

③当鼠标指针指向“关机”按钮时，系统会显示提示“关闭所有打开的程序，关闭 Windows，然后关闭计算机”。按提示操作后，单击“关机”按钮，系统就开始关机。如果还有程序未关闭就单击了“关机”按钮，则系统会强制关闭正在运行的程序，这样会造成未保存的数据丢失。

④如果将鼠标指针指向“关机”右侧的箭头按钮▶，系统会显示一菜单，如图 2.3 所示。用户可根据需要单击“切换用户”、“注销”、“锁定”、“重新启动”或“睡眠”按钮。

“切换用户”指当前用户仍处于登录状态，程序将继续运行，并切换到欢迎屏幕，以便其他用户登录。“注销”是指结束当前用户，系统强制关闭正在运行的所有程序，计算机仍然保持打开，显示欢迎屏幕。“锁定”是指不关闭当前用户的程序，直接锁定当前用户，系统显示当前用户登录屏幕，使用前需要解锁。“重新启动”是指重新启动计算机，当前用户运行的所有程序将被关闭。“睡眠”是将当前记录、当前运行状态的数据保存在内存中，机器硬盘、屏幕和 CPU 等部件停止供电，整个计算机只有内存还在继续运行。待机可以省电，减少计算机的磨损。

2.2 Windows 7 的基本操作

Windows 7 的基本操作包括对桌面、窗口、对话框、剪贴板等以及各种应用程序的设置和使用。

2.2.1 键盘和鼠标

在 Windows 7 旗舰版中，用户可以方便地使用键盘和鼠标操作 Windows。

1. 键盘

键盘主要用于输入文字、数据及操作指令等，熟练掌握其应用十分重要。

(1) 键盘分区

标准键盘可分为 4 区：主键盘区、功能键区、编辑键区和小键盘区，如图 2.4 所示。

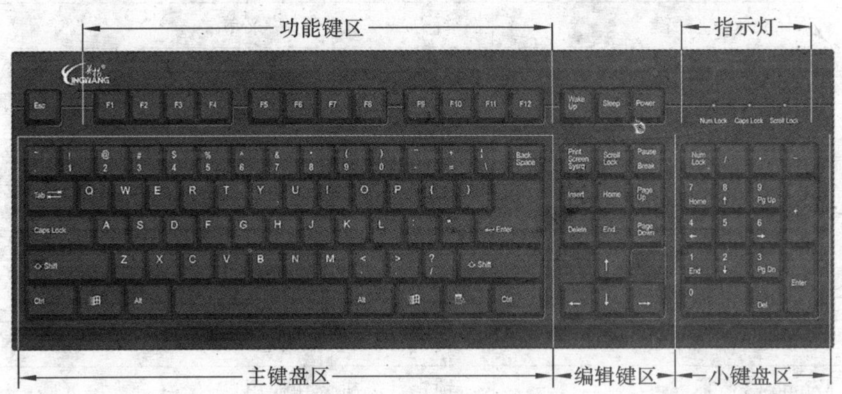

图 2.4 键盘分区示意图

①主键盘区。它是键盘的主要操作区，信息的大部分输入是通过这个区域完成的。主键盘区的键位排列与标准英文打字机的键位排列基本相同，包括数字键位、英文字母键位、西方运算符、西方标点符号键及其他特殊西方符号键。此外，还有若干特殊控制键，简介如下。

- Enter 键：回车键。该键通常像打字机的回车键一样工作，所以也称回车键。有时候，在一行的结尾按下 Enter 键是表示已经完成了这一行的输入。在大部分字处理软件中，要在每一段的结尾按下 Enter 键。因为一般字处理软件都提供了一个被称为字环绕的特性，在打字时它会在行结尾处自动将光标带到下一行的起点。
- Shift 键：上档键。键盘上通常有两个 Shift 键，用于输入大写字母。如果想打一个大写字母 A，应按下 Shift 键，然后在释放该键之前按 A 键。这种复合键的触发经常表示为 Shift +A。
- Caps Lock 键：大写字母锁定键。该键能够把键盘锁住在大写状态，直到再一次按下该键为止。
- Esc 键：退出键。在操作计算机时经常可以使用此键退后一步。例如，如果开始打印一个文件，则可以随时按下 Esc 键以取消这个打印。在与功能键一起使用时，运行的每个程序对 Esc 键的处理可能不同。
- Back Space 键：后退键。每按一次此键，删除光标前一个字符。
- Tab 键：制表键。Tab 是 Table(表格)的缩写，用来绘制没有线条的表格和在不同的对象之间跳转和移动。
- Ctrl 键：控制键。Ctrl 是 Control 的缩写，键盘上通常有两个 Ctrl 键，一般位于左下角及右下角。Ctrl 键一般与其他键联合使用，用途很广，请读者在今后的学习中注意识记和整理。

- Alt 键：更改键或替换键。Alt 是 Alternative 的缩写，键盘上通常有两个 Alt 键，大多数情况下与其他键组合使用，请读者在今后的学习中注意识记和整理。
- 徽标键：键盘上最下一行左右两边各有一个画着 Windows 徽标的按键，被称为 Windows 徽标键。它们分别位于键盘底部左右两侧的 Ctrl 键和 Alt 键之间。徽标键的主要用途如表 2.3 所示。

表 2.3　Windows 徽标键的主要用途

按键	功能
Windows 徽标键	打开或关闭“开始”菜单
Windows 徽标键＋Pause	显示“系统属性”对话框
Windows 徽标键＋D	显示桌面
Windows 徽标键＋M	最小化所有窗口
Windows 徽标键＋Shift＋M	将最小化的窗口还原到桌面
Windows 徽标键＋E	打开计算机
Windows 徽标键＋F	搜索文件或文件夹
Ctrl＋Windows 徽标键＋F	搜索计算机（如果已连接到网络）
Windows 徽标键＋L	锁定计算机或切换用户
Windows 徽标键＋R	打开“运行”对话框
Windows 徽标键＋T	循环切换任务栏上的程序
Windows 徽标键＋数字	启动锁定到任务栏中的由该数字所表示位置处的程序。如果该程序已在运行，则切换到该程序
Shift＋Windows 徽标键＋数字	启动锁定到任务栏中的由该数字所表示位置处的程序的新实例
Ctrl＋Windows 徽标键＋数字	切换到锁定到任务栏中的由该数字所表示位置处的程序的最后一个活动窗口
Alt＋Windows 徽标键＋数字	打开锁定到任务栏中的由该数字所表示位置处的程序的跳转列表（Jump List）
Windows 徽标键＋Tab	使用 Aero Flip 3-D 循环切换任务栏上的程序
Ctrl＋Windows 徽标键＋Tab	通过 Aero Flip 3-D 使用箭头键循环切换任务栏上的程序
Ctrl＋Windows 徽标键＋B	切换到在通知区域中显示消息的程序
Windows 徽标键＋空格键	预览桌面
Windows 徽标键＋向上键	最大化窗口
Windows 徽标键＋向左键	将窗口最大化到屏幕的左侧
Windows 徽标键＋向右键	将窗口最大化到屏幕的右侧
Windows 徽标键＋向下键	最小化窗口

续表

按键	功能
Windows 徽标键＋Home	最小化除活动窗口之外的所有窗口
Windows 徽标键＋Shift＋向上键	将窗口拉伸到屏幕的顶部和底部
Windows 徽标键＋Shift＋向左键或向右键	将窗口从一个监视器移动到另一个监视器
Windows 徽标键＋P	选择演示显示模式
Windows 徽标键＋G	循环切换小工具
Windows 徽标键＋U	打开轻松访问中心
Windows 徽标键＋X	打开 Windows 移动中心

• 快捷菜单键：此键位于键盘最下一行右侧徽标键与 Ctrl 键之间。按下此键，可打开当前窗口的鼠标右键快捷菜单。

• 空格键：Space 键。每按一次此键，输入一个空格。

②功能键区。它是指位于键盘顶部的 F1～F12 共 12 个键。一个功能键经常可以完成几个任务，这取决于当时计算机正在做什么，运行的各个程序对功能键的响应可能不同。在有些情况下，软件用户可以自定义这些按键的功能。

③编辑键区。它位于主键盘区的右侧，该区的按键主要用于移动光标以及对输入的文字进行编辑修改。

• 光标移动键：4 个带有箭头的键。光标是一个空白的下划线、垂直线或方块，用以指示下一个即将输入字符出现的位置。用户可以用上下左右箭头使光标在整个屏幕中移动。

• 4 个附加的光标移动键：Home、End、PageUp 和 PageDown，用来在整个屏幕上移动文本光标。每个键的表现取决于所运行的程序对这些键触发的反应。在移动文本光标的过程中，可能经常按下 Insert 和 Delete 键，用以转换已经存在于屏幕上的文本的插入和覆盖状态。

4 个光标移动键、4 个附加的光标移动键、Insert 和 Delete 键也称为“导航键”。

④小键盘（数字键盘）区。它通常位于键盘的最右侧，主要用于大量数字的输入。包括数字键和常用的操作键，如等号、加号、减号、除号（斜杠）和乘号（星）。利用小键盘区比使用字母数字混合键部分上面横跨的数字键能更快地输入数字数据。

该区左上角的 Num Lock 键（数字锁定键），用于将数字小键盘从数字键转换到光标移动键，并能再次返回原状态。

(2) 三个特殊的键

键盘上有 3 个最特殊的键，即 PrtScn、Scroll Lock 和 Pause/Break。

• PrtScn（或 Print Screen）键：过去，该键主要用于将当前屏幕的文本发送到打印机；现在，该键用于捕获整个屏幕的图像（“屏幕快照”），并将其复制到计算机内存中的剪贴板，可以从剪贴板将其粘贴（Ctrl＋V）到 Microsoft 画图或其他程序中。

SysRq 键在一些键盘上与 PrtScn 共用一个键。过去，SysRq 键设计成一个“系统请求”，但在 Windows 7 中未启用该命令。

操作时，按 Alt＋PrtScn 将只捕获活动窗口而不是整个屏幕的图像。

• ScrLk（或 Scroll Lock）键：该键在开始情况下不常用到，但有时可用来控制滚动屏幕的显示。如果屏幕正在显示一个大型文件，一次只有一小部分可以被屏幕容纳，则可以用此键上下滚动屏幕以观看信息的其他部分。有的键盘有一个指示 Scroll Lock 是否处于打开状态的指示灯。

• Pause/Break 键：在一些旧程序中，按该键将暂停程序，或者同时按 Ctrl 键停止程序运行。现在一般不使用该键。

(3) 正确操作键盘

为了高效地使用键盘，通常规定主键盘区第三排的几个字母按键为基本键，用户在准备操作键盘时，手应当轻轻放置在相应的基本按键上，当敲击其他按键后，应立即回到基本键位上，如图 2.5 所示。

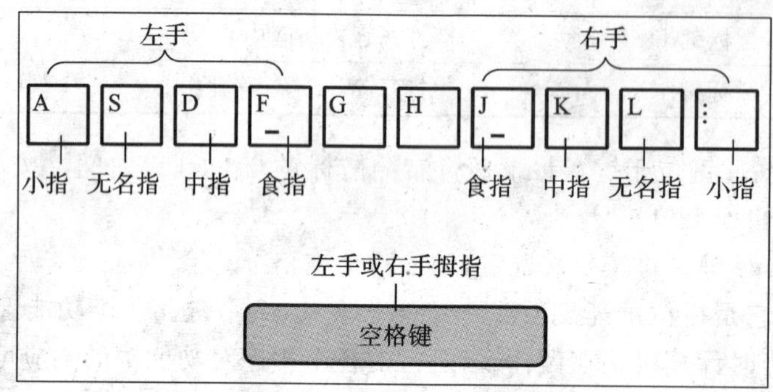

图 2.5　手指与键盘基本按键的对应关系

敲击键盘时，除拇指外其余的 8 个手指分别放在基本键上，拇指放在空格键上，10 指分工，包键到指，这样才能提高敲击键盘的速度。

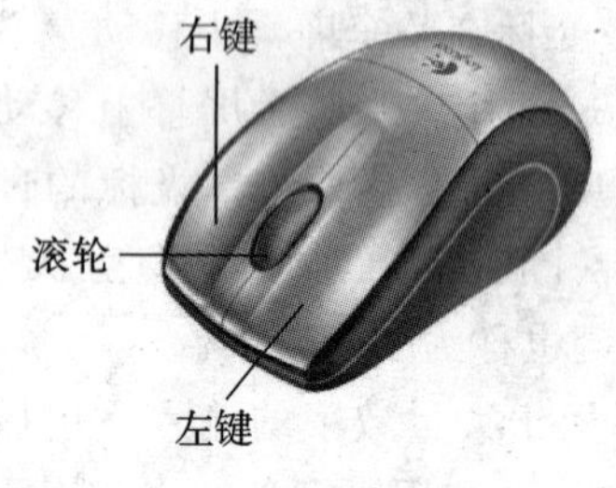

图 2.6　鼠标的按键

2. 鼠标器

鼠标器通常称鼠标，如图 2.6 所示。由于其外形酷似一只小老鼠而得名，它是 Windows 图形操作系统中最主要的控制工具。

鼠标通常有左、中、右 3 个按键(有的只有左、右两个按键)，中间的滚轮键一般是用来翻页的。通过控制面板中的"鼠标"图标可以交换其左、右按键的功能。有关鼠标操作的常用术语如表 2.4 所示。

表 2.4　有关鼠标操作的常用术语

术　语	操　　作	作　　用
指向	在不按鼠标按钮的情况下，移动鼠标指针到预期位置	进行其他操作前的一种准备操作，被指对象通常出现一些不同的显示状态
单击	按下鼠标左按钮，立即释放	执行一项命令，用以启动一个程序或选定一个对象等
单击右键	按下鼠标右按钮，立即释放	此操作会弹出快捷菜单、操作提示
双击	手指快速地进行两次单击(左键)操作	直接启动一个程序或打开一个窗口
拖曳	在按住鼠标左键的同时移动鼠标指针	移动被选定的对象

使用鼠标时，应该用右手握住鼠标主体，将食指轻放在鼠标左键上，中指或无名指(依用户使用习惯而定)轻放在鼠标右键上。移动鼠标时，让鼠标贴着平滑的桌面来回滑动即可。

在移动鼠标过程中,会发现桌面上有一个空心箭头(也称鼠标光标或鼠标指针)随之移动,空心箭头是鼠标指针的一种形态。在不同的软件、屏幕上不同的位置,鼠标指针呈现不同的形态,以表示进行不同类型的操作,如表2.5所示。

表2.5 常见的鼠标指针形态与功能

指针形态	指针图例	功能	所处的位置
左箭头		定位,表示系统正常运行、鼠标与主机连接正常	指向某个独立对象,如图标、菜单项、标题栏
右箭头		选择前的定位	一行文本或表格的左侧
双向箭头	↕ ↔ ↘ ↗	改变窗口大小	窗口四周的边框上
带四向箭头的左箭头		选中整个表格	表格左上角
向下黑箭头	⬇	选中表格列	表格某列的上部
左黑箭头	⬈	选择表格单元格	表格某单元格左侧
夹子		改变表格的列宽或行高	表格的边线上
带+号的左箭头		复制对象	拖曳鼠标的同时按下Ctrl键
带?号的左箭头	?	从对话框中获取帮助	单击对话框中的问号按钮
I形	I	指示文本插入点	文字处理程序窗口、文本框等任何可以输入文字的环境
沙漏	⌛	系统忙或正在后台运行	启动大型程序时和程序编译中。长时间不消失时可能表示死机或程序中止运行
手形		指向超链接,单击可以跳转到所指目标	帮助文件中和浏览网页时
四向箭头	✥	移动图片、文本框等对象	指向非嵌入式图片、图形以及文本框等
不可用状态	⊘	表示当前鼠标操作不起作用	移动文件、文件等对象

注意:鼠标指针形态只是计算机使用过程中的一些通用的图标,它可能会因程序不同而产生一些变形,但是其功能基本不变。

如果要更改鼠标属性,则可在"控制面板"中,依次单击"硬件和声音"、"鼠标",打开如图2.7所示的"鼠标 属性"对话框,在该对话框中可以对鼠标进行设置。

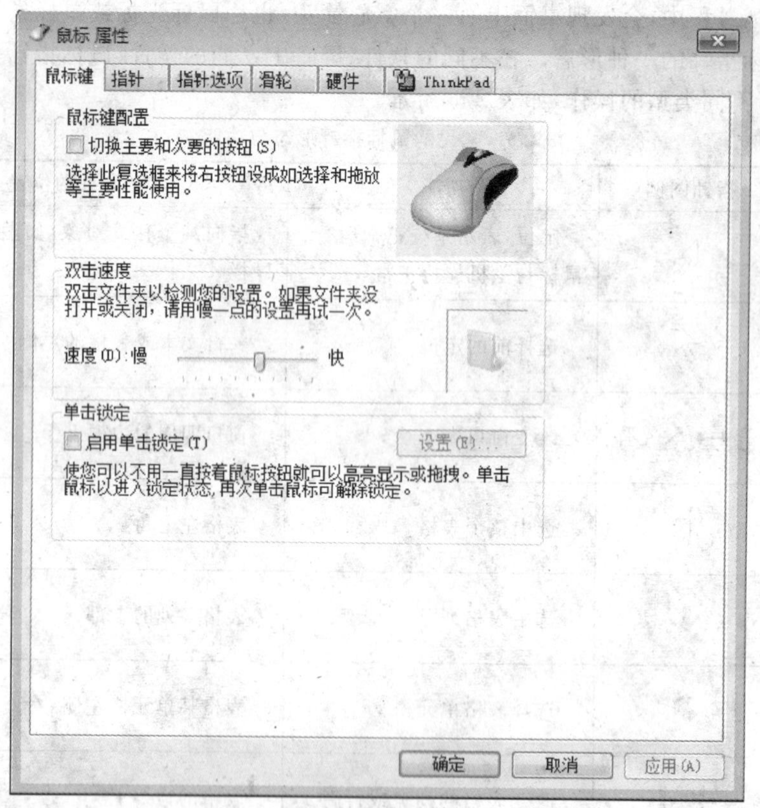

图 2.7 "鼠标 属性"对话框

"鼠标属性"对话框有 6 个选项卡："鼠标键"、"指针"、"指针选项"、"滑轮"、"硬件"及"ThinkPad"(这一选项卡与所使用的笔记本电脑有关)，其作用如下。

①鼠标键：用于选择左手型鼠标或右手型鼠标、调整鼠标的双击速度。当选择了右手型鼠标时，鼠标左、右按钮的功能被交换。

②指针：用于改变鼠标指针的大小和形状。

③指针选项：用于设置鼠标的移动速度。

④滚轮(滑轮)：用于滚动文档和网页。若要向下滚动，则向后(朝向自己)滚动滚轮。若要向上滚动，则向前(远离自己)滚动滚轮。

2.2.2 Windows 7 桌面

Windows 7 桌面是一切应用操作的出发点。启动 Windows 7 后，如果没有安装其他应用程序，则此时显示在屏幕上的就是 Windows 7 的桌面，如图 2.8 所示。

1. Windows 7 桌面元素

默认情况下，Windows 7 桌面只有"回收站"1 个图标，它位于屏幕的左上角。桌面上可以有多个图标，这取决于 Windows 7 的设置和计算机上安装的程序如何设置。图标是以程序的图形表示，双击图标可以打开相关联的程序。

桌面底部是一个任务栏，其最左端是"开始"按钮，Windows 7 的许多操作是从该按钮开始的。"开始"按钮的右边是快速启动栏，在默认情况下它有 3 个快捷方式：Internet Explorer 浏

图 2.8 中文 Windows 7 的桌面

览器、Windows 资源管理器、Windows Media Player 媒体播放管理器。最右端是通知区，“显示桌面”按钮位于任务栏最右端。如果单击文本服务和输入语言栏上最小化按钮，那么它也显示在任务栏的右端。桌面元素和任务栏按钮的基本用途如表 2.6 所示。

表 2.6 Windows 7 桌面元素和任务栏按钮的基本用途

桌面元素和任务栏按钮	基本用途
回收站	用来存放用户删除的文件，可以简单地恢复它们并将它们放回到系统中原来的位置。除非清空“回收站”，否则其中的内容只是加上了删除标记，并未真正从磁盘上抹去
任务栏	任务栏具有“快速启动”和“任务按钮”两种作用。它包含正在运行的程序和已打开的文件夹窗口都将在任务栏出现相应的按钮。当窗口最小化后，收缩到任务栏。用户可以使用任务栏上的按钮在已经打开的窗口间来回切换，指定活动窗口。鼠标指针指向任务栏空白处单击右键可打开“Windows 任务管理器”对话框进行任务管理
开始	“开始”菜单集成了系统的主要可操作对象，形成了系统的控制中心。它用于管理开始菜单、启动应用程序、打开文档、安装和设置计算机硬件和软件、搜索文件夹和文件等、查阅帮助信息、运行程序、关闭系统
Internet Explorer 浏览器	用于运行 Web 浏览器，访问 WWW 资源
Windows 资源管理器	用于打开 Windows 资源管理器对话框
Windows Media Player 媒体播放管理器	用于启动 Windows Media Player 媒体播放器

续表

桌面元素和任务栏按钮	基本用途
通知区	主要包括显示隐藏图标按钮、打开操作中心按钮、打开网络和共享中心按钮、系统时钟 10:50 2013/5/7、其他活动和紧急通知图标等。该栏中不经常使用的图标将自动隐藏，一旦使用又重新显示
显示桌面	单击显示桌面，再次单击显示当前窗口
语言栏	用于控制文字的输入，如选择汉字输入、语音输入状态等。语言栏可在桌面上随意移动，也可以附着任务栏右侧

2. 开始菜单

单击按钮，弹出"开始"菜单，它是一个具有选项的列表，是计算机上所有程序和Windows 7 中可以完成的所有任务的链接。"开始"菜单如图 2.9 所示。

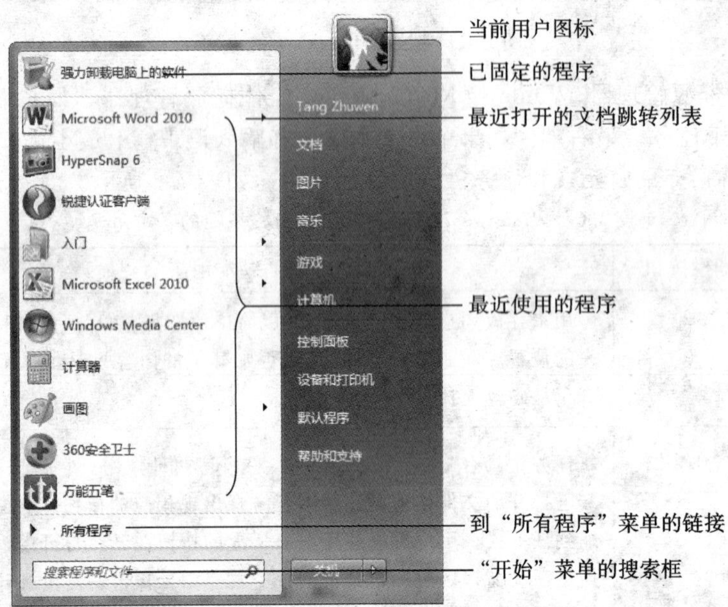

图 2.9 "开始"菜单

Windows 7 的默认情况下，"开始"菜单采用双栏布局，左栏显示最常用的程序或者最近使用过的程序，右栏专门显示重要的系统文件夹。

- 已固定的程序：位于"开始"菜单左上角的区域，在一条水平线的上方，它用于容纳用户最常用的程序。用户可将常用程序的链接固定在该区域，也可以将常用程序拖曳到该区域。
- 最近使用的程序：位于"开始"菜单左侧第一条水平线下方，Windows 会自动添加用户最近用过的程序。可以更改这里显示的程序数目和类型。
- "开始"菜单的搜索框："开始"菜单包含一个搜索框，它位于左下角，在"所有程序"的下方。在这个框内输入文本，即可访问菜单上的任意选项，无论它嵌套得有多深。
- "所有程序"文件夹：单击"所有程序"会打开一个层次化的程序列表。"所有程序"文件夹由个人文件夹、所有用户文件夹合并而成。个人文件夹位于%AppData%\Microsoft\

Windows\StanMenu\Programs，存储的项目只在该用户自己的“开始”菜单上出现。所有用户文件夹位于%ProgramData%\Microsoft\Windows\StanMenu\Programs，存储的项目在所有用户的“开始”菜单上出现。

3. 任务栏

任务栏链接到 Windows 7 计算机当前工作的信息，除“开始”按钮、通知区域之外，任务栏还对每个正在运行的程序显示一个任务按钮，用户利用这些任务按钮在正在运行的程序之间切换。用户还可以通过单击一个任务按钮来最小化一个打开的窗口，或者还原一个已经最小化的窗口。任务栏具有“快速启动”和“任务按钮”两种作用，用户既可以打开一个尚未打开的程序，也可以在已经打开的程序之间切换。

无论何时打开程序、文件夹或文件，Windows 都会在任务栏上创建对应的按钮。按钮会显示已打开程序的图标。如图 2.10 所示，这里打开了一个文件夹、一个 Word 文档和“画图”程序，每个程序在任务栏上都有自己的按钮。

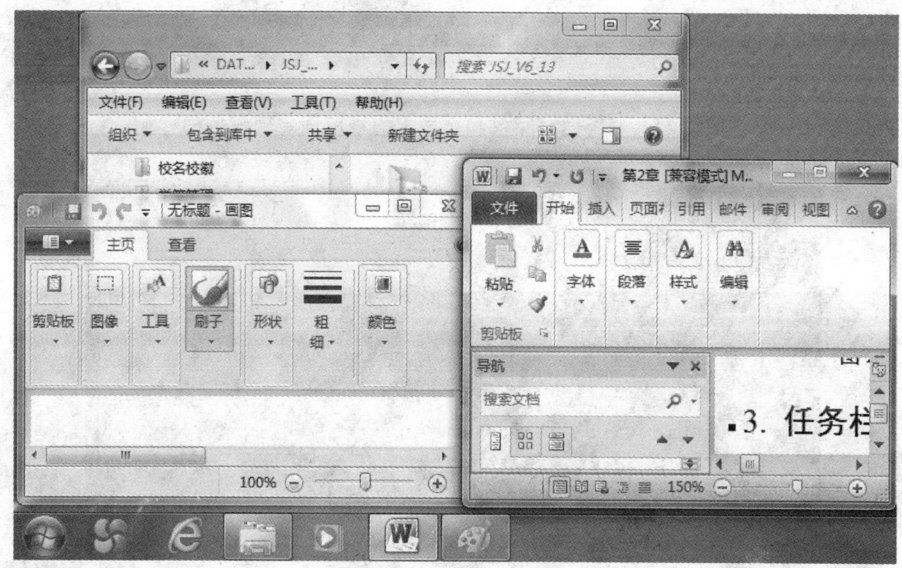

图 2.10 每个程序在任务栏上都有自己的按钮

(1) 添加和删除锁定的程序、文档和文件夹

经常使用的程序可以轻松固定到任务栏，也可以很轻松地将其从任务栏删除。

• 要将一个程序固定到任务栏，只需要从桌面、“开始”菜单或其他任何文件夹将它的图标或快捷方式拖放到任务上，也可以先用右键单击该程序的图标或快捷方式，再在快捷菜单上单击“锁定到任务栏”，如图 2.11 所示。

• 要将一个正在运行的程序固定到任务栏，则先用右键单击该程序在任务栏上的图标，再在快捷菜单上单击“将此程序锁定到任务栏”，如图 2.12 所示。

• 要将一个文档固定到任务栏，只需将它的图标或快捷方式拖放到任务栏。如果任务栏已经固定了与这个文档关联的程序，Windows 会直接将该文档添加到程序“跳转列表”的“已固定”区域。

• 要将一个文件夹固定到任务栏，只需将它的图标或快捷方式拖放到任务栏。Windows

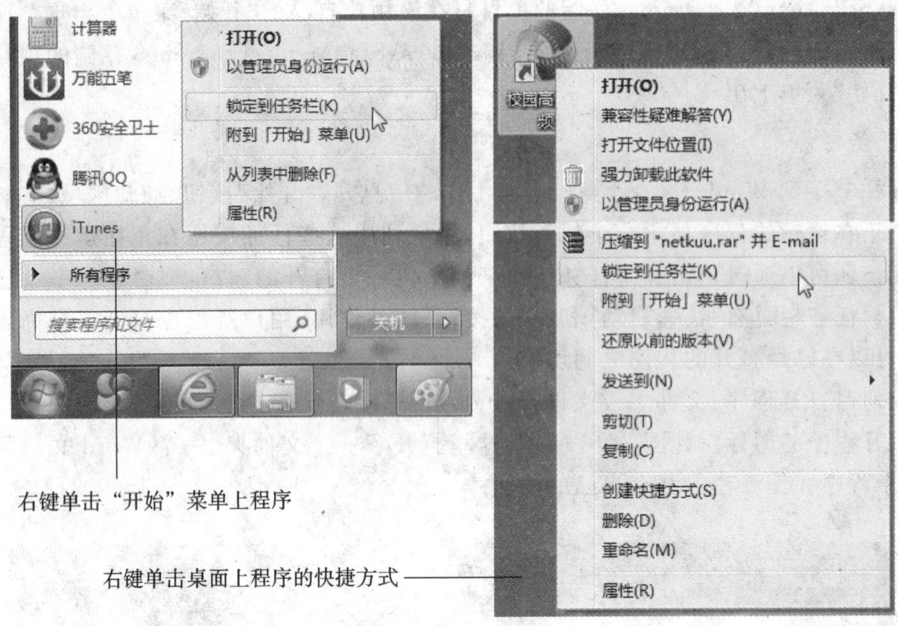

图 2.11　将“开始”菜单和桌面上的程序固定到任务栏

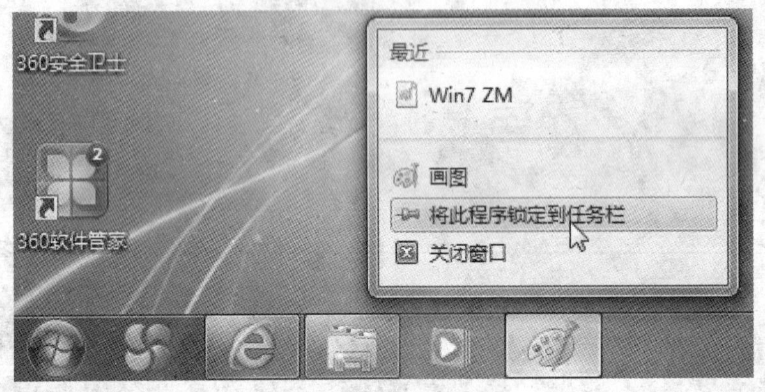

图 2.12　将“画图”程序固定到任务栏

会将文件夹添加到 Windows 资源管理器的跳转列表的“已固定”区域。

• 要从任务栏上删除一个固定的程序、文档和文件夹，只需要先用右键单击其在任务栏上的图标，再在快捷菜单上单击“将此程序从任务栏解锁”命令。如果用右键单击其在其他地方(包括桌面和“开始”菜单)的图标，那么可在快捷菜单上看到“从任务栏脱离”的命令。

(2) 打开程序

要打开一个已固定到任务栏上的程序，只需单击它在任务栏上的按钮即可。下面介绍的一些技巧，可以使用户更高效地工作。

• 要打开正在运行的程序的一个新实例，可以使用 Shift＋单击它在任务栏上的按钮。用户如果使用是带有滚轮的鼠标或其他三键鼠标，按鼠标中键相当于 Shift＋单击。

• 要以管理员身份打开程序的新实例，可以使用 Ctrl＋Shift＋单击它在任务栏上的按钮。

(3) 打开文档或文件夹

要打开一个已固定到任务栏上的文档或文件夹,就先用右键单击它在任务栏上的按钮,再在跳转列表中单击这个文档或文件夹的名称,如图 2.13 所示。

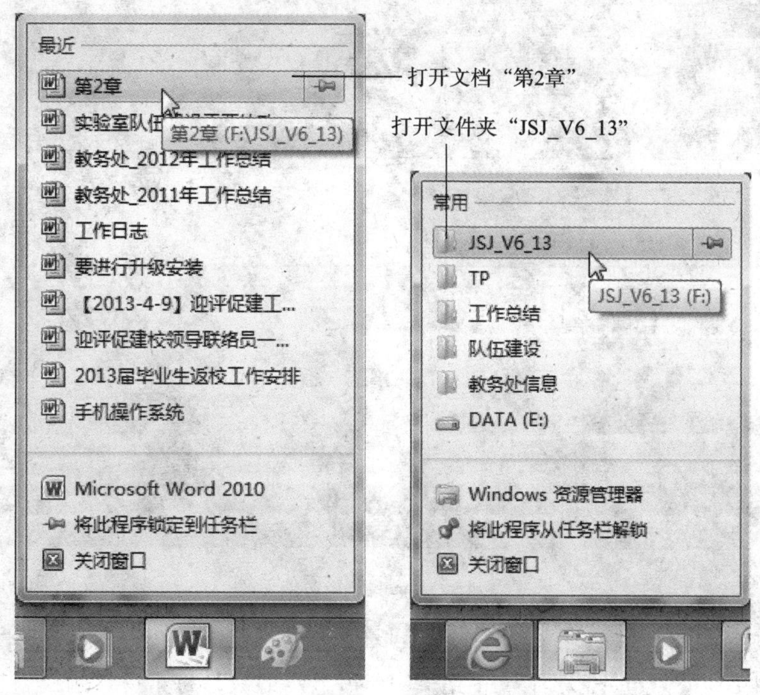

图 2.13　打开文档或文件夹

(4) 在任务之间切换

打开一个已固定的程序后,其任务栏按钮的外观会变成带边框的风格,将鼠标指针放在它上面,背景颜色会变成与程序的窗口颜色相似的颜色。如果同一程序多次启动,那么 Windows 7 会将任务栏按钮变成堆叠的外观。任务栏按钮示例如图 2.14 所示。

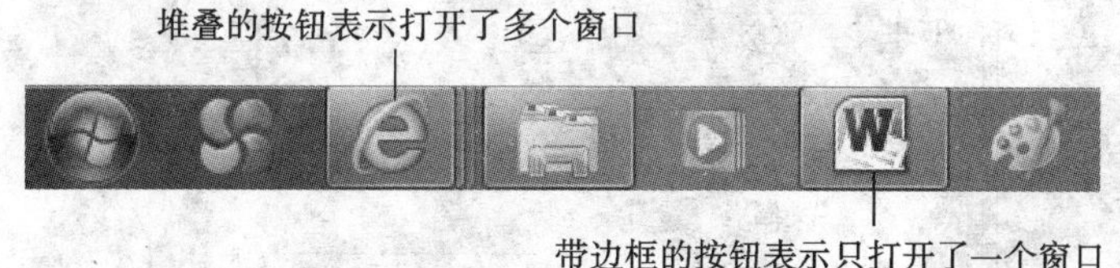

图 2.14　任务栏按钮外观

将鼠标指针放到一个任务栏按钮上面,Windows 7 会显示一幅缩略预览图。如果任务栏按钮是堆叠(表示该程序有多个打开的窗口)的,就会显示每个窗口的缩略预览图。如果从缩略预览图无法确定要使用哪个窗口,那么利用 Windows 7 的 Aero Peek 功能,将鼠标指针移到一个缩略预览图上,Windows 会将那个窗口带到前台,并用框来标识其他所有打开的窗口的位置,如图 2.15 所示。

用户希望看到显示窗口的缩略预览图(或标题栏),则单击缩略预览图就可切换到那个窗口。如果要关闭该窗口,可单击缩略预览图左上角的关闭按钮,或在缩略预览图的任何地方按鼠标中键。

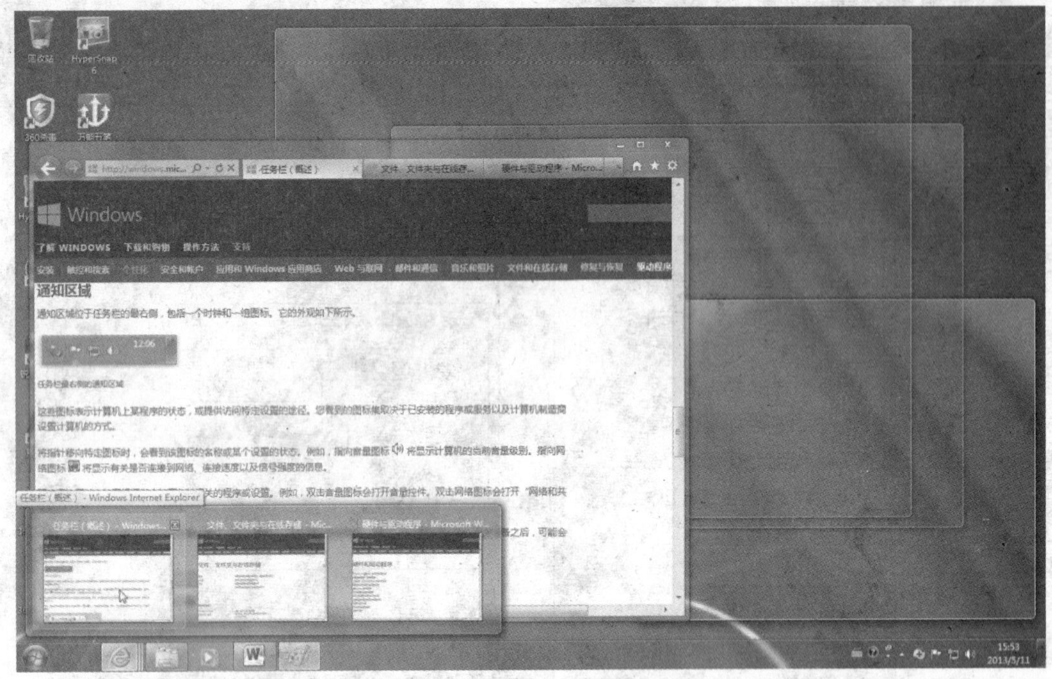

图 2.15　Aero Peek 功能示例

注意：任务栏缩略预览图和 Aero Peek 只有在使用了 Aero 主题的前提下才可以使用。如果没有 Aero 主题，鼠标指针移到任务栏按钮上时，显示的只是每个窗口的完整标题。

(5) 设置任务栏属性

用鼠标右键单击“任务栏”的空白区，再单击“属性”命令，显示“任务栏和「开始」菜单属性”对话框“任务栏”选项卡，如图 2.16 所示。在该对话框中，可以更改任务栏按钮的大小、外观和分组。

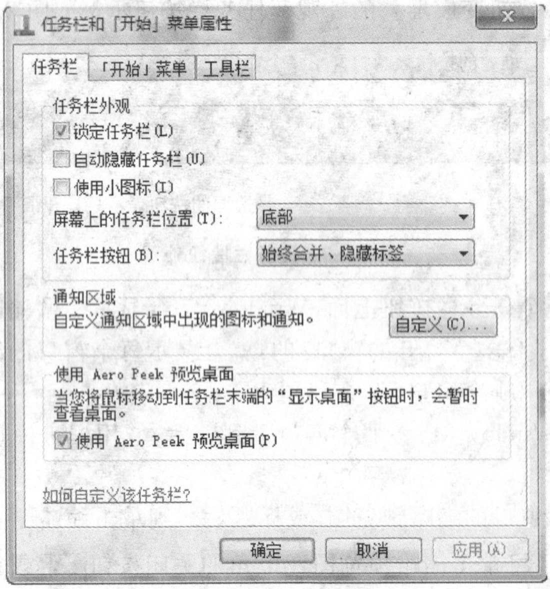

任务栏和「开始」菜单属性
任务栏　「开始」菜单　工具栏
任务栏外观
锁定任务栏(L)
自动隐藏任务栏(U)
使用小图标(I)
屏幕上的任务栏位置(T)：底部
任务栏按钮(B)：始终合并、隐藏标签
通知区域
自定义通知区域中出现的图标和通知。　自定义(C)...
使用 Aero Peek 预览桌面
当您将鼠标移动到任务栏末端的“显示桌面”按钮时，会暂时查看桌面。
使用 Aero Peek 预览桌面(P)
如何自定义该任务栏?
确定　取消　应用(A)

图 2.16　设置任务栏

• 使用小图标：如果要减少任务栏按钮的高度，就选择“使用小图标”前面的复选框。

• 任务栏按钮：“任务栏按钮”的默认设置为“始终合并、隐藏标签”，这个设置会阻止标签显示（窗口标题），Windows 总是将一个应用程序的多个窗口合并成一个任务栏按钮。如果选择“当任务栏被占满时合并”，每个窗口就都会有自己的任务栏按钮，直到任务栏变得过于拥挤，Windows 才会将一个程序的多个窗口合并成单个任务栏按钮。如果选择“从不合并”，则打开的窗口越多，每个任务栏按钮的大小就会越来越小。

在图 2.16 所示的对话框中，用户还可以为任务栏设置多种属性，如表 2.7 所示。

表 2.7 任务栏属性说明

项目		作用
任务栏外观	锁定任务栏	将任务栏锁定于屏幕固定位置，防止改变
	自动隐藏任务栏	节省屏幕空间。鼠标指针指向此栏位置时才显示
	使用小图标	减少任务栏按钮的高度
	屏幕上的任务栏位置	设置任务栏在屏幕上的位置（底部、顶部、左侧、右侧），默认为“底部”
	任务栏按钮	设置任务栏按钮，以避免过多占用任务栏。默认设置为“始终合并、隐藏标签”，还可选择“当任务栏被占满时合并”或“从不合并”
通知区域		自定义通知区域中出现的图标和通知
使用 Aero Peek 预览桌面		当用户将鼠标指针移动到“显示桌面”按钮时，可暂时查看桌面

4. 跳转列表

跳转列表（Jump List）是最近打开的项目列表，例如文件、文件夹或网站，这些项目按照打开它们的程序进行组织。用户可以使用跳转列表打开项目，将收藏夹锁定到跳转列表，以便可以快速访问每天使用的项目。打开任务栏跳转列表有以下 3 种方式。

①用右键单击任务栏按钮。

②用鼠标指针指向任务栏按钮，按下鼠标左键，快速地将其拖离任务栏后，松开鼠标左键。

③如果是平板或触控电脑，可以使用手写笔（或者手指）将任务栏按钮拖离屏幕边缘，松开后，就会出现跳转列表。

在“开始”菜单中，只有那些固定以及最近使用列表中的程序才有跳转列表。为了显示与一个“开始”菜单项关联的跳转列表，单击程序名旁边的箭头，或者将鼠标指针放在菜单项上，如图 2.17 所示。

在跳转列表中，大多数内容都是由程序的作者创建的，Windows 能自动生成的内容只有最近使用的项目。如图 2.18 所示，要将常用项目（文档、音乐、网页、编程项目等）固定到一个程序的跳转列表中，用鼠标指针指向该项目，然后单击图钉图标；或者用鼠标右键单击文档，从弹出的快捷菜单中选择“锁定到此列表”。

5. 系统日期和时间

默认情况下，系统日期和时间显示在“任务栏”最右端通知区域，用鼠标指针指向这个时间，屏幕提示显示星期。

用鼠标右键单击通知区域的日期和时间图标，在快捷菜单中单击“调整日期/时间”命令，打开如图 2.19 所示的“日期和时间”对话框，可更改日期和时间。

图 2.17 “开始”菜单跳转列表

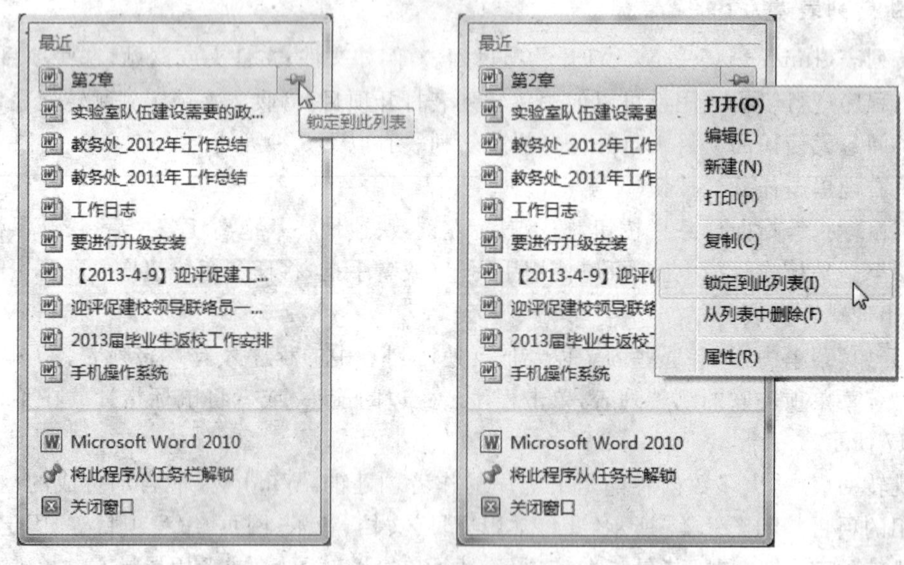

图 2.18 任务栏跳转列表

6. 文本服务和输入语言设置

默认情况下，桌面右下角有一个“语言栏”，如图 2.20 所示。用鼠标单击“输入法选项”按钮，弹出输入法菜单，如图 2.21 所示，单击所需的输入法就可启动它。

在语言栏上任意位置，单击鼠标右键，在弹出的快捷菜单中选择“设置”命令，打开“文本服务和输入语言”对话框，如图 2.22 所示。用户在该对话框中可自定义输入法菜单和进行其他设置。

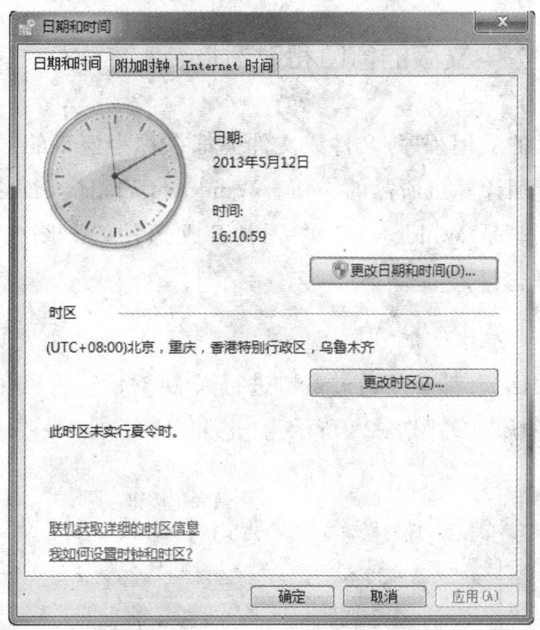

图 2.19　“日期和时间”对话框

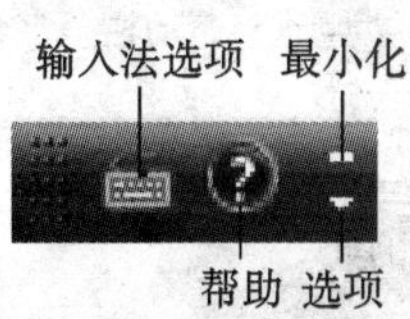

图 2.20　语言栏

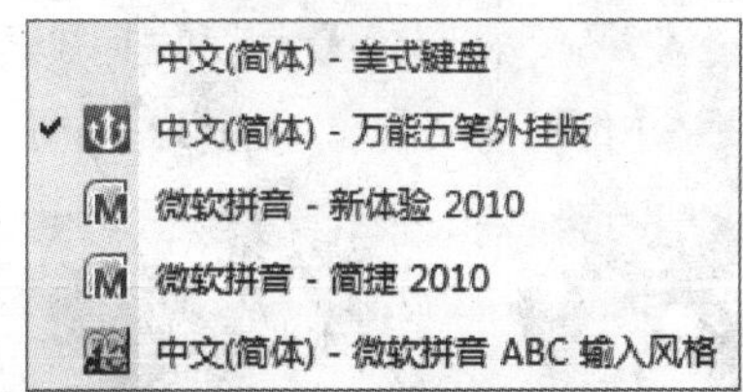

图 2.21　输入法菜单

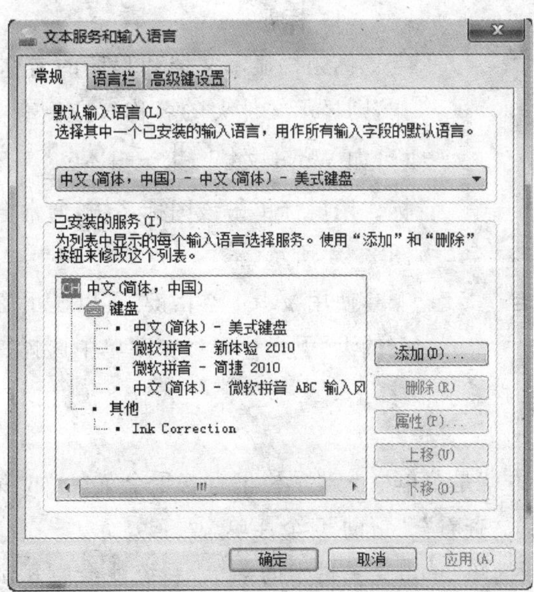

图 2.22　“文本服务和输入语言”对话框

2.2.3 Windows 7 中文版的窗口和对话框

所有基于 Windows 的应用程序、文件或文件夹都在称为窗口的框或框架中运行，它为用户提供了方便、有效地管理计算机所需的一切。Windows 7 除了桌面之外还有两大部分：窗口和对话框。窗口和对话框是 Windows 7 的基本组成部件，因此，窗口和对话框的操作是 Windows 7 的最基本操作。

1. 窗口的组成

在计算机中，无论做什么，都必须通过窗口进行人-机对话。为了保证这类交流的统一性，所有窗口都要具有相同的属性。图 2.23 所示为"记事本"窗口的一些组成元素。

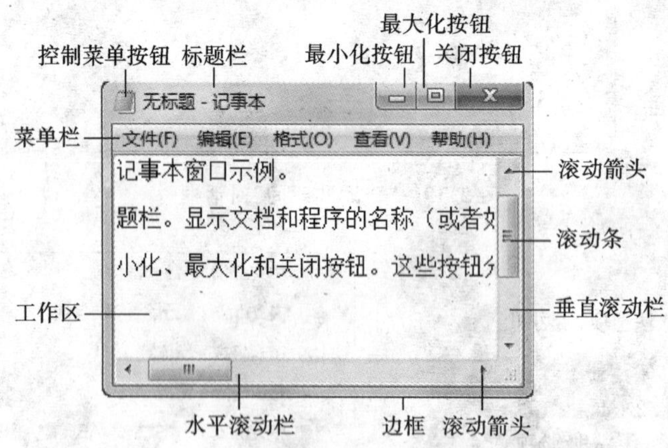

图 2.23 "记事本"窗口

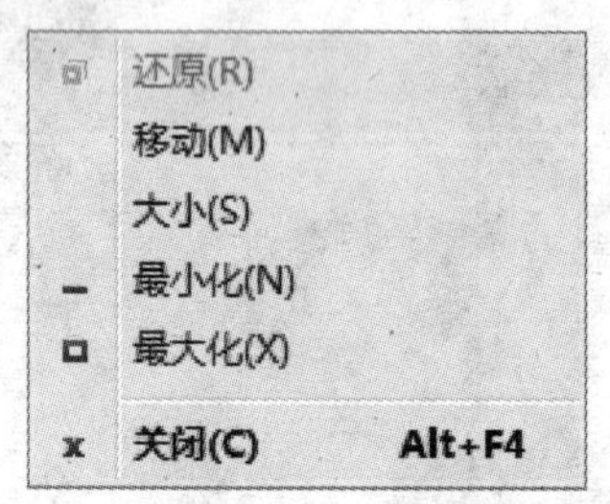

图 2.24 控制菜单栏

(1) 标题栏

标题栏显示文档和程序的名称(如果正在文件夹中工作，则显示文件夹的名称)，左侧有一个与此程序相关的图标，如 Word 文档[W]、记事本[图标]等，这就是"控制菜单栏"图标。用鼠标单击该图标系统，通常会展开一个控制菜单，如图 2.24 所示。

使用"Alt＋空格键"可以显示窗口控制菜单，通过键盘上的上、下光标键可在菜单中选择操作项。当鼠标失效时，可以使用该菜单操作窗口。

(2) 菜单栏

一般地，窗口标题下方就是菜单栏。菜单栏里有若干个菜单，如"记事本"窗口的菜单栏中有"文件"、"编辑"、"格式"、"查看"、"帮助"5 个菜单。

菜单栏的使用方法很简单：单击菜单栏中的菜单，系统就会展开该菜单，然后单击菜单选项即可。

(3) 最小化、最大化和关闭按钮

这些按钮位于窗口的左上角，分别可以隐藏窗口、放大窗口使其填充整个屏幕和关闭窗口。

(4) 工作区

工作区(文件或文件夹窗格)是 Windows 7 操作系统或应用程序窗口的主要工作区域，例如，用记事本编辑简单的文档等。

(5) 滚动条

窗口工作区大小是有限的，当被处理信息在工作区显示不全时，应用程序窗口右侧(垂直滚动条)或下方(水平滚动条)会自动显示滚动条。使用滚动条可以查看当前视图之外的信息。

(6) 边框和角

可以用鼠标指针拖动这些边框和角(窗口的 4 个角)以更改窗口的大小。

其他窗口可能具有其他的按钮、框或栏，但是它们通常都具有以上的基本部分。

2. 窗口的基本操作

(1) 移动窗口

当窗口处于还原状态时，将鼠标指针对准窗口的"标题栏"，按下左键不放，移动鼠标即可移动窗口。

通过键盘操作移动窗口的方法：按 Alt＋空格键，打开控制菜单；选择"移动"并按 Enter 键；用上、下、左、右箭头移动窗口到理想位置，按 Enter 键确认。

(2) 改变窗口大小

将鼠标指针对准窗口的边框或角，鼠标指针自动变成双向箭头(↕、↔、↘或↗)，按下左键拖曳，就可改变窗口大小。

(3) 最小化、最大化和关闭窗口

Windows 7 窗口右上角具有最小化、最大化(或向下还原)和关闭 3 个按钮。

①窗口最小化：单击最小化按钮，窗口在桌面上消失，在"任务栏"上显示为按钮。

②窗口最大化：单击最大化按钮或双击该窗口的标题栏，窗口扩大到整个桌面，此时最大化按钮变成向下还原按钮。

③窗口关闭：单击关闭按钮，窗口在屏幕上消失，并且图标也从"任务栏"上消失。

注意：Windows 7 的 Aero Snap 有 3 个功能。第一，用鼠标将标题栏拖到屏幕顶部也可以最大化窗口，再从顶部拖离就可以还原。利用这个功能，可以在多显示器系统上将一个已经最大化的窗口从一个屏幕移到另一个屏幕。第二，用鼠标将标题栏拖到屏幕左侧，这个窗口就会填充屏幕的左半边；将标题栏拖到屏幕右侧，这个窗口就会填充屏幕的右半边。第三，用鼠标将窗口上边缘拖到屏幕顶部，或将窗口的下边缘拖到屏幕底部，会使窗口扩展到整个桌面的高度，但宽度保持不变；将窗口边缘拖离屏幕边缘，相反的一边将还原为之前的位置。

Windows 7 的 Aero Shake 功能是，如果要最小化除了活动窗口之外的其他所有窗口，则用鼠标指向窗口标题栏，按住鼠标左键不放，快速晃动几下鼠标，其他窗口都会最小化到任务栏。

在 Windows 7 中，Windows 徽标键与其他组合可用做移动和改变窗口大小与鼠标动作对应的键盘快捷键，如表 2.8 所示。

表 2.8 用做移动和改变窗口大小与鼠标动作对应的键盘快捷键

任务	鼠标动作	快捷键
最大化	将标题栏拖到屏幕顶部	Windows 徽标键＋上箭头
窗口占据整个桌面的高度，但宽度不变	将窗口顶边或底边拖到屏幕边缘	Shift＋Windows 徽标键＋上箭头
还原最大化或全高的窗口	将窗口标题栏或边缘拖离屏幕边缘	Windows 徽标键＋下箭头
最小化一个还原的窗口	单击“最小化”按钮	Windows 徽标键＋下箭头
对齐到屏幕左半边	将标题栏拖到屏幕左边缘	Windows 徽标键＋左箭头
对齐到屏幕右半边	将标题栏拖到屏幕右边缘	Windows 徽标键＋右箭头
移到左边的显示器	拖动标题栏	Shift＋Windows 徽标键＋左箭头
移到右边的显示器	拖动标题栏	Shift＋Windows 徽标键＋右箭头
最小化除了活动窗口之外的所有窗口（再按一次会还原之前最小化的窗口）	“晃动”标题栏	Windows 徽标键＋Home
最小化所有窗口		Windows 徽标键＋M
还原最小化的窗口		Shift＋Windows 徽标键＋M

（4）滚动窗口内容

将鼠标移到窗口滚动条的滚动块上，按住左键拖动滚动块，即可以滚动窗口中的内容。另外，单击滚动条上的向上箭头▲或向下箭头▼，就可以向上或向下滚动窗口中的一行内容。

（5）切换窗口

切换窗口最简单的方法是用鼠标单击“任务栏”上的窗口图标，也可以在所需要的窗口还没有被完全挡住时，单击所需要的窗口。

切换窗口的快捷键是 Alt＋Esc 和 Alt＋Tab。采用键盘切换窗口时，可以先按下 Alt 键不松开，然后按 Esc 键或 Tab 键，每按一次就换一个窗口。

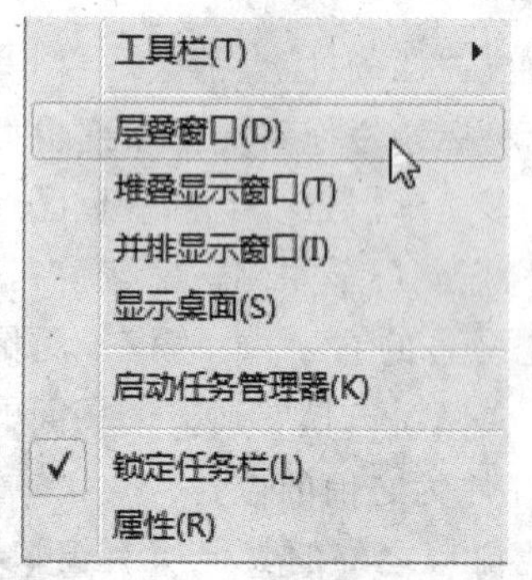

图 2.25 任务栏右键快捷菜单

（6）排列窗口

窗口排列有层叠、堆叠显示和并排显示 3 种方式。用鼠标右键单击“任务栏”空白处，弹出如图 2.25 所示的快捷菜单，然后选择一种排列方式。

层叠窗口用于显示各个窗口，可通过单击各个窗口的标题栏，方便快速地在不同窗口间切换。

堆叠显示窗口用于将已经打开的多个窗口横排在屏幕中，查看和编辑各窗口的内容。

并排显示窗口用于将打开的窗口竖排在屏幕上。

3. 对话框中基本元素的使用

对话框是 Windows 与用户进行信息交流的一个界面。为了获得用户信息，Windows 会打开对话框向用户提问，用户可以通过回答问题来完成对话。Windows 也可以使用对话框来显示附加信息、警告或解释没有完成操作的原因。本小节介绍如何识别和利用在使用 Windows 对话框时经常遇到的一些基本元素(控件)。

(1) 菜单

大多数程序包含几十个甚至几百个使程序运行的命令,其中很多命令组织在菜单里面,程序菜单显示为选择列表。为了使屏幕整齐,会隐藏这些菜单,只有在标题栏下的菜单栏中单击菜单标题之后才会显示菜单。

若要选择菜单中列出的命令,则先单击该菜单,再单击命令项,如图 2.26 所示。有时会显示对话框,用户可以从中选择其他选项。如果命令不可用且无法单击,则该命令以灰色显示。

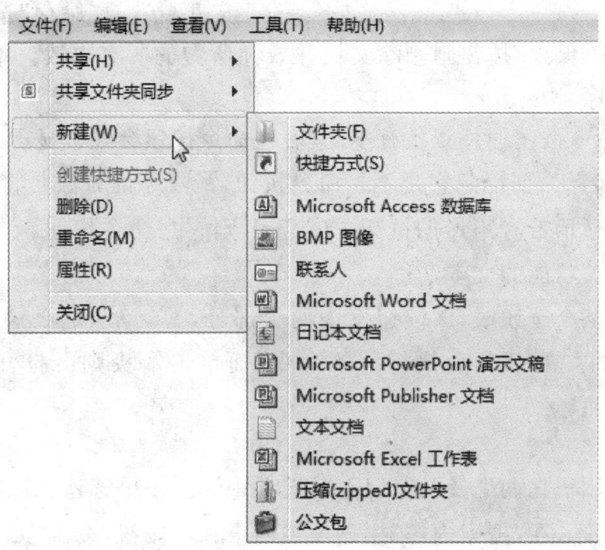

图 2.26　菜单的使用

有一些菜单项目根本就不是命令,而是包含菜单。在图 2.24 所示中,用鼠标指向“新建”就会打开了一个子菜单。

如果没有看到需要的命令,则应在其他菜单中查找。沿着菜单栏移动鼠标,各菜单会自动打开,而无须再次单击菜单栏。若要在不选择任何命令的情况下关闭菜单,则单击菜单栏或窗口的任何其他部分。

除了传统的菜单形式外,在有些单词或图片旁边会有一个箭头,它们也可能是菜单控件,如图 2.27 所示。

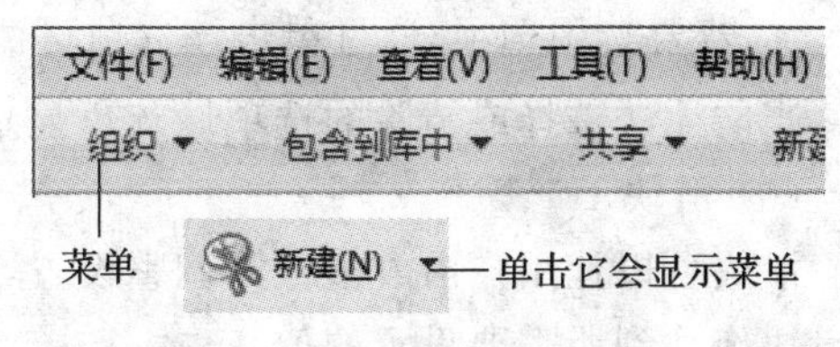

图 2.27　菜单控件的示例

(2) 滚动条

当文档、网页或图片超出窗口大小时,就会出现滚动条,这有利于查看当前处于视图之外的信息。图 2.23 显示了滚动条的组成部分。使用滚动条的方法如下。

- 单击上下滚动箭头可以小幅度地上下滚动窗口内容。按住鼠标按钮可连续滚动。
- 单击滚动框上方或下方滚动条的空白区域可上下滚动一页。
- 上下左右拖动滚动块可在该方向上滚动窗口。

如果鼠标有滚轮,则可以用它来滚动文档、网页或窗口中的内容。若要向下滚动,则向后

(朝向自己)滚动滚轮;若要向上滚动,则向前(远离自己)滚动滚轮。

(3) 命令按钮

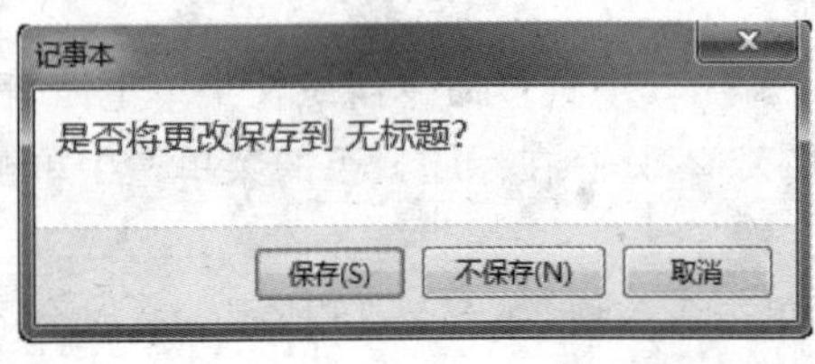

图 2.28 对话框中的命令按钮

单击命令按钮会执行一个命令,即执行某项操作。在对话框中会经常看到命令按钮,对话框是包含完成某项任务所需选项的小窗口。例如,如果没有先保存"记事本"文档就要将其关闭,就会看到如图 2.28 所示的对话框。

若要关闭记事本,就必须首先单击"保存"或"不保存"按钮。单击"保存"按钮则保存文档和所做的所有更改,单击"不保存"按钮则删除文档并放弃所做的所有更改。单击"取消"按钮则关闭对话框并返回到程序。

除对话框之外,命令按钮的外观各有不同,有些命令按钮会经常显示为没有任何文本或矩形边框的小图标,如 。要确定它是不是命令按钮,最可靠的方法是将指针放在按钮上面。如果按钮被"点亮"并显示带有矩形的框架,如 ,则它是命令按钮。大多数按钮还会在指针指向时显示一些有关功能的文本。

如果用鼠标指向某个按钮时,该按钮变为两个部分,如 ,那么这个按钮被称为"拆分按钮"。单击该按钮的主要部分会执行一条命令,而单击箭头则会打开一个有更多选项的菜单。

(4) 选项按钮

选项按钮可以让用户在两个及两个以上的选项中选择一个选项。选项按钮经常出现在对话框中。如图 2.29 所示,在"搜索内容"栏显示了两个选项按钮,按钮" "表示该选项处于选中状态,按钮" "表示未被选中。

若要选择某个选项,则用鼠标单击该按钮即可。

(5) 复选框

复选框可让用户选择一个或多个独立选项。与选项按钮不同的是,选项按钮限制选择一个选项,而复选框可以同时选择多个选项。使用复选框的方法如下。

- 如图 2.29 所示,单击空的方框就可选中该选项,在方框中将出现复选标记" "。
- 若要禁用选项,通过单击该选项可清除复选标记。空方框" "表示未被选中。

当前无法选择或清除的选项以灰色显示。

(6) 滑块

滑块可以让用户沿着值范围调整设置,它的外观如图 2.30 所示。使用滑块很简单,就是将滑块拖动到所需要设置的值。

(7) 文本框

文本框是用于用户输入信息的矩形区域,如图 2.31 所示。要创建一个新账户,在显示的文本框中输入了"野狼"。在"狼"字后面有闪烁的光标(在图上看是一垂直线)表示是键入文本的位置。如果在文本框中没有看到光标,则表示该文本框无法输入内容。应首先单击该框,然后开始键入。通常要求输入密码的文本框在键入密码时会隐藏密码(显示为黑圆点)。

(8) 下拉列表

下拉列表类似于菜单,但是,它不是单击命令,而是选择选项。下拉列表关闭后只显示当

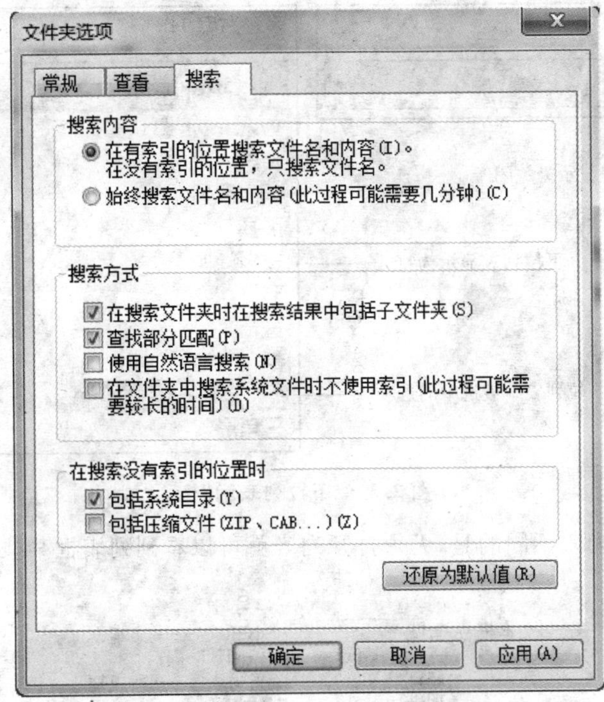

图 2.29　选项按钮与复选框示例

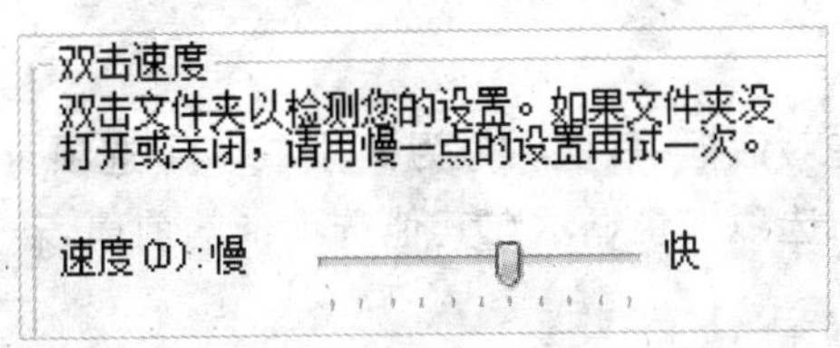

图 2.30　移动滑块可更改鼠标双击速度

图 2.31　文本框示例

前选中的选项，除非单击该控件，否则其他可用的选项都会隐藏，如图 2.32 所示。若要打开下拉列表，则单击该列表；若要从列表中选择选项，则单击该选项。

(9) 列表框

如图 2.33 所示，列表框显示多个选择项，由用户选择其中一项。若一次不能全部显示在列表框中，系统会提供滚动条帮助用户快速查看。如果列表框上面有文本框，则可以键入选项

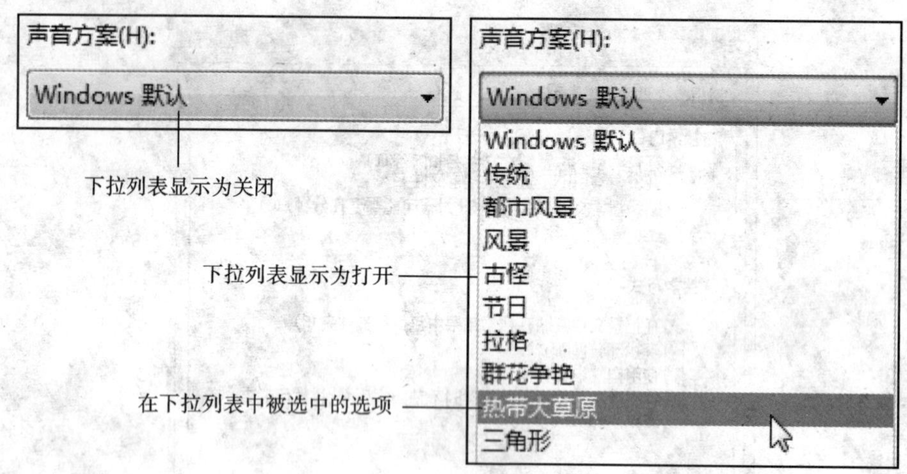

图 2.32　下拉列表示例

的名称或值。与下拉列表不同的是，无须打开列表就可以看到列表框某些或所有选项。

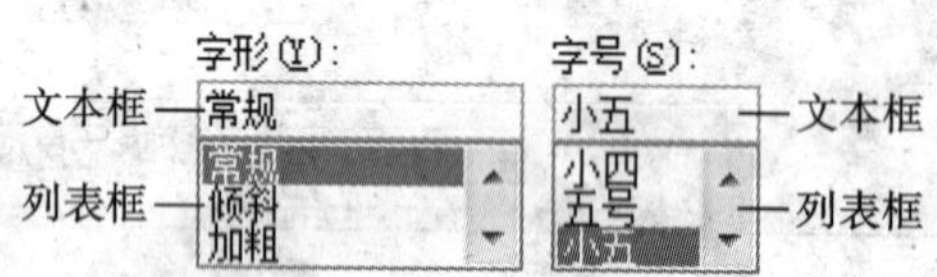

图 2.33　列表框示例

(10) 选项卡

如图 2.34 所示，在一些对话框中，选项分为两个或多个选项卡。一次只能查看一个选项卡或一组选项。当前选定的选项卡将显示在其他选项卡的前面，若要切换到其他选项卡，则单击该选项卡。

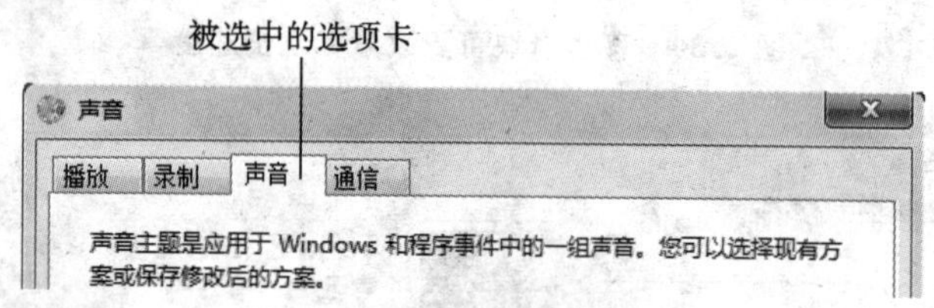

图 2.34　选项卡示例

2.2.4　启动和退出应用程序

1. 启动应用程序的方法

在 Windows 7 中启动应用程序有多种方法，下面介绍几种最常用的方法。

①从“开始”菜单启动。

通过“开始”菜单可以访问计算机上的所有程序。其操作步骤为：单击“开始”按钮，显示“开始”菜单，指向“所有程序”，单击应用程序名。

②从任务栏启动。

可以通过将程序(或程序的其他实例)锁定到任务栏来快速、方便地启动该程序。

• 在任务栏上，单击要启动的程序按钮(任务栏上的程序按钮突出显示，表示该程序正在运行)。

• 若要打开正在运行的程序的另一个实例，则用鼠标右键单击该按钮以打开“跳转列表”，然后单击该程序的名称。

③从桌面上启动。

如果应用程序的快捷方式被放置在桌面上，则直接双击桌面上的应用程序图标即可启动应用程序。

④使用“开始”菜单中的搜索框启动。

单击“开始”按钮，在左侧窗格底部的搜索框中键入全部或部分名称，在“程序”下单击要启动的程序。

2. 退出应用程序的方法

退出应用程序也有许多种方法，下面是几种最常用的方法。

①在应用程序的“文件”菜单上选择“退出”命令。

②双击应用程序窗口上的控制菜单图标。

③单击应用程序窗口上的控制菜单图标，在弹出的控制菜单上选择“关闭”命令。

④单击应用程序窗口右上角的“关闭”按钮。

⑤按 Alt+F4 键。

⑥若要从任务栏关闭应用程序，则可执行以下操作之一。

• 若要关闭文件以及该文件的程序，则用鼠标右键单击该按钮以打开“跳转列表”，然后单击“关闭窗口”。

• 若要关闭某个程序的所有打开项目，则打开该程序的“跳转列表”，然后单击“关闭所有窗口”。

• 若要关闭一个程序的多个已打开项目中的一个文件，则指向任务栏上的程序按钮。出现打开文件的预览之后，指向要关闭的文件，然后单击它的“关闭”按钮。

2.2.5 剪贴板的使用

剪贴板是一个非常实用的工具，它是一个在 Windows 程序和文件之间用于传递信息的临时存储区。剪贴板不仅可以存储正文，还可以存储图像、声音等其他信息。通过它，可以把各文件的正文、图像、声音等信息粘贴在一起形成一个图文并茂、有声有色的文档。剪贴板的使用步骤是先将信息复制或剪切到剪贴板这个临时存储区，然后在目标应用程序中将插入点定位在需要放置信息的位置，再使用应用程序的“粘贴”命令将剪贴板中信息传到目标应用程序中。

1. 将信息复制到剪贴板

把信息复制到剪贴板，根据复制对象不同，操作也略有不同。

(1) 把选定信息复制到剪贴板

①选定要复制的信息，使之突出显示。选定的信息既可以是文本，也可以是文件或文件夹等其他对象。选定文本的方法是：首先移动插入点到被选文本的第一个字符处，按下鼠标左键，然后拖曳鼠标到最后一个字符；或者按住 Shift 键，用方向键移动光标到最后一个字符，选

定的文本信息将突出显示。选定文件或文件夹等其他对象的方法在 2.3.3 节中介绍。

②选择应用程序“编辑”菜单或选项卡中的“剪切”或“复制”命令。“剪切”命令是将选定的信息复制到剪贴板上，同时在源文件中删除被选定的内容；“复制”命令是将选定的信息复制到剪贴板上，并且源文件保持不变。

(2) 复制整个屏幕或窗口到剪贴板

在 Windows 中，可以把整个屏幕或某个活动窗口复制到剪贴板。

①复制整个屏幕。按下 Print Screen 键，整个屏幕被复制到剪贴板上。

②复制窗口。先将窗口选择为活动窗口，然后按 Alt＋Print Screen 键（按 Alt＋Print Screen 键也能复制对话框，因为可以把对话框看作是一种特殊的窗口）。

2. 将剪贴板中的信息粘贴到目标应用程序

将信息复制到剪贴板后，就可以将剪贴板中的信息粘贴到目标程序中。其操作步骤如下。

①确认剪贴板上已有要粘贴的信息。

②切换到要粘贴信息的应用程序。

③将鼠标指针定位到要放置信息的位置上。

④选择该程序“编辑”菜单或选项卡中的“粘贴”命令。

将信息粘贴到目标程序后，剪贴板中的内容依旧保持不变，因此可以进行多次粘贴。既可以在同一文件中进行多处粘贴，也可以在不同文件中进行粘贴（甚至可以是不同应用程序创建的文件），所以剪贴板提供了一种在不同应用程序间传递信息的方法。

“复制”、“剪切”和“粘贴”命令都有对应的快捷键，分别是 Ctrl＋C、Ctrl＋X 和 Ctrl＋V。

剪贴板是 Windows 的重要工具，是实现对象的复制、移动等操作的基础。但是，用户不能直接感觉到剪贴板的存在。

2.2.6 Windows 7 帮助系统

Windows 7 旗舰版提供了功能强大的帮助系统，用户可以获得任何项目的帮助信息。有 6 种方法可以获得帮助。

1. 使用 Windows 帮助和支持

Windows 帮助和支持是 Windows 的内置帮助系统，基于 HTML 的界面显得更友善、更好用。在这里可以快速获取常见问题的答案、疑难解答提示以及操作执行说明。但是，它无法帮助用户解决不属于 Windows 的程序的问题。

打开如图 2.35 所示的“Windows 帮助和支持”窗口，有以下 3 种方法。

• 先单击“开始”按钮，显示“开始”菜单，再单击“开始”菜单右侧的“帮助和支持”，打开“帮助和支持”主页。该主页提供了简单、好用的导航和搜索工具，同时提供了到大量资源的链接。

• 先单击“开始”按钮，再在搜索框中输入“帮助”。这时，“帮助和支持”会出现在搜索结果的顶部。单击它即可打开。

• 按 Windows 徽标键＋F1 键。

在帮助窗口顶部的工具栏中，只有少数几个按钮，其功能如表 2.9 所示。

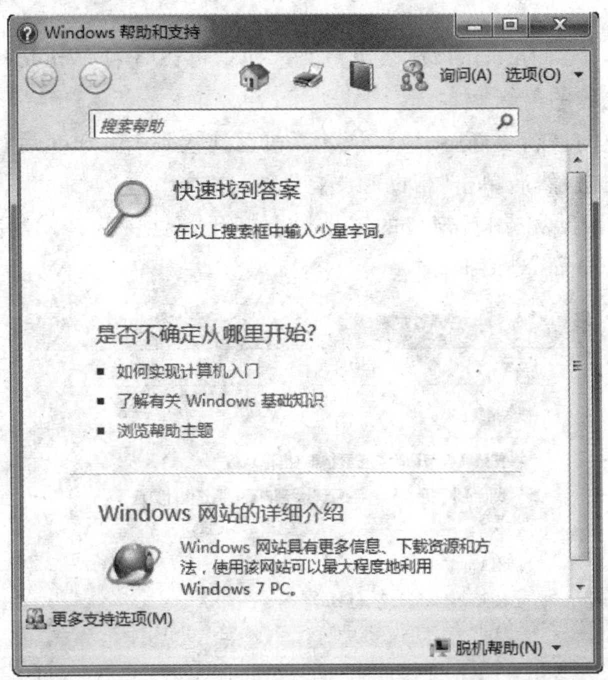

图 2.35　Windows 7 的帮助和支持主页

表 2.9　帮助工具栏按钮

名称	图标	用途
后退/前进		浏览器风格的前进和后退按钮使用户在帮助系统中进退自如
“帮助和支持”主页		“帮助和支持”主页按钮便于用户直接返回主页
打印		“打印”按钮可打印当前显示的主题
浏览帮助		“浏览帮助”按钮显示用户当前在目录层次结构中的位置，可选择在目录结构中向上或向下移动到一个感兴趣的主题
询问	询问(A)	“询问”按钮会打开一个页面，其中提供了到其他帮助资源的链接，便于用户请求帮助（如 Windows 社区或新闻组）或者自己搜索更多的帮助内容（如 Microsoft 知识库）。每个帮助页面底部的“更多支持选项”按钮会把用户带到同一个页面
选项	选项(O) ▾	“选项”按钮打开一个简短的命令菜单，其中两个命令重复了工具栏上的按钮。其他命令允许用户调整帮助文本的大小，以及在当前显示的页面中查找一个单词或者短语。

(1) 搜索帮助

获得帮助的最快方法是，先在图 2.35 所示的搜索帮助框中键入一个或两个关键词，再按 Enter 键，将出现搜索结果列表，其中最有用的结果显示在顶部。单击其中一个结果以阅读主题。

如果计算机已连接到 Internet，那么用户通过搜索可以查看 Windows 联机帮助网站中的新帮助主题和现有主题的最新版本。

若要获得网站中的最新更新，则应保证计算机已连接到 Internet 后，按以下步骤操作。

①单击“开始”按钮，然后单击“帮助和支持”。

②在“Windows 帮助和支持”窗口的工具栏上打开“选项”菜单，然后单击“设置”，打开如图 2.36 所示的“帮助设置”对话框。

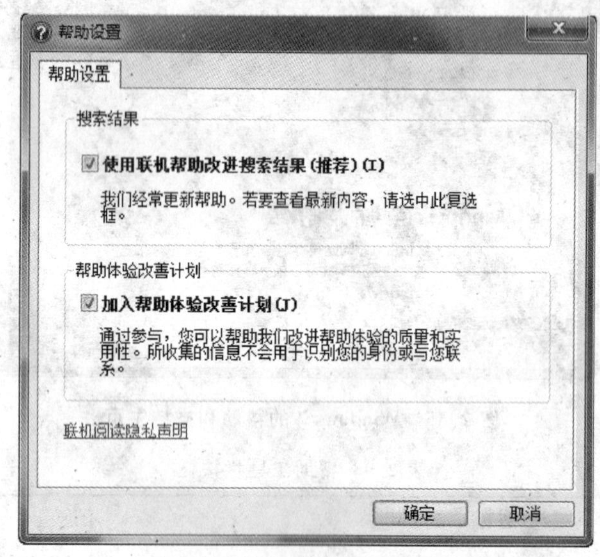

图 2.36 “帮助设置”对话框

③在“搜索结果”下的复选框是用户访问联机帮助主题的钥匙。Microsoft 服务器上的内容是持续更新的。如果选中这个选项(默认状态)，计算机只要连接到 Internet，就始终能获得每个帮助主题的最新版本。

“帮助体验改善计划”栏下的复选框是“加入帮助体验改善计划”，如果选中，Microsoft 就会收集用户平时使用帮助系统的习惯。这种信息有助于 Microsoft 改善帮助系统。如果想知道 Microsoft 会收集哪些信息以及如何使用这些数据，可单击“联机阅读隐私声明”的链接。

注意：Windows 7 不能显示老程序的帮助文件(.hlp 文件格式)。这种格式长期和广泛使用在 Windows 3.1 到 Windows XP 的所有版本中。Windows 的应用程序也使用这种格式，在计算机硬盘中很容易找到这种文件。显示这种文件所需的程序是 Winhlp32.exe，在 Windows 7 中没有。现在，新的应用程序(包括 Windows 本身)都选择使用了一个新的帮助引擎来显示帮助文件。如果必须使用一些老式的.hlp 文件，则可从“Microsoft 下载中心”下载 Winhlp32.exe。

(2) 浏览帮助

在使用“Windows 帮助和支持”时，用户可以按主题浏览帮助主题，单击“浏览帮助”按钮，然后单击出现的主题标题列表中的项目。主题标题可以包含帮助主题或其他主题标题，单击帮助主题将其打开，或单击其他标题更加细化主题列表，如图 2.37 所示。页面顶部的链接记录了用户到一个主题所经过的路径，利用这种路径，可以快速找到回去的路。

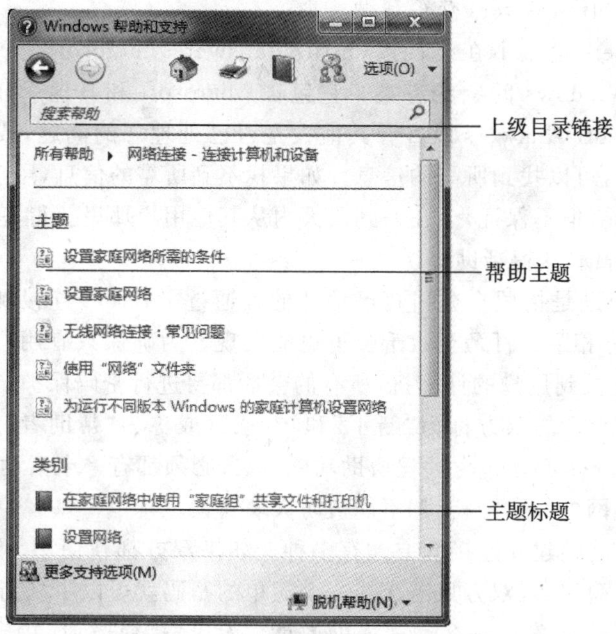

图 2.37 利用"浏览帮助"按钮来浏览按主题组织的帮助

2. 获得程序帮助

几乎每个程序都包含自己的内置帮助系统。打开程序帮助系统的方法有两种。

①在程序的"帮助"菜单上,单击列表中的第一项,如"查看帮助"、"帮助主题"或类似短语。

②按 F1 键。在绝大多数程序中,此功能键将打开"帮助"。

3. 获得对话框和窗口帮助

除特定的程序的帮助以外,有些对话框和窗口还包含有关其特定功能的帮助主题的链接,如图 2.38 所示,如果看到圆形或正方形内有一个问号,或者带下划线的彩色文本链接,单击它可以打开帮助主题。

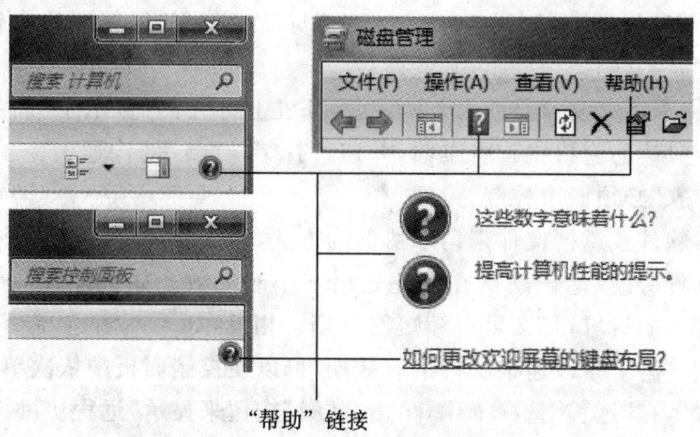

图 2.38 对话框和窗口的"帮助"链接示例

4. 从其他 Windows 用户获得帮助

如果无法通过帮助信息来解答问题,则可以尝试从其他的 Windows 用户获得帮助。

(1) 搜索 Microsoft Answers 获得帮助

Microsoft Answers 是一个在线社区(http://answers.microsoft.com/zh-hans),用户可以在其中找到有关 Windows 问题的答案。它包含 Microsoft 和其他 Windows 用户的信息。用户可以搜索 Microsoft Answers 以查看其他人是否已处理您的问题,或者可以浏览热门问题和解答,以查看是否可以找到所需的信息。如果找不到所需的信息,用户可在其中一个论坛中发布问题,之后可能(但不保证)会在一到两天内从其他用户那里获得答案。

(2) 通过"远程协助"获得帮助

Windows 远程协助是指用户邀请自己信任的人通过 Internet 连接到自己的计算机来帮助解决问题,即使双方相距几百乃至数千公里也能实现。为确保只有用户邀请的人才能使用 Windows 远程协助连接到用户的计算机,所有的会话都要进行密码保护。

参与"远程协助"会话的双方称为"新手"和"专家"(或称为"帮助者")。为了使用远程协助,双方使用的 Windows 必须包含远程协助功能,双方必须都有一个活动的 Internet 来连接,或者要在同一个局域网内,而且两者都不能被防火墙封锁。

"新手"和"专家"之间建立连接的方式有多种。如果双方都在使用 Windows 7,那么使用"轻松连接"功能是最简便的,双方只需交换一个简单的密码就可以了。当然,"新手"也可以通过即时通信程序或 E-mail 发送一个远程协助邀请,"专家"接受邀请,并输入一个协商好的密码,"新手"批准专家的身份。

注意:

①在"远程协助"会话中,"新手"和"专家"都必须坐在各自的计算机前,而且必须同意建立连接;

②使用"远程协助",可以连接正在运行任何版本 Windows 7 的一台计算机;

③"远程协助"提供了现有会话的一个共享视图,"新手"和"专家"看到的是相同的屏幕,而且能共享控制;

④在"远程协助"会话中,远程用户只拥有和本地用户相同的权限;

⑤"远程协助"连接可以通过 Internet 来建立,即使每台计算机都位于 NAT 或防火墙的后面。

"Windows 远程协助"使用密码来匹配"新手"与"专家"(如果密码输入错误,会显示一条错误消息),然后,"新手"的系统提示,确认连接。

连接建立后,一个终端窗口会在"专家"的计算机上打开,它显示了"新手"的计算机的桌面。"专家"在一个只读的窗口中查看桌面,并通过打字与"新手"沟通。为了操纵"新手"的计算机上的东西,"专家"必须请求控制。

使用即时通信软件或邀请文件来请求协助的方法,请读者在实践中学习。

注意:一个"远程协助"邀请默认在创建之后 6 小时失效。如果想提高安全性,而且确定"专家"能快速响应你的请求,那么可以缩短有效期。相反,如果不确定"专家"能否快速响应,也可以延长有效期。为了修改邀请文件的有效期,可以在控制面板中依次单击"系统和安全"、"系统"、"远程设置",在"远程"选项卡中,单击"高级"按钮来显示"远程协助设置"对话框,为邀请指定一个有效期。

5. 使用 Web 上的资源

Web 包含大量信息,因此很可能会在这些成千上万的网页中找到问题的答案。因此,一般的 Web 搜索就是用户开始寻找答案的地方。

如果使用一般搜索未找到所需要的内容，则可搜索主要针对 Windows 或计算机问题的网站。推荐以下 4 个网站供用户选择。

①Windows 联机帮助。该网站提供了此版本的 Windows 中所有帮助主题的联机版本，以及教学视频、详细的专栏文章和其他有用信息。

②Microsoft 帮助和支持。在该网站可以找到常见问题的解决方案、操作方法主题、疑难解答步骤和最新下载。

③Microsoft 知识库。该网站能搜索庞大的文章数据库，其中包含特定问题和计算机错误的详细解决方案。

④Microsoft TechNet。该站点包含针对信息技术专业人员的资源和技术内容。

6. 从专业人员处获得帮助

如果以上所有方法均失败，则可以从技术专业支持人员处获得帮助，其工作就是解决计算机问题。通常可以通过电话、电子邮件或在线聊天与专业支持人员联系。

应该与谁联系取决于用户获得 Windows 的方式。如果用户购买的是新计算机，并且已安装了 Windows，则计算机制造商会提供支持。如果用户是单独购买的 Windows，则 Microsoft 会提供支持。这些支持可能需要付费，也可能免费，具体取决于购买条款以及用户是否提交了以前的支持请求。

2.3　文件管理

文件管理是指用户对自己的程序、文档和通信等“数字内容”进行组织、筛选、分组、排序、跟踪和维护。本节主要介绍 Windows 资源管理器等文件管理工具的使用。

2.3.1　Windows 资源管理器

Windows 资源管理器是一个常规用途的工具，在 Windows 中无所不在，需要用它完成常规的文件管理任务，在各种各样的 Windows 软件中打开和保存文件。不能熟练地使用 Windows 资源管理器，就成不了 Windows 的行家。

启动“Windows 资源管理器”有以下 3 种方法。

①单击任务栏上的“Windows 资源管理器”按钮。

②单击“开始”按钮，指向“所有程序”，再指向“附件”，单击“Windows 资源管理器”。

③用鼠标右键单击“开始”按钮，在弹出的快捷菜单中单击“打开 Windows 资源管理器”。

运行“Windows 资源管理器”后，出现如图 2.39 所示的窗口。

1. Windows 资源管理器的重要元素

“Windows 资源管理器”窗口上部是地址栏、菜单栏和工具栏。窗口中被隔成的区域称为“窗格”。所谓“窗格”是指用水平分隔或垂直分隔或同时通过水平和垂直分隔产生的窗口分区。

(1)“导航”窗格

该窗格默认显示于窗口左侧，它含有 4 个或 5 个节点：收藏夹、库、家庭组(仅在网络位置

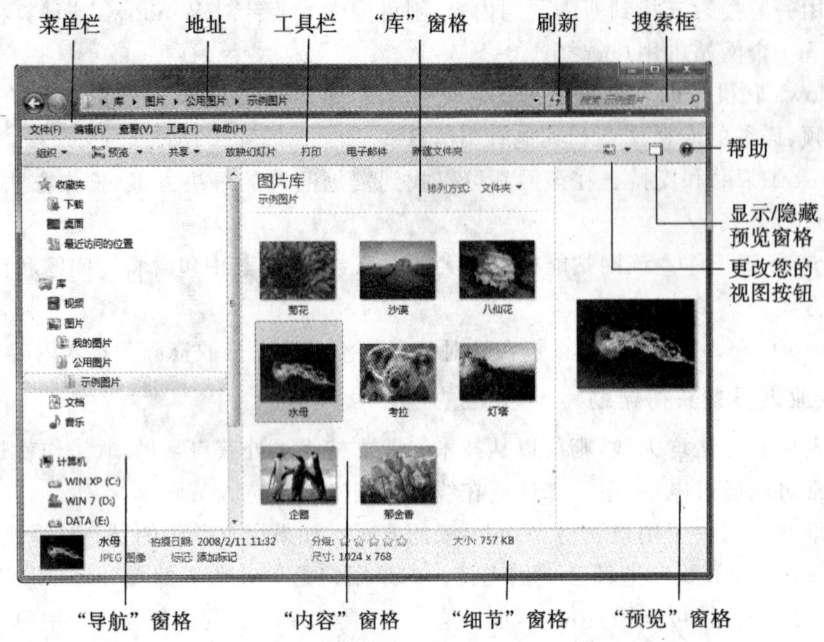

图 2.39 “Windows 资源管理器”窗口

设为“家庭”时才可见)、计算机和网络。它可以用来访问库、文件夹、保存的搜索结果,也可以访问整个硬盘。使用“收藏夹”部分可以打开最常用的文件夹和搜索;使用“库”部分可以访问库;使用“计算机”文件夹可以浏览文件夹和子文件夹。

用鼠标单击“组织”,指向“布局”,然后单击“导航窗格”项,去掉它前面的小勾,就可以将其隐藏,如图 2.40 所示。用鼠标拖动窗格分隔条,可调整其宽度。

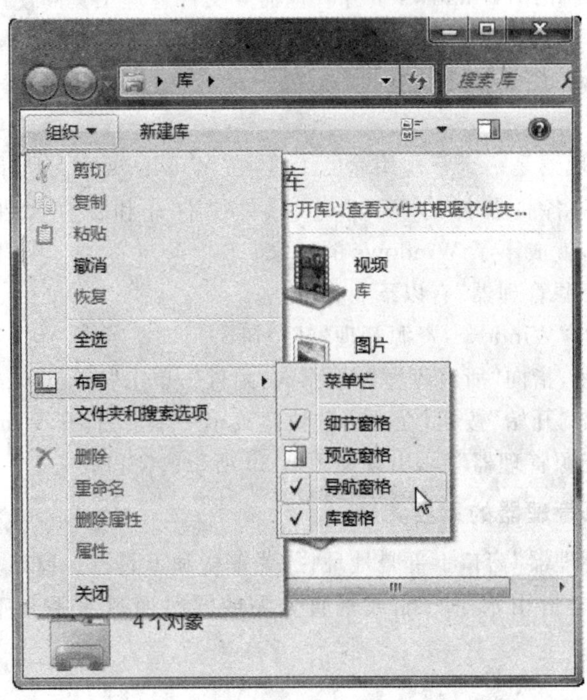

图 2.40 显示/隐藏窗格元素

(2)"细节"窗格

该窗格横贯于窗口底部,显示了当前所选项目的属性。可拖动上边框来调整高度。"细节"窗格默认为显示,但可隐藏,其方法同上。

(3)"预览"窗格

该窗格位于窗口右侧。如果当前选定的文件拥有"预览控件"(Preview Handler,Windows 7 中文版将其译为"预览句柄"),文件内容便会在"预览"窗格中显示。默认预览控件允许用户查看大多数图形文件、文本文件以及 RTF 文档的内容。选定一个媒体文件(如 MP3 歌曲或视频剪辑),"预览"窗格会显示一个简化版本的 Media Player。用户安装的某些软件,如 Microsoft Office 和 Adobe Reader,它们能添加自定义的预览控件,并允许预览用那些软件创建的文件。单击工具栏上"显示/隐藏预览窗格"按钮,即可显示或隐藏"预览"窗格。

(4)"库"窗格

这个导航区域默认位于"内容"窗格上方,仅当用户在某个库(例如文档库)中时,它才会出现。使用"库"窗格可自定义库或按不同的属性排列文件。它可以隐藏。

(5)"内容"窗格

该窗格能显示当前文件夹或库内容的位置。如果用户在搜索框中键入内容来查找文件,则仅显示与当前视图相匹配的文件(包括子文件夹中的文件)。

(6)工具栏

工具栏不能隐藏,也不能定制。工具栏上的一些元素是固定的,包括左侧的"组织"菜单 组织▾ 和最右侧的"更改您的视图"、"显示/隐藏预览窗格"、"获取帮助" 3 个按钮。工具栏上的其他按钮可能发生变化,具体取决于所选的文件类型或文件夹位置。

(7)菜单栏

位于工具栏正上方的是菜单栏,它一般是隐藏的。用鼠标单击"组织",指向"布局",再单击"菜单栏"就可将它显示;或按 Alt 键或按 F10 键,可临时显示它(打开菜单并执行一个命令后就会消失)。这个菜单栏的功能大多可以通过"组织"菜单和"更改您的视图"按钮来完成(有的命令也可在 Windows 资源管理器中用鼠标右键单击,然后从快捷菜单中选择)。

(8)地址栏

与 Web 浏览器的地址栏相似,Windows 资源管理器的地址栏显示了当前位置,并帮助用户定位目标。甚至可以在这里输入一个网址来启动 Web 浏览器,虽然这并不是它的主要用途。"返回"和"前进"按钮允许回到在当前会话中去过的地方。利用单击下箭头(位于"前进"按钮右侧)出现的历史记录列表,则可返回在以前的会话中去过的地方。Windows 7 的资源管理器采用"面包屑路径"设计(breadcrumb trail 来源于格林童话《亨赛尔与格莱特》。兄弟俩去森林途中,哥哥怕迷路而撒下面包屑做记号。在当今资讯界,"面包屑"一词有提示网络位置的意思),使地址栏成了一个很好的导航工具。如图 2.41 所示,当前打开的是 JSJ_V6_13 文件夹,它的每个父文件夹的名称都以小箭头分隔,单击任何文件夹的名称,将直接跳转到那个位置;单击一个文件夹名称(如 DATA1(F:))右侧的下箭头,则显示这个文件夹下方的所有子文件夹。

(9)搜索框

在搜索框中键入词或短语可查找当前文件夹或库中的项。当开始键入内容时,搜索就开始了,例如,当键入"M"时,所有名称以字母 M 开头的文件都将显示在文件列表中。

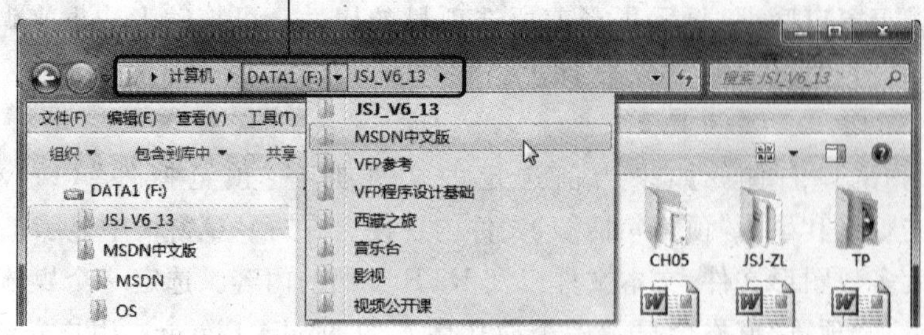

图 2.41　面包屑路径示例

2. 导航窗格的使用技巧

Windows 资源管理器默认提供了 4 个或 5 个起点来方便用户在计算机和网络中导航。最引人注目的起点就是新的“库”功能。

用户也可将默认的“导航”窗格布局转换成单一的文件夹树结构。其操作步骤如下。

①依次单击“组织”菜单、“文件夹和搜索选项”，打开“文件夹选项”对话框的“常规”选项卡，如图 2.42 所示。

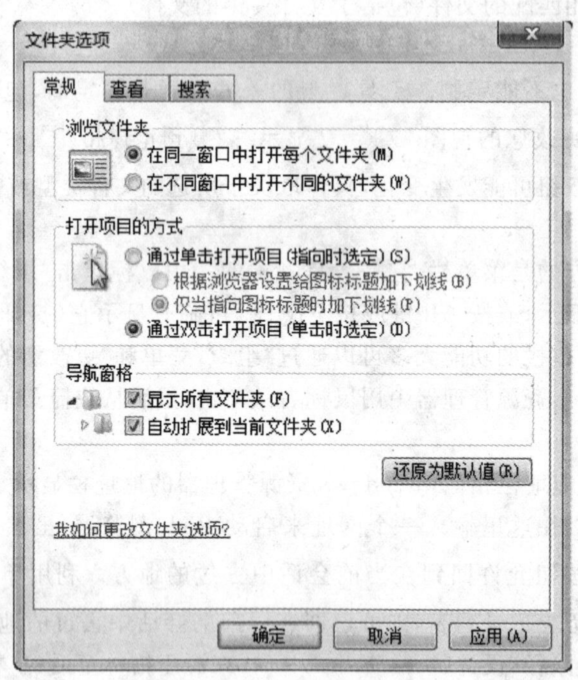

图 2.42　“文件夹选项”对话框的“常规”选项卡

②在“导航窗格”栏下，选中“显示所有文件夹”。如果希望“导航”窗格中的文件夹树自动展开以显示当前文件夹的内容，则同时选中“自动扩展到当前文件夹”。

用鼠标右键单击“导航”窗格的任何空白位置，弹出的快捷菜单中也有这两个选项。

两种“导航”窗格的效果对比如图 2.43 所示，左边是默认的 Windows 7 风格的视图，右边是“显示所有文件夹”视图。用户可以根据喜好的设置。

启动 Windows 资源管理器的方式决定着从哪里开始。

①按 Windows 徽标键+E 键来启动，会在“导航”窗格中选定“计算机”。效果等同于在

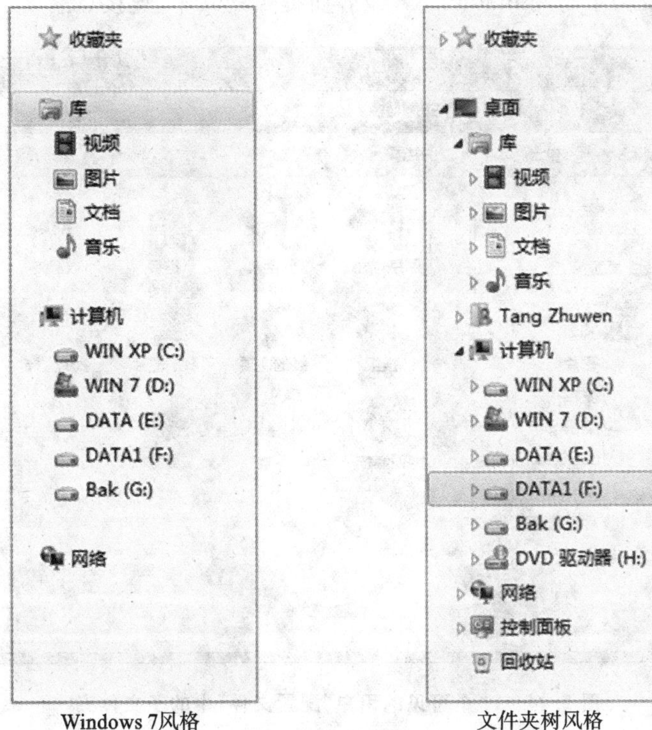

图 2.43　“导航”窗格的两种风格对比

“开始”菜单右侧单击“计算机”。

②单击任务栏上默认的“Windows 资源管理器”按钮，在“导航”窗格中选定“库”，则右侧的“内容”窗格列出了当前用户所有可用的库(默认的和自定义的)。

③单击“开始”菜单右上角的用户名，将打开当前登录用户的“配置文件”文件夹，可以看到其中列出了大量子文件夹，如“我的文档”等。这个选项在默认“导航”窗格中没有对应的顶级链接。

“导航”窗格顶部的“收藏夹”列表，主要方便用户自定义直接访问可能隐藏得很深的文件夹路径。Windows 资源管理器在这个列表中默认添加了桌面、下载和最近访问的位置等 3 个链接。“最近访问的位置”链接给出的是“最近使用的项目”列表的一个筛选过的视图，只显示文件夹，隐藏全部文件。

要在“收藏夹”列表中添加链接，只需在 Windows 资源管理器中打开该文件夹的父文件夹，将这个文件夹拖放至“导航”窗格的“收藏夹”标题上。新链接默认与拖放的文件夹同名，但可用鼠标右键单击，然后重命名它，这个操作不会重命名实际的文件夹。

3. 用户配置文件

每一个用户“配置文件”中，包含了用户工作环境的所有设置和文件。它除了个人文档和媒体文件外，还包含用户自己的注册表设置、cookie、Internet Explorer 收藏夹以及已安装程序的数据和设置。它是用户首次登录时系统创建的。

要打开自己的用户“配置文件”，只需单击“开始”菜单，再单击右上角的用户名。在默认的 Windows 资源管理器视图下，用户“配置文件”如图 2.44 所示，它包含 11 个子文件夹，每个都容纳了一组不同的个人信息。用户“配置文件”中还含有大量隐藏的注册表文件、一个隐藏的

AppData 文件夹以及为了与 Windows XP 兼容而提供的几个"连接点"。

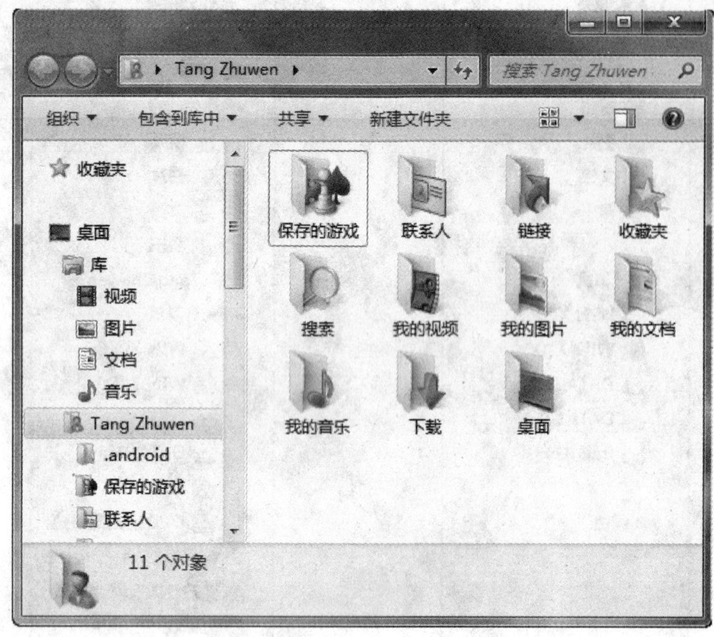

图 2.44　11 个可见的用户"配置文件"中的子文件夹

默认用户数据文件夹可见的 11 个数据文件夹如表 2.10 所示。

表 2.10　11 个数据文件夹及其作用

文件夹名称	作用
联系人	用于存储由 Windows Mail 使用的联系人信息。在 Windows 7 中，任何系统自带的程序都不会使用它，它的存在只是为了保持与第三方个人信息管理(PIM)程序的兼容性
桌面	包含用户的桌面上显示的项目，有文件和快捷方式。在"导航"窗格的"收藏夹"部分，默认包含到这个位置的一个链接
下载	在"导航"窗格的"收藏夹"部分，默认包含到这个位置的一个链接
收藏夹	包含 Internet Explorer 的收藏夹的内容
链接	包含在 Windows 资源管理器"导航"窗格的"收藏夹"区域出现的快捷方式。可直接在此创建快捷方式。更简单的方法是将一个项目从文件列表或地址栏直接拖放到"导航"窗格的"收藏夹"标题上
我的文档	大多数应用程序存储用户文档的默认位置
我的音乐	转录的 CD 曲目的默认存储位置。大多数第三方音乐程序都将下载的曲目存储到它的一个子文件夹中
我的图片	从外部设备(如数码相机)传输图像时的默认存储位置
我的视频	从外部设备传输视频数据时的默认存储位置
保存的游戏	各种游戏保存进度的默认位置。Windows 7 的"游戏资源管理器"中包含的所有游戏都使用这个文件夹
搜索	包含保存下来的搜索描述，便于用户重新使用以前的搜索

Windows 除了为每个用户账户创建一个本地用户配置文件外，还会创建“公用”和“默认”两个配置文件。

“公用”配置文件中包含“公用文档”、“公用音乐”、“公用图片”和“公用视频”。这些文件夹的好处在于，同一台计算机或者网络上的其他用户可以将文件保存到这些地方，从而实现简单的共享。

“默认”配置文件是用户首次登录计算机时，Windows 创建的一个新的本地配置文件。所有新用户都能获得相同的、经过定制的初始配置文件。“默认”文件夹在默认状态下是隐藏的。

4. 改变文件的显示方式

Windows 7 能更好地识别用户应用于文件的设置，并能保留那些设置，以便用户在下次访问同样的文件和文件夹时重新使用。

单击 Windows 资源管理器工具栏右侧的“更改您的视图”按钮旁边的箭头，打开“更改您的视图”菜单。用鼠标右键单击“内容”窗格空白处，在快捷菜单中指向“查看”，也可打开此菜单。用鼠标拖动滑竿控件来调整文件夹中的项目(包括文件和文件夹、库或搜索结果等)的显示方式，如图 2.45 所示。

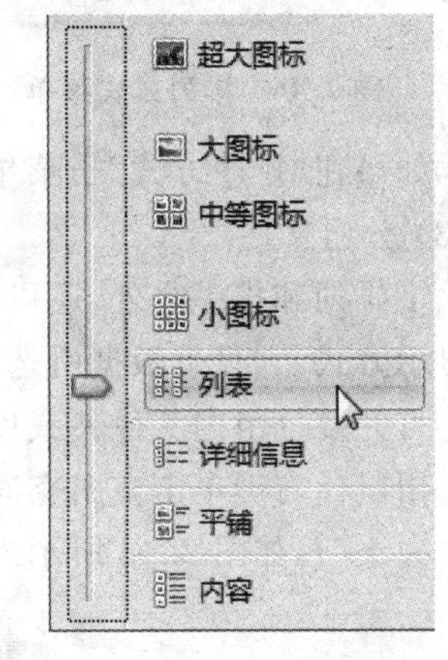

图 2.45　用“更改您的视图”菜单更改文件夹中的项目显示方式

菜单上部的选项允许用户将文件夹中的项目显示成“小图标”、“中等图标”、“大图标”或“超大图标”。在“更改您的视图”菜单中包含一个滑竿控件，允许用户在“小图标”和“超大图标”之间平滑改变图标大小，共有 76 个档可选择。其使用方法是，选择“小图标”或“超大图标”后，按住 Ctrl 键，再利用鼠标滚轮来遍历这 76 个档。

“平铺”、“详细信息”和“列表”3 个视图选项提供了大小和布局都固定的文件夹中项目列表。

菜单最底部的“内容”选项主要随同搜索结果使用。在文档的状况下，它会显示一段文本摘要，而且会突出显示搜索关键词。

5. 文件布局

(1) 排列文件

用户可以按属性对文件进行排列，最简单有效的方式就是使用“库”排列文件。其操作步骤如下。

①在任务栏中单击“Windows 资源管理器”按钮。

②在导航窗格中单击“库”(如“文档”)。

③在库窗格中单击“排列方式”菜单，然后选择一个属性，如图 2.46 所示。例如，在“文档”库中选择“修改日期”，按照修改日期快速排列文档。

Windows 7 中有 4 个默认库，每个库都有自己特定的排列方式。

(2) 排序文件

用户也可以按属性对文件进行排序，排序选项与排列选项类似，差别在于排序选项不会更改文件的显示方式，只会将文件重新排列。排序文件的操作步骤如下。

①打开要排序的文件夹或库。

②用鼠标右键单击空白空间，指向“排序方式”，如图 2.47 所示，在“排序方式”子菜单中选择一个属性。

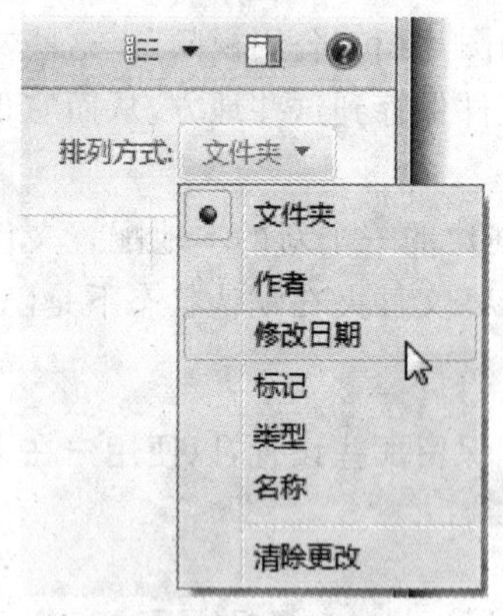

图 2.46　排列方式菜单

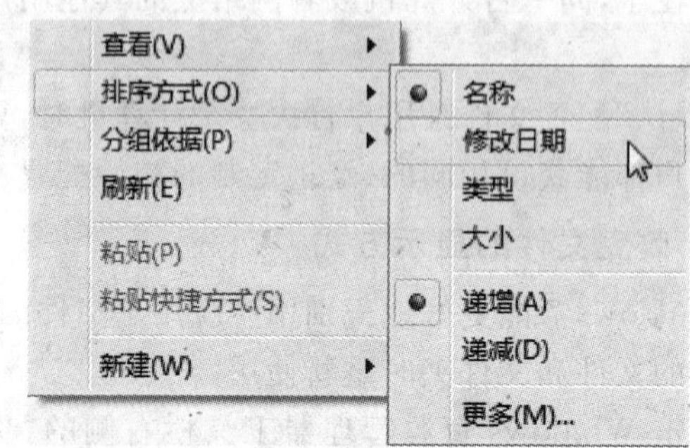

图 2.47　排序方式菜单

③如果在“排序方式”子菜单中未找到要找的属性，则单击“更多”添加其他属性。

(3) 分组文件

除了排列和排序之外，还可以按属性对文件进行分组。与排序一样，分组不会大幅更改文件的显示方式，它只是根据所选的属性将文件分为不同的分组部分。

①打开要分组的文件夹或库。

②用鼠标右键单击空白空间，指向“分组依据”，然后在“分组依据”子菜单中单击一个属性(例如“大小”)，如图 2.48 所示。

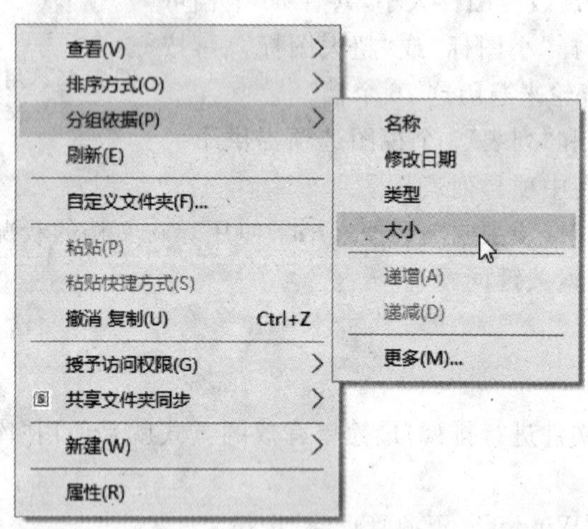

图 2.48　分组依据菜单

③如果在“分组依据”子菜单中未找到您要找的属性，则单击“更多”添加其他属性。

如果要取消文件夹或库中的分组，只需用鼠标右键单击空白空间，指向“分组依据”，然后单击“(无)”。

6. 文件筛选

在“详细信息”视图中，可利用列标题筛选文件夹的内容。将鼠标指针对准一个标题，会在右侧出现一个下箭头。单击箭头即可看到一系列适用于该标题的筛选器，如图 2.49 所示，单击“修改日期”显示一系列适用于“修改日期”标题的筛选选项。

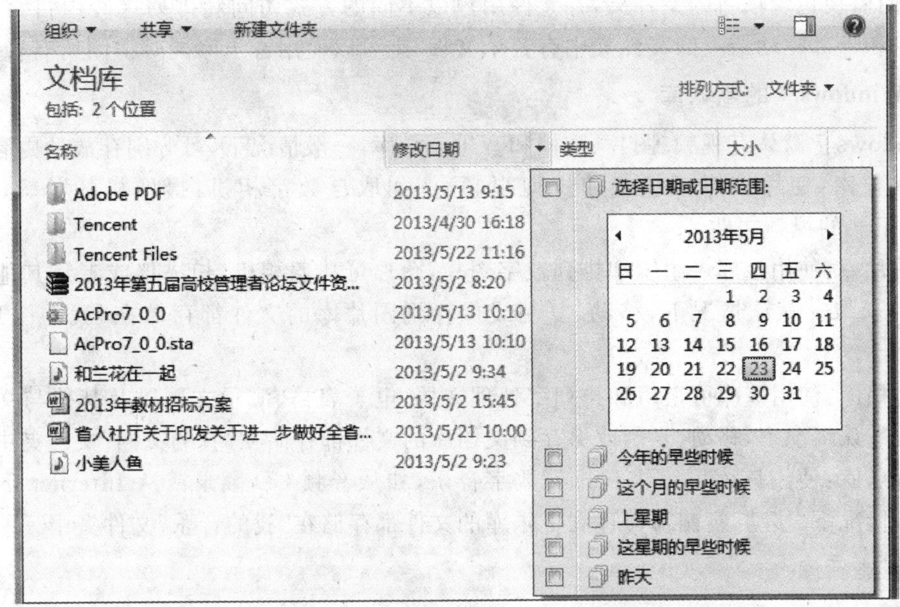

图 2.49　单击“修改日期”标题显示一系列的筛选选项

选中任何复选框,都会将文件夹的内容添加到筛选器列表中;清除复选框,则将其从筛选器列表中删除。在“详细信息”视图中筛选好之后,可以切换到其他任何视图,而指定的筛选器会一直存在。

筛选器列表是根据当前文件列表的内容来动态生成的。

7. 磁盘格式化

硬盘是计算机上的主要存储设备,使用前需要进行格式化。在格式化磁盘时,使用文件系统对其进行配置,以便 Windows 可以在磁盘上存储信息。在运行 Windows 的新计算机之前,硬盘已进行了格式化。如果购买附加硬盘来扩展计算机的存储,则可能需要对其进行格式化。格式化磁盘的操作步骤如下。

①在软盘驱动器中插入要格式化的软盘或在 USB 接口上插入可移动磁盘。

②打开“Windows 资源管理器”窗口。

③用鼠标右键单击要格式化的“磁盘”,在弹出的快捷菜单中选择“格式化”命令,然后在“格式化”对话框中操作即可。

要注意的是,格式化磁盘将擦除其中的所有信息。

2.3.2　使用“库”

“库”用于收集不同位置的文件,并将其显示为一个集合,方便用户查看、排序、搜索和筛选,而无须从其存储位置移动这些文件。从本质上说,库就是一个虚拟文件夹,它汇集了计算机或网络的多个文件夹中的内容。对库中的数据进行排序、筛选、分组、搜索、排列和共享时,感觉它们就是在同一个文件夹中。

在某些方面,库类似于文件夹。例如,打开库时将看到一个或多个文件,但与文件夹不同的是，库可以收集存储在多个位置中的文件。这是一个细微但重要的差异。实际上，库不存储项目，它们监视包含项目的文件夹，并允许用户以不同的方式访问和排列这些项目。例如，如果在硬盘和外部驱动器上的文件夹中有音乐文件，则可以使用音乐库同时访问所有音乐文件。

1. Windows 7 的默认库

Windows 7 默认有视频、图片、文档和音乐 4 个库，一般情况下，可分别存放的内容如下。

①视频库：使用该库可组织和排列视频，例如取自数字相机、摄像机的剪辑，或者从 Internet 下载的视频文件。

②图片库：使用该库可组织和排列数字图片，图片可从照相机、扫描仪或者从其他人的电子邮件中获取。默认情况下，移动、复制或保存到图片库的文件都存储在"我的图片"文件夹中。

③文档库：使用该库可组织和排列字处理文档、电子表格、演示文稿以及其他与文本有关的文件。默认情况下，移动、复制或保存到文档库的文件都存储在"我的文档"文件夹中。

④音乐库：使用该库可组织和排列数字音乐，如从音频 CD 翻录或从 Internet 下载的歌曲。默认情况下，移动、复制或保存到音乐库的文件都存储在"我的音乐"文件夹中。

2. 创建新库

用户可以自定义默认库或者创建新库。创建新库的步骤如下。

①依次单击"开始"按钮、用户名，打开用户个人文件夹，然后单击导航窗格中的"库"。

②在"库"中的工具栏上单击"新建库"。或者，用鼠标右键单击"库"，然后在快捷菜单中指向"新建"，选择"库"。

③输入库的名称，如"计划"，然后按 Enter 键。

3. 将文件夹包含到库中

要将文件复制、移动或保存到库，必须首先在库中包含一个文件夹，以便让库知道存储文件的位置。此文件夹将自动成为该库的"默认保存位置"。其操作步骤如下，如图 2.50 所示。

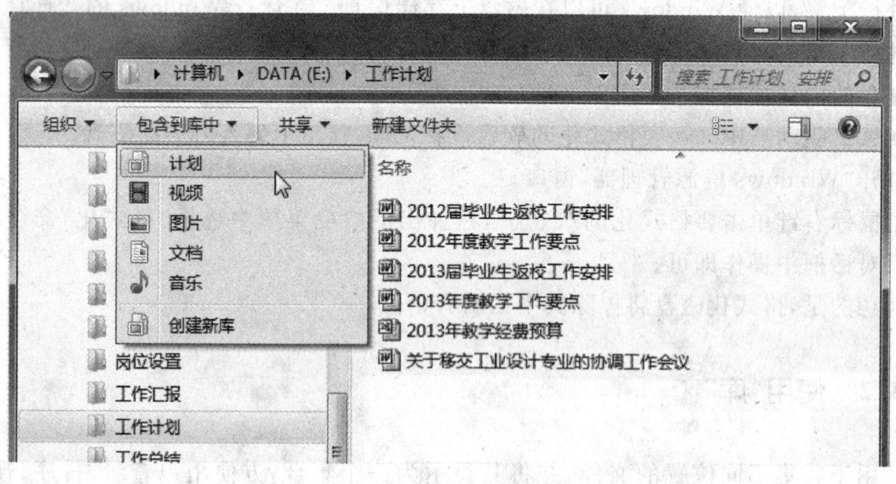

图 2.50 文件夹包含到库中示例

①在任务栏中单击"Windows 资源管理器"按钮。

②在导航窗格中，导航到要包含的文件夹，如"工作计划"，然后单击该文件夹。

③在工具栏中单击"包含到库中"，然后单击要包含到的库(例如"计划")。

同样的方法，可以将移动硬盘等外部存储介质上文件夹包含到库中，要求：外部存储介质已连接到计算机，并且计算机可以识别该设备。

用户还可将网络文件夹包含到库中，操作步骤如下。

①在任务栏中单击“Windows 资源管理器”按钮。

②在导航窗格中单击“网络”，然后导航到要包含的网络上的文件夹。或者，单击地址栏左侧的图标，键入网络的路径，按 Enter 键，然后导航到要包含的文件夹。

③在工具栏中单击“包含到库中”，然后单击要包含到的库。

网络文件夹必须添加到索引中并且可脱机使用，然后才能包含到库中。如果没有看到“包含到库中”选项，则意味着网络文件夹未加索引或在脱机时不可用。

4. 从库中删除文件夹

当不再需要监视库中的文件夹时，可以将其删除。从库中删除文件夹时，不会从原始位置中删除该文件夹及其内容。其操作步骤如下。

①在任务栏中单击“Windows 资源管理器”按钮。

②在导航窗格中单击要从中删除文件夹的库，如图 2.51 所示。

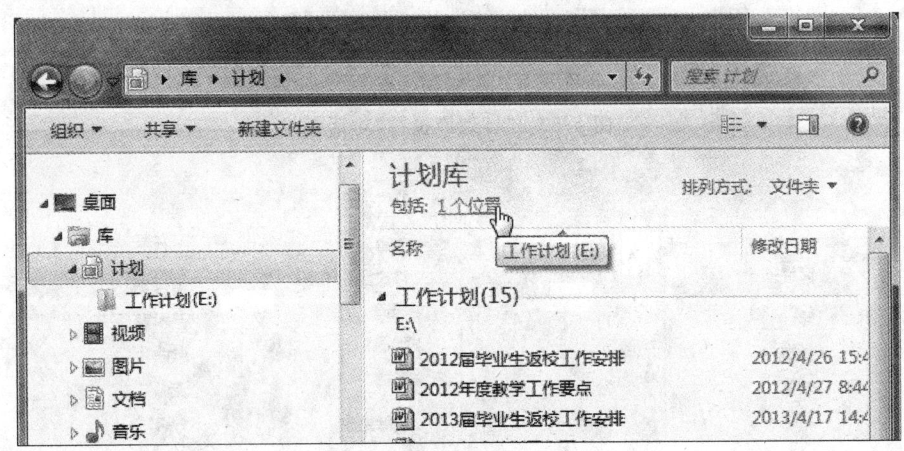

图 2.51　从库中删除文件夹

③在库窗格中，在“包括”旁边，单击“位置”。

④在如图 2.52 所示的对话框中，依次单击要删除的文件夹、“删除”按钮、“确定”按钮。

5. 在库中排列项目

“库”窗格右侧的“排列方式”列表允许用户更改库中项目的排列方式。默认的排列方式是“文件夹”，每个文件夹都按字母顺序显示，每个文件夹的下面都会显示一个单独的文件/子文件夹列表。可从“排列方式”列表中选择不同的选项，这个操作会检索库中包含的所有文件夹的内容，并按用户指定的方式对它们进行排序或分组。

每个库支持的“排列方式”是不同的，这具体要取决于库的属性。图 2.53 所示的是 Windows 7 默认的 4 个库所支持的排列方式。

6. 自定义库

可以通过更改库的默认保存位置和优化库所针对的文件类型，来自定义库的一般行为。

更改库的默认保存位置的操作步骤如下。

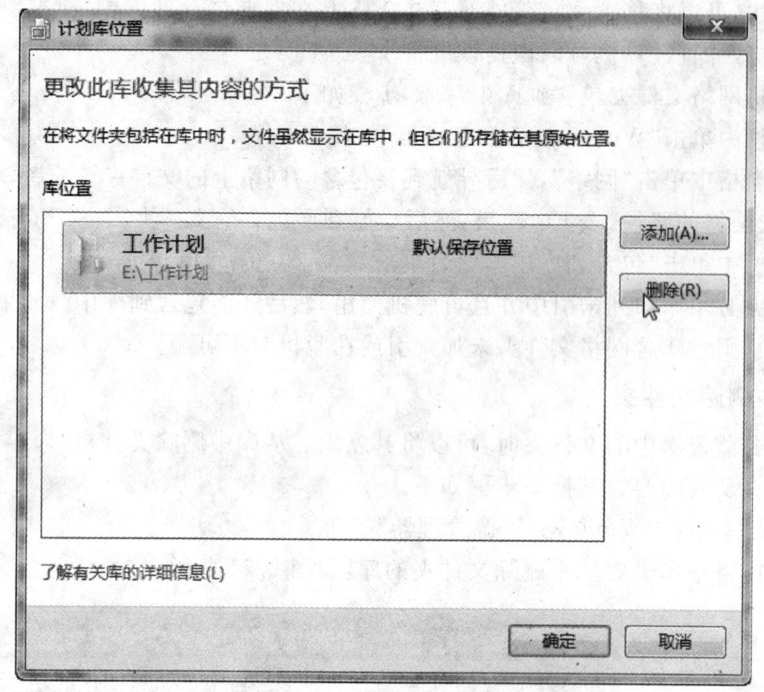

图 2.52 “计划库位置”对话框

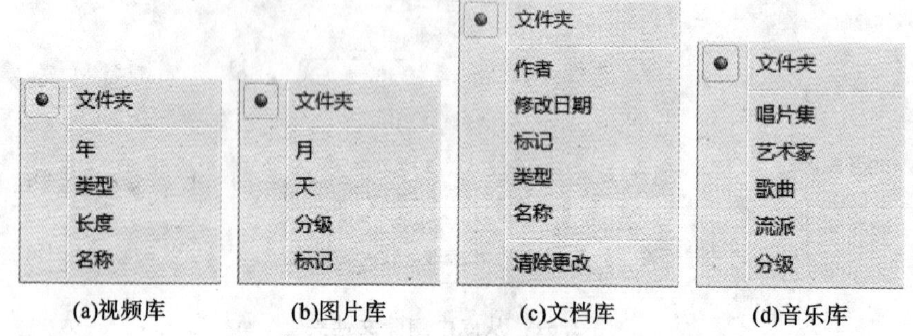

(a)视频库　(b)图片库　(c)文档库　(d)音乐库

图 2.53 Windows 7 默认库的排列方式选项

①打开要更改的库。

②在库窗格的“包括”旁边，单击“位置”。

③在“计划库位置”对话框中，用鼠标右键单击当前不是默认保存位置的库位置，然后依次单击“设置为默认保存位置”、“确定”按钮。

每个库都可以针对特定文件类型进行优化。针对某个特定文件类型优化库会更改可用于排列文件的选项。

①用鼠标右键单击要更改的库，然后单击“属性”。

②在“优化此库”列表中选择一个文件类型，然后单击“确定”按钮。

7. 从库中打开项目的实际位置

由于库是虚拟文件夹，所以有时很难直接对其内容执行操作。如果想在 Windows 资源管理器的实际位置查看文件或文件夹，则用鼠标右键单击它，在快捷菜单中选择“打开文件位置”或“打开文件夹位置”。

2.3.3 管理文件和文件夹

文件是包含信息(例如文本、图像或音乐)的项。在计算机上,文件用图标表示,用户通过查看其图标来识别文件类型。图 2.54 所示是一些常见的文件图标(图中是“大图标”视图)。

图 2.54 一些常见文件图标

文件夹是存储文件的容器,就像人们通常把纸质文件存储在文件柜内文件夹中一样。文件夹中还可以存储其他文件夹。文件夹中包含的文件夹通常称为“子文件夹”,可以创建任何数量的子文件夹,每个子文件夹中又可以容纳任何数量的文件和其他子文件夹。图 2.55 所示是一些典型的文件夹图标。

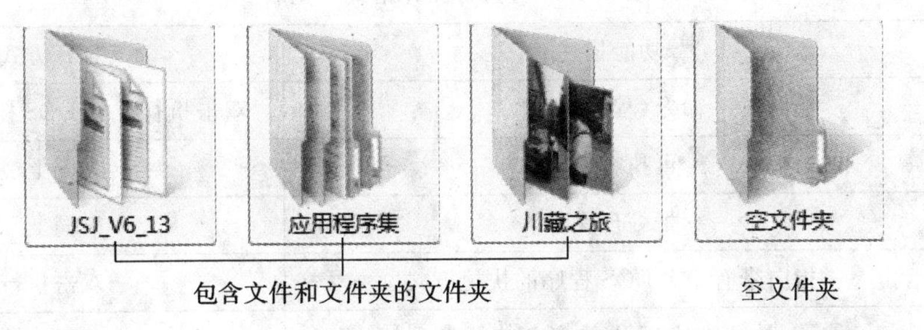

图 2.55 一些典型的文件夹图标

1. Windows 7 文件和文件夹的命名规则

Windows 7 文件和文件夹的命名约定如下。

①文件名或文件夹名允许的长度可以由 1~255 个西文字符(包括空格)组成,不能多于 255 个字符。Windows 将文件单个完整路径(如 C:\Program Files\文件名.txt)的最大长度限制为 260 个字符。

②文件名可以有扩展名,也可以没有。有些情况下系统会为文件自动添加扩展名。一般情况下,文件名与扩展名中间用符号“.”分隔。

③文件名和文件夹名可以由字母、数字、汉字或~、!、@、#、$、%、^、&、()、_、-、{}、'等组合而成。

④可以有空格,可以有多于一个的圆点。

⑤文件名或文件夹名中不能出现以下字符:\、/、:、*、?、"、<、>、|。

⑥不区分英文字母的大小写。

2. Windows 7 文件分类

计算机文件一般可以按构成、使用方法和用途 3 个方面进行分类。

按其构成可分为文本文件(或称 ASCII 文件)和二进制文件。文本文件可以使用编辑器编辑、浏览和修改。在 Windows 7 中,这类文件由记事本(Notepad)生成。二进制文件则不可编辑,也不能正常显示和打印,通常它们由应用程序自动管理,一般不需要去关心它。

按使用方法可分为可执行文件和不可执行文件。可执行文件是指在 Windows 7 环境下可直接运行的文件,只有扩展名是 EXE、COM、BAT、PIF、LNK 的文件才是可执行文件,其中后两种类型只能在 Windows XP 以上版本的图形界面下运行;BAT 文件是文本文件,其他文件属二进制文件。除了以上 5 种类型以外,剩下的所有文件类型都可归为不可执行文件。但这不是绝对的,有些文件在特殊的环境下能运行,如 PRG 文件在 Visual FoxPro 环境下可以运行;BAS 文件在 Visual BASIC 环境下可以运行。另外,在建立了正确的关联后,一些数据文件也可以通过双击执行。

按其用途可分为系统文件(如 Windows 7 系统文件、Office 系统文件等)、程序文件(如. app 文件、. pas 文件、. bas 文件等)、数据文件(如. dat 文件等)、文献文件(如. doc 文件等)、多媒体文件(如. wav 文件、. mid 文件、. rmi 文件、. avi 文件等)、字体文件等。

3. Windows 7 文件格式

文件的格式有许多,一般都以文件的扩展名进行标识。Windows 7 系统提供了一些标准的扩展名,如表 2.11~表 2.14 所示。

表 2.11 可执行文件格式一览表

扩展名	功能描述	打开方式
. com	命令(程序)文件	双击执行或在 DOS 提示符下运行
. exe	可执行文件	同上
. bat	批处理文件	同上
. pif	指向带有 MS-DOS 程序的快捷方式	双击执行
. lnk	快捷方式(可指向任何应用)	同上

表 2.12 文献文件格式一览表

扩展名	功能描述	打开方式
. doc/. docx	Document 文档文件,一般为二进制	Word 或写字板
. wri	Write 格式,一般为二进制	同上
. rtf	Rich Text Format 格式,一般为二进制	同上
. txt	Text 格式,一般为纯文本	记事本或任意方式
. html	Hypertext Markup Language 超文本链接标识语言	浏览器或任意方式

表 2.13　常见图像文件格式一览表

扩展名	功能描述	打开方式
.bmp	位图文件	图笔或一些图像处理程序
.jpg	联合图像专家组，一种专有压缩标准格式图像	同上
.pic	图形文件	同上
.pcx	同上	同上
.gif	可交换的图像文件格式	同上
.tif	图像文件	同上
.png	Portakle Network Graphic 可移植的网络图像文件格式	一些图像处理程序
.pcd	照片图像文件	照片编辑器或一些图像处理程序

表 2.14　常见影像(动画)文件格式一览表

扩展名	功能描述	打开方式
.avi	Video for Windows 的多媒体文件格式	VFW 或其他播放程序
.mpg	一种压缩比率较大的活动图像和声音的压缩标准	Active Movie 或其他播放程序
.dat	Video CD 格式	同上
.fli	动画格式	AAPlay For Windows 或其他播放程序
.flc	动画格式	播放程序

4. 选定文件或文件夹

对用户来说，选定文件或文件夹是一种非常重要的操作，因为 Windows 的操作风格是先选定操作的对象，然后选择执行操作的命令。

• 选定单个文件或文件夹，用鼠标单击。

• 选定多个连续的文件或文件夹。先单击所要选定的第一个文件或文件夹，然后按住 Shift 键不放，单击最后一个文件或文件夹。

• 选定多个不连续的文件或文件夹。先单击所要选定的第一个文件或文件夹，然后按住 Ctrl 键不放，单击其余的要选定的文件或文件夹。

• 选定窗口中的全部文件或文件夹。在工具栏上单击“组织”，然后单击“全选”。或者，按 Ctrl＋A 键。

• 若要清除选择，则单击窗口的空白区域。

选定文件或文件夹的方法同样适用于选定其他的对象。

5. 打开文件或文件夹

在“Windows 资源管理器”的内容窗格中双击要打开的文件或文件夹即可。或者，先在内容窗格中选中要打开的文件和文件夹，再单击工具栏上的“打开”选项。

若要打开的是文件，则该文件通常在曾用于创建或更改它的程序中打开；若要更改打开文件的程序，则用鼠标右键单击该文件，在快捷菜单中单击“打开方式”，然后单击要使用的程序的名称。

6. 建立文件或文件夹

管理文件或文件夹时，经常需要创建文件或文件夹。最简单的方法是，鼠标右键单击内容窗格的空白区域，弹出如图 2.56 所示的快捷菜单，用鼠标指向“新建”，若要建立文件夹，则单击“文件夹”；若要建立文件，则选择要建立的文件类型。

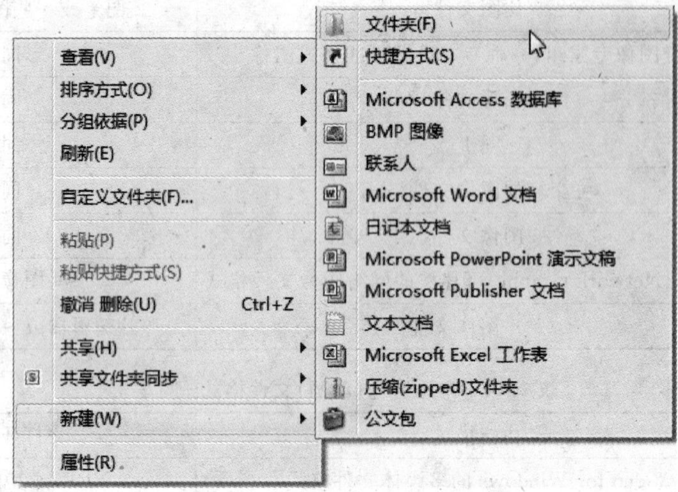

图 2.56　用快捷菜单建立文件或文件夹

注意：建立的文件或文件夹是空的。如果要编辑，则双击该文件或文件夹，系统会调用相应的应用程序把文件或文件夹打开。

7. 更改文件或文件夹的名称

为了方便管理，文件和文件夹的名称应当有明确的意义且规律。如果有适当文件或文件夹名，则应进行更名处理。

要重命名文件或文件夹，先选中该文件或文件夹，再在工具栏上单击“组织”菜单，最后单击“重命名”命令。或者，用鼠标右键单击要重命名的文件或文件夹，从弹出快捷菜单中选择“重命名”命令。

8. 查看或更改文件或文件夹的属性

在“Windows 资源管理器”中，可以方便地查看文件和文件夹的属性，并且对它们进行更改。选定要查看或更改属性的文件或文件夹，在“组织”菜单或快捷菜单中选择“属性”命令，打开相应的对话框即可。

“Windows 资源管理器”的细节窗格显示文件最常见的属性，可以在细节窗格中添加或更改文件属性，如标记、作者姓名和分级等。如果细节窗格中未提供要添加或更改的文件属性，则可以打开“属性”对话框以显示文件属性的完整列表。

在使用应用程序创建和保存文件时，也可以添加或更改其属性，这样就不需要以后查找文件并添加属性。不过，并不是所有程序都提供用于保存文件时添加或更改属性的选项。

9. 复制和粘贴文件或文件夹

复制和粘贴文件时，将创建原始文件的副本，然后可以独立于原始文件对副本进行修改。如果将文件复制粘贴到计算机上的其他位置，一般应为其命名不同的名称，以便可以区分哪个是新文件，哪个是原始文件。

复制和粘贴文件至少有 4 种方法。

①在内容窗格中单击要复制的文件，单击工具栏上的“组织”菜单，再单击“复制”命令，在

另一窗格中单击工具栏上“组织”菜单中的“粘贴”命令。

②使用键盘快捷方式 Ctrl＋C(复制)和 Ctrl＋V(粘贴)。

③按住鼠标右键，然后将文件拖动到新位置。释放鼠标按钮后，单击“复制到当前位置”。

④若按住 Ctrl 键不放，用鼠标将选定的文件拖曳到目标文件夹中，也能完成复制操作。如果在不同驱动器上复制，则只要用鼠标拖曳文件到目标文件夹中，不必使用 Ctrl 键。

复制和粘贴文件夹的方法与复制文件的方法相同。

10. 移动文件或文件夹

移动文件或文件夹的方法类似复制操作，只需将选择“复制”命令改为选择“剪切”命令即可。

按住 Shift 键不放，用鼠标将选定的文件或文件夹拖曳到目标文件夹中，就可以完成移动操作。如果在同一驱动器上移动非程序文件或文件夹，就只需用鼠标直接拖曳文件或文件夹，不必使用 Shift 键。在同一驱动器上拖曳程序文件是建立该文件的快捷方式，而不是移动文件。

“组织”菜单、“编辑”菜单中的“剪切”、“复制”和“粘贴”命令都有对应的快捷键，分别是 Ctrl＋X、Ctrl＋C 和 Ctrl＋V。

11. 删除文件或文件夹

对于那些没有用的文件或文件夹，用户应及时或定期删除，以清理磁盘空间，保证管理的有效性。

选中要删除的文件或文件夹，按 Delete 键，或选择“组织”菜单中的“删除”命令，或选择“文件”菜单中的“删除”命令。

当文件或文件夹被选定后，还可以用工具栏方式、右键弹出菜单方式或拖放到“回收站”方式实现删除操作。在将文件或文件夹图标拖到“回收站”时，如果按住了 Shift 键，则文件或文件夹将从计算机中删除，而不保存到回收站中。

12. 恢复被误删除的文件和文件夹

若由于误操作而删除了文件或文件夹，则借助“回收站”可以将被删除的文件或文件夹恢复。

当一个文件或文件夹被删除后，如果还没有进行其他的操作，则应该使用“组织”菜单中的“撤销”命令，或“编辑”菜单中的“撤销删除”命令恢复，然后按 F5 键，刷新“Windows 资源管理器”窗口。如果执行了其他操作，则必须通过“回收站”恢复。其操作步骤如下。

①在“Windows 资源管理器”导航窗格中选择“回收站”，被删除的文件或文件夹显示在内容窗格中。

②选择要恢复的文件或文件夹。

③在“组织”菜单中选择“撤销”命令，或在“编辑”菜单中选择“撤销删除”命令，或在快捷菜单中选择“还原”命令。

13. 查找文件或文件夹

Windows 提供了多种查找文件和文件夹的方法，在不同的情况下可以使用不同的方法。

(1) 使用“开始”菜单上的搜索框查找

如果计算机上的文件已建立了索引(大多数文件会自动建立索引)，使用“开始”菜单上的搜索框可以查找存储在计算机上的文件、文件夹、程序和电子邮件。其操作步骤如下。

①单击“开始”按钮，然后在搜索框中键入字词或字词的一部分。

键入后，与所键入文本相匹配的项将出现在“开始”菜单上。搜索结果基于文件名中的文本、文件中的文本、标记以及其他文件属性。

②在“开始”菜单上选择所需要的结果。

(2) 使用文件夹或库中的搜索框查找

如果知道要查找的文件位于某个特定文件夹或库中，浏览文件可能意味着查看数百个文件和子文件夹，为了节省时间和精力，可以使用已打开窗口右上角的搜索框。其操作步骤如下。

①在搜索框中键入字词或字词的一部分。

键入时，系统将筛选文件夹或库的内容，以反射键入的每个连续字符。当内容窗格显示需要的文件后，即可停止键入。

②在内容窗格中选择所需要的结果。

搜索框基于所键入文本筛选当前视图。搜索将查找文件名和内容中的文本，以及标记等文件属性中的文本。在库中，搜索其包含的所有文件夹及这些文件夹中的子文件夹。

(3) 在特定库或文件夹之外搜索

如果在特定库或文件夹中无法找到要查找的内容，则可以扩展搜索。其操作步骤如下。

①在搜索框中键入某个字词。

②滚动到搜索结果列表的底部。在“在以下内容中再次搜索”下，执行下列操作之一。

- 单击“库”，在每个库中进行搜索。
- 单击“计算机”，在整个计算机中进行搜索。这是搜索未建立索引的文件(例如系统文件或程序文件)的方式，搜索会变得比较慢。
- 单击“自定义”，搜索特定位置。
- 单击 Internet，以使用默认 Web 浏览器及默认搜索提供程序进行联机搜索。

14. 发送文件或文件夹

在 Windows 7 中，可以直接把文件或文件夹发送到“传真收件人”、“文档”、“压缩(zipped)文件夹”、“邮件收件人”或“桌面快捷方式”等目标。其方法是：先选定要发送的文件或文件夹，再单击“文件”菜单中的“发送到”命令或单击鼠标右键后在快捷菜单中选择“发送到”命令，最后选择发送目标。“发送到”子菜单中的各命令功能见表 2.15 所示。

表 2.15 “发送到”子菜单中各命令的功能

命　令	功　能
传真收件人	把选定的文件或文件夹通过网络上的传真服务器传真
文档	把选定的文件或文件夹发送到文档库，实质是复制
压缩(zipped)文件夹	将压缩(zipped)文件夹指派为处理 ZIP 文件的应用程序，并压缩文件或文件夹
邮件收件人	把选定的文件或文件夹作为电子邮件的附件发送
桌面快捷方式	把选定的文件或文件夹用快捷方式发送到桌面，不是复制

15. 备份文件或文件夹

“备份”文件是计算机文件的副本。它保存在如硬盘、磁带、移动磁盘等媒体中。可以使用“备份”操作来备份硬盘上的文件，Windows 7 中提供的“备份”可以将文件备份到任意位置，包括网络上的其他计算机。如果原始文件损坏或丢失,可以通过备份文件恢复这些文件。

启动备份程序的方法是:依次单击"开始"按钮、"控制面板"、"系统和安全",再单击"备份和还原",窗口如图 2.57 所示。

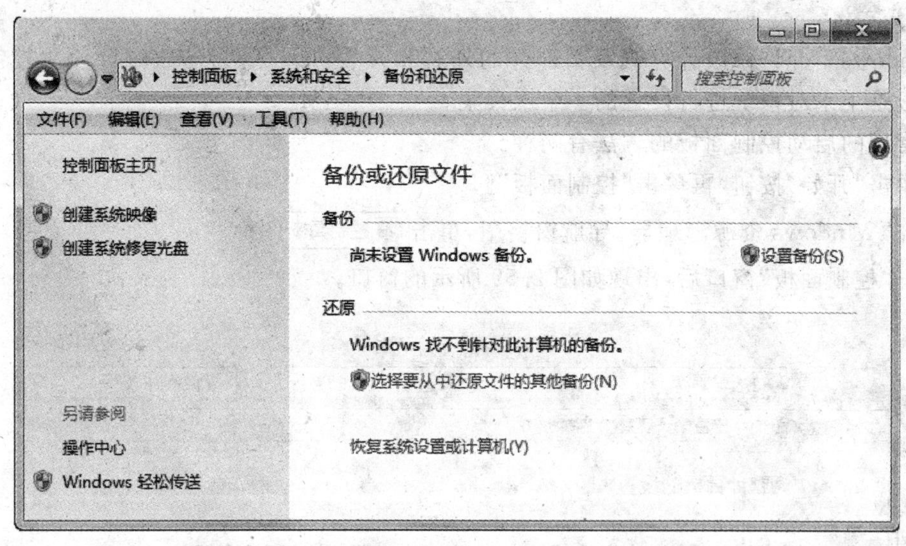

图 2.57 未使用过备份程序的"备份和还原"窗口

如果以前从未使用过 Windows 备份,则单击"设置备份",然后按照向导提示操作;如果以前创建过 Windows 备份,则可以等待定期计划备份发生,或者可以通过单击"立即备份"手动创建新备份,如图 2.58 所示。

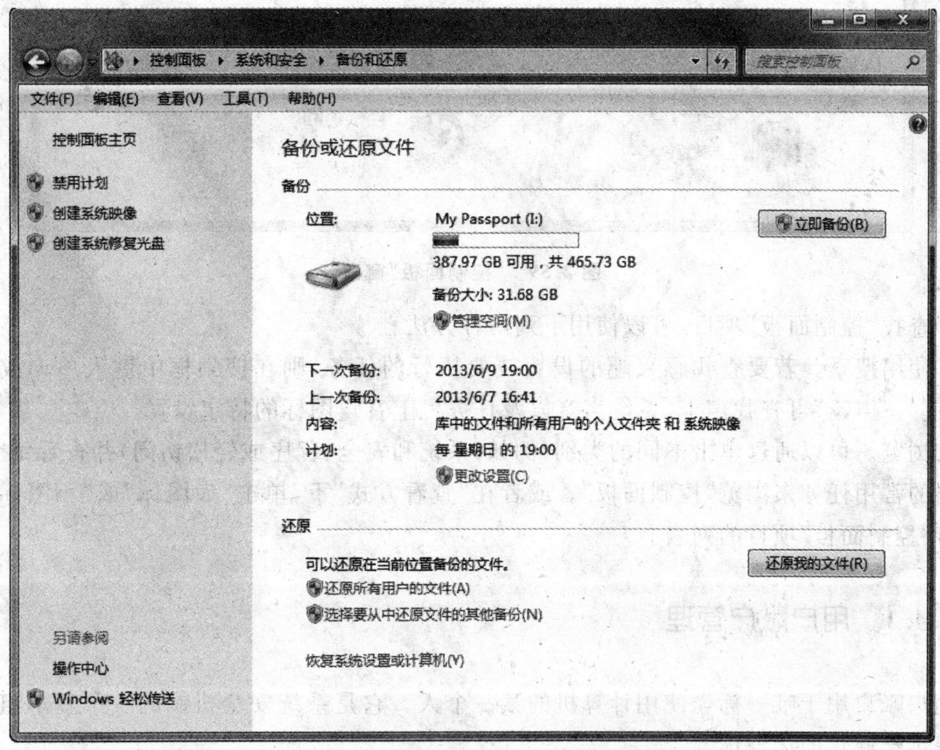

图 2.58 使用过备份程序的"备份和还原"窗口

2.4 控制面板

Windows 7 允许修改计算机及其部件的外观和行为，用户进行修改时要使用控制面板。控制面板是用来对系统进行设置的一个工具集。

最常用的启动控制面板的方法有两种。

①单击“开始”按钮，再单击“控制面板”。

②在“Windows 资源管理器”导航窗格中，单击 控制面板 图标。

打开“控制面板”窗口后，出现如图 2.59 所示的窗口。

图 2.59 “控制面板”窗口

要查找“控制面板”项目，可以使用下列两种方法。

①使用搜索。若要查找感兴趣的设置或要执行的任务，则在搜索框中键入单词或短语。例如，键入“声音”可查找声卡、系统声音以及任务栏上音量图标的特定设置。

②浏览。可以通过单击不同的类别（例如，系统和安全、程序或轻松访问）并查看每个类别下列出的常用任务来浏览“控制面板”。或者在“查看方式”下，单击“大图标”或“小图标”以查看所有“控制面板”项目的列表。

2.4.1 用户账户管理

用户账户用于唯一标识使用计算机的某一个人。它是系统安全机制的一个基本组件，并用于提供个性化的用户体验。

1. Windows 7 用户账户类型

Windows 7 将用户账户分为 3 种类型。

(1) 管理员

Administrators 组的成员被分类为“管理员”账户。Administrators 组默认包含安装操作系统时创建的第一个账户以及一个名为 Administrator 的账户，后者默认是禁用并隐藏的。管理员拥有系统的完全控制权，主要包括：创建、更改和删除用户账户和组，安装和卸载程序，配置 Windows Update 的自动更新功能，安装 ActiveX 控件，安装或卸载硬件设备驱动程序，共享文件夹，设置权限，访问所有文件(包括其他用户文件夹中的文件)，获得文件的所有权，还原备份的系统文件，配置家长控制等。

(2) 标准用户

Users 组的成员被分类为“标准用户”账户。标准用户的权限包括：更改自己的用户账户的密码和图片，使用已安装在计算机的程序，使用 Windows Update 来安装系统和驱动程序更新，安装被批准的 ActiveX 控件，配置加密 Wi-Fi 连接，刷新网络适配器和系统的 IP 地址，创建、更改和删除自己的文档文件夹和共享文档文件夹中的文件，还原自己的备份文件，查看系统时钟和日历以及更改时区，设置个性化选项，选择不同的 DPI 设置来调整文本的大小，配置电源选项，查看 Windows 防火墙设置，查看权限等。

(3) 来宾

Guests 组的成员被分类为“来宾”账户。来宾账户有类似于标准账户的权限，但多了一些限制。

在安装 Windows 7 时，会创建一个管理员账户。利用控制面板的“用户账户”功能，可以在安装好 Windows 7 后方便地创建账户、更改现有帐户以及删除账户。在控制面板中打开“用户账户”后的窗口如图 2.60 所示。

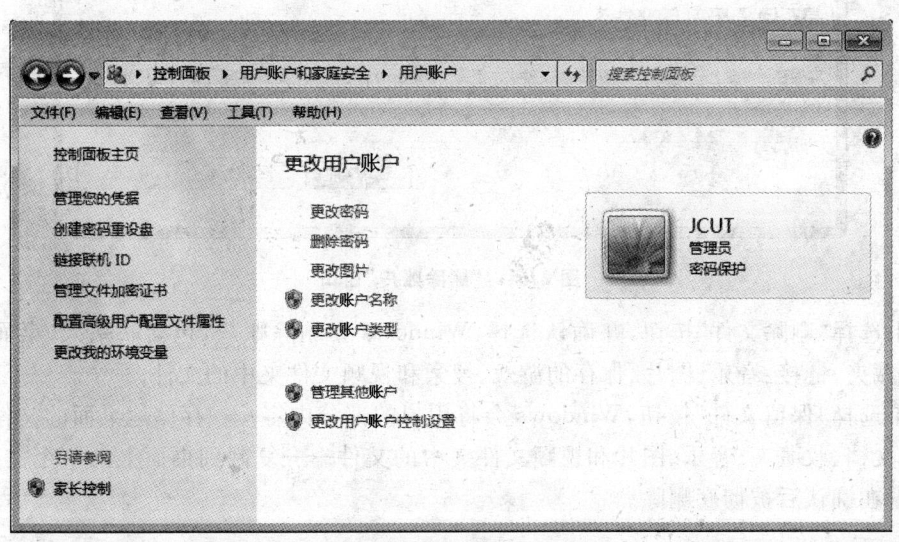

图 2.60 “用户账户”的工作组

当计算机中存在多个用户账户时，可以在多个账户间自由切换。切换用户时，可在不关闭当前程序和文件的情况下进行。

2. 创建新账户

创建新用户账户的操作步骤如下。

①在“用户账户”窗口中单击“管理其他账户”，出现“管理账户”窗口。

②在“管理账户”窗口中单击“创建一个新账户”，出现“创建新账户”窗口。

③在“新账户名”框中输入新的账户名称后，单击“创建账户”按钮。

3. 更改账户设置

创建新用户账户后，必须对账户的有关信息进行修改。更改账户设置的做法是，在“管理账户”窗口的“选择希望更改的账户”列表中单击要更改的账户，出现“更改账户”窗口。在此窗口中，分别单击“更改账户名称”、“创建密码”、“更改图片”等，可作相应修改。

4. 启用来宾账户

“来宾”(Guest)账户用于允许不常来或临时的用户登录到系统，“来宾”不需要提供密码，只能以有限的方式使用系统。“来宾”账户默认禁用，启用的方法是，在“管理账户”窗口单击Guest 账户图标，在“启用来宾账户”窗口单击“启用”按钮。之后，Guest 账户就会出现欢迎屏幕中，任何人都可以使用它。

5. 删除账户

除了当前登录账户，其他账户都可以删除。删除账户的方法是，在“更改账户”窗口中单击“删除账户”，出现如图 2.61 所示的“删除账户”窗口，让用户选择处理账户的文件。

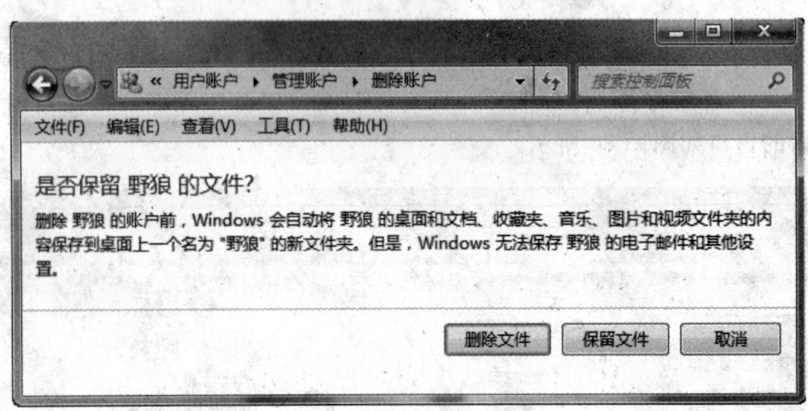

图 2.61 “删除账户”窗口

如果选择“删除文件”按钮，并确认选择，Windows 会删除账户，包括联系人、桌面、文档、下载、收藏夹、链接、音乐、图片、保存的游戏、搜索和视频文件夹中的文件。

如果选择“保留文件”按钮，Windows 会将用户的部分内容——存储地桌面的文件和文件夹，以及文档、收藏夹、音乐、图片和视频文件夹中的文件——复制到桌面上的一个文件夹中，其他部分在确认后被彻底删除。

2.4.2 程序和功能

1. 安装应用程序

安装应用程序取决于程序的安装文件所处的位置。通常，程序从 CD 或 DVD 安装以及从

Internet 安装。

(1) 从 CD 或 DVD 安装

将 CD 或 DVD 插入光驱，然后按照屏幕上的说明操作。

从 CD 或 DVD 安装的许多程序会自动启动程序的安装向导。在这种情况下，将显示“自动播放”对话框，然后可以进行选择运行该向导。

如果程序不启动安装向导，则可检查程序附带的信息，该信息可能会提供手动安装该程序的说明。如果无法访问该信息，则可以浏览整张光盘，打开程序的安装文件(文件名通常为 Setup. exe 或 Install. exe)。

(2) 从 Internet 安装

从 Internet 安装应用程序的步骤如下。

①在 Web 浏览器中，单击指向程序的链接。

②若要立即安装程序，则单击“打开”或“运行”，然后按照屏幕上的指示进行操作。

若要以后安装程序，则单击“保存”，将安装文件下载到计算机上。做好安装该程序的准备后，双击该文件，并按照屏幕上的提示操作。

2. 卸载或更改程序

在“控制面板”窗口中单击“程序”下方的“卸载程序”，出现“程序和功能”窗口，如图 2.62 所示。在列表选定想要删除的应用程序，然后单击“卸载”按钮。除了“卸载”选项外，某些程序还包含“更改”或“修复”程序选项。若要更改程序，则单击“更改”或“修复”。

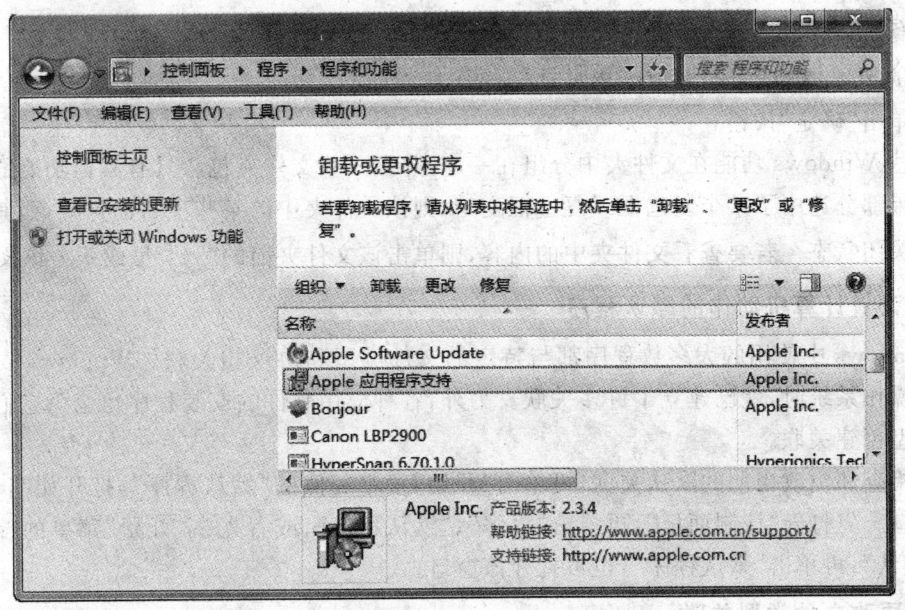

图 2.62 “程序和功能”窗口

3. 打开或关闭 Windows 功能

Windows 附带的某些程序和功能(如 Internet 信息服务)必须打开才能使用。某些其他功能在默认情况下是打开的，但可以在不使用它们时将其关闭。关闭某个功能不会将其卸载，并且不会减少 Windows 功能使用的硬盘空间量。

打开或关闭 Windows 功能的操作步骤如下。

①依次单击“开始”按钮、“控制面板”、“程序”和“打开或关闭 Windows 功能”，打开“Windows 功能”对话框，如图 2.63 所示。

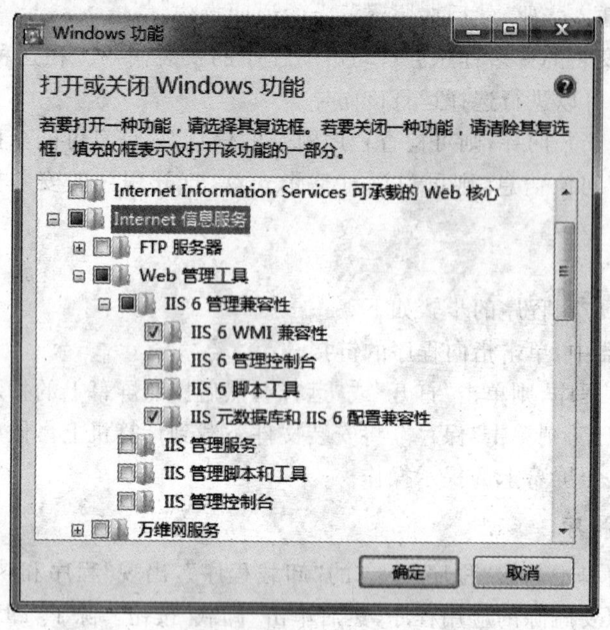

图 2.63 “Windows 功能”对话框

②要打开某个 Windows 功能，在列表框中，选定该功能前面的复选框，即“☐→☑”；要关闭某个 Windows 功能，则清除该复选框，即“☑→☐”。

③单击“确定”按钮。

一些 Windows 功能在文件夹中分组在一起，并且一些文件夹包含具有其他功能的子文件夹。如果部分选中了某个复选框或复选框变暗，则该文件夹中的某些项目已打开，而其他项目尚处于关闭状态。若要查看文件夹中的内容，则单击该文件夹前的“+”号或双击该文件夹。

4. 设置计算机动作的默认程序

Windows 中使用的大多数程序都与特定的文件类型和协议相关联。Windows 安装程序在安装操作系统时，就已建立了许多关联。另外，各种应用软件的安装程序也会为它们支持的文件类型创建关联。

要检查和更改当前的默认关联，可单击“开始”菜单右侧的“默认程序”，打开如图 2.63 所示的窗口。先打开“控制面板”，再单击“程序”、“默认程序”；或者先在“开始”菜单的搜索框中输入“默认”，再单击“默认程序”，也可打开该窗口。

5. 更改文件类型关联

在图 2.63 中单击“将文件类型或协议与程序关联”，打开如图 2.64 所示的“设置关联”窗口，显示文件类型列表（不同的计算机上会有所不同）。文件类型列表按扩展名的字母顺序排序，每个扩展名都有它当前默认程序的一个描述。例如，我们看到的“.bmp”是 BMP 图像文件，当前是“Windows 照片查看器”与它关联。即，双击 Windows 资源管理器中的一个.bmp 文件，会在“Windows 照片查看器”中打开该文件。

要更改当前默认程序，则单击“更改程序”按钮，打开如图 2.65 所示的“打开方式”对话框。

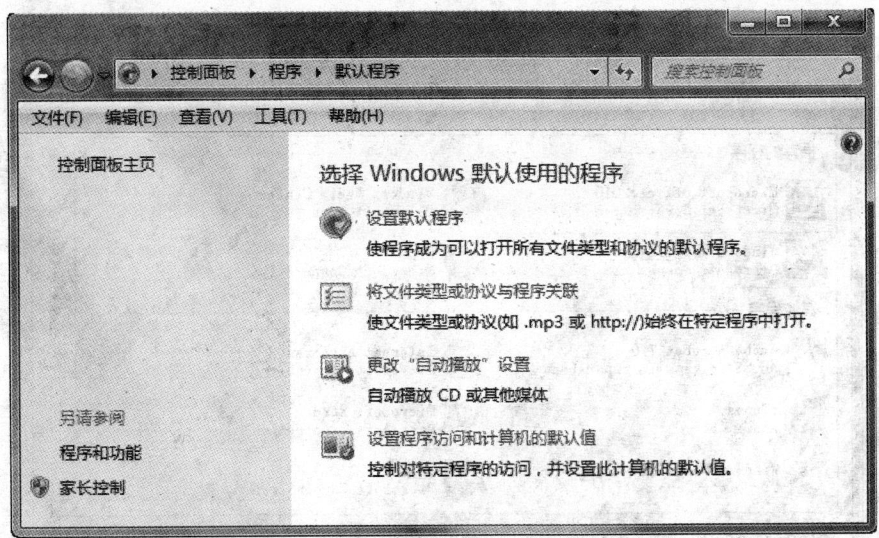

图 2.63　“默认程序”窗口

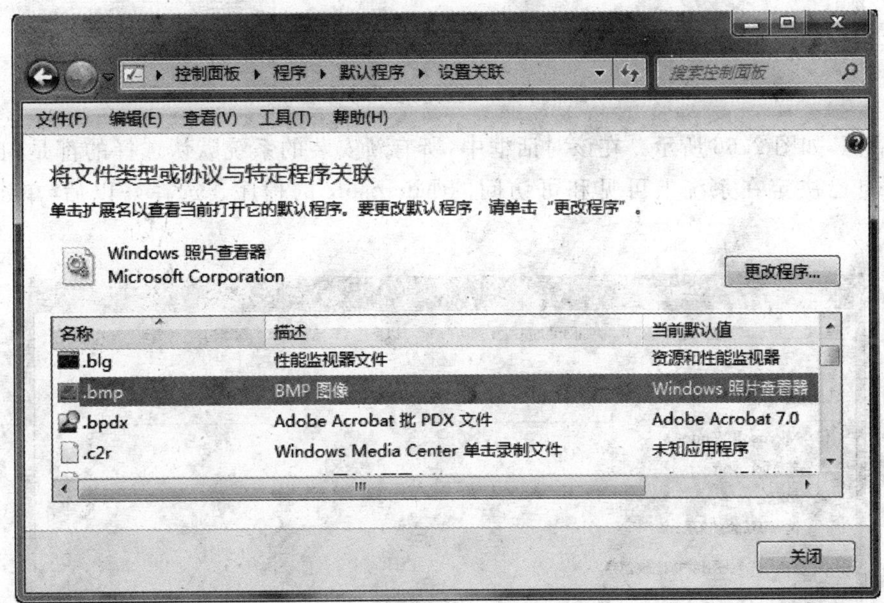

图 2.64　“设置关联”窗口

在“推荐的程序”区域选择一个程序(如“画图”)，单击“确定”按钮即可。

在该对话框中，有“推荐的程序”和“其他程序”两个区域。“推荐的程序”区域包含当前的默认程序(Windows 照片查看器)和另外一些程序，所有这些程序都曾在系统中注册，声明自己能打开当前的.bmp 类型的文件。“其他程序”区域列出的只是系统上安装的一些普通应用程序，针对所选的文件类型，它们几乎都不是一个好的选择。“其他程序”区域的内容开始是隐藏的，单击分隔线末尾的小箭头，就能使之可见，再次单击小箭头，就又可以将其隐藏。

6. 设置程序访问和计算机默认值

在图 2.63 中单击“设置程序访问和计算机默认值”，打开“设置程序访问和此计算机的默

图 2.65 “打开方式”对话框

认值”对话框,如图 2.66 所示。在该对话框中,所有新安装的系统默认选择的都是“自定义”,即用户可自己决定在系统上可见和可访问的 Microsoft 的程序。选择好以后,单击“确定”按钮。

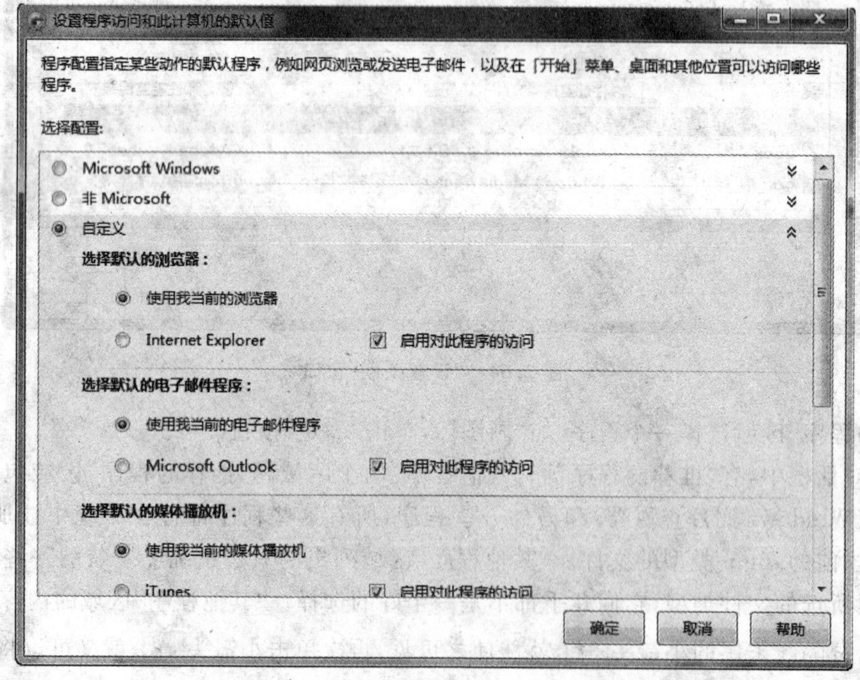

图 2.66 “设置程序访问和此计算机的默认值”对话框

2.4.3 外观和个性化

在“控制面板”中单击“外观和个性化”，出现“外观和个性化”窗口，如图 2.67 所示。先用鼠标右键单击桌面，再在快捷菜单中单击“个性化”，也可打开该窗口。

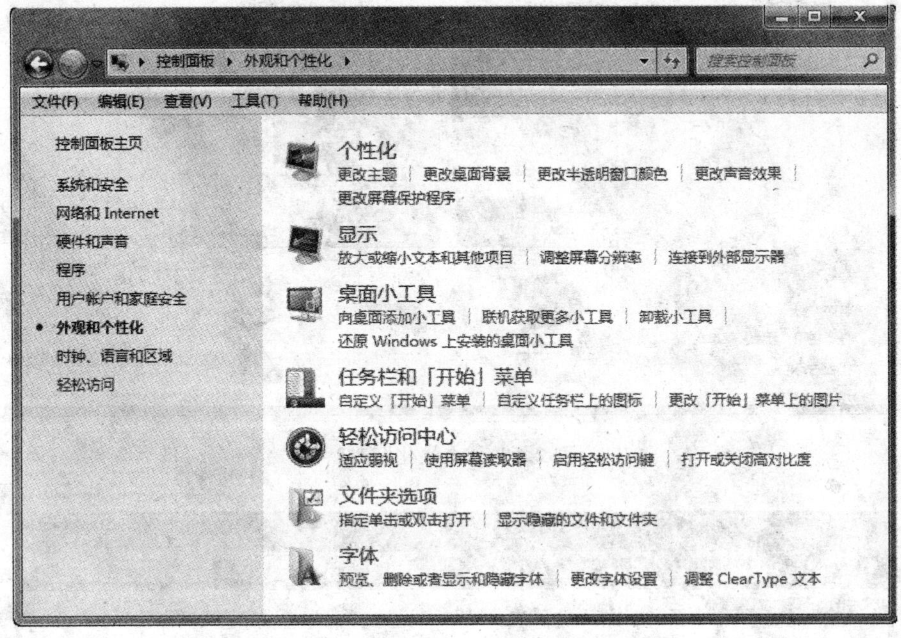

图 2.67 “外观和个性化”窗口

1. 更改计算机的主题

Windows 7 的“主题”是一套超级配置，它集成了用户能进行的各种个性化设置。一个主题集成的元素有桌面背景、窗口颜色、声音方案、屏幕保护程序、桌面图标、鼠标指针方案、在高级的“Windows 7 颜色和外观”对话框中进行的设置等。所有这些设置都与用户自己的账户关联，这就是“个性化”的含义。那些应用于所有用户的设置，则不包含在当前主题中。

在“外观和个性化”窗口单击“个性化”，打开“个性化”窗口，并选中“建筑”主题，如图 2.68 所示。用鼠标单击一个主题，即可应用，可以看到和听到，如果不满意可以马上选择另一个主题。

2. 更改桌面背景

要更改桌面背景，可按下列步骤操作。

①在“个性化”窗口单击“桌面背景”，或者在“外观和个性化”窗口单击“更改桌面背景”，又或者在“控制面板”窗口单击“更改桌面背景”，打开“选择桌面背景”窗口，如图 2.69 所示。

②单击“图片位置”下拉列表，在“Windows 桌面背景、图片库、顶级照片、纯色”中选择一种桌面背景类别。其中，“Windows 桌面背景”类别本身又分为“场景、风景、建筑”等几个图像类别。“顶级照片”类别包含“图片库”中的分级为 4 星或 5 星的照片。

③在图片列表中选择一幅图片作为背景，或者选择多幅图片（单击一个类别名称，选中想要显示的图片的复选框；也可以按 Ctrl 键＋单击每幅图片）营造一种放映幻灯片的效果。

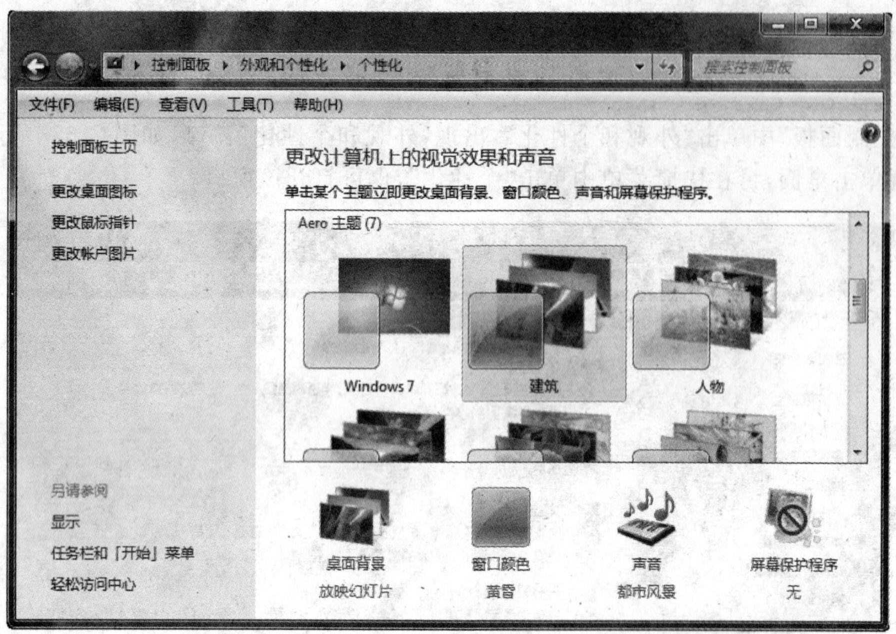

图 2.68 “个性化”窗口

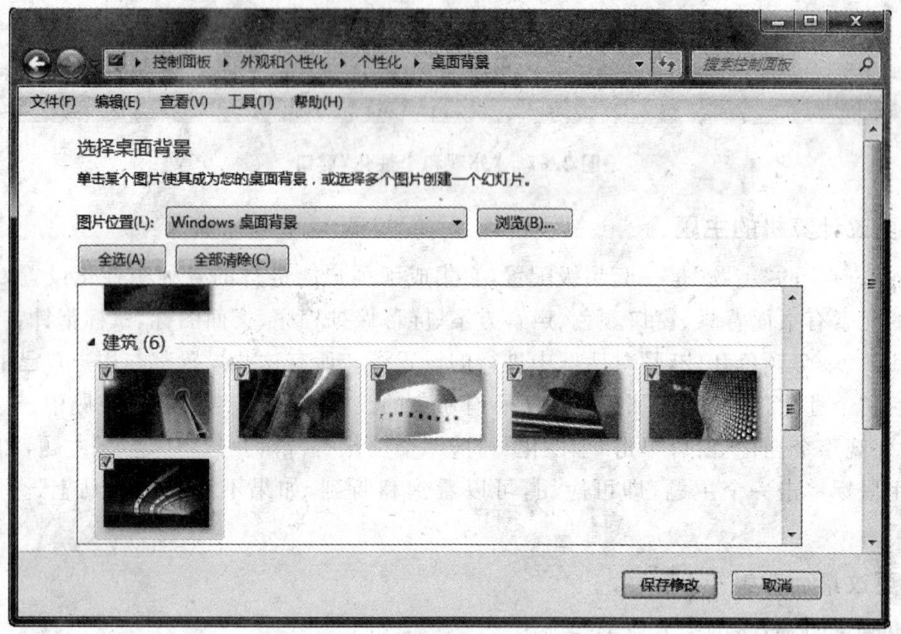

图 2.69 “选择桌面背景”窗口

如果没找到自己需要的背景，则可以单击“浏览”按钮，在计算机中查找所需要的图片。以后，浏览过的文件夹会自动出现在“图片位置”下拉列表中。

④单击“保存修改”按钮，返回到“控制面板”窗口。

3. 选择颜色和修改颜色方案

在“个性化”窗口单击“窗口颜色”，打开“窗口颜色和外观”窗口，如图 2.70 所示。可在 16

种颜色中选择一种颜色，然后单击“保存修改”按钮。

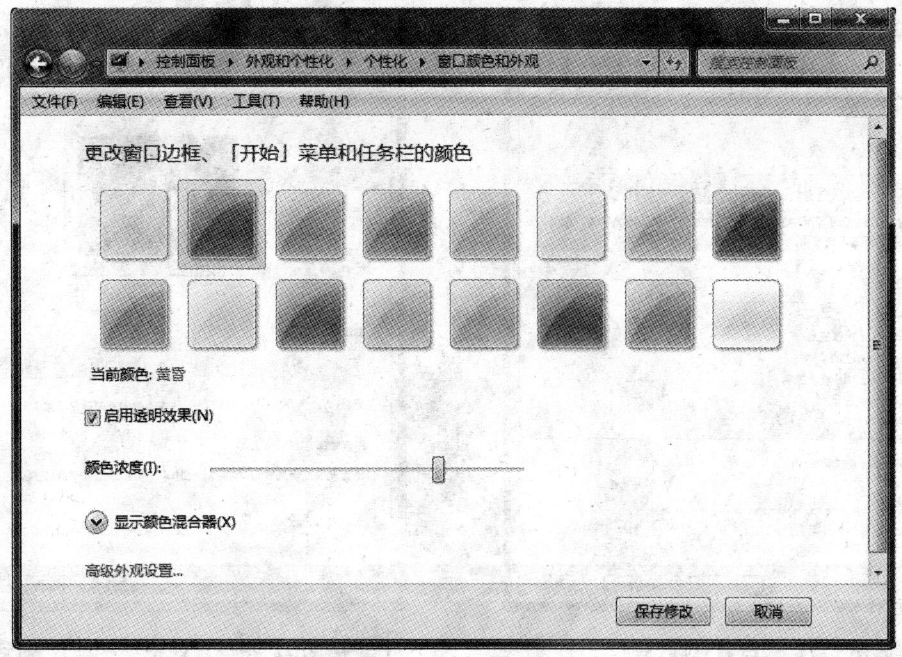

图 2.70　“桌面项目”窗口

如果觉得现有 16 种颜色都不合适，则可单击“显示颜色混合器”，通过修改色调、饱和度和亮度来调配自己喜欢的颜色。

还可以左右拖动“颜色浓度”滑块，调整窗口边框的透明度。

4. 选择事件声音

在“个性化”窗口单击“声音”，打开“声音”对话框，如图 2.71 所示。用户可在“声音方案”下拉列表中选择一套预定义的声音方案。

用户可以对声音方案进行定制。要查看当前哪些声音已经映射到事件，只需滚动显示“程序事件”列表。一个事件存在与它关联的一个声音，事件名称前会显示一个喇叭图标，单击“测试”按钮即可试听。要更换一种不同的声音，可以从“声音”列表中选择一个声音，也可以单击“浏览”按钮，列表中只显示了%Windir%\Media 中的. wav 文件，实际上其他任何. wav 文件都是可以的。

如果重新设置了声音和事件的映射，则应将自己的设置另存为一套新的声音方案（单击“另存为”按钮，再指定一个名称）。

如果要禁止播放 Windows 启动时的声音，则只需要在“声音”对话框中，去掉“播放 Windows 启动声音”复选框即可。

5. 设置屏幕保护程序

“屏幕保护程序”是当用户在一段指定的时间内没有使用计算机时，屏幕上出现的移动位图或图案。屏幕保护程序表面看可以保护屏幕，减少能耗，其实不然，它们纯粹是为了好看。

在“个性化”窗口中单击“屏幕保护程序”，打开“屏幕保护程序设置”对话框，如图 2.72 所示。在“屏幕保护程序”下拉列表中，选择一个屏幕保护程序，设置等待时间；如果要全屏幕查看屏幕保护程序的效果，则单击“预览”按钮，预览时移动鼠标或按任意键，动画会立即消失；如果要优化屏幕保护程序，则单击“设置”按钮，最后依次单击“应用”按钮、“确定”按钮。

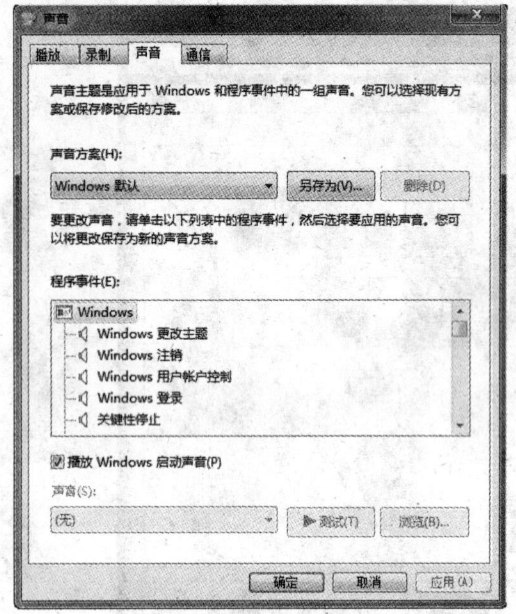

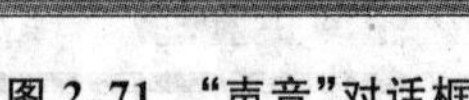
图 2.71 “声音”对话框

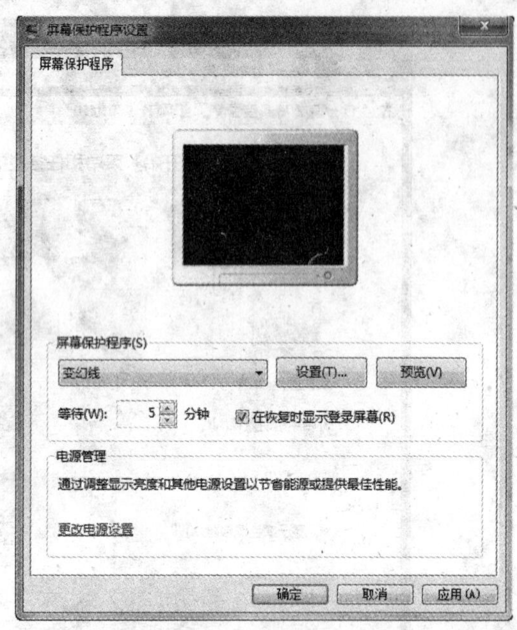

图 2.72 “屏幕保护程序设置”对话框

当计算机的闲置时间超过“等待”中指定的分钟数时，屏幕保护程序将自动启动。要清除屏幕保护的画面，只需移动鼠标或按任意键。在默认情况下，Windows 只装入有限的几种屏幕保护程序。用户还可以加入自定义的屏幕保护程序。

用户也可以为屏幕保护程序设置口令，以保证系统的安全。其方法是：当选择了屏幕保护程序后，选中“在恢复时显示登录屏幕”复选框，在经过等待时间后，系统将登录密码指派给屏幕保护程序。

在对话框中单击“更改电源设置”，可以对计算机的电源进行管理。

6. 更改桌面图标

在“个性化”窗口中单击“更改桌面图标”（左窗格中），打开“桌面图标设置”对话框，如图 2.73 所示。Windows 提供了计算机、回收站、用户的文件、控制面板、网络等 5 种系统文件夹。

用户可以更改对话框中所显示的 5 个系统图标（“控制面板”图标是不允许更改的）。要更改图标，先选中它，再单击“更改图标”按钮，在%SystemRoot%\System32\Imageres.dll 文件中，可以找到一系列备选图标。

桌面上有大量图标后，要控制它们的排列方式，可先用鼠标右键单击桌面任意空白处，再在快捷菜单中用鼠标指向“查看”或“排列方式”，在其子菜单中选择一种图标排列方式。

7. 更改鼠标指针

在“个性化”窗口中单击“更改鼠标指针”（左窗格中），打开“鼠标属性”对话框的“指针”选项卡，如图 2.74 所示。在“方案”下拉列表中选择一个方案，从“自定义”框中选择一种指针类型，再单击“浏览”按钮来查找一个自己喜爱的指针形状。“浏览”按钮打开的是%Windir%\Cursors 文件夹，显示扩展名为.cur 和.ani 的文件，其中，.ani 代表的是动画指针。

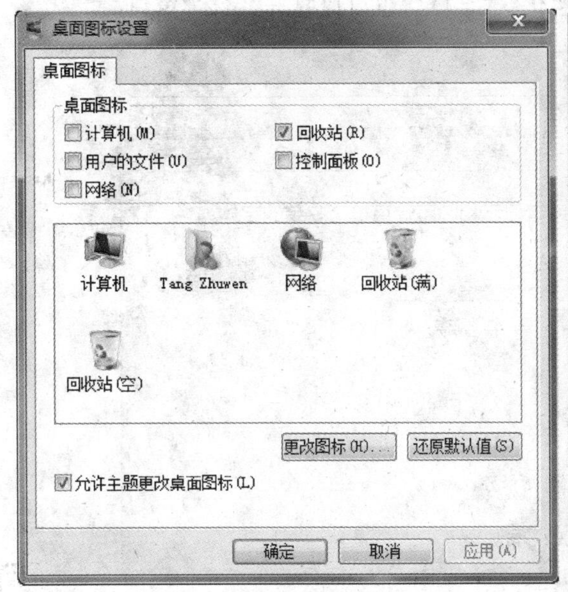

图 2.73 “桌面图标设置”对话框

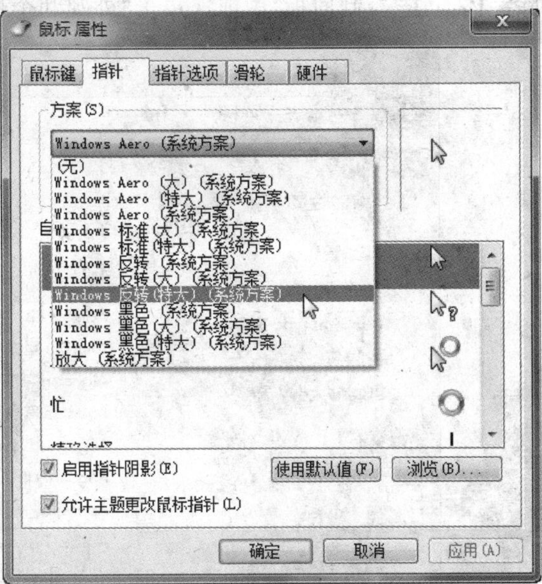

图 2.74 “鼠标属性”对话框“指针”选项卡

2.4.4 字体

字体是具有某种风格的字母、数字和字符的集合。字体描述了特定的字样及其大小、间距和跨度等特性。在屏幕上，字体用于显示文本和打印文本。在 Windows 7 中，字体是字样(共享公用特征的字符集)的名称。字体有斜体、黑体和黑斜体等 40 多种。

Windows 提供了 3 种基本字体技术。

①轮廓字体。轮廓字体是由直线和曲线命令生成的。该字体包含 TrueType 字体和 OpenType 字体两类。TrueType 是一种可以缩放到任意大小的字体。OpenType 是一种可以旋转或缩放到任意大小的字体，它包括 Arial、Courier New、Lucida Console、Times New Roman、Symbol 和 Wingdings。

②矢量字体。矢量字体由数学模型生成，主要用于图形显示器。Windows 支持三种矢量字体，即 Modern、Roman 和 Script。

③光栅字体。光栅字体是为特定打印机设计的具有特定大小和分辨率的字体，它不能缩放或旋转。如果打印机不支持光栅字体，则该打印机不能打印这些字体。光栅字体也叫位图字体。光栅字体存储在位图文件中，通过在屏幕或纸张上显示一系列的点来创建。Windows 支持五种光栅字体，分别为 Courier、MS Sans Serif、MS Serif、Small 和 Symbol。

字体有不同的大小和字形。字体的大小指字符的高度，一般以“像素”为单位。

用户可以使用的字体和字号，取决于计算机系统中加载的字体和打印机内建的字体。在 Windows 7 中，用户可用的字体包括可缩放字体、打印机字体和屏幕字体。上述 TrueType 字体是典型的可缩放字体，使用这种字体时，打印出来的效果与屏幕显示完全一致，也就是“所见即所得”。如果用户在使用过程中发现打印输出与屏幕显示的字体不同，则可以断定，这是打印字体和屏幕字体不匹配所致。

Windows 中有一个如图 2.75 所示的“Fonts”文件夹，使用该文件夹可以方便地添加或删除字体。在“控制面板”中依次单击“外观和个性化”、“字体”，也可以打开“字体”窗口。

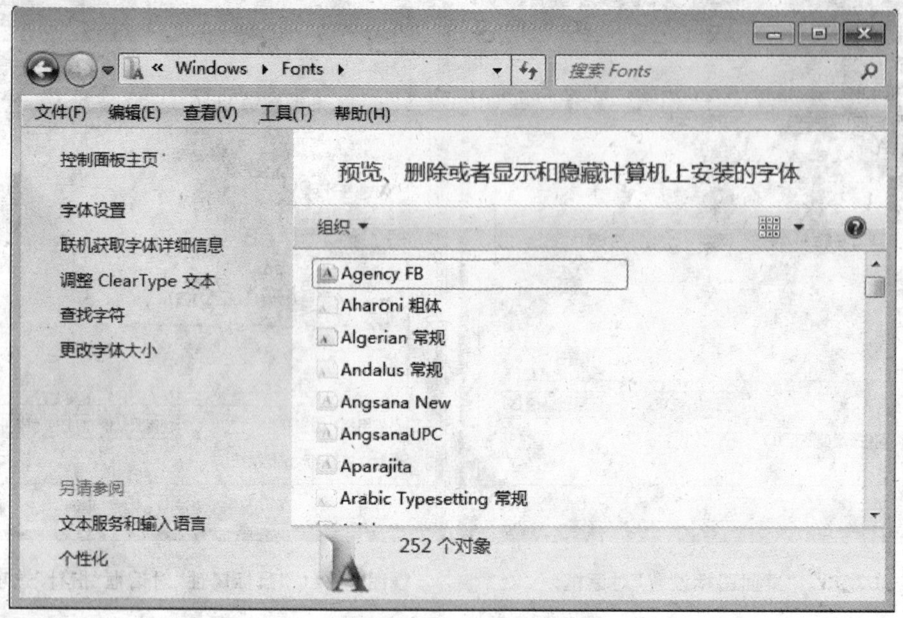

图 2.75 Windows 7 的“Fonts”窗口

1. 安装字体

安装字体的方法非常简单，只需用鼠标右键单击要安装的字体，然后在快捷菜单中单击“安装”即可。或者，将字体拖动到“字体”控制面板页来安装字体。

2. 删除字体

要删除字体，先打开“字体”，再单击要删除的字体，最后在工具栏中单击“删除”。

2.4.5 设备和打印机

单击“开始”，再单击“设备和打印机”，可打开“设备和打印机”文件夹，如图 2.76 所示。该文件夹中显示的设备通常是外部设备，一般用于安装、查看和管理设备。

“设备和打印机”文件夹中所列出的设备包括：

• 用户随身携带以及偶尔连接到计算机的便携设备，如移动电话、便携式音乐播放器和数字照相机。

• 插入到计算机上 USB 端口的所有设备，包括外部 USB 硬盘驱动器、闪存驱动器、摄像机、键盘和鼠标。

• 连接到计算机的所有打印机，包括通过 USB 电缆、网络或无线连接的打印机。

• 连接到计算机的无线设备，包括 Bluetooth 设备和无线 USB 设备。

• 计算机。

• 连接到计算机的兼容网络设备，如启用网络的扫描仪、媒体扩展器或网络连接存储设备(NAS 设备)。

1. “设备和打印机”文件夹的作用

“设备和打印机”文件夹允许执行多种任务，所执行的任务因设备而异。主要任务包括：

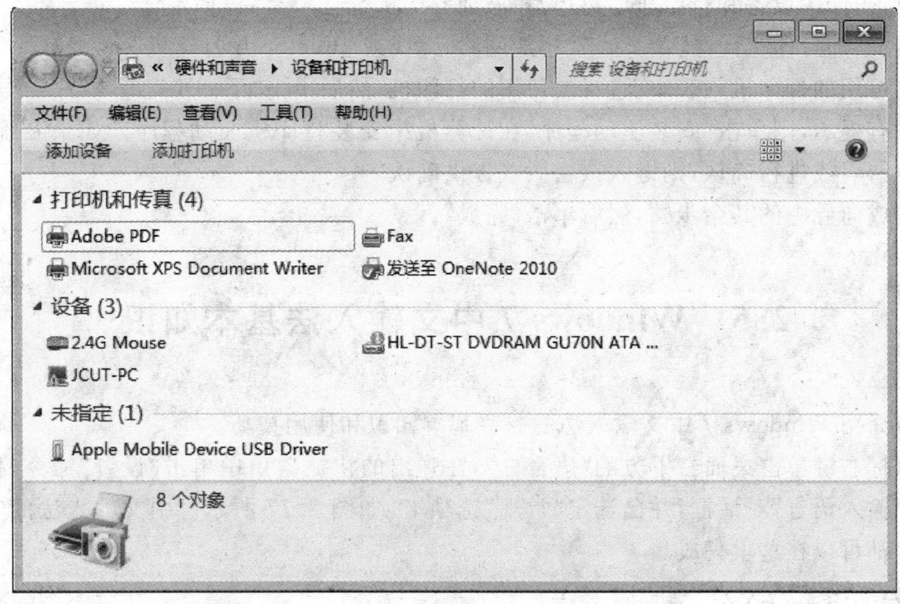

图 2.76　“设备和打印机”文件夹

- 向计算机添加新的无线、网络设备或打印机。
- 查看连接到计算机的所有外部设备和打印机。
- 检查特定设备是否正常工作。
- 查看有关设备的信息，如种类、型号和制造商，包括有关移动电话或其他移动设备的同步功能的详细信息。
- 使用设备执行任务。
- 执行某些步骤以修复无法正常工作的设备。

先用鼠标单击带有黄色警告图标的设备或计算机，再单击“疑难解答”，等待疑难解答尝试检测问题（这可能需要几分钟时间），然后按照说明来操作。

2. 添加本地打印机

直接连接到计算机的打印机称为“本地打印机”，添加本地打印机的步骤如下。

①单击打开“设备和打印机”，再单击“添加打印机”。

②在”添加打印机向导“中，单击“添加本地打印机”。

③在“选择打印机端口”页上，确保选择“使用现有端口”按钮和建议的打印机端口，然后单击“下一步”。

④在“安装打印机驱动程序”页上，选择打印机制造商和型号，然后单击“下一步”。

如果未列出打印机，则单击“Windows Update”，然后等待 Windows 检查其他驱动程序；如果未提供驱动程序，但有安装 CD，则单击“从磁盘安装”，然后浏览到打印机驱动程序所在的文件夹。

⑤完成向导中的其余步骤，然后单击“完成”。

3. 安装网络、无线或 Bluetooth 打印机

作为独立设备直接连接到网络的打印机，称为“网络打印机”。安装网络、无线或 Bluetooth 打印机的步骤如下。

①单击打开“设备和打印机”，再单击“添加打印机”。

②在“添加打印机向导”中，单击“添加网络、无线或 Bluetooth 打印机”。

③在可用的打印机列表中，选择要使用的打印机，然后单击“下一步”。

④如有提示，则单击“安装驱动程序”在计算机中安装打印机驱动程序。如果系统提示输入管理员密码或进行确认，则键入该密码或提供确认。

⑤完成向导中的其余步骤，然后单击“完成”。

2.5 Windows 7 中文输入法基本知识

本节介绍 Windows 7 中文输入法的一些基本知识和使用技巧。

用鼠标右键单击桌面右下方的“语言栏”，在弹出的快捷菜单中单击“设置”命令，打开“文本服务和输入语言”对话框，并已选定“常规”选项卡，如图 2.77 所示。中文输入法的安装、选用和删除都可以在这里完成。

1. 安装中文输入法

安装中文输入法的方法：在图 2.77 所示对话框中单击“添加”按钮，弹出“添加输入语言”对话框，如图 2.78 所示。在“使用下面的复选框选择要添加的语言”列表中选择语言后，单击“确定”按钮。回到“文本服务和输入语言”对话框后依次单击“应用”按钮、“确定”按钮。

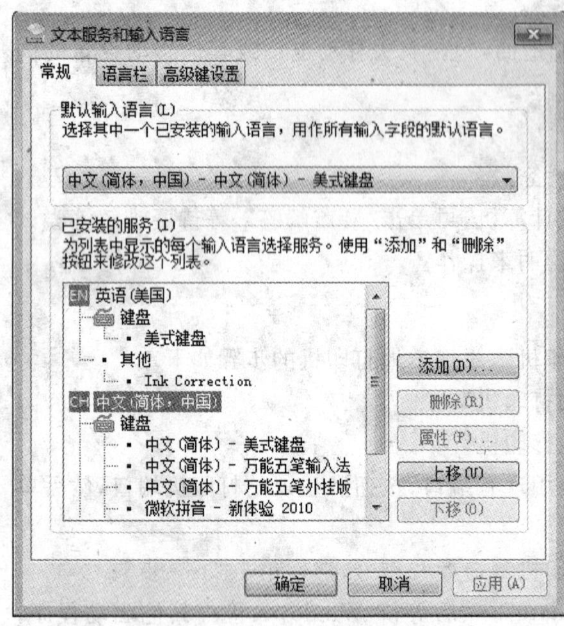

图 2.77 “文本服务和输入语言”对话框

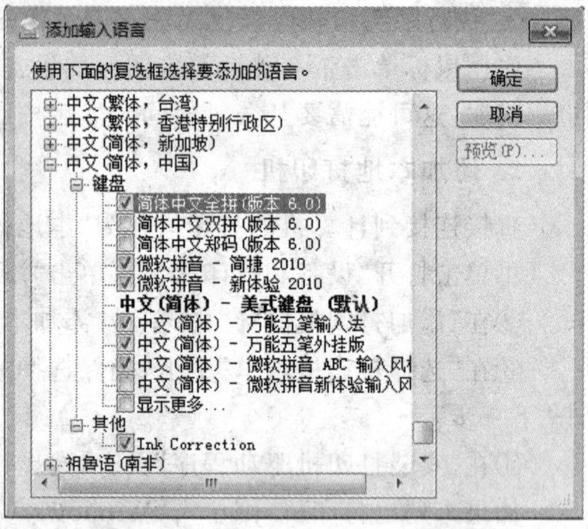

图 2.78 “添加输入语言”对话框

2. 选用输入法

(1) 使用键盘进行操作

安装中文输入法后，就可以在 Windows 工作环境中随时使用 Ctrl＋Shift 键在英文及各种中文输入法之间进行切换。

(2) 使用鼠标进行操作

单击"语言栏"上的输入法按钮，屏幕弹出如图 2.79 所示的当前系统已装入的"输入法"菜单，单击要选用的输入法。

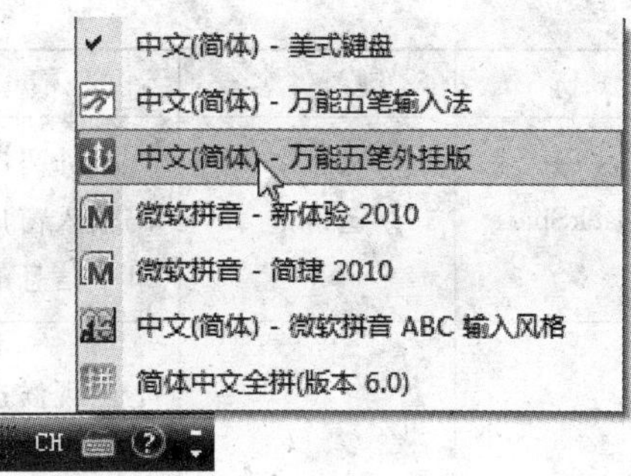

图 2.79 "输入法"菜单

3. 输入中文标点

要输入中文标点，首先要看当前输入法的标点输入状态是否已切换为中文状态，中文输入法的状态以如图 2.80 所示的形式出现。

切换中英文标点输入状态可用两种方法，一是用鼠标左键单击输入状态窗口中的"中/英文标点"切换按钮，二是用键盘 Ctrl+.(句号)键切换。第一次激活输入法时，输入法为中文标点输入状态。

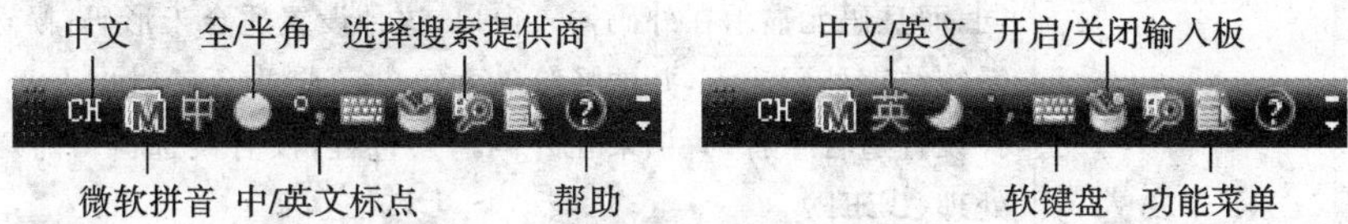

图 2.80 微软拼音输入法状态

在英文标点状态下，所有标点与键盘一一对应。在中文标点状态下，中文标点符号与键盘的对照关系如表 2.16 所示。

表 2.16 中文标点键位表

中文标点	键位	中文标点	键位
、 顿号	\	！ 感叹号	!
。 句号	.	（ 左小括号	(
· 实心点	@	） 右小括号	)
— 破折号	-	， 逗号	,
— 连字符	&	： 冒号	:
…… 省略号	^	； 分号	;
‘ 左引号	'(单数次)	？ 问号	?
’ 右引号	'(偶数次)	｛ 左大括号	{
" 左双引号	"(单数次)	｝ 右大括号	}
" 右双引号	"(偶数次)	［ 左中括号	[
《 左书名号	<	］ 右中括号	]
》 右书名号	>	￥ 人民币符号	$

4. 中文输入方式下编辑键的作用

当切换到中文输入方式后，常用的编辑键也有了不同的定义。了解这些键的作用，对快速、轻松地录入汉字有很大的帮助。下面就用表 2.17 说明中文输入方式下编辑键的功能。

表 2.17　编辑键位表

键	键　名	功　能
BackSpace	退格键	当外码串不为空时，删除前一个输入的码元；当外码串为空时，隐藏外码输入窗口，并删除前一个字符；当存在逐渐提示时，该键将引起重选窗口中信息的改变
Space	空格键	出现候选窗口时，按 Space 键由输入法定制(在 REGEDIT 中定义)。结束外码输入标志键时，如果没有重码，则默认第一个候选字或词；如果有重码，列出所有重码，并警告用户(BEEP)，用户再按 Space 键时，选择第一个候选字或词。如果用户输入新的合法码元，则选择第一个候选字或词，而且码元显示在外码输入窗口，这种设置适合于形码；候选选择键时，系统结束外码输入，并选择第一个候选字或词(无论此时是否有重码)，这种设置适合于音码；如果在外码输入过程，没有候选窗口时，作为无效键处理(BEEP)
Esc	清除键	用于清除当前外码输入状态。当有候选输入窗口时，自动隐藏输入窗口，清除所有外码，并不隐藏外码输入窗口；当无候选窗口时，清除外码，并隐藏外码输入窗口
Enter	回车键	由输入法定制(在 BEGEDIT 中定义，用户将 Enter 键定义为 Space 键功能，或定义为 Esc 功能，或保留原功能，输入法不处理)
Home	起始定位键	在重选状态下(即重选窗口打开状态下)，定位到第一重选页。当处于第一重选页时，该键无效；当在外码输入状态，无重选窗口，保留原功能，输入法不处理
End	结尾定位键	在重选状态下(即重选窗口打开状态下)，定位到最后重选页。当处于最后重选页时，该键无效；当在外码输入状态，无重选窗口，保留原功能，输入法不处理
Page Down	向下翻页定位键	在重选状态下(即重选窗口打开状态下)，打开下一个重选页。当处于最后重选页时，该键无效；当在外码输入状态，无重选窗口，保留原功能，输入法不处理
Page Up	向上翻页定位键	在重选状态下(即重选窗口打开状态下)，打开上一个重选页。当处于最后重选页时，该键无效；当在外码输入状态，无重选窗口，保留原功能，输入法不处理
－/＋	前/后翻页键	同 Page Up/Page Down，向后与向上功能一致，向前与向下功能一致。若输入法码元中出现某翻页键对中的一个，则该翻页键对将无效。主要考虑向后兼容
↑ ↓ → ←	光标移动键	保留原功能，输入法不处理

5. 全角和半角字符

英文字母、数字字符和键盘上出现的其他非控制字符有全角和半角之分。全角字符就是一个汉字。状态框中的月亮状按钮是“全/半角”切换按钮。使用键盘操作时，可用 Shift+Space 键切换。

6. 软键盘

软键盘并不是真正的键盘，它只是人们为了方便输入而特设的一种输入方式。当使用软键盘时，系统会提供一张键盘的图表，与实际的键盘键位一一对应，可以用键盘或鼠标将软键盘所提供的特殊符号输入。Windows 内置的中文输入法共提供了 13 种软键盘，如 PC 键盘、希腊字母、注音符号等。

软键盘的标识图符在整个输入法状态条的中间。使用鼠标左键单击输入法状态窗口中的软键盘切换按钮，可打开或关闭软键盘；使用鼠标右键单击输入法状态窗口中的软键盘按钮，可选择不同的软键盘。

2.6 附件应用程序

Windows 7 中文版的附件应用程序可以使用户快速、方便地完成一些日常工作。常用附件有“记事本”、“写字板”、“画图”、“计算器”、“便笺”、“游戏”等。本节只介绍前 3 个。

2.6.1 使用“记事本”

“记事本”是一个简单的文本编辑器，使用起来非常方便。用户可以用它来创建留言、便条等小文档，然后快速地打印出来。

“记事本”只使用纯文本格式(ASCII 格式)打开和保存文档，适用于创建不需要复杂格式的文档。它在创建 Web 页的 HTML 文档时特别有用。

在“附件”的下拉列表中单击“记事本”命令项，就可打开它，如图 2.81 所示。

图 2.81 刚打开的“记事本”程序

所有标准的文本输入控制键都可以在“记事本”窗口以常规的方式对文本进行操作。此外，下面一些键也将对输入文本进行控制。

- Ctrl+←：在文档中将光标移动到前一个字的开始处。
- Ctrl+→：在文档中将光标移动到下一个字的开始处。
- Home：将光标移动到当前行的开始处。

- End：将光标移动到当前行的结尾处。
- Ctrl＋Home：将光标移动到文档的首行开始处。
- Ctrl＋End：将光标移动到文档的最后一行的结尾处。

上述这些键在“写字板”程序中同样适用。

可以将“记事本”作为程序的快速编辑器。“记事本”总是以标准的文本格式打开和存入文档文件的，与大部分计算机语言的编译器的要求完全相同。

2.6.2 使用“写字板”

“写字板”是一个文字处理的应用程序。用户可以用它来创建信函、备忘录或其他任何文本文档。在“写字板”中可以链接或嵌入对象，如很容易地调用“画图”程序中所绘制的图形。

1. 打开“写字板”

在“附件”的下拉列表中单击“写字板”命令项，就可打开它，其界面如图 2.82 所示。

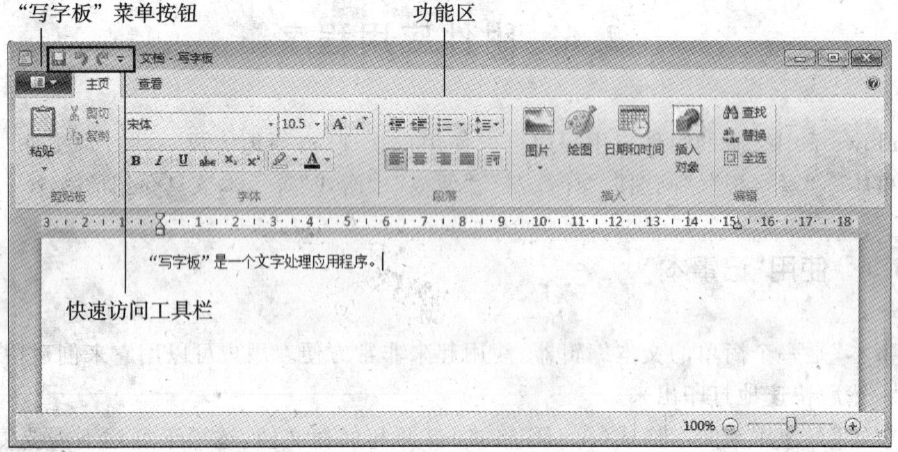

图 2.82 “写字板”程序

“写字板”提供了许多大型文字处理的应用程序才具有的功能，可以方便地完成用户所需要做的工作。

2. 创建、打开和保存文档

先单击“写字板”菜单按钮，然后单击“新建”，可新建一个文档；单击“打开”，可打开已有文档；单击“保存”，可保存文档；指向“另存为”，然后单击文档要保存的格式，可用新名称或格式保存文档。

如果需要使用更高级的文字处理功能，可以在其他的应用程序中打开用“写字板”创建的文档。实际上，“写字板”的默认文本格式与 Microsoft Office Word 的文本格式相同。

3. 文档格式化

格式化是指文档中文本的显示方式和排列方式。使用“功能区”可以轻松更改文档格式，功能区中每个按钮功能的详细信息，可以用鼠标悬停在按钮上查看其描述。

如果要更改文档的显示方式，那么先选定要更改的文本，然后使用“主页”选项卡的“字体”组中的按钮即可；如果要更改文档的对齐方式，那么先选定要更改的文本，然后使用“主页”选项卡的“段落”组中的按钮即可。

4. 插入日期和图片

(1) 在文档中插入当前日期

其操作步骤如下。

①在“主页”选项卡的“插入”组中单击“日期和时间”。

②单击所需的格式,然后单击“确定”。

(2) 在文档中插入图片

其操作步骤如下。

①在“主页”选项卡的“插入”组中单击“图片”。

②找到要插入的图片,然后单击“打开”。

(3) 在文档中插入图画

其操作步骤如下。

①在“主页”选项卡的“插入”组中单击“绘图”。

②创建要插入的图画,然后关闭“画图”。

5. “写字板”与“记事本”

“写字板”适用于创建格式整齐的文档。它允许用户格式化文本和段落,指定不同的字体,使用不同的字体样式。当文本需要进行不太复杂的格式化时,“写字板”是一个很好的应用程序。另外,“写字板”对文档的大小没有限制。

“记事本”则是一个基本的文本编辑器。因为在“记事本”中只能使用纯文本格式,所以当用户需要查看和编辑计算机的系统文件时,使用“记事本”十分方便。并且,如果使用其他格式保存,则会引发错误,因此“记事本”是最合适的编辑器。

2.6.3 使用“画图”

使用“画图”可以创建、存储、处理和打印位图图像,也可以对已经存在的图像进行修改。任何能被复制到“剪贴板”上的图形信息(包括使用扫描仪扫描下来的图像)都可以粘贴到“画图”中,并进行修改。

1. 单独打开“画图”程序

在“附件”后单击“画图”命令项,就可打开它,如图 2.83 所示。

2. 从另外的应用程序打开“画图”程序

用户可以把“画图”作为一个单独的应用程序,也可以作为一个 OLE(对象链接与嵌入)服务器在其他文档文件中使用“画图”程序创建图形图像。其操作步骤如下。

①单击“开始”按钮,依次指向“所有程序”、“Micsofot Office”,再单击“Micsofot Word 2010”命令项,启动 Word 字处理软件。

②在“插入”选项卡“文本”组中单击“对象”,打开“对象”对话框。

③在“对象类型”列表框中选中“Bitmap Image”。

④单击“确定”按钮,就可在文档中绘图区域,用“画图”程序的工具绘图,完成后在文档的空白处单击鼠标左键。

所绘制的图形图像插入正在编辑的 Word 文档中,成为文档的一部分。

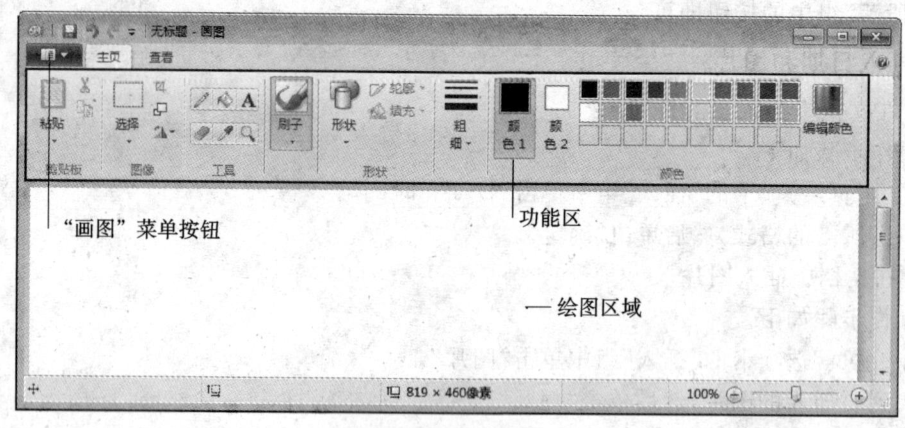

图 2.83 "画图"程序窗口

3. "画图"的工具和颜料盒

画图所需要的"工具"和"颜料盒"均在功能区。要使用这些工具,就要先选中它,然后将鼠标指针移入工作区,此时鼠标指针就变为与工具相关的形状。选择某些工具后,鼠标与 Shift 键组合使用能完成一些高级功能。

使用颜料盒,可以设置前景/背景颜色。使用鼠标左键在颜料盒中点取前景色,用右键则点取背景色。

绘图时,"画图"使用前景色来画线和图形边框,用背景色来填充图形。线和边框的宽度取决于所选择的线宽。

工具和颜料盒具有如下主要功能。

- 制造填充或喷涂效果。
- "剪切"图形中的一部分并且移动它到其他地方。
- 改变整个图像或部分图像的大小。
- 使用系统中提供的各种字体为图片创建标题。
- 放大图片的某一部分,进行细微的修改。
- 旋转、扭曲或拉伸一幅图像的选定部分。
- 编辑调色板,或将一个已经创建的调色板指定给一幅图像。

2.7 磁盘维护

2.7.1 定期清理磁盘

计算机在使用一段时间后,经常会出现磁盘空间不够用的问题。其原因是,一些长期不用和无用的文件占用磁盘的特定空间,由于这些文件不会自动从磁盘中删除,这就需要用户定期清理以释放磁盘空间。

Windows 7 的系统一般安装在 C 盘中,所以 C 盘也称系统盘。Windows 7 的系统在使用过程中或升级时,会产生一些特定文件,大量占用磁盘空间,所以定期清理系统盘很重要。

清理磁盘的操作步骤如下。

①单击“开始”按钮，依次指向“所有程序”、“附件”、“系统工具”，再单击“磁盘清理”命令，打开“选择驱动器”对话框。

②先从“驱动器”下拉列表中选择待清理的磁盘盘符(如 C 盘)，再单击“确定”按钮。系统开始搜索待清理文件，显示“磁盘清理”对话框，计算 C 盘上可以释放的空间。

计算结束后，自动关闭“磁盘清理”对话框，显示“(C:)的磁盘清理”对话框，如图 2.84 所示。

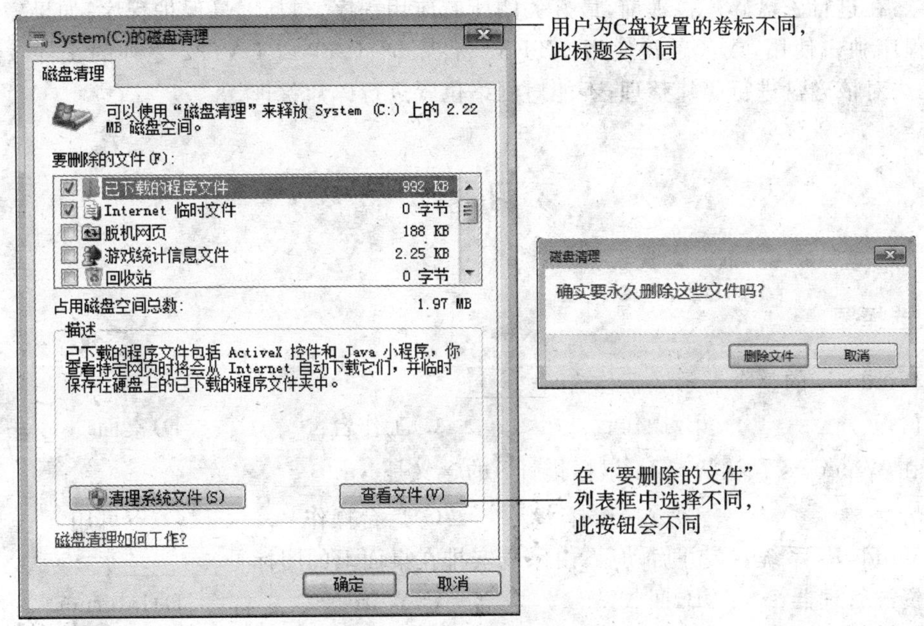

图 2.84 “(C:)的磁盘清理”对话框

③在“要删除的文件”列表框中，显示了待清理项目的名称，单击项目名称左侧的复选框，确认待清理的项目。单击“确定”按钮，出现确认执行对话框，再单击“删除文件”按钮，计算机开始进行磁盘清理工作，并显示磁盘清理进度对话框。

在磁盘清理过程中，用户可以单击“取消”按钮中止磁盘清理工作。

2.7.2 定期进行磁盘碎片整理

磁盘碎片应该称为文件碎片，是因为文件被分散保存到整个磁盘的不同地方，而不是连续地保存在磁盘连续的簇中形成的。磁盘在使用一段时间后，由于反复写入和删除文件，磁盘中的空闲扇区会分散到整个磁盘中不连续的物理位置上，从而使文件不能存在连续的扇区内。这样，再读写文件时就需要到不同的地方去读取，增加了磁头地来回移动，降低了磁盘的访问速度。

当应用程序所需的物理内存不足时，操作系统一般会在硬盘中产生临时交换文件，用该文件所占用的磁盘空间虚拟成内存。虚拟内存管理程序会对磁盘频繁读写，产生大量的碎片，这是产生磁盘碎片的主要原因。其他如用 IE 浏览器浏览信息时生成的临时文件或临时文件目录的设置也会使系统中形成大量的碎片。文件碎片一般不会在系统中引起问题，但文件碎片过多会使系统在读文件的时候来回寻找，引起磁盘性能下降，严重的还会缩短磁盘寿命。

磁盘碎片整理其实就是把磁盘上的文件重新写在磁盘上，以便让文件保持连续性。一般地，家庭用户每月整理一次，商业用户以及服务器每半个月整理一次。其操作步骤如下。

①单击“开始”按钮，依次指向“所有程序”、“附件”、“系统工具”，再单击“磁盘碎片整理程序”命令，打开“磁盘碎片整理程序”对话框。

②在“当前状态”列表中，单击待整理碎片的驱动器名称(如，C 盘)。

③单击“分析磁盘”按钮，进行磁盘碎片分析。

注意：在进行磁盘碎片整理前，最好关闭所有应用程序，包括屏幕保护程序；如果磁盘已经由其他程序独占使用，或者磁盘使用 NTFS 文件系统、FAT 或 FAT32 之外的文件系统格式化，则无法对该磁盘进行碎片整理；不能对网络位置进行碎片整理。

习题 2

一、选择题

1. Windows 的整个显示屏幕称为________。

A)窗口　　B)操作台　　C)工作台　　D)桌面

2. 在 Windows 默认状态下，鼠标指针的含义是________。

A)忙　　B)链接选择　　C)后台操作　　D)不可用

3. Windows 系统安装并启动后，由系统安排在桌面上的图标是________。

A)资源管理器　　B)回收站　　C)Word　　D)Internet Explorer

4. 在 Windows 中为了重新排列桌面上的图标，首先应进行的操作是________。

A)用鼠标右键单击桌面空白处　　B)用鼠标右键单击任务栏空白处

C)用鼠标右键单击已打开窗口的空白处　　D)用鼠标右键单击“开始”菜单空白处

5. 删除 Windows 桌面上的某个应用程序快捷方式图标，意味着________。

A)该应用程序连同其图标一起被删除　　B)只删除了该应用程序，对应的图标被隐藏

C)只删除了图标，对应的应用程序被保留　　D)该应用程序连同图标一起被隐藏

6. 在 Windows 中，任务栏________。

A)只能改变位置，不能改变大小　　B)只能改变大小，不能改变位置

C)既不能改变位置，也不能改变大小　　D)既能改变位置，也能改变大小

7. 不能在任务栏中进行的操作是________。

A)快速启动应用程序　　B)排列和切换窗口

C)排列桌面图标　　D)设置系统日期和时间

8. Windows 7 中文件的属性有________。

A)只读、隐藏　　B)存档、只读　　C)隐藏、存档　　D)备份、存档

9. 使用快捷键________等同于单击“开始”按钮。

A)AIt＋Esc　　B)Ctrl＋Esc　　C)Tab＋Esc　　D)Shift＋Esc

10. 下列叙述中，正确的是________。

A)“开始”菜单只能用鼠标单击“开始”按钮才能打开

B)Windows 任务栏的大小是不能改变的

C)“开始”菜单是系统生成的,用户不能再设置它

D)Windows 的任务栏可以放在桌面任意一条边上

11. 在 Windows 中,应遵循的原则是________。

A)先选择命令,再选中操作对象　　B)先选中操作对象,再选择命令

C)同时选择操作对象和命令　　D)允许用户任意选择

12. 利用窗口左上角的控制菜单图标不能实现的操作是________。

A)最大化窗口　　B)打开窗口　　C)移动窗口　　D)最小化窗口

13. 在 Windows 中,利用键盘操作,移动已选定窗口的正确方法是________。

A)按 Alt+空格键打开窗口的控制菜单,然后按 N 键,用光标键移动窗口并按 Enter 键确认

B)按 Alt+空格键打开窗口的快捷菜单,然后按 M 键,用光标键移动窗口并按 Enter 键确认

C)按 Alt+空格键打开窗口的快捷菜单,然后按 N 键,用光标键移动窗口并按 Enter 键确认

D)按 Alt+空格键打开窗口的控制菜单,然后按 M 键,用光标键移动窗口并按 Enter 键确认

14. 在 Windows 中,用户同时打开多个窗口时,可以层叠式或堆叠式排列。要想改变窗口的排列方式,应进行的操作是________。

A)用鼠标右键单击任务栏空白处,然后在弹出的快捷菜单中选取要排列的方式

B)用鼠标右键单击桌面空白处,然后在弹出的快捷菜单中选取要排列的方式

C)打开资源管理器,依次选择“查看”、“排列图标”命令

D)打开“计算机”窗口,依次选择“查看”、“排列图标”命令

15. 在 Windows 中,当一个窗口已经最大化后,下列叙述中错误的是________。

A)该窗口可以关闭　　B)该窗口可以移动

C)该窗口可以最小化　　D)该窗口可以还原

16. 在 Windows 下,当一个应用程序窗口被最小化后,该应用程序________。

A)终止运行　　B)暂停运行

C)继续在后台运行　　D)继续在前台运行

17. Windows 中窗口与对话框的区别是________。

A)对话框不能移动,也不能改变大小　　B)两者都能移动,但对话框不能改变大小

C)两者都能改变大小,但对话框不能移动　　D)两者都能改变大小和移动

18. 若删除某个应用程序快捷方式图标,则________。

A)该应用程序连同其图标一起被删除　　B)只删除了该应用程序,对应的图标被隐藏

C)只删除了图标,对应的应用程序被保留　　D)该应用程序连同其图标一起被隐藏

19. 下列关于 Windows 对话框的叙述中,错误的是________。

A)对话框是提供给用户与计算机对话的界面

B)对话框的位置可以移动,但大小不能改变

C)对话框的位置和大小都不能改变

D)对话框中可能会出现滚动条

20. 在 Windows 中,用户可以使用________功能释放磁盘空间。

A)磁盘清理　　B)磁盘碎片整理

C)桌面清理　　D)删除桌面快捷方式

21. 在资源管理器中,单击左侧导航窗格中文件夹图标左侧的“◢”图标后,屏幕上显示结

果的变化是________。

A)该文件夹的下级文件夹显示在窗口右部

B)左侧导航窗格中显示的该文件夹的下级文件夹消失

C)该文件夹的下级文件夹显示在左侧导航窗格中

D)右侧窗格中显示的该文件夹的下级文件夹消失

22. 在 Windows 的资源管理器中，若希望显示文件的名称、类型、大小等信息，则应该选择“查看”菜单中的________命令。

A)列表　　B)详细资料　　C)大图标　　D)小图标

23. 在 Windows7 窗口中，对文件和文件夹不可以按________排序。

A)名称　　B)内容　　C)类型　　D)大小

24. “Windows 是一个多任务操作系统”指的是________。

A)Windows 可运行多种类型各异的应用程序

B)Windows 可同时运行多个应用程序

C)Windows 可供多个用户同时使用

D)Windows 可同时管理多种资源

25. 不能打开资源管理器的操作是________。

A)单击任务栏上的“Windows 资源管理器”图标

B)用鼠标右键单击“开始”按钮

C)在“开始”菜单中依次选择“所有程序”、“附件”、“Windows 资源管理器”命令

D)单击任务栏空白处

26. 按住鼠标左键的同时，在同一驱动器不同文件夹内拖动某一对象，结果是________。

A)移动该对象　　B)复制该对象　　C)无任何结果　　D)删除该对象

27. 非法的 Windows 文件夹名是________。

A)x+y　　B)x-y　　C)X * Y　　D)X÷Y

28. 执行________操作，将立即删除选定的文件或文件夹，而不会将它们放入回收站。

A)按住 Shift 键，再按 Del 键　　B)按 Del 键

C)选择“文件”，“删除”菜单命令　　D)在快捷菜单中选择“删除”命令

29. 在 Windows 的窗口中，选中末尾带有省略号的菜单命令意味着________。

A)将弹出下级菜单　　B)将执行该菜单命令

C)该菜单项已被选用　　D)将弹出一个对话框

30. Windows 中，按 PrintScreen 键，则使整个桌面内容________。

A)打印到打印纸上　　B)打印到指定文件

C)复制到指定文件　　D)复制到剪贴板

二、填空题

1. 在 Windows 中，一个库中最多可以包含________个文件夹。

2. 在 Windows 中，由于各级文件夹之间有包含关系，使得所有文件夹构成一________状结构。

3. 在 Windows 中，按住鼠标左键在不同驱动器之间拖动对象时，系统默认的操作是________。

4. 选定多个连续的文件或文件夹，应首先选定第一个文件或文件夹，然后按住________键，单击最后一个文件或文件夹。

5. 在 Windows 的“回收站”窗口中，要想恢复选定的文件或文件夹，可以工具栏上的________按钮。

6. 文本框用于输入________，用户既可直接在文本框中键入信息，也可单击右端带有的________按钮打开下拉列表框，从中选取所需信息。

7. Windows 提供许多种字体，字体文件存放在________文件夹中。

8. 当选定文件或文件夹后，欲改变其属性设置，可以用鼠标________键，然后在弹出的________中选择“属性”命令。

9. 在 Windows 中，配置声音方案就是定义在发生某些事件时所发出的声音。配置声音方案应通过控制面板中的________选项。

10. 在中文 Windows 中，为了添加某一中文输入法，应在“控制面板”窗口中选择________选项。

11. 若使用“写字板”程序创建一个文档，如果没有指定该文档的存放位置，则系统将该文档默认存放在________中。

12. 使用“记事本”程序创建的文件默认扩展名是________。

13. 双击桌面上的图标即可________该图标代表的程序或窗口。

14. 要排列桌面上的图标，可用鼠标________键单击桌面空白处，在弹出的快捷菜单中选择________命令。

15. 剪切、复制、粘贴、全选操作的快捷键分别是________、________、________、________。

三、操作题

1. 将“开始”菜单上的图片更改为用户的头像（用户的照片事先存放在“图片”库中）。

2. 将桌面更改为用户的照片（假设用户的照片已存放在“图片”库中）。

3. 在计算机桌面上创建一个“画图”程序的快捷方式。

4. 从网上下载“方正魏碑繁体”字体，并安装到自己的计算机上。

5. 用尽可能多的方法在 Windows 中获得帮助信息。

6. 在你的移动存储器中创建一个文件夹，并用自己的姓氏拼音命名。再在该文件夹下创建 3 个子文件夹，分别命名为 study、music、photo。

7. 在“Windows 资源管理器”中练习复制、删除、移动文件和文件夹。

8. 对你的计算机进行磁盘清理和磁盘碎片整理。

9. 在磁盘上查找特定的文件。

10. 为计算机添加用户账户。

第 3 章　文字处理软件 Word 2010

Word 2010 是 Office 2010 中的非常重要的组件，它的主要功能有文档排版、表格制作、图形处理、文档打印等。但介绍 Word 之前，应该对 Office 2010 有一些基本了解。

3.1　Office 2010 概述

Office 2010 组件包括 Word(文字处理软件)、Excel(电子表格软件)、PowerPoint(幻灯片制作软件)、Outlook(个人信息管理软件)、Access(关联式数据库管理系统)、Publisher(桌面出版应用软件)、InfoPath(电子表单软件)、OneNote(数字笔记本软件)、SharePoint Workspace(方蝶工作流平台软件)等。它们的很多基本操作方法是相通的。

3.1.1　安装和卸载 Office 2010

1. 安装 Office 2010

要使用 Office 2010 软件，先要在计算机中进行安装。安装步骤如下。

①将 Office 2010 软件光盘插入光盘驱动器，系统自动运行安装程序，显示安装程序正准备安装的必要文件，如图 3.1 所示。

图 3.1　安装程序正准备必要的文件

或者，选择存储 Office 2010 安装文件夹的路径，双击安装文件(setup)图标 ，如图 3.2 所示。打开准备安装对话框，显示安装程序正准备安装的必要文件，如图 3.1 所示。

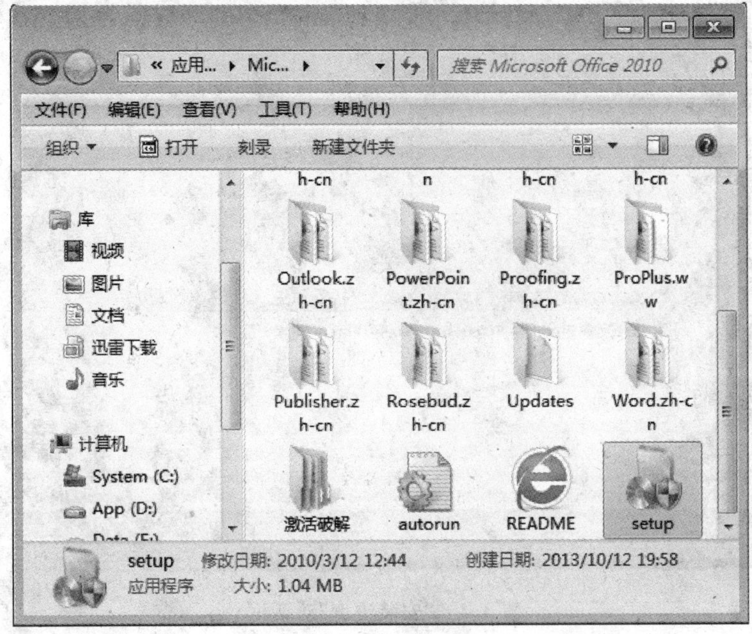

图 3.2　双击 setup 启动 Office 2010 安装程序

②打开"阅读 Microsoft 软件许可证条款"对话框，选中"我接受此协议的条款"复选框，单击"继续"按钮。

③打开"选择所需的安装"对话框，单击"立即安装"按钮，如图 3.3 所示。或者，单击"自定义"按钮，打开"安装选项"对话框，单击不需要安装组件名称左侧的下拉按钮，选择"不可用"，就可实现自定义安装组件。

图 3.3　"选择所需的安装"对话框

④打开“安装进度”对话框，显示软件安装的进度，如图 3.4 所示。

图 3.4 “安装进度”对话框

⑤打开“完成安装”对话框，单击“关闭”按钮完成软件安装，关闭对话框，如图 3.5 所示。

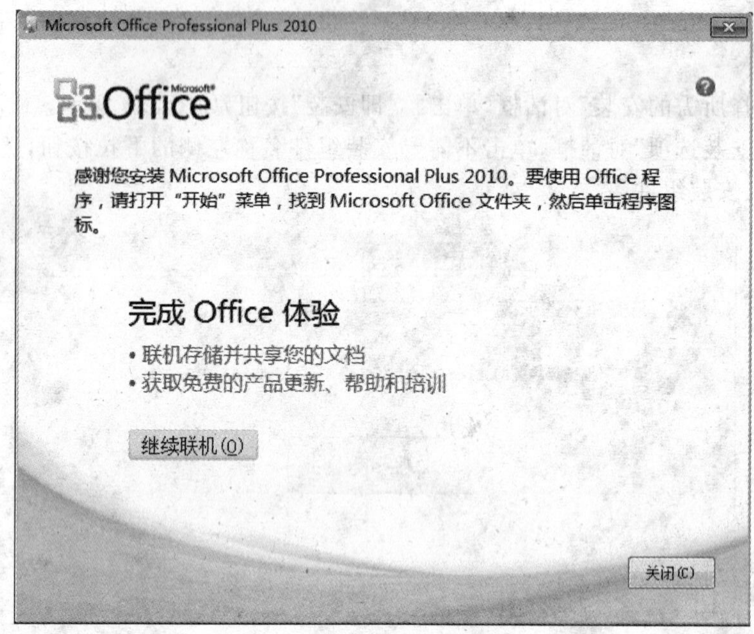

图 3.5 “完成安装”对话框

2. 卸载 Office 2010

如果不再使用 Office 2010 程序，为充分利用计算机资源，可以将其从计算机中卸载，操作步骤如下。

①单击任务栏左侧的“开始”按钮，在弹出菜单的右侧单击“控制面板”命令，打开“控制面

板”窗口，如图 3.6 所示。

图 3.6 “控制面板”窗口

②在“控制面板”窗口中，单击“卸载程序”，打开“程序和功能”窗口，如图 3.7 所示。

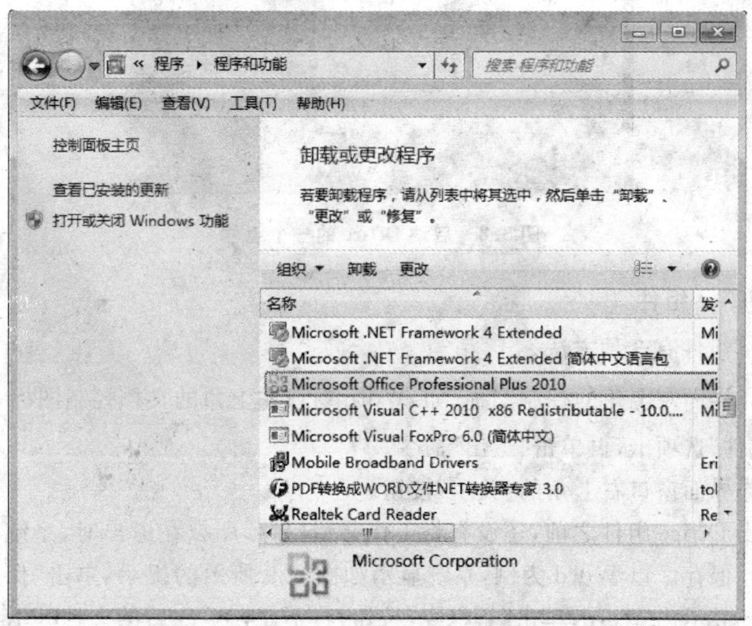

图 3.7 “程序和功能”窗口

③在“程序和功能”窗口中的“卸载或更改程序”列表中，选中要卸载的 Office 2010 软件后，单击“卸载”按钮。

④在打开的“安装”对话框中，询问是否删除 Office 软件，单击“是”按钮，确认删除软件。

⑤打开“卸载进度”对话框，直到显示软件卸载成功，单击“关闭”按钮。

3.1.2 启动和退出 Office 组件

1. 启动 Office 组件

安装完 Office 2010 后，Office 组件就会自动添加到“开始”菜单的“所有程序”列表中，可以通过“开始”菜单来启动相关的组件。其操作步骤如下。

①单击“开始”按钮，弹出“开始”菜单。

②在“开始”菜单中指向“所有程序”菜单，弹出“所有程序”子菜单。

③在“所有程序”子菜单中指向“Microsoft Office”，再单击需要打开的一个组件（如 Microsoft Word 2010）来启动它，如图 3.8 所示。

图 3.8 启动 Office 的一个组件

2. 退出 Office 组件

退出 Office 组件有 3 种方法。

①双击工作界面左上角的控制图标（如，Word 窗口左上角的文档控制图标 W）。

②单击“文件”选项卡，再单击“退出”命令。

③单击工作界面窗口右上角的“关闭”按钮。

如果在退出 Office 组件之前，还没有将工作文档保存，那么在退出时，系统将提示用户是否将编辑的文档保存。以 Word 为例，系统显示如图 3.9 所示的提示，单击“保存”按钮，将保存更改后的文档并退出 Word；单击“不保存”按钮，将不保存更改后的文档并退出 Word；单击“取消”按钮，不退出 Word。

图 3.9 提示保存文档对话框

3.1.3 Office 2010 操作环境的设置

在使用 Office 2010 之前有必要进行一些设置,这些设置将帮助用户更好地使用它进行工作,避免一些不必要的麻烦。

1. 设置 Office 界面颜色

在 Office 2010 中,用户可以根据自己的喜好从 3 种预置的界面颜色中任选一种。其操作步骤如下。

①启动 Office 的某组件,如 Word。

②依次单击“文件”选项卡、“选项”按钮,打开“Word 选项”对话框,如图 3.10 所示。

图 3.10 “Word 选项”对话框

③在左侧列表中单击“常规”选项,在右侧“用户界面选项”栏下单击“配色方案”框下拉箭头,从弹出的列表中选择一种颜色,如银色。

④单击“确定”按钮。

2. 关闭显示屏幕提示

Office 2010 提供了一项人性化的功能,即当鼠标指向某个按钮时,会弹出一个浮动菜单,显示该按钮功能的提示信息。当用户对 Office 应用程序的各项功能都很熟悉后,就不再需要显示提示信息了。这时,可关闭此功能,其操作步骤如下。

①启动 Office 的某组件,如 Word。

②依次单击“文件”选项卡、“选项”按钮,打开“Word 选项”对话框,如图 3.10 所示。

③在左侧列表中单击“常规”选项,在右侧“用户界面选项”栏下单击取消选择“启用实时预览”复选框。

④单击“确定”按钮。

3. 关闭实时预览效果

Office 2010 的实时预览功能可以实现在进行某种操作时，如果用鼠标指向设置项，就可直接看到选择该项后的设置结果。但该功能需要耗费一定的系统性能。如果希望 Office 运行速度更快些，那么可以关闭实时预览功能。其操作步骤如下。

①启动 Office 的某组件，如 Word。

②依次单击“文件”选项卡、“选项”按钮，打开“Word 选项”对话框，如图 3.10 所示。

③在左侧列表中单击“常规”选项，在右侧“用户界面选项”栏下单击“屏幕提示样式”框下拉箭头，从弹出的列表中选择“不显示屏幕提示”。

④单击“确定”按钮。

4. 开机后自动运行 Office 组件

如果需要经常使用 Office 某组件，那么可以将其添加到“开始”菜单中的“启动”组中。这样，计算机开机时会自动运行该组件。其操作步骤如下。

①单击“开始”按钮，指向“所有程序”，再单击“Microsoft Office”。

②选中要添加到“启动”组中的组件，如 Word，按住鼠标左键不放将其拖动指向“启动”文件夹，如图 3.11(a)所示。

③释放鼠标左键，所选择的组件，如 Word，被添加到“启动”组，如图 3.11(b)所示。

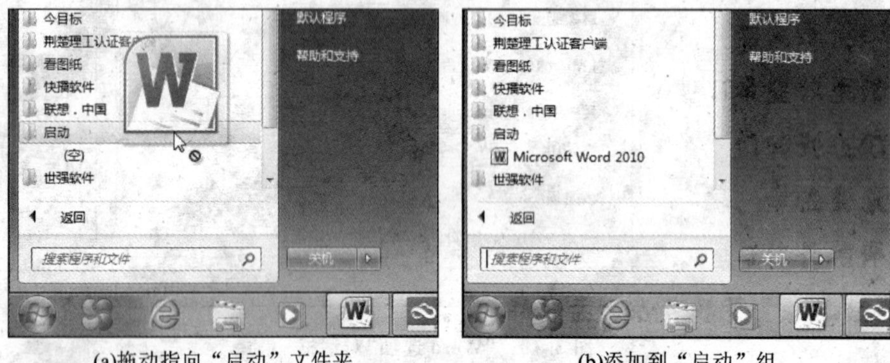

(a)拖动指向“启动”文件夹　　(b)添加到“启动”组

图 3.11　将 Office 组件 Word 添加到“启动”组

5. 在桌面上创建 Office 组件快捷图标

默认情况下，在计算机中安装 Office 2010 时，不会在桌面上创建快捷图标，如果用户需要经常使用 Office 某些组件，那么可以将其图标添加到桌面。其操作步骤如下。

①单击“开始”按钮，指向“所有程序”，再单击“Microsoft Office”。

②选中要添加到桌面的某组件，如 Excel，单击鼠标右键，在弹出的快捷菜单中指向“发送到”命令。

③在“发送到”子菜单中单击“桌面快捷方式”命令。

6. 个性化快速访问工具栏

默认情况下，快速访问工具栏中包括保存、撤销和恢复 3 个按钮，用户可以根据需要将其他工具添加到快速访问工具栏中。其操作步骤参见本书 3.2.1 中第 2 小节。

7. 个性化功能区

功能区用于放置功能按钮，在 Office 2010 各组件中，可以对功能区中的功能按钮进行添加或删除。操作步骤参见本书 3.2.1 中第 4 小节。

3.2 Word 2010 简介

Microsoft Word 2010 是一个字处理程序，在它的帮助下，可以方便快捷地创建和编辑报告、信函、备忘录、传真、图表等各类文档，还可以方便地插入图片或做其他形式的修改，而且具有真正的所见即所得功能。

3.2.1 Word 2010 窗口

启动 Word 后，屏幕将出现如图 3.12 所示的 Word 窗口。它由标题栏、功能区、文本编辑区、滚动条以及状态栏等组成。

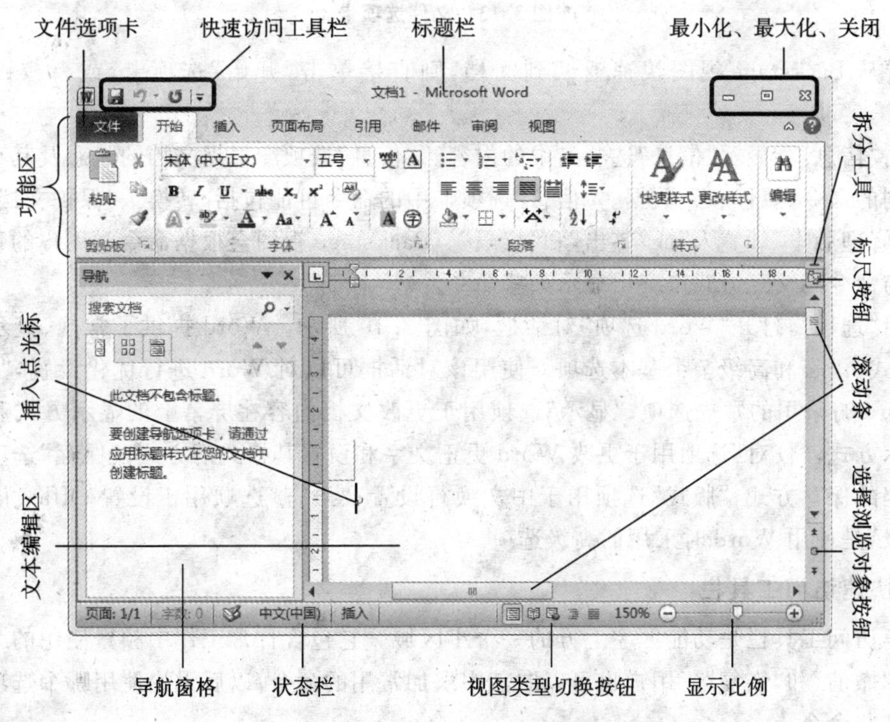

图 3.12 Word 2010 窗口组成

1. 文件选项卡

“文件”选项卡位于 Microsoft Word 2010 的左上角。打开文档，并单击“文件”选项卡可查看 Backstage 视图，如图 3.13 所示。Microsoft Office 的 Backstage 视图是用于对文档执行操作的命令集。在 Backstage 视图中可以管理文档和有关文档的相关数据，包括保存、另存为、打开、关闭、信息、最近使用文件、新建、打印、保存并发送文档，检查文档中是否包含隐藏的元数据或个人信息，设置打开或关闭“记忆式键入”建议之类的选项，等等。

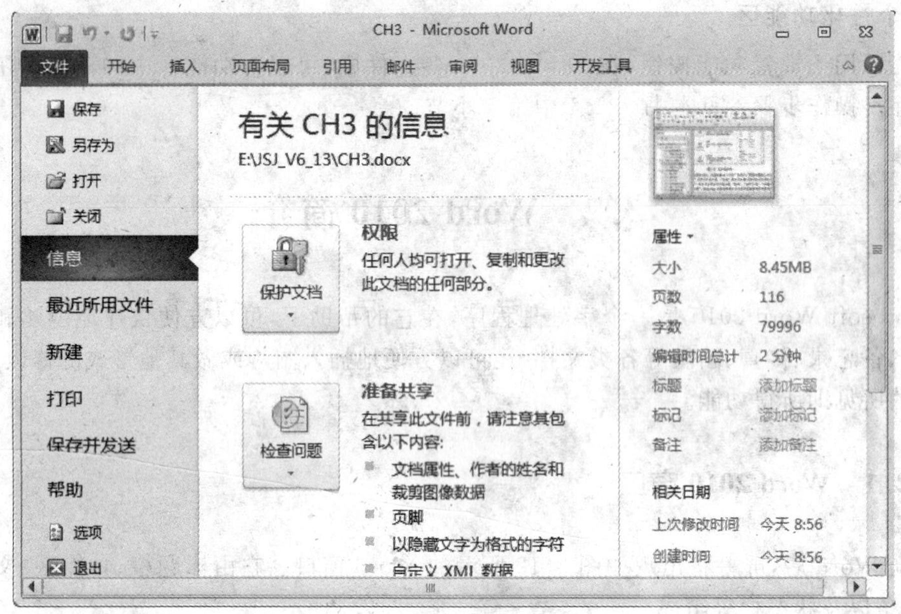

图 3.13　文件选项卡

若要从 Backstage 视图快速返回到文档，则直接单击“开始”选项卡，或者按键盘上的 Esc 键。

单击“信息”会显示“信息”选项卡中的内容。“信息”选项卡根据文档的状态及其存储位置显示不同的命令、属性和元数据。“信息”选项卡中的命令可能包括“转换”、“保护文档”、“检查问题”、“管理版本”、“签入”或“签出”和“权限”。Backstage 视图会根据命令对用户的重要程度和用户与命令的交互方式来突出显示某些命令。

单击“选项”，打开“Word 选项”对话框，如图 3.10 所示。Word 提供了常规、显示、校对、保存、版式、语言和高级 7 个基本选项。使用该对话框可以对 Word 进行优化设置，“常规”是使用 Word 时采用的常规选项；“显示”选项用于更改文档内容在屏幕上的显示方式和在打印时的显示方式；“校对”选项用于更改 Word 更正文字和设置其格式的方式；“保存”选项用于自定义文档的保存方式；“版式”选项用于中文换行设置；“语言”选项用于设置 Office 语言首选项；“高级”是使用 Word 时采用的高级选项。

2. 快速访问工具栏

快速访问工具栏是功能区左上方的一个小区域。它包含日常工作中频繁使用的 3 个命令“保存”、“撤消”和“恢复”。用户也可以向其中添加常用的命令，以后无论使用哪个选项卡都可以访问这些命令。

3. 标题栏

标题栏显示出应用程序的名称及本窗口所编辑文档的文件名。当启动 Word 时，当前的工作窗口为空，Word 自动命名为“文档 1”，在存盘时，可以由用户输入一个合适的文件名。在计算机中允许多窗口工作，以处理多个不同的文档。

4. 功能区

在文档的上方，功能区横跨 Word 的顶部。功能区将最常用的命令置于最前面，这样，用户就可以轻松地完成常见任务，而不必在程序的各个部分寻找需要的命令。

Word 功能区有 3 个基本组件，即选项卡、组和命令，如图 3.14 所示。

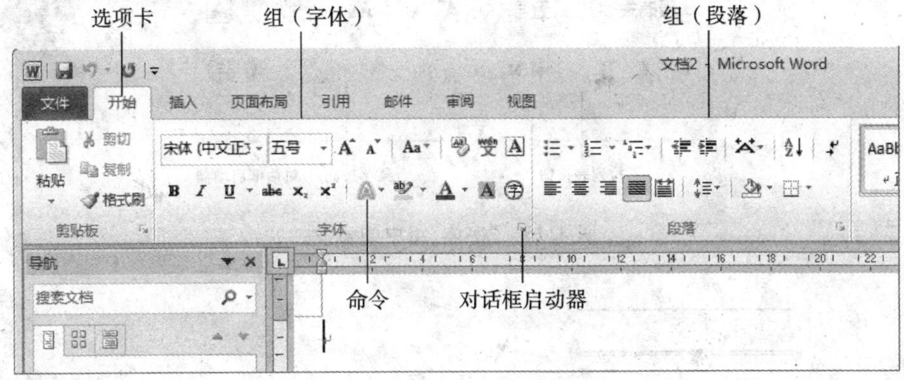

图 3.14 Word 功能区说明

(1) 选项卡

在 Word 窗口顶部有 7 个基本选项卡，即开始、插入、页面布局、引用、邮件、审阅和视图。每个选项卡代表一个活动区域。刚开始启动 Word 时，“开始”选项卡置于最前面。

对于其他活动区域，例如表格、绘图、图示和图表，系统将根据需要显示相应的选项卡。如“图片工具”选项卡只包含 1 个“格式”子选项卡，而表格工具”选项卡包含“设计”和“布局”两个子选项卡。

(2) 组

每个选项卡都包含若干个“组”，这些“组”将相关项显示在一起，如“开始”选项卡包含了“剪贴板”、“字体”、“段落”、“样式”和“编辑”5 个组。“组”使用户能够快速地访问常用的命令和功能，“组”中的按钮最好通过鼠标来使用。

有些“组”在右下角有一个小对角箭头，称为“对话框启动器”。如果用户需要找到 Word 早期版本中的特定命令，那么，单击组在右下角的对话框启动器，系统就会打开与该组相关的对话框。这些对话框也可能出现在用户所熟悉的任务窗格中。

(3) 命令

每个组包含若干命令。命令是指按钮、用于输入信息的框、菜单等。

选项卡上的任何项都是根据用户活动慎重选择的。例如，“开始”选项卡包含最常用的所有项，如“字体”组中用于更改文本字体的命令“字体”、“字号”、“加粗”、“倾斜”等。

下面以“字体”组为例介绍组中的命令，如图 3.15 所示。

当鼠标指向带有下拉箭头的按钮时，按钮显示为两个部分，此类按钮称为“下拉列表按钮”，如“下划线”按钮 **U** ▾。单击 **U**，直接为所选定的文字加系统默认的下划线；单击下拉箭头▾，显示“下划线”列表，供用户选择，如图 3.16 所示。

当鼠标指向带有下拉箭头的按钮时，按钮仍然是一个整体，这类按钮称为“菜单按钮”，单击此类按钮会显示一个菜单。如“更改大小写”按钮 **Aa**▾，显示“更改大小写”菜单，如图3.17 所示。

当用鼠标单击“下拉列表框”时，显示相应的下拉列表。例如，单击“字体”下拉列表框，显示操作系统字体文件夹中所有的字体，如图 3.18 所示。

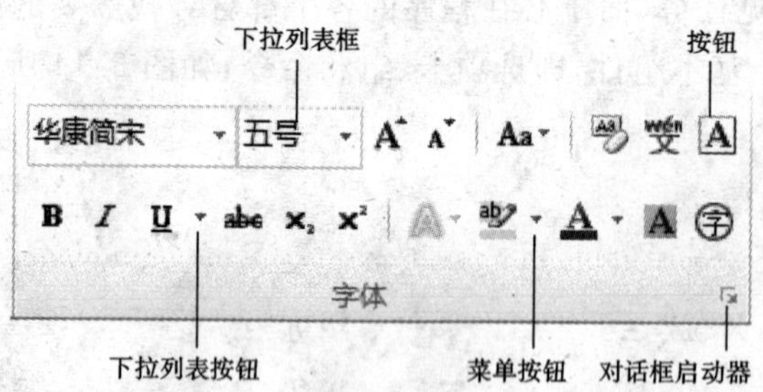

图 3.15 “字体”组中的命令

图 3.16 下划线列表

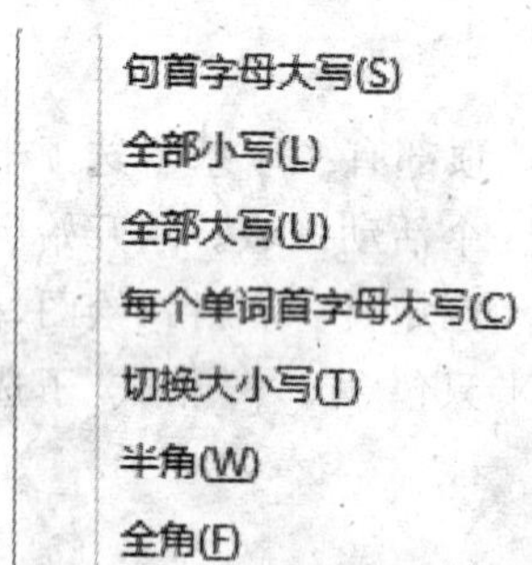

图 3.17 “更改大小写”菜单

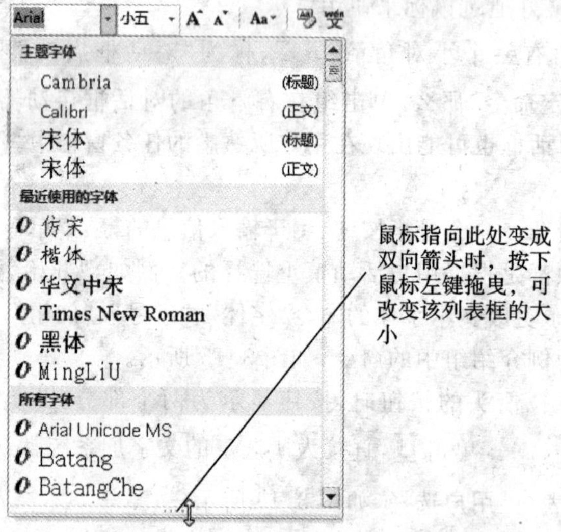

图 3.18 “字体”的下拉列表框

(4) 个性化功能区

依次单击“文件”选项卡、“选项”按钮，打开“Word 选项”对话框，对功能区中的按钮进行添加或删除。

(5) 隐藏/显示功能区

功能区将 Word 2010 中的所有选项巧妙地集中在一起，以方便用户查找。然而，用户有时不需要查找选项，而只是想处理文档并希望拥有更多空间来进行工作。这时，就会应用到 Word 2010 的“临时隐藏功能区”的功能。若要临时隐藏功能区，则只需用鼠标双击活动选项卡，“组”被隐藏。如果需要显示功能区，则再次双击活动选项卡，“组”就会重新出现。

5. 浮动工具栏

Word 2010 提供了实用快捷的文本格式设置方法。在选中文本并指向所选文本时，浮动工具栏将以“淡出”形式出现。浮动工具栏非常适用于格式选项。其操作步骤如下。

①拖曳鼠标，选中文本并指向所选文本。

②浮动工具栏以“淡出”形式出现，如图 3.19 所示。如果指向浮动工具栏，它的颜色会加深，用户根据需要单击其中一个格式选项，以设置文本格式。

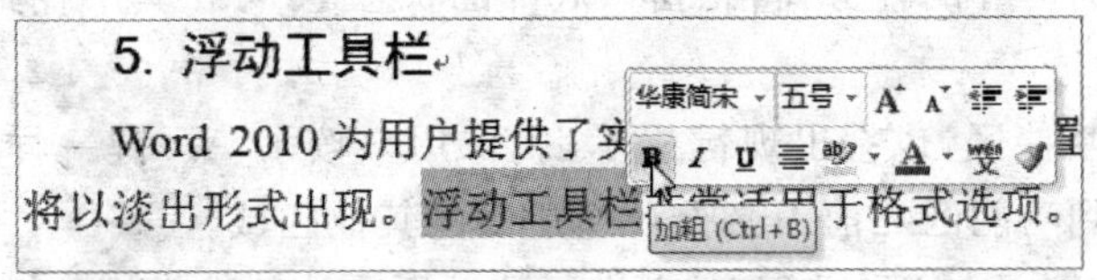

图 3.19　浮动工具栏

6. 使用键盘操作功能区

为了使习惯使用键盘的用户方便地使用 Word 2010，开发人员专门为 Word 2010 设计了新的快捷方式。新快捷方式的名称为“键提示”。按 Alt 键就会显示功能区选项卡、文件选项卡和快速访问工具栏的“键提示”标记。

(1) 键盘快捷方式的基本类型

Word 2010 键盘快捷方式有以下两种基本类型。

①访问键。利用访问键可以访问功能区。访问键与选项卡、命令以及屏幕上显示的其他内容直接相关。使用访问键的方法：按 Alt 键，然后再按另一个键或一系列其他键。

功能区上的每个单一命令、文件选项卡以及“快速访问工具栏”都有访问键，并且为每个访问键都分配了一个键提示。

键提示实行分层访问，即在每一选项卡，程序中的每个命令都有唯一的键提示序列。在不同选项卡之间比较键提示，会发现有许多重复项，但这不影响操作，因为用户永远只会看到活动选项卡。

②组合键。组合键执行特定命令。它们与功能区或屏幕上显示的其他内容无关。需要一起按下多个键才能触发操作，并且在大多数情况下，都涉及按 Ctrl 加其他键。

在 Word 2010 中，可以通过以下两种方式使用键盘。

- 用于访问屏幕上的选项卡和命令的键提示。
- 与功能区无关的直接组合键。

(2) 键盘导航

键盘导航有以下 4 种方式。

①使用箭头键导航。按 Alt 键将焦点从文档移到功能区后，就可以使用箭头键在功能区上进行移动。

- 按向左键和向右键可以将焦点移到相邻的选项卡。

• 按向上键可将焦点移到"快速访问工具栏"或移到"文件选项卡"。

• 按向下键可以移到活动选项卡中，之后，用户可在其中使用其他箭头键进一步移动。

但应注意的是，一旦开始通过这种方式在功能区上移动，键提示标志将会消失。按两次 Alt 键可再次显示键提示标志。

②使用 Tab 键导航。按 Alt 键将焦点移到功能区后，通过按 Tab 键，可以一个组接一个组地循环通过活动选项卡上的所有命令。在循环通过选项卡上的最后一组命令后，再按 Tab 键就会将焦点移到"帮助"按钮、文件选项卡和"快速访问工具栏"，然后返回到选项卡上的第一个组。

按 Shift＋Tab 键可反向循环通过各个命令。

当焦点位于所需的命令上时，按 Enter 键可选择该命令。

③使用 F6 键导航。在带有功能区的程序中，按 F6 键可在窗口的所有区域之间循环移动，这些区域包括任何打开的任务窗格、窗口底部的状态栏(可在其中找到"查看"控件)以及功能区。

使用 F6 键访问功能区，也会出现键提示，就像用户按了 Alt 键一样。Alt 键的优势在于它的速度更快，在转到功能区之前不必循环通过一些其他区域。

④使用其他键导航。在 Word 2010 中进行移动所需的其他常用按键如下。

• 使用 Tab 键和箭头键在对话框中导航。

• 按 Enter 键可激活命令。在某些情况下，此操作会打开一个库或菜单。对于某些命令，如"字体"框，按 Enter 键会将焦点置于该框中，以便能够输入，或使用箭头键滚动浏览列表。找到所需的项目后，再次按 Enter 键。

• 按 Ctrl＋Tab 可循环经过对话框中的各个选项卡。

• 按空格键可选中和清除复选框。

• 按 Shift＋F10 可打开鼠标右键快捷菜单。

• 按 Esc 键可关闭打开的对话框或快捷菜单。如果未打开任何对话框或快捷菜单，按 Esc 键会使焦点离开功能区并返回到主文档。

• 要关闭任务窗格，先按 Ctrl＋空格键打开任务窗格菜单，再按 C 键选择菜单上的"关闭"命令。

• 按 Alt＋F4 可关闭活动窗口。

• 按 F1 可打开"帮助"窗口。

键盘快捷方式在 Excel、PowerPoint 和 Outlook 中同样适用。

7. 文本区和文本选定区

文本区又称编辑区，它占据屏幕的大部分空间。在该区除了可输入文本外，还可以输入表格和图形。编辑和排版也在文本区中进行。

文本区中闪烁的"|"称为"插入点"，表示当前输入字符包括字母、数字、空格、制表符、分页符等)将要出现的位置。

当在文本区操作时，鼠标指针变成"I"的形状时，可快速地重新定位插入点。将鼠标指针移动到所需的位置，单击鼠标左键，则插入点将在该位置闪烁。

文本区左边包含一个"文本选定区"。在文本选定区，鼠标指针会变成右指箭头形状，用户可以在文本选定区选定所需的文本。

8. 标尺

标尺是一个在屏幕上用英寸或其他度量单位作为标记的比例尺，是一个可选择的栏目。它可以用来调整文本段落的缩进。在屏幕左、右两边分别有左缩进标志和右缩进标志，文本的内容被限制在左、右缩进标志之间。随着左、右缩进标志的移动，可自动地调整文本。

单击窗口右侧"垂直滚动条"上方的"标尺"按钮可显示或隐藏标尺。

9. 滚动条

滚动条可用来滚动文档，将文档窗口之外的文本移到窗口可视区域中。在每个文档窗口的右边和下边各有一个滚动条。

要显示或隐藏滚动条，可依次单击"文件选项卡"、"选项"按钮，打开"Word 选项"对话框，在对话框左侧选择"高级"选项，在对话框右侧滚动窗口，在"显示"列表中选中或不选"显示水平滚动条"和"显示垂直滚动条"复选项。

10. 状态栏

状态栏位于屏幕的底部，显示文档的有关信息（如页面、字数等）以及修订、改写、扩展和自动校正等功能。当处于汉字输入状态时，状态栏暂时被屏蔽掉。

在状态栏的右侧有5个"显示方式切换"按钮，用于改变文档的视图方式。

11. 选择浏览对象按钮

"选择浏览对象"按钮位于垂直滚动条下方，单击该按钮，显示如图3.20所示的"选择浏览对象"菜单。该菜单有12个项目，如查找、定位、图形等，最下面一栏是对被选中项目的注释。

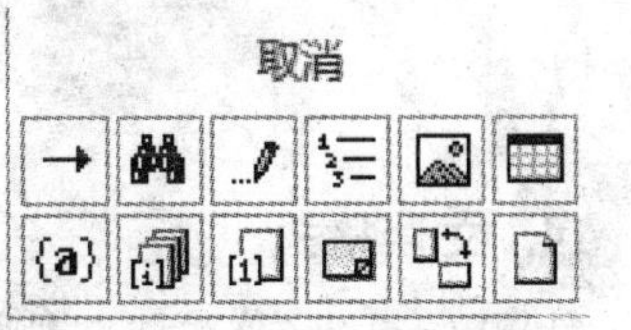

取消

图 3.20　"选择浏览对象"菜单

12. 窗口控制按钮

"最小化"按钮将窗口缩小为 Windows 任务栏上的一个按钮。

"最大化/向下还原"按钮或是一个切换按钮（交替地打开或关闭），单击该按钮，可以最大尺寸（充满整个桌面）显示窗口和恢复窗口的原来尺寸。

"关闭"按钮用于关闭当前窗口或应用程序。

另外，在 Word 窗口右下角有标识，而在有些对话框或控件右下角有、或标识。当用鼠标指向它们，指针变成形时，按下鼠标左键，拖曳鼠标可改变窗口、对话框或控件的大小。

在有些下拉列表框最下端中间有标识，用鼠标指向它，指针变成形时，按下鼠标左键，拖曳鼠标可改变下拉列表框的大小。

13. 屏幕提示

屏幕提示是一条帮助信息。当移动鼠标指针指向某一工具按钮时，若稍停留片刻，则 Word 将提示该工具按钮的功能名称。以下仅举3例练习显示屏幕提示，用户可举一反三。

①将鼠标指针停留在 Aa 按钮上，显示该按钮名称"更改大小写"和该按钮的功能，如图3.21所示。

②将鼠标指针停留在垂直滚动条下方的 按钮上，显示“前一页(Ctrl＋Page Up)”，如图3.22所示。

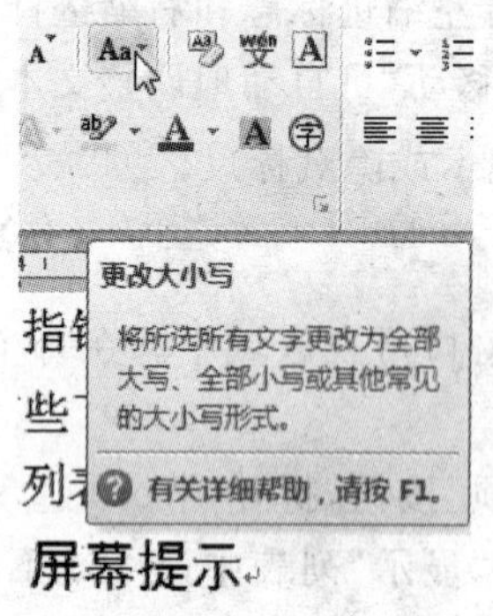

图3.21 “更改大小写”屏幕提示

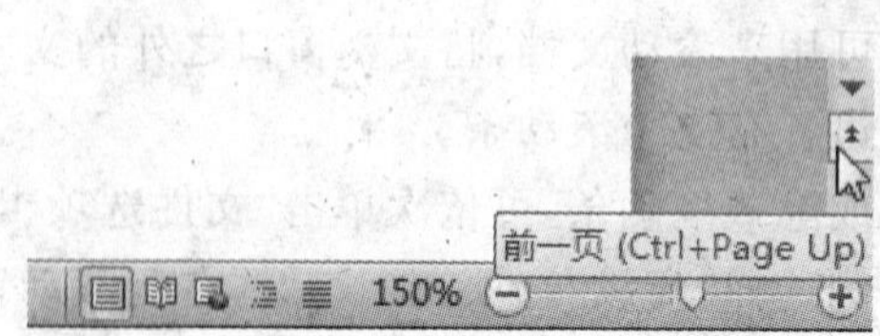

图3.22 “前一页”屏幕提示

③将鼠标指针停留在状态栏“字数:75,459”按钮(不同文档，这个数字会有不同)上，显示文字“文档的字数。单击可打开‘字数统计’对话框”，如图3.23所示。

图3.23 “字数统计”屏幕提示

14. 文件格式

(1) Word 2010文档文件格式

Word 2010文档文件格式基于新的Office Open XML Formats，其中XML是可扩展标记语言的缩写。用户不必了解XML，只需知道基于XML的新格式具有以下特点。

• 通过分隔包含脚本或宏的文件，更便于识别和阻止不需要的代码或宏，从而有助于提高文档的安全性。

• 有助于减小文档的文件大小。

• 有助于使文档不易受到损坏。

Word 2010文档文件格式如表3.1所示。

表3.1 Word 2010文档文件格式

文件扩展名	含义
.docx	不含宏或代码的标准Word文档
.dotx	不含宏或代码的Word模板
.docm	可以包含宏或代码的Word文档
.dotm	可以包含宏或代码的Word模板

(2) Word 2010的兼容性

在Word 2010中，用户可以打开用Word早期版本(从Word 97到Word 2007)创建的文件。

当用户保存早期版本创建的文件时，“另存为”对话框中的自动选项是将其保存为早期版本(.doc)。

以早期版本保存文件时，如果存在与早期版本不兼容的 2010 功能(兼容性检查器会告知此情况)，将无法使用任何新功能。

3.2.2 新建 Word 文档

在 Word 中，新建文档可分为空白文档和模板文档两类，用户可根据自己的需要创建文档。

1. 新建空白文档

默认情况下，在启动 Word 软件时系统会新建一个空白文档。用户也可以根据需要新建空白文档，操作步骤如下。

①单击“文件”选项卡。

②如图 3.24 所示，单击“新建”命令，在“可用模板”列表中选择“空白文档”，再在窗口右侧单击“创建”按钮，即可创建一个空白文档。

图 3.24 创建空白文档

2. 使用模板创建文档

任何 Microsoft Word 文档都是以模板为基础的,模板在后台工作。建立新文档时,Word 一般都将使用 Normal 模板(Normal. dotx,即“文件”选项卡“新建”命令里的“空白文档”)作为新文档的基础。用户可以认为 Normal. dotx 是一个综合性的模板,包含了用于新文档的默认设置。

模板是一种文档类型,它决定文档的基本结构和文档设置。模板包含:内容,如文本、样式和格式;页面布局,如页边距和行距;设计元素,如特殊颜色、边框和辅色,是典型的 Word 主题。

(1) 使用已安装的模板创建新文档

依次单击“文件”选项卡、“新建”命令,在“可用模板”列表中选择“样本模板”。Word 可用模板列表中的文档类型有博客文章、书法字帖、最近打开的模板、样本模板、我的模板、根据现有内容新建等选项。Word 提供的样本模板有“中庸传真”、“基本简历”等 47 种。

(2) 使用 Office. com 模板创建新文档

在 Office 2010 中,除了通过本机上已安装的模板来创建文档外,还可以在 Office. com 上搜索微软公司提供的网上模板。最常用的一些模板是会议议程、日历、传单、信函、名片和简历等。在每类模板中,都有多个模板类型可供选择。对于某些模板,单击某个类别时会显示子类别,如标签、表单表格等,用户可以从中选择子类别。

有问有答

问:原始模板、已安装模板或 Office. com 上的模板、早期版本中创建的模板在 Word 2010 中打开时,有何异同?

答:①未更改原始模板,它仍位于 Office. com 上,但会将模板本身的一个副本保存到计算机中。再次使用该模板时,用户不必再次转到 Office. com,可以在 Word 的“我的模板”中打开它。

②已安装模板,或 Office. com 上的模板,在打开时都会打开基于所选模板的新文档。也就是说,打开的是该模板的一个副本,而不是模板本身。这是模板的特殊功能:它打开自身的副本,将自身所包含的一切都赋予全新的文档。用户使用该新文档,可使用模板内置的所有内容,还可进行所需的添加或删除操作。因为新文档不是模板本身,所以用户所进行的更改会保存到文档中,而模板则保持其原始状态。因此,一个模板可以是无限多个文档的基础。

③在 Word 2007 或更早版本中创建的模板,在 Word 2010 中打开时,文档在标题栏中将包含短语“[兼容模式]”。保存该文档时,Word 会将原文件格式转换为 Word 2010 文档格式。有时该转换会更改该模板的外观。如果不想冒此风险,则可以在“另存为”对话框的底部选择“保存缩略图”复选框。这样可使文档保留已在早期版本的 Word 中设置的格式。

3. 创建特色模板

如果用户认为已安装模板和 Office. com 上的模板不如意,则可以创建自己的特色模板。

(1) 创建模板的方法

创建模板的方法有 3 种。

方法一:根据现有文档创建新模板。

①打开所需文档。

②单击“文件”选项卡，再单击“另存为”。

③在“保存类型”列表中选择“Word 模板”或“启用宏的模板”。

选择“启用宏的模板”，就是通知 Word，即使该模板包含宏或其他代码，打开该模板也是安全的。因为宏可能包含恶意代码，所以 Word 在打开包含宏的文档时会进行监视。对于“启用宏的模板”文件夹中的模板，Word 不会禁用宏。

④在“文件名”框中为模板键入所需的“文件名”(如果显示文件扩展名.dotx，则不要在该文件扩展名上键入)。

“保存类型”框应显示“Word 模板”(如果已将 Microsoft Windows 操作系统设置为显示文件扩展名，则显示“Word 模板(*.dotx)”)。

如果该文件包含宏，则将其另存为“启用宏的 Word 模板(.dotm)”文件。或者，可以将其保存为与早期版本的 Word 兼容的“Word 97-2003 模板(.dot)”文件格式。

⑤单击“快速工具栏”上的“保存”按钮。

⑥在新模板中添加所需的文本和图形(添加的内容将出现在所有基于该模板的新文档中)，并删除任何不需要的内容。

⑦更改页边距设置、页面大小和方向、样式及其他格式。

⑧再次单击“快速工具栏”上的“保存”按钮。

以后就可以使用该模板了。

方法二：根据空白模板创建新模板。

①单击“文件”选项卡，再单击“新建”。

②在“可用模板”列表中单击“空白文档”，然后单击“创建”。

③根据需要，对边距设置、页面大小和方向、样式以及其他格式进行更改。

还可以根据希望出现在基于该模板创建的所有新文档中的内容，添加相应的说明文字、内容控件(如日期选取器)和图形。

④单击“文件”选项卡，再单击“另存为”。

⑤指定新模板的文件名，在“保存类型”列表中选择“Word 模板”，然后单击“保存”。

还可以将模板保存为“启用宏的 Word 模板”(.dotm 文件)或者“Word 97-2003 模板”(.dot 文件)。

⑥关闭该模板。

方法三：根据原有模板创建新模板。

①单击“文件”选项卡，再单击“新建”。

②在“可用模板”列表中，单击“根据现有内容新建”。

③单击与要创建的模板相似的模板，然后单击“新建”按钮。

④与方法二中的步骤③～步骤⑥相同。

(2) 向模板添加内容控件

通过添加和配置内容控件(如 RTF 控件、图片、下拉列表或日期选取器)，可让用户灵活地使用模板。其操作步骤如下。

①根据空白模板和上述练习提供的方法创建新模板，事先输入文档中不变化的内容和表格等。

②依次单击“文件”选项卡、“选项”按钮，打开“Word 选项”对话框，再单击“自定义功能区”，在“自定义功能区”和“主选项卡”下，选中“开发工具”复选框，单击“确定”按钮后，“开发工

具”选项卡显示在功能区上。

③向文档中添加 RTF 控件。

④将该文档另存为模板，之后就可以使用它创建新文档，鼠标指向文档中的文本占位符并单击，就可以直接输入内容或在下拉列表中选择输入了。这样可以大大提高了工作效率。

3.3 文档的基本操作

为了对文档进行字处理操作，首先要创建或打开一个文档，使其显示在屏幕上，然后才可以进行编辑、排版和打印等操作。为了保护用户的工作成果，一定要在工作完成后将文档以文件形式保存。

3.3.1 输入文本

建立文档首先从输入简单的文本开始。输入文本后，插入点自动后移，同时文本被显示在屏幕上。当用户输入文本到达右边界时，Word 会自动换行，插入点移到下一行头，可继续输入。当输入满一屏时，插入点自动下移。当发现输入有错时，将插入点定位到错误的文本处，按 Del 键则删除插入点右边的错字；按 BackSpace 键，则删除插入点左边的错字。或者，先选定错误文字，后按 Del 键。要将光标放在文本中某行的结尾，只需要在该行已经输入的文本后面单击即可。

1. 中外文及汉字输入法切换

在输入文字时，要用到各种输入法。中外文输入状态一般包括两种，即中文和英文，默认为英文输入状态。所以，在输入前要进行选择。即使选择了中文输入，也存在不同的输入方法，如拼音、五笔、万能五笔等。

在中英文输入状态之间切换的方法如下。

①如果默认语言为“英语(英国)”，则在屏幕右下角“语言栏”，单击键盘类型按钮 EN，显示安装的中外文键盘名称列表。

②单击“中文(简体，中国)”选项，即可切换为中文输入状态，此后键盘类型按钮变为 CH，如图 3.25 所示。

③在中英文输入状态间切换时，同时按下 Ctrl+空格键即可。

④在“语言栏”单击键盘按钮，显示已安装的各种输入法名称列表。

⑤单击自己熟知的中文输入法，如“万能五笔输入法”，即可切换为万能五笔输入法状态。

2. 输入状态切换

输入状态有“插入”和“改写”两种。在“插入”状态下，允许在插入点光标“|”位置添加新字符，原插入点右侧字符将随新文字的输入右移。这是系统默认的输入状态。

在“改写”状态下，可以在插入点光标“|”位置添加新字符，插入点右侧字符将被新文字覆盖掉。

输入状态切换方法如下。

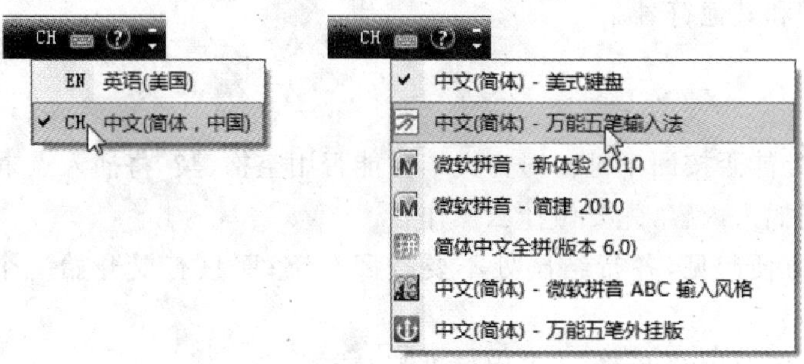

图 3.25 输入状态及汉字输入法的切换

①如果在窗口底部"状态栏"的"插入/改写"按钮处显示"插入"，则表明当前处于插入状态，如图 3.26 所示。

②用鼠标单击"插入"按钮，该按钮变为"改写"，表示当前处于"改写"状态。

③再用鼠标单击"改写"按钮，又变回到"插入"状态。也可按键盘上的"Insert"键，切换输入状态。

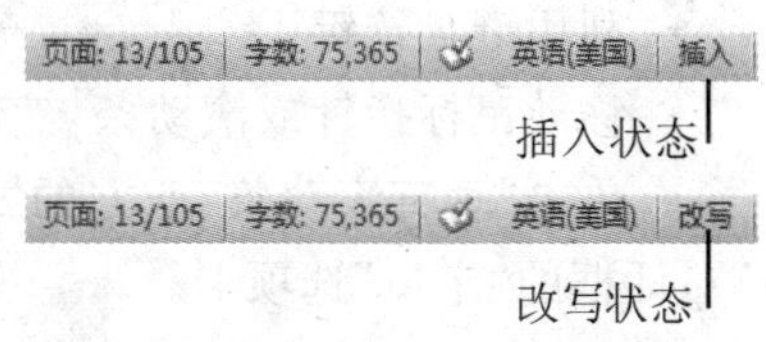

图 3.26 "插入/改写"输入状态切换

3. 即点即输

在文字输入过程中，鼠标指针常常呈"|"和"I"两种形态。"|"形光标为"插入点光标"，"I"形光标为"选择光标"。

"选择光标"会随鼠标指针在屏幕上的横向移动，显示不同的形态，提示按什么方式输入，如图 3.27 所示。当"选择光标"移动到所需的位置时，双击确定。

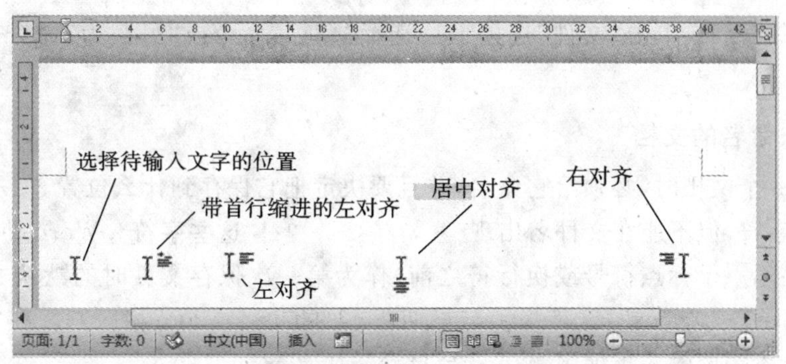

图 3.27 鼠标光标形态及其在屏幕间的位置关系

在"普通视图"和"大纲视图"中，移动鼠标指针时，光标总是"插入点光标"形态。

有问有答

问：双击鼠标后不想输入文本怎么办？

答：双击鼠标后不想输入文本，只需要双击其他任何地方即可取消。如果已经输入文本，那么就要单击"快速访问工具栏"上的"撤销键入"按钮，取消刚才的输入，然后再次单击"撤销键入"按钮，取消即点即输格式。

4. 输入符号文本

Word 提供了丰富的符号。用户通过"插入"选项卡的"符号"组，可以方便地用来输入中文的各种标点符号和其他符号。

有问有答

问：各行结尾处能否按回车键？对齐文本时能否用空格键？将插入点重新定位，有哪几种方法？在文本中间插入内容，先要做什么操作？

答：①为排版方便起见，各行结尾处不要按回车键；而只有要开始一个新段落时才可按此键。

②对齐文本时不要用空格键，应采用缩进等对齐方式。

③要将插入点重新定位，有 4 种方法。

- 利用键盘按键(↑、↓、←、→、Page Down、Page Up 等)。
- 移动鼠标指针或滚动条，然后单击。
- 单击“垂直滚动条”下方的“选择浏览对象”按钮，再单击“定位”选项，显示“查找和替换”对话框的“定位”选项卡。
- 直接在“状态栏”上单击“页面”按钮，显示“查找和替换”对话框的“定位”选项卡。

④如果需要在输入的文本中间插入内容，则可将插入点定位到需插入处，然后输入内容。

3.3.2 保存文档

在“保存”文档之前，用户所输入的文档仅存放在内存中并显示在屏幕上。为了保存文档，以备今后使用，就需要对输入的文档给定文件名并存盘保存。经常保存可以减少 Word 将用户输入的文档存储在磁盘上所需的时间。保存已命名的文档很简单，单击“快速访问工具栏”上的“保存”按钮，或单击“文件”选项卡后选择“保存”命令或“另存为”命令，或按 Ctrl＋S 键即可。

1. 保存未命名的文档

首次保存一个文档时，必须给它命名，并且要决定把它保存到什么位置。一个文件名能包含多达 255 个字符，但不能在文件名出现 ＊ \ / ＜ ＞ ?:|“这些字符。Word 使用文档内容的第一行文本(在第一个标点符号或换行符之前)作为第一次保存文件时的默认文件名。Word 2010 文档的扩展名为“docx”，这是为了与早期版本的扩展名“doc”相区别。在“另存为”对话框中，文件名后不需要输入扩展名，Word 会自动添加。

有问有答

问：每次保存文件时，都要按上述步骤操作很麻烦，如何让系统自动保存到 E 盘中的用户常用文件夹(如 CH03)中去呢？

答：默认情况下，Word 将文档保存在“我的文档”中。但用户可以设定自己常用的文件夹。其操作步骤如下。

①依次单击“文件”选项卡、“选项”按钮，打开“Word 选项”对话框。

②在“Word 选项”对话框中选择“保存”选项。

③在“默认文件位置”框中直接输入“E:\CH03”，如图 3.28 所示。

或者，用鼠标单击“默认文件位置”框后面的“浏览”按钮，打开“修改位置”对话框如图3.29

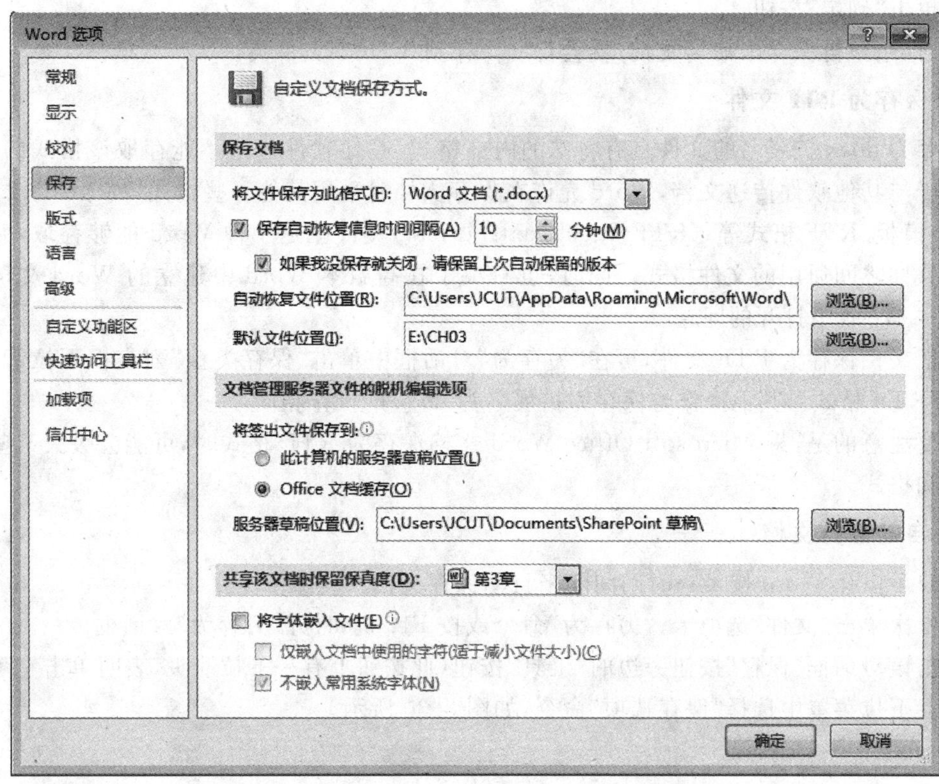

图 3.28 “Word 选项”对话框“保存”选项

所示。在左窗格中，选中E盘，再选择“CH03”文件夹。单击“确定”按钮后，返回到“Word 选项”对话框。

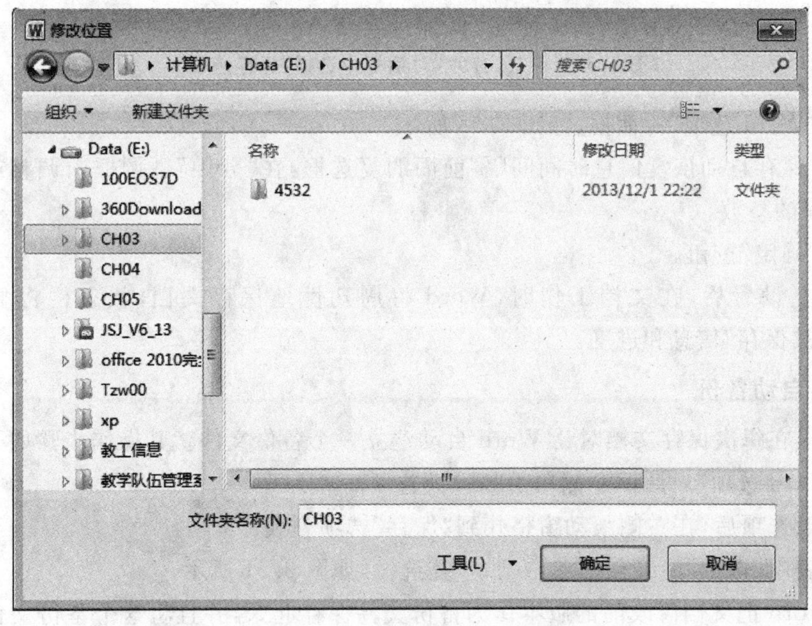

图 3.29 “修改位置”对话框

④单击“确定”按钮。

以后，用户再保存未命名文档，就会自动保存到“CH03”文件夹。

2. 保存为 RTF 文件

保存为 docx 扩展名的文件具有特殊的内部格式，其他软件一般不能存取该格式的文档。为了便于与其他软件传递文档，Word 允许在保存文档时采用其他一些格式，如 XML 文档、网页、文档模板、RTF 格式等。RTF(Rich Text Format)文件就是一种 Word 能够存取，并且能在多种软件之间通用的文件格式。同时，也解决了在高版本 Word 中建立的 Word 文档不能在低版本 Word 中打开的问题。

要把文档保存为 RTF 文件，可在“另存为”对话框中单击“保存类型”列表框下拉箭头，从中选择“RTF 格式”，其他操作与保存为扩展名为 docx 的操作相同。

需要注意的是，将 Microsoft Office Word 文档保存为 RTF 格式时，可能会丢失某些类型的数据和格式。

3. 自动保存文档

用户可以让 Word 按某一时间间隔来自动保存文档。其操作步骤如下。

①依次单击“文件”选项卡、“另存为”命令或按 F12 键，打开“另存为”对话框。

单击该对话框“保存”按钮旁边的“工具”按钮(此按钮上有一下拉箭头，表明单击它可弹出菜单)，在下拉菜单中选择“保存选项”命令，如图 3.30 所示。

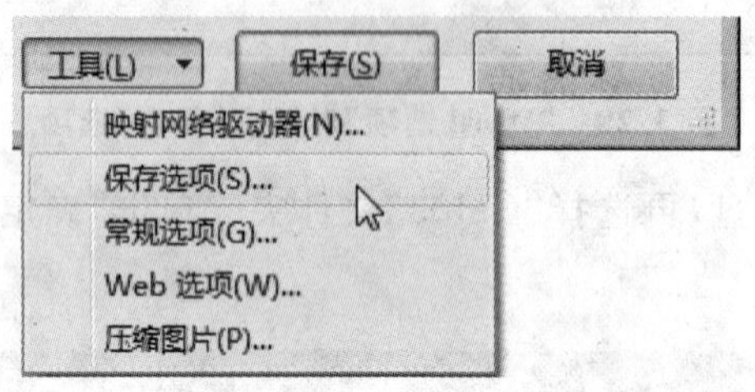

图 3.30 在“另存为”对话框中选择“保存选项”

②打开“Word 选项”对话框，如图 3.28 所示。

③选中“保存自动恢复信息时间间隔”前面的复选框，在“分钟”微调框中调整或直接输入 1 到 120 之间的整数。

④单击“确定”按钮。

经过以上设置后，在文档工作时，Word 将周期性地保存文档，状态栏将显示出信息“Word 正在被保存”信息和进度。

4. 建立自动备份

用户可以在每次保存文档时让 Word 自动建立一个备份文件。其操作步骤如下。

①在“Word 选项”对话框左侧单击“高级”选项。

②选定该选项后，在右侧滚动窗格找到“保存”选项列表。

③在列表中，选中“始终创建备份副本”复选框，如图 3.31 所示。

以后，Word 把文档修改前的版本作为备份文件保存起来，并且将这个备份文件主文件名命名为“备份属于 第 3 章”，扩展名为 wbk。

备份文件与原文档存储在同一文件夹中。

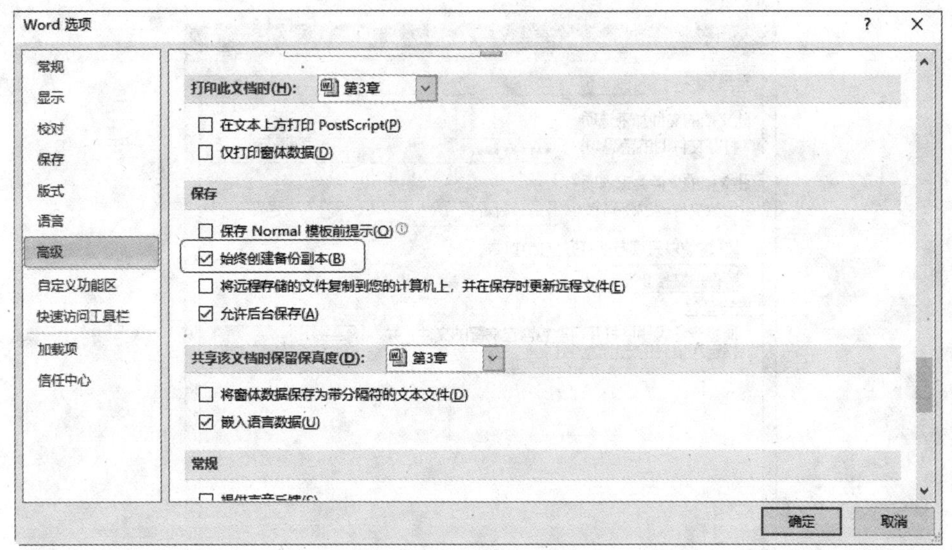

图 3.31　为文档建立备份副本

5. 将文档保存为被保护文件

如果与他人共享文件或计算机，那么可能要防止他人打开某些文件或修改某些文件，这时，可以给文档指定一个保护密码，下次打开该文件时就必须键入这个密码；或者给文档指定修改权密码，它允许任何知道这个密码的用户打开这个文档，对它进行修改并保存所做的修改，而不知道密码的用户只能按只读方式来打开文件。将文档保存为被保护文件的操作步骤如下。

①打开需要被保护的文档。

②单击“文件”选项卡，再单击“另存为”对话框。

③在该对话框中，单击“工具”按钮旁边的箭头，选择“常规选项”命令，打开“常规选项”对话框。

④在“打开文件时的密码”框中输入打开该文件时所需的密码，在“修改文件时的密码”框中输入修改该文件时所需的密码，如图 3.32 所示。

若有必要，则还可进行其他安全性设置，如“宏安全性”等。

⑤设置完成后，单击“确定”按钮，系统会弹出“确认密码”对话框，要求用户再次输入密码确认，用户应再次输入相同的密码。

以后，用户打开或修改该文档时，系统会要求用户输入密码。因此，用户一旦给文档设置了密码，应牢记该密码。

在键入密码时，用户只能看到“＊”号，密码可以由小于等于 15 个的字符构成，其中可以包括字母、数字、符号和空格。

有问有答

问：还有其他方法为文档设置保护措施吗？

答：有的。其操作步骤如下。

①单击“审阅”选项卡。

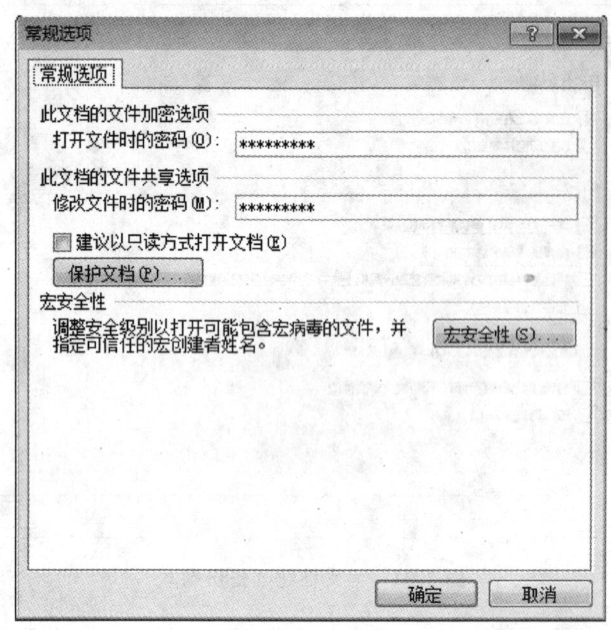

图 3.32　在“常规选项”对话框中设置文档的安全性

②单击“保护”组中的“限制编辑”命令，打开“限制格式和编辑”任务窗格，如图 3.33 所示。

③在“格式设置限制”栏下，选中“限制对选定的样式设置格式”复选框。在“编辑限制”栏下，选中“仅允许在文档中进行此类编辑”复选框。

④在“启动强制保护”栏下，单击“是，启动强制保护”按钮，打开“启动强制保护”对话框，如图 3.34 所示。

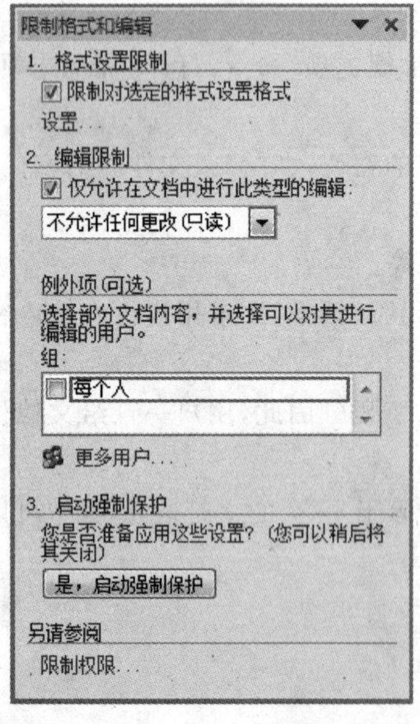

图 3.33　“限制格式和编辑”任务窗格

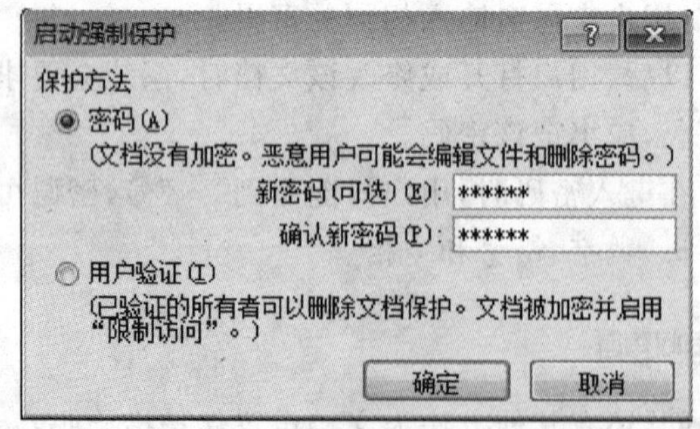

图 3.34　“启动强制保护”对话框

⑤在该对话框的“保护方法”栏下，选中“密码”单选钮，在“新密码”框中输入密码，在“确认新密码”框中再次输入相同的密码。

⑥单击“确定”按钮，完成文档保护设置。

3.3.3 打开文档

文档以文件形式存放后，就可以被重新打开、编辑和打印输出。

1. 打开已有的文档

打开已有文档的方法有多种，这里只介绍一种方法。其操作步骤如下。

①依次单击“文件”选项卡、“打开”命令，弹出“打开”对话框。

②在左窗格中选择保存要打开文件的某磁盘下的某文件夹。

③在右空格中单击要打开的文件，再单击“打开”按钮。

有问有答

问：在 Word 中，可以打开多少个文档？在打开的多个文档中，有多少个文档是活动的？打开文档后，地址栏显示什么？

答：①在 Word 中，打开的文档个数没有限定，每个文档都在各自独立的文档窗口中。操作时，可根据需要按以上步骤逐个打开文档。

②在打开的多个文档中，只有一个文档是活动的，因为只有一个窗口是活动窗口。用户可通过任务栏上的文档按钮选择某一文档为活动文档。为了提高速度和减少占用的内存，建议每次打开的文档不要太多。

③如果设置了保存文件的默认位置，那么单击“打开”按钮后，在“地址栏”框中会显示默认文件的位置。

2. 打开最近使用过的文件

Word 会记住用户最近使用过的文件。依次单击“文件”选项卡、“最近使用文件”，在窗格右侧列表中可以看到最近使用过的文档，如图 3.35 所示。如要打开列表中的某个文件，则单击该文件名即可。

Word 默认在“最近使用的文档”列表中列出 17 个文档，用户可修改此数目。其操作步骤如下。

①依次单击“文件”选项卡、“选项”按钮，打开“Word 选项”对话框。

②在该对话框左侧选择“高级”选项，在右侧滚动窗口找到“显示”选项。

③在“显示此数目的‘最近使用的文档’”微调框调整数目或直接用键盘输入所需要的数目，如调整为“20”，如图 3.36 所示。

用户可以在 0～50 之间调整数目。以后，Word 就按钮现在的数目在“最近使用的文档”列表中显示最近使用过的文件。

3.3.4 选择正确的文档显示方式

在 Word 中，用户可以用最适合自己所做工作的方式来显示文档。用户可以在“视图”选

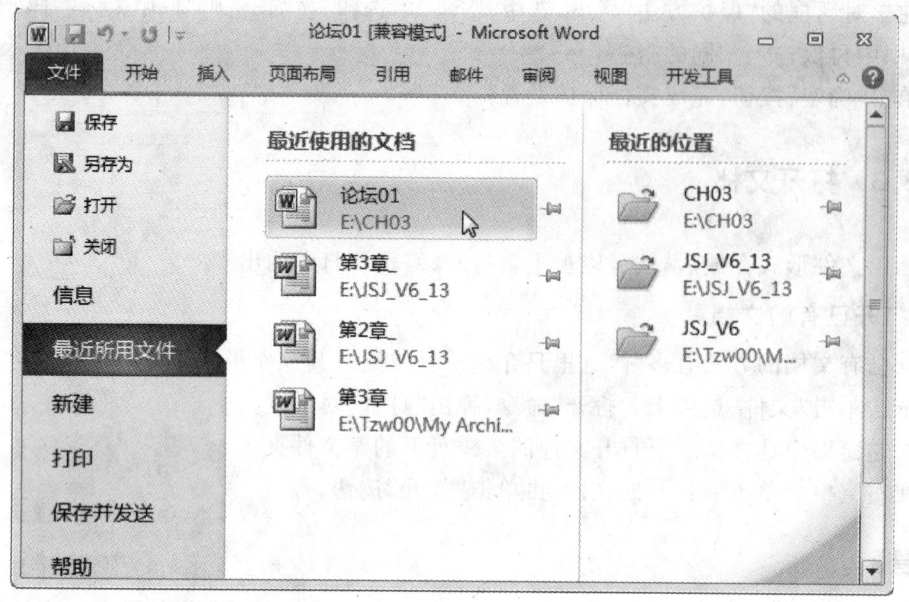

图 3.35 “最近使用的文档”列表

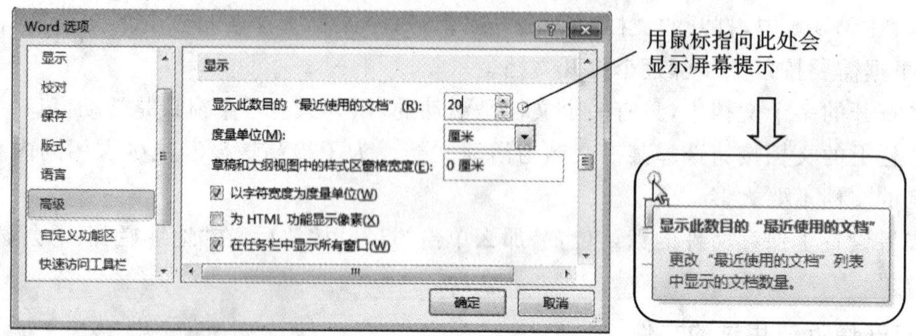

图 3.36 更改“最近使用的文档”列表中的文档数目

项卡的“文档视图”组中单击所要选择的视图——“页面视图”、“阅读版式视图”、“Web 版式视图”、“大纲视图”、“草稿”命令，也可以使用状态栏上的视图按钮切换视图，如图 3.37 所示。

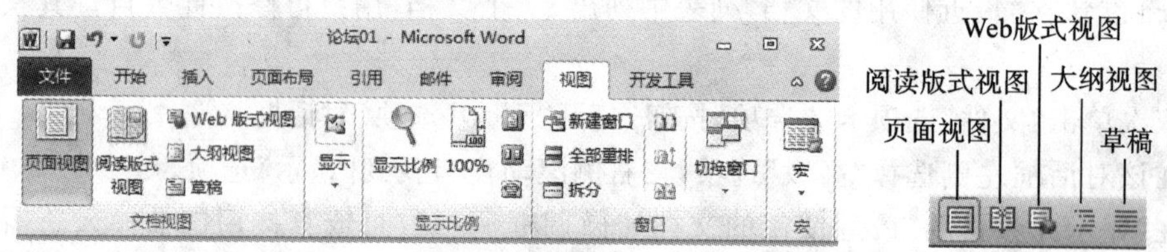

图 3.37 Word 视图类型及视图切换

1. 页面视图

在页面视图中，用户可查看到与实际打印效果一致的文档，这是 Word 的默认视图。在该视图中，滚动到页的正文之外，便可以看到页眉、页脚、脚注、页号、页边等项目。

用户根据自己的阅读习惯，可隐藏或显示页面空白。在显示页面空白的情况下，鼠标指向两个页面的交界处，当鼠标变成“”形时，双击鼠标左键可隐藏空白，如图 3.38(a)所示；反之，在隐藏页面空白的情况下，鼠标指向两个页面的交界处，当鼠标变成“ ”形时，双击鼠标左键可显示空白，如图 3.58(b)所示。

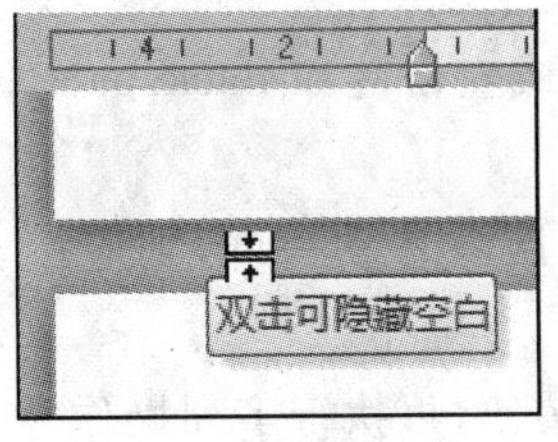

(a)双击可隐藏空白

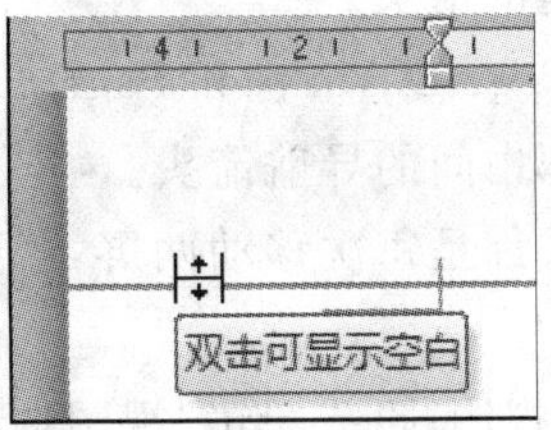

(b)双击可显示空白

图 3.38　隐藏/显示页面空白

2. 阅读版式视图

阅读版式视图是进行了优化的视图，以便于在计算机屏幕上阅读文档。Word 默认情况下，阅读版式视图是在一个屏幕中按左、右两页方式显示文档内容，如图 3.39 所示，以满足传统的阅读习惯。

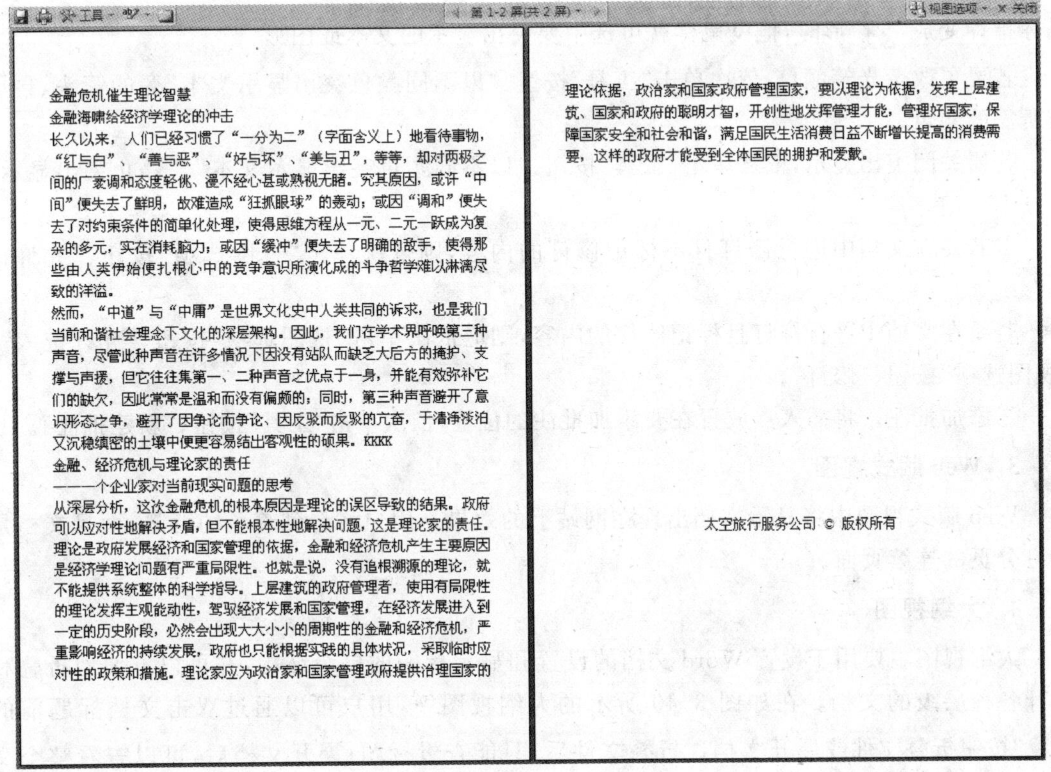

图 3.39　阅读版式视图

在“视图”选项卡的“文档视图”组中单击“阅读版式视图”命令，或在状态栏上单击“阅读版式视图”按钮，可切换到阅读版式视图状态。

若要一次只能阅读一页，则可单击视图窗口右上角的“视图选项”按钮后，再单击“视图选项”下拉菜单中的“显示一页”。

在阅读版式视图中可以完成阅读文档、标记文档等工作。

(1) 阅读文档

①用户可以使用以下 4 种方式在文档的页面之间切换，以便逐页查看文档。

- 单击页面下角的箭头。
- 按键盘上的 Page Down 键和 Page Up 键或空格键和 Backspace 键。
- 单击窗口顶部中间的导航箭头。
- 以上 3 种方式都是每次移动两屏，若要一次只移动一屏，则应按 Ctrl＋向右键或 Ctrl＋向左键。

②要调整文档的视图，可先单击“视图选项”按钮，再执行下列操作之一。

- 单击“增大文本字号”，将以更大的字号显示文本。
- 单击“减小文本字号”，将在屏幕上显示更多文本。
- 单击“显示打印页”，将显示页面的打印效果。
- 单击“显示两页”，每次将显示两页。

(2) 标记文档

在阅读版式视图中，用户可以突出显示内容、修订、添加批注以及审阅修订。

①若要突出显示一些重要内容，可依次单击“工具”按钮、“以不同颜色突出显示文本”，当鼠标指针变成“”形时，拖曳鼠标就可选中要突出显示的文本或图形。

若要更改荧光笔颜色，依次单击“工具”按钮、“以不同颜色突出显示文本”旁的箭头，再单击所需的颜色。

若要关闭突出显示，依次单击“工具”按钮、“以不同颜色突出显示文本”、“停止突出显示”或按 Esc 键。

②若要在文档中进行修订且不标记修订的内容，则依次单击“视图选项”按钮、“允许键入”。

若要在文档中进行修订且标记修订的内容，则应依次单击“视图选项”按钮、“允许键入”、“视图选项”按钮、“修订”。

③添加批注。将插入点放置在要添加批注的位置，依次单击“工具”按钮、“新建批注”。

3. Web 版式视图

Web 版式视图中将显示文档出现在网站上的效果。用户将看到着色的背景，而且文档是没有分页的连续页面。

4. 大纲视图

大纲视图主要用于设置 Word 文档的设置和显示标题的层级结构，并可以方便地折叠和展开各种层级的文档。在如图 3.40 所示的大纲视图中，用户可以通过双击文档标题前的“”按钮折叠文件或展开文档。折叠文件后，只能查看标题；展开文档后，可以查看整个文档。这样，移动和复制文字、重组长文档都很容易。

5. 草稿视图

草稿视图取消了页面边距、分栏、页眉页脚和图片等元素，仅显示标题和正文，是最节省计算机系统硬件资源的视图方式。在草稿视图中可以完成大多数键入和编辑工作。在这个视图中，用户可以看到字符和段落的格式，如同打印时的一样，行和段落的分隔符、制表位和对齐方式都是精确的。

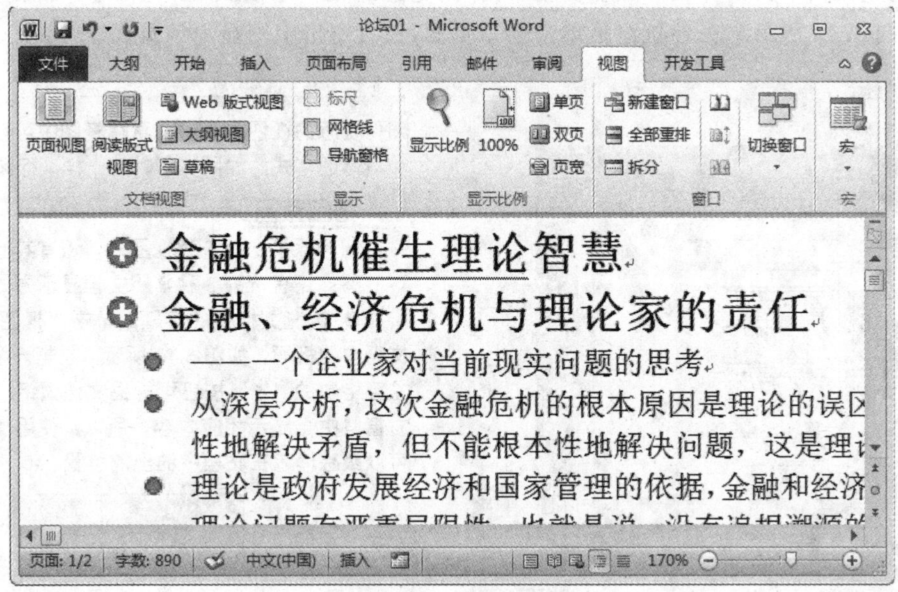

图 3.40　“大纲视图”效果

有问有答

问：除了上述 5 种视图外，还有其他文档显示方式吗？

答：还有下列 4 种常用文档显示方式。

①浏览文档中的标题。单击“视图”选项卡，在“显示”组中选中“导航窗格”复选框，就可显示文档中的标题，如图 3.41 所示。它是一个位于文档左边的垂直窗格，能够显示出文档的大纲结构。单击左窗格中的“◢”按钮可折叠文档大纲；单击“▷”按钮，可展开文档大纲；单击左窗格中的文档标题，在右窗格中会显示相应内容。所以，使用“导航”命令可快速浏览一篇很长的文档或一篇联机文档，同时还可以跟踪用户在文档中的当前位置。

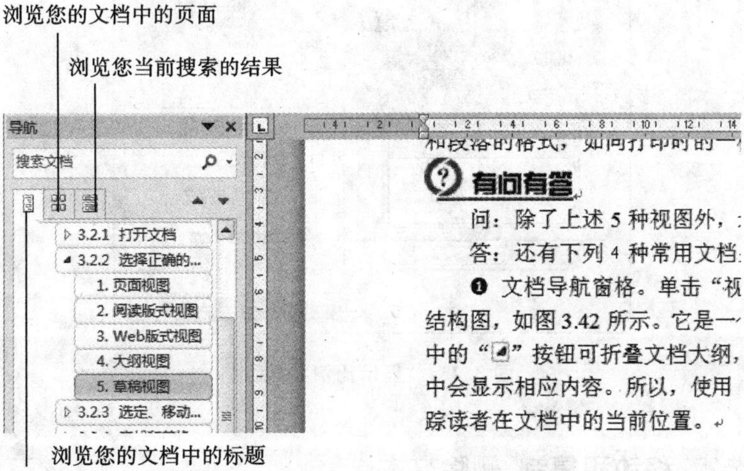

浏览您的文档中的页面

浏览您当前搜索的结果

浏览您的文档中的标题

图 3.41　文档结构图

②浏览文档中页面。在“导航”窗格单击“浏览您的文档中的页面”选项卡，就可显示文档页面，如图 3.42 所示。在导航窗格单击某一页面，在右窗格中则显示该页面。

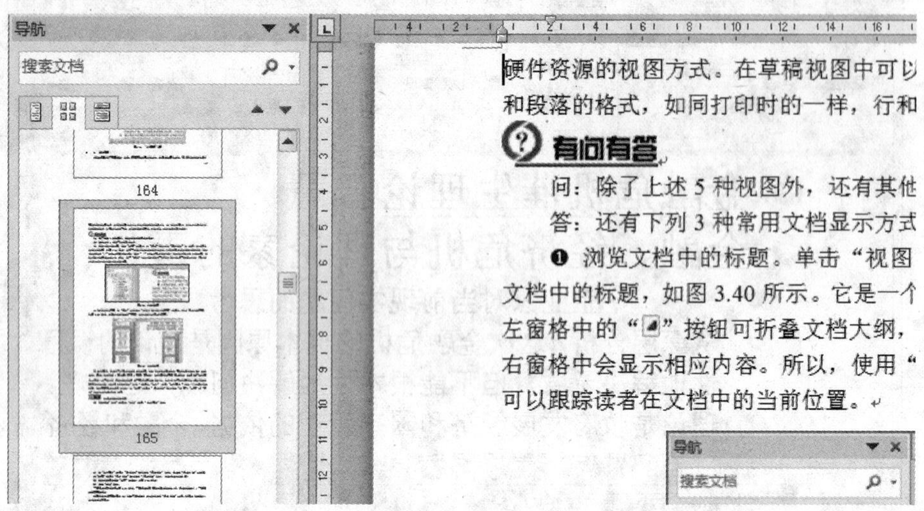

图 3.42　文档页面

③浏览当前搜索结果。在“导航”窗格单击“浏览您当前搜索的结果”选项卡，在“搜索文档”框中输入要搜索的文字，就可在导航窗格中显示在文档中的搜索结果，并且在文档中标记文字。

④按一定比例显示文档。单击“视图”选项卡中“显示比例”的命令，弹出“显示比例”对话框，如图 3.43 所示。在该对话框中的“显示比例”栏选择要显示的比例，或“页宽”、“多页”、“文字宽度”、“整页”后，单击“确定”按钮。也可以用 Word 窗口右下角的“显示比例”工具 140% ⊖ ⊕ 来调整文档显示比例，直接左右拖动滑块或单击“⊖”、“⊕”。

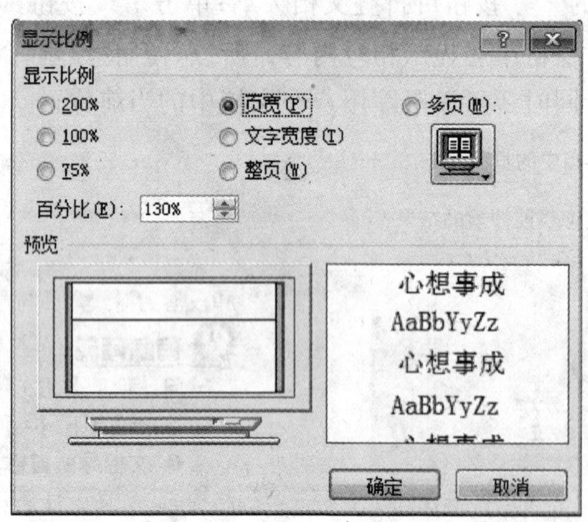

图 3.43　“显示比例”对话框

3.3.5　选定、移动和复制、删除文本

Windows 环境下的软件操作都有一个共同规律，即“先选定，后操作”，在 Word 中，则体

现在对文本中某些内容进行处理上。

在学习本小节过程中，请自行在某文档中练习。

1. 选定操作

在选定文本内容后，被选中的部分增加了浅蓝色底纹，对选定了的文本可以方便地实施诸如删除、替换、移动、复制等操作。

(1) 使用鼠标选定文本

将鼠标指针移到想要选定的文本首部(或尾部)，按住鼠标左键将鼠标指针拖曳到欲选定的文本尾部(或首部)，释放鼠标，此时欲选定的文本被添加浅蓝色底纹，表示选定完成。常用选定操作如表 3.2 所示。

表 3.2　选定文本操作

选定内容	操　　作
单个字(词)	将鼠标指针移到该字前，双击鼠标左键
一句	将鼠标指针移到该句子的任何位置，按住 Ctrl 键，单击鼠标左键
矩形块	将鼠标指针移到该块的左上角，按住 Alt 键，拖曳鼠标到右下角
一行	将鼠标指针移到文本选定区，并指向欲选定的文本行，单击鼠标左键；或将鼠标移到行首，直到鼠标变成右上箭头，单击鼠标左键
多行	将鼠标指针移到文本选定区，按住鼠标左键，往垂直方向拖曳选定多行
一段	将鼠标指针移到文本选定区，并指向想要选定的段，双击鼠标左键
整个文档	将鼠标指针移到文本选定区，按住 Ctrl 键，单击鼠标左键

要注意的是，拖动鼠标选定整个句子时，不要忘记选定尾部的标点符号。

(2) 使用键盘选定文本

利用键盘上的光标移动键将插入点定位到想要选定的文本首部，再按表 3.3 所示的组合键拉开亮条，一直延伸到想要选定的文本的尾部后释放按键，完成选定过程。

表 3.3　键盘选定常用组合键及其功能说明

组合键	功能说明
Shift+↑	选定上一行
Shift+↓	选定下一行
Shift+PageUp	选定上一屏
Shift+PageDown	选定下一屏
Ctrl+A	选定整个文档

若要取消选定的文本，则将鼠标指针移到非选定区域，单击鼠标或按箭头键即可。

2. 移动和复制文本

(1) 用剪贴板复制或移动文本

①如果要移动选定的内容，则在“开始”选项卡的“剪贴板”组中单击“剪切”按钮，或按 Ctrl+X 键，然后将插入点移动到新的位置，再在“开始”选项卡的“剪贴板”组中单击“粘贴”按钮，或按 Ctrl+V 键。Office 为用户提供了 24 个可视化的剪贴板，最多可剪贴 24 个对象放在剪贴板中，在执行粘贴操作时，从剪贴板中进行选择，如图 3.44 所示。

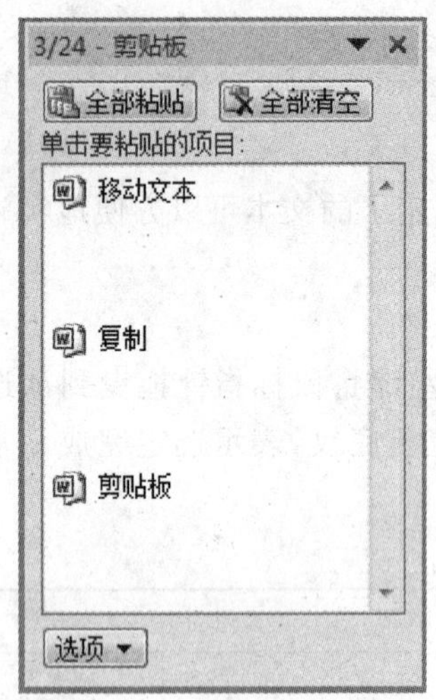

图 3.44 Office 剪贴板

②如果要复制选定的内容,则在“开始”选项卡的“剪贴板”组中单击“复制”按钮,或按 Ctrl+C 键,然后将插入点移动到新的位置,再在“开始”选项卡的“剪贴板”组中单击“粘贴”按钮,或按 Ctrl+V 键。

(2) 用鼠标移动或复制文本

①将鼠标指针移动到选定的内容上,这时的鼠标变为左上箭头。

②按住鼠标左键,等鼠标指针变为移动箭头时拖动鼠标,可以看到一个灰色的短竖线随着鼠标移动。将灰色的插入点移动到新的位置(先不要松开鼠标左键)。

③如果要移动选定的内容,则松开鼠标左键;如果要复制选定的内容,则要先按住 Ctrl 键,等鼠标指针变成复制箭头时松开鼠标左键,再放开 Ctrl 键。

3. 删除和恢复文本

①选定想要删除的文本。

②按 Delete 键或在“开始”选项卡的“剪贴板”组中单击“剪切”按钮或按 Ctrl+X 键,即可删除文本。

③当发生误删除时,可单击“快速访问工具栏”上的“撤消”按钮,将刚才删除的内容复原。

4. 撤销与重复操作

(1) 撤销

如果对先前所做的某操作感到不满意,则可利用“快速访问工具栏”上的“撤销”按钮,恢复到原来的状态。若刚做过移动文本操作,则单击“撤销”按钮会将刚刚移去的文本放回到原来的位置。在 Word 中可以撤销最近进行的多次操作。单击“快速访问工具栏”上的“撤销”按钮旁边的向下箭头,打开允许撤销的动作表,该动作表记录了用户所做的每一步动作。如果希望撤销前几次的动作,可以在列表中找到该动作记录处并选择它。

多级撤销是指对过去的从某一动作开始到当前最近的动作这段时间所进行的所有动作都撤销。因为顺序的几次动作常常依赖于前面的动作,不可能撤销以前的某一个动作而不撤销历史动作表中出现在它之后的所有动作。

(2) 恢复

“快速访问工具栏”上的“恢复”按钮可用来撤销一个“撤销”动作。例如,单击“恢复”按钮,将还原刚才被“撤销”的文本移动。

3.3.6 查找和替换文本

输入完文本以后,一般都需要对全文进行校对以修正错误,这时“查找”和“替换”命令将为用户带来很大的方便。

1. 查找文本

使用“导航”窗格可以查找文档结构,也可以执行搜索操作。用“查找”命令能快速确定给定文本出现的位置，同时也可通过设置高级选项查找特定格式的文本、特殊字符等。

在文档“论坛 01.docx”中查找“经济社会”一词，其操作步骤如下。

①打开 E:\CH03\论坛 01.docx。

②在“视图”选项卡“显示”组中单击选中“导航窗格”复选框，“导航”窗格出现在文档左侧。在“开始”选项卡的“编辑”组中单击“查找”命令，会直接弹出“导航”窗格。

③在“导航”窗格“搜索文档”栏中输入“经济社会”，这时在“浏览您当前搜索的结果”列表中显示含有“经济社会”一词的部分文本，同时在文档中将“经济社会”一词用亮黄色突出显示，如图 3.45 所示。

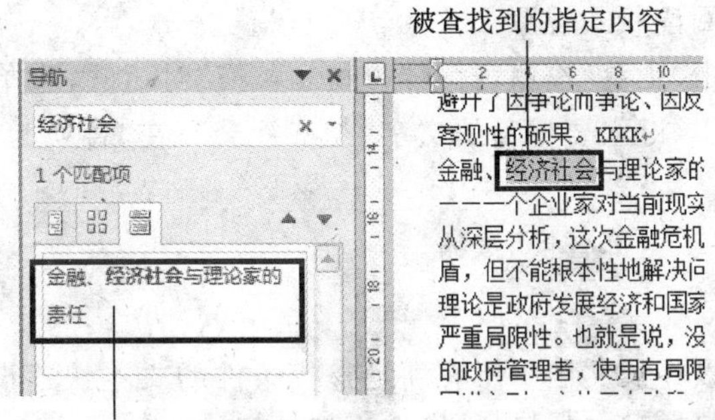

图 3.45　使用“导航”窗格搜索文本

如果要打开“查找和替换”对话框，则必须单击“查找”右侧的下三角按钮，在弹出的列表中选择“高级查找”命令。或者，单击窗口右下角的“选择浏览对象”按钮，再单击“查找”命令。

除了查找输入的文字外，有时需要查找某些特定的格式或符号等，这就要设置更多查找选项。这时在上述对话框中单击“更多”按钮，对话框变成如图 3.46 所示。

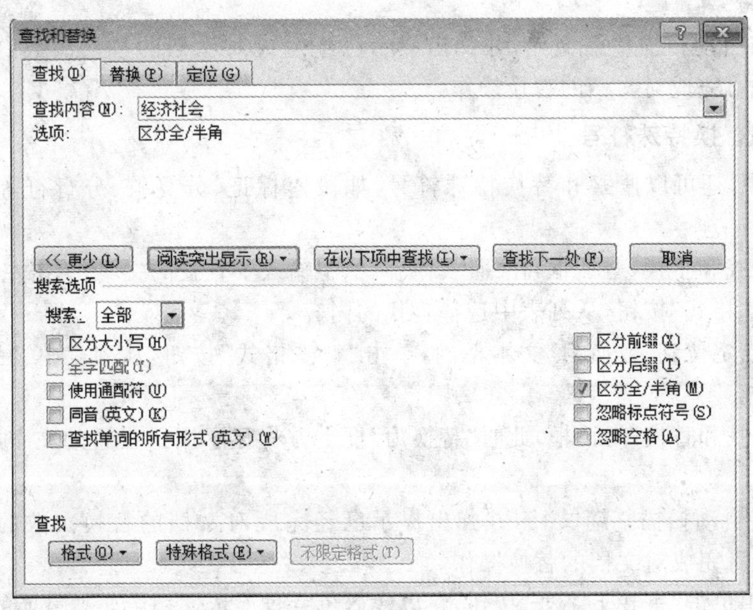

图 3.46　高级的“查找和替换”对话框

2. 替换文本

使用替换功能可以将整个文档中给定的文本替换掉，也可以在选定的范围内做替换。由于替换操作要大量改动原有的文档，因此建议在替换前先将要替换的文档保存一下，这样，只要对替换结果不满意，即可关闭该文档而不保存修改结果，也可以单击“撤销”按钮恢复原来的内容。

在阅读版式视图下，实现“查找和替换”功能，操作步骤如下。

①打开 E:\CH03\论坛 01.docx。

②在“视图”选项卡的“文档视图”组中单击“阅读版式视图”命令，或在状态栏上单击“阅读版式视图”按钮，切换到阅读版式视图。

③在窗口左上角单击“工具”按钮，打开“查找和替换”对话框，选择“替换”选项卡。

④在“查找内容”框中，键入要搜索的文字“经济社会”，在“替换为”框中键入替换文字“经济”。

⑤单击“替换”按钮或“全部替换”按钮。

3. 查找和替换格式

查找和替换格式可以将长文档中所有满足查找条件的文本快速设置为同一格式，达到减少操作步骤、节省时间、提高效率的目的，操作步骤如下。

①打开“查找和替换”对话框，在“查找内容”框中输入要查找的文本；在“替换为”框中输入要替换的文本(通常与“查找内容”框中的内容相同)；单击左下角的“更多”按钮。

②在打开的高级列表中单击“格式”按钮，在弹出的菜单中选择“字体”命令。

③在打开的“替换字体”对话框中设置文本的字形、字号、字符颜色等效果后，单击“确定”按钮。

④返回“查找和替换”对话框，此时“替换为”框的下方将显示用户设置的文本格式，单击“全部替换”按钮。

⑤Word 将自动扫描整篇文档，并弹出提示已经完成对文档的替换次数的对话框，单击“确定”按钮，就可完成对文档的替换操作。

4. 查找和替换特殊符号

在 Word 中，还可以搜索和替换特殊符号，如段落标记、分页符、分行符等，其操作步骤如下。

①打开“查找和替换”对话框，在“查找内容”框中输入要查找的文本；单击左下角的“更多”按钮；单击“特殊格式”按钮，从列表中选择查找的内容。

②将插入点定位到“替换为”文本框内，单击“特殊格式”按钮，从列表中选择“段落符号”命令。

③返回“查找和替换”对话框，此时“替换为”框下方将显示用户设置的文本格式，单击“全部替换”按钮。

④Word 将自动扫描整篇文档，并弹出提示已经完成对文档的替换次数的对话框，单击“确定”按钮，就可完成对文档的替换操作。

在对话框中单击“查找下一处”按钮，将以浅蓝色背景显示文档中要被替换的内容，如果单击“替换”按钮，将替换一次找到的内容，连续单击“查找下一处”按钮，则不替换当前内容，继续查找下一处；如果在“替换为”框中不输入任何内容，将删除搜索到的文本。

3.3.7 自动更正与拼写检查

1. 自动更正

Word 提供的自动更正功能可以帮助用户更正一些常见的键入错误、拼写错误和语法错误等。这对英文输入很有帮助,对中文输入的用处是将一些常用的长词句定义为自动更正的词条,再用一个缩写词条名来取代它,这样可以大大提高输入速度。

建立自动更正词条的操作步骤如下。

①依次单击“文件”选项卡、“选项”按钮,打开“Word 选项”对话框。

②在该对话框左侧单击“校对”选项,在右侧将“自动更正选项”列表下单击“自动更正选项”按钮,打开“自动更正”对话框。

③如有必要,则单击“自动更正”选项卡。在“替换”文本框中输入词条名(本例为“SL”),在“替换为”文本框中输入要建立为自动更正词条的文本(本例为“树立以人为本的科学发展观和政绩观”)。

④单击“添加”按钮。

该词条以纯文本添加到自动更正词条列表框中并按字母顺序排列,如图 3.47 所示。

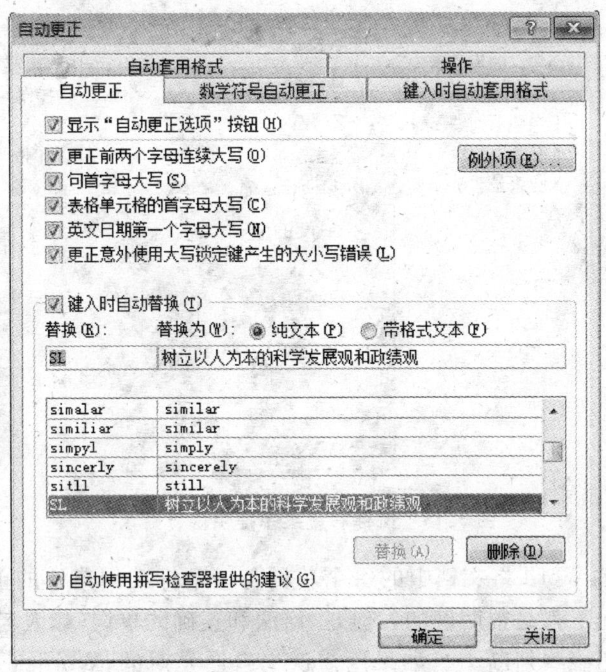

图 3.47 “自动更正”对话框

⑤单击“确定”按钮,关闭对话框。

用户也可先选择要建立为自动更正词条的文本,再执行步骤①和步骤②,这时选中的文本出现在“替换为”文本框中。用户只需要在“替换”文本框中输入词条名后,再单击“添加”按钮。

如果用户选择的文本含有格式,则出现在“替换为”文本框中的文本也是“带格式文本”;若要去除格式,则选择“纯文本”选项。

当建立了一个自动更正词条后,就可使用它来代替相应词条了。其使用方法:将插入点定位到要插入的位置，然后输入词条名(如 SL)，按一空格键或逗号之类的标点符号，Word 就会用相应的词条(如“树立以人为本的科学发展观和政绩观”)来代替它的名字。

2. 拼写和语法检查

用户在键入文本时 Word 会自动检查拼写错误。当文档中有输入错误或者有不可识别的单词时，Word 可能会在文本下面插入红色、蓝色或绿色的波浪线。

- 红色波浪线：表示可能有拼写错误，或者 Word 不认识这个单词，例如专有名称或地名。如果用户键入了拼写正确的单词，但 Word 不认识它，则可以将它添加到 Word 的词典中，以便将来它不再带有下划线。
- 蓝色波浪线：表示 Word 认为应修改语法。
- 绿色波浪线：表示拼写正确但似乎在句子中不适用的单词。

文档中出现下划线后可以用鼠标右键单击带有下划线的单词，以便查看 Word 提供的修订建议，单击一种修订可替换文档中的单词并删除下划线，如图 3.48 所示。不过 Word 有时可能无法提供任何备选的拼写。

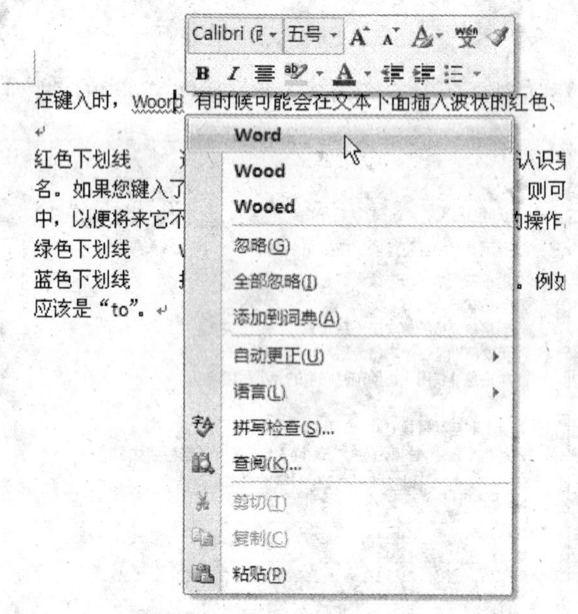

图 3.48　鼠标右键菜单提供修订建议

所谓拼写检查，是 Word 将文档中的每个单词与一个标准词典中的单词进行比较后做出的判断，在大多数情况下都是很明确的。但是，语法和正确的单词(如人名、公司或专业名称的缩写等)用法需要运用一些判断力。如果用户认为自己是对的，Word 是错的，可以忽略建议的修订并删除下划线。

用户在输入部分或全部文字后，也可以进行拼写检查。拼写检查的操作步骤如下。

①选中要进行检查的文本或将光标定位在需要检查的文字部分的开头。

②在“审阅”选项卡的“校对”组中单击“拼写和语法”按钮。

这时，Word 将自动对被选中或光标后的内容进行检查。在检查过程中，当发现一个可能的拼写错误时，Word 除了在一个特殊的对话框中显示该词外，同时还在文档中将该词添加浅蓝色底纹以突出显示出来。

根据需要在该对话框中选择有关选项。可以在 Word 的“建议”框中选中适当的单词，也可以直接键入一个正确的单词，然后再单击“更改”按钮。当然，对一些并非拼写错误而是 Word 标准词典中没有的那些词，可以单击“忽略”按钮。

如果整篇文章中多处存在同一错误，可以用替换操作来修改。

3.3.8 修订文档

“修订”和“批注”是修订文档的 2 个重要工具。“修订”是在电子文档上对要修订内容进行标记，以便审阅者可以查看然后决定接受还是拒绝。而对某些需要说明和还要讨论的内容，则应插入“批注”。

1. 使用修订

在使用“修订”后，当在文档中插入、删除、移动文本或图片时，将通过标记（即显示每处修订所在位置以及内容的颜色和线条等）显示每处更改。同时，在文档左边空白处，具有修订的每个句子旁边显示一条竖线，表示某些句子有更改。在“审阅”选项卡的“修订”组中单击“修订”按钮，即可启动“修订”功能。

2. 插入批注

批注是用户可以添加到文档的注释。在“审阅”选项卡的“批注”组中单击“新建批注”按钮，文档页边标记区显示批注的批注框，在批注的批注框中键入需作为批注的文本。

用户可以通过以下 3 种方式区分批注的批注框和删除的文本的批注框。

- 批注的批注框为纯色背景。删除的文本的批注框仅外框具有颜色。
- 批注框中的“批注”标签。
- 批注框中的审阅者缩写表明做批注的人员，缩写旁边的数字告知用户在文档中有多少批注。

有问有答

问：使用“修订”功能时，如何插入或修订批注？

答：①不必打开“修订”即可插入批注。用户可以在任何时候插入批注。

②关闭“修订”后，不会删除修订（或批注），此前所做的所有修订保留在文档中。若继续进行修订，则不标记为修订。

3. 查看修订

（1）区分审阅者

如果多个人员审阅一个文档，用户需要知道哪个审阅者做了哪些修订。区分审阅者有以下 3 种方法。

①将鼠标指针移到文档中插入的文本上，或移到文档页边空白处删除文本批注框上。对于每处修订，用户将看到一个屏幕提示，列出审阅者的姓名以及修订的类型，如“删除的内容”或“插入的内容”。屏幕提示还显示删除或插入的文本。

②根据颜色区分。Word 自动为每个审阅者分配一种标记颜色，在进行第一处修订或输入第一个批注时即可看到。例如，审阅者 A 的颜色可能为红色，审阅者 B 的颜色可能为蓝色。要查找审阅者 A 的更改和批注，就可以在整个文档中查找红色标记。

③可以根据每个批注的批注框中的审阅者缩写判断是谁做的批注。

(2) 查看某一审阅者的修订

用户可以通过将指针移到所有更改上查看他的姓名或通过查找他的标记颜色来查找他的修订。但是现在只想查看某一个审阅者的更改,而不必查看其他审阅者的更改。这在处理长文档时很方便。

假设审阅是由审阅者 A、B、C 修订的文档,先只查看审阅者 A 的修订,其操作步骤如下。

①若有必要,则先打开要审阅的文档。

②在"审阅"选项卡的"修订"组中单击"显示标记"旁边的箭头,显示"显示标记"菜单,指向"审阅者",然后清除"所有审阅者"旁边的复选框。

此时,隐藏所有审阅者的修订标记。

③再次单击"显示标记"旁边的箭头,指向"审阅者",单击审阅者 A 的姓名以选中。

此时显示审阅者 A 的修订和批注。用户可以在阅读时接受或拒绝他的修订以及删除他的批注。

④完成后,再次单击"显示标记",然后单击"所有审阅者"显示其他审阅者的更改。

要注意的是,清除"显示标记"菜单上的复选框不会删除标记,它只是暂时隐藏标记。

4. 接受或拒绝修订

(1) 查看文档修订前后的变化

当文档中存在大量修订和批注时,用户可能想知道文档在被标记之前是什么样子,或者接受所有修订和删除所有批注后将是什么样子。

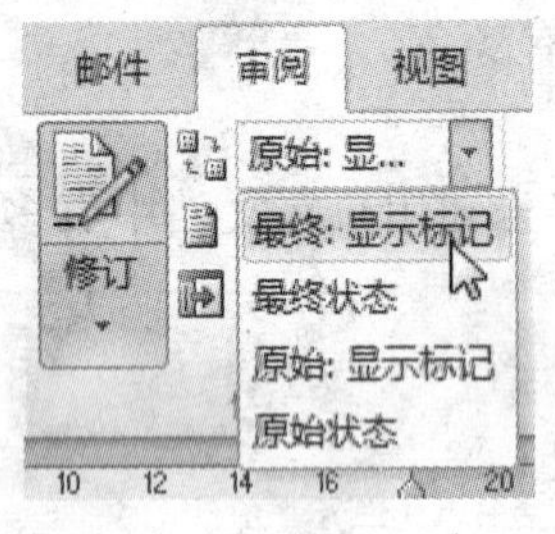

图 3.49 "显示以供审阅"框

在"审阅"选项卡的"修订"组中,"显示以供审阅"框的默认选项是"最终:显示标记",单击此框中的箭头,可以选择所需要的选项,如图 3.49 所示。

• 要查看文档在插入修订和批注之前是什么样,选择"原始状态"选项。

• 要查看接受所有修订和删除批注后文档是什么样,选择"最终状态"选项。这时,只是隐藏了修订和批注,不会删除它们。在审阅文档之后,单击"最终:显示标记"以再次显示修订和批注。

• 要同时查看文档在插入修订和批注之前和之后是什么样子,选择"原始:显示标记"选项。

(2) 接受或拒绝修订

当文档中有修订时,用户必须审阅然后接受或拒绝修订。用户可以一次处理一处修订或同时处理所有修订,并可以阅读批注然后删除。

要消除标记,可使用"审阅"选项卡的"更改"组中的"接受"或"拒绝"按钮,如图 3.50 所示,或者在文档中单击鼠标右键以接受或拒绝更改并删除批注。

• 按"接受"按钮一次接受一处更改或按顺序接受,或者同时接受所有更改。

• 按"拒绝"按钮一次拒绝一处更改或按顺序拒绝,或者同时拒绝所有更改。

• 按"上一条"按钮向文档开头审阅每项。

• 按"下一条"按钮向文档结尾审阅每项。

接受或拒绝更改以及删除批注时,表明更改和批注的标记被从文档中删除。保存文档时,接受的更改成为文档的一部分。

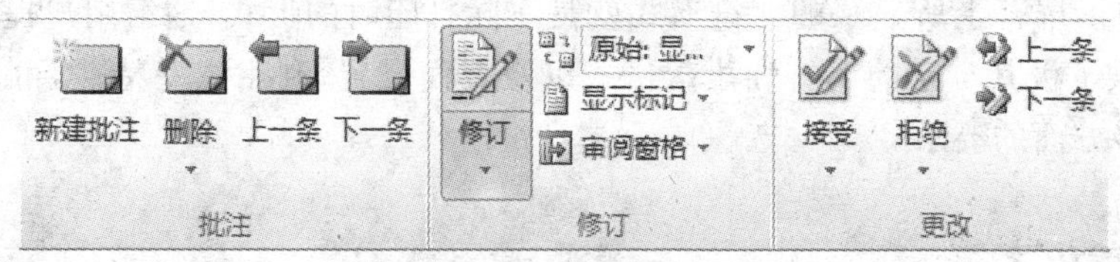

图 3.50　接受或拒绝修订

5. 检查修订

消除修订标记的唯一方式是接受或拒绝修订。消除批注标记的唯一方式是删除或拒绝批注。用户在确定正式文档之前，要从头至尾检查文档，以确保所有修订和批注已被接受或拒绝或删除。

要显示隐藏的修订(或批注)，有 3 种方法。

①在“审阅”选项卡的“修订”组中单击“显示标记”，依次选中“批注”、“墨迹”、“插入和删除”以及“设置格式”。用鼠标指向“显示标记”菜单上的“审阅者”，选中“所有审阅者”。

②单击“审阅”选项卡的“批注”或“更改”组中的任何按钮。如果出现消息，表明“当前所有批注和修订都是隐藏的”，则需单击“全部显示”以显示修订和批注。

③使用文档检查器查找修订标记(无论隐藏与否)。依次单击“文件”选项卡、信息”、“检查问题”、“检查文档”，在“文档检查器”对话框(见图 3.51(a))中单击“检查”按钮。如果文档检查器发现批注和修订，将提示用户单击“批注、修订、版本和注释”旁边的“全部删除”，如图 3.51(b)所示。检查完成后，可单击“重新检查”按钮或“关闭”按钮。

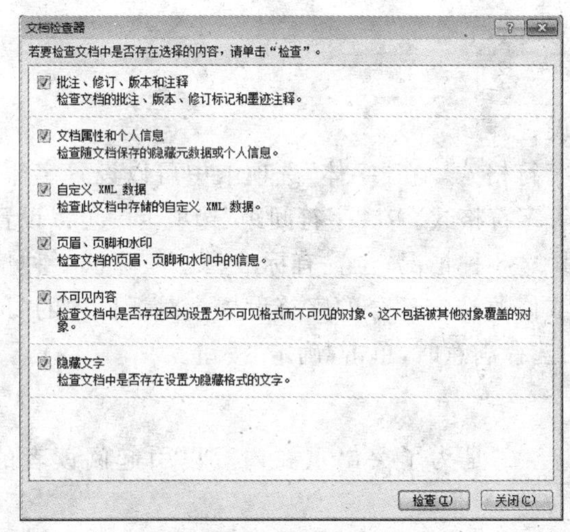

(a)检查“文档检查器”

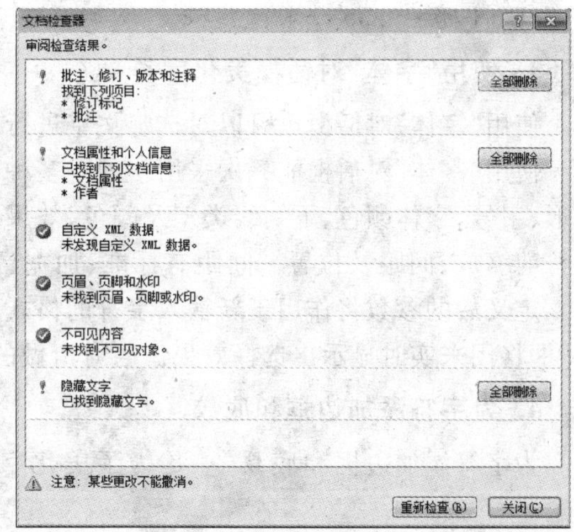

(b)审阅检查结果

图 3.51　“文档检查器”对话框

如果文档中存在修订标记，那么用户应通过接受或拒绝或删除任何更改。

3.4　文档排版

文档外观取决于对其中的文字，尤其是个别段落、文字的编排格式。Word 是所见即所得的文字处理软件，屏幕上所显示的字符形式就是实际打印时的形式，这给用户提供了极大的方便。Word提供了极其丰富的字符和段落格式以及页面设置，利用这一特性，可以提高排版效率，满足用户多方面的要求。

3.4.1 美化字符

1. 字符格式化

字符格式化是指对汉字、英文字母、数字和各种符号进行类型格式化。

在字符键入前或键入后，都能对字符进行格式设置操作。键入前可以通过选择新的格式定义将要键入的文本；对已键入的文字格式进行修改，它同样遵循着“先选定，后操作”的规则，首先选定需要进行格式设置的文本，然后对选定的文本进行格式设置。

2. 使用“开始”选项卡的“字体”组美化字符

在“开始”选项卡的“字体”组中单击“字体”框中的下拉箭头，在“所有字体”列表中找到所需要的字体，并用鼠标单击它。

“字体”框用于定义将要键入或已选定部分的字体。简体中文版的Office 2010除了最常用的宋体、黑体、仿宋等字体外，还附带了19种中文字体。这些中文字体都是TrueType字体。采用“典型”安装方式(这是默认的安装方式)时，将安装华文中宋、华文细黑、华文行楷、华文新魏、华文仿宋、方正姚体简体等多种字体。

“字号”框用于定义将要键入或已选定部分的字号，中文字号从八号～初号，英文磅值从5～72磅(1磅=0.35毫米)。

3. 使用“字体”对话框美化字符

使用“字体”对话框也可以对选定文字进行设置。

使用“字体”对话框能一次采用一种或多种字符格式。在“字体”选项卡中可以设置字体、字形、字号、字体颜色、下划线类型及颜色、效果等字符格式。在“字符间距”选项卡中可以设置字符的缩放、间距及位置。间距有标准、加宽、紧缩3种情况；位置有标准、提升、降低3种情况。定义后的参数将作用于新输入字符的格式或修改选定部分的字符设置。对话框中的“预览”框将用来实时显示出选择效果。当对所做的选择满意时，单击“确定”按钮。

4. 为字符添加边框和底纹

为字符添加边框和底纹，一是为了美化字符，二是为了突出重要内容以引起阅读者的注意。

要为所选定的字符添加边框，只需要单击“开始”选项卡的“字体”组中的“字符边框”按钮 A 即可。

要为所选定的字符添加底纹，只需要单击“开始”选项卡的“字体”组中的“字符底纹”按钮 A 即可。

5. 字体大小

英文字体大小(高度)的标准度量单位称为“磅”(Pound)。一种字体的磅值大小是指从字母上伸笔画的顶端到下伸笔画的底端的距离。为了适应中文出版中使用“号”作为字体大小的单位，Word同时使用“号”和“磅”作为字体大小的单位。“号”与“磅”的对应关系如表3.4

所示。

表 3.4 “号”与“磅”的对应关系

字号	毫米	磅	字号	毫米	磅	字号	毫米	磅
八号	1.76	5	小四	4.23	12	小一	8.47	24
七号	1.94	4.5	四号	4.94	14	一号	9.17	26
小六	2.29	6.5	小三	4.29	15	小初	12.70	36
六号	2.65	7.5	三号	4.64	16	初号	14.82	42
小五	3.18	9.0	小二	6.35	18			
五号	3.70	10.5	二号	7.76	22			

6. 重复字符格式

一旦对选定内容使用格式编排，就可以快速地使用“快速访问工具栏”上的“重复”按钮将同样的格式用于其他字符。这种方法只复制最后应用的那种格式。如果通过“字体”对话框一次选用几种格式，由于是用一个动作完成的，所以这时用“重复”命令将复制所有的格式。

重复字符格式操作步骤如下。

①若文档中有文本“Microsoft Word 2010”，想把它们的字体大小设置成“二号”。在做选择操作时，一时疏忽，只选中了“Microsoft”就将字号设置成了“二号”。因此，只好立即选中“Word 2010”后，单击“快速工具栏”上的“重复”按钮或按 F4 键或按 Ctrl＋Y 键。

这时，“Word 2010”的字号也变成了“二号”。

②先在文档中用输入词组的方法输入“重复”二字，再单击“快速工具栏”上的“重复”按钮或按 F4 键或按 Ctrl＋Y 键。

这时，在光标处只重复输入了“复”字，因为 Word 认为“复”字是最后应用的那种格式。

③若文档中“社会效益”一词有两处，且都需要突出显示。选择其中一处的“社会效益”，依次单击“开始”选项卡的“字体”组中的“加粗”按钮 **B**、“下划线”按钮 U、“字体颜色”按钮 A（红色）。现在希望另一处的“社会效益”重复这些格式，于是，在选定它后，单击“快速工具栏”上的“重复”按钮或按 F4 键或按 Ctrl＋Y 键。

但是，第二处的“社会效益”一词上只加了边框。这是因为，“字符边框”是最后应用的那种格式。

④用“字体”对话框重复步骤③。选中一处“社会效益”，再单击“开始”选项卡的“字体”组右下角的“对话框启动器”，打开“字体”对话框。在该对话框中，将所选文字加粗、加下划线和设置为红色，单击“确定”按钮。再选中另一处的“社会效益”，单击“快速工具栏”上的“重复”按钮或按 F4 键或按 Ctrl＋Y 键。

这时，第二处的“社会效益”一词完全重复了前一处的 3 种格式，这是因为，用对话框所做的操作是一个动作。

下面，用第 7 小节所述的方法重复字符格式更简单，而且像步骤④一样重复全部所设格式。

7. 复制字符格式

利用“开始”选项卡“剪贴板”组中的“格式刷”按钮可将一个文本的格式复制到另一文

本上，格式越复杂，效率越高。

第 6 小节的步骤④设置了“社会效益”一词的格式，现在用格式刷复制其格式到其他文本上，操作步骤如下。

①选定已经格式化的文本，如“社会效益”，或将插入点定位在此文本上。

②在“开始”选项卡的“剪贴板”组中单击“格式刷”按钮，此时“格式刷”按钮变成 （背景颜色发生改变）。

③移动鼠标，使鼠标指针指向准备接受复制的文本（如“提高效率”）头，此时鼠标指针的形状变为插入点和涂刷的组合光标 ，按下鼠标左键，拖曳到文本尾，此时欲复制的文本被添加浅蓝色底纹，然后放开鼠标，完成复制字符格式操作。

这时，“提高效率”的格式与“社会效益”的格式完全相同。

④若要将同一格式复制到多个文本上，则双击“格式刷”按钮，完成格式复制后，再单击“格式刷”按钮，复制结束。

⑤完成复制字符格式后，单击“格式刷”按钮或按 Esc 键。

3.4.2 美化段落

Word 中的段落有特定的含意。一个段落是后面跟有段落标记的任何数量的文本和图形，或任何其他项目。段落标记储存着用于每一段落的格式，每按一次 Enter 键就插入一个段落标记。要显示或隐藏段落标记符，就在“开始”选项卡的“段落”组中单击“显示/隐藏编辑标记”按钮 。美化段落是指整个段落的外观，包括段落缩进、对齐、行间距和段间距等。

1. 查看段落格式

当前段落所用的格式显示在“开始”选项卡的“字体”组、“段落”组、“样式”组以及水平标尺、“段落”对话框和浮动工具栏等设置区中。通过 Word 可显示用于一个段落的任何有关段落格式的信息。若要查看指定字符或一个段落的格式，则选中要查看格式的段落或将光标置于要查看格式的段落中。

查看段落格式的方法有 3 种。

①在打开的文档中，选中要查看段落的文本，或将光标置于文本中。在“开始”选项卡的“字体”组、“段落”组、“样式”组中就可查看，如图 3.52(a)所示。

②用浮动工具栏也可查看，如图 3.52(b)所示。

③在“开始”选项卡的“段落”组右下角单击“对话框启动器”，打开“段落”对话框，查看段落的对齐方式、缩进信息和间距信息等。

2. 设置段落缩进

用“缩进”可以把一个段落与其他文本分开。一般的文档段落都规定首行缩进两个汉字。为了强调某些段落，有时候可适当调整缩进。Word 提供了多种段落缩进方法：使用“开始”选项卡的“段落”组中的“增加缩进量”按钮 或“减少缩进量”按钮 、使用水平标尺、使用“段落”对话框等。最快的缩进方法是使用水平标尺。下面分别加以介绍。

(1) 使用水平标尺设置段落缩进

在 Word 窗口中有一个标尺栏，通过“垂直滚动条”上方的“标尺”按钮 可使标尺栏显示

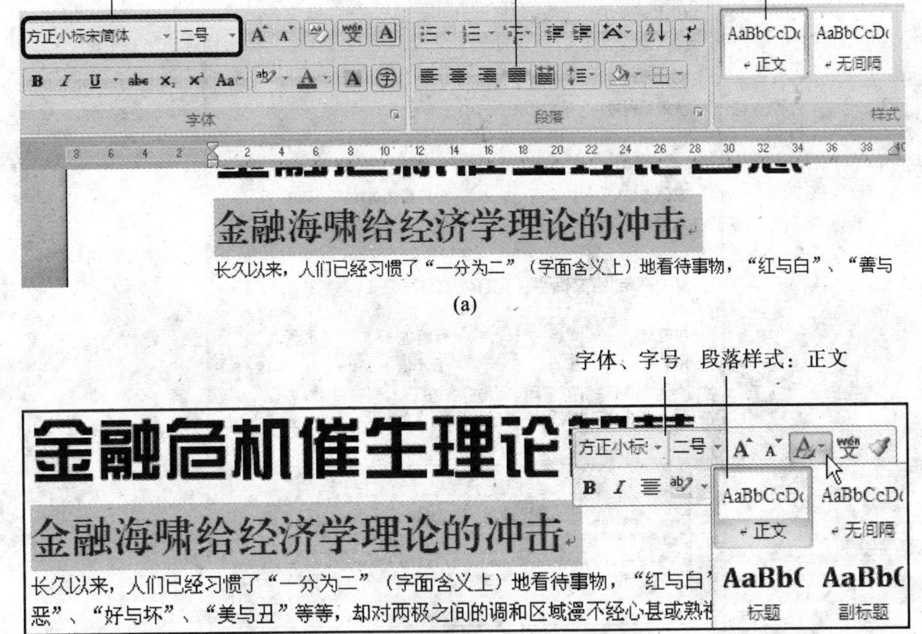

图 3.52　查看选中段落或文本的格式

或隐藏。若标尺栏处于显示状态，则单击它可隐藏标尺栏，反之则显示标尺栏。标尺显示如图 3.53 所示。

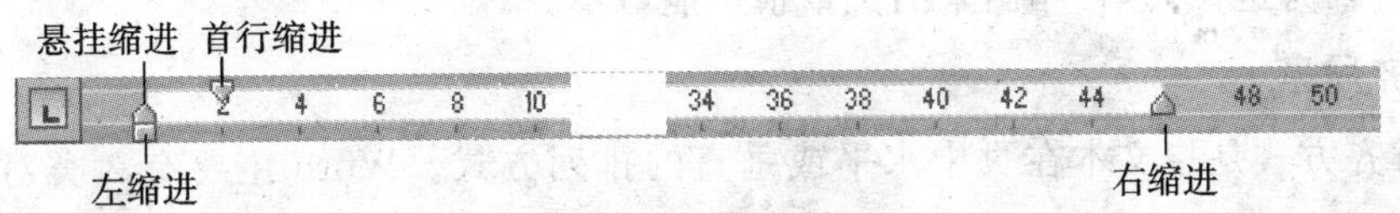

图 3.53　使用标尺控制段落缩进

①“首行缩进”：拖动该标记，控制段落中第一行第一个字的起始位置。

②“悬挂缩进”：拖动该标记，控制段落中首行以外的其他行的起始位置。

③“左缩进”：拖动该标记，控制段落左边界缩进的位置。

④“右缩进”：拖动该标记，控制段落右边界缩进的位置。

(2) 使用“段落”组中的相关按钮设置段落缩进

用“开始”选项卡的“段落”组中的相关按钮能很快地设置一个或多个段落的整体缩进格式。每次单击一次“增加缩进量”按钮，所选段落将右移一个汉字；同样每单击一次“减少缩进量”按钮，所选段落将左移一个汉字。

(3) 使用“段落”对话框设置段落缩进

先选中要设置缩进的段落，再在“开始”选项卡的“段落”组右下角单击“对话框启动器”，打开“段落”对话框，如图 3.54 所示。在该对话框中可以很方便地设置段落缩进。

有问有答

问：能用 Tab 键或空格键来设置文本的缩进吗？

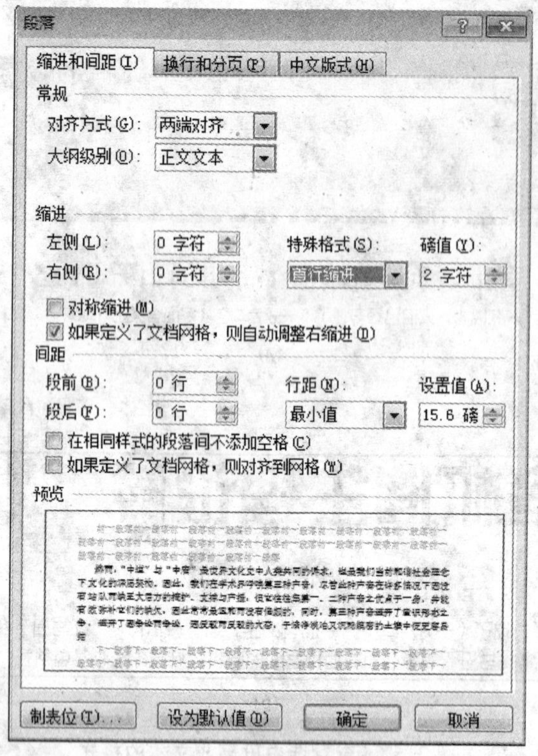

图 3.54 “段落”对话框

答:能。但是,建议不要用 Tab 键或空格键来设置文本的缩进,也不要在每行的结尾处使用 Enter 键,因为这样做,打印出来的文章很可能对不齐。

3. 对齐段落

所谓对齐方式是指文本在页中水平或垂直的排列方式。Word 主要有 3 类对齐方式,如表 3.5 所示。

表 3.5 对齐方式

对齐种类	说　明
段落对齐	靠左、靠右或居中对齐文本,或相对于段落的左右缩进(左右边缘)两端对齐文本
制表符对齐	靠左边缘、右边缘、居中或制表位置上文本中的小数点对齐
页面对齐	在页上相对于上下页边距垂直对齐文本

在“格式”工具栏中设置了 5 个对齐按钮,如表 3.6 所示。

表 3.6 “开始”选项卡“段落”组中的 5 个段落对齐按钮

对齐方式	按钮	说　明
文本左对齐		使正文向左对齐
居中		正文居中,一般用于标题或表格内的内容居中对齐
文本右对齐		使正文向右对齐

续表

对齐方式	按钮	说 明
两端对齐		使正文沿页的左、右页边距对齐，Word 自动调整每一行的空格
分散对齐		使正文沿页的左、右页边距在一行中均匀分布

“两端对齐”与“分散对齐”对于英文文本，前者以单词为单位，自动调整单词间空格的大小；而后者以字符为单位，均匀地分布。对于中文文本，除每个段落的最后一行外，效果相似；而在最后一行，前者实质效果是左对齐，后者能左、右均匀对齐。

段落对齐操作也可以在“段落”对话框中进行。如图 3.54 所示，在该对话框的“缩进和间距”选项卡中，单击“对齐方式”下拉列表框，可方便地选择对齐方式。

4. 复制段落格式

最简单的复制段落格式的方法就是段落结尾按 Enter 键以便在新的段落中继续使用该格式。也可以使用“快速工具栏”上的“重复”按钮或 F4 键或 Ctrl+Y 键，或使用“开始”选项卡的“剪贴板”组中的“格式刷”按钮。其中，使用“格式刷”复制格式，它能复制选定段落的所有格式，且快捷、高效。

用键盘也能完成复制格式操作。选择准备复制格式的段落，按 Ctrl+Shift+C 键复制格式；选择要改变格式的段落，然后按 Ctrl+Shift+V 键。

有问有答

问：使用“格式刷”为若干连续段落、若干不连续段落复制格式，该如何操作？

答：①若要为若干连续段落复制格式，则使光标拖过要使用复制格式的若干段落。

②若要为若干不连续段落复制格式，则应在选中含有准备复制的格式的段落后，先双击“格式刷”按钮，再逐段用格式光标拖过需要复制格式的段落。

5. 创建或删除首字下沉

可以把段落格式编排成具有一个大型首字符，或者下沉的汉字格式，称为“首字下沉”。其目的就是希望引起读者的注意，并由该字开始阅读。在“插入”选项卡的“文本”组中单击“首字下沉”按钮，再单击“首字下沉选项”，打开“首字下沉”对话框，即可完成创建。

如果要删除已有的首字下沉，那么操作方法与建立“首字下沉”的方法基本相同，只要单击“首字下沉”按钮后，再单击“无”选项或在“首字下沉”对话框的“位置”栏中选择“无”。

6. 设置制表位

当文本不是从边界开始或需要制作简易的表格时，使用 Tab 键就显得重要且操作简单。每按一次 Tab 键，就插入一个制表符，Word 默认其宽度为 0.75 厘米或两个字符，该值可由用户设置，也可以使用标尺或“制表符”命令设置制表符。

在水平标尺左端有一特殊按钮——“制表符对齐方式”按钮，默认是“左对齐式制表符”，单击一次切换一下，依次为左对齐、居中、右对齐、小数点对齐、竖线对齐、首行缩进、悬挂缩进。前 5 种是 Word 制表符对齐方式。

用制表符制作一个如图 3.55 所示的简易表格，操作步骤如下。

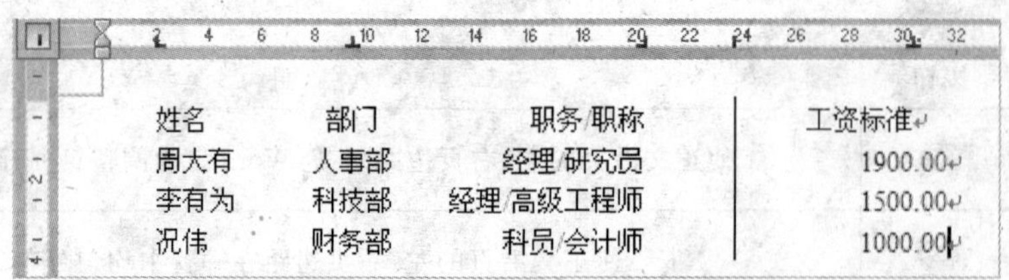

图 3.55 制表位设置范例

①“制表符对齐方式”按钮是时，用鼠标在水平标尺适当位置上单击(以后简称“单击标尺”)，在标尺上设置一个左对齐式制表符。

②单击切换为，再单击标尺，在标尺上设置一个居中式制表位；单击切换为，再单击标尺，在标尺上设置一个右对齐式制表位；同样的方法，设置其他制表位。

③按 Tab 键，光标跳至左对齐式制表符下方，输入“姓名”；按 Tab 键，光标跳至居中式制表符下方，输入“部门”；同样的方法，输入“职务/职称”和“工资标准”。竖线不用输入，系统自动添加。这一行输完，按 Enter 键，转入下一行。

④按照步骤③的方法，输入后面的三行文本。

设置制表位还可以通过如图 3.56 所示的“制表位”对话框来实现。要打开该对话框，先在“开始”选项卡的“段落”组右下角单击“对话框启动器”按钮，打开“段落”对话框，再单击左下角的“制表位”按钮即可。

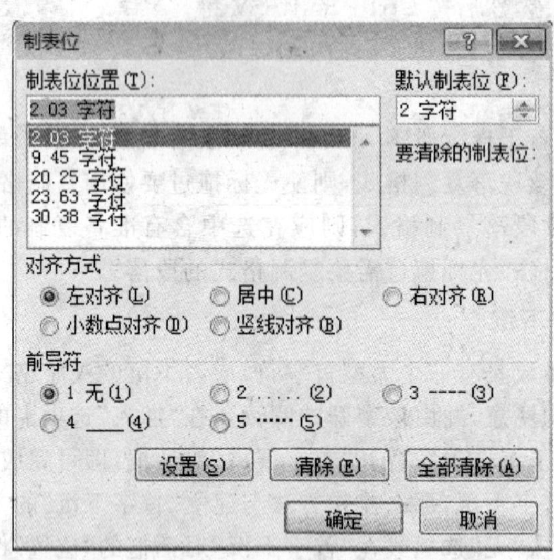

图 3.56 “制表位”对话框

如果标尺上有制表位，用鼠标左键双击它，也可以打“制表位”对话框。

有问有答

问：如何用前导符字符设置制表符？

答：“前导符”是常在目录中使用或填充制表符空白位置的实线、虚线或点划线，操作步骤如下。

①打开“制表位”对话框。

②在“制表位位置”栏，键入新制表符的位置，或选择要为其添加前导符的现有制表位。

③在“对齐方式”栏，选择在制表位键入的文本的对齐方式。

④在“前导符”栏，单击所需前导符选项，如“5……”，然后单击“设置”按钮。

⑤单击“确定”按钮。

以后，在输入文本时，按 Tab 键使插入点到达所需位置的前面就会有“……”符号。

7. 调整行间距和段落间距

用户可以调整段落中行与行之间、段落与段落之间的距离。调整段落间距可使用户能控制含有超大尺寸的图形或字体的段落四周的空白边幅。

(1) 使用“段落”对话框调整段落的行间距、段间距

在“开始”选项卡的“段落”组右下角单击“对话框启动器”按钮，打开“段落”对话框（见图 3.54）。在该对话框中选择“缩进和间距”标签。其中：

①“对齐方式”栏：与对齐按钮的作用相同。

②“缩进”栏：以精确值设置段落缩进，与用标尺缩进和缩进按钮缩进的效果相同。

③“间距”栏：调整段落中的行距和段落间距。

④“预览”框：显示排版效果。

“间距”栏有段间距和行距。段间距用于段落之间加大间距，有“段前”和“段后”的磅值设置，使得文档显示更清晰。

行距用于控制每行之间的间距，“行距”下有 6 个选项，描述如下。

• 单倍行距：适应该行中的最大字体，并带有少量的额外空间。额外空间量依据所用字体的不同而不同。

• 1.5 倍行距：单倍行距的 1.5 倍。

• 2 倍行距：单倍行距的两倍。

• 最小值：设置适应该行中最大的字体或图形所需的最小行距，当文本高度超出该值时，Word 自动调整高度以容纳较大字体。

• 固定值：设置固定行距，Word 无法对固定行距进行修改，当文本高度超出该值时，该行的文本不能完全显示出来。

• 多倍行距：设置按所指定的百分比从单倍行距增加或减少的行距。例如，将行距设置为“1.1”，会将间距增加 10%。

(2) 使用“行距”按钮更改行距

使用“行距”按钮 更改行距的步骤如下。

①选择要更改其行距的段落。

②在“开始”选项卡的“段落”组中单击“行距”按钮，显示“行距”菜单。

③如果要应用新设置，则单击所需的行距数。如果要设置更精确的间距度量，则单击“行距选项”，打开“段落”对话框，然后在“行距”下选择所需的选项。

8. 添加边框和底纹

边框可以是围在段落四周的框或是在一边或多个边上隔开一个段落的线条。底纹是指用背景色填充一个段落（有边框或无边框），添加底纹的目的是为了使内容更加醒目突出。框和线条可能是纯黑色的，底纹可能是灰色的。在彩色显示器中，它们有不同的颜色。如果有彩色打印机，还可打印出彩色线条、边框和底纹。

可以把边框用于段落中。在段落结尾处按 Enter 键，则边框转入下一段。如果一组段落的四周用边框予以格式化，而且在上一段结尾处按 Enter 键，则新的段落将进入与上一段落同样的边框中。如果要在边框外生成一个新段落，则在按 Enter 键之前应把插入点移到边框外。如果文件已到结尾处，而边框外又无空白，则可生成一个新段落，同时取消边框。

段落边框（框或线）或底纹的宽度取决于该段落的缩进。如果没有缩进存在，则边框或线条的宽度由页边距决定。如果要把几个段落置于一个框中，或使它们具有同一底色的底纹，则应确认所有的段落都具有同样的缩进。如果对具有不同缩进的几个段落添加边框或底纹，则每一段落在分开的边框或底纹中出现，而不是一起出现。若要使具有不同缩进的段落出现在一个边框或一种底色底纹中，就必须生成一个表格，并使每个段落自成一行，然后在表格四周采用边框格式。

(1) 使用“边框和底纹”对话框添加边框和底纹

选定要添加边框的段落，在“页面布局”选项卡的“页面背景”组中单击“页面边框”按钮，打开“边框和底纹”对话框，单击“边框”选项卡，可为段落添加边框；单击“底纹”选项卡，可为段落添加底纹。

在为段落设置边框时，Word 会在该段落的左缩进与右缩进间添加边框。若希望边框窄一些，则可以调整该段的左右缩进，以满足用户的需要；对于边框线和框内文本的距离，可通过“选项”按钮来设置。

(2) 使用按钮为段落添加边框和底纹

Word 具有一组设置底纹和边框的按钮，使用方法如下。

①选定要添加边框和底纹的段落。

②在“开始”选项卡的“段落”组中单击“外侧框线”按钮（它的形态和名称会随选择而改变，请注意观察）的下拉箭头，在下拉列表中选择“外侧框线”选项。

如果单击下拉列表底部的“边框和底纹”选项，则打开“边框和底纹”对话框。

如果选定多个段落，边框将把这些段落作为一组包围起来，而在这些段落之间无边框。

③单击“底纹”按钮的下拉箭头，在颜色列表中选择一种所需要的颜色。

(3) 添加页面边框

在“边框和底纹”对话框中，“页面边框”选项卡用于给页面加边框。“页面边框”选项卡与“边框”选项卡相似，仅增加了“艺术型”下拉列表，使页面边框更加丰富多彩。

3.4.3 项目符号和编号列表

Word 文档中的列表用途广泛，它既有利于信息汇总，又使文档更具层次感，便于阅读和理解。列表有项目符号列表与编号列表之分。项目符号列表有助于把一系列重要的条目或论点与文档中其余的文本区别开。编号列表常用于逐步说明某一问题，要说明的问题有前后顺序。

列表可以是单级列表或多级列表。在单级列表中，列表内的所有项都拥有相同的层次结构和缩进；而在多级列表中，列表中还套有列表，列表可以既包含编号又包含项目符号。

图 3.57 所示的是一个单级项目符号列表、一个单级编号列表和一个多级项目符号列表。

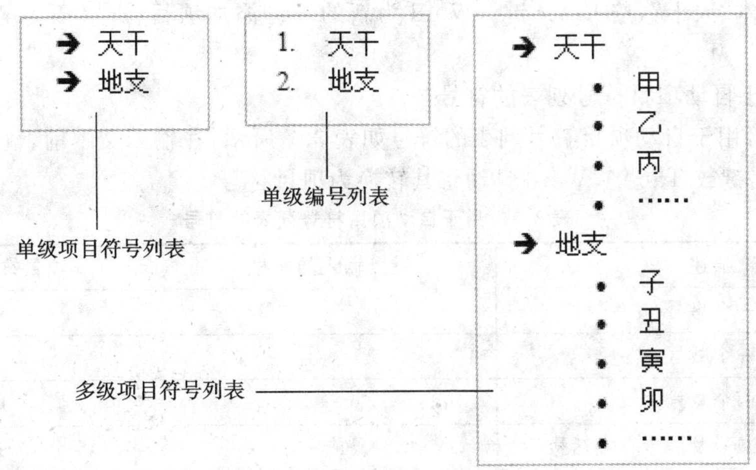

图 3.57 项目符号和编号列表示例

1. 创建项目符号列表

(1) 创建单级项目符号列表

Word 有多种方法创建项目符号列表。先输入需要添加项目符号的文本,然后把列表格式应用于该文本;或将插入点放在一个空行中,对该行添加项目符号列表,然后输入文本。无论用哪种方法,在选择了加项目符号格式后,Word 默认设置 0.74 厘米的悬挂缩进,并在选定文本的每一段前面或每一新输入的段落前面添加项目符号。

使用“开始”选项卡上“段落”组中的“项目符号”按钮☰可以在文档中创建一个项目符号列表,或者可以在键入时自动创建一个列表。

创建单级项目符号列表的操作步骤如下。

①在新的一行输入需要添加项目符号的文本“天干”,按 Enter 键以开始一个新段落,再输入文本“地支”,并选中它们。

②在“开始”选项卡的“段落”组中单击“项目符号”按钮☰。

Word 在“天干”、“地支”前面添加一个项目符号(●)。默认情况下,选中文本后,再单击“项目符号”按钮,Word 就用一个实心圆形(●)的项目符号和 0.74 厘米的悬挂缩进来格式化列表选项。

③如果要更改这个项目符号,则可先选中它们或将光标置于有项目符号文本任意位置,再单击“项目符号”按钮上的下拉列表按钮后,在“项目符号库”列表中选择一个。

Word“项目符号库”提供了 7 种标准的项目符号形状:实心圆形●、实心方形■、实心菱形◆、融合╋、对号✓、箭头➤和北极星✧。如果要应用这 7 种标准项目符号以外的符号,如水滴形♦、手指形☞或一些其他的符号作为项目符号,则可自定义项目符号。

④将插入点放在一个空行中,单击“项目符号”按钮☰。Word 为该行添加项目符号(●)。

⑤输入文本“天干”,按 Enter 键。Word 为新的一行添加项目符号(●),再输入文本“地支”。

⑥先在新的一行输入“->或-->”,再按一次空格键或 Tab 键。

Word 自动将“->或-->”转换为项目符号(➔)。

⑦输入文本“天干”，按 Enter 键。Word 为新的一行添加项目符号(➔)，再输入文本“地支”。

(2) 可用于自动项目符号列表的符号

Word 中可用于自动项目符号列表的符号如表 3.7 所示，在输入文本前，输入相应的符号后，按一次空格键或 Tab 键，Word 自动将其转换为项目符号。

表 3.7　用于自动项目符号列表的符号

描述	键盘输入的符号	项目符号样式
一个星号	*	●
一个减号	-	-
两个减号	--	■
一个或两个减号及一个右尖括号	-＞或--＞	➔
一个或两个等号及一个右尖括号	＝＞或＝＝＞	⇨
左尖括号与右尖括号	＜＞	◆
右尖括号	＞	➢
小写字母 o	o	O(仅按 Tab 键时有效)

2. 创建编号列表

对已有的文本可以通过“编号”按钮自动转换成编号列表。选定要设置编号的段落，在“开始”选项卡的“段落”组中单击“编号”按钮，就可在这些段落前添加编号列表。

若要改变编号格式，可单击“编号”按钮上的下拉列表按钮，然后选择新的编号格式。如果列表中没有所需要的编号格式，则可自定义新编号格式。

若要对已设置好编号的列表插入或删除某列表项，则 Word 会自动调整编号，不必人工干预。

要开始一个自动编号列表或字母列表，先输入序列的起始值(1、a、A、I、i 等)，再输入句点“.”、右小括号“)”、句点与右小括号“.)”、连字符“-”或右尖括号“＞”，后跟一个空格键或 Tab 键。之后，就可以输入文本，当按回车键时，Word 自动将该段转换为编号列表。

创建单级编号列表的方法与创建单级项目符号列表的方法相似。

3. 自定义项目符号和编号

用户对 Word 提供的项目符号和编号不满意时，可以自定义它们。

(1) 自定义项目符号

用户可以自定义两种类型的项目符号，即符号项目符号和图片项目符号。

自定义一个符号项目符号的操作步骤如下。

①先在“开始”选项卡的“段落”组中单击“项目符号”按钮上的下拉列表按钮，再选择“定义新项目符号”项，打开的“定义新项目符号”对话框。

②单击“符号”按钮，打开“符号”对话框，如图 3.58 所示。

③在“字体”下拉列表框中选择一种字体，如“Wingdings”。在列表中选择一个所需的符号，如“★”。

④单击“确定”按钮，返回到“定义新项目符号”对话框。这时，所选符号“★”出现在“预览”框中。

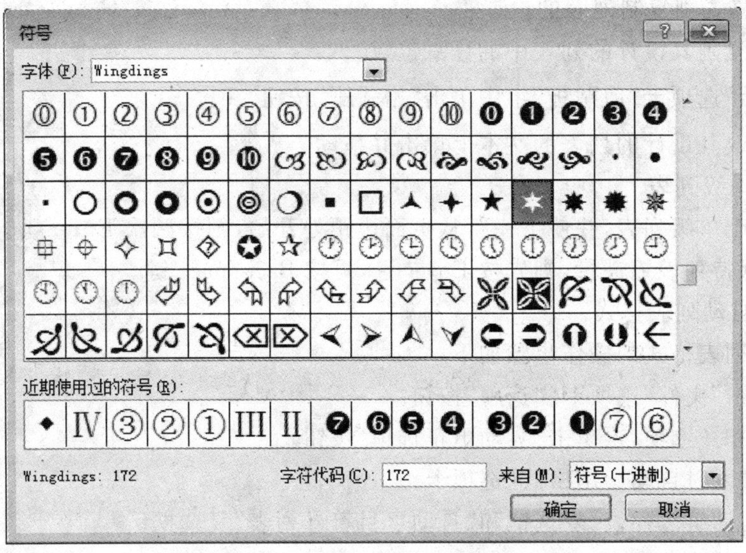

图 3.58 “符号”对话框

⑤单击“确定”按钮。这时，所选符号“✶”被添加到“项目符号”下拉列表的“项目符号库”列表中。

现在，就可以使用这个符号创建项目符号列表了。

图片项目符号就是一些微小的图片。Office.com 上提供了大量图片项目符号的设计，供用户选用。用户还可以使用自己绘制的微型图片来创建全新的图片项目符号。项目符号非常小，建议不要使用复杂图像。

(2) 自定义编号格式

在“开始”选项卡的“段落”组中单击“编号”按钮上的下拉列表按钮，在其列表下方选择“定义新编号格式”选项，显示“定义新编号格式”对话框。在其中定义自己喜欢的编号格式即可。

4. 项目符号列表与编号列表间的切换

当用户想改变列表类型时，只需在列表内的某处单击，然后单击功能区上的“项目符号”按钮或“编号”按钮。

这两个按钮将会“记住”用户上次使用的列表类型，并在再次使用它们时使用相同的类型。例如，如果用户上次使用的编号列表实际上是一个字母列表，那么在下次单击“编号”按钮时获得另一个字母列表。如果用户上次使用的项目符号设计是一个黑色方块，那么下次得到的还会是它。

5. 应用单级列表的技巧

(1) 列表排序

如果要对单级列表排序，则可按下列步骤操作。

①选择要排序的列表。

②在“开始”选项卡“段落”组中单击“排序”按钮 A/Z↓，打开“排序文字”对话框。

③如果要按照升序字母顺序对列表排序，则单击“确定”按钮即可对列表排序，因为这些是“文字排序”对话框中的默认设置。否则请在该对话框中选择相应选项。

（2）使用格式刷复制列表的设计

①单击要复制其设计的列表中的任意位置。

②在“开始”选项卡“剪贴板”组中单击“格式刷”按钮。

③在要更改其设计的列表的文本上单击并拖动。

（3）结束单级列表

要结束一个单级列表，并使下一行从页面边距处开始，则按两次 Enter 键。要删除项目符号或编号，但保持列表缩进量，则先按 Enter 键，再按 Backspace 键。

（4）关闭自动列表格式

关闭自动列表格式的操作步骤如下。

①依次单击”文件”选项卡、“选项”按钮。

②单击“校对”选项，再单击“自动更正选项”按钮。

③单击“键入时自动套用格式”选项卡。

④清除“自动编号列表”复选框和“自动项目符号列表”复选框。

⑤单击两次“确定”。

6. 创建多级列表

用多级列表可以清晰地表明各层次之间的关系。多级列表的列表内套有列表，并且可以有多个级别。多级列表可以是项目符号列表或编号列表，或者包含编号、字母和项目符号的组合。

理解多级列表的关键在于理解列表级别。单级列表的所有内容都在一个级别上，但是在一个列表项下添加了一个列表后，将得到一个二级列表。列表内的每个新列表都会创建一个新列表级别。

要查看处于某个特定列表级别的所有项，可单击该级别中的一个项目符号或编号，以突出显示该级别上的所有项。

创建一个如图 3.59 所示的多级列表，其操作步骤如下。

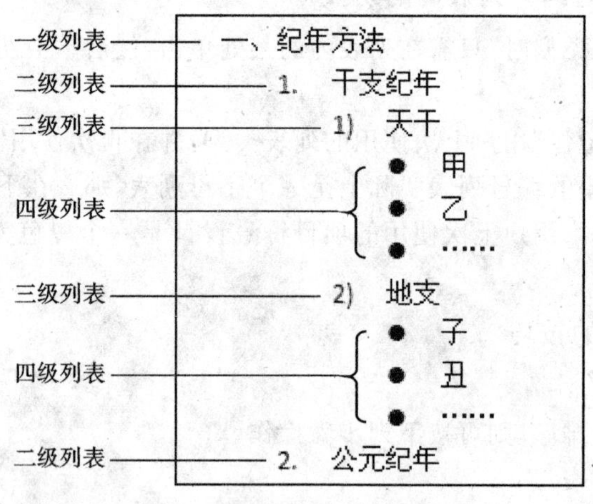

图 3.59 “多级符号”对话框

①将光标插入点置于要开始一级列表的行首。

②在“开始”选项卡的“段落”组中单击“编号”按钮上的下拉列表按钮，在“编号库”中选择编号“一、”。

③输入文本“纪年方法”,按 Enter 键转入下一行。

这时,Word 自动为该行添加编号“二、”。

④在“开始”选项卡的“段落”组中单击“增加缩进量”按钮,开始二级列表,再单击“编号”按钮上的下拉列表按钮,选择编号“1.”,接着输入文本“干支纪年”,然后按 Enter 键。

这时,Word 自动为该行添加编号“2.”。

⑤单击“增加缩进量”按钮,开始三级列表,再单击“编号”按钮上的下拉列表按钮,选择编号“1)”,接着输入文本“天干”,然后按 Enter 键。

这时,Word 自动为该行添加编号“2)”。

⑥单击“增加缩进量”按钮,开始四级列表,再在“开始”选项卡的“段落”组中单击“项目符号”按钮。

这时,Word 自动为该行添加默认的项目符号(●)。也可以单击“项目符号”按钮上的下拉列表按钮,在“项目符号库”中选择所需要的项目符号,还可自定义项目符号。

⑦输入文本“甲”,按 Enter 键;输入文本“乙”,按 Enter 键;输入文本“……”(在练习时,可继续输入其余 8 个天干),按 Enter 键。

这时,Word 自动为该行添加项目符号(●)。

⑧在“开始”选项卡的“段落”组中单击“减少缩进量”按钮,开始三级列表。

这时,Word 自动将该行添加项目符号变更为编号“2)”。

⑨输入文本“地支”,按 Enter 键转入下一行。

这时,Word 自动为该行添加编号“3)”。

⑩单击“增加缩进量”按钮,开始四级列表。输入文本“子”,按 Enter 键;输入文本“丑”,按 Enter 键;输入文本“……”(在练习时,可继续输入其余 10 个地支),按 Enter 键。

⑪单击两次“减少缩进量”按钮,开始二级列表

这时,Word 自动将该行添加项目符号变更为编号“2.”。

⑫输入文本“公元纪年”。

3.4.4 格式化节和分栏排版

1. 设置节格式

节是文档中可以独立设置某些页面格式选项的部分,一般地,Word 认为一个文档为一节。当用户选择了分栏的段落并进行分栏后,Word 自动在段落的前后插入分隔符,分隔符在屏幕上的显示为两条水平虚线。

要在文档中插入分隔符,则首先将插入点定位,然后在“页面布局”选项卡的“页面设置”组中单击“分隔符”按钮,显示如图 3.60 所示的菜单,在此菜单中选择需要插入的分节符即可。

该菜单的“分节符”列表中有 4 个分节符选项,用户可以根据需要选择一种分节符。其分节符选项如下。

①“下一页”:表示插入分节符后的文档从新的一页开始显示。

②“连续”:表示插入分节符后的文档与插入分节符前的文档在同一页显示,一般选择该选项。

③“偶数页”:表示插入分节符后的文档从下一偶数页开始新节。

④“奇数页”:表示插入分节符后的文档从下一奇数页开始新节。

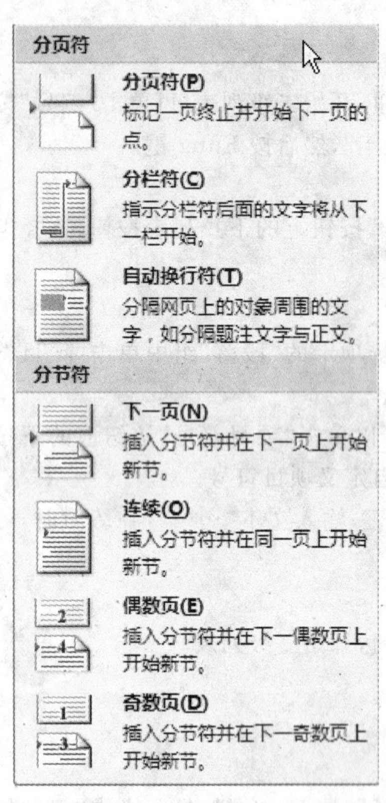

图 3.60 “分隔符”菜单

当删除分节符时，将插入点定位在分节符处，按 Delete 键即可。这时上节的分栏设置取消，文档与下节的分栏相同。

在编辑文档时，经常要对文章进行各种复杂的分栏排版，使版面更生动、更具有可读性。

2. 建立分栏格式

Word 可为一个节或多个节甚至整个文档建立多栏排版格式。用户可把一个文档分成几个节，然后分别对每个节进行格式化。建立分栏格式必须切换到“页面视图”显示方式，才能显示分栏的效果。

要建立分栏格式，在“页面布局”选项卡的“页面设置”组中单击“分栏”按钮，然后在其菜单中选择。

3.4.5 样式、模板和主题

需要在文档中多次进行文本或段落的格式化，若按照前面介绍的方法就太费时费力了。针对这种情况，Word 提供样式功能，从而提高工作的效率。

1. 样式、模板和主题的概念

样式是一组存储在 Word 中的段落或字符的格式化指令，每个样式都有唯一确定的名称。用户可以将一种样式应用于一个段落，或段落中选定的字符之上，按照这种样式定义格式，就能快速完成段落或字符的格式编排，而不必逐个选择各种格式命令。

样式有字符样式和段落样式两种。字符样式保存了对字符的格式化，如文本的字体及其大小、粗体和斜体、大小写以及其他效果等；段落样式保存了字符和段落的格式，如字体及其大小、对齐方式、行间距和段间距以及边框等。

主题是用户在主题库中看到的内容。虽然主题是独立的文件类型，但使用 Office 2010 任一组件，如 Word，创建的每个文档内部都包含一个主题(即使新的空白文档也应用了一个主题)。内置主题不包含文本或数据，但主题颜色、主题字体或主题效果将应用于文档的所有部分，包括文本和数据。

模板包含基于主题的格式。当打开一个模板时，即打开一个包含模板中的内容、布局、格式、样式(在 Word 文档中)和主题的新文档。模板中的格式通常是使用样式实现的，样式可定义段落格式和文本格式的各个方面，可以包含表格样式。在 Word 中，主题用于确定样式使用的颜色和字体，而用于文本的样式的定义可以独立于主题进行更改。

将定义的样式保存在模板上后，创建文档时使用模板，就可以重新定义样式，这样既可以提高工作效率，又可以统一文档风格。

2. 应用样式

Word 中已存储了大量的标准样式和用户定义的样式，可以将一个样式的有效范围指定为一个文档或一个模板。可以使用“开始”选项卡的“样式”组的“快速样式”，或单击“样式”组右下角的“对话框启动按钮”显示“样式”任务窗格，查看和使用 Word 提供的所有样式，如图 3.61 所示。

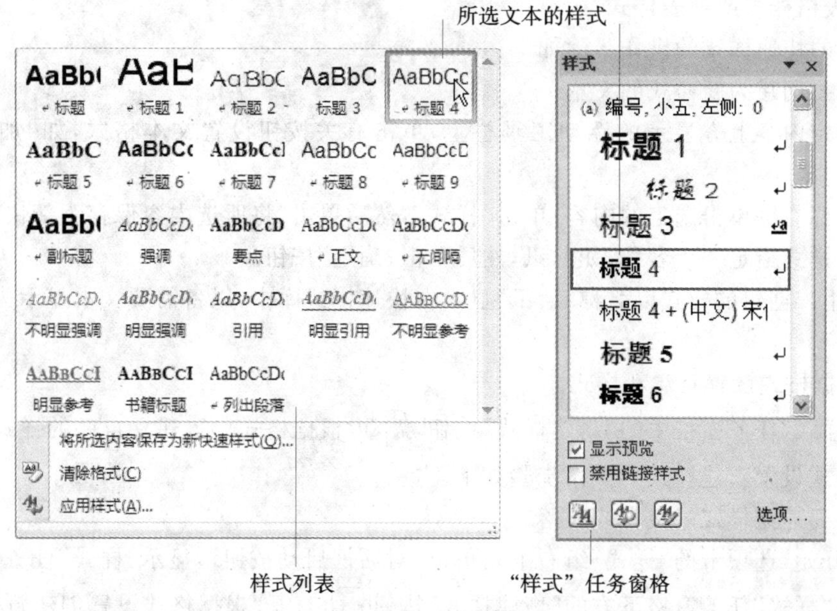

图 3.61 “样式库”和“样式”任务窗格

(1) 应用快速样式

对选定的文本或段落应用快速样式的操作步骤如下。

①选择要对其应用样式的文本。

如果对整个段落应用样式，则将插入点置于该段落的任意位置或选中整个段落。

②在“开始”选项卡的“样式”组中单击“快速样式”右侧的按钮▾，打开快速样式列表。

③将鼠标指针放置在要预览的样式上方，查看选定文本应用此样式后显示的外观。

④如果是所需要的样式，则单击它，该样式即被应用到所选中的文本。

有问有答

问：如何自定义样式？

答：如果快速样式库中没有显示所需的样式，则单击快速样式库底部的“应用样式”，或按 Ctrl+Shift+S 组合键打开“应用样式”任务窗格。在“样式名称”下，键入要应用的样式的名称。样式列表中仅显示那些已在文档中使用过的样式，但是用户可以键入为文档定义的任何样式的名称。

(2) 更改快速样式集

通过更改所用的快速样式集，可以显著更改文档的外观。如果用户不喜欢所选样式的外观，则可以从样式库中选择不同的样式集，或者按照自己的喜好更改样式集。

更改快速样式集的操作步骤如下。

①在“开始”选项卡的“样式”组中单击“更改样式”按钮。

②指向“样式集”，然后单击所需的样式集，如“独特”。

用户可以预览任何样式集，方法是指向该样式集并预览文档中的样式更改。

(3) 创建快速样式

虽然快速样式集几乎包含了创建文档所需的所有样式,但是用户可能仍要创建其他新样式,如新的表格样式或列表样式。

创建新的快速样式的操作步骤如下。

①选择要创建为新样式的文本。

②在选定内容上方显示的浮动工具栏上,单击有关按钮设置文本格式,如"加粗"和"红色"等。

③用鼠标右键单击选定的内容,单击"样式",然后单击"将所选内容保存为新快速样式"。

④为该样式指定一个名称,如通讯,然后单击"确定"按钮。

此时,用户创建的样式以名称"通讯"显示在快速样式库中,以备需要文本显示为粗体和红色时使用。

(4) 根据格式设置新建新样式

使用"样式"任务窗格中的"新建样式"按钮,可根据格式设置建立自己的样式。

根据格式设置新建样式的操作步骤如下。

①选中要建立样式的文本或段落。

②在"开始"选项卡的"样式"组右下角单击"对话框启动按钮",显示"样式"任务窗格。

③单击"样式"任务窗格下方的"新建样式"按钮,打开"根据格式设置创建新样式"对话框,如图 3.62 所示。

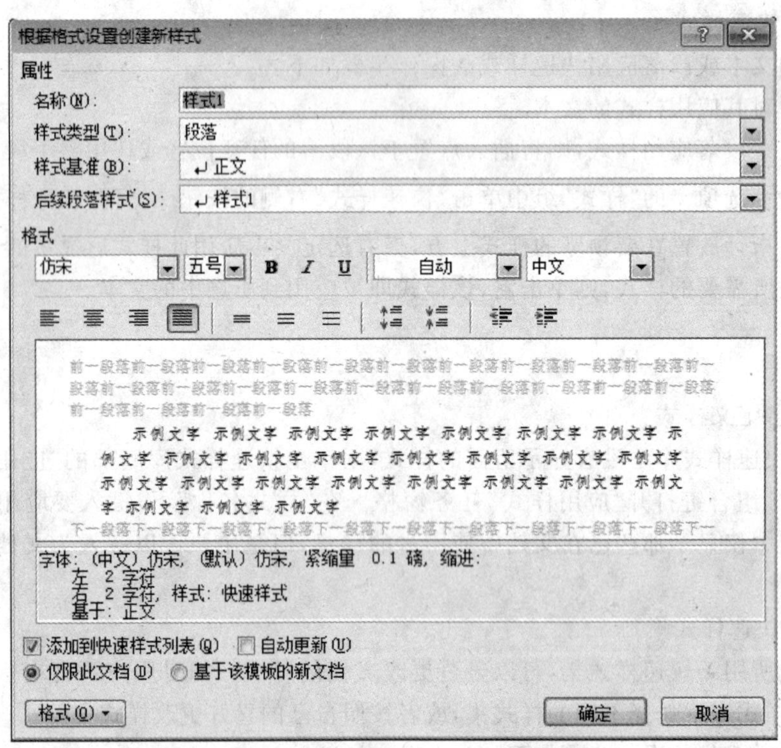

图 3.62 "根据格式设置创建新样式"对话框

④在"名称"框中,将默认名称"样式 1"更改所规划的名称,如"通讯"。在"样式类型"下拉列表框中,根据需要选择"段落"、"字符"、"链接段落和字符"、"表格"或"列表"。在"样式基准"

和“后续段落样式”下拉列表框中做出选择。

⑤在“格式”栏，设置文本或段落格式。如果需要设置更多格式，则可单击“格式”按钮。

⑥完成设置后，单击“确定”按钮。

此时，新创建的样式“通讯”被添加到“样式”任务窗格的样式列表中。如果在“根据格式设置创建新样式”对话框中，选中了“添加到快速样式列表”复选框，那么该样式还会被添加到快速样式列表中。

(5) 样式的修改和删除

若要改变文本的外观，则只要修改应用于该文本的样式格式即可使应用该样式的全部文本都随着样式的更新而更新。

修改样式的操作步骤如下。

①选定要修改样式设置的字符(字符样式)，或段落(段落样式)。

②在“样式”任务窗格中选择要修改的样式名称，单击下拉箭头，选择“修改样式”，打开“修改样式”对话框，如图 3.63 所示。

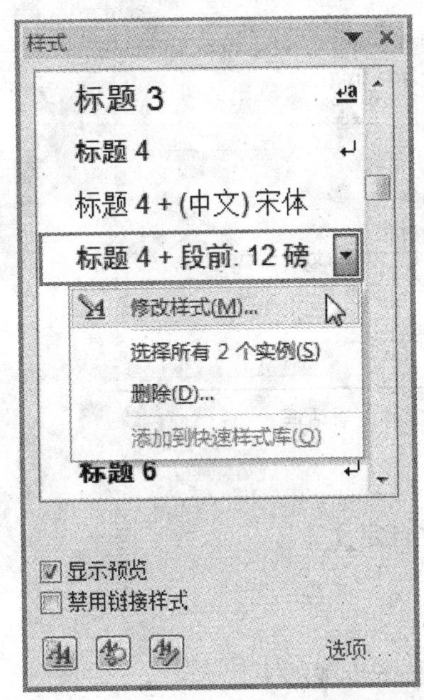

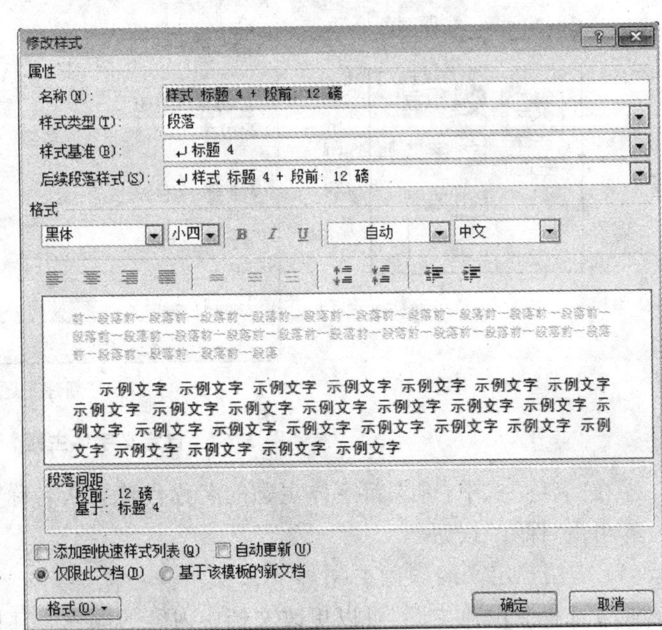

图 3.63 “样式”任务窗格与“修改样式”对话框

③在该对话框中更改样式的格式。

④单击“确定”按钮。

要删除已有的样式，则在图 3.63 所示的“样式”任务窗格中，选择要删除的样式名后单击下拉菜单中的“删除”命令即可。这时，带有此样式的字符(或段落)自动应用“正文”样式。

3. 应用主题

所有内容都与主题发生关系。如果更改主题，则会将一套完整的新颜色、字体和效果应用于整个文档。更改主题是对为文档选择的快速样式集外观进行调整和个性化的一种方法。通过尝试各种样式、字体和颜色，可以找到适合文档的外观。

(1) 应用内置主题

应用内置主题操作步骤如下。

①在“页面布局”选项卡的“主题”组中单击“主题”按钮。

②在内置主题列表中选择一种合适的主题，如“活力”，然后单击它。

(2) 应用预定义的字体主题

通过选择新的字体主题，可以更改文档中的字体。选择新字体主题后，会更改正在处理的文档的标题字体和正文字体。其操作步骤如下。

①在“开始”选项卡上的“样式”组中单击“更改样式”。

②指向“字体”，然后单击要使用的内置字体主题。

(3) 创建自定义字体主题

创建自定义字体主题的操作步骤如下。

①在“页面布局”选项卡上的“主题”组中单击“主题字体”按钮，如图 3.64(a)所示。

②单击“新建主题字体”，打开“新建主题字体”对话框，如图 3.64(b)所示。

③选择要在“标题字体”和“正文字体”列表中使用的字体和字号。

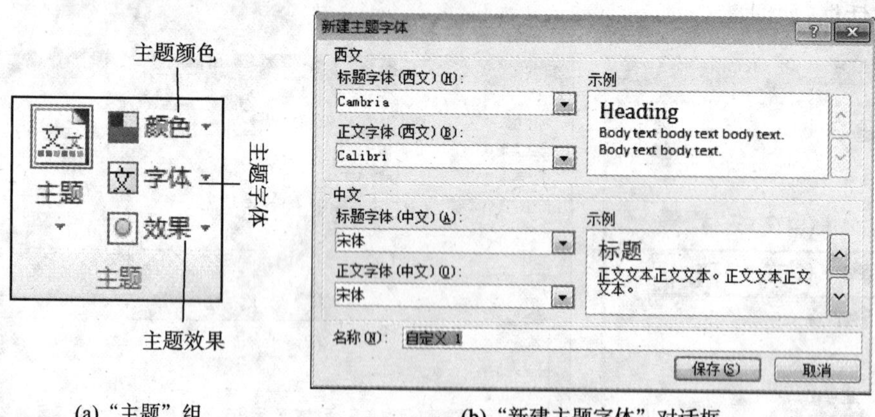

(a)“主题”组　　(b)“新建主题字体”对话框

图 3.64　自定义字体主题

④在“名称”框中，键入新字体主题的名称代替默认名称“自定义 1”。

⑤单击“保存”按钮。

(4) 应用预定义的颜色主题

通过选择新颜色主题，可以更改文档中内容的颜色。其操作步骤如下。

①在“开始”选项卡上的“样式”组中单击“更改样式”。

②指向“颜色”，然后在内置列表中单击要使用的颜色主题。

如果用户添加了已定义颜色的自定义样式，则更改颜色主题可能会更改自定义样式的颜色。

(5) 创建自定义颜色主题

如果在文档中应用了某个颜色主题，然后要更改其中的一种或几种颜色，则所做的更改会立即影响到活动文档。如果要将更改应用到新文档，则可以将其保存为自定义颜色主题。

自定义颜色主题的操作步骤如下。

①在“页面布局”选项卡上的“主题”组中单击“主题颜色”按钮。

②单击“新建主题颜色”，打开“新建主题颜色”对话框。

③在“主题颜色”下，选择要使用的颜色。

所选颜色在文档中的外观，显示在“示例”栏中。

④在“名称”框中键入新颜色主题的名称。

⑤单击“保存”按钮。

3.4.6 添加页面和封面

1. 添加和删除页面

(1) 添加页面

在文档编辑和排版过程中，用户可能要在文档插入新的页面，并添加新的文本。添加页面的操作步骤如下。

①单击文档中要插入新页面的位置。

插入的页面将显示在光标之前。

②在“插入”选项卡的“页”组中单击“空白页”按钮。

(2) 合并页面

将光标放在两个页面之间，按 Backspace 键，就可以合并两个页面。

(3) 删除空白页面

要删除空白页面，有下列两种方法。

①要删除文档中的空白页面，先将光标放在要删除的页面的开始处，再按 Backspace 键。

②要删除文档末尾的空白页面，移动光标到文档末尾，并删除所有多余的段落标记。如果仍能看到分页符，则选择该分页符，然后按 Delete 键。

2. 添加封面

Word 2010 提供了一个封面库，其中包含预先设计的各种封面，使用起来非常方便。用户只要选择一种封面，并用自己的文本替换示例文本即可。其操作步骤如下。

①在“插入”选项卡上的“页”组中单击“封面”按钮。

②单击选项库中的封面布局。

插入封面后，使用自己的文本替换示例文本。

有问有答

问：关于封面的操作，还有哪些需要注意的？

答：①不管光标显示在文档中的什么位置，总是在文档的开始处插入封面。

②如果在文档中插入了另一个封面，则该封面将替换插入的第一个封面。

③如果在 Word 的早期版本中创建了封面，则不能使用 Word 2010 库中的设计替换该封面。

④要删除封面，请先单击“插入”选项卡，再单击“页面”组中的“封面”，然后单击“删除当前封面”。

3.5 使用图形和艺术字

对于科技论文、产品说明书这类文档，插图也是一种常用的说明方式。Word 为此准备了多种剪贴画、图片供用户选择。Word 中使用的图形有:来自文件中的图片、剪辑库中包含的图片、Windows 提供的大量图形文件、通过各种形状绘制的图形、SmartArt 图形、通过“艺术字”工具栏建立的特殊视觉效果的艺术字、使用数学公式编辑器建立的数学公式等,这些都可以直接插入 Word 文档中并进行编辑。

3.5.1 插入图片

在 Word 中,可以将各种图片插入文档中,使文档形象生动,从而增强文档的吸引力。

许多剪贴画图片是以 WMF(Windows Metafile)的图形格式存储的,这类图片是可被拆分的。拆分一张剪贴画图片时,图片的每一部分可以定义为分离的绘图对象,可以单独对其进行修改。

图片在文档中的位置有浮动式和嵌入式两种。浮动式图片可以被插入图形层,可在页面上精确地定位,并可将其放在文本或其他对象的前面或后面;嵌入式图片被直接放置在文本的插入点处,占据了文本处的位置。浮动图片和嵌入图片可相互转换,在默认情况下,Word 将插入的图形作为浮动图片。

1. 插入剪贴画

剪贴画是软件公司为 Office 系列软件专门提供的内部图片,剪贴画一般都是矢量图形,采用 WMF 格式,包括人物、科技、商业和动植物等类型。插入剪贴画的操作步骤如下。

①在文档中选定插入点。

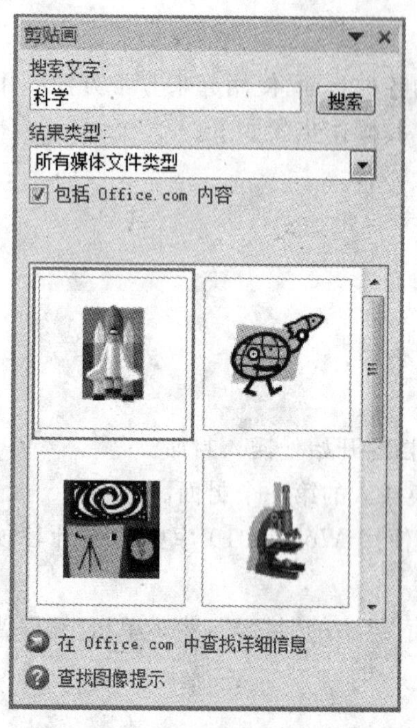

图 3.65 “剪贴画”任务窗格

②在“插入”选项卡的“插图”组中单击“剪贴画”,显示“剪贴画”任务窗格,如图 3.65 所示。

③在“搜索文字”框中输入剪贴画文件的全部或部分文件名,或输入搜索关键字,如“科学”;在“结果类型”下拉列表框中选择结果类型,如“剪贴画”,然后单击“搜索”按钮。

如果要将搜索范围扩展为包括 Web 上的剪贴画,那么单击“包括 Office.com 内容”复选框。

若要将搜索结果限制于特定媒体类型,则单击“结果类型”框中的箭头,并选中“插图”、“照片”、“视频”或“音频”旁边的复选框。

④在显示搜索结果列表中,用鼠标指向要插入的图片,直接单击图片或单击其右侧的下拉箭头后,选择“插入”。

2. 插入来自网页的图片

插入来自其他网站的图片的操作步骤如下。

①打开 Word 文档。

②将要插入的图片从网页拖动到 Word 文档中。

确保所选图片不是到其他网页的链接。如果拖动的是链接图片,则该图片将作为链接而不是图像插入文档。插入来自网页的链接图片的操作步骤如下。

①打开 Word 文档。

②在网页上，右键单击要插入的图片，然后单击“复制图片”命令。

③在 Word 文档中，右键单击要插入图片的位置，然后单击“粘贴”按钮。

3. 插入来自文件的图片

在 Word 中，可以直接插入的通用图形文件有 Windows 位图(. bmp 等)、Windows 图元(. wmf)、Joint Photographic Experts Group(. jpg)等。其操作步骤如下。

①将插入点定位于文档中合适的位置。

②在“插入”选项卡的“插图”组中单击“图片”命令，显示“插入图片”窗口。

③选择要插入的图形文件，然后单击“插入”按钮。

4. 插入来自扫描仪的图片

从扫描仪(事先应配置扫描仪)向文档中插入图片的操作步骤如下。

①单击“开始”按钮，依次指向“所有程序”、“Microsoft Office”、“Microsoft Office 工具”，然后单击“Microsoft 剪辑管理器”，打开“收藏夹 — Microsoft 剪辑管理器”窗口。

②在扫描仪中放置要扫描的一个或多个项目。

③在“文件”菜单上，指向“将剪辑添加到管理器”，然后单击“来自扫描仪或照相机”，如图 3.66 所示。

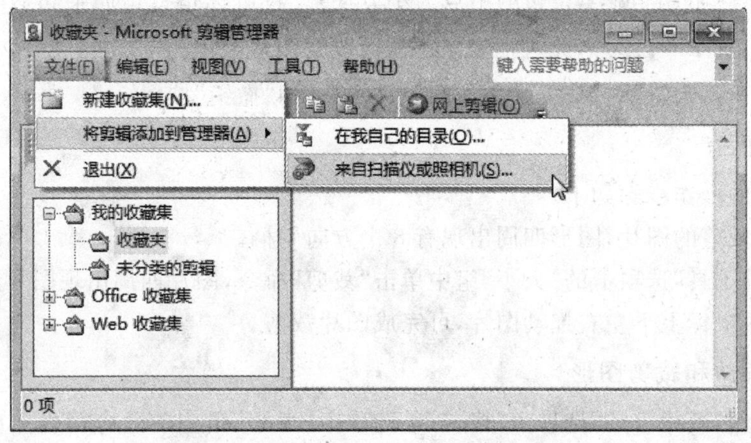

图 3.66 “收藏夹 — Microsoft 剪辑管理器”窗口

④扫描完成后，确保选中需要在文档中插入的所有页面。

⑤在“文件”菜单上，单击“保存”按钮。

⑥在“保存类型”框中，单击“TIFF”。在“另存为”对话框中，命名该文件，然后单击“保存”按钮。

⑦返回到 Word。

⑧在“插入”选项卡上的“插图”组中单击“图片”。

⑨在“插入图片”对话框中选择已扫描的图像，然后单击“插入”按钮。

5. 插入屏幕截图

在 Word 中，需要为文档插入图片时还可以直接截取计算机所打开的窗口。截取时可根据需要选择截取全屏图像或自定义的截取范围。

(1) 截取全屏图像

截取全屏图像操作步骤如下。

①在“插入”选项卡的“插图”组中单击“屏幕截图”按钮,打开“可用视窗”列表。列表中显示的是用户打开的所有窗口缩略图。

②在列表中单击需插入文档的窗口缩略图。

(2) 自定义截图

①在“插入”选项卡的“插图”组中单击“屏幕截图”按钮,再单击“屏幕剪辑”命令。

②打开截图窗口后,等待窗口的画面处于白雾状态时,按住鼠标左键拖动鼠标选取截图范围,确定将要截取的范围后释放鼠标即可。

3.5.2 调整与修饰图片

插入了剪贴画或图片后,还可以对它们进行进一步的修饰。如进行缩放、移动、裁剪、设置文字环绕等。这些操作可在“图片工具”选项卡中完成。

1. 缩放图片

使用鼠标可以快速缩放图片。在图片的任意位置单击鼠标左键,图形四周出现有8个方向句柄(4个角上为小圆圈,4条边的中点为小方块)。将鼠标指针指向某句柄时,鼠标指针变为双向箭头(↕ ↔ ↖↘ ↙↗),此时拖曳鼠标就可改变图片大小。

如果对更改不满意,则单击“快速访问工具栏”上的“撤销”按钮。

2. 裁剪图片

裁剪图片的操作步骤如下。

①选中要裁剪的图片,图形四周出现有8个方向句柄。

②在“图片工具”选项卡的“大小”组中单击“裁剪”命令,图片四周出现图片边界,鼠标指针变为裁剪形,用鼠标上下左右拖动图片,可完成图片裁剪。

3. 精确缩放和裁剪图形

用户可使用“图片工具”选项卡“格式”子选项卡“大小”组中的命令精确缩放和裁剪图形。其操作步骤如下。

①选中要缩放和裁剪的图形。

②在“图片工具”选项卡的“格式”子选项卡的“大小”组右下角单击“对话框启动器”,打开的“大小”对话框,如图3.67所示。

③如有必要,则单击该对话框的“大小”选项卡。在“缩放”栏下,单击“高度”、“宽度”框中的微调按钮更改缩放比例。

图片按设定的比例缩放。图3.67所示为按18%缩小。

④单击“确定”按钮。

图片按设定的值进行缩放。

通过调整“图片工具”选项卡的“格式”子选项卡的“大小”组中的“形状高度”框或“形状宽度”框中的微调按钮也可对图片进行精确缩放。对于图形的复制、删除操作方法与文本的复制、删除的操作方法相同。

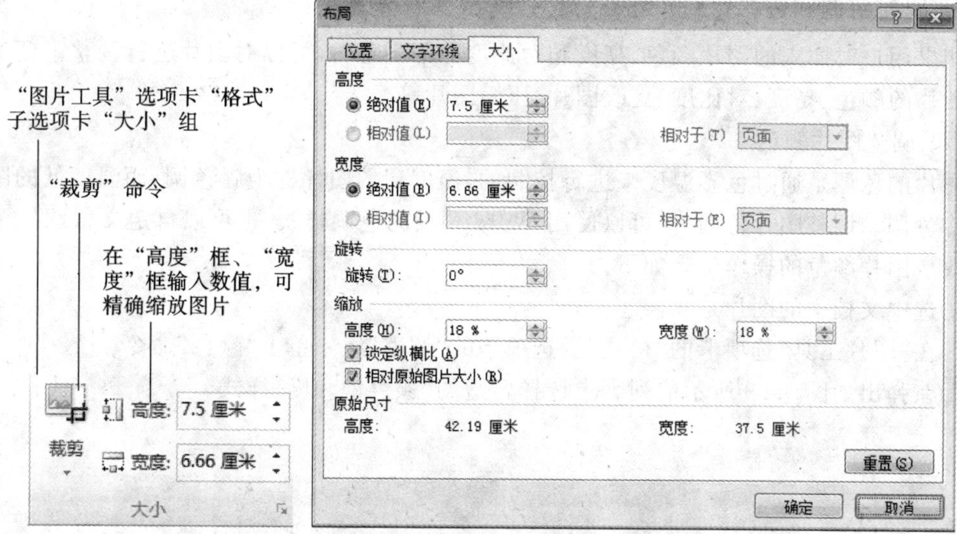

图 3.67 "大小"组与"布局"对话框的"大小"选项卡

4. 改变图片的位置和环绕方式

在 Word 中，插入的图片默认为嵌入图片，嵌入图片不可在页面上自由移动。移动图片，跟移动文本一样简单。改变图片在文档中的位置和文字环绕方式的操作步骤如下。

①选中文档中的图片。

②在"图片工具"选项卡的"格式"子选项卡的"排列"组(见图 3.68(a))中单击"位置"，如图 3.68(b)所示，用鼠标指向一个图片位置图标，图片在文档的位置会随之改变，在所需要的图片位置图标上单击鼠标左键。

③在"图片工具"选项卡的"排列"组中单击"自动换行"命令，如图 3.68(c)所示，选择所需要的文字环绕方式。

④如果单击图 3.68(c)中的"其他布局选项"，可打开"布局"对话框，在其中可以精确设置图片在文档中的位置和环绕方式。

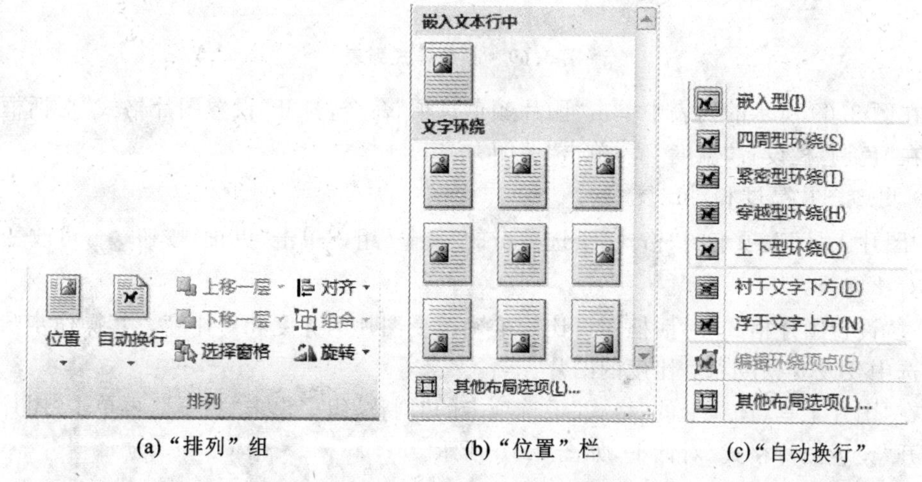

(a)"排列"组　(b)"位置"栏　(c)"自动换行"

图 3.68 设置图片位置与文字环绕

5. 调整色调和效果

如果用户对插入的图片颜色、亮度和对比度等不满意时，可以对图片进行调整。调整图片包括图片的颜色、亮度、对比度、更改图片、压缩图片等。

(1) 调整图片颜色

图片的色调是通过色彩温度来进行控制的，温度高的图片称为暖色调，而温度低的图片就称为冷色调。调整图片色调时，可以使用 Word 预设的色调样式，也可以自定义色调。

改变图片颜色的操作步骤如下。

①选中文档中的图片。

②在“图片工具”选项卡的“格式”子选项卡的“调整”组中单击“颜色”命令。

③在弹出如图 3.69 所示的列表中选择合适的“颜色饱和度”样式。

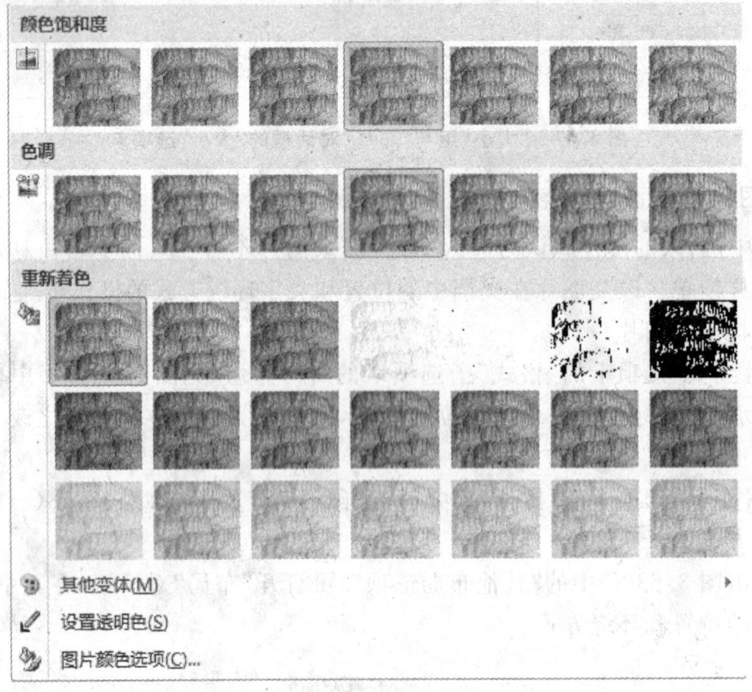

图 3.69　颜色样式列表

④在图 3.69 所示的列表中单击“图片颜色选项”命令，打开“设置图片格式”对话框。

⑤在“色调”栏设置“温度”值，单击“关闭”按钮。

(2) 更改图片亮度和对比度

在“图片工具”选项卡的“格式”子选项卡的“调整”组中单击“更正”按钮，可改变图片的亮度和对比度。

通过“设置图片格式”对话框还可比较准确改变图片的亮度和对比度。其操作步骤如下。

①选中要改变亮度和对比度的图片。

②在“图片工具”选项卡的“格式”子选项卡的“调整”组中单击“更正”，再单击“图片更正选项”，打开“设置图片格式”对话框，如图 3.70 所示。

在“图片工具”选项卡的“格式”子选项卡的“图片样式”组右下角单击“对话框启动器”，或在图片的右键菜单中选择“设置图片格式”命令，也可打开该对话框。

③如有必要，在对话框左侧选择“图片更正”，在右侧通过调整亮度和对比度后面的滑块或数值框上微调按钮，就可以了。

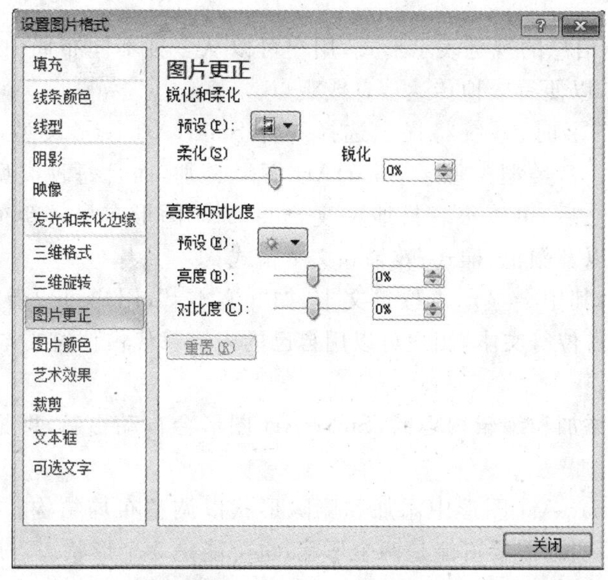

图 3.70 “设置图片格式”对话框“图片更正”选项

(3) 应用图片样式

可以通过添加阴影、发光、映像、柔化边缘、棱台和三维(3-D)旋转等效果来增强图片的感染力。

更改或添加图片效果的操作步骤如下。

①单击要更改或添加效果的图片。

②在“图片工具”选项卡的“格式”子选项卡的“图片样式”组中单击“图片效果”。

③如果要添加或更改内置的效果组合，则指向“预设”，然后单击所需的效果。

要自定义内置的效果，可单击“三维选项”，然后选择所需的选项。

④如果要添加或更改阴影，则指向“阴影”，然后单击所需的阴影。

要自定义阴影，可单击“阴影选项”，然后选择所需的选项。

⑤如果要添加或更改映像，则指向“映像”，然后单击所需的映像变体。

⑥如果要添加或更改发光，则指向“发光”，然后单击所需的发光变体。

要自定义发光颜色，可单击“其他亮色”，然后选择所需的颜色。要将颜色更改为“主题颜色”中没有的颜色，可单击“其他颜色”，然后在“标准”选项卡上单击所需的颜色，或者在“自定义”选项卡上混合出自己的颜色。如果以后更改文档主题，则自定义颜色和“标准”选项卡上的颜色都不会更新。

⑦如果要添加或更改柔化边缘，则指向“柔化边缘”，然后单击所需边缘的大小。

⑧如果要添加或更改边缘，则指向“棱台”，然后单击所需的棱台。

要自定义棱台，可单击“三维选项”，然后选择所需的选项。

⑨如果要添加或更改三维旋转，则指向“三维旋转”，然后单击所需的旋转。

要自定义旋转，可单击“三维旋转选项”，然后选择所需的选项。

3.5.3 创建 SmartArt 图形

SmartArt 图形是信息的视觉表示形式，用户可以从多种不同布局中进行选择，从而快速轻松地创建所需形式，以便有效地传达信息或观点。

创建 SmartArt 图形时，系统将提示选择一种 SmartArt 图形类型，如"流程"、"层次结构"、"循环"或"关系"。其类型类似于 SmartArt 图形类别，而且每种类型包含几个不同的布局。选择了一个布局之后，可以很容易地更改 SmartArt 图形布局。新布局中将自动保留大部分文字和其他内容以及颜色、样式、效果和文本格式。

选择了某布局时，其中会显示占位符文本，如"[文本]"，用户可以看到 SmartArt 图形的外观。系统不会打印占位符文本，用户可以用自己的内容替代占位符文本。但是，形状是始终显示的且会打印出来。

在"文本"窗格中添加和编辑内容时，SmartArt 图形会自动更新，即根据需要添加或删除形状。

用户还可以在 SmartArt 图形中添加和删除形状以调整布局结构。例如，"基本流程"布局显示有 3 个形状，但实际需要可能是两个形状，也可能是 5 个形状。当用户添加或删除形状以及编辑文字时，形状的排列和这些形状内的文字量会自动更新，从而保持 SmartArt 图形布局的原始设计和边框。

1. 规划 SmartArt 图形

在创建 SmartArt 图形之前，要根据数据的类型和布局进行合理规划。希望通过 SmartArt 图形传达哪些内容？是否要求特定的外观？可以尝试不同类型的不同布局，直至找到一个最适合对信息进行图解的布局为止。SmartArt 图形应该清楚和易于理解，表 3.8 所示的是图形类型与图形用途之间的关系，可以帮助用户规划 SmartArt 图形。

表 3.8 图形类型与图形用途之间的关系

图形的用途	图形类型
显示无序信息	列表
在流程或日程表中显示步骤	流程
显示连续的流程	循环
显示决策树	层次结构
创建组织结构图	层次结构
图示连接	关系
显示各部分如何与整体关联	矩阵
显示与顶部或底部最大部分的比例关系	棱锥图

此外，还要考虑文字量，因为文字量通常决定了所用布局以及布局中所需的形状个数。通常，在形状个数和文字量仅限于表示要点时，SmartArt 图形最有效。如果文字量较大，则会分散 SmartArt 图形的视觉吸引力，使这种图形难以直观地传达信息。但某些布局，如"列表"类型中的"梯形列表"，适用于文字量较大的情况。

2. 创建 SmartArt 图形

创建 SmartArt 图形方便快捷，操作步骤如下。

①在文档中定位插入点。

②在“插入”选项卡的“插图”组中单击“SmartArt”，打开“选择 SmartArt 图形”对话框，如图 3.71 所示。

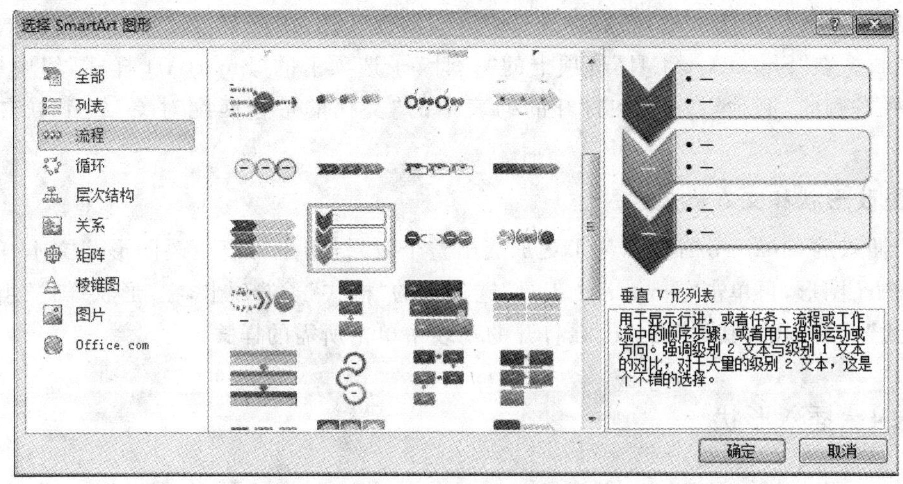

图 3.71 “选择 SmartArt 图形”对话框

③选择所需的类型(如“流程”)和布局(如“垂直 V 形列表”)，单击“确定”按钮。

④单击 SmartArt 图形中的一个形状，然后键入文本。或者，单击“文本”窗格中的“[文本]”，然后键入或粘贴文字。

3. 添加与删除形状

如果插入的图形不够使用，用户可以根据需要进行添加；当形状多余时，也可将其删除。

(1) 添加形状

默认情况下，单击“创建图形”组中的“添加形状”按钮就可直接在 SmartArt 图形后面添加一个形状。在添加 SmartArt 图形时，也可以选择 SmartArt 提供添加形状的方式。

使用“复制”、“粘贴”功能也可以添加形状。其方法是，选中要复制的形状，在“开始”选项卡的“剪贴板”组中单击“复制”按钮，再选择要粘贴的形状的位置，最后在“开始”选项卡的“剪贴板”组中单击“粘贴”按钮。

(2) 删除形状

如果添加的形状太多时，就要将其删除。删除形状的方法是，选中要删除的形状，按键盘上的 Delete 键或 Backspace 键，或在“开始”选项卡的“剪贴板”组中单击“剪切”按钮。

4. 调整图形布局

当用户对文档中 SmartArt 图形布局不满意时，可以按下列步骤进行修改。

①选择 SmartArt 图形。

②在“SmartArt 工具”选项卡的“设计”子选项卡的“布局”组中单击“更改布局”右侧的“其他”按钮 ▾，在打开的列表中重新选择一种布局。

5. 更改 SmartArt 图形的颜色

可以将来自“主题颜色”(即文件中使用的颜色的集合。主题颜色、主题字体和主题效果三者构成一个主题)的颜色变体应用于 SmartArt 图形中的形状。在“SmartArt 工具”选项卡的“设计”子选项卡的“SmartArt 样式”组中单击“更改颜色”,在其列表中单击所需的颜色。

6. 更改图形样式

在创建 SmartArt 图形后,图形本身是有一定的样式的,用户也可以通过快速样式功能修改图形样式。在“SmartArt 工具”选项卡的“设计”子选项卡的“SmartArt 样式”组中单击“快速样式”栏右侧的“其他”按钮,在打开的列表中的“文档的最佳匹配对象”栏中单击所需的样式。

7. 更改形状和文本样式

对于插入的 SmartArt 图形,为了更加突出整个效果,用户可以更改图形与文本样式。单击 SmartArt 图形,再单击“SmartArt 工具”选项卡的“格式”子选项卡,在“形状样式”组中单击“快速样式”栏右侧的“其他”按钮。在打开的列表中单击所需的样式。

3.5.4 插入形状

利用“插入”选项卡的“插图”组中的“形状”,可以绘制线条、基本形状、椭圆、箭头、旗帜、星形等多种图形。在绘图时,一定要在“页面视图”或“Web 版式视图”中进行。

1. 绘制自选图形

Word 提供了一套现成的基本图形,在文档中可以方便地使用这些图形,并可对这些图形进行组合、编辑等。在 Word 文档中绘制自选图形的操作步骤如下。

①单击“状态栏”上的视图按钮,或在“视图”选项卡的“文档视图”组中进行选择,切换到“页面视图”或“Web 版式视图”。

②将插入点定位在要插入图形的地方。

③在“插入”选项卡的“插图”组中单击“形状”,再单击“新建绘图画布”。

此时,在插入点插入一张默认大小的画布。

④在“绘图工具”选项卡的“插入形状”组中单击所需要的形状,移动鼠标到画布中,鼠标变成十字形十后,单击鼠标左键或拖曳鼠标就可画出所选的形状。

如果在“插入形状”组中看不到所需要的形状,则单击上、下翻页箭头查找;或单击“其他”按钮,显示各类形状列表,再在列表中查找,如图 3.72 所示。

⑤如果要将图片粘贴到画布中,则应先将嵌入型图片更改为浮动型(方法是在“图片工具”选项卡的“格式”子选项卡的“排列”组中单击“自动换行”,再选择“上下型环绕”或“四周型环绕”等),再把图片拖曳到画布中,或者“复制”后“粘贴”到画布中。

⑥如果要在画布中重画同一图形,则可以选中这一图形,再按住 Ctrl 键,当鼠标指针变成形时,拖曳到新位置即可。这一方法对于画“标注”等图形特别有用。

2. 在自选图形中加文字

对在自选图形上(直线和任意多边形除外)添加的文字可以进行字符格式的设置,这些文

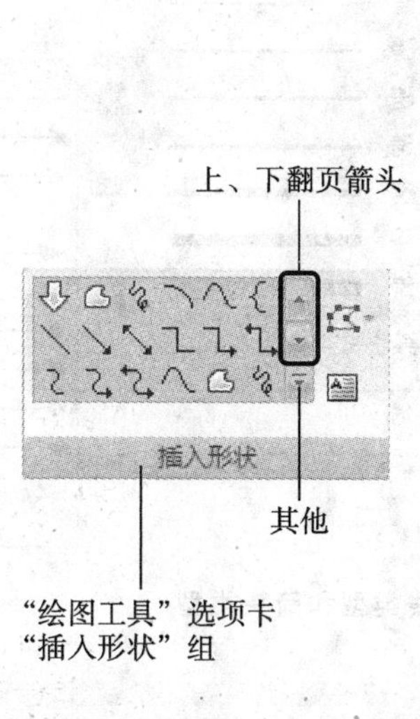

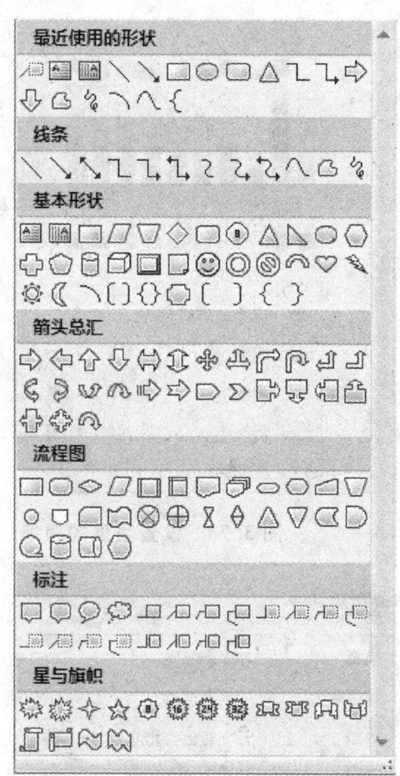

图 3.72　选择要绘制的自选图形

字也随着图形的移动而移动。其操作方法是，用鼠标右键单击要添加文字的图形对象，从快捷菜单中选择“添加文字”命令，Word 自动在图形对象上显示文本框，然后输入文字。

3. 设置自选图形格式

通常，所绘制的图形边线是黑色的，中间用白色进行填充。为了美化图形，也可对图形进行填充等格式设置。

(1) 设置线型的粗细、虚线类型和箭头类型

设置线型的粗细、虚线类型和箭头类型有两种方法。

方法一：

①在“绘图工具”选项卡的“格式”子选项卡的“形状样式”组中单击“形状轮廓”按钮上的下拉箭头。

②如图 3.73 所示，在“形状轮廓”列表中指向“粗细”，选择所需要的粗细；指向“虚线”，选择所需要的虚线类型；指向“箭头”，选择所需要的箭头类型。

③如果单击“形状轮廓”列表下端的“图案”，则在可“带图案的线条”对话框中选择线条的图案。

方法二：

①选中要设置线型的粗细、虚线类型和箭头类型的图形。

②在“绘图工具”选项卡的“格式”子选项卡的“形状样式”组右下角单击“对话框启动器”，打开“设置形状格式”对话框，如图 3.74 所示。

在图形上单击鼠标右键，从快捷菜单中选择“设置形状格式”命令，也可以打开此对话框。

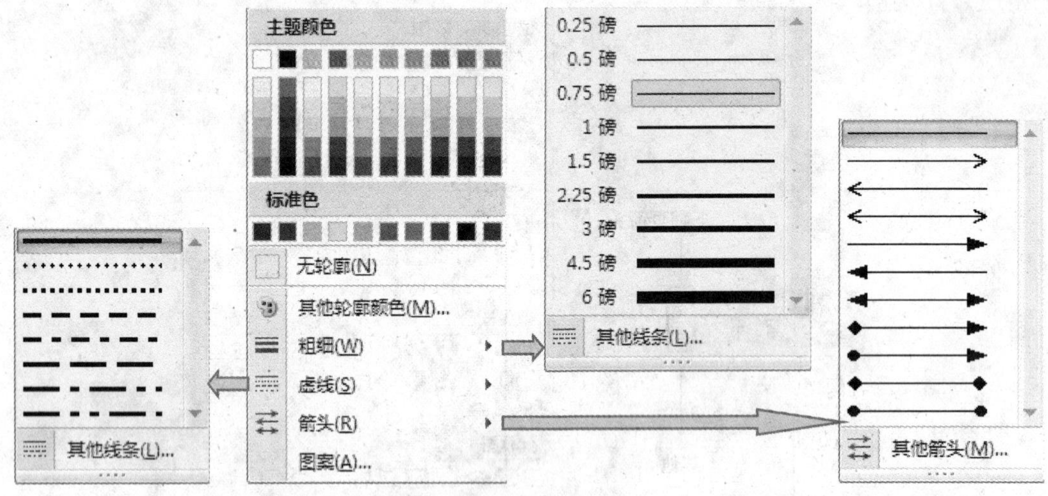

图 3.73 设置线型的粗细、虚线类型和箭头类型

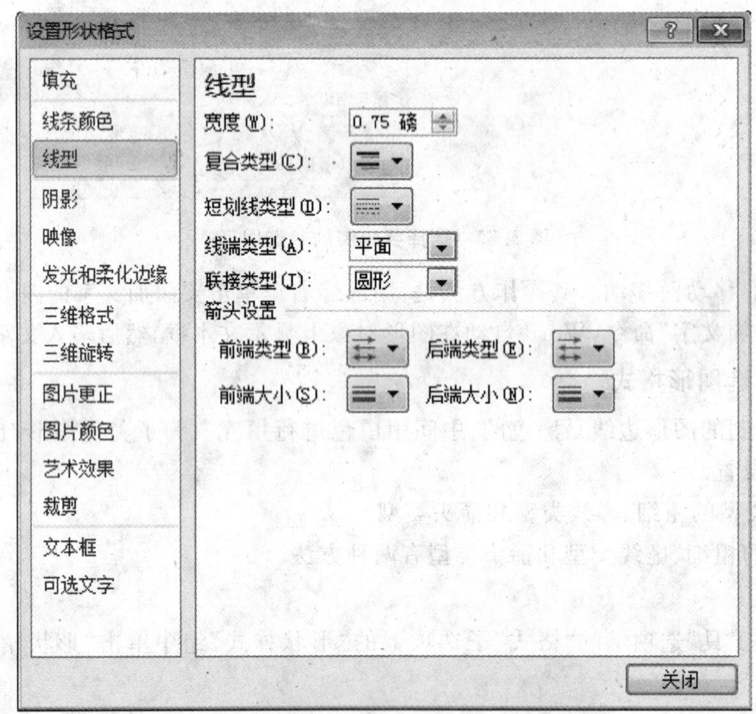

图 3.74 “设置形状格式”对话框“线型”选项

③如有必要，则在左侧列表中单击“线型”选项；在右侧“线型”栏下设置线型虚实、粗细和箭头样式。

(2)填充颜色和图案

当要对绘制的图形填充颜色和图案时，可通过“绘图工具”选项卡的“格式”子选项卡的“形状样式”组中的“形状填充”来完成。也可在图 3.74 所示的对话框中，选择左侧的“填充”后，再右侧进行填充设置。

虽然对图形填充与对图片填充的操作方式相同，但效果不同，前者作用于边线围起的封闭图形，后者作用于图片的背景部分。

4. 更改叠放次序

当在文档中绘制多个重叠图形时，按绘制的顺序，每个重叠的图形有叠放的次序，最先插入的在最下面。若要改变某个图形的叠放次序，则只要选定该图形，然后在“绘图工具”选项卡的“格式”子选项卡的“排列”组中单击“上移一层”或“下移一层”来改变图形的叠放次序。

5. 旋转或翻转图形

利用鼠标或“绘图工具”选项卡的“格式”子选项卡的“排列”组中的“旋转”可以对绘制的图形旋转任意角度。其操作步骤如下。

①选中要做旋转操作的图形。

②用鼠标指针指向图形的旋转句柄，当鼠标指针变成形状时，按下鼠标左键并向左或右拖曳鼠标到需要旋转到的位置后，释放鼠标左键，如图 3.75 所示。

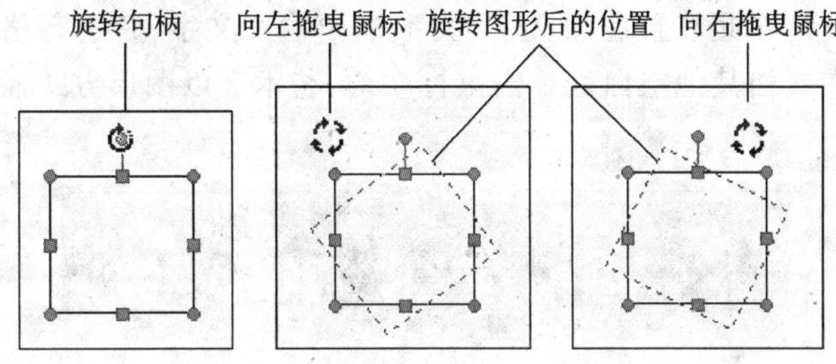

图 3.75 用鼠标旋转图形

③在“绘图工具”选项卡的“格式”子选项卡的“排列”组中单击“旋转”，再根据需要选择“向右旋转 90°”、“向左旋转 90°”、“垂直翻转”或“水平翻转”。

如果要准确改变图形旋转角度，则单击“其他旋转选项”，打开“布局”对话框，在“旋转”栏中输入所需要的旋转角度。

对绘制的图形还可以通过“绘图工具”选项卡的“格式”子选项卡的“形状样式”组中的“形状效果”按钮来美化图形。

同一画布中，如果绘制了多个图形，则可通过“绘图工具”选项卡的“格式”子选项卡的“排列”组中的“对齐”，对图形进行对齐操作。还可以通过“排列”组中的“组合”，将多个图形组合起来，形成一个整体。

3.5.5 使用艺术字

对于专业出版人员来说，除了需要在文档中使用图片、自选图形外，还需要在文档中插入各种各样的艺术字。在 Word 中，可以通过插入“艺术字”形状的文本，从而增强文档的视觉效果。

在文档中插入“艺术字”的操作步骤如下。

①将插入点定位于要加入艺术字的位置。

②在“插入”选项卡的“文本”组中单击“艺术字”，然后在艺术字样式库中选择所需的艺术字样式，如图 3.76 所示。

图 3.76　艺术字样式

③在文档中插入“请在此放置您的文字”文本框中输入文字，并进行格式设置，如图 3.77 所示。输入完成后，在文档其他空白处单击鼠标左键，艺术字以图形方式插入在文档中。

图 3.77　输入艺术字的内容

若要对艺术字图形编辑，则单击该图形，出现 8 个方向句柄，此时可对图形进行移动、缩放等操作。同时 Word 自动显示“艺术字工具”选项卡，利用它可对产生的艺术字进行编辑和美化。美化艺术字跟美化自选图形一样简单。

3.5.6　编辑公式

在 Word 中可以建立复杂的数学公式。当键入公式时，Word 会根据数字和排版格式约定，自动调整公式中各元素的大小、间距和格式编排等。对产生的数学公式也可以用前面介绍的图形处理方法进行各种编辑操作。

1. 插入常用公式

Word 中内置了“二次公式”、“二项式定理”、“傅立叶级数”、“泰勒展开式”等 9 种常用的或预先设好格式的公式。

要插入常用公式，先将插入点定位于要插入公式的位置，再在“插入”选项卡的“符号”组中单击“π 公式”下的箭头，然后在“内置”列表中单击所需的公式。或者，单击“Office.com 中的其他公式”后，在列表中选择其他公式。

2. 编写公式

若要编写公式，可使用 Unicode 字符代码和“数学自动更正”项将文本替换为符号。在键入公式时，Word 可以将该公式自动转换为具有专业格式的公式。

以公式 $y=\dfrac{x\sin\sqrt{x^3-4x^2+6x}}{\dfrac{x^5}{x^3-3}\displaystyle\int_1^2 x\cdot\sqrt[3]{4x^2-7}\mathrm{d}x}$ 为例，说明编写公式的操作步骤。

①将插入点定位于要插入公式的位置。

②在“插入”选项卡的“符号”组中单击“公式”下的箭头，然后单击“插入新公式”。或者，单击“公式”。

③在文档中出现公式占位符，并显示“公式工具”选项卡，如图3.78所示。

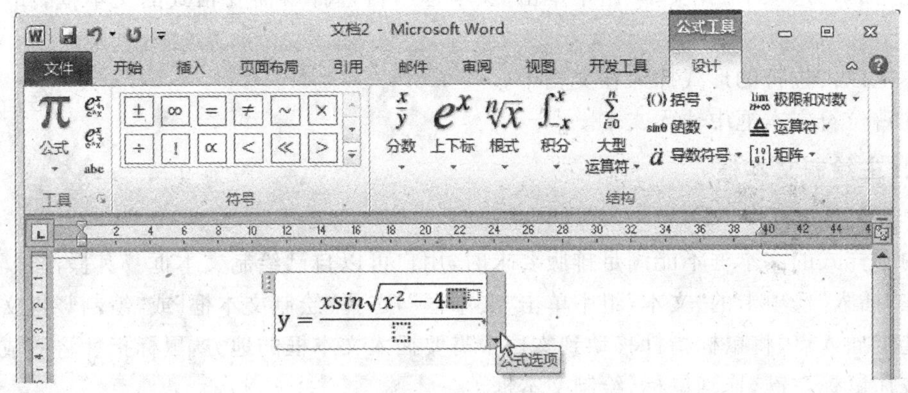

图3.78 输入公式

④在“公式工具”选项卡的“设计”子选项卡的“结构”组中单击所需的结构类型(如分数或根式)，然后单击所需的结构。

⑤如果结构包含占位符，则在占位符内单击，然后键入所需的数字或符号。公式内的占位符是公式中的小虚框。

如图3.78所示，输入指定公式的操作步骤依次为，输入“y=”，单击“结构”组中的“分数”，单击“分数(竖式)”，单击分子占位符；输入“xsin”，单击“根式”，再单击“平方根”，单击根式下的占位符；单击“上下标”，选择“上标”；单击“底”占位符，输入“x”；单击上标占位符，输入“3”；按右方向键，输入“－4”；单击“上下标”，选择“上标”……

3. 添加公式到常用公式列表中

为方便使用，用户可将常用公式添加到常用公式列表中。其操作步骤如下。

①选择要添加的公式。

②在“公式工具”选项卡的“设计”子选项卡的“工具”组中单击“公式”，然后单击“将所选内容保存到公式库”，打开“新建构建基块”对话框。

单击公式占位符右边的“公式选项”按钮，选择“另存为新公式”，也可以打开该对话框。

③在该对话框中键入公式的名称。

④在“库”列表中单击“公式”。

⑤选择所需的任何其他选项。

3.5.7 文本框的使用

文本框是一种特殊的文本对象，既可以当图形对象处理，又可以当作文本对象处理。文本框是存放文本的容器，可在页面上定位并调整其大小。文本框是一种可移动、可调大小的文字或图形容器。使用文本框，可以在一页上放置数个文字块，或使文字按与文档中其他文字不同的方向排列。

1. 插入预设格式的文本框

Word 提供了 44 种预设格式的文本框样式模板，使用这些模板可以快速创建带样式的文本框。其操作步骤如下。

①在文档中定位插入点。

②在“插入”选项卡的“文本”组中单击“文本框”，再选择所需要格式的文本框，如“大括号型引述”。

文本框以占位符的形式插入在文档中。

③在占位符文本框中输入文本。

2. 自主绘制文本框

(1) 绘制文本框

当内置样式的文本框不能满足排版要求时，用户可以自己绘制文本框。其操作步骤如下。

①在“插入”选项卡的“文本”组中单击“文本框”，选择“绘制文本框”或“绘制竖排文本框”。

②选定插入点，将鼠标指针移动到文档中需要插入文本框的地方，鼠标指针将变成十字线形状。按住鼠标左键，拖动鼠标，绘制文本框。

③当文本框的边框达到所需大小后，释放鼠标左键。

(2) 设置文本框格式

跟其他图形一样，文本框也能进行格式化设置，使用“绘图工具”选项卡的“格式”子选项卡的“形状样式”组中的“快速样式”栏可以设置包括文本框样式、大小、三维效果和排列方式等，也可以直接应用快速样式栏中提供的文本框样式。

3. 链接文本框

在 Word 中，可以在文档中建立多个文本框，并且将它们链接起来，前一个文本框装不下的文字将出现在下一个文本框的顶部；同样，当删除前一个文本框的内容时，后一个文本框的内容将上移。

创建文本框间链接的操作步骤如下。

①在文档中建立两个文本框。

②选定第一个文本框，在“绘图工具”选项卡格式”的子选项卡“文本”组中单击“创建链接”，鼠标指针变成一只直立的杯子。

③将鼠标指向要链接的文本框（该文本框必须为空），当鼠标指针变成一只倾斜的杯子时单击，则两个文本框之间建立了链接。

④在第一个文本框中键入所需的文字。如果该文本框已满，则超出的文字将自动转入下一个文本框。

由于每个文本框仅有一个前向和后向链接，所以可以断开两个文本框之间的链接。其方法是，将插入点定位在第一个文本框处，在“绘图工具”选项卡的“文本”组中单击“断开链接”，则第二个文本框内容为空，原内容在第一个文本框中（由于受第一个文本框大小的局限，没有显示出来）。

3.5.8 制作水印

在许多重要文档中，可以为文档的背景设置一些隐约的文字或图案，这称为“水印”。在Word中，可方便地制作具有各种符号的水印。

1. 通过页眉和页脚制作水印

当文档的每一页都要有水印时，可通过“页眉和页脚”来制作。其操作步骤如下。

①在“插入”选项卡的“页眉和页脚”组中单击“页眉”，选择“编辑页眉”。

②在“插入”选项卡的“插图”组中单击“图片”，找到所需的图片文件。

③单击“插入”按钮。

2. 通过图形的层叠来制作水印

当文档中某一页要有水印时，可通过图形的层叠来制作。其操作步骤如下。

①选中图片。

②在“图片工具”选项卡的“格式”子选项卡“排列”组中单击“自动换行”，选择“衬于文字下方”命令，让正文穿越图形显示。

③在“图片工具”选项卡的“格式”子选项卡“调整”组中单击“颜色”，在“重新着色”列表中选择“冲蚀”或其他颜色样式，使图片呈暗淡色。

若以层叠方式制作水印，图片必须以浮动式插入，插入嵌入式图片无法制作水印。

若要对水印进行编辑，则如同创建时一样，先进入其界面，然后选中水印，进行缩放、改变颜色等操作；也可删除水印。

3. 通过水印按钮来制作水印

在“页面布局”选项卡的“页面背景”组中，单击“水印”按钮，然后选择一种系统内置水印或Office.com中的其他水印。或者，选择“自定义水印”项，打开“水印”对话框，自定义水印。

3.6 处理 Word 表格

在进行字处理时，经常会用表格或统计图表来表示一些数据，这样可以简明、直观地表达一份文件或报告的意思。Word提供了丰富的表格功能，如建立、编辑、格式化、排序、计算和将表格转换成各类统计图表等，在Word中，还可以自由绘制斜线和任意单元格的功能。

3.6.1 创建表格

Word表格的结构是由“行”、“列”确定的，一行和一列的交叉处是一个“单元格”，表格的信息包含在各个单元格中，用户可在单元格中输入文本和图形。建立表格时，一般先指定行数、列数，生成一个空表，然后再输入单元格的内容；也可以把已键入的文本转变成表格。

1. 快速插入空表格

如图3.79所示，在“插入”选项卡的“表格”组中单击“表格”，在“插入表格”示意框中拖动鼠标，当行数、列数满足要求（如2列6行）时，单击鼠标左键，在文档中插入一个空表格。

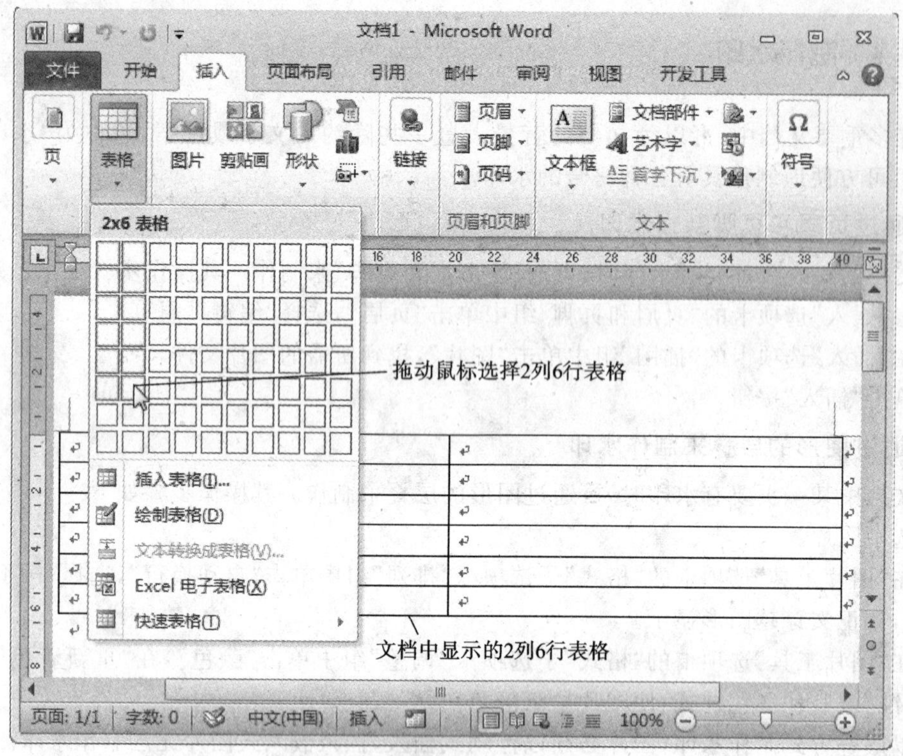

图 3.79 快速插入一个空表格

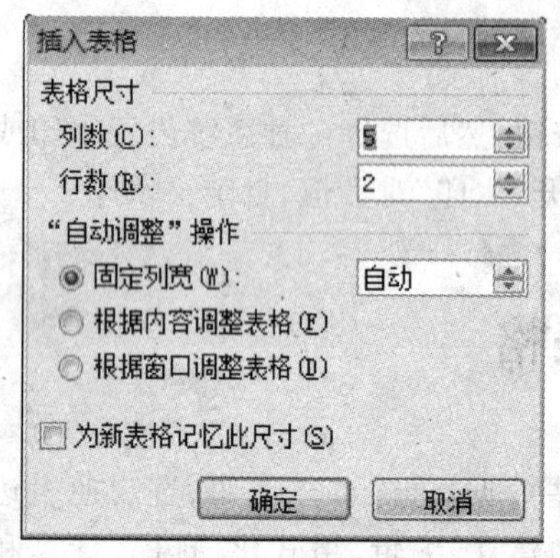

图 3.80 "插入表格"对话框

2. 插入指定行列的空表格

将光标定位在需插入表格的位置，在"插入"选项卡的"表格"组中单击"表格"，再单击"插入表格"命令，打开如图 3.80 所示"插入表格"对话框，在"表格尺寸"栏选择列数和行数(默认是 5 列 2 行)、在"'自动调整'操作"栏根据需要做出选择，单击"确定"按钮，表格插入文档中。

3. 插入带格式的快速表格

为方便，Word 提供了 9 种带格式的示例表格。要插入这类表格，将光标定位在需插入表格的位置，在"插入"选项卡的"表格"组中单击"表格"，指向"快速表格"项，再指向某一带格式的示例表格并单击，该表格插入文档中，然后根据需要做适当修订即可。

4. 绘制不规则表格

创建表格的行列数不规则或行高、列宽不规则时，用户可以通过手工绘制表格的方法来创建。其操作步骤如下。

①在"插入"选项卡的"表格"组中单击"表格"按钮，在弹出的下拉列表中单击"绘制表格"命令。

②将鼠标移动到编辑区，当鼠标指针变成"铅笔"形状时按住鼠标左键从左上角拖动鼠标至右下角，绘制表格的大小。

③按住鼠标左键从上往下拖动鼠标，绘制表格列线。

④选择输入法，在表格中输入文字。

5. 文字和表格的相互转换

在 Word 中，可方便地实现文字和表格的相互转换。

将某表格转换为文本的操作步骤如下。

①选中要转换为文本的表格。

单击表格左上角的符号 ，选中整张表格。

②在"表格工具"选项卡的"布局"子选项卡的"数据"组中单击"转换为文本"，打开"表格转换为文本"对话框，如图 3.81 所示。

③在该对话框中选择一种文字分隔符后，如"制表符"，单击"确定"按钮。表格转换成文本，文本按制表符分隔。

将某几段文本转换为表格的操作步骤如下。

①选定要转换为表格的文本，如果文本中没有包含所需的分隔符，则应在适当的位置添加。

②在"插入"选项卡的"表格"组中单击"表格"，再单击"文本转换成表格"，打开如图 3.82 所示的"将文字转换为表格"对话框。

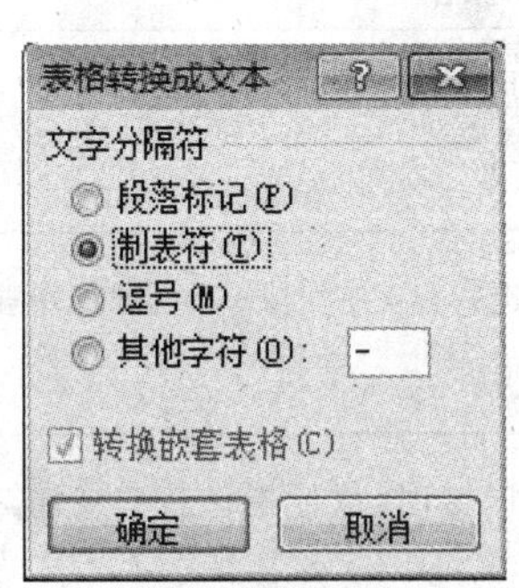

图 3.81 "表格转换成文本"对话框

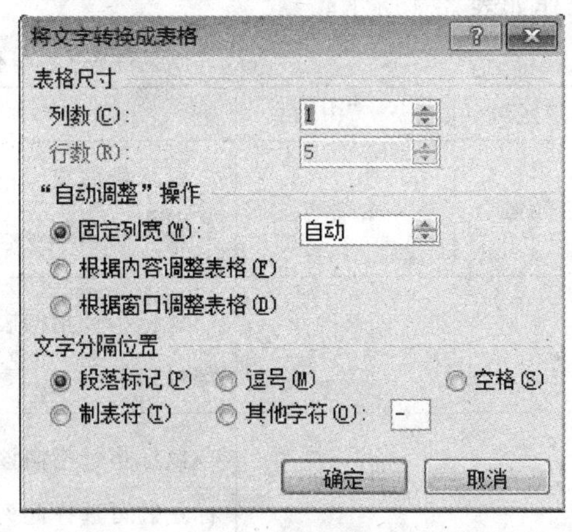

图 3.82 "将文字转换为表格"对话框

③如果 Word 能够识别出文本中的分隔符，则可以在"列数"框中显示出正确的列数。如果显示的列数与预想的不同，一般情况下是因为分隔符设置不正确。用户可以在对话框内选择文本的分隔符和列数。

④在"行数"框中显示的是表格中将包含的行数，它由指定的列数和分隔符共同决定。

⑤在"固定列宽"框中选择或输入适当的列宽，默认值为"自动"，即在文档两页边距之间插入相同宽度的列。

⑥在"文字分隔位置"栏中选择确定列的分隔符，可以选择"段落标记"、"逗号"、"空格"、"制表符"选项按钮或选择"其他字符"选项按钮并在右边的框中输入自己指定的分隔符。

⑦设置完成后，单击"确定"按钮。

有问有答

问：在将文本转换成表格之前，有什么需要注意的？

答：在将文本转换成表格之前，应当先确定已在文本中添加了分隔符，以便在转换时将文本依次放入不同的单元格中。这些分隔符包括：段落标记、制表符、逗号、空格或由用户指定的其他字符。

6. 输入表格内容

在表格建立好后，可向单元格输入文字、图形等内容。按 Tab 键使插入点往下一单元格移动；按 Shift＋Tab 键使插入点往前一单元格移动；也可将鼠标指针直接指向所需的单元格后单击。当插入点到达表中最后一单元格时，再按 Tab 键，Word 将为此表自动添加一行。

3.6.2 编辑表格

在表格中编辑文本和图形的方法与在表格外进行文档编辑的方法基本相同。表格编辑包括增加或删除表格中的行或列、改变行高和列宽、合并与拆分表格或单元格等操作。

1. 选定表格编辑对象

像对文档操作一样，对表格操作也必须“先选定，后操作”。在表格中，每一列的上边界（列上边界实线附近）、每个表格的左边沿（行或单元格）有一个看不见的选择区域。选定表格的有关操作如表 3.9 所示。

表 3.9 选定表格编辑对象

选定区域	“表格”中命令	鼠标操作
单元格	无命令	鼠标指向单元格左边界的选择区时，鼠标指针就变成了右上角方向指针，单击鼠标左键可选择该单元格
行	选定行	鼠标指针指向表格左边界的该行选择区，并变成形状时，单击鼠标左键可选择行
列	选定列	鼠标指针指向该列上边界的选择区域时，鼠标指针就变成，单击鼠标左键可选择此列
表格	选定表格	以选定行或列的方式垂直或水平拖曳鼠标或单击表格左上角的符号
块	无命令	按住鼠标左键，把鼠标指针从左上角单元拖到表格的右下角单元

2. 增加/删除行和列

图 3.83 所示，使用“表格工具”选项卡的“布局”子选项卡的“行和列”组可以方便地插入行、列、单元格，或删除行、列、单元格。

插入行：选中行，单击“行和列”组中的“在上方插入”或“在下方插入”，则在选中行的上方或下方插入一行。

插入列：选中列，单击“行和列”组中的“在左侧插入”或“在右侧插入”，则在选中列的左侧或右侧插入一列。

删除行：选中行，单击“行和列”组中的“删除”，再单击“删除行”，则删除所选中的行。

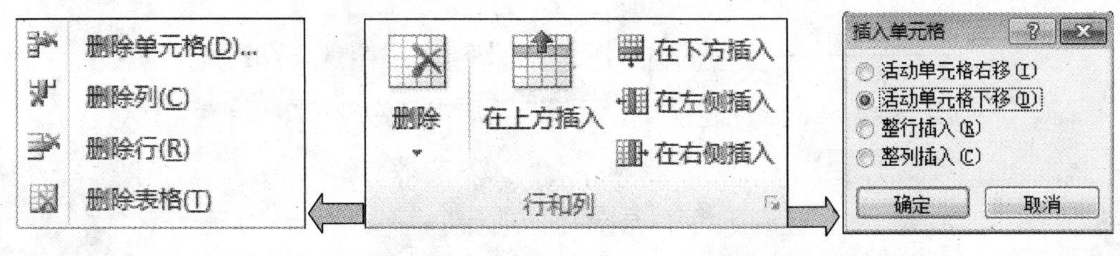

图 3.83 “表格工具”选项卡的“布局”子选项卡的“行和列”组

删除列：选中列，单击“行和列”组中的“删除”，再单击“删除列”，则删除所选中的列。

插入单元格：选中单元格，单击“行和列”组右下角的“对话框启动器”，打开“插入单元格”对话框，选定“活动单元格右移”或“活动单元格下移”单选钮，单击“确定”按钮。

删除单元格：选中单元格，单击“行和列”组中的“删除”，再单击“删除单元格”，在打开“删除单元格”对话框中，选定“右侧单元格左移”或“下方单元格上移”单选钮，单击“确定”。

删除表格：选中表格，单击“行和列”组中的“删除”，再单击“删除表格”，则删除插入点所在的表格。

技巧：若要在表格的最末增加一行，则把光标移到表格最末单元格，按 Tab 键即可；同样，要在表格的最右边增加一列，则先选定表格最右列，再进行插入列的操作；当选定某单元格后进行相应的增加、删除单元格操作时，Word 会提示现有单元格位置如何确定。

用“开始”选项卡的“剪贴板”组中的“剪切”也可完成对行或列的删除操作。

3. 移动、复制行和列

与对文本操作一样，对表格也可进行“行与行”或“列与列”之间位置的移动或复制。操作步骤是：使用“开始”选项卡的“剪贴板”组中的“剪切”、“复制”和“粘贴”，或使用快捷键 Ctrl＋X、Ctrl＋C 和 Ctrl＋V；再使用鼠标进行拖曳、编辑。

例如，要将第一列移到最右列的右边，则首先选定要移动的列（第一列），在“开始”选项卡的“剪贴板”组中单击“剪切”；然后选定要移动到的右边列（当鼠标指针移动到表格最右行末符，上边界的选择区域变成了表格列指针“⬇”时单击）；最后在“开始”选项卡的“剪贴板”组中单击“粘贴”。

4. 改变表格的行高度和列宽度

（1）用鼠标拖动边框改变行高度和列宽度

把鼠标指针移动到单元格的边框上，光标变成两条平行线和两个箭头的组合光标（÷或+||+），拖动光标改变边框的位置。边框位置改变了，表格的行高度或列宽度也随之而变。

（2）自动调整表格尺寸

自动调整表格的行高度和列宽度的操作步骤如下。

①选中单元格。

②在“表格工具”选项卡的“布局”子选项卡“单元格大小”组中单击“自动调整”，如图 3.84 所示。

③若要根据内容自动调整表格，则再选择“根据内容自动调整表格”。

Word 自动按内容调整表格宽度。

④若要根据窗口自动调整表格，则再选择“根据窗口自动调整表格”。

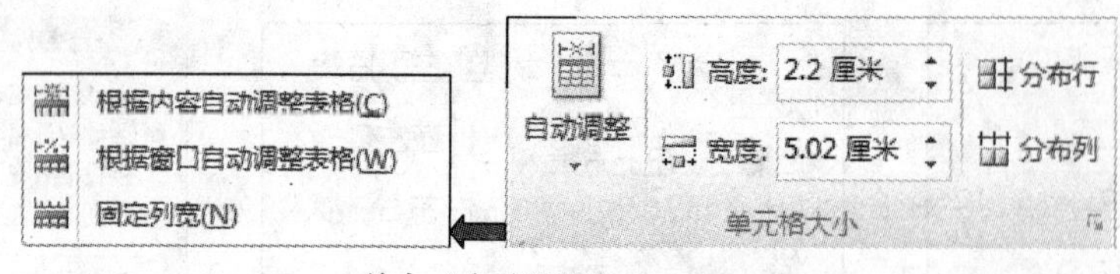

单击"自动调整"

图 3.84 "表格工具"选项卡"布局"子选项卡"单元格大小"组

Word 自动按窗口宽度调整表格宽度。

⑤若要使列宽固定不变,则再选择"固定列宽"。

(3) 精确设置行高和列宽

选中表格,在"表格工具"选项卡的"布局"子选项卡的"单元格大小"组中单击"表格行高"框上的微调按钮,可调整所选定行或单元格所在行的行高度。

(4) 平均分布行或列

选中多行,在"表格工具"选项卡的"布局"子选项卡的"单元格大小"组中单击"分布行"▭,表格将按行高平均分布。

选中多列,在"表格工具"选项卡的"布局"子选项卡的"单元格大小"组中单击"分布列"▭,表格将按列宽平均分布。

5. 合并单元格和表格

(1) 合并单元格

合并单元格是将一行或一列中的多个单元格合并成一个单元格。选定所有要合并的单元格,在"表格工具"选项卡的"布局"子选项卡的"合并"组中单击"合并单元格"。

(2) 表格的合并

如果希望将两个表格合并成一个表格,可选定其中的一个表格,并将鼠标指针放到选定区边框上,指针呈左上角指向,按下鼠标左键,拖动表格到要合并的表格处。

6. 拆分单元格和表格

(1) 拆分单元格

要将一个单元格拆分成几个单元格,则首先应选定要拆分的单元格,然后在"表格工具"选项卡的"布局"子选项卡的"合并"组中单击"拆分单元格",在弹出的"拆分单元格"对话框内输入要拆分成的单元格行数和列数。

(2) 拆分表格

要将一个表格拆分成两个表格,则首先将插入点定位在要拆分处,然后在"表格工具"选项卡的"布局"子选项卡的"合并"组中单击"拆分表格",这样便可将一个表格拆分成两个表格。

技巧:在 Word 中,合并和拆分单元格更简便的方法是直接通过"表格工具"选项卡的"设计"子选项卡的"绘图边框"组中的"绘制表格"和"擦除"实现。

3.6.3 格式化表格

格式化表格可以改变表格的外观。使用"表格工具"选项卡,可以帮助用户对表格进行各种修饰等表格的格式化操作。

1. 表格及其内容的对齐

表格内容对齐的操作如表3.10所示。

表3.10 表格及其内容的对齐

对齐对象	对齐方式	选项卡与组	按钮
表格的对齐	左、居中、右、分散	“开始”选项卡的“段落”组	文本左对齐,居中,文本右对齐,分散对齐
表格内容水平对齐	左对齐、居中、右对齐、两端对齐	“开始”选项卡的“段落”组	文本左对齐,居中,文本右对齐,两端对齐
表格内容垂直对齐	顶端对齐、居中、底端对齐	“表格工具”选项卡的“布局”子选项卡的“对齐方式”组	靠上两端对齐,靠上居中对齐,靠上右对齐,中部两端对齐,水平居中,中部右对齐,靠下两端对齐,靠下居中对齐,靠下右对齐

2. 为表格添加边框和底纹

在Word中,建立的表格一般具有3/4磅单线边框。用户可以根据自己的需求,任意修改表格的边框,还可以为单元格加上不同的底纹。

(1) 自动套用表格样式

Word提供了90多种预先定义好的表格样式,有表格的边框、底纹、字体、颜色等,使用时只要选中其中之一便能快速地编排表格。

自动套用表格样式的操作步骤如下。

①将插入点定位到表格内。

②用鼠标指向“表格工具”选项卡的“设计”子选项卡的“表格样式”组中的表格样式。

当鼠标指针指向某一表格样式时,表格会显示成所选择的样式。如果在“表格样式”组中看不到所需要的样式,则可单击“表格样式”组上的“其他”按钮。

③在“表格工具”选项卡的“设计”子选项卡的“表格样式选项”组中,可以对表格样式进行设置,如图3.85所示。在“表格样式选项”组中选中“标题行”、“最后一列”等复选框,“表格样式”组中的表格样式会发生变化。请读者在学习时,注意观察,灵活运用。

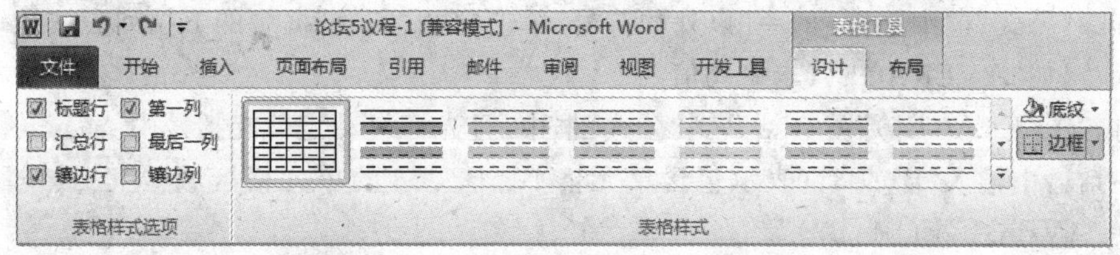

图3.85 “表格自动套用格式”对话框

(2) 使用“边框和底纹”对话框

Word在“边框和底纹”对话框中提供了丰富的按钮,可用于读者自己设计表格。单击“表格工具"选项卡的"设计"子选项卡的"绘图边框"组右下角的"对话框启动器"，就打开了"边框和底纹"对话框。

关于"边框和底纹"对话框及其使用已在 3.4.2 节美化段落中介绍过，不同之处在于操作时选择的对象现在是表格，而以前选择的是文本段落。

(3) 使用"边框"和"底纹"按钮

通过"表格工具"选项卡的"设计"子选项卡的"表格样式"组中的"边框"和"底纹"按钮可对已有表格进行表格整体的格式化操作。

3. 在表格中计算

Word 提供了在表格中进行加、减、乘、除及求平均值等数值计算功能，可对选定范围内或附近一行(或一列)的单元格计算。在 3.6.1 中第 6 小节已经介绍过，同 Excel 软件一样，表中的单元格列标依次用 A、B、C……字母表示，行号依次用 1、2、3……数字表示，例如，B3 表示位于第二列第三行的单元格。

例如，某表格中的单元格 B1、B2、B3 中分别存放值 10.6、8.8、6.4，现利用 Word 提供的表格计算功能进行计算。

①将插入点定位于 B4 单元格中。

②在"表格工具"选项卡的"布局"子选项卡的"数据"组中单击"fx 公式"按钮 fx，打开"公式"对话框，如图 3.86 所示。

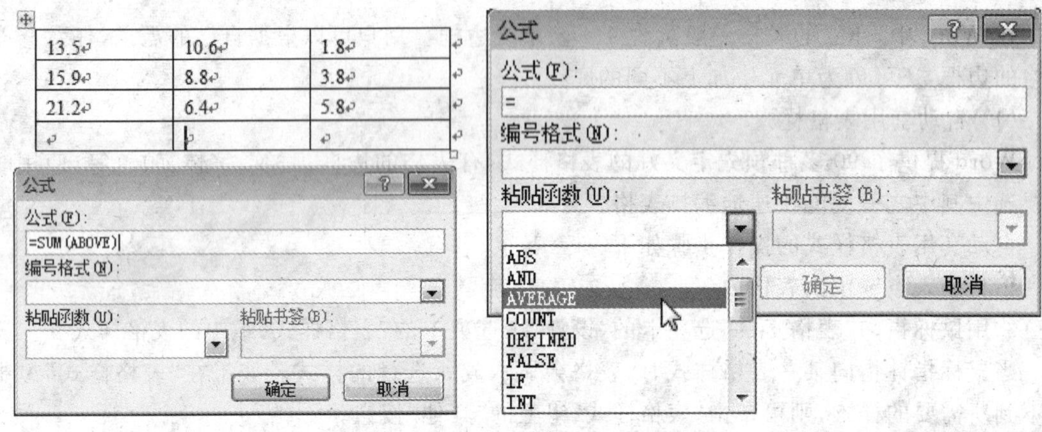

图 3.86 单元格计算

③Word 默认对 B4 单元格所在的列各单元格中的值求和。单击"确定"按钮，Word 就会将值"25.8"添加到 B4 单元格中。

④删除"公式"框中除等号"="以外的符号，单击"粘贴函数"框中的下拉列表按钮，选择所需在的函数，如"AVERAGE"(求平均值)。

这时，"AVERAGE()"就会粘贴到"公式"框中，且光标自动定位在括号中。

⑤在括号中输入"B1:B3"(表示包含单元格 B1、B2、B3 的单元格区域)，"公式"框中的公式变为"=AVERAGE(B1:B3)"。

⑥单击"确定"按钮，单元格 B1、B2、B3 中数值的平均值"8.6"就会添加到 B4 单元格中。

可以看出，在"公式"对话框中，Word 提供了许多常用数学函数，利用这些函数可以进行较复杂的计算。对计算的结果还可以通过"编号格式"框进行设置。

有问有答

问：在使用"公式"时，还有哪些是需要注意的？

答：①Word 是将计算结果作为一个域插入选定单元格的。如果所引用的单元格有改变，则应先选定该域，再按下 F9 键，就可更改计算结果。

②如果 Word 正在显示域代码，则在括号内看到的是域代码而不是求和结果，例如{=AVERAGE(B1:B3)}。要显示域代码的计算结果，则依次单击"文件"选项卡、"选项"按钮、"高级"，在"显示文档内容"栏下，清除"显示域代码而非域值"复选框中的选择，然后单击"确定"按钮。

③如果该行或列中含有空单元格，则 Word 将不计算整行或整列。要对整行或整列进行计算，在空单元格中键入零值。

4. 在表格中排序

表格可根据某几列内容按字母、数字或日期进行升序或降序排列。可选择任意列排序，当该列(称为主要关键字)内容有多个相同的值时，可根据另一列(称为次要关键字)排序，以此类推，最多可选择 3 个关键字进行排序。

对表格进行排序的操作步骤如下。

①选择要排序的列或在表格中单击。

②在"表格工具"选项卡的"布局"子选项卡的"数据"组中单击"排序"，出现"排序"对话框，如图 3.87 所示。

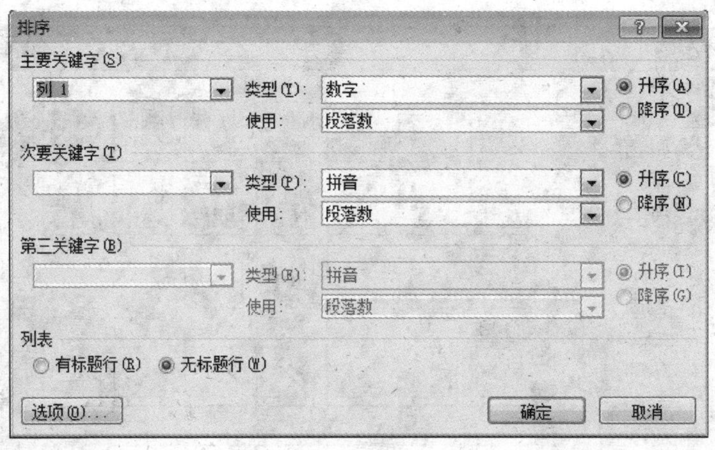

图 3.87　"排序"对话框

在"开始"选项卡的"段落"组中单击"排序"按钮，也可打开此对话框。

③按对话框提示，安排排序的优先次序和排序方式。

④单击"确定"按钮，将表格排序。

要说明的是，在排序的表格中不能含有合并的单元格，否则 Word 会提示出错信息。

3.6.4　创建图表

Word 图表的设计、布局以及格式编辑等功能，与 Excel 无缝衔接(在 Word 与 Excel 协同工作时,可以使用 Excel 所提供的一切功能),功能强大。利用其丰富多彩的样式库可以与用户的想象完美融合,制作出美轮美奂、变化万千的精美图表。

Word 提供了 11 种的图表类型,表 3.11 是各种图表类型所适用的数据特点。

表 3.11　Word 图表类型

图表类型	适用数据
柱形图	数据间的比较,可以是同项数据的变化或不同项数据间的比较。数据正向直立演示
折线图	数据变化趋势的演示,侧重于单一的数据
饼图	显示每一组数据相对于总数值的大小
条形图	数据间的比较,可以是同项数据的变化或不同项数据间的比较。数据横向平行演示
面积图	显示每一数值所占大小随时间或者类别而变化的曲线
XY 散点图	数据变化趋势的演示,侧重于成对的数据,不限于两个变量
股价图	用于显示股价相关数据,可以涉及:成交量、开盘、盘高、盘底、收盘等
曲面图	在连续曲面上跨两维显示数值的趋势线,还可以显示数值范围
圆环图	与饼图类似,可以添加多个系列
气泡图	比较成组的三个数值,类似于散点图
雷达图	现实各组数据偏离数据中心的距离

在"插入"选项卡的"插图"组中单击"图表"按钮,打开"插入图表"对话框。在左侧选择需要的图表类型,在右侧列表中选择一种图形,单击"确定"按钮,如图 3.88 所示。

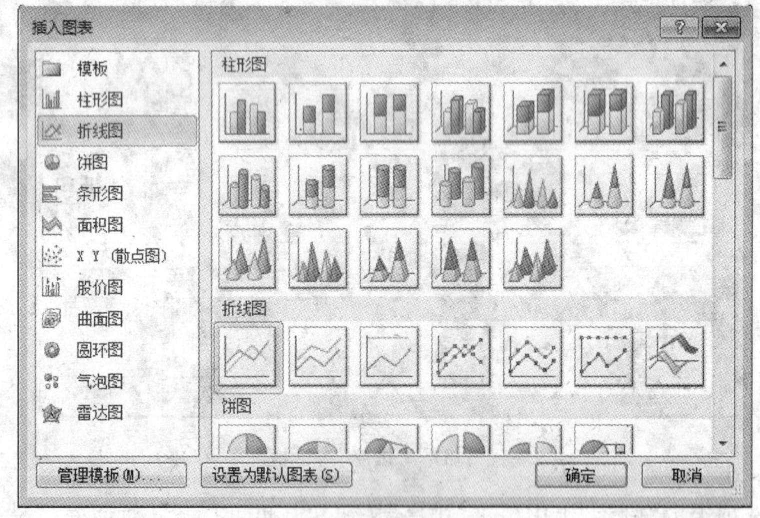

图 3.88　"插入图表"对话框

3.7　邮件合并

利用邮件合并功能可以将标准文本与单一信息的列表链接产生文档,这包括信函、电子邮件、信封、标签、目录等。

3.7.1 邮件合并的过程

邮件合并的过程是首先建立两个文档：一个主文档和一个数据源(包含需要变化的信息，如姓名、地址等)。然后利用 Word 提供的邮件合并功能，即在主文档中需要加入变化的信息的地方插入称为“合并域”的特殊指令，指示 Word 在何处打印数据源中的信息，以便将两者结合起来。这样 Word 就能够从数据源中将相应的信息插入主文档中。由此可见，邮件合并通常包含以下 4 个步骤。

①创建主文档，输入内容不变的共有文本；或打开现有主文档。

②创建或打开数据源，存放可变的数据。

③在主文档所需的位置插入合并域名字。

④执行合并操作，将数据源中的可变数据和主文档的共有文本进行合并，生成一个合并文档或打印输出。

1. 域

在一个文档中，用户可以通过插入域来自动更新信息。根据用户插入的域的类型，Word 将插入一个隐蔽域代码，这一代码将完成关于域的特殊操作。域代码是产生域结果的指令和字符。也就是说，域就是文档中可以自动更新的一个位置(或理解为占位符)，是由一种特殊的域代码生成。

2. 主文档

主文档是一个包含不会改变的文本的文件，包括报表或信件共有的内容等。主文档中也包括域，称为合并域。合并域不是打印的文本内容，只是指示 Word 在何处插入个性化信息。在主文档中，合并域包括在燕尾形符号“«»”内，用以与文档的主要内容相区别。

3. 数据源

数据源文件包含个性文本，这些文本是每一封信函的副本中都会改变的内容。数据源可以是 Excel 中的工作表、Word 中的表格(邮件合并向导中有一个创建此表格的步骤)、Access 中的表或 Outlook 联系人列表中的数据。

3.7.2 合并文档

1. 创建主文档

根据需要，新建一个 Word 文档或打开一个现有的 Word 文档，作为主文档。或者，在“邮件”选项卡的“创建”组中单击“中文信封”、“信封”或“标签”，选择一个类型。在“邮件”选项卡的“开始邮件合并”组中单击“开始邮件合并”，选择“邮件合并分步向导”，打开“邮件合并”任务窗格，按向导指引操作。

2. 创建数据源

主文档建立后，接下来就是创建数据源，即创建一个邮件数据库(.mdb)文件，每一条数据记录保存在一个格式表的一行中。数据源由不同类别的域组成，域名必须唯一，且最多只能有 32 个字符，可使用字母、汉字、数字、下划线，但不能有空格，第一个字必须是字母或汉字。

在任务窗格中的“选择收件人”栏选择“键入新列表”；在“键入新列表”栏单击“创建”，打开“新建地址列表”对话框，在该对话框中操作。

3. 在主文档中插入合并域

数据源建立完成后，就是要在主文档中插入合并域，以便使数据源记录按用户所希望的合并方式在合并文档中打印出来。在主文档中，这些域被放置到用户需要的位置。当主文档的副本被合并和打印时，合并域显示数据源文件插入 Word 主文档中的位置。

4. 把数据合并到主文档

当把数据源的域插入主文档后，就可合并文档并准备打印了。

3.7.3 使用其他数据源创建邮件合并

邮件合并的默认数据源是 Access 中的表(.mdb)。前面已介绍过，还可以使用 Excel 中的工作表、Word 中的表格或 Outlook 联系人列表作为数据源。

事实上，任何一家公司的有关部门负责人都会将与本公司有联系的其他公司的有关信息用 Excel 中的工作表、Word 表格、Outlook 联系人列表或 Access 表保存起来，因为这是经常要用到的信息。所以，在执行邮件合并时，一般不必创建新列表，使用已有列表即可。

如果要使用已有的 Excel 中的工作表、Word 表格或 Access 表，则应在“邮件”选项卡的“开始邮件合并”组中单击“选择收件人”按钮，选中“使用现有列表”项，在打开的“选取数据源”窗口中选取已有数据；如果要使用已有的 Outlook 联系人列表，则应在“选择收件人”栏选中“从 Outlook 联系人中选择”项。

3.7.4 使用功能区执行复杂的邮件合并

使用功能区上的“邮件”选项卡，可以执行复杂的邮件合并。其操作步骤如下。

①开始合并并选择文档类型。单击“开始邮件合并”组中的“开始邮件合并”下拉按钮，然后执行下列操作之一。

• 如果要创建信函、电子邮件或目录，则可以从打开的文档开始，或从计算机上或 Office.com 中的某个模板开始，也可以从以前创建的某个文档开始。

• 如果要创建信封或标签，则可以选择所需的信封或标签的大小和样式，或者打开一个以前创建的信封或标签文档。

②连接收件人列表。单击“开始邮件合并”组中的“选择收件人”下拉列表按钮，然后执行下列操作之一。

• 连接到计算机或服务器上已经存在的收件人列表。用户必须进行浏览以查找该文件，然后在该文件内选择要使用的工作表或表格。

• 连接到 Outlook 联系人文件。用户必须选择要使用的联系人列表文件夹。

• 从头创建一个新的收件人列表。您需要在“新建地址列表”对话框中键入信息以创建一个邮件数据库(.mdb)文件。

③选择收件人及其信息。在连接或创建收件人列表后，“邮件合并收件人”对话框将打开，或者可以单击“开始邮件合并”组中的“编辑收件人列表”。使用列标题、复选框和按钮来排序、

筛选和选择要在合并中使用的收件人信息。

④添加内容和占位符(域)。先将希望在每个合并副本中显示的内容键入、插入或粘贴到主文档中,然后在“编写和插入域”组中单击:

- “突出显示合并域”以突出显示域;
- “地址块”以添加地址块域;
- “问候语”以添加问候语域;
- “插入合并域”以添加代表收件人列表中任何列的占位符(域);
- “规则”以添加 Word 域;
- “匹配域”以将收件人列表中的列映射到“地址块”或“问候语”元素。

⑤预览。使用“预览结果”组中的按钮和箭头查看合并文档。

⑥完成合并。单击“完成”组中的“完成并合并”,然后选择下列3项之一。

- 编辑信函、信封或标签文档类型,这样会创建一个包含所有合并文档的综合文档,并且每页包含一个文档。
- 打印合并文档。
- 通过电子方式发送合并文档,但这些文档必须是电子邮件。

3.8 设置页面格式和打印文档

在 Word 中文版中建立新文档时,对纸张大小、方向、页码及其他选项应用默认的设置,但用户可以随时改变这些设置。能够影响到文档的打印效果的选项包括纸张大小、页面方向(纵向或横向)、页边距、页眉和页脚、行号和页码、垂直对齐方式、报版样式栏数、图片位置。

3.8.1 设置纸张大小、方向和来源

1. 设置纸张方向、大小、页边距

Word 提供两种纸张方向,即纵向和横向。可以根据需要进行选择,也可以为某一节或整个文档更改纸张大小和方向。选择纸张方向、纸张大小和页边距的操作步骤如下。

①选定文本或者将插入点设置在要更改的节中。

②在“页面布局”选项卡的“页面设置”组中单击“纸张方向”、“纸张大小”或“页边距”。

③在相应的列表中,按需要选择或设置纸张方向、纸张大小和页边距。

④如果单击“页面布局”选项卡的“页面设置”组右下角的“对话框启动器”,则可打开“页面设置”对话框,如图 3.89 所示。

使用该对话框不仅可以方便地设置纸张方向,而且可以按需要对纸张大小、页边距进行精确设置,还可以确定当前设置在文档中的应用范围。

2. 设置纸张来源

①选择下列操作之一。

- 要为节的第一页或某一节指定不同的纸张来源,则可将插入点放到该节的位置。
- 要为多节指定不同的纸张来源,则选择这些节。

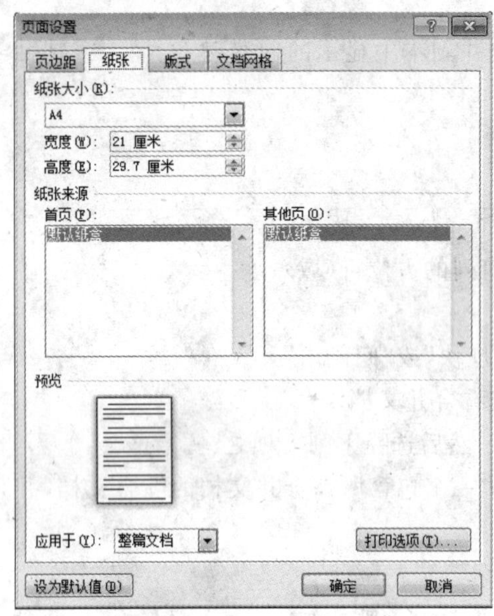

图 3.89 “纸张”选项卡

②在“页面设置”对话框的“纸张”选项卡的“纸张来源”栏下进行选择。

③单击“确定”按钮。

3.8.2 设置页眉、页脚和页码

页眉和页脚含有在页的顶部和底部重复出现的信息。这些信息可以是文字或图形，其内容可以是文件名、标题名、日期、页码、单位名等。

在 Word 中，页眉和页脚的内容还可以是用来生成各种文本的“域代码”(如页码、日期等)。域代码与普通文本不同，它在打印时将被当前的最新内容所代替。例如，生成日期的域代码是根据打印时机内的时钟生成当前的日期；同样，页码是根据文档的实际页数打印其页码。

1. 设置页眉和页脚

创建页眉和页脚的方法：在“插入”选项卡的“页眉和页脚”组中单击“页眉”或“页脚”，选择一组内置的页眉或页脚，进入页眉和页脚编辑状态，同时显示“页眉和页脚工具”选项卡，如图 3.90 所示。使用该选项卡并结合其他选项卡可以随心所欲地设计个性化的“页眉”和“页脚”。

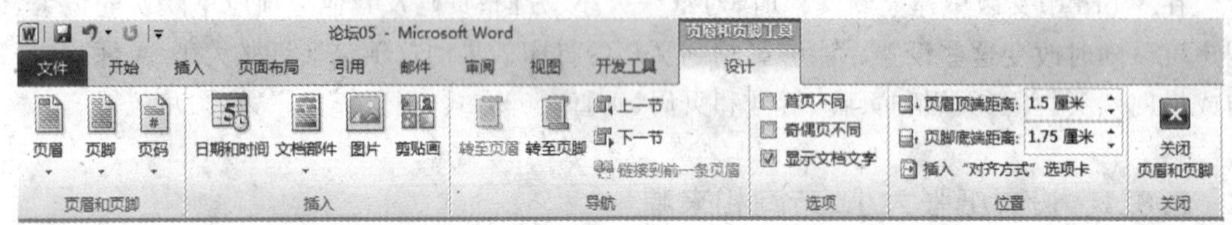

图 3.90 “页眉和页脚工具”选项卡

要退出页眉和页脚编辑状态，则单击“关闭”组中的“关闭页眉和页脚”。

2. 设置分页和页码符

在用户输入文字时，当文字到达页面底部时，Word 会自动插入一个“软”分页符，并将以后输入的文字放到下一页。用户也可根据排版的需要在特定的位置插入“硬”分页符来强制分页。不管“软”分页或“硬”分页，分页符号为一条单虚线，只显示不打印。强制分页的操作方法：插入点定位在要分页处；在“页面布局”选项卡的“页面设置”组中单击“分隔符”，选择“分页符”选项。或者，在“插入”选项卡的“页”组中单击“分页”。

插入页码可以通过如下两种方式。

①如果页眉或页脚中只包含页码，则可使用“插入”选项卡的“页眉和页脚”组中的“页码”。

②如果除页码外，还要加上文字，则使用前面“设置页眉和页脚”中介绍的方法。

使用“页码”操作：单击“页眉和页脚”组中的“页码”，显示“页码”菜单；选择页码的位置和对齐方式；单击该菜单中的“设置页码格式”项，打开“页码格式”对话框，在“编号格式”框中选择页码显示方式。页码显示方式可以是数字，也可以是文字；“起始页码”选项可用来输入页码的起始值，这便于设置分布在几个文件内的长文档页码。

3.8.3　文件的打印

文档排版完成、经打印预览查看满意后，就可打印出来。打印文档必须在硬件和软件上得到保证。硬件上，要确保打印机已经连接到主机端口上，电源接通并且打印机开启、打印纸装好；软件上，要确保所用打印机的打印驱动程序已经安装好，并连接到相应的端口上。

当上述准备工作就绪后，就可单击“文件”选项卡，再单击“打印”，显示如图 3.91 所示的“打印”窗口。在此窗口中，进行必要的设置并检查打印内容在纸张上的布局(窗口右侧)后，单击“打印”。

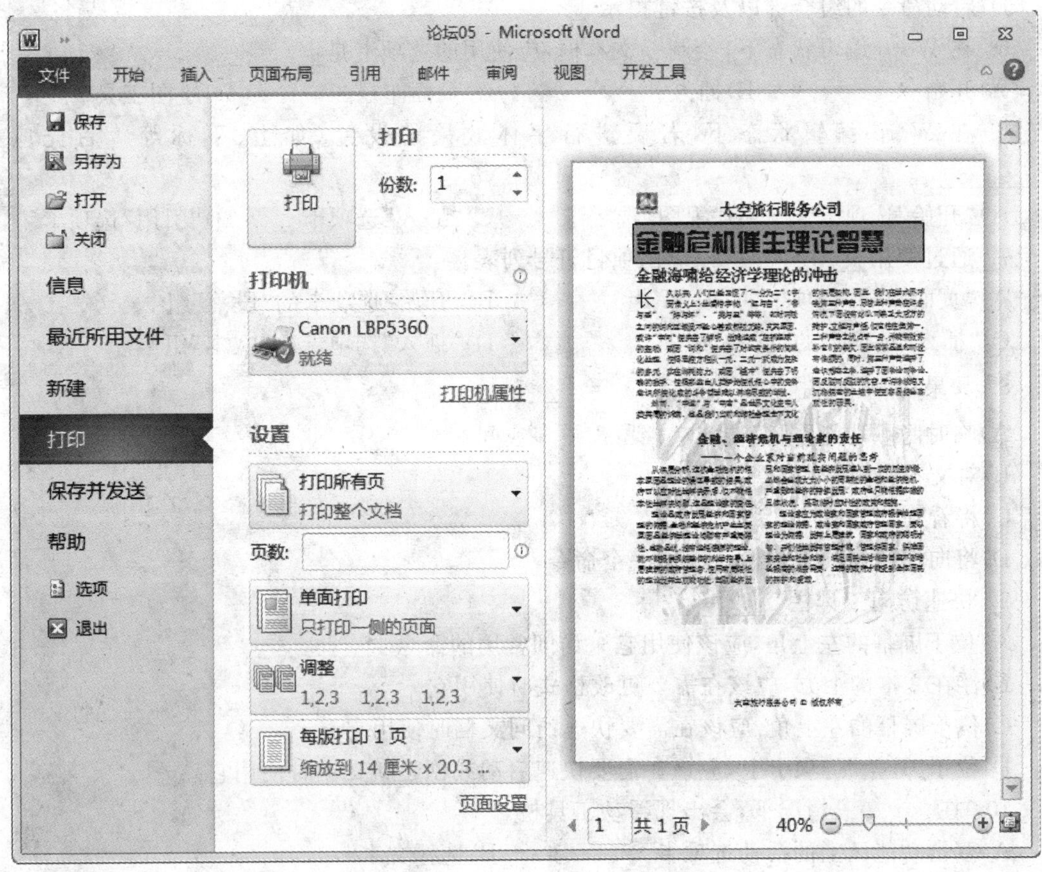

图 3.91　“打印”窗口

习题 3

一、选择题

1. 功能区的三个主要部分是________。

A)选项卡、组和命令　　　　B)“文件”选项卡、选项卡和访问键

C)菜单、工具栏和命令　　D)不确定

2. Word具有的功能是________。

A)表格处理　B)绘制图形　C)自动更正　D)以上三项都是

3. 下列选项不属于Word窗口组成部分的是________。

A)功能区　B)对话框　C)编辑区　D)状态栏

4. ________是键盘快捷方式的两种基本类型。

A)导航键和按键提示

B)快捷键和按键提示

C)用于启动命令的组合键以及用于在屏幕上的项目之间导航的访问键

D)启动命令的组合键以及按键提示

5. 在Word编辑状态下,绘制一文本框,应使用的选项卡是________。

A)开始　B)插入　C)页面布局　D)绘图工具

6. 在Word编辑状态下,若要进行字体效果的设置(如上、下标等),首先应单击________。

A)"开始"选项卡　B)"视图"选项卡　C)"插入"选项卡　D)"引用"选项卡

7. 通过使用________,可以应用项目符号列表。

A)"页面布局"选项卡的"段落"组　B)"开始"选项卡的"段落"组

C)"插入"选项卡的"符号"组　D)"插入"选项卡的"文本"组

8. 如果在Word中单击此按钮,会________。

A)临时隐藏功能区,以便为文档留出更多空间

B)对文本应用更大的字号

C)将看到其他选项

D)将向快速访问工具栏上添加一个命令

9. 快速访问工具栏________。

A)位于屏幕的左上角,应该使用它来访问常用的命令

B)浮在文本的上方,应该在需要更改格式时使用它

C)位于屏幕的左上角,应该在需要快速访问文档时使用它

D)位于"开始"选项卡上,应该在需要快速启动或创建新文档时使用它

10. 在________情况下,会出现浮动工具栏。

A)双击功能区上的活动选项卡　B)选择文本

C)选择文本,然后指向该文本　D)以上说法都正确

11. 在Word编辑状态下,若只想复制选定文字的内容而不需要复制选定文字的格式,则应________。

A)直接在"开始"选项卡的"剪贴板"组中单击"粘贴"命令

B)在"开始"选项卡的"剪贴板"组中单击"粘贴"的下拉按钮,选择"选择性粘贴"

C)在指定位置按鼠标右键,然后在快捷菜单中选择"粘贴"命令

D)以上方法都不对

12. 更改拼写错误的步骤是________。

A)双击,然后选择菜单上的某个选项　B)右键单击,然后选择菜单上的某个选项

C)单击,然后选择菜单上的某个选项　D)选中,手工更改

13. 在________情况下，功能区上会出现新选项卡。

A)单击“插入”选项卡上的“显示图片工具”命令。

B)选择一张图片。

C)右键单击一张图片并选择“图片工具”。

D)第一个或第三个选项。

14. 在 Word 中无法实现的操作是________。

A)在页眉中插入剪贴画　　B)建立奇偶页内容不同的页眉

C)在页眉中插入分隔符　　D)在页眉中插入日期

15. 关于图文混排，以下叙述中错误的是________。

A)可以在文档中插入剪贴画　　B)可以在文档中插入图形

C)可以在文档中使用文本框　　D)可以在文档中使用配色方案

16. 在 Word 编辑状态下，对于选定的文字________。

A)可以移动，不可以复制　　B)可以复制，不可以移动

C)可以进行移动或复制　　D)可以同时进行移动和复制

17. 在 Word 编辑状态下，若光标位于表格外右侧的行尾处，按 Enter(回车)键，结果________。

A)光标移到下一列　　B)光标移到下一行，表格行数不变

C)插入一行，表格行数改变　　D)在本单元格内换行，表格行数不变

18. 显示比例缩放控件的按钮在窗口的________。

A)右上角　　B)左上角　　C)左下角　　D)右下角

19. 在 Word 的编辑状态下，项目编号的作用是________。

A)为每个标题编号　　B)为每个自然段编号

C)为每行编号　　D)以上都正确

20. 模板与文档的显著差别是________。

A)模板包含样式　　B)模板包含 Word 主题

C)模板包含语言设置　　D)模板可以将其自身的副本作为新文档打开

21. 当要将“日期选取器”控件或“格式文本”控件包括在模板中时，应使用________选项卡。

A)插入　　B)视图　　C)开始　　D)开发工具

22. 在 Word 编辑状态下，若要进行选定文本行间距的设置，应选择的操作是________。

A)单击“开始”选项卡的“段落”组中的“行距”按钮

B)单击“开始”选项卡的“段落”

C)单击“开始”选项卡的“字体”

D)单击“页面布局”选项卡的“段落”

23. 要向页面或文字添加边框或底纹，从________功能区开始。

A)“绘图工具”选项卡的“格式”子选项卡　　B)“插入”选项卡

C)“页面布局”选项卡　　D)“开始”选项卡

24. 文档中有一个圆形需要应用渐变填充。第一步是________。

A)单击“插入”选项卡　　B)选择圆

C)单击“绘图工具”　　D)单击“形状填充”按钮

25. 当要更改文档的整个外观时，该应用________。

A)页面边框　　B)段落底纹　　C)主题　　D)样式

26. 一般使用________来访问字体选项。

A)在“开始”选项卡的“字体”组中单击“对话框启动器”以打开“字体”对话框

B)选择并右键单击文字。然后单击快捷菜单上的“字体”以打开“字体”对话框

C)选择要更改的文字，并观察显示的浮动工具栏。指向它，单击所需的任何内容

D)以上都用

27. 如果要更改刚才应用的艺术字中的字体，那么应当从________开始。

A)在“引用”选项卡上单击“添加文字”

B)在“插入”选项卡上单击“艺术字”

C)突出显示艺术字，然后在“字体”对话框中选择一个不同的字体

D)单击以选择艺术字(使其具有虚线边框)，然后单击“绘图工具”选项卡的“格式”子选项卡

28. 关闭“修订”的作用是________。

A)删除修订和批注　　B)隐藏现有的修订和批注

C)停止标记修订　　D)停止批注修订

29. 关于 Word 中的多文档窗口操作，以下叙述中错误的是________。

A)Word 的文档窗口可以拆分为两个文档窗口

B)多个文档编辑工作结束后，只能一个一个地存盘或关闭文档窗口

C)Word 允许同时打开多个文档进行编辑，每个文档有一个文档窗口

D)多文档窗口间的内容可以进行剪切、粘贴和复制等操作

30. 在 Word 的编辑状态下，关于拆分表格，正确的说法是________。

A)只能将表格拆分为左、右两部分　　B)可以自己设置拆分的行、列数

C)只能将表格拆分为上、下两部分　　D)只能将表格拆分为列

二、填空题

1. 在 Word 编辑状态下，“开始”选项卡的“字体”组中的按钮 **A** 代表的功能是________。

2. 文档文件和模板文件之间的一个差异会体现在文件名的扩展名(句点之后的字母)中。模板文件的文件扩展名是________。

3. Word 是办公软件________中的一个组件。

4. 在 Word 中选择打印选项的方法是________。

5. 在 Word 的默认状态下，有时会在某些英文文字下方出现绿色的波浪线，这表示________。

6. 在 Word 中，双击底部状态栏中的“插入”按钮，将使文档处于________编辑状态。

7. 在 Word 中，选定文本后，会显示出________，可以对字体进行快速设置。

8. 在 Word 文档的录入过程中，如果出现了错误操作，可单击快速访问工具栏中________按钮取消本次操作。

9. 段落的缩进方式主要包括________、左缩进、右缩进和________等。

10. 在 Word 中，选定要移动的文本，然后按快捷键________，将选定文本剪切到剪切板上：再将插入点移到目标位置上，按快捷键________粘贴文本，即可实现文本的移动。

11. 在 Word 中,用户可以同时打开多个文档窗口。当多个文档同时打开后,在同一时刻有________个活动文档。

12. 在 Word 编辑状态下,改变段落的缩进方式、调整左右边界等最直观、快速的方法是利用________。

13. 若想执行强行分页,则需执行"________"选项卡的"________"组中的"________"命令。

14. 在 Word 编辑状态下,格式刷可以复制________。

15. 当命令呈现灰色状态时,表示这些命令当前________。

三、操作题

1. 改变 Office 界面的颜色。
2. 去除屏幕提示信息。
3. 关闭实时预览效果。
4. 让 Word 开机后自动运行。
5. 让 Word 2003 打开 Word 2010 文档,加密已有的 Word 文档。
6. 将指定功能添加到快速访问工具栏
7. 修改文档保存的默认路径。
8. 删除最近打开的文档列表。
9. 设置定时自动保存文档。
10. 快速更改英文字母的大小写。
11. 用 Tab 键输入多个空格。
12. 快速重复输入文本。
13. 从网上复制无格式文本。
14. 删除文档中的所有空格。
15. 在文档中输入超大文字。
16. 为文字添加圆圈、三角形或正方形外框。
17. 为文字添加汉语拼音。
18. 快速清除文档格式。
19. 对齐大小不一的文字。
20. 在文档中连续插入相同的形状,在形状中添加文字。
21. 在文档中插入一幅剪贴画。
22. 提取 Word 文档中的所有图片。
23. 使用"形状"制作印章。
24. 在表格中添加斜线。
25. 将表格转换为文本,将文本转换为表格。
26. 对表格中的数据进行简单计算。
27. 为表格添加图片背景。
28. 将标题文本格式快速以正文字体显示。
29. 让目录随文档变化自动更新。
30. 为图片添加题注。

31. 让脚注与尾注互换。
32. 设置自动更新域。
33. 设置不检查拼写和语法。
34. 使用“审阅窗格”单独查看批注，隐藏批注。
35. 比较修订前后的文档。
36. 统计文档中的字数。
37. 设置文档装订线位置。
38. 使文档内容居中于页面。
39. 将文档背景设置为稿纸样式，为文档添加网格线。
40. 打印当前页内容，手动双面打印。

第 4 章　电子表格软件 Excel 2010

Microsoft Excel 2010 是一个强大的电子表格软件，它主要用于表格的制作和数字的统计，而且可对数据进行分析和整理。

Excel 可以与 Microsoft Office 的其他组件 Word、PowerPoint 等协同工作，并且可以与多种数据库或其他同类软件交流信息。

4.1　Excel 2010 简介

4.1.1　认识 Excel 2010 工作界面

Excel 窗口由“文件”选项卡、快速访问工具栏、标题栏、功能区、名称框、编辑栏、列标、行标、工作区、工作表标签、状态栏等组成，如图 4.1 所示。编辑栏中包括取消按钮、输入按钮、插入函数按钮和编辑框。

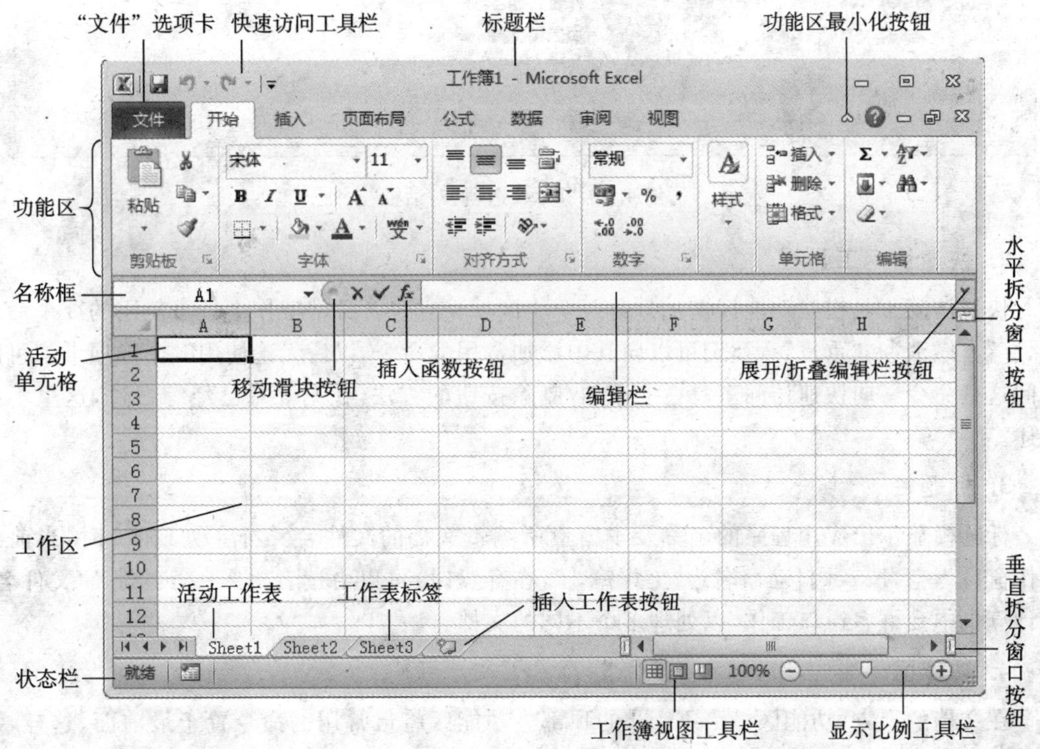

图 4.1　Excel 主窗口

1. "文件"选项卡

"文件"选项卡位于 Microsoft Excel 2010 的左上角。与 Word 一样，打开文档，并单击"文件"选项卡可查看 Backstage 视图，如图 4.2 所示。Microsoft Office Backstage 视图是用于对文档执行操作的命令集。通过使用"文件"选项卡，可以打开或创建 Excel 文档。视图的左侧是处理文件的所有命令，我们可以在此创建新文档或打开现有文档，而且还可以执行"保存"和"另存为"命令。

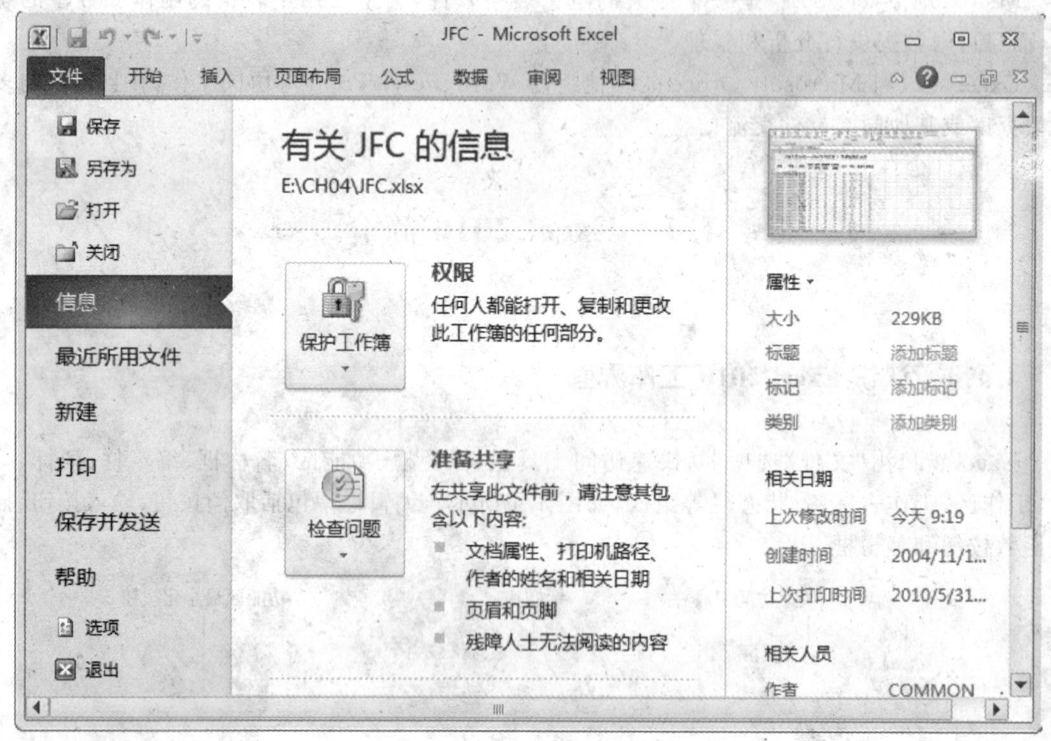

图 4.2 "Excel 选项"对话框

2. 快速访问工具栏

快速访问工具栏是功能区左上方的一个小区域。它包含日常工作中频繁使用的 3 个命令"保存"、"撤消"和"重复"。我们可以向其中添加常用的命令，以后无论使用哪个选项卡都可以访问这些命令。向快速访问工具栏上添加/删除按钮的方法，在第 3 章已经练习过，这里不再赘述。

3. 标题栏

标题栏显示出应用程序的名称及本窗口所编辑文档的文件名。当启动 Excel 时，当前的工作窗口为空，Excel 自动命名为"工作簿 1"，在存盘时，可以由读者输入一个合适的文件名。在计算机中允许多窗口工作，以处理多个不同的文档。

4. 功能区

在文档的上方，功能区横跨 Excel 的顶部。功能区将最常用的命令置于最前面，这样，我们就可以轻松地完成常见任务，而不必在程序的各个部分寻找需要的命令。

与 Word 功能区类似，Excel 功能区也有 3 个基本组件，即选项卡、组和命令，如图 4.3 所示。

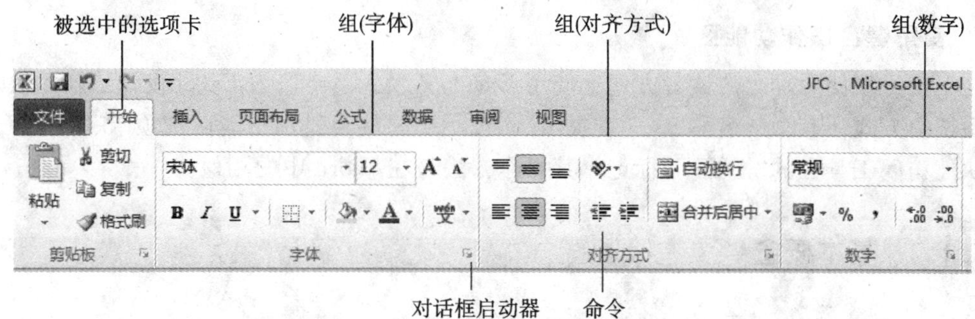

图 4.3　Excel 功能区说明

(1) 选项卡

在 Excel 窗口顶部有 7 个基本选项卡，即开始、插入、页面布局、公式、数据、审阅和视图。每个选项卡代表一个活动区域。刚开始启动 Excel 时，"开始"选项卡置于最前面。

对于其他活动区域，例如绘图、SmartArt 图形和图表，系统将根据需要显示相应的选项卡。

(2) 组

每个选项卡都包含若干个"组"，这些"组"将相关项显示在一起，如，"开始"选项卡包含了"剪贴板"、"字体"、"对齐方式"、"数字"、"样式"、"单元格"和"编辑"7 个组。"组"使我们能够快速地访问常用的命令和功能，"组"中的按钮最好通过鼠标来使用。

有些"组"在右下角有一个小对角箭头"⧉"，称为"对话框启动器"。如果我们需要在 Excel 早期版本中找到特定命令，则单击组中右下角的对话框启动器，系统就会打开与该组相关的对话框。这些对话框也可能出现在我们所熟悉的任务窗格中。

(3) 命令

每个组包含若干命令。命令是指按钮、用于输入信息的框和菜单。

选项卡上的任何项都是根据我们活动慎重选择的。例如，"开始"选项卡包含最常用的所有项，如"字体"组中用于更改文本字体的命令"字体"、"字号"、"加粗"、"倾斜"等。

5. 编辑栏

编辑栏位于功能区下方，工作表上方，如图 4.4 所示。编辑栏由名称框、移动滑块、编辑栏、微调按钮、展开/折叠编辑栏按钮等组成。移动滑块上有取消、输入、插入函数 3 个按钮，用鼠标上下拖动移动滑块可改变名称框的大小。

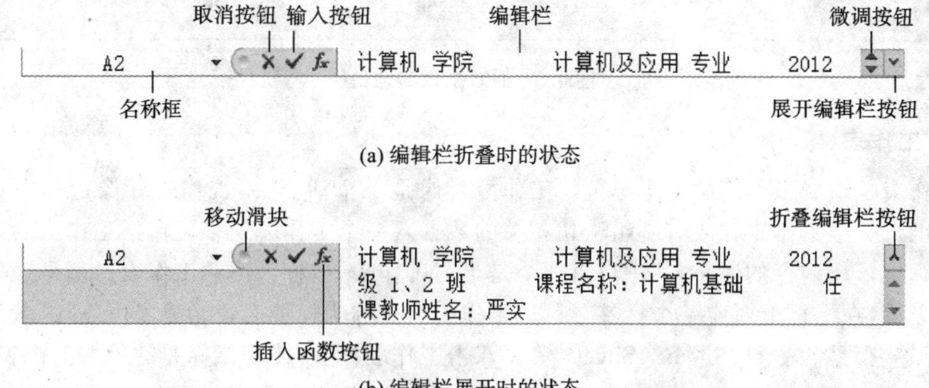

图 4.4　编辑栏说明

6. 使用键盘操作功能区

为了使习惯使用键盘的读者方便地使用 Excel，开发人员专门为 Excel 设计了新的快捷方式。新快捷方式还有个新名称——“键提示”。按 Alt 键就会显示功能区选项卡、“文件”选项卡和快速访问工具栏的“键提示”标记。其操作方法与在 Word 中的相似。

4.1.2 基本概念

1. 工作簿

Excel 工作簿即文档窗口，是处理和存储我们数据的文件，其扩展名是 xlsx。一个 Excel 工作簿可以包含多个工作表，我们可以将一些相关工作表存放在一个工作簿中，如图 4.5 所示。

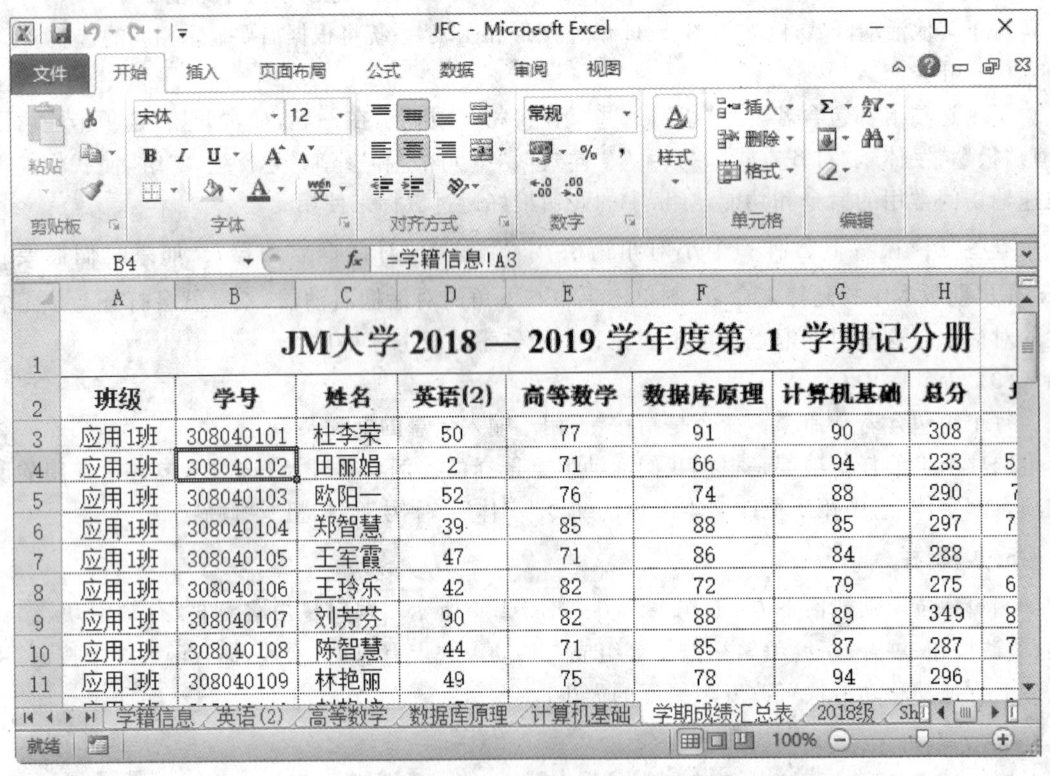

图 4.5 JFC 工作簿窗口

2. 工作表

工作表是组成工作簿的基本单位。工作簿就像是一个活页夹，工作表好像是其中一张张的活页纸。一个工作表存放着一组密切相关的数据。一个工作簿最多可包括工作表的个数取决于计算机可用内存的大小，其中只有一个是当前工作表，或称为活动工作表。每个工作表都有一个名称，在屏幕上对应一个标签，所以，工作表名又称为标签名。初建工作表时，默认工作表名(标签名)是 Sheet1、Sheet2、Sheet3 等。双击工作表标签，或用鼠标右键单击工作表标签，在快捷菜单中选择“重命名”命令可以为工作表更名。工作表名最多可含有 31 个字符，并且不能含有冒号、斜线、问号、星号、左右方括号等，但可以含有空格。

3. 单元格

工作表是由排列成行和列的线条组成的，行线和列线交叉而成的矩形框称为单元格。单元格是组成工作表的基本元素。一个工作表最多可包含 16 384 列、1 048 576 行；每一列列标用 A，B，C，D，…，X，Y，Z，AA，AB，AC，…，AZ，BA，BB 等表示，依此类推，直到 XFD；每一行行标用 1，2，3……表示，由交叉位置的列标、行标表示单元格，例如，A1，B2，C14 等。每个工作表中只有一个单元格为当前工作单元格，称为活动单元格。活动单元格名在屏幕上的名称框中反映出来。

有问有答

问：Excel 工作簿窗口中的哪个元素显示活动单元格地址？

答：名称框显示活动单元格地址。

4. 数据类型

单元格中的数据有 3 种类型：文本数据、数值数据和日期时间数据。

(1) 文本数据

文本数据常用来表示名称，可以是汉字、英文字母、数字、空格及其他键盘能输入的字符。文本数据不能用来进行数学运算，但可以通过连接运算符(&)进行连接。

(2) 数值数据

数值数据表示一个数值或币值，可以是整数(如 100)、小数(如 3.1415)、带正负号数(如 +76，-96)、带千分位数(如 81 234 567.00)、百分数(如 63%)、带货币符号数(如 $49.000)、科学记数法数(如 1.6E+5，等于 1.6×10^5)。

(3) 日期时间数据

日期时间数据表示一个日期或时间。日期的输入格式是“年-月-日”，年份可以是 2 位(03-29 表示 2003—2029，30-99 表示 1930—1999)，也可以是 4 位，一般应使用 4 位年份。显示日期时，年份应为 4 位。时间的输入格式是“时：分”、“时：分 am”或“时：分 pm”，单独显示时间时，按 24 小时制显示。

5. 编辑栏

单元格中的信息可以是公式，而公式可以是一个计算式。参与计算的数据可以是常数，如 6+8；也可以是单元格引用，如 A1+B1+C1；还可以是使用 Excel 提供的内部函数，如 MAX(A1，A2，A3)表示 A1、A2、A3 单元格中的最大值。

单元格中输入公式后，Excel 自动将计算结果显示出来。如果公式中有单元格被引用，当被引用单元格的值发生变化时，计算结果也随之变化。

6. 函数

Excel 提供了 351 个内部函数，分为财务函数、日期与时间函数、数学与三角函数、统计函数、查找与引用函数、数据库函数、文本函数、逻辑函数、信息函数，工程函数，多维数据集函数共 11 类。

在公式中使用函数，可以很方便地对工作表中的数据进行总计、平均、转换等，从而避免我们手工计算，大大提高了工作质量和效率。

7. 图表

工作表中的数据除了以文字的形式表现外，还可以用图的形式表现，这就是图表。

Excel 中,图表有二维和三维两种类型。每种类型的图表都有柱形图、条形图、折线图、饼图、面积图、散点图等多种表现形式。图表将工作表中枯燥的数据信息以生动的图形表现,当工作表中的数据发生变化时,图表也随之变化。

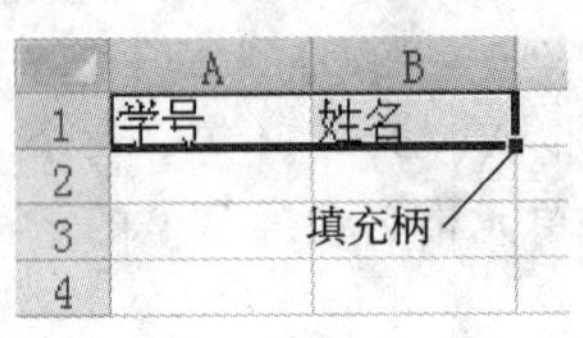

图 4.6 填充柄

8. 填充柄

填充柄位于选定区域右下角上,显示一个小黑块,如图 4.6 所示。当鼠标指针指向填充柄时,鼠标指针的形状变为黑十字"**+**"。拖动填充柄可以将内容复制到相邻单元格中,或填充日期系列。

如果需要显示包含填充选项的快捷菜单,则在拖动填充柄时按住鼠标右键。

4.1.3 Excel 的基本操作

Excel 的基本操作有工作簿的基本操作、工作表的基本操作、单元格的基本操作。

1. 工作簿的基本操作

(1) 新建工作簿

新建工作簿的方法有 3 种。

①启动 Excel 时,Excel 会自动创建一个空白工作簿,如图 4.1 所示。

②如果将"新建"按钮添加到了"快速访问工具栏",单击"新建"按钮即可创建一个空白工作簿。

③依次单击"文件"选项卡、"新建"按钮,在"可用模板"栏选择"空白工作簿",最后单击窗口右侧的"创建"按钮,如图 4.7 所示。该窗口被分成左、中、右 3 栏。左栏是命令集列表,中栏显示为模板列表,右栏显示为空白工作簿预览。单击"创建"按钮,即创建一个新工作簿。

若要创建基于模板的工作簿,则在"可用模板"栏或"Office. com 模板"下选择。或者,使用我们自定义的模板。

(2) 打开工作簿

可以用以下 4 种方法打开被保存在磁盘中的工作簿文件。

①按 Ctrl+O 组合键。

②单击"快速访问工具栏"上的"打开"按钮。

③选择"文件"选项卡下的"打开"命令,然后在"打开"对话框中选择要打开的工作簿。

④依次单击"文件"选项卡、"最近使用文件",再在"最近使用的工作簿"列表中选择最近使用过的工作簿。

我们若在一定时期内始终从事某些特定任务,则有可能每次使用 Excel 都是对同样的一些文件进行操作。因此,Excel 特别准备了一个自动打开专用文件夹"XLSTART"(\Program Files\Microsoft Office\Office14\XLSTART)。我们只需将希望自动打开的 Excel 文件放置在"XLSTART"文件夹中,就可以在启动 Excel 时自动打开这些文件。

有问有答

问:能否通过自主设置,一次打开多个工作簿?

答:可以。其操作步骤如下。

图 4.7　创建空白工作簿

①依次单击“文件”选项卡、“选项”按钮，打开“Excel 选项”对话框。

②在该左窗格选择“高级”选项，在右侧“常规”列表下的“启动时打开此目录中的所有文件”后的文本框中填入路径和文件夹名，如 E:\CH04，如图 4.8 所示。

③单击“确定”按钮，关闭 Excel。

④再次启动 Excel，这时 CH04 文件夹中的所有 Excel 文件都会被自动打开。

(3) 保存工作簿

保存工作簿可分为下面 3 种情况。

①首次保存工作簿。按 Ctrl＋S 键；或单击“快速访问工具栏”上的“保存”按钮；或选择“文件”选项卡下的“保存”选项，打开“另存为”对话框，在该对话框中的“文件名”框内输入文件名，在左窗格选择要存放文件的文件夹，单击“保存”按钮。

有问有答

问：有其他方法对 Excel 文档内容加密吗？

答：有的。其操作步骤如下。

- 依次单击“文件”选项卡、“信息”选项、“保护工作簿”、“用密码进行加密”。
- 在如图 4.9 所示的“加密文档”对话框中输入密码，单击“确定”按钮。
- 在如图 4.10 所示的“确认密码”对话框中重新输入密码，单击“确定”按钮。

②保存已保存过的工作簿。按 Ctrl＋S 组合键，或单击“快速访问工具栏”上的“保存”按

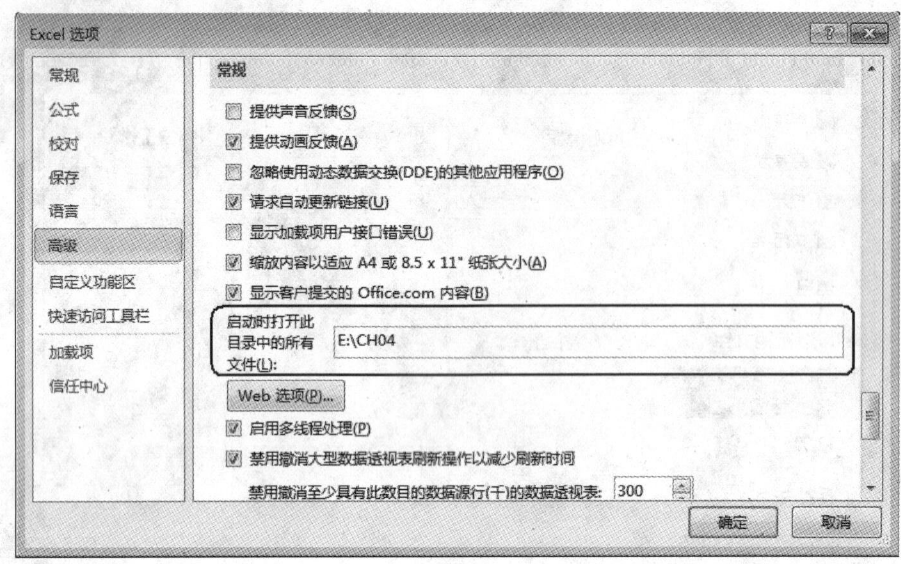

图 4.8　设置自动打开多个 Excel 工作簿

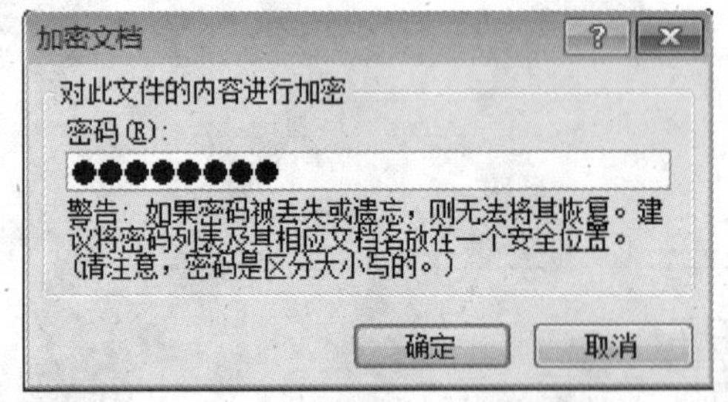

图 4.9　“加密文档”对话框

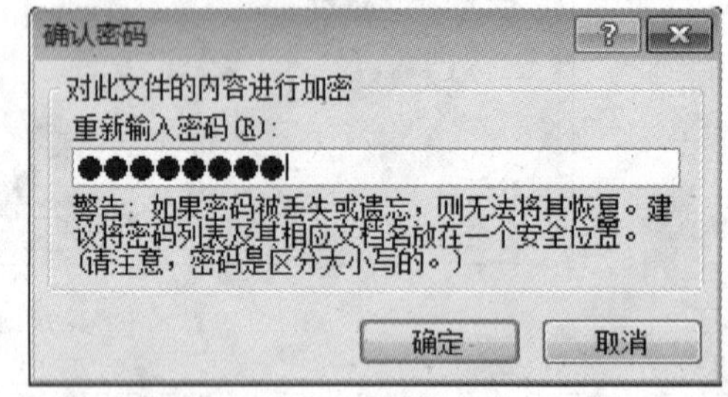

图 4.10　“确认密码”对话框

钮，或单击“文件”选项卡下的“保存”选项。

③自动保存工作簿的“自动恢复”信息。依次单击“文件”选项卡、“选项”按钮、“保存”选项，选择“保存自动恢复信息时间间隔”复选框，在“分钟”框中，键入或选择用于确定文件保存频率的数字，如图 4.11 所示。我们还可以在“自动恢复文件位置”框中指定自动保存所处理的文件的位置。但是，自动恢复不能代替定期保存文件。

(4) 切换工作簿

若在 Excel 中打开了若干个工作簿文件，每个工作簿文件对应一个窗口，即每个工作簿文件对应一个任务，有两种方法切换工作簿。

①在“视图”选项卡的“窗口”组中单击“切换窗口”，然后选择所需要的工作簿，如图 4.12(a)所示。

②在 Windows 任务栏上单击相应的任务按钮，则可在打开的工作簿文件间切换，如图 4.12(b)所示。

(5) 隐藏或显示工作簿窗口

要隐藏某工作簿窗口，在“视图”选项卡的“窗口”组中单击“隐藏”按钮。

要显示隐藏的工作簿窗口，先在“视图”选项卡的“窗口”组中单击“取消隐藏”按钮，再在“取消隐藏”对话框中的“取消隐藏工作簿”下，双击要显示的工作簿窗口。

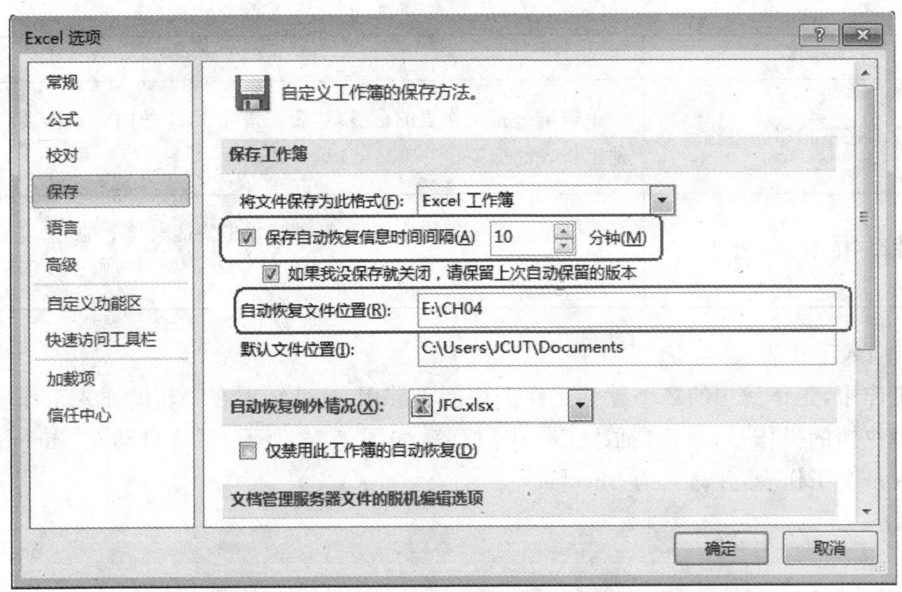

图 4.11　自动保存工作簿的“自动恢复”信息

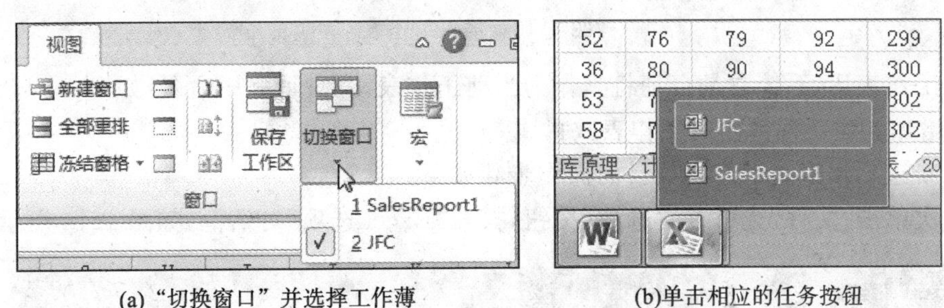

(a)“切换窗口”并选择工作薄　　(b)单击相应的任务按钮

图 4.12　切换工作簿

2. 工作表的基本操作

Excel 新建的工作簿中包含 3 个默认的工作表，分别是 Sheet1、Sheet2、Sheet3。在 Excel 中可以完成新建工作表、删除工作表、工作表改名、切换工作表等基本操作。

(1) 选择工作表

选择工作表的操作方法如表 4.1 所示。

表 4.1　选择工作表的操作方法

选　择	操　　作
一张工作表	单击该工作表的标签 如果看不到所需标签，则先单击标签滚动按钮以显示所需标签，然后单击该标签
两张或多张相邻的工作表	单击第一张工作表的标签，然后在按住 Shift 的同时单击要选择的最后一张工作表的标签

续表

选　择	操　　作
两张或多张不相邻的工作表	单击第一张工作表的标签，然后在按住 Ctrl 的同时单击要选择的其他工作表的标签
工作簿中的所有工作表	右键单击某一工作表的标签，然后单击快捷菜单上的“选定全部工作表”

(2) 插入工作表

在工作中，工作簿中的 3 个默认工作表可能不够用，这就需要在工作簿插入工作表。插入工作表最快捷的操作是，单击“插入工作表”标签，如图 4.13 所示，系统自动在 Sheet3 工作表后面插入一个工作表，并命名为 Sheet4。

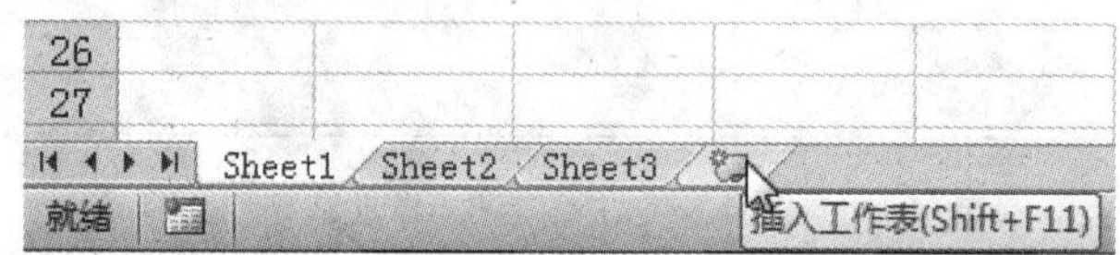

图 4.13　插入工作表

插入工作表后，系统总是自动将其作为当前工作表，并自动顺序命名，如 Sheet4、Sheet5。

(3) 增加新建工作簿内的工作表数目

增加新建工作簿内工作表数目的操作步骤如下。

①依次单击“文件”选项卡、“选项”按钮，打开“Excel 选项”对话框，如图 4.14 所示。

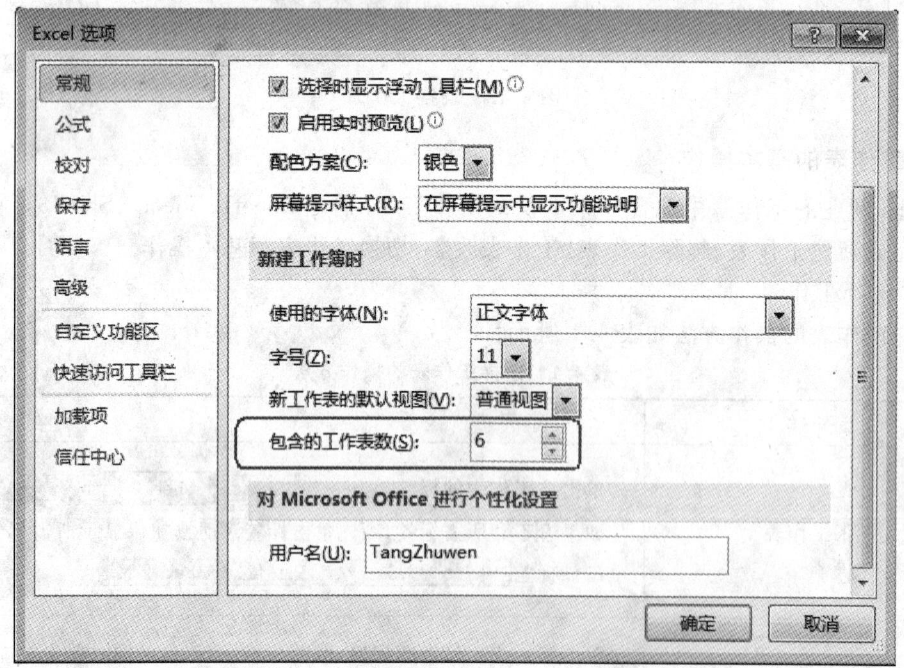

图 4.14　增加新建工作簿内工作表数目

②在该对话框左侧单击"常规"选项，在右侧"新建工作簿时"列表中的"包含的工作表数"框中调整默认值"3"至所需要的数目，如"6"，最大只能为255。

③单击"确定"按钮。关闭 Excel。

④重新启动 Excel。这时，新建工作簿中就包含了6个默认的工作表。

(4) 移动或复制工作表

利用工作表的复制和移动，可以实现两个工作簿间或工作簿内部工作表的复制和移动。复制和移动工作表的方法与复制和移动文本类似。

有问有答

问：还有其他方法完成工作表的移动和复制操作吗？

答：有。可以使用工作表快捷菜单下的"移动或复制工作表"命令移动或复制工作表。在图4.15所示的"移动或复制工作表"对话框中，拖动要移动的工作表到新位置后，单击"确定"按钮。可将选定工作表移动到当前工作簿的某一工作表前或后，也可将它移动到另一打开的某一工作簿中。若选中图中的"建立副本"项，则可复制工作表。

(5) 删除工作表

要删除工作表，可以使用"开始"选项卡的"单元格"组中的"删除"按钮，也可以使用工作表的鼠标右键快捷菜单。

删除工作表后，不能用"撤销"功能进行恢复。

(6) 隐藏或显示工作表

我们可以隐藏工作簿中的任意工作表，使之不可见。隐藏工作表的操作步骤如下。

①选中要隐藏的工作表。

②在"开始"选项卡的"单元格"组中单击"格式"按钮。

③在"可见性"下，依次单击"隐藏和取消隐藏"、"隐藏工作表"，如图4.16所示。这时，选中的工作表被隐藏。

我们也可以随时将隐藏的工作表显示出来，操作步骤如下。

①在"开始"选项卡的"单元格"组中单击"格式"按钮。

②在"可见性"下，依次单击"隐藏和取消隐藏"、"取消隐藏工作表"，打开"取消隐藏"对话框。

③在"取消隐藏工作表"列表中，选择要显示的已隐藏工作表的名称。

④单击"确定"按钮。

要注意的是，该操作每次只能取消隐藏一个工作表。

(7) 为工作表设置背景图案

单击要添加背景的工作表标签，在"页面布局"选项卡的"页面设置"组中单击"背景"按钮，打开"工作表背景"窗口，如图4.17所示。在该窗口中选择使用背景的图形文件，然后单击"插入"按钮。

若要删除背景图案，则先选中要删除背景的工作表，然后在"页面布局"的选项卡"页面设置"组中单击"删除背景"按钮。

(8) 为工作表设置保护措施

为防止他人修改工作表数据，可以为工作表设置保护措施。其操作步骤如下。

①选定要保护的工作表，如 Sheet1。

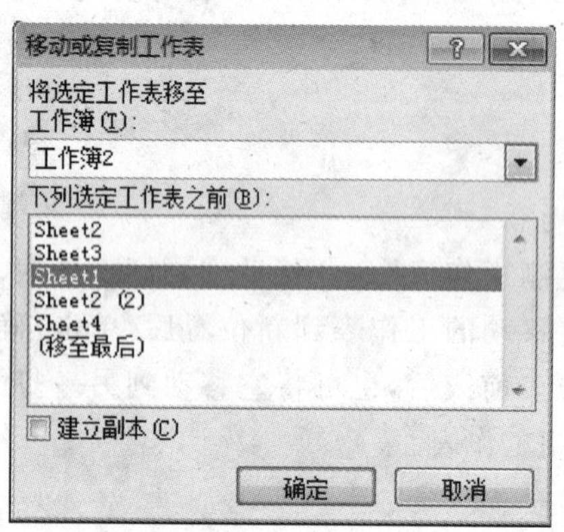

图 4.15 移动或复制工作表

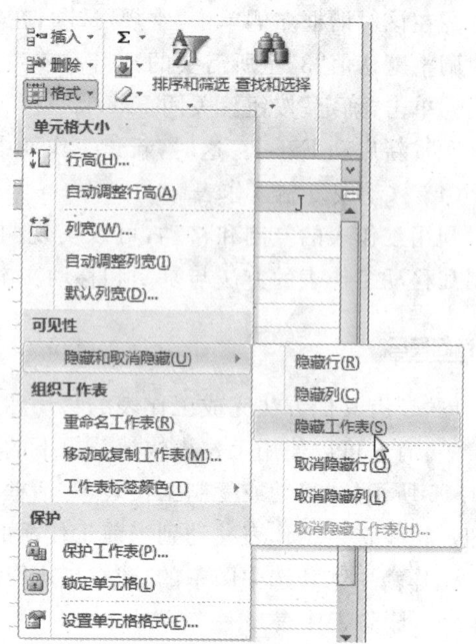

图 4.16 隐藏工作表

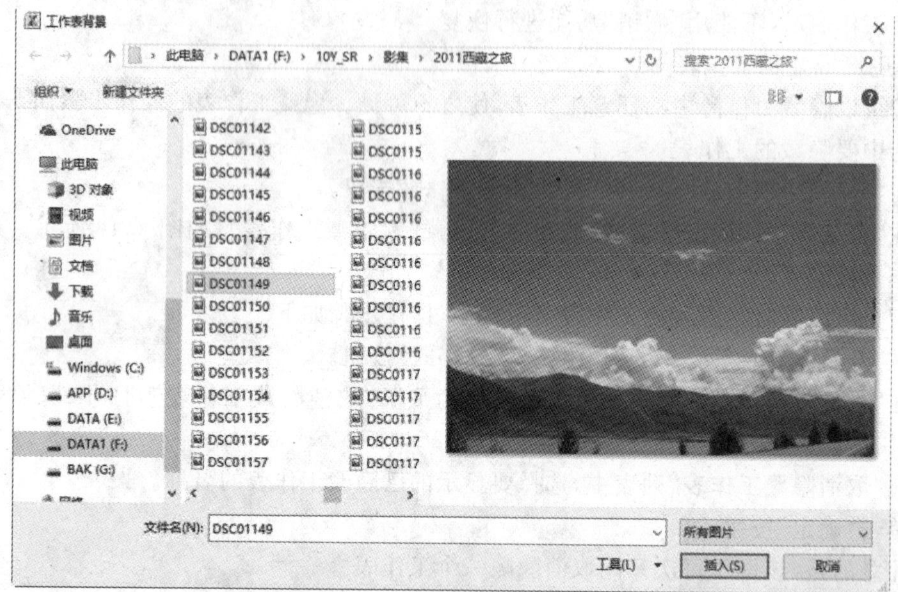

图 4.17 “工作表背景”窗口

②在“审阅”选项卡的“更改”组中单击“保护工作表”按钮，打开“保护工作表”对话框，如图 4.18 所示。

③在该对话框中，选中“保护工作表及锁定的单元格内容”复选框，在“取消工作表保护时使用的密码”框中输入密码，在“允许此工作表的所有我们进行”框中进行适当选择。

④单击对话框中的“确定”按钮。

(9) 重命名工作表

为工作表改名有两种方法。

①用鼠标右键单击工作表标签，在弹出的快捷菜单中选择“重命名”命令。

②双击工作表标签。

执行以上任一操作后，工作表标签都处于反选状态，系统让我们在工作表标签处输入新的工作表名。输入工作表名后按 Enter 键，或在工作表标签外单击鼠标，工作表名即被更改。如果按 Esc 键，则取消工作表重命名，工作表名不变。

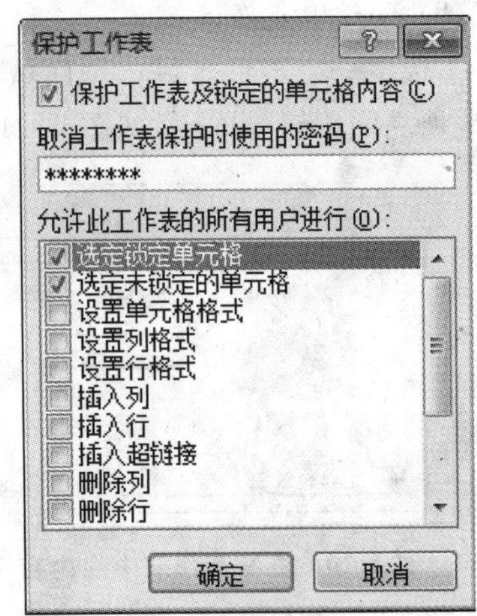

图 4.18　“保护工作表”对话框

(10) 调整工作表的显示比例

要调整工作表的显示比例，有两种方法。

①在“视图”选项卡的“显示比例”组中单击“显示比例”按钮后，在“显示比例”对话框中选择或自定义要显示的比例，如图 4.19(a)所示。

②如图 4.19(b)所示，单击窗口右下角“显示比例”工具栏上的“⊕”或“⊖”按钮进行调整，每单击一次“⊕”或“⊖”，显示比例放大或缩小 10%。或者，用鼠标左右拖动“显示比例”工具栏上的滑块来调整显示比例。

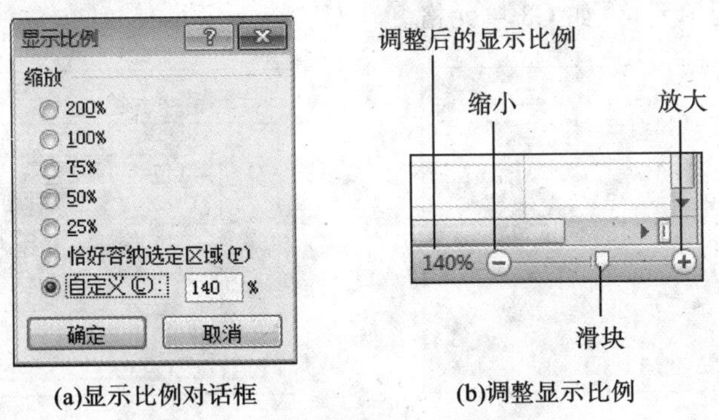

(a)显示比例对话框　　(b)调整显示比例

图 4.19　调整工作表显示比例

(11) 切换工作表

通常，工作簿可能要包含很多工作表，通过单击工作簿窗口底部的工作表标签，可以方便地在工作表之间进行切换。

3. 单元格的基本操作

(1) 选择单元格

要编辑工作表中的数据，就必须首先选中要编辑的单元格。要选择某个单元格，则当鼠标指针在工作表中的形状变成“✚”时，单击该单元格。单元格被选中以后，就被黑色边框包围，变成活动单元格，如图 4.20 所示。

当一个单元格被选中后，该单元格所在的行号和列标的颜色由未被选中时的银色变成了深茶色，格外醒目，如图 4.20 所示的行号“3”和列标“C”。同时，单元格地址“C3”在名称框中显示。

(2) 选择单元格区域

①选定一个矩形区域。用区域的第一个单元格地址和最后一个单元格地址表示单元格区域，地址之间用冒号间隔，如图 4.21 所示，A2 到 C5 单元格区域用 A2:C5 表示。

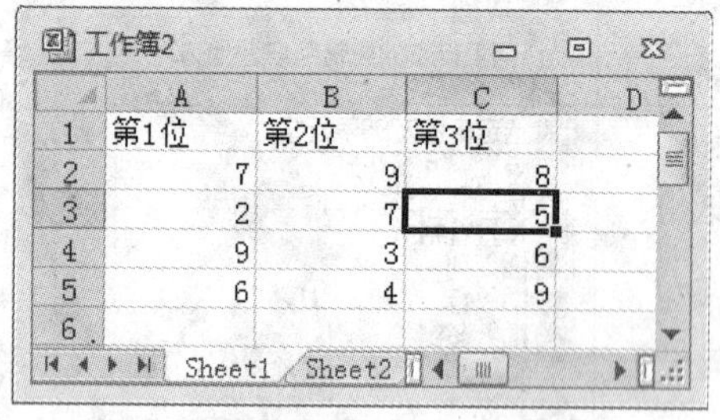

图 4.20　查看工作表中的内容

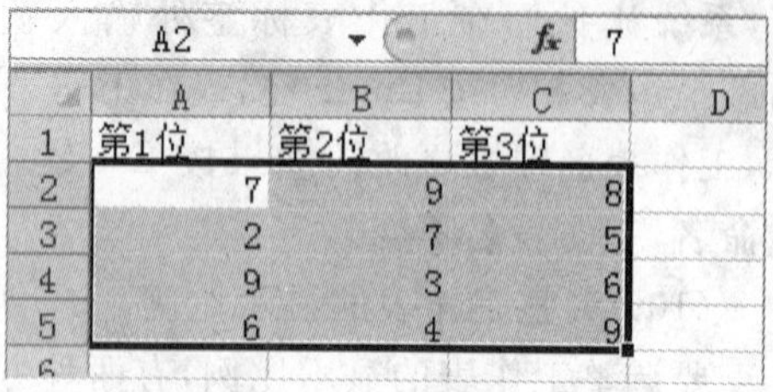

图 4.21　选一个单元格区域 A2:C5

②选中一行或一列。通过单击行号或列标可以选中工作表中的一行或一列。

③选中整个工作表。按 Ctrl＋A 键可选中整个工作表。单击工作表左上角的“全选”按钮 ，如图 4.22 所示(已全选，“全选”按钮变成)，也可选中整个工作表。

④选中多个区域。在实际应用中，经常遇到要选中多个区域的情况。其操作方法是：当选中一个区域后，再按住 Ctrl 键，依次选中其他各区域，如图 4.23 所示。其中，最后选中区域的第一个单元格为活动单元格，如 C3 单元格。

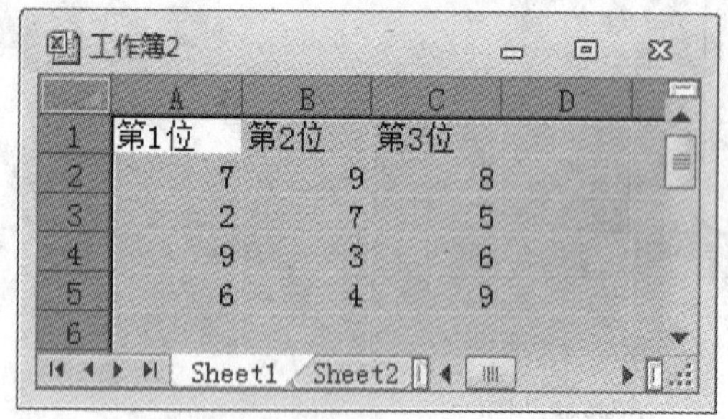

图 4.22　选中整个工作表

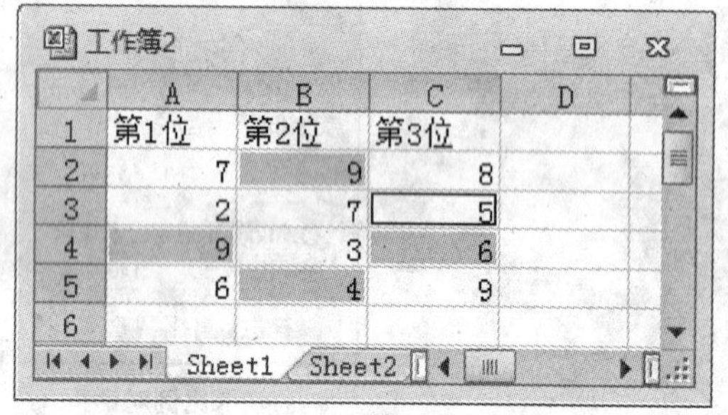

图 4.23　选定多个非连续区域

⑤条件选中单元格区域。有时，选中的单元格具有条件性，例如，要选择工作表中所有的数值单元格，或者所有的公式单元格等。其操作步骤如下。

- 在“开始”选项卡的“编辑”组中单击“查找和选择”按钮，在下拉菜单中选择“定位条件”命令，打开“定位条件”对话框。
- 在该对话框中选择“批注”、“常量”或“公式”按钮，并根据需要选中相关复选框。
- 单击“确定”按钮。

不论以何种方式选中单元格区域后，在工作表中单击任意单元格，即可取消所做的选定操作。

(3) 单元格内光标定位

在单元格内定位输入光标时，要用鼠标双击单元格，或单击单元格然后按 F2 键，或将光标定位在编辑栏中；出现“|”光标后，使用键盘上的左右方向键将光标定位。

(4) 向单元格输入数据

输入数据时，总是只能往活动单元格内输入数据。单元格内的数据通常有 3 种基本类型：

文本型、数值型(数字、日期和时间)和公式。每种类型都有其输入规则。Excel 能自动识别所输入的数据类型,并进行转换。

①输入文本型数据。文本型数据用来表示一个名字或名称,可以是汉字、英文字母、数字、空格等键盘输入的符号。文本数据仅供显示或打印使用,不能进行算术运算。输入文本型数据时,可直接输入。如果把输入的数字数据作为文本,则应先输入一个英文单引号“'”。若要在一个单元格内输入分段内容,则按 Alt+Enter 键表示一段结束。

如果文本型数据长度不超过单元格宽度,则数据在单元格内自动左对齐。如果文字长度超出单元格宽度,当右边单元格无内容时,则扩展到右边列显示;当右边单元格有内容时,根据单元格宽度截断显示,如图 4.24 所示。

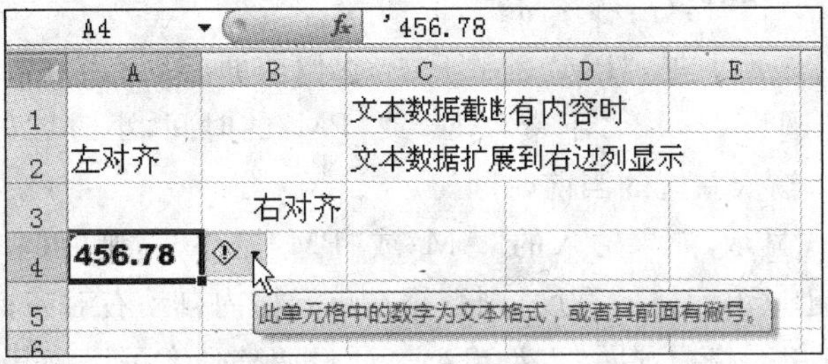

图 4.24　文本型数据的显示

②输入数值型数据。数值型数据可以被用来进行各种各样的运算和分析。数值型数据的格式可以设置成整数、小数、分数、百分数、科学记数、货币等类型。利用数值型数据,可在 Excel 中创建复杂的图表以及制作各种图形。这对于进行数据比较、制定规划等工作是强有力的工具。

在单元格中输入的数值型数据包含数字 0～9 以及表 4.2 所示的一些特殊字符。

表 4.2　单元格中可输入的特殊字符的功能

字　符	功　能
+	正数
-、()	负数
$	货币值
%	百分数
/	分数
.	小数
,	千分隔符
E、e	指数形式(科学记数形式)

输入带有“+”号的数,表示正数,“+”号可以省略,系统也会自动将其去掉;输入一个用小括号括起来的数表示负数,负数前面显示“-”号。当数据中包含“$”、“%”、“/”、“,”、“E 或 e”等符号时,系统会自动转换成相应的数据格式。

默认情况下,数值型数据在单元格中靠右对齐显示。当数据长度超出定义的单元格宽度时,则按指数形式(即科学记数形式)显示或者用几个“# ”号显示(# # # # # #),但单元格中存储的是原始输入值,可以通过调整列宽将其显示出来。

③输入日期型数据。日期的格式有以下 6 种:“月/日”;“月-日”;“×月×日”;“年/月/日”;“年-月-日”;“×年×月×日”。

有问有答

问:用两位数字表示年份时,Excel 会如何处理?

答:当用两位数字表示年份时,Excel 认为用 00-29 两位数字表示的年份是 2000—2029 年,用 30-99 两位数字表示的年份是 1930—1999 年。默认情况下,年份格式使用 2 位数字,但用 4 位数字表示年份就可以更清楚地表示年份并避免误解。

④输入时间型数据。时间的格式有以下 6 种:“时:分”;“时:分 AM”;“时:分 PM”;“时:分:秒”;“时:分:秒 AM”;“时:分:秒 PM”。

时间格式中“AM”表示上午,“PM”表示下午,它们前面必须有空格。带“AM”或“PM”的时间,小时数的取值范围为 0～12。不带“AM”或“PM”的时间,小时数的取值范围为 0～23。按“Ctrl＋Shift＋;”键,输入系统的当前时间。

时间按输入的形式显示,如果输入的“AM”或“PM”是小写,则时间自动转换成大写。如果时间数据的长度不超过单元格的宽度,则数据在单元格内自动右对齐;如果日期数据的长度超过单元格的宽度,则单元格内显示“# # # # ”,通过调整列宽可以将其显示出来。

有问有答

问:在单元格中输入日期型数据或时间型数据后,单元格内显示“# # # # ”,该如何知道单元格中的内容?

答:默认情况下,日期型数据、时间型数据在单元格中靠右对齐显示,如果日期数据或时间数据的长度超过单元格的宽度,单元格内显示“# # # # ”,但可以通过调整列宽将其显示出来。

⑤在单元格区域中输入数据。要在单个单元格中输入数据,则先输入数据,然后按 Enter 键或 Tab 键。如果要重复进行这样的操作,则选中单元格区域后可以进行快速输入。操作方法是:先选中要输入数据的单元格区域,再输入数据,然后按 Tab 键或 Enter 键。若按 Tab 键,则转到单元区域内下一列的单元格输入;若按 Enter 键,则转到单元格区域内下一行的单元格输入。当输入到单元格区域边界后,自动转到下一行或下一列的开始处输入。

⑥在不同单元格中一次输入相同数据。如果需要在不同的单元格一次输入相同的数据,则先选定这些单元格,然后向其中一个单元格输入数据。输入完后,再按 Ctrl＋Enter 键,这样所选定的单元格内的数据都是刚才在第一个单元格中输入的数据。

⑦在活动单元格中输入数据后,可以进行以下操作,如表 4.3 所示。

表 4.3　输入数据后的操作

操　作	作　用
按 Tab 键	输入的内容被接收,本行下一列的单元格成为活动单元格
按 Enter 键	输入的内容被接收,本行下一行的单元格成为活动单元格
按↑键	输入的内容被接收,本行上一行的单元格成为活动单元格
按↓键	输入的内容被接收,本行下一行的单元格成为活动单元格
按←键	输入的内容被接收,本行上一列的单元格成为活动单元格

续表

操 作	作 用
按→键	输入的内容被接收,本行下一列的单元格成为活动单元格
按 Esc 键	取消输入的内容,活动单元格不变
单击编辑栏左边的✔按钮	输入的内容被接收,活动单元格不变
单击编辑栏右边的✖按钮	取消输入的内容,活动单元格不变

(5) 单元格的命名

若要经常使用一个或几个单元格,就应该给这些单元格起一个名字。有以下两种方法为单元格命名。

①选择要命名的单元格,在“公式”选项卡的“定义的名称”组中单击“定义名称”,在下拉菜单中选择“定义名称”,弹出“新建名称”对话框。在该对话框的“名称”框中输入当前工作簿中已经存在的名称,单击“确定”按钮,如图 4.25 所示。

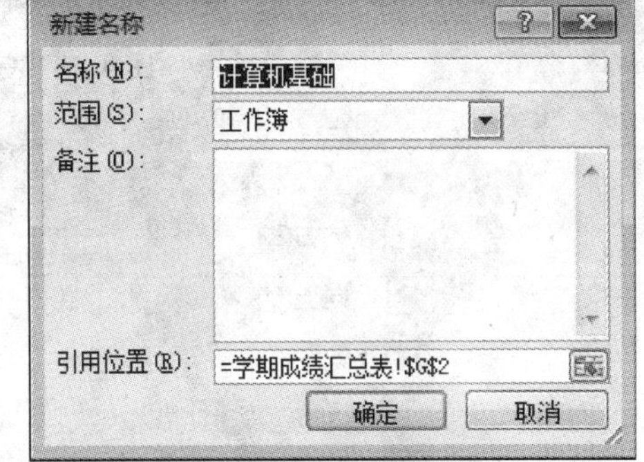

图 4.25 定义单元格名称

②选择要命名的单元格,单击编辑栏中的名称框,输入一个名字。

在给单元格命名时,名称的第一个字符必须是字母或下划线,名称中不能有空格,且不能与单元格引用相同。

(6) 在单元格中自动填充数据

如果某行或某列是有规律的数据,则可使用自动填充功能来完成。有 4 类数据可以自动填充:重复数据、数列、日期序列、内置序列。

①重复数据。如果一行或一列的数据是重复的,则只要先输入一段,并选定这一段后,再拖曳填充柄到结束单元格,系统就自动完成填充操作。

拖曳填充柄之后,会出现“自动填充选项”按钮以便选择如何填充所选内容。例如,可以选择通过单击“仅填充格式”只填充单元格格式,也可以选择通过单击“不带格式填充”只填充单元格的内容。

②等差数列。如果一行或一列的数据为等差数列,那么只要输入前两项,并选定它们,然后拖曳填充柄到结束单元格,系统就自动完成填充操作,如图 4.26 所示。

③等比数列。如果一行或一列的数据为等比数列,那么我们可以方便地填充。操作步骤为:单击单元格,并输入等比数列的第一个数字;在“开始”选项卡的“编辑”组中单击“填充”按钮,在下拉菜单中选择“系列”命令,如图 4.27(a)所示;在弹出的“序列”对话框中的“序列产生在”栏选择“列”或“行”,在“类型”栏选择“等比序列”,在“步长值”框中输入步长值,在“终止值”框中输入最后一个数字,如图 4.27(b)所示;单击“确定”按钮。

④日期序列。如果一行或一列的数据为日期序列,那么只要输入开始日期并选定,然后拖曳填充柄到结束单元格,系统就自动完成填充操作,日期序列以一天为步长。

如果不希望以一天为步长,那么可以输入两个日期并选定,然后拖曳填充柄到结束单元格,系统就自动完成填充操作,以两个日期相差的天数为步长。如果两个日期的日数相同,则

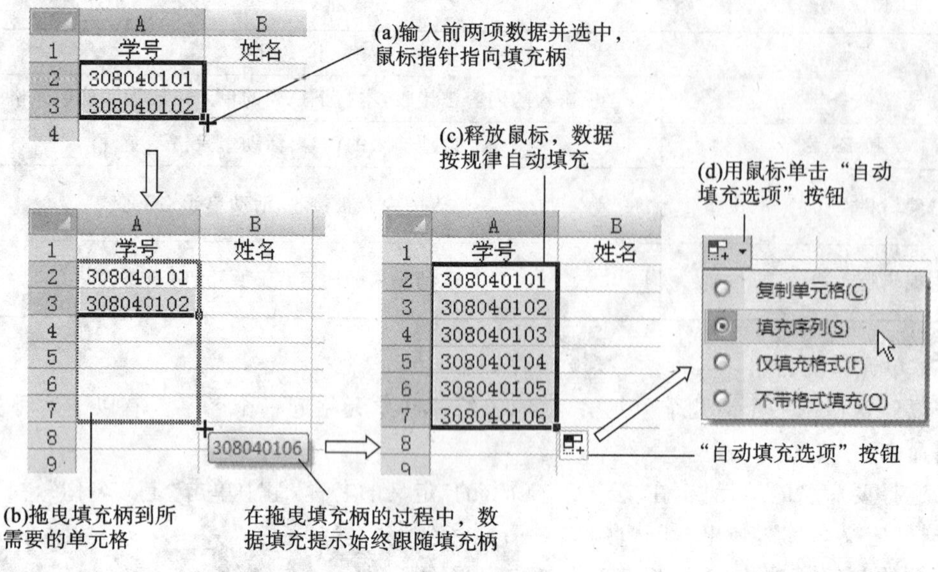

图 4.26 等差数列数据填充过程

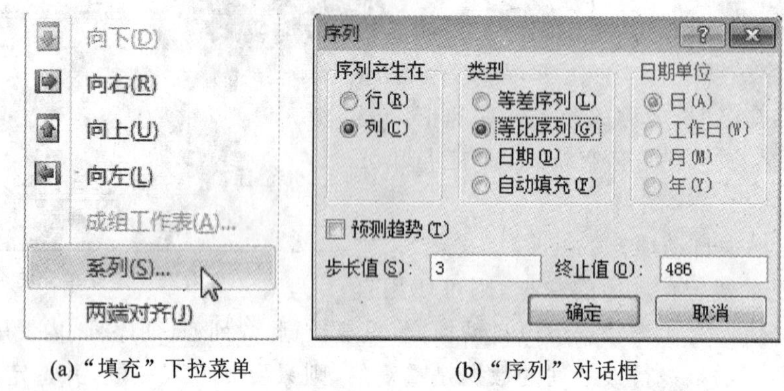

(a)“填充”下拉菜单　　(b)“序列”对话框

图 4.27 自动填充等比数列数据

系统自动以两个日期相差的月数为步长；如果两个日期的月、日相同，则系统自动以两个日期相差的年数为步长。

⑤内置序列。如果一行或一列的数据为 Excel 定义的序列，则只要输入第一项，并选定它，然后拖曳填充柄到结束单元格，系统就自动完成填充操作。

以下是 Excel 定义的序列。

- Sun、Mon、Tue、Wed、Thu、Fri、Sat。
- Sunday、Monday、Tuesday、Wednesday、Thursday、Friday、Saturday。
- Jan、Feb、Mar、Apr、May、Jun、Jul、Aug、Sep、Oct、Nov、Dec。
- January、February、March、April、May、June、July、August、September、October、November、December。
- 日、一、二、三、四、五、六。
- 星期日、星期一、星期二、星期三、星期四、星期五、星期六。
- 一月、二月、三月、四月、五月、六月、七月、八月、九月、十月、十一月、十二月。
- 正月、二月、三月、四月、五月、六月、七月、八月、九月、十月、十一月、腊月。

• 第一季、第二季、第三季、第四季。
• 子、丑、寅、卯、辰、巳、午、未、申、酉、戌、亥。
• 甲、乙、丙、丁、戊、己、庚、辛、壬、癸。

⑥自定义序列。当内置序列不能满足我们需求时,我们可以自定义符合应用要求的序列。操作步骤为:依次单击"文件"选项卡、"选项"命令,弹出的"Excel 选项"对话框;在左侧单击"高级",在右侧"常规"选项栏下单击"编辑自定义列表"按钮,打开"自定义序列"对话框;在"自定义序列"列表中选择"新序列";在"输入序列"文本框中输入规划好的序列,如图 4.28 所示;依次单击"添加"按钮、"确定"按钮。

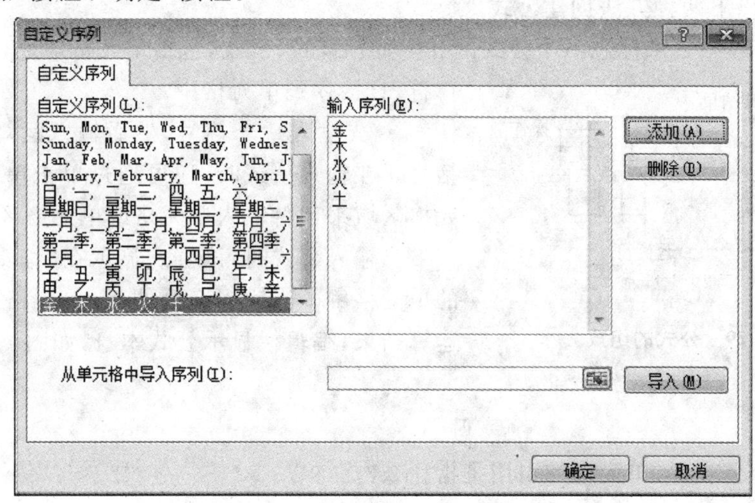

图 4.28 输入"自定义序列"

定义好自定义序列后,今后在需要填写数据的单元格内输入自定义序列中的任一项,并选中它,然后拖曳填充柄到结束单元格,系统就自动完成填充操作。

4. 公式与函数的基本操作

本小节将介绍使用公式和函数完成 Excel 的基本计算。

(1) 公式

①创建公式。Excel 的一个强大功能是可在单元格内输入公式,系统自动显示计算结果。公式可以是一个运算式,也可以是一个内部函数;参数运算的数据可以是常数,也可以是单元格引用。

公式中允许使用的运算符如表 4.4 所示。

表 4.4 公式中允许使用的运算符

分 类	运算符	含 义
数学运算符	%	百分比
	^	幂(乘方)
	*	乘
	/	除
	+	加法
	-	减法
文本运算符	&	连接文本数据或数值,运算结果是文本类型

当一个公式中包含多个数学运算符时，运算的顺序由运算符的优先级决定。运算符的优先级由高到低为%、^、*和/、+和-。如果优先级相同，则按从左到右的顺序计算。

文本运算符也称文本连接符，用来连接文本数据或数值，运算结果是文本类型。例如，“="计算机"&"应用"”运算的结果是“计算机应用”。又如，“="12"&"34"”运算的结果是“1234”；“="总成绩是："&"234"”的运算结果是“总成绩是：234”。

如果公式中同时出现数学运算符和文本运算符，那么先进行数学运算后再进行文本连接运算。例如，“="总分是："&87+88+89”，其运算结果是“总分是：264”。

可以使用以下两种方法创建公式。

• 输入等号“=”来标志一个公式的开始，然后输入公式，包括单元格地址、常数和数学运算符，直接存到单元格中。

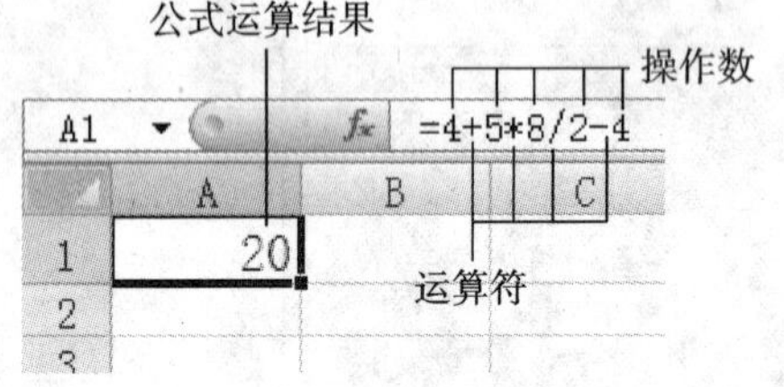

图 4.29 公式的组成

• 先输入一个等号，然后输入运算符、常数或圆括号。在输入公式时，还可通过单击单元格或选取单元格区域来代替输入单元格或单元格区域的地址。

当输入公式时，该公式显示在“编辑栏”和其所在的单元格中。当输入完公式后，单元格显示的是公式运算结果，编辑栏显示公式本身，如图 4.29 所示。

有问有答

问：在一个公式中，单元格的引用是指什么？

答：单元格的引用是指单元格的地址。

②复制公式。

通过将单元格中的公式复制到剪贴板上，然后将其粘贴到目标单元格中，可以避免重复输入公式和节省时间。将公式复制到目标单元格的方法有以下 3 种。

• 单击含有公式的单元格，拖曳填充柄到目标单元格，公式即被复制到目标单元格中。

• 单击含有公式的单元格，在“开始”选项卡的“剪贴板”组中单击“复制”按钮，再单击目标单元格，在“开始”选项卡的“剪贴板”组中单击“粘贴”按钮，公式即被复制到目标单元格中。

• 用鼠标右键单击含有公式的单元格，在弹出的快捷菜单中选择“复制”命令，再用鼠标右键单击目标的单元格，在弹出的快捷菜单中选择“粘贴”命令，公式即被复制到目标单元格中。

当公式中包含单元格引用时，Excel 将修改公式，使单元格的引用随公式位置的改变而改变。

有问有答

问：如果将一个公式从 A3 单元格复制到 C6 单元格，是使用填充柄，还是使用复制和粘贴命令？为什么？

答：使用复制和粘贴命令。因为使用填充柄只能将数据复制到相邻的单元格中。

③单元格引用。单元格地址有相对引用、绝对引用、混合引用 3 种类型。

相对引用仅包含单元格的列标与行号，如 A1、B4。相对引用是 Excel 默认的单元格引用方式。在复制或移动公式时，系统根据移动的位置自动调节公式中的相对引用。例如，C2 单元格中的公式是"＝A2＋B2"，如果将 C2 单元格中的公式复制到 C3 单元格，那么系统会自动将 C3 单元格中的公式调整为"＝A3＋B3"。

绝对引用是在列标与行号前均加上美元符号"＄"的引用。如＄C＄1 是 C1 单元格的绝对引用。在复制或移动公式时，系统不会改变公式中的绝对引用。例如，若 C2 单元格中的公式是"＝＄A＄2＋＄B＄2"，则当 C2 单元格中的公式复制到 C3 单元格中时，C3 单元格中的公式仍然为"＝＄A＄2＋＄B＄2"。

混合引用是指在列标或行号前加上美元符号"＄"的引用。例如，＄A1 指 A 列是绝对引用，而第 1 行是相对引用；A＄1 指 A 列是相对引用，而第 1 行是绝对引用。在复制或移动公式时，系统改变公式中的相对部分（不带"＄"者），不改变公式中的绝对部分（带"＄"者）。例如，若 C2 单元格中的公式是"＝＄A2＋B＄2"，当将 C2 的公式复制到 C3 单元格时，C3 单元格的公式变为"＝＄A3＋C＄2"。

④编辑公式。编辑公式就像编辑单元格中的数据一样。例如，对一个单元格区域求和，改为对这个单元格区域求平均值，可以使用以下两种方法编辑公式。

- 双击公式所在的单元格，在单元格中直接输入要改变的内容，然后按 Enter 键。
- 单击公式所在的单元格，在"编辑栏"中输入要改变的内容，然后单击"编辑栏"上的"输入"按钮或按 Enter 键。

（2）函数

①定义函数。函数是为了完成从简单到复杂的计算而设计的，并对特定的数据应用 Excel 内部函数时，可以避免因创建公式带来的烦恼，并确保公式结果正确。

使用函数时，应以函数名开头，后面必须紧跟一对小括号，括号内是以逗号分隔的参数。函数参数一般是单元格引用，也可以是文本值、逻辑值。函数的结构如图 4.30 所示。

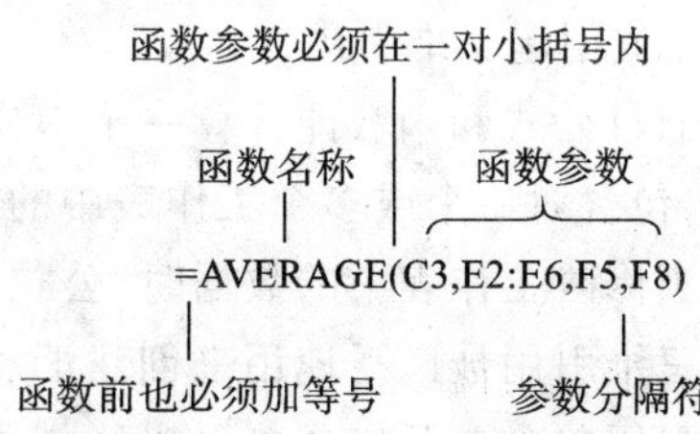

图 4.30　函数的结构

Excel 提供了 300 多个内部函数，下面介绍几个最常用的函数 SUM、AVERAGE、MAX、MIN、LEFT、RIGHT。

- SUM 函数。SUM 函数用来对各参数累加求和。参数可以是几个数值常量，也可以是一个单元格引用，还可以是一个单元格区域引用。例如，SUM(1,2,3)用来计算 1＋2＋3，结果为 6；SUM(A1,A2,A3)用于求 A1,A2 和 A3 单元格中数值的和；SUM(A1:B4)用来求 A1:B4 单元格区域中数值的和。
- AVERAGE 函数。AVERAGE 函数用来求各参数中数值的平均值。参数要求与 SUM 的一致，可以是几个数值常量，也可以是几个单元格引用，还可以是一个单元格区域引用。例如，AVERAGE(1,2,3)用来计算 1、2 和 3 的平均值，结果为 2；AVERAGE(A1,A2,A3)用来求 A1,A2 和 A3 单元格中数值的平均值；AVERAGE(A1:B4)用来求 A1:B4 单元格区域中数值的平均值。
- MAX 函数。MAX 函数用来求各参数数值的最大值。参数要求与 SUM 的一致，可以是几个数值常量，也可以是几个单元格引用，还可以是一个单元格区域引用。例如，MAX(1,2,3)用来计算 1、2 和 3 的最大值，结果为 3；MAX(A1,A2,A3)用来求 A1,A2 和 A3 单元格中数的最大值；MAX(A1:B4)用来求 A1:B4 单元格区域中数的最大值。
- MIN 函数。MIN 函数用来求各参数中数值的最小值。参数要求与 SUM 的一致，可以是几个数值常量，也可以是几个单元格引用，还可以是一个单元格区域引用。例如，MIN(1,2,3)用来计算1、2和3的最小值，结果为1；MIN(A1,A2,A3)用来求A1,A2和A3单元格中数的最小值；MIN(A1:B4)用来求A1:B4单元格区域中数的最小值。

• LEFT函数。LEFT函数用来取文本数据左边若干个字符。有两个参数，第一个是文本常量或单元格地址，第二个是整数，表示要取字符的个数。Excel中，一个汉字当作一个字符处理。例如，LEFT("计算机科学",3)用于取“计算机科学”左边3个字符，结果为“计算机”；LEFT(A1,3)用于取A1单元格中文本数据左边的3个字符。

• RIGHT函数。RIGHT函数用来取文本数据右边若干个字符。参数与LEFT函数的相同，第一个是文本常量或单元格地址，第二个是整数，表示要取字符的个数。例如，RIGHT("计算机科学",2)表示取“计算机科学”右边2个字符，其结果为“科学”；RIGHT(A1,2)表示取A1单元格中文本数据右边的2个字符。

②插入函数。插入函数时，可以像输入公式一样输入函数，即可以在单元格或在“编辑栏”中直接输入。使用这种方法要求我们熟悉函数的名称和语法。如果我们不熟悉函数的名称和语法，那么可以使用Excel提供的插入函数的功能输入函数，该功能会指导我们创建函数。

③自动求和。对单元格区域数据求和计算是一种最常见的计算之一，因此，Excel的“公式”选项卡的“函数库”组中提供了“自动求和”按钮 Σ ，用于对活动单元格上方或左侧的数据进行自动求和计算。

对一个单元格求和后，若相邻其他单元格也需要求和，则可拖曳填充柄到其他单元格，系统自动完成复制公式操作。

(3) 创建三维引用

通过公式和函数能计算一个工作表中的数据，也可以计算同一工作簿中多个工作表中的数据，包含对一个或多个工作表中的数据或单元格的引用(称为3-D引用)的公式称为三维引用。当修改工作表中的数据时，公式中的数据引用也随之改变。

三维引用被广泛地用来创建汇总表，用来计算同一个工作簿中不同工作表中的数据之和。三维引用包含单元格或单元格区域引用，前面必须加上工作表名称的范围。Excel使用存储在引用开始名和结束名之间的任何工作表。例如，“=SUM(Sheet3:Sheet8! E8)”，就是对工作表Sheet3到Sheet8的E8单元格求和，单元格取值范围是从工作表3到工作表8。

可以在三维引用中使用的函数如表4.5所示。

表4.5　在三维引用中可以使用的函数

函数	说　明
SUM	将数值相加
AVERAGE	计算数值的平均值(算术平均值)
AVERAGEA	计算数值(包括文本和逻辑值)的平均值(算术平均值)
COUNT	统计包含数值的单元格数
COUNTA	统计非空单元格数
MAX	查找一组数值中的最大值
MAXA	查找一组数值中的最大值(包括文本和逻辑值)

续表

函数	说 明
MIN	查找一组数值中的最小值
MINA	查找一组数值中的最小值(包括文本和逻辑值)
PRODUCT	将数值相乘
STDEV	基于样本计算标准偏差
STDEVA	基于样本(包括文本和逻辑值)计算标准偏差
STDEVP	计算总体的标准偏差
STDEVPA	计算总体(包括文本和逻辑值)的标准偏差
VAR	基于样本估算方差
VARA	基于样本(包括文本和逻辑值)估算方差
VARP	计算总体的方差
VARPA	计算总体(包括文本和逻辑值)的方差

4.2 工作表的编辑与格式化

对工作表的编辑实际上就是对工作表中单元格的编辑。

4.2.1 单元格内容的编辑

在单元格内输入内容后，就可以删除或修改内容、移动内容到其他单元格、复制已输入的内容、查找某个内容、把某一内容统一替换为另一内容。如果编辑过程中出现误操作，则可以撤销操作，撤销过的操作还可以再被恢复。

1. 删除

如果不需要某个或某些单元格中的内容，则先选定要删除的一个或多个单元格，然后用以下两种方法之一删除单元格中的内容。

①按 Delete 键。

②在“开始”选项卡的“编辑”组中单击“清除”按钮，在下拉菜单中选择的“清除内容”命令。

2. 修改内容

要修改单元格中的内容，有两种方法：编辑栏内修改和单元格内修改。在编辑栏内修改单元格中内容的操作步骤如下。

①选定要修改内容的单元格

②单击编辑栏，然后在编辑栏内进行修改。

③修改完成后，单击编辑栏左边的“输入”按钮或按 Enter 键或 Tab 键确认修改；若单

击编辑栏左边的“取消”按钮✕或按 Esc 键则取消修改。

直接在单元格内修改内容的操作步骤如下。

①双击要修改内容的单元格，使单元格处于编辑状态，即单元格内出现闪烁的光标。

②直接在单元格内进行修改。

③修改完成后，单击编辑栏左边的“输入”按钮✓或按 Enter 键或 Tab 键确认修改；若单击编辑栏左边的“取消”按钮✕或按 Esc 键则取消修改。

3. 移动数据

在 Excel 中移动数据有以下两种方法。

①选定要移动数据的单元格，将鼠标指针指向选定单元格的边框上，当鼠标变成形状时如图 4.31(a)所示，按下鼠标左键，拖动鼠标指针到目标单格。

②选定要移动数据的单元格，如图 4.31(b)所示，先在“开始”选项卡的“剪贴板”组中单击“剪切”按钮或按 Ctrl＋X 键，再选定目标单元格，在“开始”选项卡“剪贴板”组中单击“粘贴”按钮或按 Ctrl＋V 键。

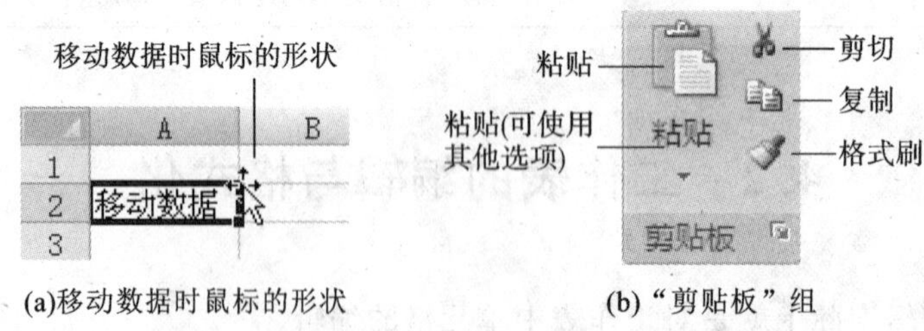

(a)移动数据时鼠标的形状　　(b)“剪贴板”组

图 4.31　移动数据的方法

4. 复制数据

在 Excel 中复制数据有以下两种方法。

①选定要复制数据的单元格，将鼠标指针放到选定单元格的边框上，按住 Ctrl 键的同时拖动鼠标指针到目标单格。

②选定要复制数据的单元格，先在“开始”选项卡的“剪贴板”组中单击“复制”按钮或按 Ctrl＋C 键，再选定目标单元格，在“开始”选项卡的“剪贴板”组中单击“粘贴”按钮或按 Ctrl＋V 键。

移动或复制单元格中的数据有以下两个特点。

- 移动或复制单元格的数据时，按原样移动或复制。
- 移动或复制单元格的数据公式时，根据目标单元格地址自动调整公式中的相对引用或混合引用中的相对部分。

5. 特殊的移动和复制

选定要移动、复制的源单元格，在“开始”选项卡的“剪贴板”组中单击“剪切”或“复制”按钮，将光标移到目的单元格处，在“开始”选项卡的“剪贴板”组中单击“粘贴”按钮的下拉箭头，选择“选择性粘贴”命令，然后在弹出的如图 4.32 所示对话框中进行选择。若选择“数值”，则将源单元格的公式计算结果数值粘贴到目的单元格内；若选择“格式”，则将源单元格内的格式粘贴到目的单元格内；若选择“转置”，则将源列向单元格的数据沿行向进行粘贴。

6. 查找与替换

如果工作表很大，想快速确定某一数据的位置，也不需要手工逐个查找单元格，可以用查找命令自动完成。如果想把某一个内容统一替换成另一个内容，则不需要手工逐个替换，可以用查找替换命令自动完成。

查找与替换都是指从当前活动单元格开始搜索整个工作表，若只想搜索工作表的某部分，则应先选定相应的区域。

(1) 查找

在“开始”选项卡的“编辑”组中单击“查找和选择”按钮，选择“查找”命令，或者按 Ctrl+F 键，弹出如图 4.33 所示的“查找和替换”对话框。

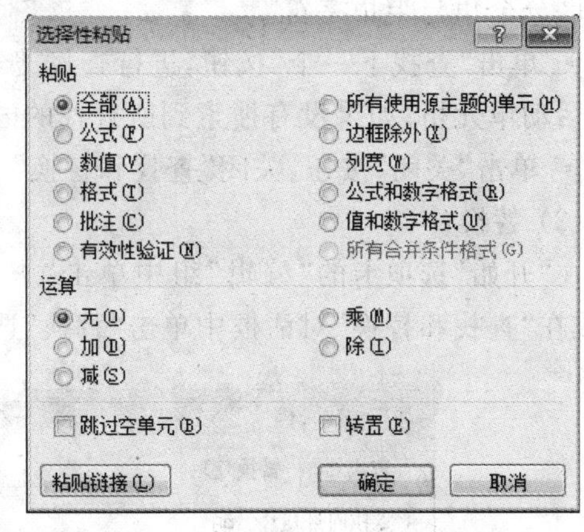

图 4.32　“选择性粘贴”对话框

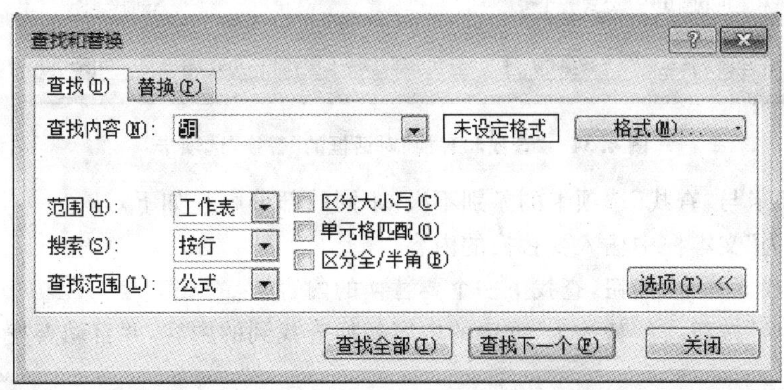

图 4.33　“查找和替换”对话框的“查找”选项卡

在“查找”选项卡中，可进行以下操作。

- 在“查找内容”文本框输入要查找的内容，它可以是一个数据也可以是一个公式。如果是公式，则在“查找范围”下拉列表框中只能选择“公式”；如果是数据，则在“查找范围”下拉列表框中只能选择“值”。
- 在“搜索”下拉列表框中选择所需要的查找方式（按行、按列）。若选择“按行”方式，则系统从当前活动单元格开始依次逐行水平搜索工作表；若选择“按列”方式，则系统从当前活动单元格开始依次逐列垂直搜索工作表。
- 在“查找范围”下拉列表框中选择所需要的查找范围（公式、值、批注）。若选择“公式”，则搜索内容是公式的单元格，查找时与单元格中的公式比较；若选择“值”，则搜索内容是公式的单元格，查找时与单元格中公式的值比较；若以上两种都选择中，则搜索内容是数据的单元格，查找时与单元格中的数据比较。选择“批注”，则查找时只与单元格中的批注比较，不与单元格中的数据、公式和计算值比较。
- 选中“区分大小写”复选框，则查找时区分字母大小写，否则查找时不区分大小字母。
- 选中“单元格匹配”复选框，则只查找与查找内容完全相同的单元格，否则查找包含查找内容的所有单元格。
- 选中“区分全/半角”复选框，则查找时区分全角与半角字符（如“，”和“,”），否则查找时不区分全角与半角字符。

• 单击“查找下一个”按钮，进行查找搜索，如果搜索到所查找的内容，则相应单元格变为当前活动单元格；如果没有搜索到所查找的内容，则系统给出查不到相关内容的提示。

• 单击“关闭”按钮，关闭“查找和替换”对话框。

(2) 替换

在“开始”选项卡的“编辑”组中单击“查找和选择”按钮，选择“替换”命令或按 Ctrl＋H 键，或在“查找和替换”对话框中单击“替换”选项卡，出现如图 4.34 所示的对话框。

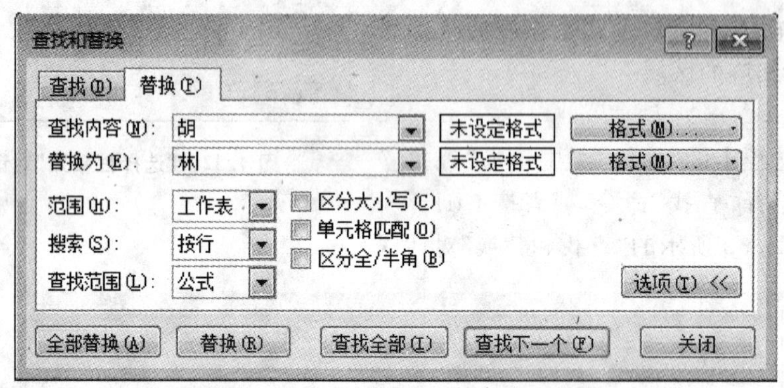

图 4.34 “查找和替换”对话框的“替换”选项卡

“替换”选项卡与“查找”选项卡的差别不大，不同的部分解释如下。

①在“替换为”文本框中输入要替换的内容。

②单击“查找下一个”按钮，查找下一个要替换的内容。

③单击“替换”按钮，将“替换为”框中的内容替换查找到的内容，并自动查找下一个被替换的内容。

图 4.35 找不到正在搜索的数据的提示框

④单击“全部替换”按钮，将“替换为”框中的内容替换所有查找到的内容。

在单击“替换”按钮前应先单击“查找下一个”按钮查找要替换的内容，否则系统会出现如图 4.35 所示的提示框。

4.2.2 单元格的插入和删除

编辑工作表的过程中，可以在工作表中插入一个、一行或一列单元格，还可删除一个、一行或一列单元格。

1. 删除单元格

选中所要删除的单元格，在“开始”选项卡的“单元格”组中单击“删除”按钮，选择“删除单元格”命令，在弹出的如图 4.36 所示的对话框中选择删除后当前单元格移动的方向，然后单击该对话框中的“确定”按钮。

2. 插入单元格

选中要插入单元格的位置，在“开始”选项卡的“单元格”组中单击“插入”按钮，选择“插入单元格”命令，在弹出的如图 4.37 所示的“插入”对话框中选择插入单元格后当前单元格移动的方向，然后单击该对话框中的“确定”按钮。

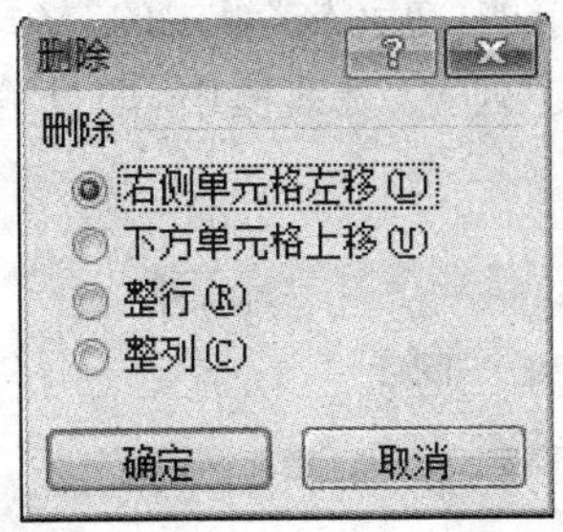

图 4.36　删除单元格

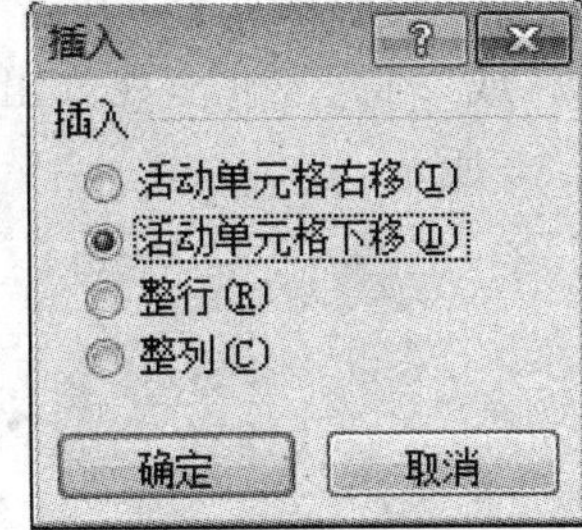

图 4.37　插入单元格

4.2.3　撤销与恢复操作

在编辑过程中，如果操作失误，可以撤销这些操作；被撤销掉的操作还可以得到恢复。

1. 撤销操作

Excel 把我们所做的所有操作都记录下来了，因此可以撤销掉先前的任何操作，但撤销操作只能从最近一步操作开始。

撤销最近一步操作，有以下两种方法。

①单击“快速访问工具栏”中的“撤销”按钮。

②按 Ctrl＋Z 键。

如果撤销最近的多步操作，可以单击“快速访问工具栏”中的“撤销”按钮旁的下拉箭头，在下拉列表中选择要撤销掉的操作，系统会自动撤销这些操作。

2. 恢复操作

撤销过的操作在没有进行其他操作之前还可以恢复。恢复撤销有以下两种方法。

①单击“快速访问工具栏”中的“恢复”按钮。

②按 Ctrl＋Y 键。

如果恢复已撤销的多步操作，可以单击“快速访问工具栏”中的“恢复”按钮旁的下拉箭头按钮，在下拉列表中选择要恢复的操作，系统会自动恢复这些操作。

4.2.4　工作表的格式化

格式化工作表主要包括行高、列宽的调整，数字的格式化，字体的格式化，对齐方式的设置，表格边框线及底纹的设置等。为提高格式化效率，Excel 还提供了一些格式化的快速操作方法：复制格式、使用样式、自动格式化、条件格式化。

1. 行高、列宽的调整

(1) 用鼠标拖曳的方法设置行高、列宽

当鼠标指针在行(列)标头格线处变为双向箭头状“”或“”时，拖曳标头格线即可改变行高(列宽)。如果选取多行(列)，再拖曳标头格线，则可以设置多行(多列)的等高(等宽)

效果。

(2) 用菜单精确设置的方法设置行高、列宽

单击要设置的行(列)的单元格,单击"开始"选项卡的"单元格"组中的"格式"按钮,在下拉菜单中,选择"行高"或"列宽"命令,在弹出的"行高"或"列宽"对话框中,即可输入行高(列宽)的精确值,如图 4.38 所示。

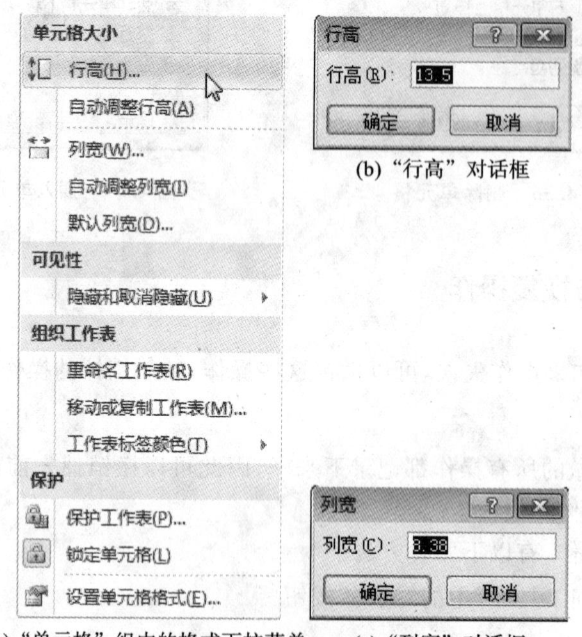

(a) "单元格" 组中的格式下拉菜单

(b) "行高" 对话框

(c) "列宽" 对话框

图 4.38 行高(列宽)的精确设置

若要自动设置行高(列宽),则选定所要设置的行(列),在"开始"选项卡"单元格"组中单击"格式"按钮,在下拉菜单中,选择"自动调整行高"或"自动调整列宽"命令即可。

如果用鼠标指向"隐藏和取消隐藏",可在其级联菜单中选择"隐藏行"、"隐藏列"或"隐藏工作表"命令,那么当前行(列)或被选定的行(列)或当前工作表被隐藏。如果某行(列)或工作表被隐藏,那么当选定被隐藏行(列)的上下相邻两行(列),再在"隐藏和取消隐藏"的级联菜单中选择"取消隐藏行"、"取消隐藏列"或"取消隐藏工作表"命令时,隐藏的行(列)或工作表就又会出现。

2. 数字的格式化

Excel 提供了多种数字格式,例如,可以设置不同小数位。屏幕上的单元格显示的是格式化后的结果,编辑框中显示的是系统实际存储的数据。

(1) 用按钮格式化数字

用鼠标单击包含数字的单元格,再单击"开始"选项卡的"数字"组中的按钮,如图 4.39(a)所示,如会计数字格式、百分比样式、减少小数位数等,即可将数字格式化。

常用的格式设置可通过以下按钮来完成。

①单击"会计数字格式"按钮 ,可设置数字为货币样式(数值前加"￥"符号,千分位用","分隔,小数按四舍五入原则保留两位)。单击该按钮旁的下拉箭头,可选择其他国家的货币样式。

②单击“百分比样式”按钮 % ,则设置数字为百分比样式(如 1.23 变为 123%)。

③单击“千位分隔样式”按钮 , ,则为数字加千分位(如 1234567.89 变为 1,234,567.89)。

④单击“增加小数位数”按钮 ,则增加小数位数(以 0 补,如 1.23 变为 1.230)。

⑤单击“减少小数位数”按钮 ,则减少小数位数(4 舍 5 入,如 1.567 变为 1.57)。

用鼠标单击“数字格式”框中的下拉箭头,在下拉列表中提供了更丰富的格式,如图 4.39(b)所示。

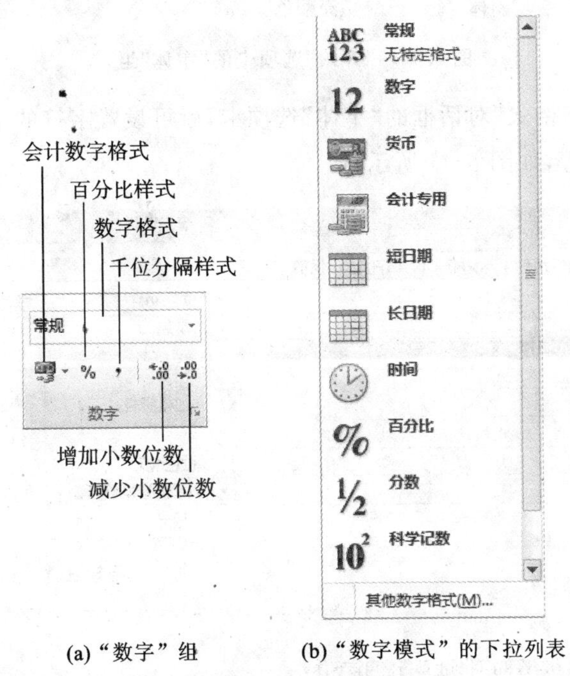

(a)“数字”组　　(b)“数字模式”的下拉列表

图 4.39　用按钮格式化数字

(2) 用对话框格式化数字

选定要格式化数字的单元格,在“开始”选项卡的“数字”组右下角单击“对话框启动器”按钮 ,打开“设置单元格格式”对话框的“数字”选项卡。由于在“分类”列表框列出了所有的格式,所以可以在其中选择任一种分类格式,还可在对话框的右侧进一步按要求进行设置。

在“开始”选项卡的“数字”组中单击“数字格式”下拉列表中的“其他数字格式”,如图 4.39(b)所示,也可打开“设置单元格格式”对话框的“数字”选项卡。

3. 字符的格式化

字符的格式化包括对工作表中的字符进行字形、字号、字体选择以及其他修饰。要取消字符的格式,可以在“开始”选项卡的“编辑”组中单击“清除”按钮 ,选择“清除格式”命令。

(1) 用按钮格式化字符

选定要格式化字符的单元格,分别在“开始”选项卡的“字体”组中单击“字体”框、“字号”框、粗体、斜体、下划线等按钮即可对字符进行格式化,如图 4.40 所示。

(2) 用对话框格式化字符

选定要格式化字符的单元格,在“开始”选项卡的“字体”组右下角单击“对话框启动器”按

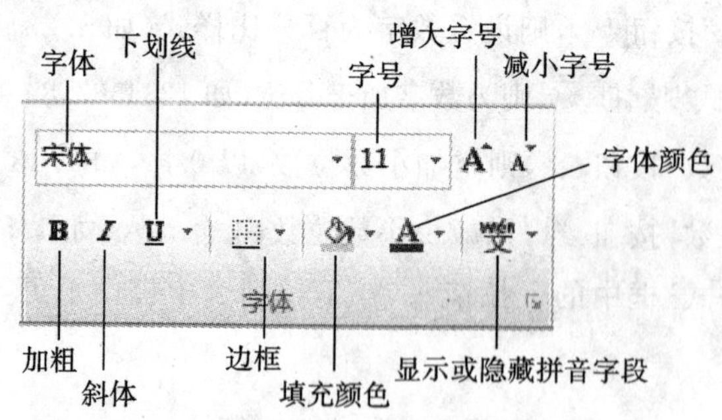

图 4.40 “开始”选项卡的“字体”组

钮 ,打开“设置单元格格式”对话框的“字体”选项卡,就可设置字符的字体、字形、字号、下划线、颜色以及特殊效果等,如图 4.41 所示。

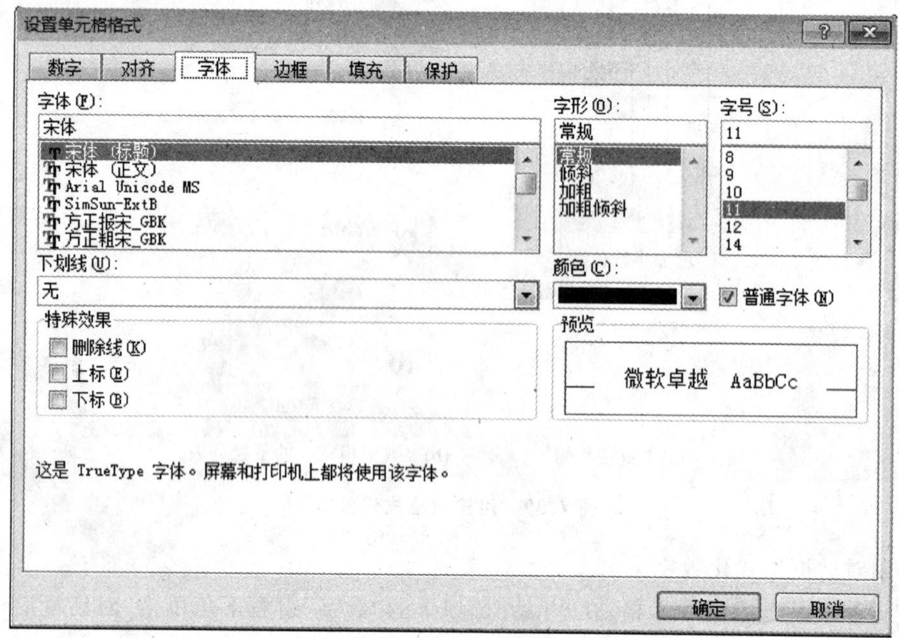

图 4.41 “设置单元格格式”对话框的“字体”选项卡

4. 对齐方式的设置

单元格中的数据可以设置成水平对齐或垂直对齐。单元格中的数据不仅可以水平排列,还可以垂直排列。其中,对于水平排列的数据,还可以转动一个角度。

(1) 用按钮进行设置

选中所要设置对齐方式的单元格,分别在“开始”选项卡的“对齐方式”组中单击文本左对齐、居中、文本右对齐、减少缩进量、增加缩进量、合并后居中等按钮即可达到相应的目的,如图 4.42 所示。

(2) 用对话框进行设置

选中要设置对齐方式的单元格,在“开始”选项卡的“对齐方式”组右下角单击“对话框启动器” ,打开“设置单元格格式”对话框的“对齐”选项卡,如图 4.43 所示。

在“对齐”选项卡中,可以进行以下操作。

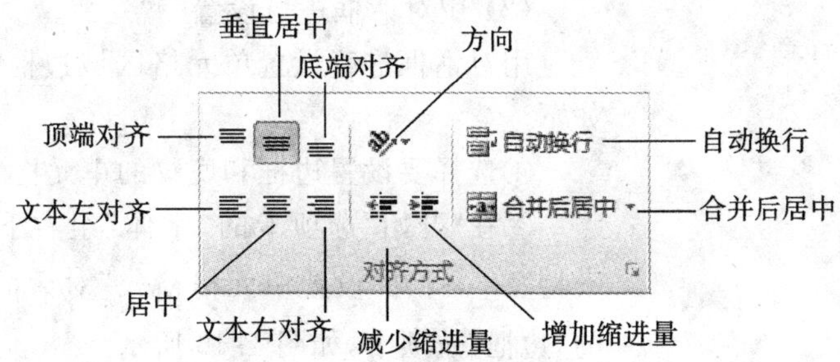

图 4.42 “开始”选项卡的“对齐方式”组

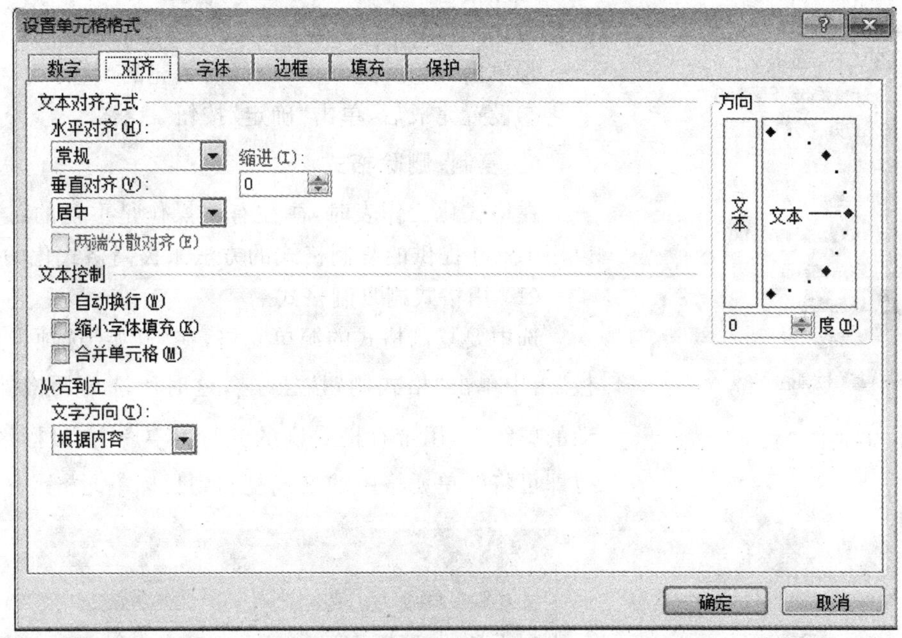

图 4.43 “设置单元格格式”对话框的“对齐”选项卡

①在“水平对齐”下拉列表中选择一种水平对齐方式。

②在“垂直对齐”下拉列表中选择一种垂直对齐方式。

③单击“方向”选项的左框,设置文本排列方式(竖排)。

④在“方向”选项右框的方向指示器中单击一点选择一个角度。

⑤在“度”微调框中输入或调整一个数值,设置文本的水平转动角度。

5. 边框与底纹的设置

屏幕上显示的表格线是为方便输入、编辑而预设置的,在打印或显示时,可以全部用它作为表格线,也可以全部取消它,但是,局部的表格线可以通过工具按钮或菜单重新进行设置。

(1) 用按钮进行设置

选择要设置边框和底纹的单元格,在“开始”选项卡的“字体”组中单击“边框”按钮旁的下拉按钮,再选择相应的框线就可为单元格设置边框,如图 4.44 所示。单击“字体”组中的“填充颜色”按钮旁的下拉按钮后,再选择相应的颜色就可为单元格填充颜色;单击“其他颜色”项,还可选择更多的标准色或自定义颜色,如图 4.45 所示。

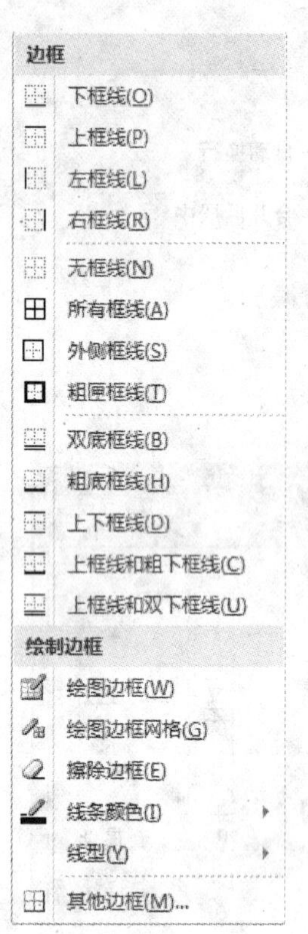

图 4.44　用按钮设置单元格的边框

(2) 用对话框进行设置

用对话框进行设置单元格区域边框和底纹的操作步骤如下。

①选择要设置边框和底纹的单元格。

②在“开始”选项卡的“字体”组右下角单击“对话框启动器”，打开“设置单元格格式”对话框，再单击该对话框的“边框”选项卡，如图 4.46 所示。

③在“样式”列表中选择一种线条样式，单击“颜色”栏下拉箭头选择一种框线颜色；在“预置”栏中单击所需的框线按钮。

④单击“填充”选项卡，选择需填充的颜色。

⑤设置完成后，单击“确定”按钮

6. 复制、删除格式

在格式化工作表时，往往有些操作是重复的，这时就可以用 Excel 提供的复制格式的方法来提高格式化的效率。

(1) 用格式刷复制格式

选中要复制格式的源单元格，在“开始”选项卡的“剪贴板”组中单击“格式刷”按钮，这时所选单元格外出现闪动的虚线框，用带有格式刷的光标“”在目标区域内拖拉即可将源单元格中的格式复制到目标单元格或区域。

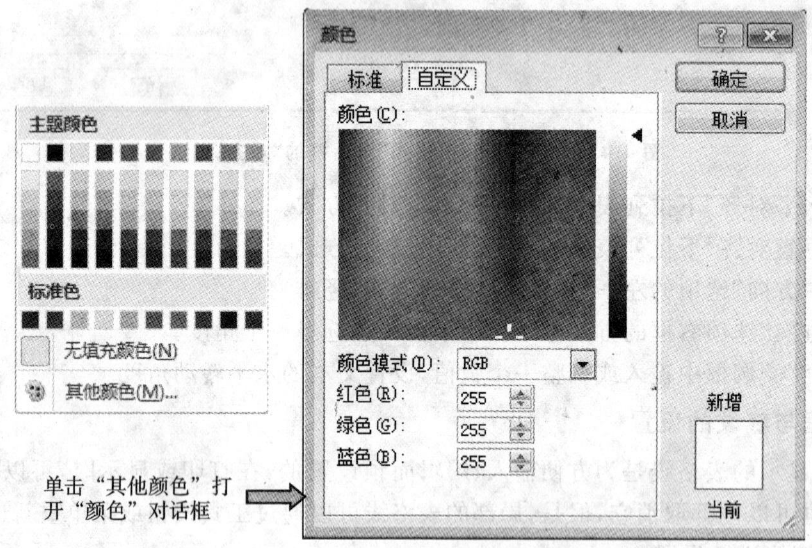

图 4.45　用按钮设置单元格的底纹

(2) 用对话框复制格式

选中要格式化的源单元格，在“开始”选项卡的“剪贴板”组中单击“复制”按钮，这时所选单元格外出现闪动的虚线框，在“开始”选项卡的“剪贴板”组中单击“粘贴”按钮的下拉箭头，选择“选择性粘贴”命令，然后在弹出的对话框中进行选择“格式”单选钮，单击“确定”按钮，就

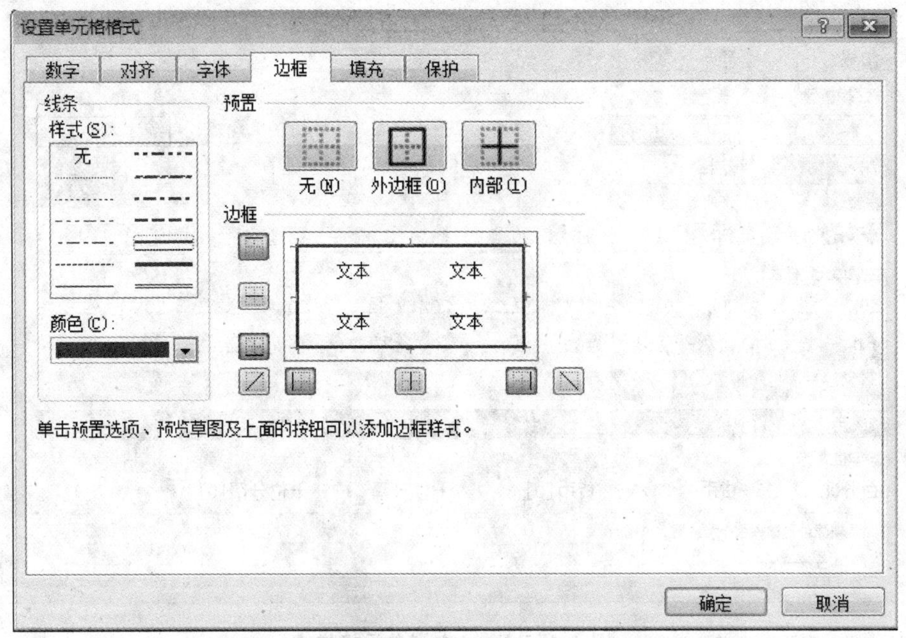

图 4.46 “设置单元格格式”对话框的“边框”选项卡

可完成复制操作。

(3) 删除格式

选定要删除格式的单元格或区域，选择“开始”选项卡的“编辑”组中的“清除”按钮，再选择“清除格式”命令，即可将选定单元格或区域的格式删除。

7. 单元格样式的应用、创建或删除

有些表格的格式已为固定的格式，可用于同类表格，以保证表格排版风格的一致性，这种固定的格式叫作样式。样式中包括了前面所述的所有格式化操作，即数字、字体、对齐、边框、图案、保护等的固定设置。

(1) 应用单元格样式

使用 Excel 内置单元格样式的操作步骤如下。

①选中需要使用样式的单元格或单元格区域，如 A2 单元格。

②在“开始”选项卡的“样式”组中单击“单元格样式”按钮，显示内置样式列表，如图 4.47 所示。

如果未看到“单元格样式”按钮，则先单击“样式”，再单击单元格样式框旁边的“其他”按钮▼。

③在内置样式列表中，单击要应用的单元格样式，如“强调文字颜色 1”。

(2) 创建自定义单元格样式

自定义单元格样式的操作步骤如下。

①在“开始”选项卡的“样式”组中单击“单元格样式”按钮。

②单击“新建单元格样式”，打开“样式”对话框，如图 4.48(a)所示。

③在“样式名”框中，为新单元格样式键入适当的名称，如“我的样式”。

④单击“格式”按钮，打开“设置单元格格式”对话框。

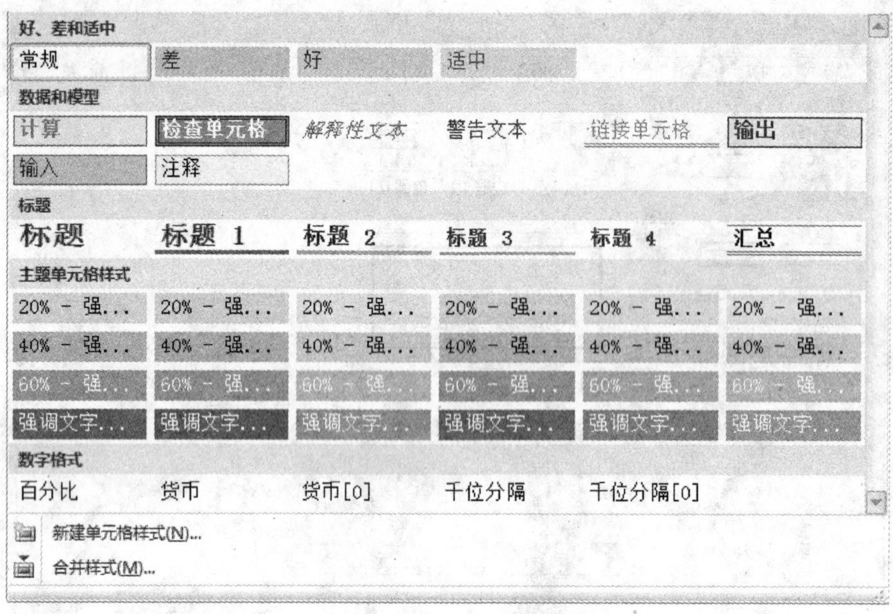

图 4.47 Excel 内置单元格样式

⑤在该对话框中的各个选项卡上，选择所需的格式，然后单击“确定”。

⑥在“样式”对话框的“包括样式(例子)”下，清除不希望包含在单元格样式中的任何格式对应的复选框。

完成上述操作步骤后，“样式”对话框如图 4.48(b)所示。

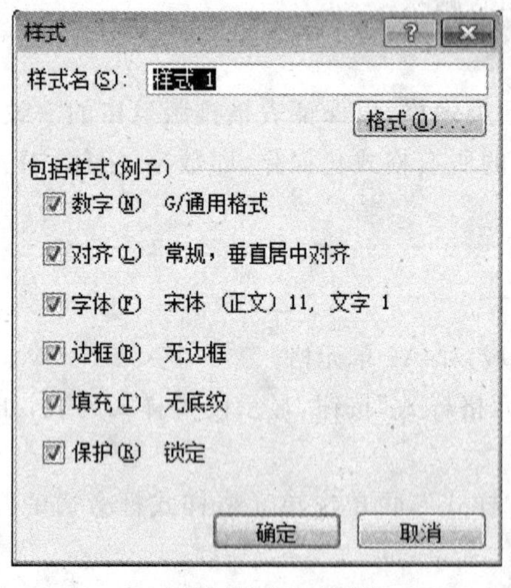

(a)打开“样式”对话框

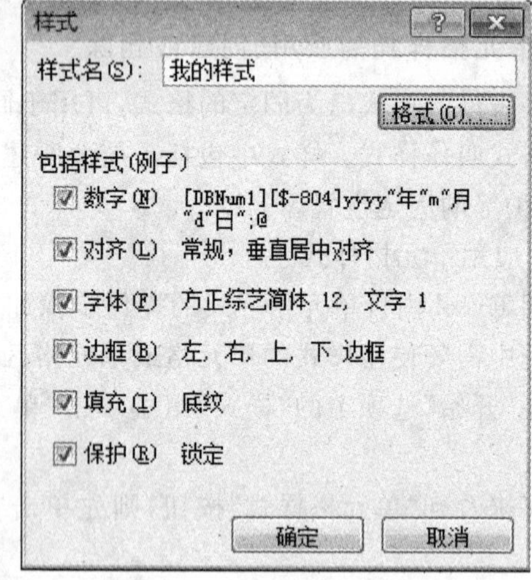

(b)完成“样式”对话框设置

图 4.48 “样式”对话框

⑦单击“样式”对话框中的“确定”按钮。

(3) 通过修改方式创建单元格样式

通过修改现有的单元格样式创建单元格样式的操作步骤如下。

①在“开始”选项卡上的“样式”组中单击“单元格样式”按钮。

②如果要修改现有的单元格样式，则用鼠标右键单击该单元格样式(如“我的样式”)，然后

单击“修改”命令，如图 4.49 所示。

如果要创建现有的单元格样式的副本，则用鼠标右键单击该单元格样式，然后单击“复制”命令。

③在“样式名”框中，为新单元格样式键入适当的名称。

复制的单元格样式和重命名的单元格样式将添加到自定义单元格样式的列表中。如果不重命名内置单元格样式，该内置单元格样式将随着我们所做的更改而更新。

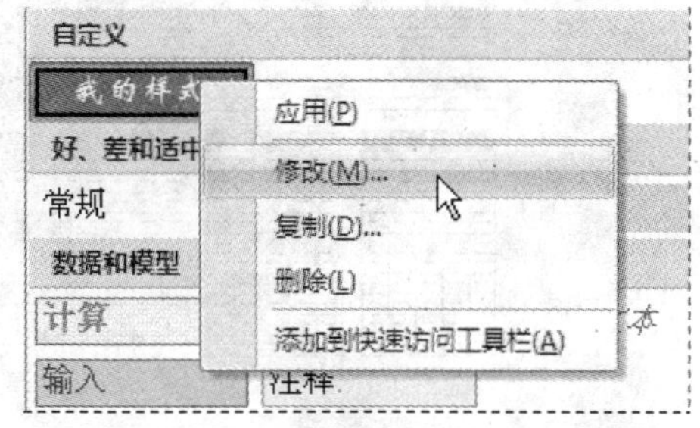

图 4.49 单元格样式右键菜单

④要修改单元格样式，单击“格式”。

⑤在“设置单元格格式”对话框中的各个选项卡上，选择所需的格式，然后单击“确定”按钮。

⑥在“样式”对话框中的“样式包括”下，选中与要包括在单元格样式中的格式相对应的复选框，或者清除与不想包括在单元格样式中的格式相对应的复选框。

⑦单击“确定”按钮。

(4) 从数据删除单元格样式

我们可以从选定单元格中的数据删除单元格格式而不删除单元格样式本身，操作步骤如下。

①选择应用了要删除的单元格样式的单元格。

②在“开始”选项卡的“样式”组中单击“单元格样式”按钮。

③在“好、差和适中”下，单击“常规”。

(5) 删除预定义或自定义单元格样式

我们可以删除预定义或自定义单元格样式以将其从可用单元格样式列表中删除。删除某个单元格样式时，该单元格样式也会从应用该样式的所有单元格删除。其操作步骤如下。

①在“开始”选项卡的“样式”组中单击“单元格样式”按钮。

②若要删除预定义或自定义单元格样式并从应用该样式的所有单元格删除它，则用鼠标右键单击该单元格样式，然后单击“删除”命令。

8. 表样式的应用或创建

(1) 应用预定义表样式

Excel 提供了“浅色”、“中等深浅”和“深色”3 类共 60 种预定义表样式，通过应用它们，可以快速设置工作表的格式。但是，应用预定义表样式时，将为所选数据自动插入一个 Excel 表。如果不想在表中使用数据，则可以将表转换为正常范围，同时保留我们应用的表样式格式设置。

在单元格区域中应用预定义表样式的操作步骤如下。

①在工作表中选择要通过应用预定义表样式设置格式的单元格区域。

②在“开始”选项卡的“样式”组中单击“套用表格式”按钮，显示预定义表样式列表，如图 4.50 所示。

③在“浅色”、“中等深浅”或“深色”下，单击要使用的表样式，弹出“套用表格式”对话框，单击“确定”按钮。

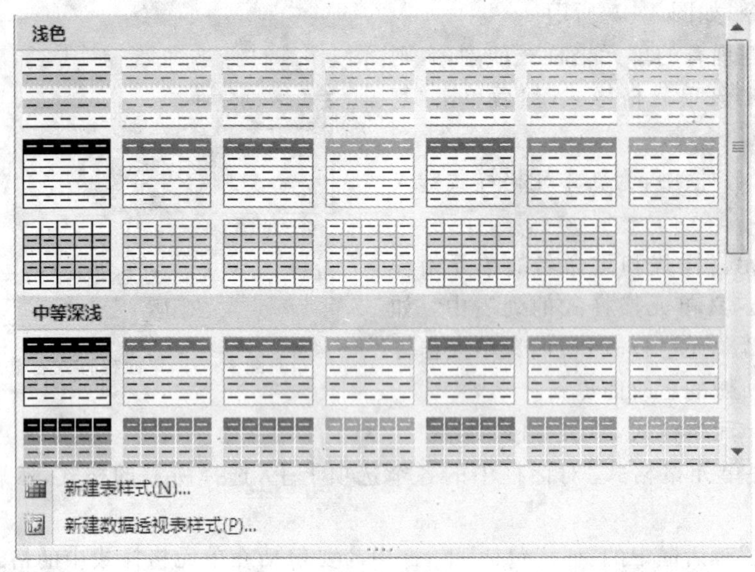

图 4.50 Excel 内置的表格格式

④单击单元格区域中的任意位置，将显示“表工具”选项卡的“设计”子选项卡。

⑤在“设计”子选项卡的“工具”组中单击“转换为区域”按钮。

(2) 创建表样式

我们如果对 Excel 内置的表样式不满意，则可以创建新的表样式。其操作步骤如下。

①在“开始”选项卡的“样式”组中单击“套用表格式”按钮。

②单击“新建表样式”，打开“新建表快速样式”对话框，如图 4.51 所示。

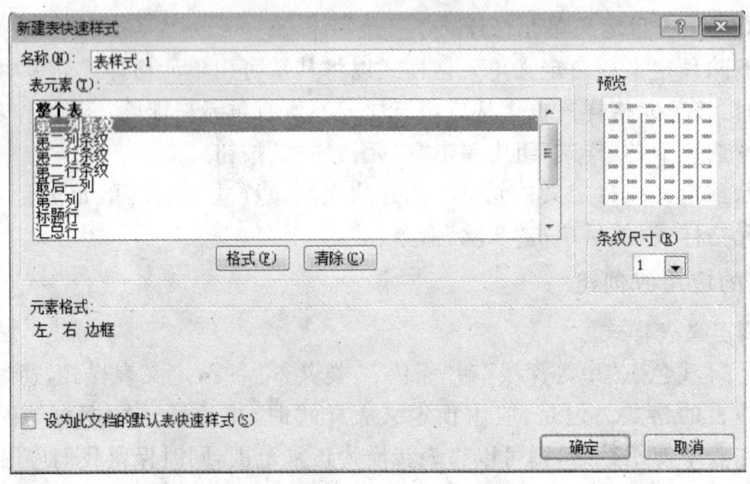

图 4.51 “新建表快速样式”对话框

③在“名称”框中输入合适的表样式名称。

④在“表元素”列表中选择一种表元素后，单击“格式”按钮。

⑤在“设置单元格格式”对话框的各选项卡上，选择所需的格式，然后单击“确定”按钮。

⑥单击“新建表快速样式”对话框上的“确定”按钮。创建的表样式被添加到“套用表格格式”的“自定义”列表中。

9. 条件格式化表格

采用条件格式可以突出显示所关注的单元格或单元格区域、强调异常值；使用数据条、色阶和图标集来直观地显示数据。条件格式基于条件更改单元格区域的外观。如果条件为 True，则基于该条件设置单元格区域的格式；如果条件为 False，则不基于该条件设置单元格区域的格式。

(1) 使用双色刻度或三色刻度设置单元格的格式

色阶作为一种直观的指示，可以帮助我们了解数据分布和数据变化。双色刻度使用两种颜色的渐变来帮助我们比较单元格区域。颜色的深浅表示值的高低。例如，在绿色和红色的双色刻度中，可以指定较高值单元格的颜色更绿，而较低值单元格的颜色更红。

三色刻度使用三种颜色的渐变来帮助我们比较单元格区域。颜色的深浅表示值的高、中、低。例如，在绿色、黄色和红色的三色刻度中，可以指定较高值单元格的颜色为绿色，中间值单元格的颜色为黄色，而较低值单元格的颜色为红色。

可以使用快速格式化或高级格式化的方法为单元格设置双色刻度或三色刻度。

用快速格式化的方法为单元格设置双色刻度或三色刻度。其操作步骤如下。

①选择单元格或单元格区域。

②在“开始”选项卡的“样式”组中单击“条件格式”，指向“色阶”选项，如图 4.52 所示。将鼠标悬停在色阶图标上，以便查看哪个图标为双色刻度。顶部颜色代表较高值，底部颜色代表较低值。

③单击所需要的双色刻度或三色刻度。

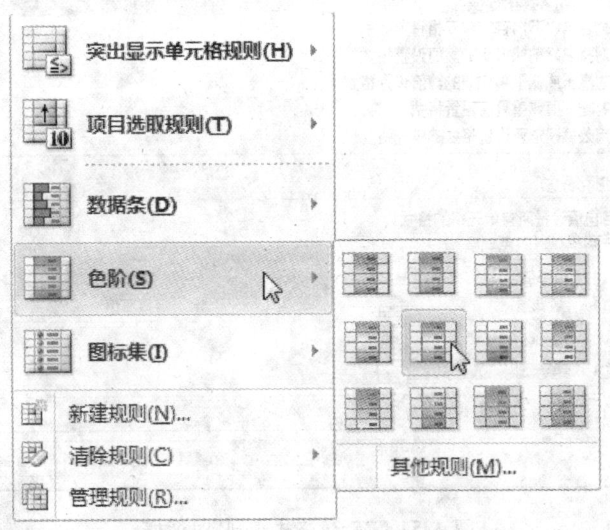

图 4.52　“条件格式”菜单“色阶”子菜单

用高级格式化的方法为单元格设置双色刻度或三色刻度。其操作步骤如下。

①选择单元格或单元格区域。

②在“开始”选项卡的“样式”组中单击“条件格式”，然后单击“管理规则”，打开“条件格式规则管理器”对话框，如图 4.53 所示。

③如果要更改条件格式，则执行下列操作之一。

- 确保在“显示其格式规则”列表框中选择了相应的工作表。

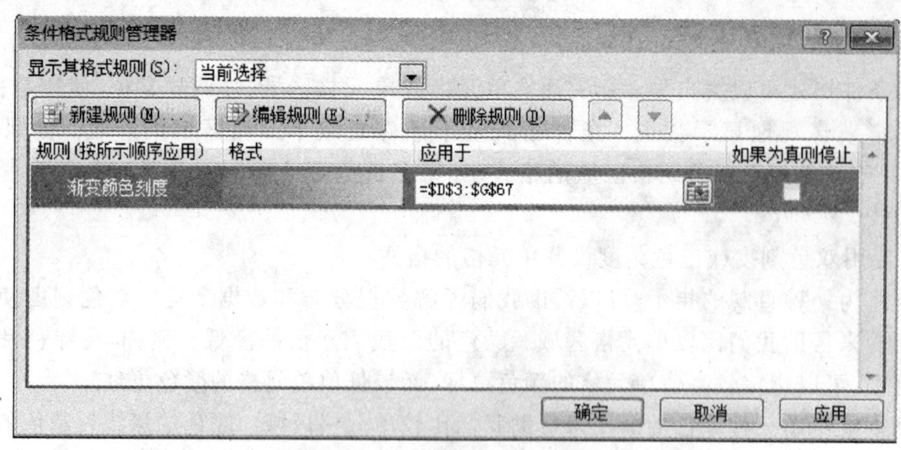

图 4.53 "条件格式规则管理器"对话框

• 用以下方式更改单元格区域:在"应用于"框中单击"压缩对话框"以临时隐藏对话框,在工作表上选择新的单元格区域,然后选择"展开对话框"。

• 选择规则,然后单击"编辑规则",打开"编辑格式规则"对话框。

④如果要添加条件格式,则单击"新建规则"按钮,打开"新建格式规则"对话框,如图 4.54 所示。

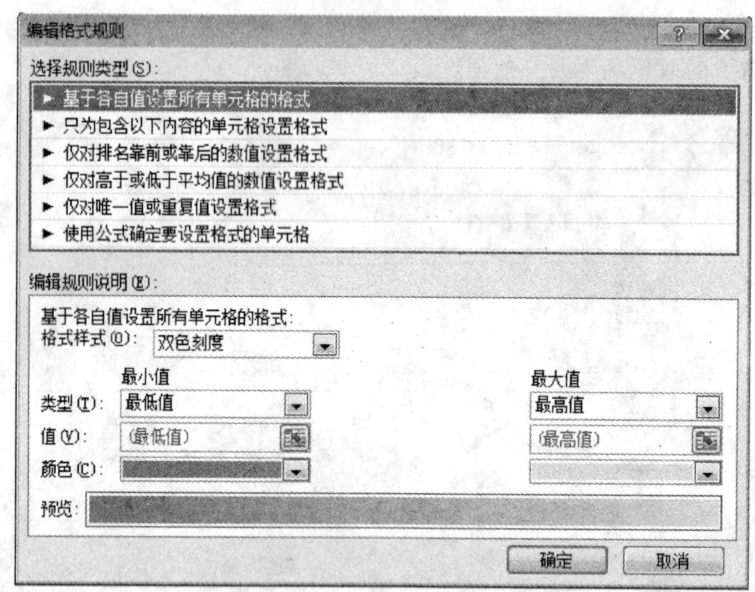

图 4.54 "新建格式规则"对话框

⑤在"选择规则类型"下,单击"基于各自值设置所有单元格的格式"。

⑥在"编辑规则说明"下的"格式样式"列表框中,选择"双色刻度"或"三色刻度"。

⑦选择"最小值"和"最大值"类型,执行下列操作之一。

• 设置最低值和最高值的格式:选择"最低值"和"最高值"。此时并不输入"最小值"和"最大值"。

• 设置数字、日期或时间值的格式:选择"数字",然后输入"最小值"和"最大值"。

• 设置百分比的格式:选择"百分比",然后输入"最小值"和"最大值"。有效值为 0(零)到

100,不要输入百分号。

• 设置百分点值的格式:选择“百分点值”,然后输入“最小值”和“最大值”。有效的百分点值为 0(零)到 100。如果单元格区域包含的数据点超过 8191 个,则不能使用百分点值。

百分点值可用于以下情形:要用一种颜色深浅度比例直观显示一组上限值(如前 20 个百分点值),用另一种颜色深浅度比例直观显示一组下限值(如后 20 个百分点值),因为这两种比例所表示的极值有可能会使数据的显示失真。

• 设置公式结果的格式:选择“公式”,然后输入“最小值”和“最大值”。

公式必须返回数字、日期或时间值。公式以等号“=”开头。公式无效将使所有格式设置都不被应用。最好在工作表中测试公式,以确保公式不会返回错误值。

(2) 仅对包含文本、数字或日期/时间值的单元格设置格式

要更方便地查找单元格区域中的特定单元格,可以基于比较运算符设置这些特定单元格的格式。其操作步骤如下。

①单击需要设置格式的单元格或单元格区域。

②在“开始”选项卡的“样式”组中单击“条件格式”,指向“突出显示单元格规则”。

③选择所需的命令,如“大于”,如图 4.55 所示。

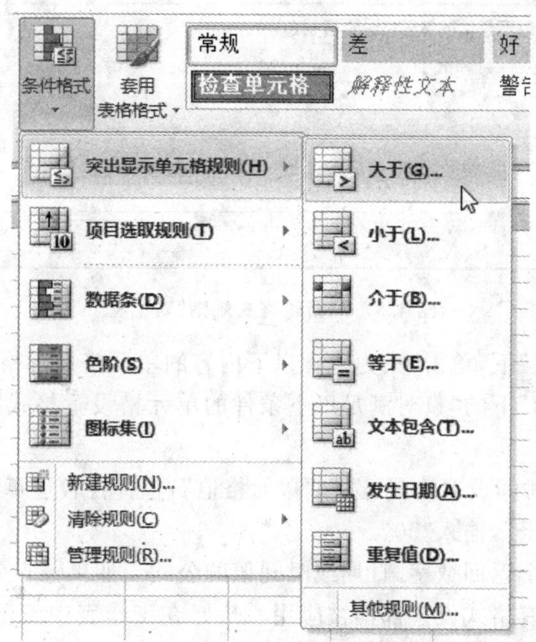

图 4.55 “条件格式”菜单

④输入要使用的值,如在“为大于以下值的单元格设置格式”框中输入“90”;在“设置为”框中选择所需要格式,如图 4.56 所示。

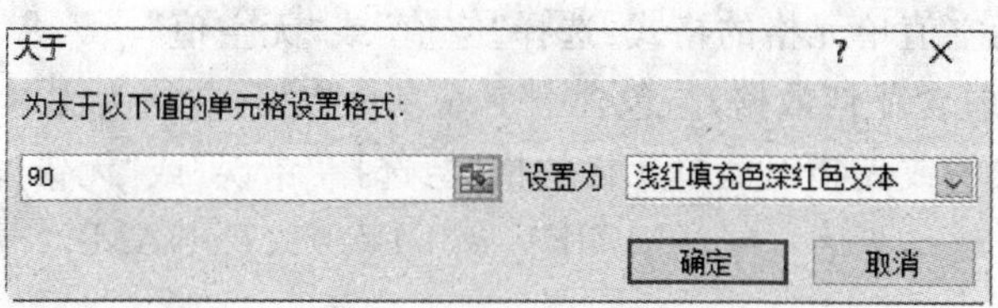

图 4.56 “大于”对话框

⑤单击“确定”按钮。

也可以用高级格式化的方法对仅包含数字的单元格设置格式。其操作步骤如下。

①选择单元格或单元格区域。

②在“开始”选项卡的“样式”组中单击“条件格式”,然后单击“管理规则”,打开“条件格式规则管理器”对话框。

③如果要添加条件格式,则单击“新建规则”,打开“新建格式规则”对话框,如图 4.57 所示。

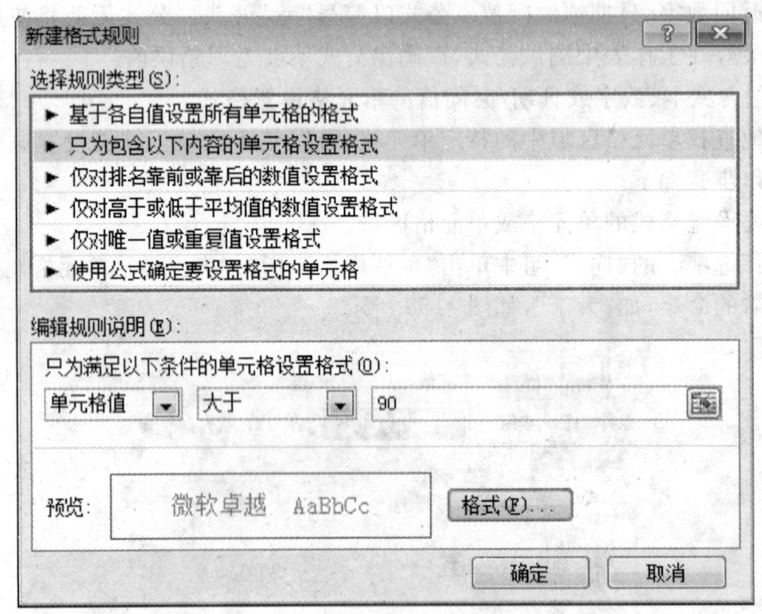

图 4.57 “新建格式规则”对话框

④在“选择规则类型”下,单击“只为包含以下内容的单元格设置格式”。

⑤在“编辑规则说明”下的“只对满足以下条件的单元格设置格式”列表框中,执行下列操作之一。

• 按数字、日期或时间设置格式:选择“单元格值”,选择比较运算符,然后输入数字、日期或时间。例如,选择“大于”,输入“90”。

我们还可以输入一个返回数字、日期或时间值的公式。如果输入公式,则必须以等号“=”开头。公式无效将使所有格式设置都不被应用。最好在工作表中测试公式,以确保公式不会返回错误值。

• 按文本设置格式:选择“特定文本”,选择比较运算符,然后输入文本。

搜索字符串中包含引号,且可以使用通配符。字符串的最大长度为 255 个字符。

• 按日期设置格式:选择“发生日期”,然后选择日期比较。

• 设置空值或无空值单元格的格式:选择“空值”或“无空值”。

空值即单元格不包含任何数据,与包含一个或多个空格(空格为文本)的单元格是不同的。

• 设置包含错误值或无错误值单元格的格式:选择“错误”或“无错误”。

错误值包括:# # # # # 、# VALUE!、# DIV/0!、# NAME?、# N/A、# REF!、# NUM! 和# NULL!。

⑥要指定格式，单击“格式”按钮，打开“设置单元格格式”对话框。

⑦选择当单元格值符合条件时要应用的数字、字体、边框或填充格式。

可以选择多个格式，选择的格式将在“预览”框中显示出来。

⑧单击“确定”按钮、再单击“关闭”按钮。

(3) 使用公式确定要设置格式的单元格

如果需要更复杂的条件格式，可以使用逻辑公式来指定格式设置条件。例如，我们可能需要将值与函数返回的结果进行比较，或计算所选区域之外的单元格中的数据。

使用逻辑公式来指定格式设置条件。其操作步骤如下。

①在“开始”选项卡的“样式”组中单击“条件格式”，然后单击“管理规则”，打开“条件格式规则管理器”对话框。

②要添加条件格式，单击“新建规则”打开“新建格式规则”对话框。

③在“选择规则类型”下，单击“使用公式确定要设置格式的单元格”。

在“编辑规则说明”下的“为符合此公式的值设置格式”列表框中，输入一个公式。公式必须以等号“＝”开头且必须返回逻辑值 TRUE(1)或 FALSE(0)。

例如，公式“＝AND(AVERAGE($A$1:$A$5)＞$F$1,MIN($A$1:$A$5)＞＝$G$1)”，对单元格区域 A1:A5 应用一个带多个条件的条件格式，如果区域中所有单元格的平均值大于单元格 F1 中的值，且区域中任何单元格的最小值大于或等于 G1 中的值，则将这些单元格设置为绿色。单元格 F1 和 G1 位于应用条件格式的单元格区域之外。AND 函数用于组合多个条件，AVERAGE 和 MIN 函数用于计算值。

又如，公式“＝MOD(ROW(),2)＝1”在单元格区域中每隔一行加上蓝色底纹。MOD 函数返回一个数(第一个参数)除以除数(第二个参数)之后的余数。ROW 函数返回当前行编号。如果将当前行编号除以 2，那么对于偶数编号余数始终为 0，对于奇数编号余数始终为 1。由于 0 为 FALSE，而 1 为 TRUE，因此对每个奇数行设置格式。

④单击“格式”按钮，打开“设置单元格格式”对话框。

选择当单元格值符合条件时要应用的数字、字体、边框或填充格式。可以选择多个格式，选择的格式将在“预览”框中显示出来。

⑤依次单击三次“确定”按钮。

(4) 使用数据条设置单元格的格式

数据条可帮助我们查看某个单元格相对于其他单元格的值。数据条的长度代表单元格中的值，数据条越长，表示值越高；数据条越短，表示值越低。在观察大量数据中的较高值和较低值时，数据条尤其有用。其操作步骤如下。

①选中要设置格式的单元格区域。

②在“开始”选项卡的“样式”组中单击“条件格式”。

③用鼠标指向“数据条”，在下一级菜单中选择一种数据条样式。

(5) 使用图标集设置单元格的格式

使用图标集可以对数据进行注释，并可以按阈值将数据分为三到五个类别。每个图标代表一个值的范围。例如，在三向箭头图标集中，绿色的上箭头代表较高值，黄色的横向箭头代表中间值，红色的下箭头代表较低值。其操作步骤如下。

①选中要设置格式的单元格区域。

②在“开始”选项卡的“样式”组中单击“条件格式”。

③用鼠标指向“图标集”，在下一级菜单中选择一种图标集样式。

(6) 仅对高于或低于平均值的数值设置格式

可以在单元格区域中查找高于或低于平均值或标准偏差的值。例如，可以在年度业绩审核中查找业绩高于平均水平的人员，或者在质量评级中查找低于两倍标准偏差的制造材料。操作步骤如下。

①选中要设置格式的单元格区域。

②在“开始”选项卡的“样式”组中单击“条件格式”。

③用鼠标指向“项目选取规则”，在下一级菜单中选择一种项目规则，如“值最大的 10 项”。

④打开“值最大的 10 项”对话框，设置条件值和格式后，单击“确定”按钮。

(7) 清除条件格式

①在“开始”选项卡的“样式”组中单击“条件格式”，指向“清除规则”。

②单击“清除所选单元格的规则”或“清除整个工作表的规则”。

4.3 Excel 数据管理

Excel 不仅有表格处理功能，还具有数据管理功能，如数据清单、数据排序、数据筛选、分类汇总和图表表现等。

4.3.1 数据分析与统计

一个数据库存储某种结构的信息。在 Excel 中，数据库实际上就是工作表中的一个区域，它应包括下面几个要素：每一列包含的一种信息类型，叫作字段；每列的列标题叫作字段名，它必须由文字表示，而不是数；每一行叫作一条记录，它包含着相关的信息；数据记录紧接在字段名所在行的下面，没有空行。可以对数据记录进行插入、修改、排序、筛选、分类求和等操作。

1. 排序

排序是指按某些字段值的大小重新调整记录的顺序。可以对一列或多列中的数据按文本(升序或降序)、数字(升序或降序)以及日期和时间(升序或降序)进行排序，还可以按自定义序列(如大、中和小)或格式(包括单元格颜色、字体颜色或图标集)进行排序。大多数排序操作都是针对列进行的，但是，也可以针对行进行。

排序条件随工作簿一起保存，这样，每当打开工作簿时，都会对 Excel 表(而不是单元格区域)重新应用排序。如果希望保存排序条件，以便在打开工作簿时可以定期重新应用排序，最好使用表。这对于多列排序或花费很长时间创建的排序尤其重要。

(1) 对数字进行排序

使用“升序”按钮 A/Z↓ 或“降序”按钮 Z/A↓ 对数字数据进行简单排序。其操作步骤如下。

①单击工作表中存放数据的任意单元格或单击用于排序的第一个单元格，如 A1 单元格，如图 4.58 所示。

②在“数据”选项卡的“数据和筛选”组中单击“升序”按钮 A/Z↓ 或“降序”按钮 Z/A↓。

示例工作表中的数据将对 A 列按升序或降序排列。

	A	B	C	D	E	F	G
1	野狼酒坊销售表						
2	序号	商品名称	商品类别	商品单价	销售数量	合计	
3	01	◈州茅台	白酒	1850	12	22200	
4	02	雪花啤酒	啤酒	3.5	500	1750	
5	03	青岛啤酒	啤酒	4.5	680	3060	
6	04	哈尔滨啤酒	啤酒	3.8	420	1596	
7	05	五粮液	白酒	1200	16	19200	
8	07	泸州老窖	白酒	150	40	6000	
9	08	小磨香	白酒	12	100	1200	
10	09	金龙泉啤酒	啤酒	6.5	890	5785	

图 4.58　用于排序的示例工作表

使用“排序”按钮对数字数据进行复杂排序。其操作步骤如下。

①单击工作表中存放数据的任意单元格。

②在“数据”选项卡的“数据和筛选”组中单击“排序”按钮，打开“排序”对话框，如图 4.59(a)所示。

③单击该对话框“列”下“主要关键字”旁的下拉箭头，在下拉列表中选择用于排序的主要关键字；单击“排序依据”列表框旁的下拉箭头，选择排序依据，如“数值”；在“次序”框中选择升序或降序，如果选择“自定义序列”，则打开“自定义序列”对话框。

④单击“添加条件”按钮，添加“次要关键字”。

⑤单击“选项”按钮，在弹出如图 4.59(b)所示的“排序选项”对话框中做出适当选择后，单击“确定”按钮。

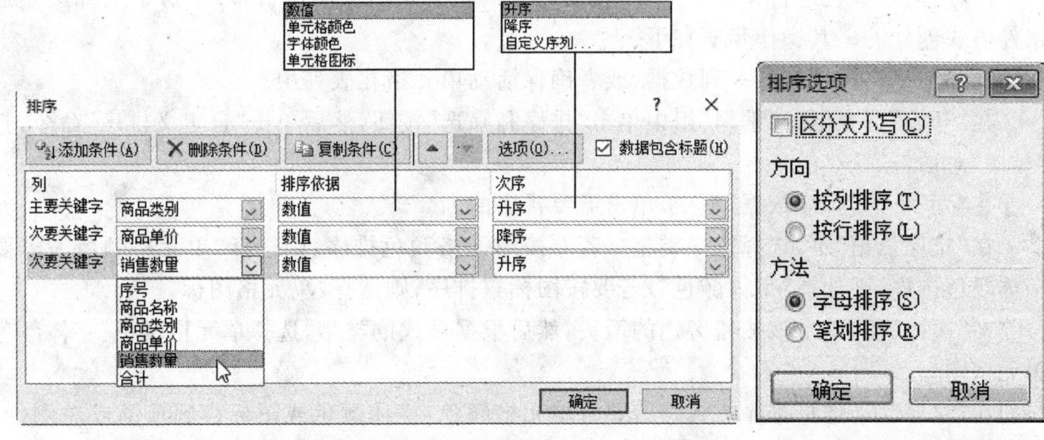

(a)打开“排序”对话框　　(b)“排序选项”对话框

图 4.59　“排序”对话框

⑥单击“上移”按钮或“下移”按钮，改变关键字的顺序。

⑦单击“确定”按钮。

(2) 对文本进行排序

对文本排序的操作步骤如下。

①选择单元格区域中的一列字母数字数据，或者确保活动单元格在包含字母数字数据的表列中。

②在“开始”选项卡的“编辑”组中单击“排序和筛选”按钮。

③若要按字母数字的升序排序，则单击“升序”命令；若要按字母数字的降序排序，则单击“降序”命令。

或者，直接单击“数据”选项卡的“数据和筛选”组中的“升序”按钮 A/Z↓、“降序”按钮 Z/A↓。

④如果要执行区分大小写的排序，则按下列步骤操作。

• 在“开始”选项卡的“编辑”组中单击“排序和筛选”按钮，然后单击“自定义排序”命令，打开“排序”对话框。

或者，在“数据”选项卡的“数据和筛选”组中单击“排序”按钮，打开此对话框。

• 在“排序”对话框中，单击“选项”按钮，如图 4.59(a)所示。

• 在“排序选项”对话框中，选中“区分大小写”复选框，如图 4.59(b)所示。

• 单击“确定”按钮两次。

有问有答

问：如果要排序的列中既有数字，又有文本，那么在排序前应如何操作？

答：如果要排序的列中包含的数字既有作为数字存储的，又有作为文本存储的，则需要将所有数字均设置为文本格式；否则，作为数字存储的数字将排在作为文本存储的数字前面。另外，在有些情况下，从其他应用程序导入的数据前面可能会有前导空格。在排序前，应先删除这些前导空格。

(3) 按单元格颜色、字体颜色或图标进行排序

如果我们按单元格颜色或字体颜色手动或有条件地设置了单元格区域或列表的格式，那么，也可以按这些颜色进行排序。此外，我们还可以按某个图标集进行排序，这个图标集是通过条件格式创建的。其操作步骤如下。

①选择单元格区域中的一列数据，或者确保活动单元格在表列中。

②在“开始”选项卡的“编辑”组中单击“排序和筛选”按钮，然后单击“自定义排序”命令，打开“排序”对话框。

③在“列”下的“排序依据”框中，单击需要排序的列。

④在“排序依据”下，选择排序类型。若要按单元格颜色排序，则选择“单元格颜色”；若要按字体颜色排序，则选择“字体颜色”；若要按图标集排序，则选择“单元格图标”。

⑤在“次序”下，单击该按钮旁边的箭头，然后根据格式的类型，选择单元格颜色、字体颜色或单元格图标。

⑥在“次序”下，选择排序方式。若要将单元格颜色、字体颜色或图标移到顶部或左侧，对列进行排序，则选择“在顶端”；对行进行排序，则选择“在左侧”。

若要将单元格颜色、字体颜色或图标移到底部或右侧，对列进行排序，则选择“在底端”；对行进行排序，则选择“在右侧”。

⑦若要指定要作为排序依据的下一个单元格颜色、字体颜色或图标，则单击“添加条件”，然后重复步骤③～步骤⑤。

确保在“然后依据”框中选择同一列，并且在“次序”下进行同样的选择。

对要包括在排序中的每个额外的单元格颜色、字体颜色或图标，重复上述步骤。

2. 筛选记录

筛选记录就是找出满足条件的记录项。其操作步骤如下。

①单击工作表中存放数据的任意单元格。

②在"数据"选项卡的"数据和筛选"组中单击"筛选"按钮。或者，在"开始"选项卡的"编辑"组中单击"排序和筛选"按钮，然后单击"筛选"命令。这时，每个字段旁出现的筛选箭头，如图 4.60 所示。

销售表

	A	B	C	D	E	F	G
1	野狼酒坊销售表						
2	序号	商品名称	商品类别	商品单价	销售数量	合计	
3	01	贵州茅台	白酒	1850	12	22200	
4	05	五粮液	白酒	1200	16	19200	
5	07	泸州老窖	白酒	150	40	6000	
6	08	小磨香	白酒	12	100	1200	
7	09	金龙泉啤酒	啤酒	6.5	890	5785	
8	03	青岛啤酒	啤酒	4.5	680	3060	
9	04	哈尔滨啤酒	啤酒	3.8	420	1596	
10	02	雪花啤酒	啤酒	3.5	500	1750	
11							

Sheet1 Sheet2 Sheet3

图 4.60 执行"筛选"命令后，每个字段旁出现筛选箭头

③单击每个字段旁出现的筛选箭头，直接选择符合条件的字段(称为一次筛选)。如单击图 4.60 中"商品名称"旁的筛选箭头，在如图 4.61 所示的下拉列表中选择与啤酒相关的商品。

④单击"确定"按钮。筛选结果如图 4.62 所示。

⑤可以在一次筛选的基础上再用类似的方法筛选其他字段(称为多次筛选)。

若要取消筛选，可用以下 3 种方法。

①在该筛选字段的下拉列表中选择"全选"，取消该字段的筛选，但仍处于筛选状态。可反复使用这种方法，取消多个字段的筛选。

②在筛选菜单中单击如"从'商品名称'中清除筛选"命令，取消所有字段的筛选，但仍处在筛选状态，各字段的筛选箭头还存在。

③在"数据"选项卡的"数据和筛选"组中单击"筛选"按钮，各字段的筛选箭头消失，恢复到筛选以前的状态。

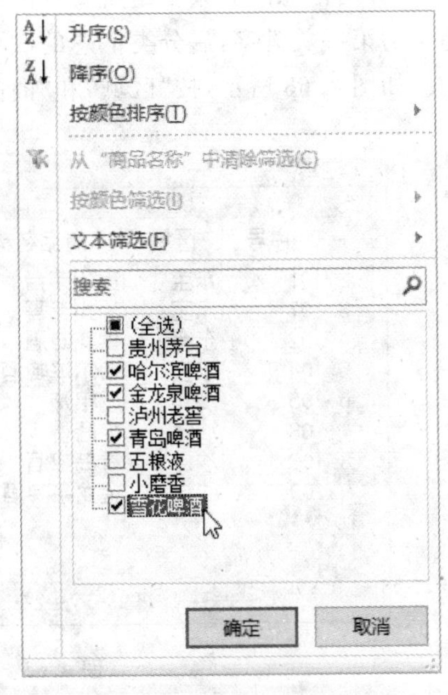

图 4.61 "商品名称"筛选列表

3. 分类汇总

分类汇总是对数据进行分析的一种手段。在实际工作中，需要将同一类别的数据放在一

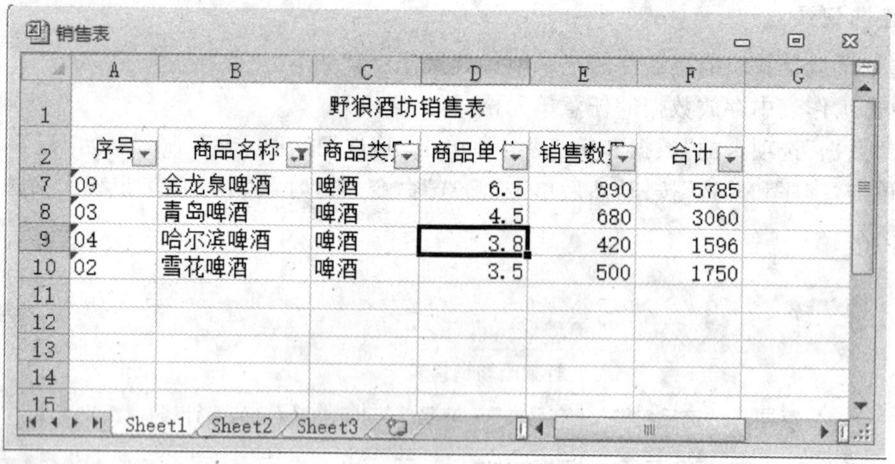

销售表

	A	B	C	D	E	F	G
1	野狼酒坊销售表						
2	序号	商品名称	商品类别	商品单价	销售数量	合计	
7	09	金龙泉啤酒	啤酒	6.5	890	5785	
8	03	青岛啤酒	啤酒	4.5	680	3060	
9	04	哈尔滨啤酒	啤酒	3.8	420	1596	
10	02	雪花啤酒	啤酒	3.5	500	1750	
11							
12							
13							
14							
15							

Sheet1 Sheet2 Sheet3

图 4.62 “商品名称”一次筛选结果

起，求出它们的总和、平均值和个数等，这叫作分类汇总。分类汇总是通过 SUBTOTAL 函数利用汇总函数（例如，SUM、AVERAGE 或 COUNT）计算得到的。对同一类数据分类汇总后，还可以再对其中的另一类数据分类汇总，这叫作多级分类汇总。

(1) 插入分类汇总

在 Excel 工作表中插入分类汇总前，必须确保每个列在第一行中都有标签（字段名），每个列中都包含相似的事实数据，而且该单元格区域没有空的行或列；必须先按分类的字段进行排序，否则分类汇总的结果不是所要求的结果。要进行多级分类汇总，排序时先分类汇总的主要关键字为第一关键字，后分类汇总的次要关键字分别为第二、第三关键字。其操作步骤如下。

①如图 4.63 所示，按“区域”和“商品类别”分类字段排序后，单击任意单元格。

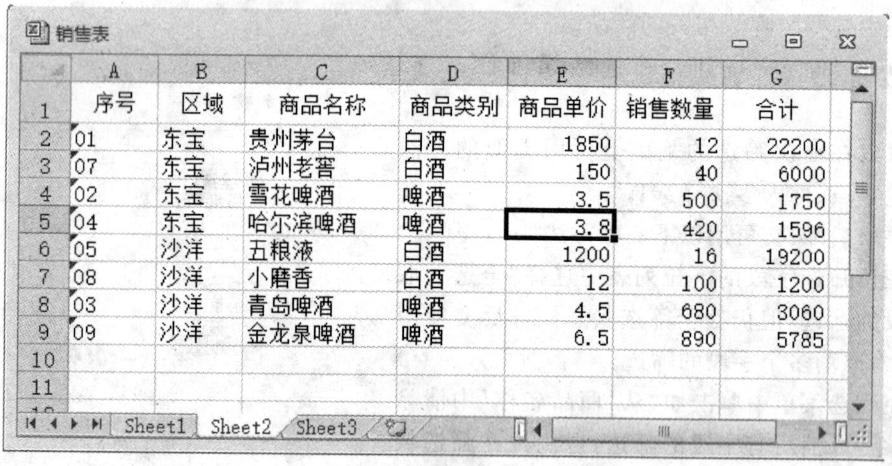

销售表

	A	B	C	D	E	F	G
1	序号	区域	商品名称	商品类别	商品单价	销售数量	合计
2	01	东宝	贵州茅台	白酒	1850	12	22200
3	07	东宝	泸州老窖	白酒	150	40	6000
4	02	东宝	雪花啤酒	啤酒	3.5	500	1750
5	04	东宝	哈尔滨啤酒	啤酒	3.8	420	1596
6	05	沙洋	五粮液	白酒	1200	16	19200
7	08	沙洋	小磨香	白酒	12	100	1200
8	03	沙洋	青岛啤酒	啤酒	4.5	680	3060
9	09	沙洋	金龙泉啤酒	啤酒	6.5	890	5785
10							
11							

Sheet1 Sheet2 Sheet3

图 4.63 要插入分类汇总的数据表

②在“数据”选项卡的“分级显示”组中单击“分类汇总”，打开“分类汇总”对话框，如图4.64所示。

③在“分类字段”下拉列表中选择分类字段（必须是排序关键字段）。

④在“汇总方式”下拉列表框中，选择用来计算分类汇总的汇总函数，如求和、平均值、计数、最大值或最小值等。

⑤在“选定汇总项”列表框中，选中要计算分类汇总值字段名前的复选框。

⑥根据需要选择“替换当前分类汇总”(若选中该项，则前面分类汇总的结果被删除，以最新的分类汇总结果取代，否则再增加一个分类汇总结果)、“每组数据分页”(若选中该项，则分类汇总后在每组数据后自动插入分页符，否则不插入分页符)、“汇总结果是否在数据下方”(若选中该项，则汇总结果放在数据下方，否则放在数据上方)。

⑦单击“确定”按钮。系统进行分类汇总，结果如图 4.65 所示。

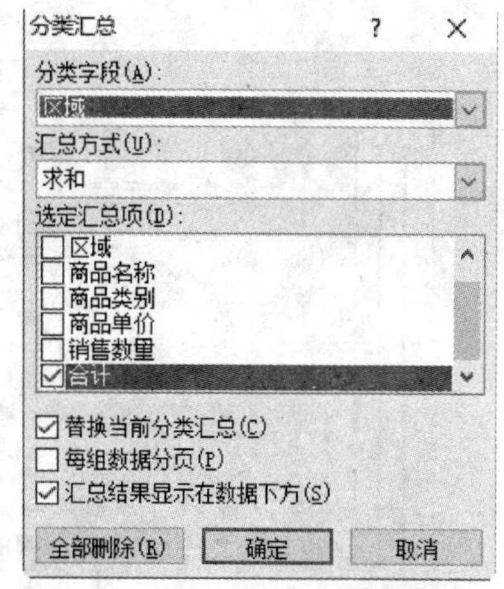

图 4.64 “分类汇总”对话框

在一级分类汇总(也称外部组)中插入内部组(也称为嵌套组)分类汇总(多级分类汇总)。在执行

销售表

	A	B	C	D	E	F	G
1	序号	区域	商品名称	商品类别	商品单价	销售数量	合计
2	01	东宝	贵州茅台	白酒	1850	12	22200
3	07	东宝	泸州老窖	白酒	150	40	6000
4	02	东宝	雪花啤酒	啤酒	3.5	500	1750
5	04	东宝	哈尔滨啤酒	啤酒	3.8	420	1596
6		**东宝 汇总**					31546
7	05	沙洋	五粮液	白酒	1200	16	19200
8	08	沙洋	小磨香	白酒	12	100	1200
9	03	沙洋	青岛啤酒	啤酒	4.5	680	3060
10	09	沙洋	金龙泉啤酒	啤酒	6.5	890	5785
11		**沙洋 汇总**					29245
12		**总计**					60791
13							

Sheet1 Sheet2 Sheet3

图 4.65 “分类汇总”结果示例

多级分类汇总前，一定要按多个分类字段进行排序。在如图 4.64 所示的“分类汇总”对话框的“分类字段”栏再选一个字段(如商品类别)，清除“替换当前分类汇总”复选框，单击“确定”按钮。操作完成后，结果如图 4.66 所示。

分类汇总完成后，可以根据分类汇总控制区域中的按钮来折叠或展开工作表中的数据。使用 + 和 - 可以显示或隐藏单个分类汇总的明细行。单击 - 按钮，可以折叠该组中的数据，只显示该组的分类汇总结果，同时该按钮变成 +；单击 + 按钮，可以展开该组中的数据。单击分类控制区域顶端的分级显示符号 1 2 3 4，可以只显示那一级的分类汇总和总计的汇总。

(2) 删除分类汇总

要删除分类汇总，按下列步骤操作。

①单击列表中包含分类汇总的单元格。

②在“数据”选项卡的“分级显示”组中单击“分类汇总”按钮，打开“分类汇总”对话框。

③单击“全部删除”按钮。删除全部分类汇总结果，工作表恢复到分类汇总前的状态。

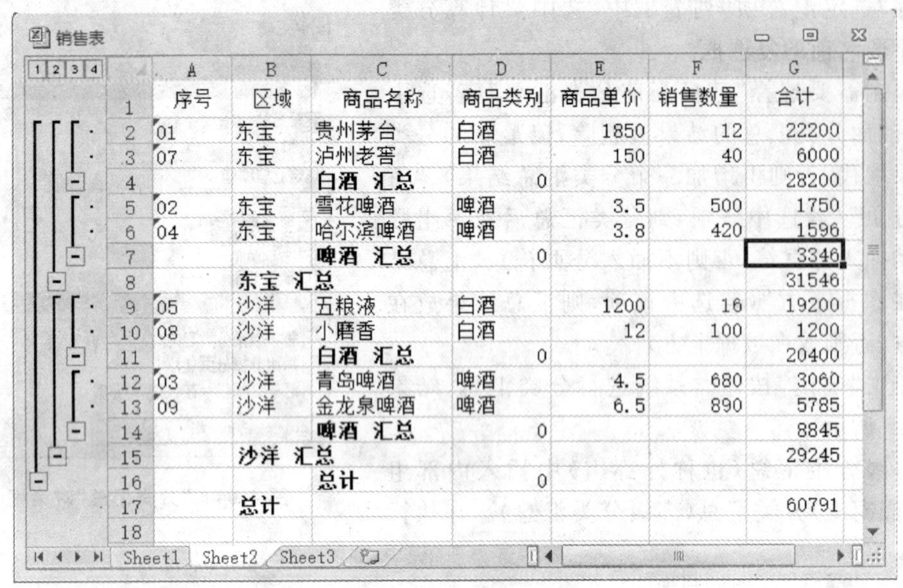

	A	B	C	D	E	F	G
1	序号	区域	商品名称	商品类别	商品单价	销售数量	合计
2	01	东宝	贵州茅台	白酒	1850	12	22200
3	07	东宝	泸州老窖	白酒	150	40	6000
4			**白酒 汇总**	0			28200
5	02	东宝	雪花啤酒	啤酒	3.5	500	1750
6	04	东宝	哈尔滨啤酒	啤酒	3.8	420	1596
7			**啤酒 汇总**	0			3346
8		**东宝 汇总**					31546
9	05	沙洋	五粮液	白酒	1200	16	19200
10	08	沙洋	小磨香	白酒	12	100	1200
11			**白酒 汇总**	0			20400
12	03	沙洋	青岛啤酒	啤酒	4.5	680	3060
13	09	沙洋	金龙泉啤酒	啤酒	6.5	890	5785
14			**啤酒 汇总**	0			8845
15		**沙洋 汇总**					29245
16			**总计**	0			
17		**总计**					60791
18							

图 4.66 多级分类汇总结果示例

4. 分级显示

如果我们要对一个数据列表进行组合和汇总，则可以创建分级（最多为八个级别，每组一级）显示。所谓列表，是指包含相关数据的一系列行，或使用“创建列表”命令作为数据表指定给函数的一系列行。

每个内部级别（分级显示符号中的较大数字）显示前一外部级别（分级显示符号中的较小数字）的明细数据。使用分级显示可以快速显示摘要行或摘要列，或者显示每组的明细数据。

分级显示符号是用于更改分级显示工作表视图的符号。通过单击代表分级显示级别的加号 + 、减号 − 和数字 1 2 3 4 ，可以显示或隐藏明细数据。

明细数据是指，在自动分类汇总和工作表分级显示中，由汇总数据汇总的分类汇总行或列。明细数据通常与汇总数据相邻，并位于其上方或左侧。

(1) 创建行的分级显示

对如图 4.60 所示的数据表创建行的分级显示。其操作步骤如下。

①选择单元格区域中的一个单元格。

②对构成组的列进行排序。

③插入摘要行。要按行分级显示数据，必须使摘要行包含引用该组的每个明细数据行中单元格的公式。

④指定摘要行的位置位于明细数据行的下方还是上方。

⑤使用公式在每组明细数据行的正下方插入摘要行，如图 4.67 所示。

⑥在“数据”选项卡的“分级显示”组右下角单击“对话框启动器”，打开“设置”对话框，依次单击“创建”按钮、“确定”按钮。系统自动建立分级显示，如图 4.68 所示。

(2) 创建列的分级显示

创建列的分级显示，与创建行的分级显示方法相似，只需将对“行”的操作改为对“列”的操作即可。其操作步骤如下。

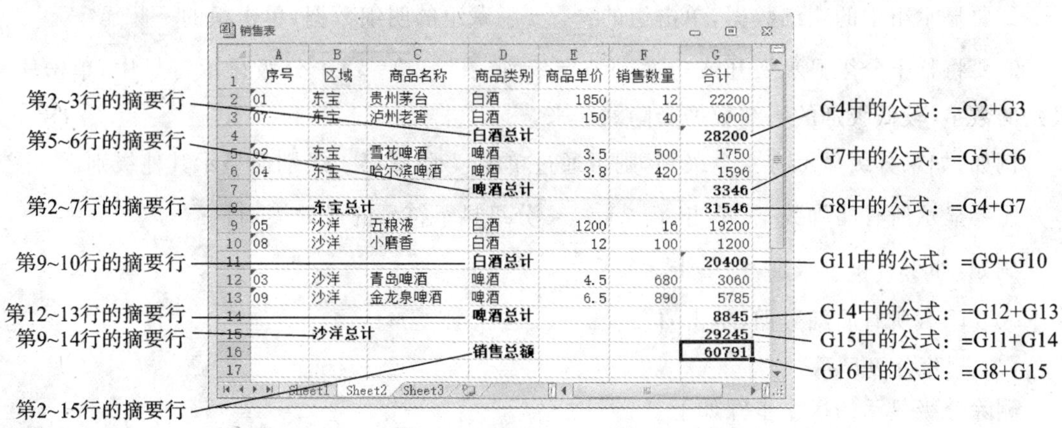

	A	B	C	D	E	F	G
1	序号	区域	商品名称	商品类别	商品单价	销售数量	合计
2	01	东宝	贵州茅台	白酒	1850	12	22200
3	07	东宝	泸州老窖	白酒	150	40	6000
4				白酒总计			28200
5	02	东宝	雪花啤酒	啤酒	3.5	500	1750
6	04	东宝	哈尔滨啤酒	啤酒	3.8	420	1596
7				啤酒总计			3346
8		东宝总计					31546
9	05	沙洋	五粮液	白酒	1200	16	19200
10	08	沙洋	小磨香	白酒	12	100	1200
11				白酒总计			20400
12	03	沙洋	青岛啤酒	啤酒	4.5	680	3060
13	09	沙洋	金龙泉啤酒	啤酒	6.5	890	5785
14				啤酒总计			8845
15		沙洋总计					29245
16				销售总额			60791
17							

图 4.67　自主插入的摘要行

销售表

	A	B	C	D	E	F	G
1	序号	区域	商品名称	商品类别	商品单价	销售数量	合计
2	01	东宝	贵州茅台	白酒	1850	12	22200
3	07	东宝	泸州老窖	白酒	150	40	6000
4				白酒总计			28200
5	02	东宝	雪花啤酒	啤酒	3.5	500	1750
6	04	东宝	哈尔滨啤酒	啤酒	3.8	420	1596
7				啤酒总计			3346
8		东宝总计					31546
9	05	沙洋	五粮液	白酒	1200	16	19200
10	08	沙洋	小磨香	白酒	12	100	1200
11				白酒总计			20400
12	03	沙洋	青岛啤酒	啤酒	4.5	680	3060
13	09	沙洋	金龙泉啤酒	啤酒	6.5	890	5785
14				啤酒总计			8845
15		沙洋总计					29245
16				销售总额			60791
17							

Sheet1　Sheet2　Sheet3

图 4.68　分级显示数据示例

①确保每行在第一列中都有一个标签，在每行中包含相似的内容，并且区域内没有空行或空列。

②选择区域中的一个单元格。

③对构成组的行进行排序。

④使用公式在紧邻每一明细数据列所在的组的右侧或左侧插入自己的摘要列。

⑤指定摘要列的位置位于明细数据列的右侧还是左侧。

⑥分级显示数据。也有自动分级显示和手动分级显示两种方法。

(3) 显示或隐藏分级显示的数据

显示或隐藏如图 4.68 所示分级显示的数据。其操作步骤如下。

①如果没有看到分级显示符号 1 2 3 4、+ 和 −，那么依次单击"文件"选项卡、"Excel 选项"按钮、"高级"分类，然后在"此工作表的显示"部分下，选择工作表，然后选中"如果应用了分级显示，则显示分级显示符号"复选框。

②要显示组中的明细数据，单击组的[+]；要隐藏组的明细数据，单击组的[-]。

③要将整个分级显示展开或折叠到特定级别，在[1][2][3][4]分级显示符号中，单击所需级别的数字，较低级别的明细数据会隐藏起来。

例如，如果分级显示有 4 个级别，则可通过单击[3]隐藏第 4 级别而显示其他级别。

④要显示所有明细数据，单击[1][2][3][4]分级显示符号的最低级别。

例如，如果有 4 个级别，则单击[4]。

⑤要隐藏所有明细数据，单击[1]。

(4) 删除分级显示

删除分级显示的操作步骤如下。

①单击工作表。

②在“数据”选项卡的“分级显示”组中单击“取消组合”按钮旁边的箭头，然后单击“清除分级显示”。

③如果行或列仍然处于隐藏状态，则拖动隐藏的行和列两侧的可见行标题或列标题，在“开始”选项卡的“单元格”组中单击“格式”按钮，指向“隐藏和取消隐藏”，然后单击“取消隐藏行”或“取消隐藏列”。

5. 数据透视表和数据透视图报表

使用数据透视表可以汇总、分析、浏览和提供汇总数据。使用数据透视图报表可以在数据透视表中显示该汇总数据，并且可以方便地查看比较、模式和趋势。数据透视表和数据透视图报表都能使我们做出有关企业或组织中关键数据的可靠决策。

(1) 数据透视表

数据透视表是一种一种交互的、交叉制表的 Excel 报表，用于对多种来源(包括 Excel 的外部数据)的数据(如数据库记录)进行汇总和分析。使用数据透视表可以深入分析数值数据，并且可以回答一些预料不到的数据问题。数据透视表的主要用途有以下 6 个方面。

①以多种友好方式查询大量数据。

②对数值数据进行分类汇总和聚合，按分类和子分类对数据进行汇总，创建自定义计算和公式。

③展开或折叠要关注结果的数据级别，查看感兴趣区域汇总数据的明细。

④将行移动到列或将列移动到行(或“透视”)，以查看源数据的不同汇总。

⑤对最有用和最关注的数据子集进行筛选、排序、分组和有条件地设置格式，使我们能够关注所需的信息。

⑥提供简明、有吸引力并且带有批注的联机报表或打印报表。

(2) 数据透视图报表

数据透视图报表为数据透视表中的数据提供了图形表示形式。具有这种图形表示形式的数据透视表称为相关联的数据透视表。更改相关联的数据透视表中的布局，可更改数据透视图报表中显示的布局和数据。相关联的数据透视表是为数据透视图提供源数据的数据透视表。在新建数据透视图时，将自动创建数据透视表。如果更改其中一个报表的布局，另外一个报表也随之更改。

与标准图表一样，数据透视图报表也具有数据系列、类别、数据标记和坐标轴。一个行标签对应于一个类别，一个列标签对应于一个系列。

在基于数据透视表创建数据透视图报表时，数据透视图报表的布局（即数据透视图报表字段的位置）最初由数据透视表的布局决定。如果先创建了数据透视图报表，则通过将字段从“数据透视表字段列表”中拖到图表工作表上的特定区域，即可确定图表的布局。所谓图表工作表是指工作簿中只包含图表的工作表。当希望单独查看图表或数据透视图（独立于工作表数据或数据透视表）时，图表工作表非常有用。

(3) 由一个工作表创建数据透视表或数据透视图

若要创建数据透视表或数据透视图，则必须连接到一个数据源，并输入报表的位置。其操作步骤如下。

①单击作为数据源的工作表中的一个单元格。

②如图 4.69 所示，在“插入”选项卡的“表格”组中单击“数据透视表”按钮；或者先单击“数据透视表”下拉箭头，再单击“数据透视表”。

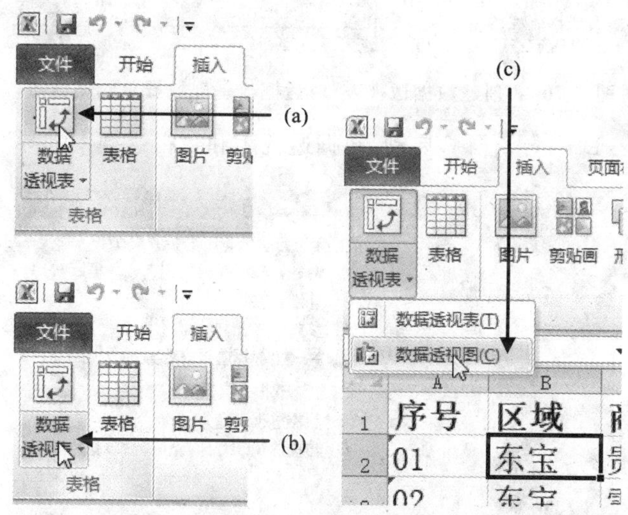

图 4.69　“插入”选项卡的“表格”组中的“数据透视表”按钮

若要创建数据透视图，则先单击“数据透视表”下拉箭头，再单击“数据透视图”。

③在“创建数据透视表”对话框的“请选择要分析的数据”栏下，确保已选中“选择一个表或区域”，然后在“表/区域”框中验证要用作基础数据的单元格区域，如图 4.70 所示。

若要创建数据透视图，则在“创建数据透视表及数据透视图”对话框中设置。

④在“创建数据透视表”对话框的“选择放置数据透视表的位置”栏下，选择“新工作表”或“现有工作表”。

若选择“新工作表”，则将数据透视表放置在新工作表中，并以单元格 A1 为起始位置。

若选择“现有工作表”，则将数据透视表放置在当前工作表中，在“位置”框中指定放置数据透视表的单元格区域的第一个单元格。

⑤单击“确定”按钮。

(4) 由多个工作表创建一个数据透视表

可使用“数据透视表和数据透视图向导”合并多个区域。在向导中，可选择不使用任何页字段、使用单页字段或多页字段。其操作步骤如下。

①在工作簿中单击一个不属于数据透视表一部分的空白单元格。

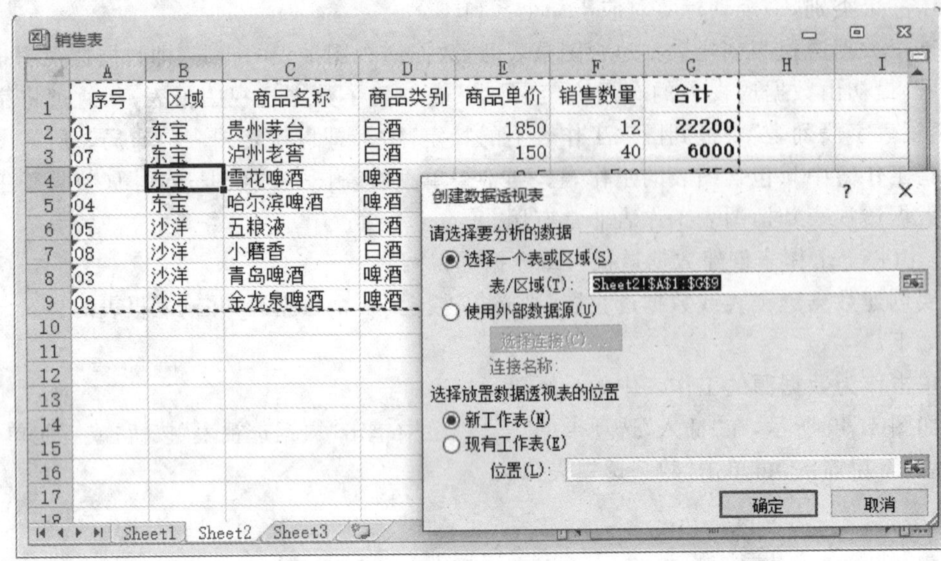

图 4.70 “创建数据透视表”对话框与基础数据单元格区域

②同时按下 Alt+D+P 组合键，启动“数据透视表和数据透视图向导”，如图 4.71 所示。

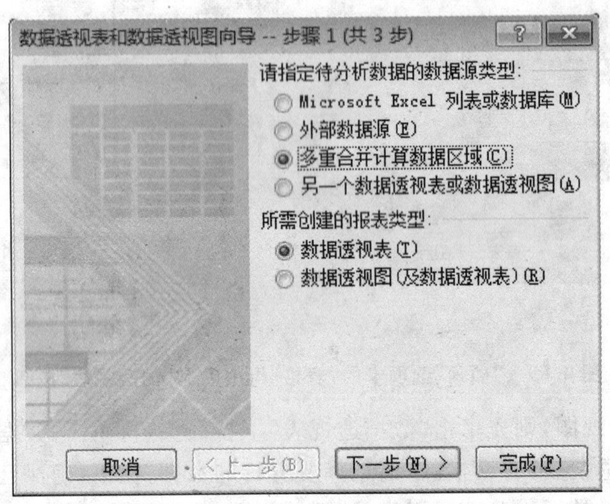

图 4.71 数据透视表和数据透视图向导

③在向导的“步骤 1”页面上单击“多重合并计算数据区域”，然后单击“下一步”。

以后根据需要，按向导提示操作即可完成由多个工作表创建一个数据透视表。

我们可以将“数据透视表和数据透视图向导”添加到“快速访问工具栏”，以方便使用。其操作步骤如下。

①单击“快速访问工具栏”旁边的箭头，然后单击“其他命令”，打开“Excel 选项”对话框。

②在“从下列位置选择命令”下，选择“所有命令”。

③在列表中选择“数据透视表和数据透视图向导”，单击“添加”按钮，然后单击“确定”按钮。

(5) 根据现有数据透视表创建数据透视图

根据现有数据透视表创建数据透视图的方法很简单，操作步骤如下。

①单击所需的数据透视表。

②在“插入”选项卡的“图表”组中单击所需要的图表类型。

可以使用除散点图、气泡图或股价图以外的任意图表类型。

(6) 删除数据透视表或数据透视图删除数据透视表

删除数据透视表的操作步骤如下。

①单击要删除的数据透视表。

②在“数据透视表工具”选项卡的“选项”子选项卡的“操作”组中单击“选择”，然后单击“整个数据透视表”。

③按 Delete 键。

删除数据透视图的操作步骤如下。

①选择要删除的数据透视图。

②按 Delete 键。

6. 合并计算

合并计算就是将多个单独工作表中的数据合并到一张主工作表中，以便于更容易地对数据进行定期或不定期的更新和汇总。这些工作表可以与主工作表在同一个工作簿中，也可以位于其他工作簿中。

(1) 按位置进行合并计算

按位置进行合并计算就是按同样的顺序排列所有工作表中的数据并将它们放在同一位置中。

用如图 4.72 至图 4.74 所示的工作表说明按位置进行合并计算的操作步骤。

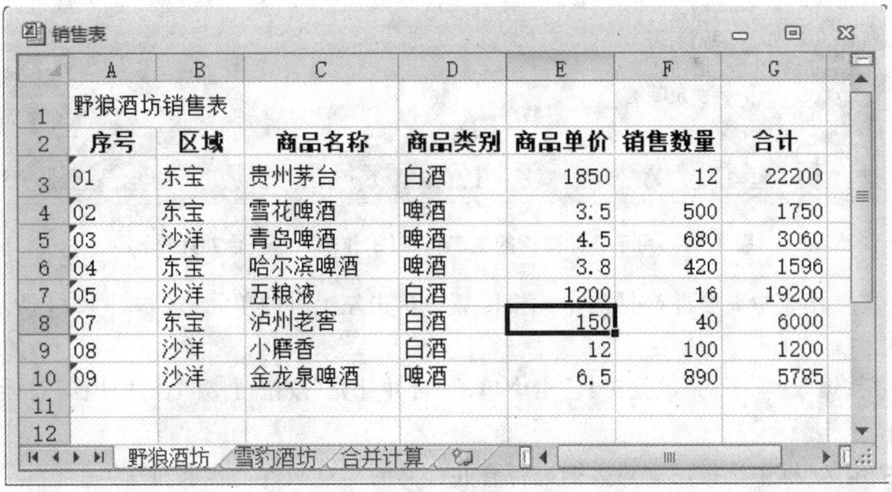

销售表

	A	B	C	D	E	F	G
1	野狼酒坊销售表						
2	序号	区域	商品名称	商品类别	商品单价	销售数量	合计
3	01	东宝	贵州茅台	白酒	1850	12	22200
4	02	东宝	雪花啤酒	啤酒	3.5	500	1750
5	03	沙洋	青岛啤酒	啤酒	4.5	680	3060
6	04	东宝	哈尔滨啤酒	啤酒	3.8	420	1596
7	05	沙洋	五粮液	白酒	1200	16	19200
8	07	东宝	泸州老窖	白酒	150	40	6000
9	08	沙洋	小磨香	白酒	12	100	1200
10	09	沙洋	金龙泉啤酒	啤酒	6.5	890	5785
11							
12							

野狼酒坊　雪豹酒坊　合并计算

图 4.72　用于合并计算数据表(工作表名——野狼酒坊)

①在每个单独的工作表上设置要合并计算的数据。设置数据的方法如下。

- 确保每个数据区域都采用列表格式，即每一列都具有标签，同一列中包含相应的数据(如图 4.72、图 4.73 所示的 G 列)，并且在列表中没有空行或空列。
- 将每个区域分别置于单独的工作表中。
- 确保每个区域都具有相同的布局(如图 4.72、图 4.73 所示，均按“序号”作了升序排列)。

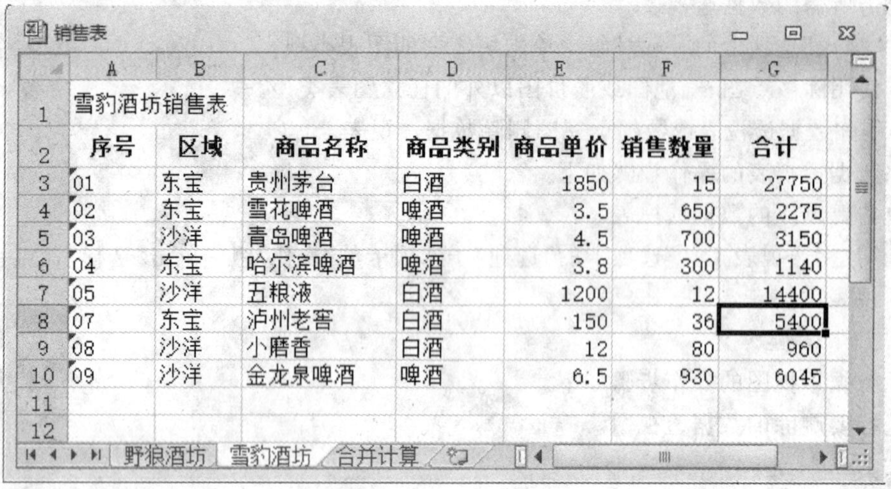

销售表

雪豹酒坊销售表

序号	区域	商品名称	商品类别	商品单价	销售数量	合计
01	东宝	贵州茅台	白酒	1850	15	27750
02	东宝	雪花啤酒	啤酒	3.5	650	2275
03	沙洋	青岛啤酒	啤酒	4.5	700	3150
04	东宝	哈尔滨啤酒	啤酒	3.8	300	1140
05	沙洋	五粮液	白酒	1200	12	14400
07	东宝	泸州老窖	白酒	150	36	5400
08	沙洋	小磨香	白酒	12	80	960
09	沙洋	金龙泉啤酒	啤酒	6.5	930	6045

野狼酒坊 雪豹酒坊 合并计算

图 4.73　用于合并计算数据表(工作表名——雪豹酒坊)

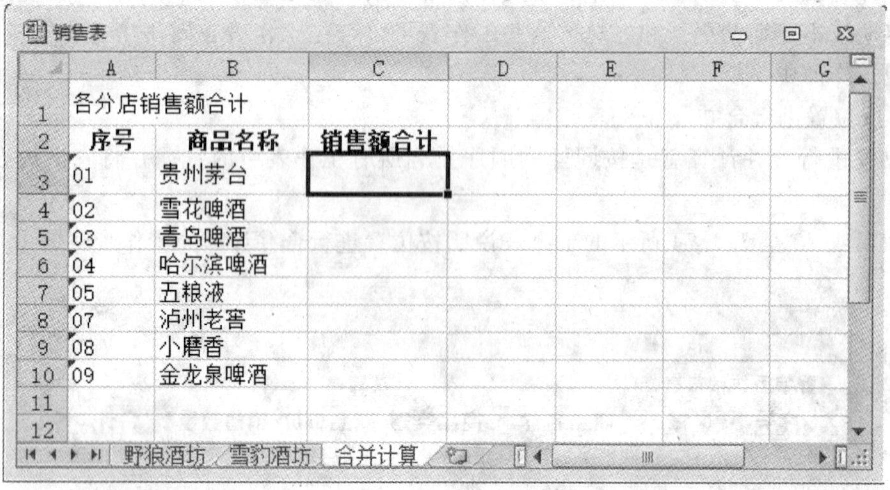

销售表

各分店销售额合计

序号	商品名称	销售额合计
01	贵州茅台	
02	雪花啤酒	
03	青岛啤酒	
04	哈尔滨啤酒	
05	五粮液	
07	泸州老窖	
08	小磨香	
09	金龙泉啤酒	

野狼酒坊 雪豹酒坊 合并计算

图 4.74　用于合并数据的主工作表(工作表名——合并计算)

②在主工作表中要合并数据的单元格区域中单击左上方的单元格(如图 4.74 所示的单元格 C3)。

③在“数据”选项卡的“数据工具”组中单击“合并计算”按钮,打开“合并计算”对话框,如图 4.75 所示。

④在“函数”框中选择用来对数据进行合并计算的汇总函数,如“求和”。

⑤在“引用位置”列表框中输入后面跟感叹号的工作表名,及单元格区域,然后单击“添加”按钮。

或者,单击“引用位置”列表框的“压缩对话框”按钮,再单击工作表标签(如“野狼酒坊”),选择单元格区域(如“G3:G10”),然后单击“添加”按钮。

⑥如果工作表在另一个工作簿中,则单击“浏览”按钮找到文件,并将其打开,然后单击“确定”以关闭“浏览”对话框。

⑦确定希望如何更新合并计算。

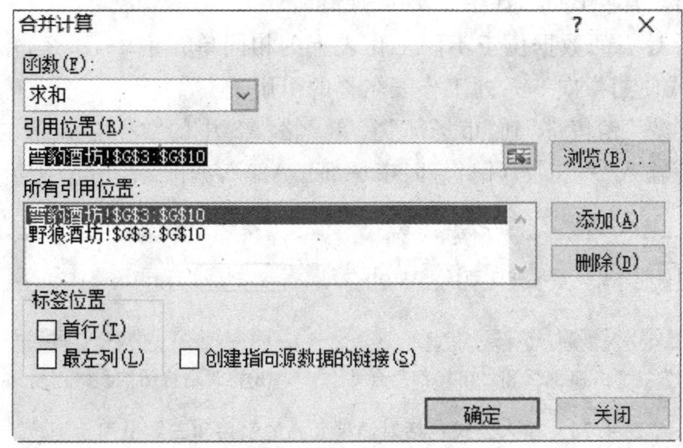

图 4.75　"合并计算"对话框

若要便于它在源数据改变时自动更新，则选中"创建连至源数据的链接"复选框。

若要便于通过更改合并计算中包括的单元格和区域来手动更新合并计算，则清除"创建连至源数据的链接"复选框。

⑧根据需要，可清除"标签位置"下的复选框。

⑨单击"确定"按钮。Excel 将源区域中的数据合并计算到主工作表中。

有问有答

问：什么情况下，才能选中如图 4.75 所示的"创建连至源数据的链接"复选框？

答：只有当子工作表位于其他工作簿中时，才能选中"创建连至源数据的链接"复选框。选中此复选框后，就不能对在合并计算中包括的单元格和区域进行更改，合并计算到主工作表中的数据将分级显示。

(2) 按分类进行合并计算

以不同的方式组织单独工作表中的数据，但是使用相同的行标签和列标签，以便能够与主工作表中的数据匹配，就是按分类进行合并计算。

按分类进行合并计算的步骤与按位置进行合并计算的步骤基本相同，除了步骤⑧。应在"标签位置"下，选中指示标签在源区域中位置的复选框——"首行"或"最左列"或两者都选。

(3) 通过公式进行合并计算

因为没有可依赖的一致位置或分类，所以在公式中使用对要组合的其他工作表的单元格引用或三维引用(即对跨越工作簿中两个或多个工作表的区域的引用)。其操作步骤如下。

①在主工作表上，复制或输入要用于合并计算数据的列或行标签。

②单击用来存放合并计算数据的单元格。

③键入一个公式，其中包括对每个工作表上源单元格的单元格引用，或包含要合并计算的数据的三维引用。

• 如果要合并计算的数据位于不同工作表上的不同单元格中，那么输入一个公式，其中包括对其他工作表的单元格引用，对于每个单独的工作表都有一个引用。

例如，要将"销售部"工作表中上单元格 B4、"人事部"工作表上单元格 F5 和"市场部"工作表上单元格 B9 中的数据合并到主工作表"综合部"的单元格 A2 中，应输入"＝SUM(销售部!

B4,人事部！F5,市场部！B9)”,如图 4.76(a)所示。

• 如果要合并计算的数据位于不同工作表上的相同单元格中,那么,输入一个包含三维引用的公式,该公式使用指向一系列工作表名称的引用。

例如,要将工作表“销售部”到“市场部”上单元格 A2 中的数据合并到主工作表“综合部”的单元格 A2 中,应输入“=SUM(销售部:市场部！ A2)”,如图 4.76(b)所示。

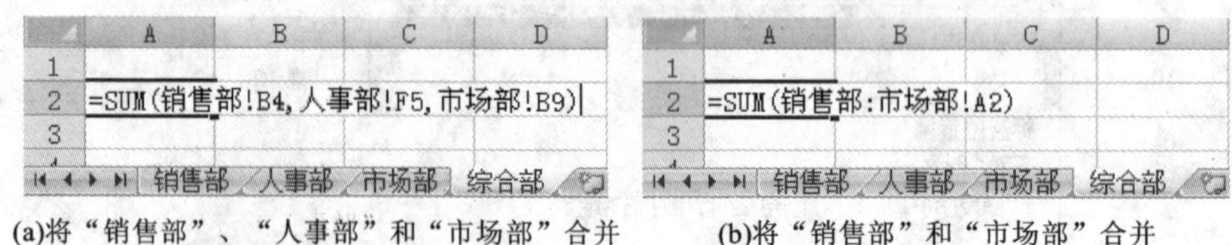

(a)将“销售部”、“人事部”和“市场部”合并　(b)将“销售部”和“市场部”合并

图 4.76　输入公式包括对源单元格的引用和三维引用示例

(4) 使用数据透视表合并数据

我们可以根据多个合并计算区域创建一个数据透视表。此方法类似于按类别进行合并计算,但是它在重新组织类别方面具有更大的灵活性。参阅本节第 5 小节“(4)由多个工作表创建一个数据透视表”。

7. 数据有效性的应用

设置单元格数据的有效范围非常重要,通过设置数据的有效范围,可以限制我们只输入有效数据,极大地减少了数据处理操作的复杂程度。这里介绍 Excel 数据有效性的工作原理和建立数据有效性的方法。

(1) 数据有效性的作用

数据有效性是 Excel 的一种功能,用于定义可以在单元格中输入或应该在单元格中输入哪些数据,我们可以配置数据有效性以防止输入无效数据。当我们选中单元格时,Excel 向我们提示可以在该单元格中输入的合法数据;当我们键入无效数据时,Excel 会向其发出警告信息和帮助我们更正错误的说明。

数据有效性选项位于“数据”选项卡的“数据工具”组,我们可以在“数据有效性”对话框中配置数据有效性。

当我们要与其他人员共享工作簿,并希望工作簿中所输入的数据准确无误且保持一致时,数据有效性十分有用。

(2) 数据有效性消息

在单元格中输入无效数据时看到的内容取决于我们配置数据有效性的方式。我们可以在选择单元格时显示输入信息。如果需要,可以将此消息移走,但在我们移到其他单元格或按 Esc 前,该消息会一直保留。

我们还可以选择显示出错警告,它仅在我们输入无效数据后才显示。我们可以从如表 4.6 所示的 3 种类型的出错警告中进行选择。

表 4.6　出错警告类型

图标	类型	用于
	停止	阻止我们在单元格中输入无效数据。“停止”警告消息具有两个选项,即“重试”或“取消”

续表

图标	类型	用于
⚠	警告	在我们输入无效数据时向其发出警告，但不会禁止输入无效数据。在出现“警告”警告消息时，我们可以单击“是”接受无效输入，单击“否”编辑无效输入，单击“取消”删除无效输入
ⓘ	信息	通知我们输入了无效数据，但不会阻止我们输入无效数据。这种类型的出错警告最为灵活。在出现“信息”警告消息时，单击“确定”接受无效值，单击“取消”拒绝无效值

我们可以自定义在出错警告消息中所看到的文本。如果选择不进行自定义，则将看到的是默认消息。

有问有答

问：关于“数据有效性消息”，有哪些需要注意的地方？

答：“数据有效性消息”并不是总能出现，有下列7个方面需要注意。

①只有当我们直接在单元格中键入数据时，才会出现输入信息和出错警告。而我们通过复制或填充柄输入了数据、单元格中的公式计算出无效结果，是不会出现这些信息的。

②如果我们要保护工作表或工作簿，那么应在指定任何有效性设置后执行。在保护工作表之前，应确保解除锁定任何有效单元格。否则，我们将无法在这些单元格中键入数据。

③如果要共享工作簿，那么应在指定数据有效性和保护设置之后执行。共享工作簿后，除非我们停止共享，否则将无法更改有效性设置，但在共享工作簿时，Excel 将继续验证指定单元格是否有效。

④我们可以将数据有效性应用到已在其中输入数据的单元格。但是，Excel 不会自动通知我们现有单元格包含无效数据。在这种情况下，可以通过指示 Excel 在工作表上的无效数据周围画上圆圈来突出显示这些数据。标识无效数据后，可以再次隐藏这些圆圈。如果更正了无效输入，圆圈便会自动消失。

⑤若要快速删除单元格的数据有效性，则先选择相应的单元格，然后打开“数据有效性”对话框，在“设置”选项卡上，单击“全部清除”按钮。

⑥若要在工作表上查找具有数据有效性的单元格，则在“开始”选项卡的“编辑”组中单击“查找和选择”，然后单击“数据有效性”。找到具有数据有效性的单元格后，可以更改、复制或删除有效性设置。

⑦创建下拉列表时，可以使用“公式”选项卡的“定义的名称”组中的“定义名称”命令，为包含该列表的区域定义名称。在另一个工作表上创建该列表后，可以隐藏包含该列表的工作表，然后保护工作簿以使其他我们无法访问该列表。

(3) 将数据有效性添加到单元格或区域

向工作表单元格添加数据有效性的操作步骤如下。

①选择要添加数据有效性的一个单元格或单元格区域。

②在“数据”选项卡的“数据工具”组中单击“数据有效性”按钮，选择“数据有效性”命令，打开“数据有效性”对话框，如图 4.77 所示。

③单击“设置”选项卡，在“允许”下拉列表框的各个选项中选定一个，如“整数”。

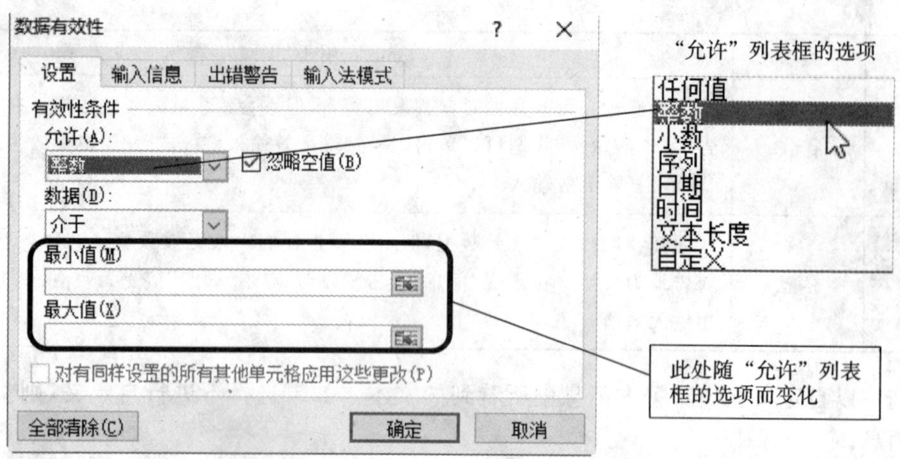

图 4.77 “数据有效性”对话框的“设置”选项卡

- 任何值:这是默认选项,对输入数据不做任何限制,表示不使用数据有效性。
- 整数:指定输入的数值必须为整数。
- 小数:指定输入的数值必须为数字或小数。
- 序列:为有效性数据指定一个序列。
- 日期:指定输入的数值必须为日期。
- 时间:指定输入的数值必须为时间。
- 文本长度:指定有效数据的字符数。
- 自定义:允许我们定义公式、使用表达式或引用其他单元各种计算值来判定输入数据的正确性。

④根据需要在“数据”下拉列表框中选定一个选项,如“介于”。

当在“允许”列表框选中“任何值”、“序列”或“自定义”时,“数据”下拉列表框不可用。

⑤在“最小值”和“最大值”输入事先规划的数值,或单元格引用。

⑥在“数据有效性”对话框中单击“输入信息”选项卡,设置选定该单元格时,要显示的输入提示信息,如图 4.78 所示。选中“选定单元格时显示输入信息”复选框,在“标题”文本框中输入标题,在“输入信息”文本框中输入要显示的信息。

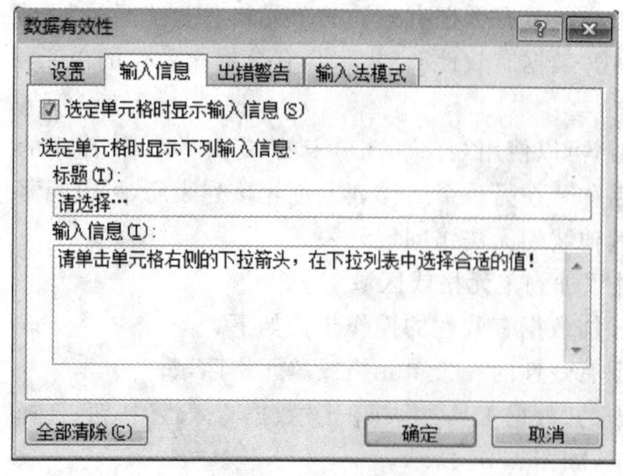

图 4.78 “数据有效性”对话框的“输入信息”选项卡

⑦单击“出错警告”选项卡，选中“输入无效数据时显示出错警告”复选框，指定输入无效数据时希望 Excel 如何响应，如图 4.79 所示。在“样式”框中选择“停止”、“警告”或“信息”。

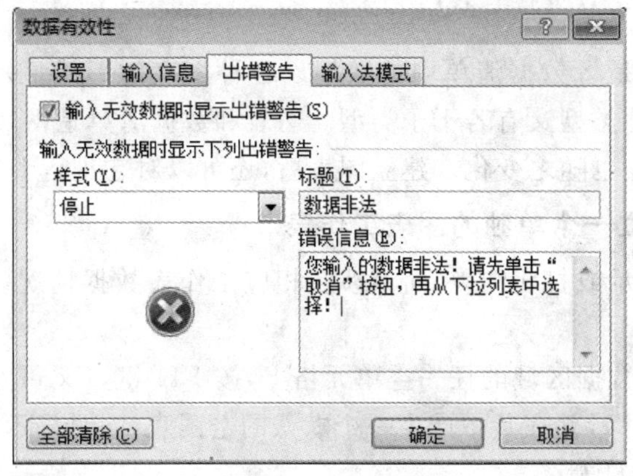

图 4.79　“数据有效性”对话框的“出错警告”选项卡

⑧测试数据有效性以确保其正常工作。

在单元格中输入有效和无效数据，用以检验设置按预期方式工作并且显示所预期的消息。

⑨单击“确定”按钮。

7. 数据链接

所谓数据链接，是指源数据的变化会引起从属数据的变化。利用数据链接可以将一系列工作表、工作簿链接在一起，避免数据的复制、粘贴操作，以保证数据的自动更新。

不论链接数据的对象是什么，其方法都有两种。

①在从属数据中操作。通过公式取源数据的数据。

②在源数据中做复制操作。在从属数据处单击“开始”选项卡的“剪贴板”组中的“粘贴”按钮旁的箭头，再选择“粘贴超链接”命令；或单击“选择性粘贴”命令，打开“选择性粘贴”对话框，选中“粘贴链接”单选钮，如图 4.80 所示。当 Excel 数据与其他应用软件数据链接时，一般使用这种方式。

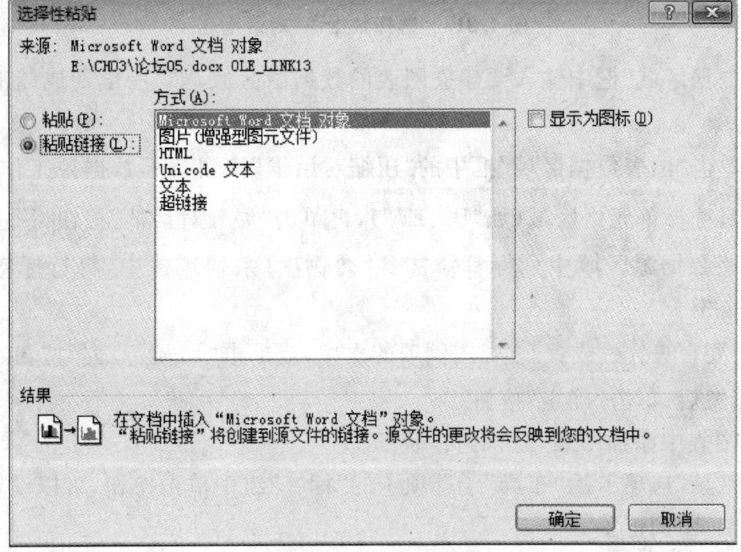

图 4.80　数据链接操作

4.3.2 用图表表现数据

用图表表现数据就是将数据清单中的数据以各种图表的形式显示，使得数据更加直观。图表有多种类型，每一种类型又有若干子类型。图表和数据清单是密切联系的，当数据清单中的数据发生变化时，图表也随之变化。建立图表后，还可以对它进行编辑。

1. 在工作簿中建立一个单独的图表工作表

这种方法适用于显示或打印图表，而不涉及相应工作表数据情况。创建立单独图表工作表的操作步骤如下。

①将鼠标指针放在数据区域的任一空单元格上，按 F11 键，Excel 会自动新建一个图表工作表（默认表名为 Chart1），并在其中产生一个默认的空图表，同时显示“图表工具”选项卡。

②单击工作表 Chart1 标签。

③在“图表工具”选项卡的“设计”子选项卡的“数据”组中单击“选择数据”按钮，打开“选择数据源”对话框，如图 4.81 所示。

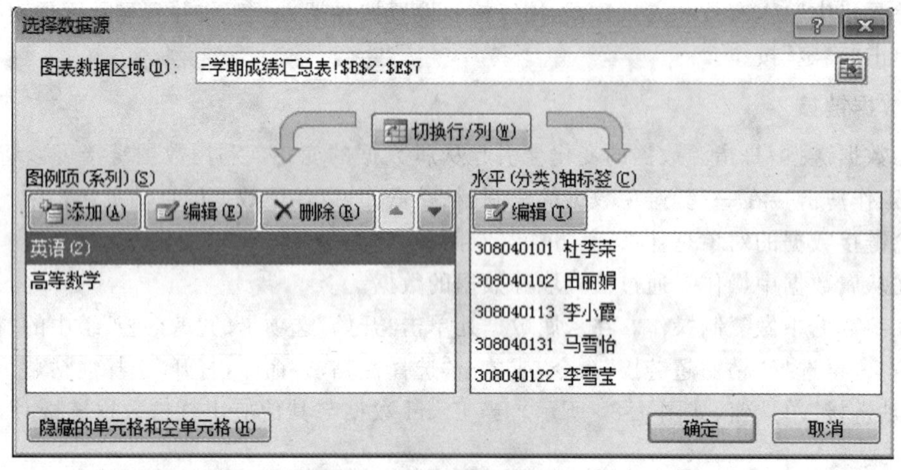

图 4.81 “选择数据源”对话框

④在“图表数据区域”框中输入要建立图表的数据源区域，如“=学期成绩汇总表！$B2：$E$7”。

或者，依次单击“图表数据区域”框中的“压缩对话框”按钮，数据源工作表标签（如“学期成绩汇总表”），选择单元格区域（如“B2：E7”），再单击“展开对话框”按钮。

Excel 自动将数据源区域中列标签添加到“图例项（系列）”框中，将行标签添加到“水平（分类）轴标签”框中。

⑤可根据需要，单击▲或▼改变图例项的次序；或单击“切换行/列”按钮，交换图例项和水平轴标签。满意后，单击“确定”按钮。

Excel 在空图表中添加图表，默认为柱状图。

⑥在“图表工具”选项卡的“布局”子选项卡的“标签”组中单击按钮，可以设置图表标题、坐标轴标题、坐标轴、图例位置等。

2. 在原数据工作表中嵌入图表

将图表嵌入原数据工作表的操作步骤如下。

①将鼠标指针放在数据区域中的任一单元格上。

②如图 4.82 所示，在“插入”选项卡的“图表”组中选择一个图表类型并单击它，如“柱形图”、“折线图”等。

③在列表中选择一个图表，如“带数据标记的折线图”，如图 4.83 所示。

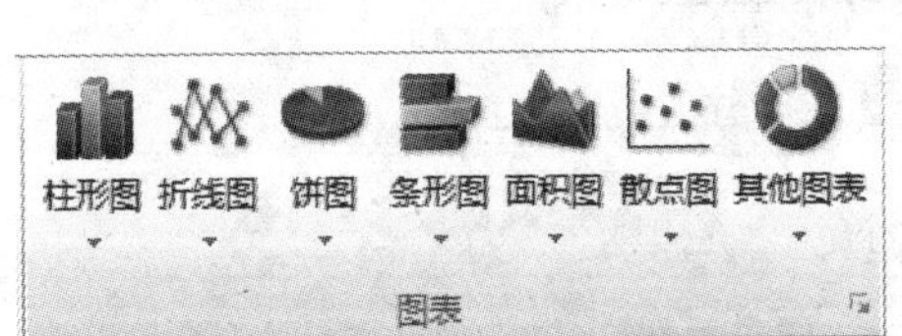

图 4.82 “插入”选项卡的“图表”组

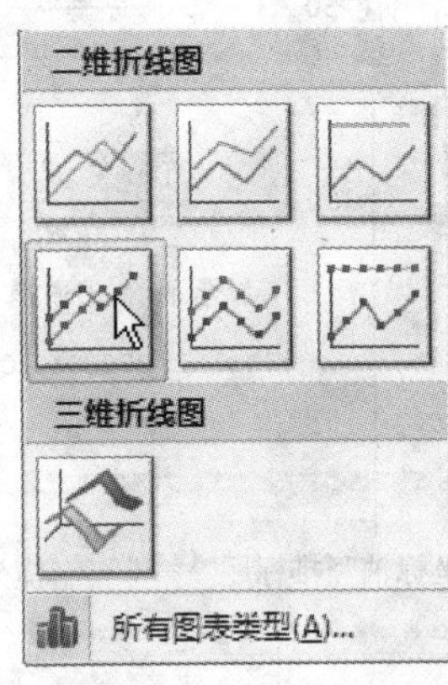

图 4.83 折线图列表

④Excel 在当前工作表中插入一个带数据标记的折线图表，并显示“图表工具”选项卡。

⑤在“图表工具”选项卡的“设计”子选项卡的“数据”组中单击“选择数据”按钮，打开“选择数据源”对话框。在该对话框中，选择数据源。

⑥在“图表工具”选项卡的“布局”子选项卡的“标签”组中单击按钮，可以设置图表标题、坐标轴标题、坐标轴、图例位置等。

完成后的图表如图 4.84 所示。

3. 设置图表

图表建立后，如果不满足要求，就可以设置它。常用的设置有移动图表、改变大小、设置标题、设置数值轴、设置坐标轴、设置图例、设置绘图区。

(1) 移动图表

单击图表，图表四角和四条边中央出现图表的控制点(如 、)。将鼠标指针移动到图表内，鼠标指针变成✥状，按下鼠标拖动图表，同时有一个实线框随之移动，松开鼠标后，实线框的位置就是图表移动到的位置。

(2) 改变图表大小

将鼠标指针移动到图表的控制点上，鼠标指针变成↕或↔或↘或↗状，拖动鼠标就可以改变图表大小。改变图表大小时，图表内的图的大小也随之改变。

(3) 设置图表标题

单击图表标题或坐标轴标题，四角出现圆圈(如 学号姓名)，表示该标题被选定。设置标题可进行下列操作。

①选定标题后，再单击标题，标题内出现光标，此时可编辑标题。

②选定标题后，将鼠标指针移动至边框上，拖动鼠标可移动标题的位置。

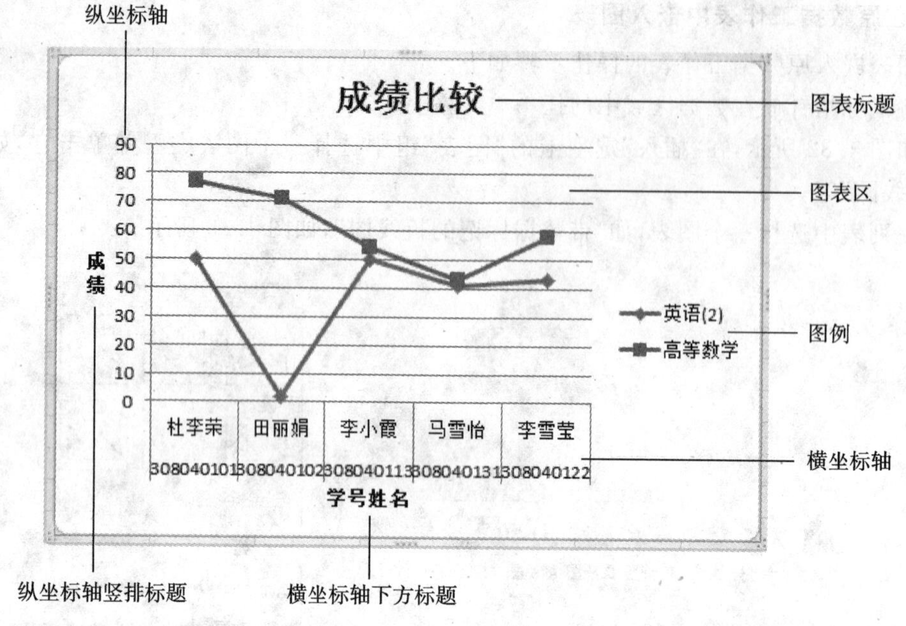

图 4.84　图表示例

③使用“开始”选项卡的“字体”组中的按钮、“图表工具”选项卡的“格式”子选项卡的“形状样式”组和“艺术字样式”组中的按钮可以设置标题的图案、字体、对齐等格式。

(4) 设置坐标轴格式

先用鼠标单击纵坐标轴或横坐标轴，以选定它们，再选择“开始”选项卡的“字体”组中的按钮、“图表工具”选项卡的“格式”子选项卡的“形状样式”组和“艺术字样式”组中的按钮，设置坐标轴的格式。

或者，按下列步骤设置坐标轴格式。

①选定图表。

②在“图表工具”选项卡的“格式”子选项卡的“当前所选内容”组中单击“图表元素”框旁的箭头，选择“垂直(值)轴”或“水平(类别)轴”。

③在“图表工具”选项卡的“格式”子选项卡的“当前所选内容”组中单击“设置所选内容格式”，打开“设置坐标轴格式”对话框，如图 4.85 所示。

④在该对话框中可以设置图案、刻度、字体、数字、对齐等格式。

⑤设置完成后，单击“关闭”按钮。

以上步骤也可以其他图表元素的格式。

(5) 设置图例

单击图例，当图例被选定后，四边中央各出现 1 个方块，四角各出现个圆圈，称为控制点，如图 4.86 所示。设置图例可进行以下操作。

①拖动图例可改变它的位置。

②将鼠标指针移动到控制点上，拖动鼠标可改变图例的大小。改变图例大小时，图表内的图和文字不改变。

③选定图例后，可以按照设置图表标题格式和坐标轴格式的方法设置图例的图案、字体、位置等。

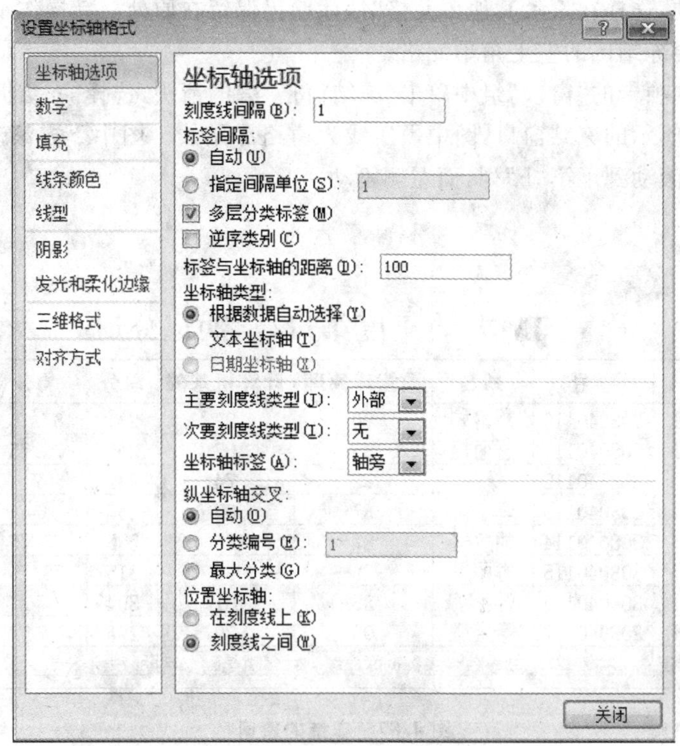

图 4.85　“设置坐标轴格式”对话框

(6) 设置图表区

单击图表区的空白处，当图表区被选定后，四周出现 8 个控制点。对图表区可进行以下设置。

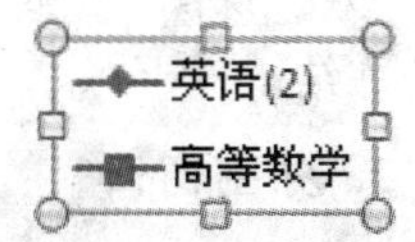

图 4.86　控制点示意图

①将鼠标指针移动到图表区边上，拖动图表区可改变它的位置，坐标轴和坐标轴标题也随之移动。

②将鼠标指针移动到控制点上，拖动鼠标可改变图表区的大小。绘图区大小改变时，坐标轴和坐标轴标题大小也随之改变。

③选中图表区内部图形后，通过“图表工具”选项卡可设置数据系列的图案、坐标轴、误差线、数据标志、系列次序和选项。

4.4　屏幕显示与打印工作表

一个窗口内一般只能显示一张工作表，当工作表中内容很多时，就必须借助于滚屏、缩放控制、冻结分割窗口。

4.4.1　冻结、分割窗口

1. 冻结窗口

当滚动显示时，滚动后往往看不清表格标题的内容。Excel 提供的冻结窗口功能，就可以用来冻结表格标题，这样在滚动其他单元格时，标题仍保留在原处。其操作步骤如下。

①单击不需要冻结区的左上角单元格。

②在“视图”选项卡的“窗口”组中单击“冻结窗格”旁的箭头，选择“冻结拆分窗格”命令，随即出现如图 4.87 所示的冻结窗口，图中黑实线为窗格冻结线。图中下方滚动到了第“12”行，而上方不动；右侧滚动到了第“F”列，而左侧不动。

JFC

	A	B	C	F	G	H	I	J
1	JM大学年度第 1 学期记分册							
2	班级	学号	姓名	数据库原理	计算机基础	总分	均分	最高分
12	应用1班	308040110	赵艳姣	90	87	271	67.75	90
13	应用1班	308040111	王丽艳	85	87	295	73.75	87
14	应用1班	308040112	杨萌	82	74	272	68	82
15	应用1班	308040113	李小霞	87	65	256	64	87
16	应用1班	308040114	胡彦婳	87	86	295	73.75	87
17	应用1班	308040115	古丽娜	79	91	315	78.75	91
18	应用1班	308040116	郑小宇	85	91	304	76	91
19	应用1班	308040117	聂金娥	90	89	296	74	90

学籍信息 / 英语(2) / 高等数学 / 数据库原理 / 计算机基础 / 学期成绩汇总表 / 2018

图 4.87 冻结的窗口

③使用滚动条滚动屏幕时，位于冻结线上边、左侧的内容被“冻”住。

④在“视图”选项卡的“窗口”组中单击“冻结窗格”，选择“取消冻结窗格”命令可以撤销窗口的冻结。

2. 分割窗口

所谓分割窗口就是将工作表放在 4 个窗格中，在每一窗格中都可以看到工作表的全部内容。其操作步骤如下。

①在“视图”选项卡的“窗口”组中单击“拆分”按钮，这时所选活动单元格上边和左侧分别出现分割线，工作表被划分为 4 个窗格，如图 4.88 所示。

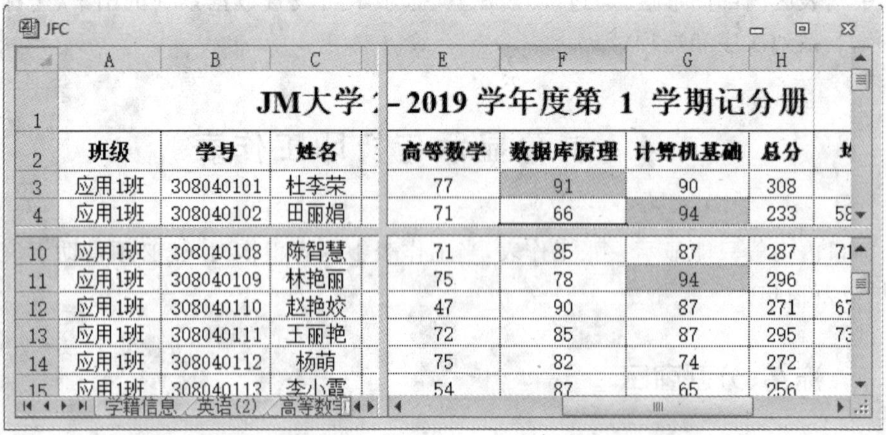

JFC

	A	B	C	E	F	G	H
1	JM大学 2			-2019 学年度第 1 学期记分册			
2	班级	学号	姓名	高等数学	数据库原理	计算机基础	总分
3	应用1班	308040101	杜李荣	77	91	90	308
4	应用1班	308040102	田丽娟	71	66	94	233
10	应用1班	308040108	陈智慧	71	85	87	287
11	应用1班	308040109	林艳丽	75	78	94	296
12	应用1班	308040110	赵艳姣	47	90	87	271
13	应用1班	308040111	王丽艳	72	85	87	295
14	应用1班	308040112	杨萌	75	82	74	272
15	应用1班	308040113	李小霞	54	87	65	256

学籍信息 / 英语(2) / 高等数引

图 4.88 窗口的分割

通过向下拖动水平拆分窗口按钮，向左拖动垂直拆分窗口按钮，也可分割窗口，如图4.89所示。

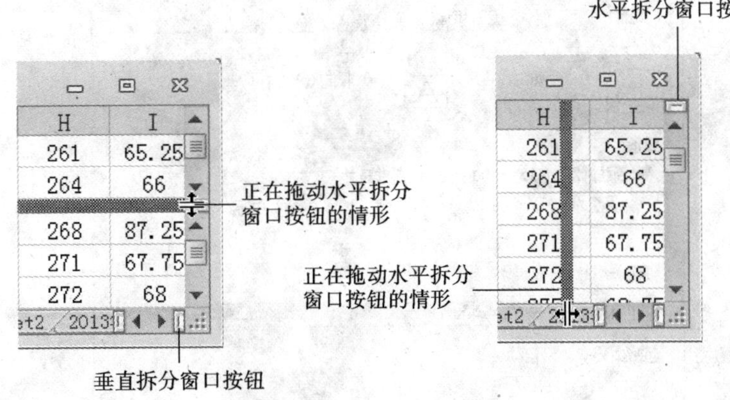

图 4.89 拖动拆分窗口按钮拆分窗口

②利用右侧、下方的滚动条在4个分离的窗格中移动，拖曳水平分割框、垂直分割框移动分割线的位置。

当窗口处于分割状态时，在“视图”选项卡的“窗口”组中单击呈深茶色的“拆分”按钮 拆分，就可以撤销窗口的分割。

4.4.2 打印设置

工作表的打印设置主要包括页面设置、页边距设置、页眉/页脚设置、工作表设置、手工插入分页符等。

如果一个工作簿中的几个工作表需要相同的打印设置，则应该首先选定这些工作表，然后进行打印设置。

1. 页面设置

在“页面布局”选项卡的“页面设置”组中，可设置纸张大小与方向、页边距、打开区域等。单击“页面布局”选项卡的“页面设置”组右下角的“对话框启动器”，弹出如图4.90所示“页面设置”对话框。在该对话框中选择“页面”选项卡，可以选择打印方向、缩放比例、纸张大小、打印质量以及起始页码等。

2. 页边距设置

在“页面设置”对话框中选择“页边距”选项卡，就可以设置上、下、左、右的边距值，以及设置表格的水平居中、垂直居中等。

3. 页眉/页脚的设置

页眉/页脚是固定于每一页的一些内容，设置时，在“页面设置”对话框中选择“页眉/页脚”选项卡，如图4.91所示，分别在页眉、页脚下拉列表框中选择相应的页眉、页脚；如果对列表框中内容不满意，可单击“自定义页眉”按钮、“自定义页脚”按钮，就可以在页眉、页脚的左、中、右区输入自定义内容或单击下列按钮输入相应的内容：格式文本按钮、插入页码按钮、插入页数按钮、插入日期按钮、插入时间按钮、插入文件路径按钮、插入文件名按钮、插入数据表名称按钮，如图4.92所示。

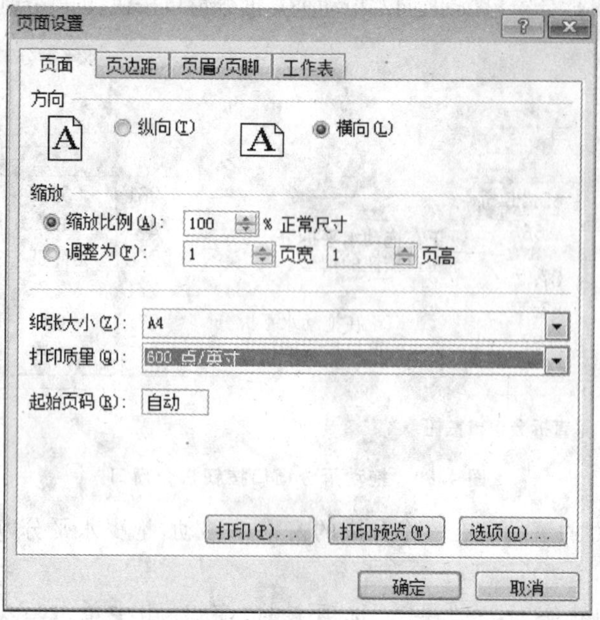

图 4.90 “页面设置”对话框

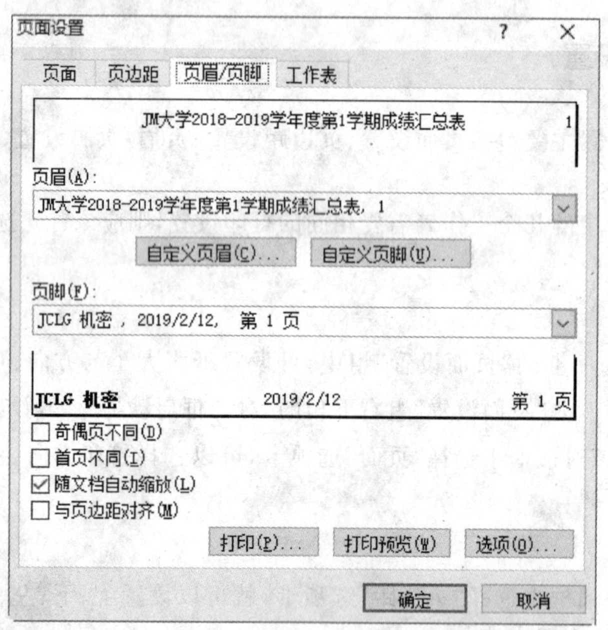

图 4.91 “页面设置”对话框中的“页眉/页脚”标签

4. 工作表的设置

在“页面设置”对话框中选择“工作表”选项卡，就可以设置打印区域、打印标题、打印顺序以及工作的一些其他设置等。

(1) 打印区域的选择

如果要打印工作表的局部内容，则可以在“打印区域”框中输入单元格区域；或单击“压缩对话框”按钮，在工作表中选择所需的区域，按 Enter 键。

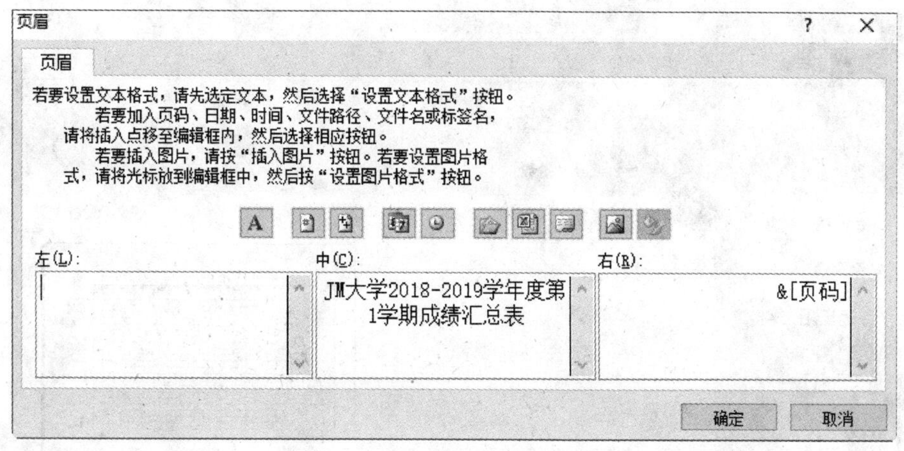

图 4.92 “页眉”设置对话框

(2) 打印标题的选择

当打印页数超过 1 页时，如果想要表格标题出现在每一页上，则可以在“顶端标题行”、“左端标题列”区域中分别输入标题，或单击选择表格区域按钮，在工作表中选择区域，按 Enter 键。

(3) 设置网格线

若设置了网格线，则将打印工作表的全部网格线；如果在工作表中设置了表格的边框线，则应取消网格线的设置。

5. 手工插入或移动分页符

如果需要打印的工作表不止一页，则 Excel 会自动在其中插入分页符，将工作表分成多页。这些分页符的位置取决于纸张的大小、页边距设置和设定的打印比例。可以通过手工插入水平分页符来改变页面上数据行的数量，也可以通过插入垂直分页符来改变页面上数据行的数量。在分页预览(单击“视图”选项卡的“工作簿视图”组中的“分页预览”按钮)中，可用鼠标拖曳分页符来改变其在工作表上的位置。

插入分页符的方法：选定新起页左上角的单元格，在“页面布局”选项卡的“页面设置”组中单击“分隔符”按钮，选择“插入分页符”命令。

如果要删除人工设置的水平或垂直分页符，则单击水平分页符下方或垂直分页符右侧的单元格，然后在“页面布局”选项卡的“页面设置”组中单击“分隔符”按钮，选择“删除分页符”命令或“重设所有分页符”命令。

4.4.3 工作表打印

单击“文件”选项卡，再单击“打印”，显示如图 4.93 所示的窗口。在此窗口可以进行必要设置，如打印份数、打印机、页面范围、单面打印/双面打印、纵向、横向、页面大小与页边距等，非常直观。

在 Excel 中，可以使用“页面布局视图”功能，在查看工作表打印效果的同时对其进行编辑。操作方法很简单，在“视图”选项卡的“工作簿视图”组中单击“页面布局”视图。

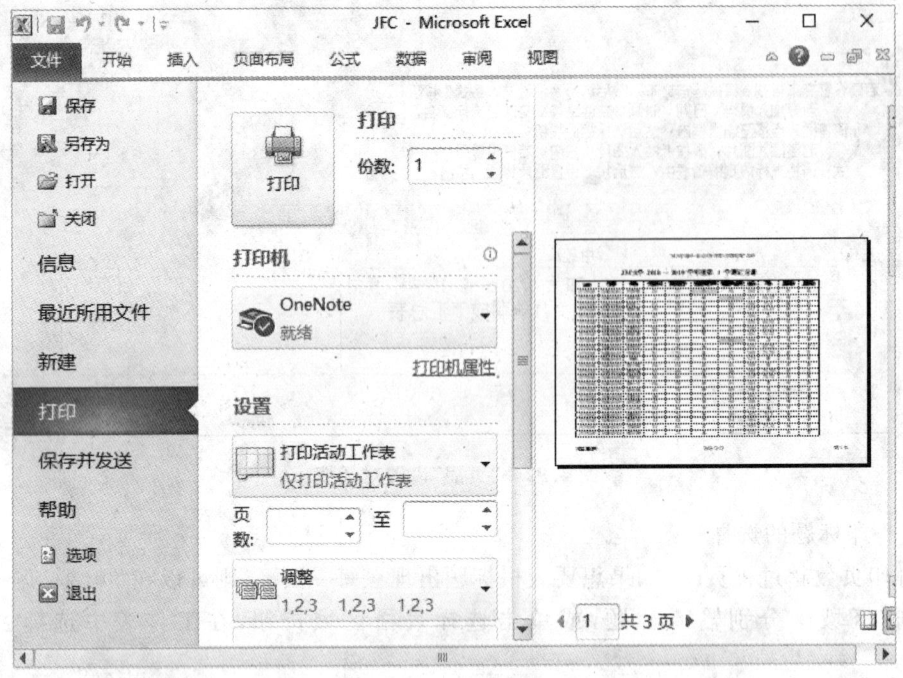

图 4.93 打印设置

习题 4

一、选择题

1. Excel 工作簿的后缀为________。

A). exl　　B). xcl　　C). xlsx　　D). xel

2. 在 Excel 环境中用来存储和处理工作数据的文件称为________。

A)工作簿　　B)工作表　　C)图表　　D)数据库

3. 在 Excel 中,一个工作表最多可含有的行数是________。

A)255　　B)256　　C)1048576　　D)任意多

4. Excel 提供了公式以及大量的函数用于实现对数据的各种计算,以下不能构成复杂公式的运算符是________。

A)函数运算符　　B)比较运算符　　C)引用运算符　　D)连接运算符

5. 在 Excel 工作表中,日期型数据“2018 年 11 月 21 日”的正确输入形式是________。

A)2018-11-21　　B)2018.11.21　　C)2018,11,21　　D)2018:11:21

6. 在 Excel 工作表中,单元格区域 D2:E4 所包含的单元格个数是________。

A)5　　B)6　　C)7　　D)8

7. 在 Excel 工作表中,选定某单元格,在“开始”选项卡的“单元格”组中单击“删除”按钮,不可能完成的操作是________。

A)删除该行　　B)右侧单元格左移　　C)删除该列　　D)左侧单元格右移

8. 若要在 Excel 中进行数学运算,应首先键入________。

A)括号　　B)数字　　C)一个等号　　D)一个百分号

9. 在 Excel 工作表的某单元格内输入数字字符串“456”,正确的输入方式是________。

A)456　　B)'456　　C)=456　　D)"456"

10. 对学生成绩表中不及格的成绩用醒目的方式表示(如用红色),利用________功能最方便。

A)条件格式　　B)查找　　C)数据筛选　　D)定位

11. 在 Excel 工作表中,C2 单元格中有数值 12,对 C3 单元格的编辑区输入公式“=C2+$C$2”,单击“确认”按钮,则 C3 单元格的内容为________。

A)22　　B)24　　C)26　　D)28

12. 在 Excel 中,关于工作表及为其建立的嵌入式图表的说法,正确的是________。

A)删除工作表中的数据,图表中的数据系列不会删除

B)增加工作表中的数据,图表中的数据系列不会增加

C)修改工作表中的数据,图表中的数据系列不会修改

D)以上三项均不正确

13. Excel 中对单元格的引用有________、绝对引用和混合引用。

A)存储地址　　B)活动地址　　C)相对引用　　D)循环地址

14. 在 Excel 工作表中,单元格 C4 中有公式“=A3+$C$5”,在第 3 行之前插入一行之后,单元格 C5 中的公式为________。

A)=A4+$C$6　　B)=A4+$C$5　　C)=A3+$C$6　　D)=A3+$C$5

15. 在 Excel 中设 F1 单元格中的公式为=A3+B4,当 B 列被删除时,F1 单元格中的公式将调整为________。

A)=A3+C4　　B)=A3+B4　　C)# REF!　　D)=A3+A4

16. 在 Excel 工作表中,可按需拆分窗口,一张工作表最多拆分为________。

A)3 个窗口　　B)4 个窗口　　C)5 个窗口　　D)6 个窗口

17. 在 Excel 工作表中,第 11 行第 14 列单元格地址可表示为________。

A)M10　　B)N10　　C)M11　　D)N11

18. 在 Excel 工作表中,对某单元格的编辑区输入“(8)”,单元格内将显示________。

A)-8　　B)(8)　　C)8　　D)+8

19. 在 Excel 中,对一个单元格里输入文本时,文本数据在单元格中的对齐方式是________。

A)左对齐　　B)右对齐　　C)居中对齐　　D)随机对齐

20. 在 Excel 中,对工作表的所有输入或编辑操作均是对________进行的。

A)单元格　　B)表格　　C)单元格地址　　D)活动单元格

21. 在 Excel 中,将单元格变为活动单元格的操作是________。

A)用鼠标单击该单元格　　B)将鼠标指针指向该单元格

C)在当前单元格内输入目标单元格地址　　D)没必要,因为每一个单元格都是活动的

22. 可用________表示 Sheet3 工作表的 B9 单元格。

A)Sheet3! B9　　B)Sheet3:B9　　C)Sheet3 $ B9　　D)Sheet3. B9

23. 在 Excel 工作表中,以下所选单元格区域(见图 4.94)可表示为________。

A)B1:C5　　B)C5:B1　　C)C1:C5　　D)B2:B5

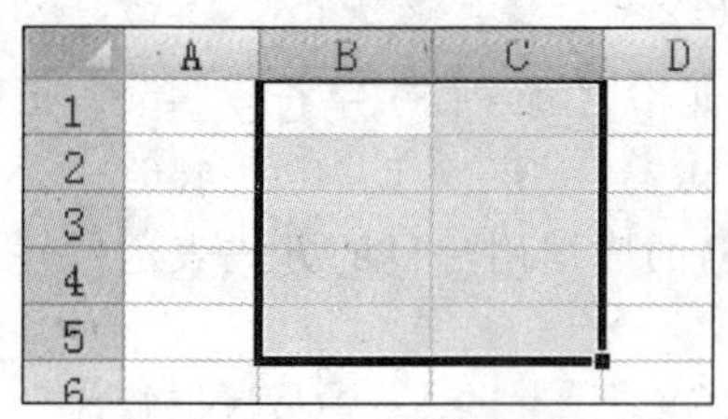

图 4.94　题 23 图

24. 若要删除一列或一行，则在要删除的列或行中单击，然后________。

A)按“删除”按钮

B)在“开始”选项卡的“单元格”组中单击“格式”按钮

C)在“开始”选项卡的“单元格”组中单击“删除”按钮

D)A、B 都对

25. 若要打印电子表格，应当________。

A)单击“文件”选项卡　　B)在一个单元格中右键单击

C)单击“开始”选项卡　　D)单击“视图”选项卡

26. 在 Excel 工作簿中，对工作表不可以进行的打印设置是________。

A)打印区域　　B)打印标题　　C)打印讲义　　D)打印顺序

27. 在 Excel 中，若单元格中的字符串超过该单元格的宽度，下列叙述中不正确的是________。

A)该字符串有可能占用其左侧单元格的空间，将全部内容显示出来

B)该字符串可能占用其右侧单元格的空间，将全部内容显示出来

C)该字符串可能只在其所在单元格内显示部分内容，其余部分被其右侧单元格中的内容覆盖

D)该字符串可能只在其所在单元格内显示部分内容，多余部分被删除

28. 在 Excel 中，要改变工作表的标签，可以使用的方法是________。

A)单击任务栏上的按钮　　B)单击鼠标左键

C)双击鼠标左键　　D)双击鼠标右键

29. 小金从网站上查到了最近一次全国人口普查的数据表格，他准备将这份表格中的数据引用到 Excel 中以便进一步分析，最佳的操作方法是________。

A)对照网页上的表格，直接将数据输入 Excel 工作表中

B)通过 Excel 中的自网站获取外部数据功能，直接将网页上的表格导入 Excel 工作表中

C)通过复制、粘贴功能，将网页上的表格复制到 Excel 工作表中

D)先将包含表格的网页保存为. htm 或. mht 格式文件，然后在 Excel 中直接打开文件

30. 某专业大三各班的成绩表分别保存在不同的工作簿中，为了管理方便，赵老师需要将这些成绩表合并到一个工作簿中，可以选择的最佳方法是________。

A)将各班成绩单中的数据通过复制、粘贴的方式整合到一个工作簿

B)通过移动或复制工作表功能，将各班成绩单整合到一个工作簿

C)打开一个成绩单，将其他班的成绩分别输入不同的工作表中

D)通过插入对象功能，将各班的成绩单整合到一个工作簿

二、填空题

1. 在 Excel 工作表中，当相邻单元格中要输入相同数据或按某种规律变化的数据时，可以使用________功能实现快速输入。

2. Excel 中默认的单元格引用是________。

3. 在 Excel 工作表的单元格 D6 中有公式"＝$B$2＋C6"，将 D6 单元格的公式复制到 C7 单元格内，则 C7 单元格的公式为________。

4. 要在单元格中显示分数"5/8"，应该输入________。

5. 在 Excel 工作簿中，sheet1 工作表第 6 行第 F 列单元格应表示为________；表示 Sheet2 中的第 2 行第 5 列的绝对地址是________。

6. 在 Excel 工作表的单元格 E5 中有公式"＝E3＋$E$2"，删除第 D 列后，则 D5 单元格中的公式为________。

7. 一个工作簿中默认包含________个工作表，最多可增加到________个，一个工作表中可以有________个单元格。

8. 在 Excel 中，运算符"&"表示________。

9. Excel 的工作表由二行、二列组成，其中用________表示行号，用________表示列标。

10. 在一个单元格内输入公式时，应先键入________符号。

11. 如果 A1:A5 包含数字 8、11、15、32 和 4，用公式＝MAX(A1:A5)计算，结果为________。

12. 在 Excel 中，设 A1～A4 单元格的数值为 82、71、53、60，A5 单元格中的公式为＝if(Average(A$1:A$4)＞＝60，"及格"，"不及格")，则 A5 显示的值为________。若将 A5 单元格的全部内容复制到 B5 单元格，则 B5 单元格的公式为________。

13. 某单元格内容为"＝IF("教授"＞"助教"，TRUE，FALSE)"，其计算结果为________。

14. 在当前工作表中，假设 B5 单元格中保存的是一个公式 SUM(B2:B4)，将其复制到 D5 单元格后，公式变为________；将其复制到 C7 单元格后，公式变为________；将其复制到 D6 单元格后，公式变为________。

15. 在 Excel 中可以创建各种图表，如柱形图、条形图、饼图、折线图等。为了显示数据系列中每一项占总数的比例，应该使用的图表类型为________。

三、操作题

1. 让新建的工作簿中包含更多工作表。

2. 更改工作表标签的颜色。

3. 让多个用户共享工作簿。

4. 把工作表隐藏起来。

5. 为工作簿设置使用权限。

6. 输入以"0"开头的数据。

7. 自主设定数值小数点位数。

8. 更加直观地输入较长的数值。

9. 同时在多个单元格中输入相同数据。

10. 删除不需要的自定义序列。

11. 让输入的数据自动换行。

12. 解决“# # # # # ”错误提示。

13. 设置数据垂直显示。

14. 在工作表中将行、列数据进行转置。

15. 为单元格添加标注。

16. 根据所选内容创建名称。

17. 在单元格 A2 到 A9 中输入数字 1～9,B1 到 J1 输入数字 1～9,用公式复制的方法在 B2:J10 区域设计出九九乘法表。

18. 使用“监视窗口”监视公式及其结果。

19. 输入单个单元格数组公式。

20. 使用 SUMIF 函数按给定条件对指定单元格求和。

21. 使用 SYD 函数计算资产和指定期间的折旧值。

22. 分页存放汇总数据。

23. 对单列数据进行分列。

24. 删除重复项。

25. 设置数据有效性。

26. 把制作好的图表作为图片插入工作表的其他位置。

27. 为图表添加背景。

28. 更改图表类型。

29. 为数据系列创建两根 Y 轴。

30. 让包含列数较多的表格打印在一张纸上。

31. 设置页眉页脚的奇偶页不同。

32. 在跨页时每页都打印表格标题。

33. 将表格转换成图片格式。

34. 编辑如下工作表。

序号	存入日	期限	年利率	金额	到期日	本息	银行
1	2013-1-1	5		1000			工商银行
2	2013-2-1	3		2500			中国银行
3		5		3000			建设银行
4		1		2200			农业银行
5		3		1600			农业银行
6		5		4200			农业银行
7		3		3600			中国银行
8		3		2800			中国银行
9		1		1800			建设银行
10		1		5000			工商银行
11		5		2400			工商银行
12		3		3800			建设银行

(1) 建立“银行存款.xlsx”工作簿,按如下要求操作。

①把上面的表格内容输入工作簿的 Sheetl 中。

②填充“存入日”,按月填充,步长为1,终止值为“13-12-1”。

③填充“到期日”。

④用公式计算“年利率”(年利率=期限×0.85)和“本息”(本息=金额×(1+期限×年利率/100)),进行填充。

⑤在 I1 和 J1 单元格内分别输入“季度总额”、“季度总额百分比”。

⑥分别计算出各季度存款总额和各季度存款总额占总存款的百分比。

(2) 格式设置。

①在顶端插入标题行,输入文本“2013 年各银行存款记录”,华文行楷、字号 26、加宝石蓝色底纹。将 A1—J1 合并并居中,垂直居中对齐。

②各字段名格式:宋体、字号 12、加粗、水平、垂直居中对齐。

③数据(记录)格式:宋体、字号 12、水平、垂直居中对齐。第 J 列数据按百分比样式,保留 2 位小数。

④各列最合适的列宽。

(3) 将修改后的文件命名为“你的名字加上字符 A”保存。

35. 根据表 4.7 所示,建立图表,并按下列要求操作。

表 4.7　学生成绩表

班级	学号	姓名	性别	数学成绩	英语成绩	总成绩	平均成绩
201301	2013000011	张　郝	男	60	62		
201302	2013000046	叶志远	男	70	75		
201301	2013000024	刘欣欣	男	85	90		
201302	2013000058	成　坚	男	89	94		
201303	2013000090	许坚强	男	90	95		
201302	2013000056	李　刚	男	86	65		
201301	2013000001	许文强	男	79	84		
201303	2013000087	王梦璐	女	65	70		
201302	2013000050	钱丹丹	女	73	80		
201302	2013000063	刘　灵	女	79	81		
201301	2013000013	康菲尔	女	86	82		
201301	2013000008	康明敏	女	92	96		
201301	2013000010	刘晓丽	女	99	93		

建立工作簿“学生成绩.xlsx”,在 Sheetl 中输入上面的表格内容,“总成绩”和“平均成绩”用公式计算获得;在第 3 行和第 4 行之间增加一条记录,其中姓名为你自己的名字,其他任意;将 Sheetl 中的内容分别复制到 Sheet2、Sheet3 和 Sheet4 中。

①用 Sheetl 工作表中“平均成绩”80 分以上(包括 80 分)的记录建立图表。

②分类轴为“姓名”,数据系列为“数学成绩”和“英语成绩”。

③采用折线图的第 4 种。

④图例位于右上角，名称为“数学成绩”和“英语成绩”，宋体、字号 16。

⑤图表标题为“学生成绩”，宋体、字号 20、加粗。

⑥数值轴刻度：最小值为 60、主刻度为 10、最大值为 100。

⑦分类轴和数值轴格式：宋体、字号 12、红色。

第5章 文稿演示软件 PowerPoint 2010

5.1 演示文稿的基本操作

演示文稿由一系列组合在一起的幻灯片组成，每个幻灯片又可以包括醒目的标题、详细的说明文字、形象的数字和图表、生动的图片图像以及动感的多媒体组件等元素，通过幻灯片的各种切换和动画效果向观众表达观点、演示成果、传达信息。PowerPoint 2010 为用户提供了一个强大的模板库，它涵盖各个领域的多种专业演示文稿的外观式样，用户即使不具备专业的绘画知识，也可以轻松地制作出具有专业水平视觉效果的演示文稿。

5.1.1 创建演示文稿

1. PowerPoint 窗口简介

PowerPoint 窗口如图 5.1 所示，用户可在它上面键入文本、绘制图形、创建图表、设置颜色、插入对象。

PowerPoint 默认的视图是“普通”视图，包含 3 个主要区域。

中间最大的区域是“幻灯片”窗格，用户可在其中直接编辑幻灯片。幻灯片上具有点线边框的框称为占位符，它是用户键入文本的位置。占位符也可以包含图片、图表以及其他非文本项目。

左侧是“大纲/幻灯片”窗格，显示演示文稿中幻灯片的小版本，也叫作缩略图版本，其中，正在处理的幻灯片将突出显示。此区域有“幻灯片”和“大纲”两个选项卡，在添加其他幻灯片后，可以通过单击“幻灯片”选项卡中的幻灯片缩略图导航至其他幻灯片。

底部区域是备注窗格，可以在此处键入备注，然后在演示时进行参考。用于备注的空间要比此处显示得还要大。可以通过拖曳分隔各窗格的分隔条调整各个窗格的大小。

2. 创建演示文稿的方式

要创建一个新的演示文稿，只需在幻灯片窗格向空演示文稿中添加文本即可。也可以先单击“Office 按钮”，再从“新建演示文稿”对话框中选择一种方法，以创建新演示文稿。下面简要介绍“新建演示文稿”对话框中可用的一些默认选项。

• 空白演示文稿和最近使用的文档：用于创建一个新的演示文稿，或根据最近使用过的文档创建一个新的演示文稿。

• 样本模板：模板是一张幻灯片或一组幻灯片的图案或蓝图。模板可以包含版式、主题颜色、主题字体、主题效果、背景样式，甚至可以包含内容。每个模板都规定了文本占位符在幻灯片上出现的位置及该文本占位符的格式。模板文件的扩展名为“.potx”。选取本地计算机

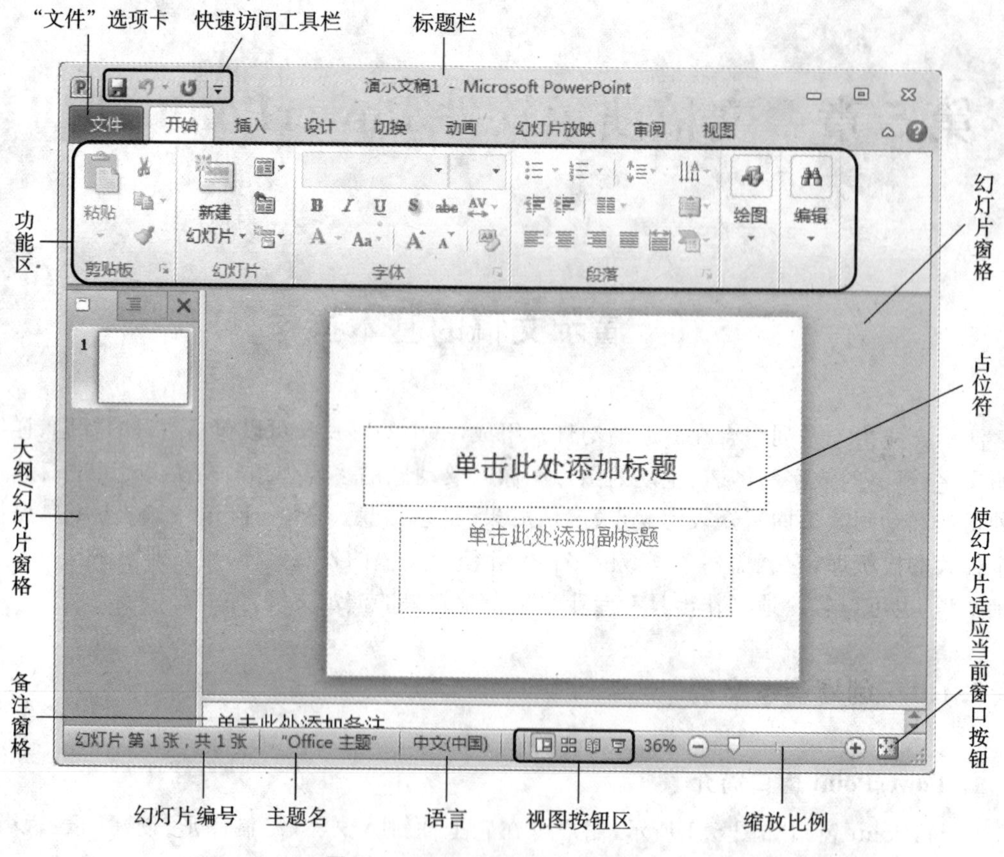

图 5.1　PowerPoint 演示文稿窗口

上的内置模板创建新的演示文稿。

- 主题：主题是一组统一的设计元素，使用颜色、字体和图形设置文档的外观。文档主题是一组格式选项，包括一组主题颜色、一组主题字体（包括标题字体和正文字体）和一组主题效果（包括线条和填充效果）。通过应用本地计算机上的文档主题，可以快速而轻松地设置整个文档的格式，赋予它专业和时尚的外观。
- 我的模板：如果用户自定了模板，那么可在"我的模板"中看到。使用"我的模板"可创建个性的演示文稿。
- 根据现有内容新建：用户可根据正在编辑的演示文稿创建一个新的演示文稿。
- Office.com 模板：系统提供了大量的在线模板，下载后即使用。

3. 创建空白演示文稿

启动 PowerPoint 后，系统会自动创建一个名为"演示文稿 1"的空白演示文稿。用户也可以通过"文件"选项卡来创建空白演示文稿。其操作步骤如下。

①单击"文件"选项卡，再单击"新建"，选择"空白演示文稿"，如图 5.2 所示。

②单击"创建"按钮。

系统创建一个新的空白演示文稿。

4. 根据模板创建演示文稿

用户可以使用 PowerPoint 上的模板，也可以自己创建。用户不仅可以将模板应用于所有

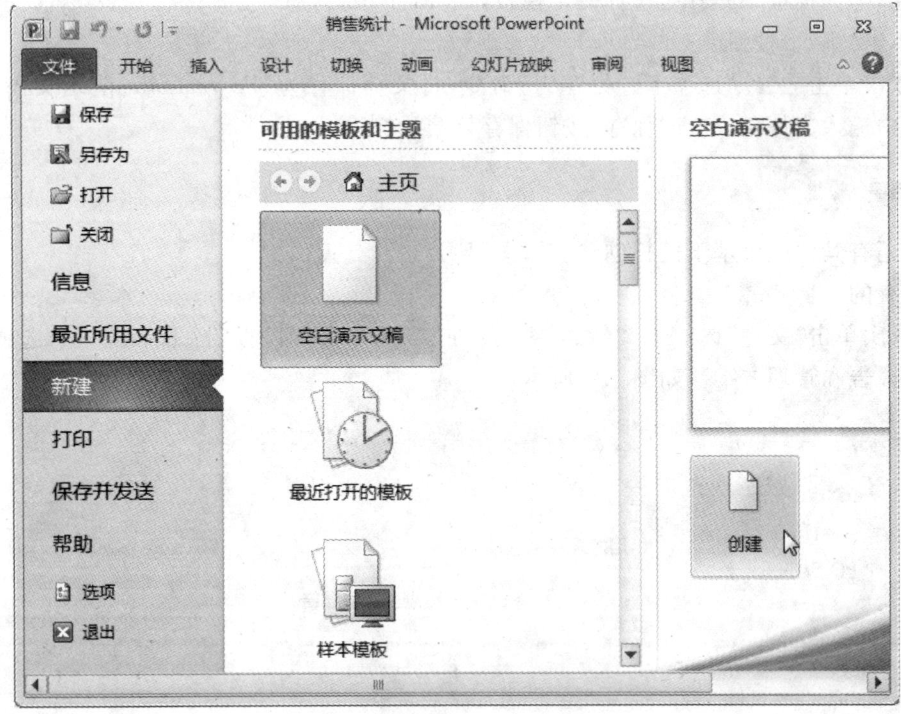

图 5.2 “新建演示文稿”对话框

的或选定的幻灯片，而且可以在单个的演示文稿中应用多种类型的模板。

使用模板创建演示文稿的操作步骤如下。

①依次单击“文件”选项卡、“新建”命令。

②在“主页”栏下单击“样本模板”，在“样本模板”列表中显示本机上已安装的模板缩略图。

③选择所需要的模板，如“都市相册”，单击“创建”按钮。

这时，系统创建一个基于所选模板的演示文稿。

④如果用户自定义了模板，并且保存模板文档(.potx)，那么，在“主页”栏下单击“我的模板”，打开“新建演示文稿”对话框，如图 5.3 所示。

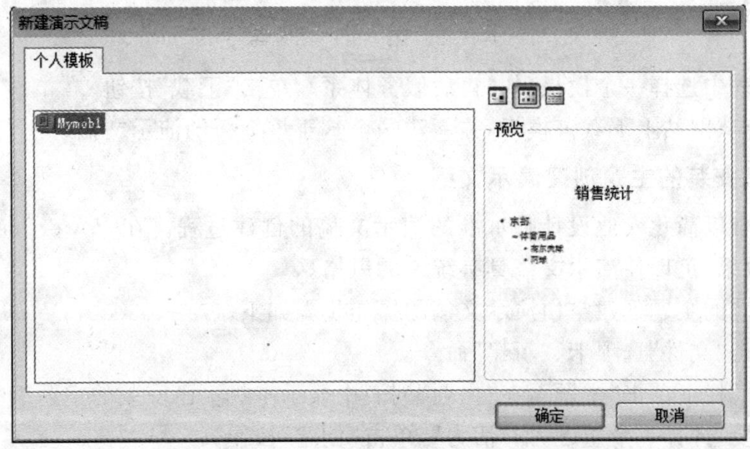

图 5.3 “新建演示文稿”对话框中的“我的模板”选项卡

⑤在“个人模板”列表中，选择一个模板，如“Mymob1. potx”。

⑥单击“确定”按钮。

⑦依次单击“文件”选项卡、“另存为”命令，将文档保存为“PowerPoint 演示文稿”，在“文件名”框中输入文件名，单击“保存”按钮保存该演示文稿。

有问有答

问：还有其他途径基于模板创建演示文稿吗？

答：有的。

①依次单击“文件”选项卡、“新建”命令，在“Office. com 模板”栏下单击一个选项，如“计划、评估报告和管理方案”，如图 5.4 所示。

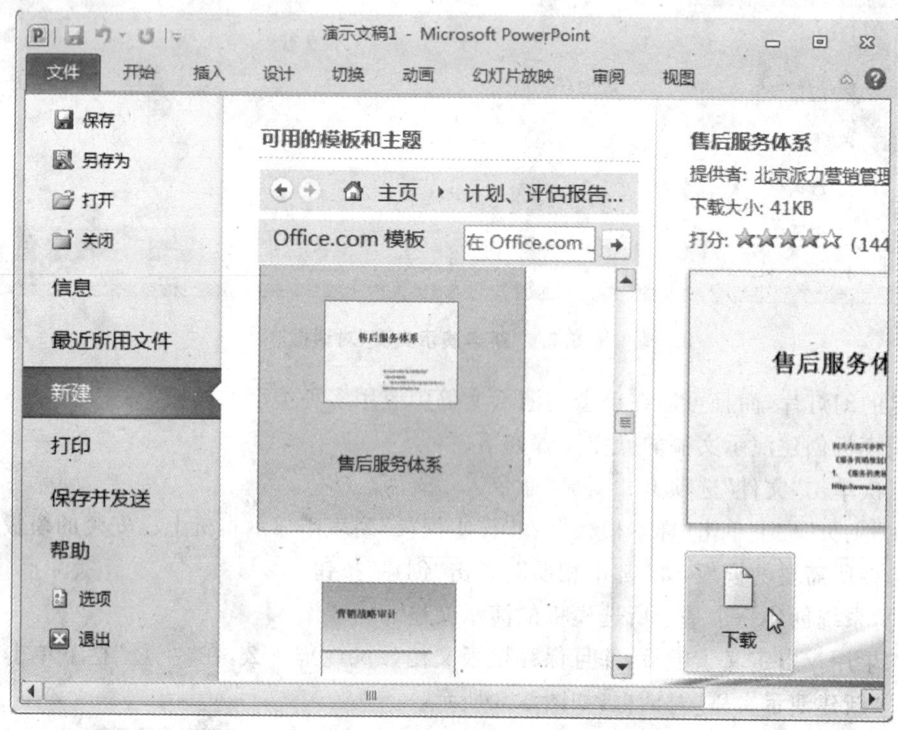

图 5.4 Office. com 模板

②在其列表中选择一个模板，如“售后服务体系”，单击“下载”按钮。

这时，系统从网站上下载该模板，并新建一个基于该模板的演示文稿。

5. 根据已安装的主题创建演示文稿

使用主题可以简化专业设计师水准的演示文稿的创建过程。在 PowerPoint 中使用主题颜色、字体和效果，可以使演示文稿具有统一的风格。

根据已安装的主题创建空白演示文稿的操作步骤如下。

①依次单击“文件”选项卡、“新建”命令。

②在“主页”栏下单击“主题”，在“主题”列表中显示本机上已安装的主题缩略图。

③根据需要，选择一个主题，如“活力”，单击“创建”按钮。

这时，系统创建一个基于该主题的演示文稿。

6. 添加新幻灯片与选择幻灯片版式

创建演示文稿时，放映中只有一张幻灯片，但用户可以添加其他幻灯片。用户还可以根据需要选择幻灯片版式，幻灯片版式用于排列幻灯片内容，版式包含不同类型的占位符和占位符排列方式，可以支持所有类型的内容。

在演示文稿中添加新幻灯片的操作步骤如下。

①在“开始”选项卡的“幻灯片”组中单击“新建幻灯片”按钮的上部，则在“幻灯片”选项卡中所选幻灯片的下面添加了一个新幻灯片，如图 5.5(a)所示的 2 号幻灯片。

②单击“新建幻灯片”按钮的下部，将显示幻灯片版式库，如图 5.5(b)所示。选择一个版式(如“标题和内容”版式)后，将插入该版式的幻灯片。

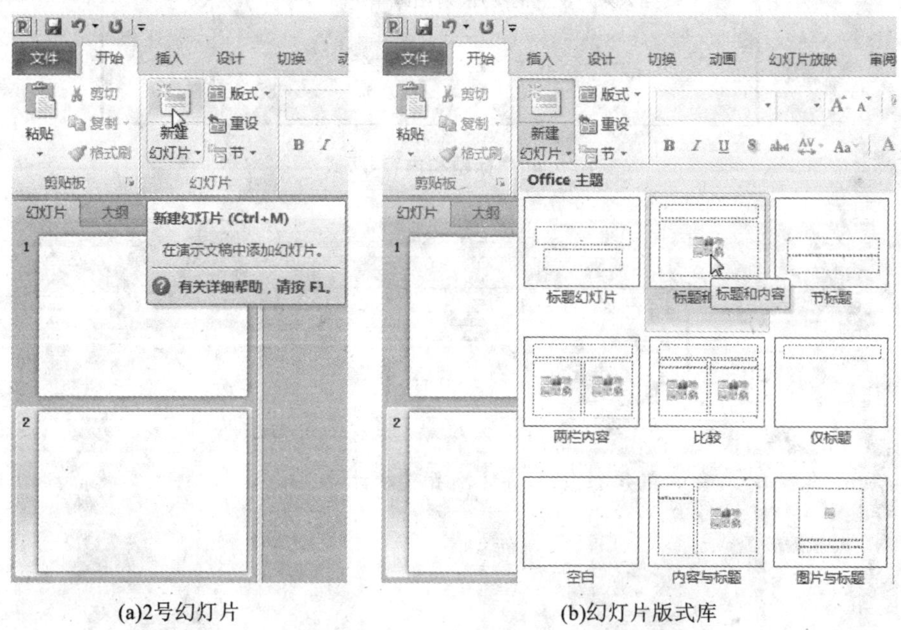

(a)2号幻灯片 (b)幻灯片版式库

图 5.5 添加新幻灯片操作方法

如图 5.6 所示，“标题和内容”版式是最常用的幻灯片版式。此版式有两个占位符，一个用于幻灯片标题，另一个是包含文本和多个图标的通用占位符。通用占位符不仅支持文本，还支持图表、图片和影片文件等图形元素。

如果在未选择版式的情况下添加幻灯片，PowerPoint 会自动应用一种版式。

③如果想更改幻灯片版式，则先选中要应用新的幻灯片，再在“开始”选项卡的“幻灯片”组中单击“版式”按钮，在版式库中另选一个版式。

7. 输入文本

创建空白演示文稿后，就可以在“幻灯片”窗格向空白演示文稿占位符中添加文本和图形元素了。

文本的默认格式是项目符号列表。在项目符号列表中使用不同级别的文本，在重要条目之下设置次要条目，如图 5.7 所示。

在功能区上，使用“开始”选项卡的“字体”组中的命令可以更改字符格式，例如，字体颜色和字号等。使用“段落”组中的命令可以更改段落格式，例如列表格式、文本缩进程度和行

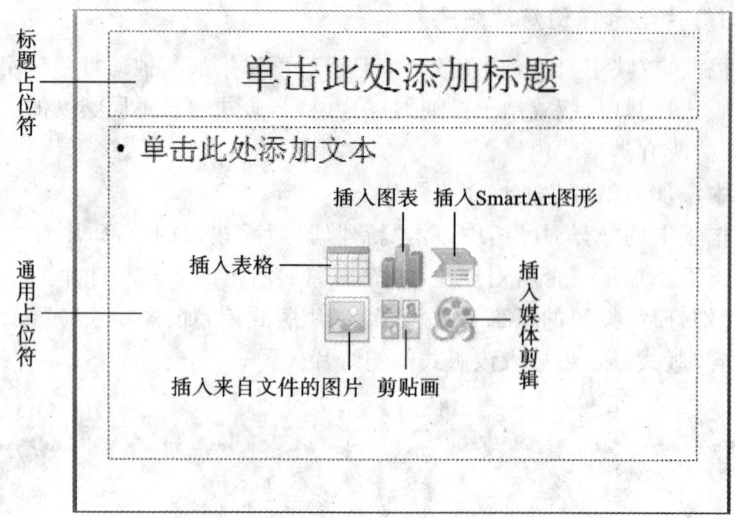

图 5.6 "标题和内容"版式

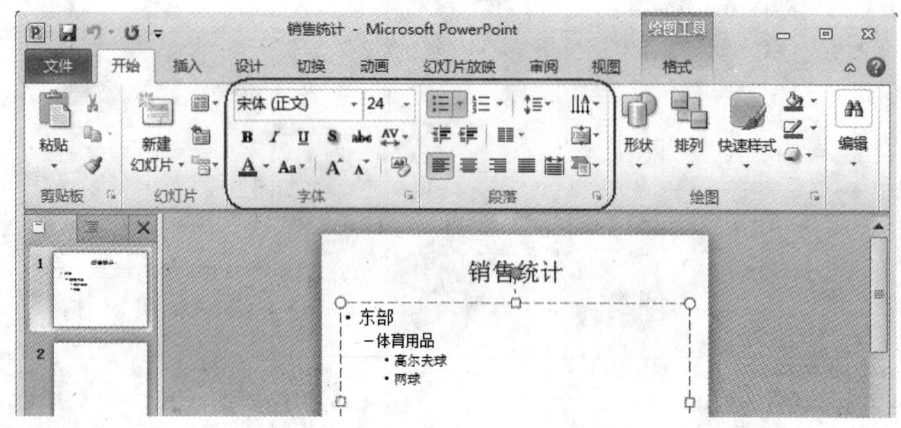

图 5.7 文本级别示例

距等。

如果输入的文本太多而导致占位符容纳不下，那么，PowerPoint 会缩小字号和行距来容纳所有文本。

如果用户希望自己设置幻灯片的布局，或需要在占位符之外添加文本，可以在输入文字之前先添加文本框。其操作步骤如下。

①在"插入"选项卡的"文本"组中单击"文本框"按钮，选择"横排文本框"或"垂直文本框"命令。

②在幻灯片上拖曳鼠标绘制文本框。

③释放鼠标，在文本框内输入所需要的文字后，在幻灯片空白处单击即可。

8. 插入来自其他演示文稿的幻灯片

在制作幻灯片的过程中，可以直接插入来自其他演示文稿的幻灯片。

在当前演示文稿中插入来自其他演示文稿幻灯片的操作步骤如下。

①在"开始"选项卡的"幻灯片"组中单击"新建幻灯片"的下部，显示幻灯片版式库。

②在版式库下，单击“重用幻灯片”，显示“重用幻灯片”任务窗格。

③在“重用幻灯片”任务窗格中的“从以下源插入幻灯片”下，单击“浏览”按钮。若选择“浏览幻灯片库”，则在“选择幻灯片库”对话框中查找幻灯片；若选择“浏览文件”，则在“浏览”对话框中查找包含所需幻灯片的演示文稿。然后单击箭头→在任务窗格中打开这些幻灯片，如图5.8所示。

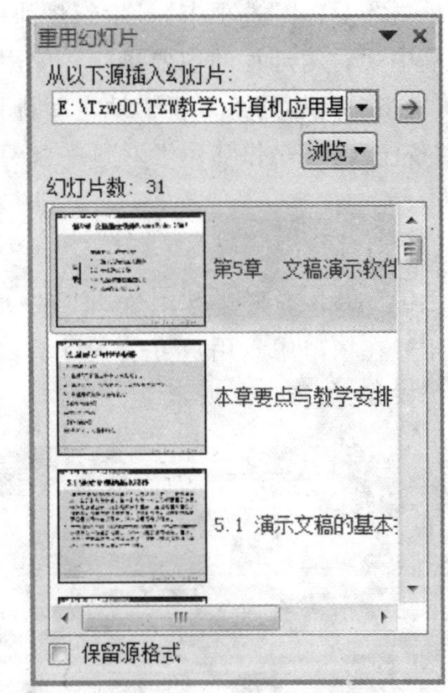

图5.8 重用幻灯片任务窗格

④单击要插入的幻灯片。幻灯片被复制到打开的演示文稿中并置于当前所选幻灯片的下面。如果光标置于某个幻灯片缩略图下面，则这些幻灯片将插入光标之下。

在“重用幻灯片”任务窗格最底部有“保留源格式”复选框。如果要完全保留所插入的幻灯片的外观，则在插入幻灯片前选中该复选框；如果未选中它，则插入的幻灯片将继承当前幻灯片使用的外观或主题。

9. 创建演讲者备注

使用演讲者备注可以详尽阐述幻灯片中的要点。好的备注既可帮助演讲者引领听众的思绪，又可防止幻灯片上的文本泛滥。

要在备注窗格中键入备注文本，只需要单击备注窗格中的占位符，即可开始操作。通常，演讲者需要打印这些备注并在演示过程中进行参考。

用鼠标拖动拆分条，可改变备注窗格的大小。

备注保存在备注页中。除了备注外，备注页还包含幻灯片的副本。

备注页有空间限制，如果备注内容超出了备注页上的空间，在打印时会剪切掉多出的内容。

5.1.2 演示文稿的浏览和编辑

1. 浏览演示文稿

PowerPoint 提供4种主要视图帮助用户建立、编辑、浏览和展示演示文稿。这4种视图是普通视图、幻灯片浏览视图、阅读视图、幻灯片放映视图。可以单击位于演示文稿窗口底部的视图按钮，在这些视图间切换；也可以在“视图”选项卡的“演示文稿视图”组中选择普通视图、幻灯片浏览视图、备注页视图、阅读视图命令，以显示不同视图。在演示文稿窗口底部的视图按钮中没有“备注页”视图按钮。

(1) 普通视图

单击“普通视图”按钮，在演示文稿窗口左边显示的是“大纲/幻灯片”窗格，右边的上半部分显示的是“幻灯片”窗格，右边的下半部分显示的是“备注”窗格。

单击“大纲”选项卡，显示幻灯片大纲。此区域是开始撰写内容的理想场所。在这里，可以捕获灵感，计划如何表述它们，并能移动幻灯片和文本。“大纲”选项卡以大纲形式显示幻灯片文本。

单击“幻灯片”选项卡，显示幻灯片缩略图。此区域是在编辑时以缩略图大小的图像在演示文稿中观看幻灯片的主要场所。使用缩略图能方便地遍历演示文稿，并观看任何设计更改的效果。在这里，还可以轻松地重新排列、添加或删除幻灯片。

“备注”窗格是供演示者对每一张幻灯片编辑注释或提示用的，其中的内容不能在幻灯片上显示。

(2) 幻灯片浏览视图

单击“幻灯片浏览”视图按钮[图标]即可转换到多页并列显示，此时，所有的幻灯片缩略图按顺序排列在窗口中。用户可以一目了然地看到多张幻灯片，并可以对幻灯片进行移动、复制、删除等操作，如图 5.9 所示。

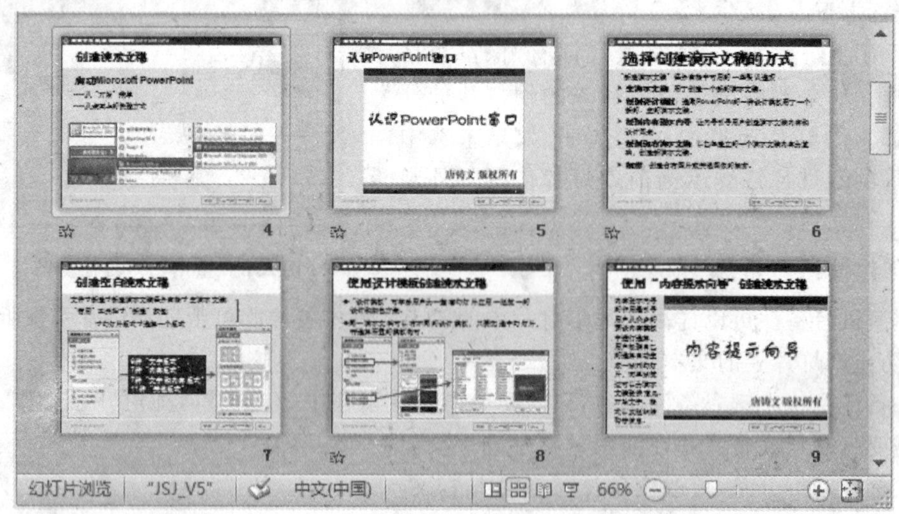

图 5.9 “幻灯片浏览视图”图例

(3) 幻灯片放映视图

单击“幻灯片放映”视图按钮[图标]，幻灯片就按顺序在全屏幕上显示；单击鼠标右键或按回车键将显示下一张；按 Esc 键或放映完所有幻灯片则恢复原样。

(4) 阅读视图

单击“阅读视图”按钮[图标]，即可向用自己的计算机查看自己的演示文稿的人员而非大众放映演示文稿。如果希望在一个设有简单控件以方便审阅的窗口中查看演示文稿，而不想使用全屏的幻灯片放映视图，则可以在自己的计算机上使用阅读视图。如果要更改演示文稿，可随时从阅读视图切换至某个其他视图。

(5) 备注页视图

“备注页”视图与“备注”窗格略有不同。在“备注”窗格中可以添加文本备注，但是若要添加图形作为备注，就必须在“备注页”视图中进行。

(6) 母版视图

母版视图包括幻灯片母版视图、讲义母版视图和备注母版视图。它们是存储有关演示文稿的信息的主要幻灯片，其中包括背景、颜色、字体、效果、占位符大小和位置。使用母版视图的一个主要优点在于，在幻灯片母版、备注母版或讲义母版上，可以对与演示文稿关联的每个幻灯片、备注页或讲义的样式进行全局更改。

2. 编辑幻灯片

编辑幻灯片是指对幻灯片进行选择、删除、复制和移动等操作。一般在“幻灯片浏览”视图状态下用户可方便地进行操作。

(1) 选择幻灯片

在“幻灯片浏览”视图中，所有幻灯片都会以缩略图的形式显示在屏幕上，如图 5.9 所示。在编辑、删除、移动或复制幻灯片之前，首先要选定要进行操作的幻灯片。如果是选择单张幻灯片，则用鼠标单击它即可，此时被选中的幻灯片周围有一个深茶色的框。如果选择多张幻灯片，则要按住 Shift 键或 Ctrl 键，再单击要选择的幻灯片。用户也可以按 Ctrl+A 组合键选中所有的幻灯片。

(2) 删除幻灯片

在“幻灯片浏览”视图中，用鼠标单击要删除的幻灯片再按 Delete 键，即可删除该幻灯片，后面的幻灯片会自动向前排列。如果要删除两张以上的幻灯片，则可选择多张幻灯片后再按 Delete 键。

(3) 复制幻灯片

将已制作好的幻灯片复制一份到其他位置上，便于用户直接使用和修改。幻灯片的复制有两种方法。

①选中要复制的幻灯片，在“开始”选项卡的“剪贴板”组中单击“复制”按钮，用鼠标单击两幻灯片之间的空白，再单击“剪贴板”组中的“粘贴”按钮上部，即可在选定位置复制一份内容相同的幻灯片。

②选中要复制的幻灯片，用鼠标右键单击该幻灯片，在如图 5.10 所示的快捷菜单中单击“复制”命令，将鼠标指针定位到要粘贴的位置，再单击快捷菜单中的“粘贴”命令。

(4) 移动幻灯片

可以利用“开始”选项卡的“剪贴板”组中的“剪切”按钮和“粘贴”按钮来改变幻灯片的排列顺序，其方法和复制操作相似。

也可以用拖曳鼠标的方法进行：选择要移动的幻灯片，按住鼠标左键将幻灯片拖曳到需要的位置。拖曳幻灯片时，屏幕上有一条直线，这就是插入点。

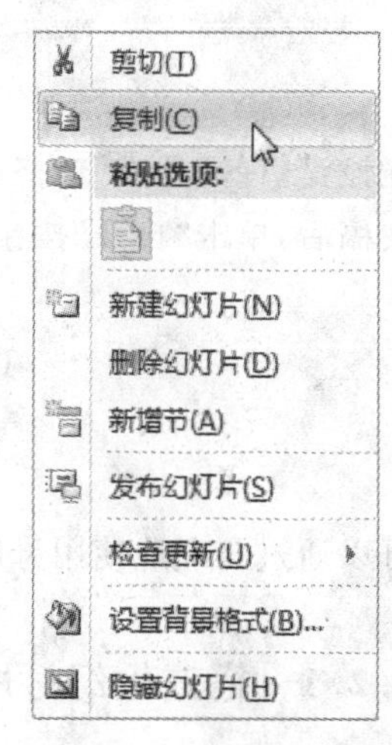

图 5.10　幻灯片鼠标右键快捷菜单

5.1.3　保存和打开演示文稿

1. 保存演示文稿

通过“文件”选项卡中的“另存为”命令或“保存”命令可保存演示文稿。系统默认演示文稿文件的扩展名为 pptx。

2. 打开演示文稿

依次单击“文件”选项卡、“打开”命令，显示如图 5.11 所示的“打开”窗口。

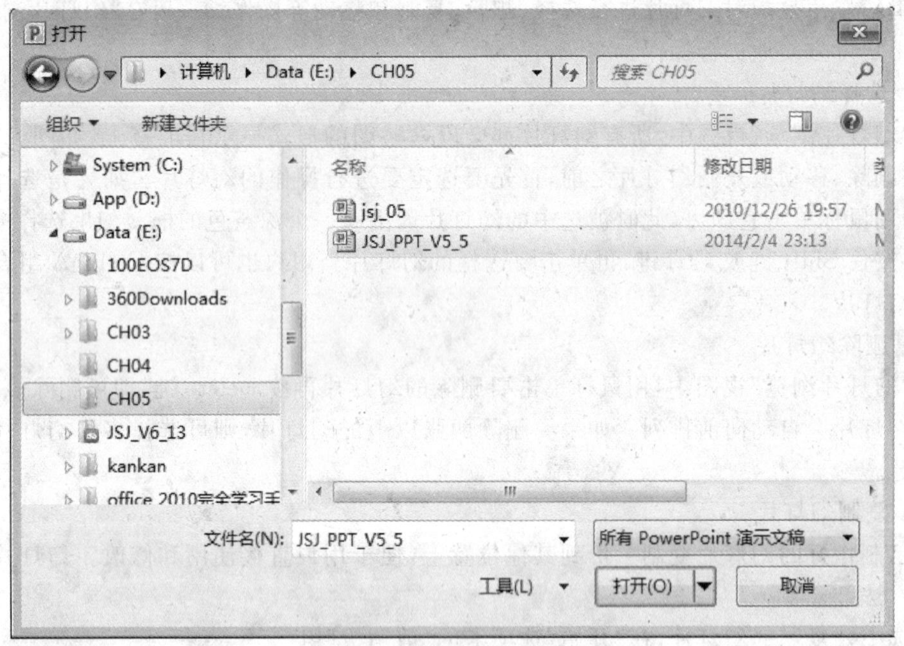

图 5.11 “打开”窗口

在该窗口的“导航”窗格内可以打开演示文稿所在的文件夹。在“内容”窗格选中要打开的演示文稿后，单击“打开”按钮就可打开这个演示文稿。

5.2 美化演示文稿

可以通过合理地使用母版和模板制作出风格统一、画面精美的幻灯片来。

5.2.1 格式化幻灯片

在幻灯片中输入标题、正文之后，这些文本、段落的格式仅限于模板所指定的格式。为了使幻灯片更加美观、便于阅读，可以重新设定文本和段落的格式。

1. 调整文本对象

幻灯片上任何一个文本对象的设置都可以进行调整，包括用户自行添加的文本框对象和默认的文本占位符。调整文本对象的设置可在“设置形状格式”对话框中进行操作。

调整文本框对象或文本占位符的操作步骤如下。

①选中幻灯片上的文本框对象或文本占位符，如图 5.12 所示。

实线选择框意味着用户可以将文本框对象或文本占位符作为一个整体进行修改，虚线选择框表示用户可以对文本框对象或文本占位内的文本进行修改。

②用鼠标指针指向图中的小方块或小圆圈，当鼠标指针变成双向箭头时，按下鼠标左键并

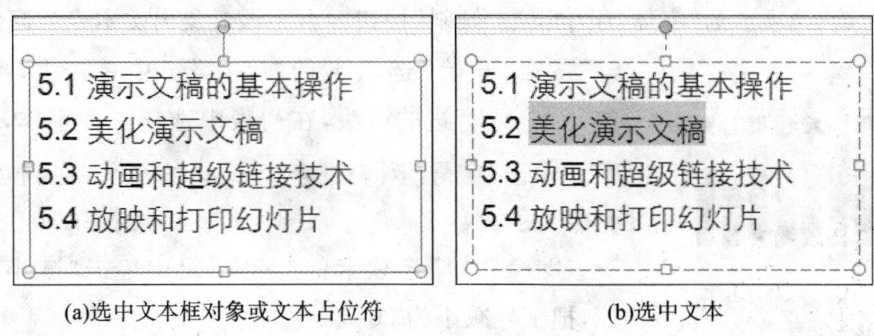

(a)选中文本框对象或文本占位符　　　　(b)选中文本

图 5.12　选中的文本对象示例

拖曳，以改变文本框对象或文本占位符的大小。

或者，在“绘图工具”选项卡的“格式”子选项卡的“大小”组中设置文本框对象或文本占位符的大小。

③在“绘图工具”选项卡的“格式”子选项卡的“形状样式”组右下角单击“对话框启动器”，显示“设置形状格式”对话框，如图 5.13 所示。

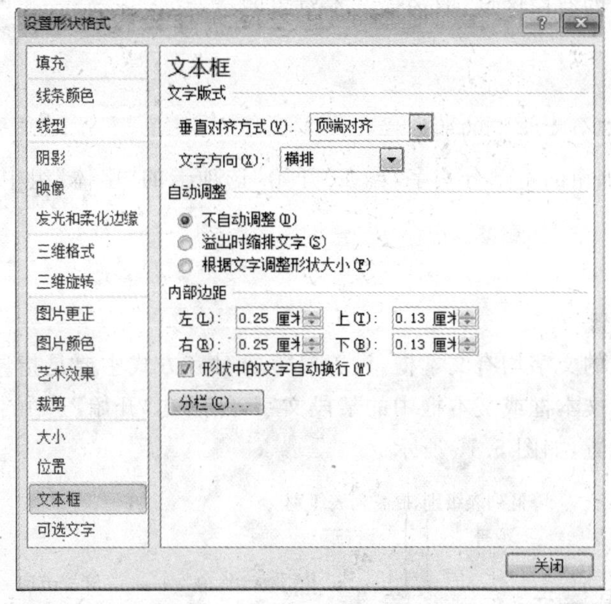

图 5.13　“设置形状格式”对话框

④在该对话框左侧列表中单击“文本框”选项。

⑤在该对话框右侧进行设置后，单击“关闭”按钮。

2. 格式化文本

利用“开始”选项卡的“字体”组中的按钮可以改变文字的格式设置，例如字体、字号、加粗、倾斜、下划线、字体颜色等。也可以先在“开始”选项卡的“字体”组右下角单击“对话框启动器”，然后在所弹出的“字体”对话框中进行相关设置。

更改字体样式、字号和字体颜色的操作步骤如下。

①单击要设置文本格式的幻灯片。选中文本框对象或文本占位符或对象中的文本，如图 5.12 所示。

②在“开始”选项卡的“字体”组中单击“倾斜”按钮 I ，则该对象内文本变为倾斜状态。

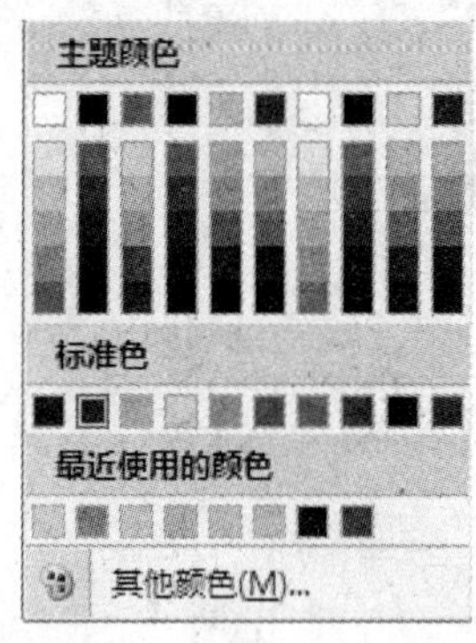

图 5.14 “主题颜色”列表

③在“开始”选项卡的“字体”组中单击“字体”列表框 华文细黑 旁边的箭头，在列表中选择一种字体，如“华文细黑”。单击“字号”列表框 28 旁边的箭头，在列表中选择字号，如“28”磅。

④在“开始”选项卡的“字体”组中单击“减小字号”按钮 A ，把字号减小为 20 磅。

⑤在“开始”选项卡的“字体”组中单击“字体颜色”按钮 A 旁边的箭头，打开主题颜色列表，选择其中的某种颜色，如图 5.14 所示。

⑥在文本对象中选中部分文字，先在“开始”选项卡的“字体”组中单击“倾斜”按钮 I ，再单击“下划线”按钮 U 。此时，这部分文字变为正体并添加了下划线。

⑦单击幻灯片内的空白区域，取消该文本对象的选定。

有问有答

问：如何清除某部分文字上的加粗样式？

答：先选定已被加粗的这部分文字，再在“开始”选项卡的“字体”组中单击“加粗”按钮 B 就可以清除粗样式。

3. 段落格式化

(1) 段落对齐设置

演示文稿中输入的文字均有文本框，设置段落的对齐方式主要是指调整文本在文本框中的排列方式。先选择文本框或文本框中的某段文字，然后在“开始”选项卡的“段落”组中单击按钮即可进行相应设置，如图 5.15 所示。

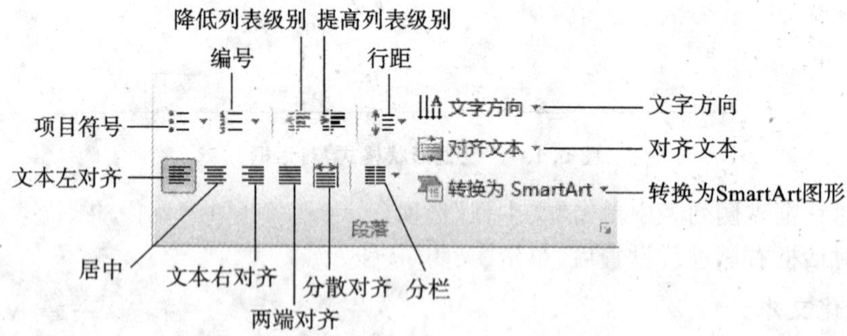

图 5.15 “开始”选项卡的“段落”组

(2) 段落缩进设置

对于每个文本框，用户可以先选择要设置缩进的文本，再拖动标尺上的缩进标记为段落设置缩进。如果“幻灯片窗格”中没有显示标尺工具，那么在“视图”选项卡的“显示/隐藏”组中选中“标尺”复选框即可。

或者，在“开始”选项卡的“段落”组右下角单击“对话框启动器”，打开“段落”对话框，如图 5.16 所示，在其中进行段落缩进设置。

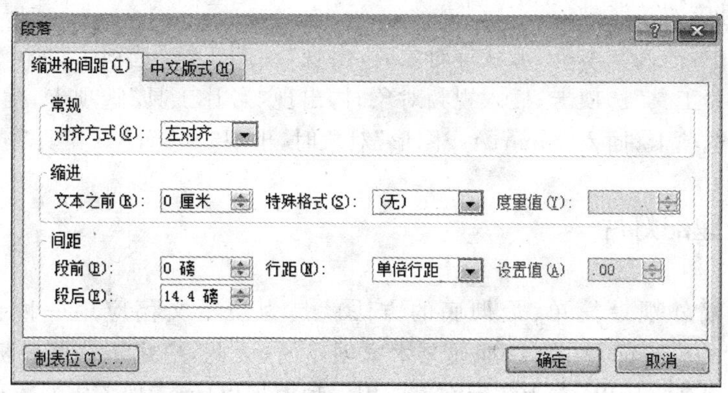

图 5.16　“段落”对话框

(3) 行距和段落间距设置

利用“开始”选项卡的“段落”组中的“行距”按钮可对选中的文字或段落设置行距或段前段后的间距。

或者，在图 5.16 所示的对话框中设置行距和段落间距。

(4) 项目符号设置

在默认情况下，在“开始”选项卡的“段落”组中单击“项目符号”按钮可插入一个圆点作为项目符号；用户也可以先单击“项目符号”旁边的箭头，再单击“项目符号和编号”命令，打开“项目符号和编号”对话框，在其中进行项目符号设置。

重新设置段落格式的操作步骤如下。

假设示例幻灯片中有 3 个文本框，其中有不少于两个段落的文字。

①单击要设置段落格式的幻灯片。选中该幻灯片中要设置段落格式的一个文本框。

②在“开始”选项卡的“段落”组中单击“居中”按钮 ≡。这时，该文本就变成了居中对齐的效果。

③单击幻灯片内的空白区域，取消该文本框的选定。

④选定幻灯片中另一要设置段落格式的文本框。出现虚线选择框后可以改变光标所在行的段落间距。

⑤在“开始”选项卡的“段落”组中单击“行距”按钮，然后在菜单中选择一个行距值，如图 5.17 所示。

⑥单击“行距”按钮后，再单击“行距选项”，打开“段落”对话框，并在其中设置行距。

⑦单击幻灯片内的空白区域，取消该文本框的选定。选定幻灯片中第 3 个要设置段落格式的文本框(实线框)。

⑧按步骤⑤、⑥的方法设置行距。

⑨单击幻灯片内的空白区域，取消该文本框的选定。

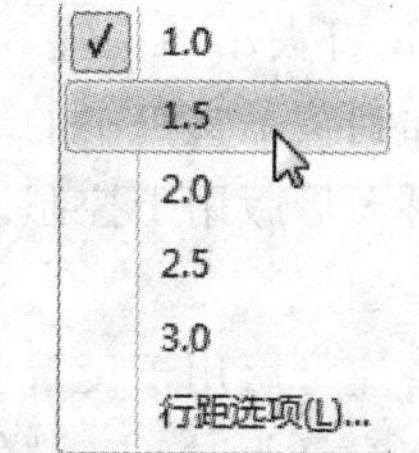

图 5.17　“行距”按钮菜单

4. 对象格式化

PowerPoint 中除了能对文字和段落这些对象进行格式化操作外，还可以对插入的文本框、图片、自选图形、表格、图表等其他对象进行格式化操作。对象的格式化还包括填充颜色、设置边框、设置阴影等，格式化操作主要是通过“绘图工具”选项卡、“图片工具”选项卡或“影片工具”选项卡上对应的按钮进行。

当在幻灯片中，插入文本框、形状等对象时，出现“绘图工具”选项卡；插入图片、剪贴画等对象时，出现“图片工具”选项卡；插入视频对象时，出现“影片工具”选项卡；插入音频对象时，出现“音频工具”选项卡；插入“SmartArt 图形”对象时，出现“SmartArt 工具”选项卡。

5.2.2 处理幻灯片

改变演示文稿外观最简单、最彻底的方法就是为演示文稿应用一种新的设计模板。PowerPoint 附带的模板都是由一些职业艺术家创建的，因此，应用了这些模板的演示文稿将显得非常精致和漂亮。所以，在为演示文稿应用一种模板以后，一般不需要再对它的外观做更多的改动。改变幻灯片外观的方法有 4 种。

1. 应用现有模板

当启动 PowerPoint 时，创建的演示文稿，一种设计模板将自动附加到演示文稿中。如果想在创建演示文稿时指定一种模板，则可以依次单击“文件”选项卡、“新建”命令后，选择一种模板。

如果希望改变现有演示文稿的模板，则在“设计”选项卡的“主题”组中选择一种主题。或先单击“主题”组中的“其他”按钮，再在其列表中选择。

2. PowerPoint 母版

母版通常用于批量处理幻灯片的编制，包括格式、位置和版式等。

幻灯片母版相当于是一种模板，它能存储幻灯片的所有信息，控制演示文稿中每张幻灯片的特征。幻灯片母版的所有特征，如背景色彩、文本色彩、字体、字号、动画等，在演示文稿的每张幻灯片中都能表现出来。更改母版时，其变化也影响到每张幻灯片。

在 PowerPoint 中，默认自带了一个幻灯片母版，这个母版中包含 11 个幻灯片版式。一个演示文稿中可以包含多个幻灯片母版，每个母版下又包含 11 个版式，如图 5.18 所示。

PowerPoint 提供了 3 种类型母版，分别是幻灯片母版（包括标题母版和幻灯片母版）、讲义母版和备注母版。

幻灯片母版存储有关演示文稿的主题和幻灯片版式的所有信息，包括背景、颜色、字体、效果、占位符大小和位置。通常用于对演示文稿中的每张幻灯片进行统一的样式更改，包括对以后添加到演示文稿中的幻灯片的样式更改。

讲义母版用于控制讲义的打印格式，通过讲义母版，可以方便地将多张幻灯片打印在一纸上。

备注母版用于设置备注信息格式，使备注也能具有统一的外观。

查看母版时，出现“幻灯片母版”选项卡，它包含插入幻灯片母版、插入版式、删除、重命名、标题、页脚和关闭母版视图等按钮，其中，“关闭母版视图”按钮可使工作返回到打开母版前所处的视图位置。保存母版后，母版就不会被删除。

3. 创建新模板

为了将现有演示文稿的设计风格应用于以后的演示文稿中，用户还可以创建自己的模板。

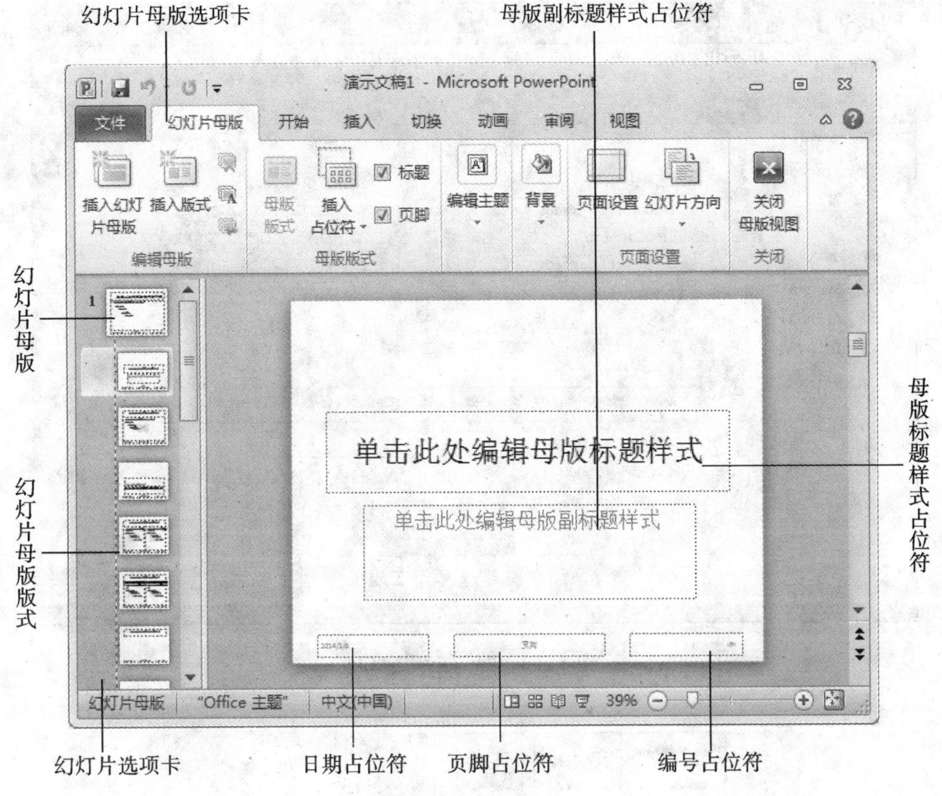

图 5.18　幻灯片母版

这些模板将保存用户对当前演示文稿的设计风格所做的修改，例如可以在已有的模板的基础上略加润色，将它创建成自己的模板。这样，在以后应用这些自定义模板时，用户的演示文稿将具有与当前演示文稿一样的配色方案、背景和文字格式。

以现有演示文稿为基础，创建一个新模板。其操作步骤如下。

①打开一个现有演示文稿，以便在它的基础上建立模板。

②如有必要，则对演示文稿进行修改，去掉那些不想要的特性。

③单击"文件"选项卡，选择"另存为"命令，打开"另存为"窗口，如图 5.19 所示。在该窗口的"文件名"框中输入文件名(如 Mymb. potx)，在"保存类型"列表框中选择"PowerPoint 模板"，在"地址栏"列表框中选择"C:\Users\JCUT\AppData\Roaming\Microsoft\Templates"(这里，PowerPoint 2010 安装在 C 盘中)，单击"保存"按钮。

这时，自定义模板"Mymb. potx"被保存到了 PowerPoint 标准模板所在的文件夹中，今后使用幻灯片设计模板时会发现该模板显示在"幻灯片设计"任务窗格中。

4. 应用主题

在 PowerPoint 中，所有演示文稿都必须包含一个主题(包括颜色、字体、效果、背景和幻灯片版式)，应用演示文稿主题，可以快速而轻松地设置整个文档的格式，赋予它专业和时尚的外观。

为演示文稿选择一种标准的配色方案。其操作步骤如下。

①打开想要修改配色方案的演示文稿。

②如图 5.20 所示，在"设计"选项卡的"主题"组中单击想要的主题，或者单击"其他"按钮 ▼，选择可用的主题(PowerPoint 为用户提供了 44 种内置主题)。

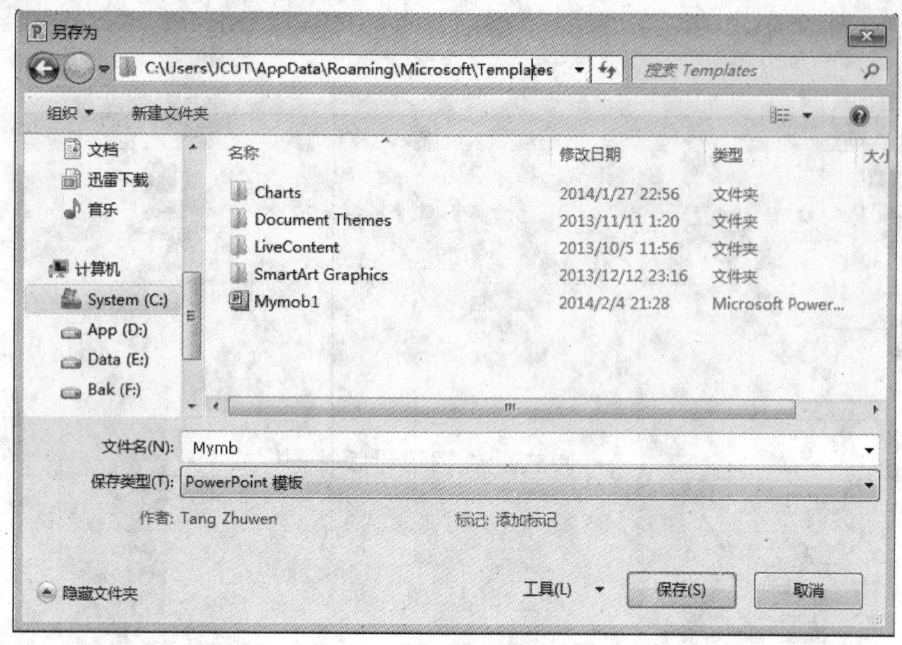

图 5.19 “另存为”窗口

图 5.20 “设计”选项卡“主题”组

③默认情况下，单击某一主题后，就会将其应用到所有幻灯片。如果只想应用到选定幻灯片，那么用鼠标右键单击该主题，在快捷菜单中选择“应用于选定幻灯片”，如图 5.21 所示。用户也可以将所选主题应用到母版幻灯片。

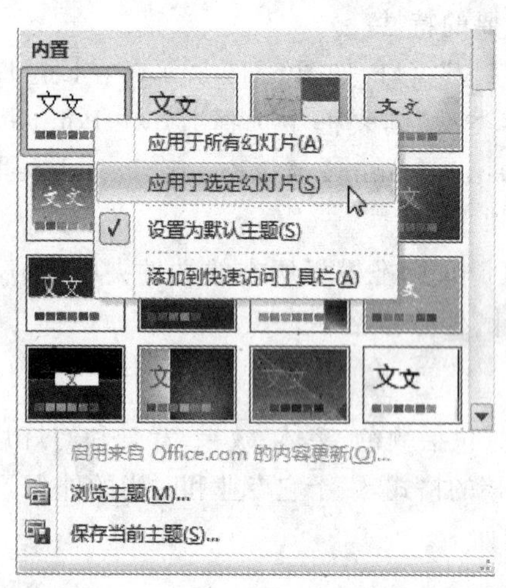

图 5.21 将主题应用到选定幻灯片

改变演示文稿主题的最简单办法就是为演示文稿选择一种新的主题。

5. 自定义主题

在某些情况下，系统提供的主题往往不能满足用户的演示文稿的需要。这时，可以创建自定义主题。

所谓自定义演示文稿主题，就是修改已使用的颜色、字体或线条和填充效果。对一个或多个这样的主题组件所做的更改将立即影响活动演示文稿中已经应用的样式。

(1) 自定义主题颜色

主题颜色包含 4 种文本和背景颜色、6 种强调文字颜色和两种超链接颜色。“主题颜色”按钮中的颜色代表当前文本和背景颜色。单击“主题颜色”按钮后，可以看到“主题颜色”名称旁边的一组颜色代表该主题的强调文字颜色和超链接颜色。

自定义主题颜色的操作步骤如下。

①在“设计”选项卡“主题”组中单击“颜色”按钮，如图 5.22 所示。

②单击“新建主题颜色”，打开“新建主题颜色”对话框，如图 5.23 所示。

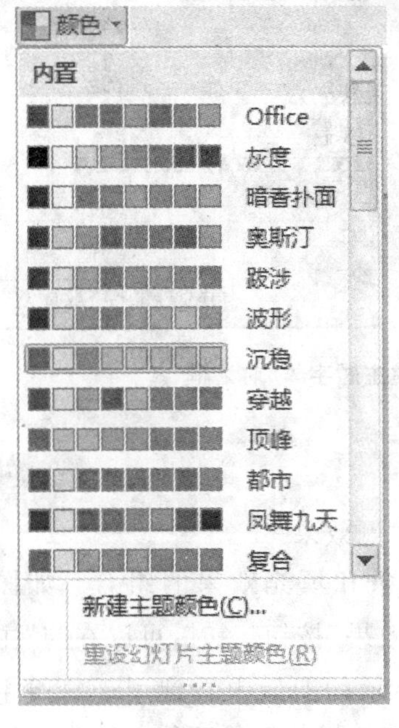

图 5.22　主题颜色列表

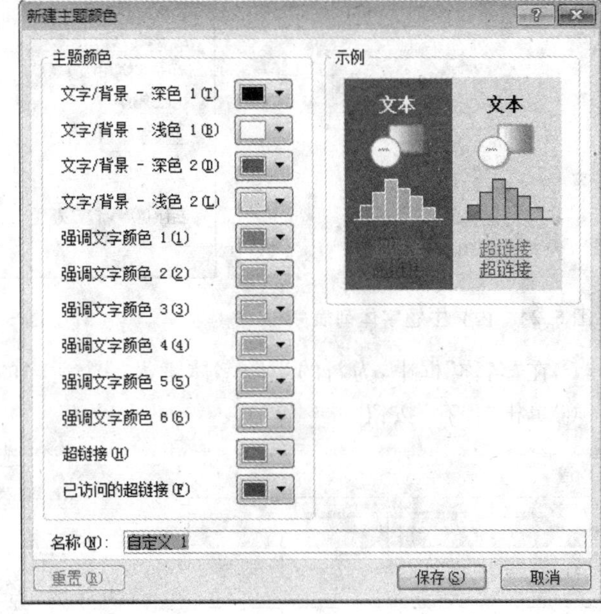

图 5.23　“新建主题颜色”对话框

③在“主题颜色”下，单击要更改的主题颜色元素对应的按钮。

④在“主题颜色”下，选择需要使用的颜色。在“示例”框中，用户可以看到所做更改的效果。

⑤重复步骤③和步骤④。

⑥在“名称”框中，为新的主题颜色键入一个适当的名称。

⑦单击“保存”按钮。

如果要将所有主题颜色元素还原为其原来的主题颜色，那么先单击“重置”按钮，再单击“保存”按钮。

(2) 自定义主题字体

主题字体包含标题字体和正文字体。在单击“字体”按钮文时，可以在“内置”列表中看到用于每种主题字体的标题字体和正文字体的名称。也可以更改这两种字体以创建自己的一组主题字体。

自定义主题字体的操作步骤如下。

①在“设计”选项卡的“主题”组中单击“主题字体”按钮文，显示内置主题字体列表，如图 5.24 所示。

②单击“新建主题字体”，打开“新建主题字体”对话框，如图 5.25 所示。

③在“标题字体”和“正文字体”框中，选择所要使用的字体。“示例”框中显示用户选择的字体样式。

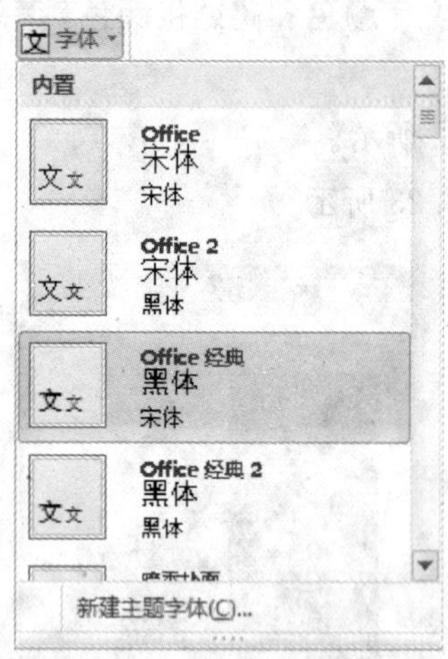

图 5.24　内置主题字体列表

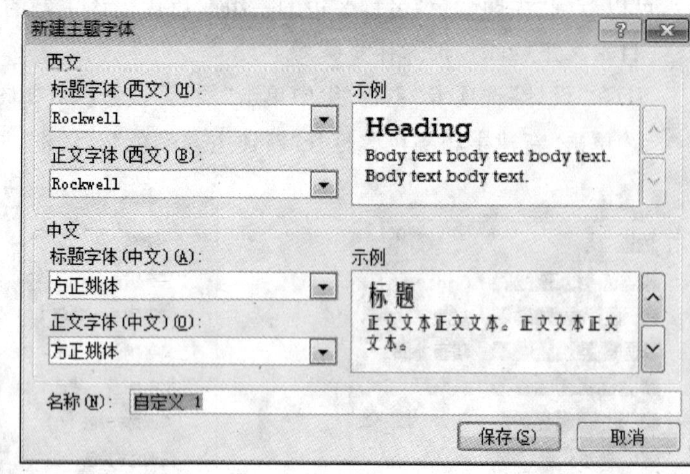

图 5.25　"新建主题字体"对话框

④在"名称"框中,为新的主题字体键入一个适当的名称。

⑤单击"保存"按钮。

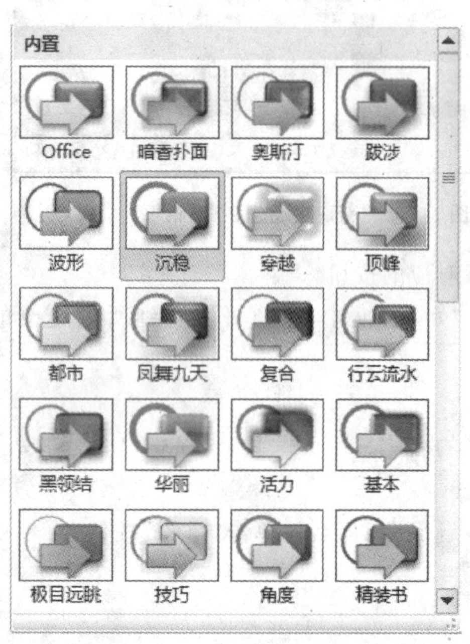

图 5.26　内置主题效果列表

(3) 选择一组主题效果

主题效果是线条和填充效果的组合。如图5.26所示,在单击"效果"按钮时,可以在与"主题效果"名称一起显示的图形中看到用于每组主题效果的线条和填充效果。虽然不能创建自己的一组主题效果,但是可以选择想要在自己的文档主题中使用的主题效果。

6. 插入表格和图像

与 Word 相似,也可以在 PowerPoint 中插入表格和图像等元素。

(1) 插入 Word 表格

在 PowerPoint 中插入表格的操作步骤如下。

①在"插入"选项卡的"表格"组中单击"表格"按钮。

②移动鼠标选择合适的表格大小后,单击确认,表格即出现在幻灯片中。

或者,在幻灯片"文本"占位符中单击"插入表格",在随后出现的"插入表格"对话框中输入所需列数、行数,单击"确定"按钮。

选中幻灯片中的表格,出现"表格工具"选项卡,通过它可以修改表格样式、布局和大小。

(2) 插入 Excel 表格

在幻灯片中也可以插入 Excel 表格,操作步骤如下。

①在"插入"选项卡的"表格"组中单击"表格"按钮。

②在弹出的菜单中选择"Excel 电子表格"命令,在幻灯片中插入一个 Excel 风格的表格对象,如图 5.27 所示。

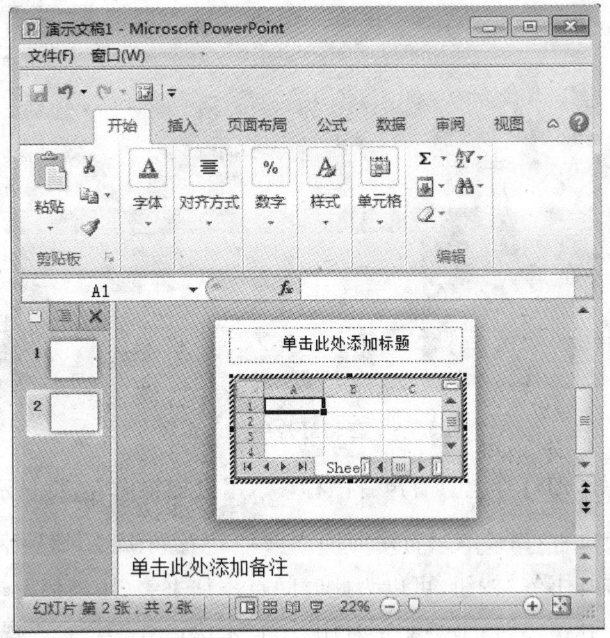

图 5.27 在幻灯片中插入 Excel 表格

在该表格中，可以执行几乎所有 Excel 命令，如插入公式、函数和图表、对数据进行排序和筛选等。

③编辑完表格内容后，单击幻灯片空白处即可返回到演示文稿的编辑状态。

(3) 插入图像

在幻灯片中可以插入的图像包括图片、剪贴画、屏幕截图等。其操作步骤如下。

①在“插入”选项卡的“图像”组中单击“图片”按钮。

②在弹出的“插入图片”窗口中选择一张图片，单击“插入”按钮。图片被插入幻灯片中，同时显示“图片工具”选项卡的“格式”子选项卡，在其中可以调整图片的亮度和对比度、添加艺术效果、修改图片样式、旋转和裁剪等。

如果在“图像”组中单击“相册”按钮，则可以创建一个“相册”演示文稿，并将加入的第一张图片做成其中一张幻灯片。

此外，还可以在幻灯片中绘制形状、插入 SmartArt 图形、图表、艺术字等。其操作方法与 Word 类似。

7. 插入音频和视频

PowerPoint 提供了在幻灯片放映时播放声音和视频的功能。制作时在幻灯片中插入音频和视频，增强演示效果。

(1) 插入声频

插入音频的操作步骤如下。

选定要插入音频的幻灯片。

①在“插入”选项卡的“媒体”组中单击“音频”按钮。

②在弹出的“插入音频”窗口中，选择一个音频文件，单击“插入”按钮。此时，幻灯片中出现声音图标，并显示“音频工具”选项卡，如图 5.28 所示。

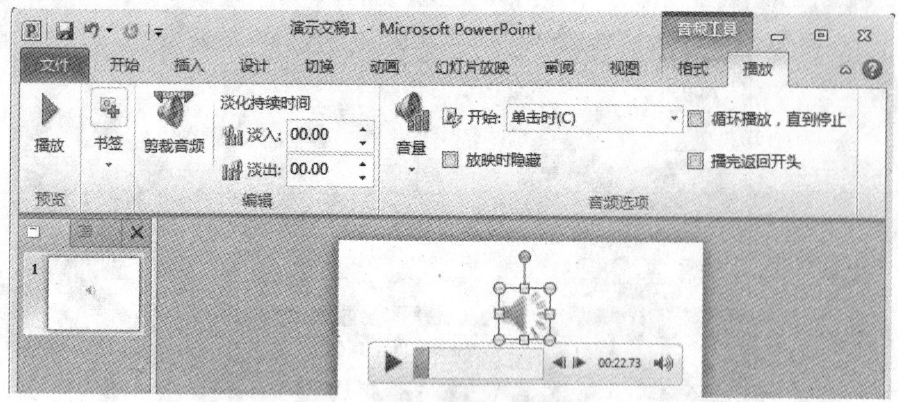

图 5.28　在幻灯片中插入音频

单击幻灯片空白处，幻灯片上只有声音图标，用鼠标指向它，将显示播放工具。

• 单击“播放”按钮，当播放到特定时间点时，在“音频工具”选项卡的“播放”子选项卡的“书签”组中单击“添加书签”按钮，可以为此时间点添加书签(用来触发动画或跳转至音频或视频中的特定位置)。在演示时，书签非常有用，用它来快速查找音频或视频中的特定点。

• 在“音频工具”选项卡的“播放”子选项卡的“编辑”组中单击“剪裁音频”按钮，可以修剪音频的开头和结尾部分；单击“淡化持续时间”来添加开头和结尾的淡化效果。

• 在“音频工具”选项卡的“播放”子选项卡的“音频选项”组中单击“开始”下拉列表框可以设置音频的启动方式——“自动”、“单击时”或“跨幻灯片播放”；选中“放映时隐藏”复选框，可在放映时隐藏声音图标；选中“循环播放，直到停止”复选框，可在放映时重复播放音频，直到放映结束；选中“播完返回开头”，可在幻灯片放映完后回到音频开头。

(2) 插入视频

在“插入”选项卡的“媒体”组中单击“视频”按钮，可在幻灯片中插入视频，并显示“视频工具”选项卡。用它可以对视频文件进行设置，设置方法与音频相似。

插入视频后，在编辑过程中或在播放前，插入视频的位置可能会显示为黑色矩形。如果在“视频工具”选项卡的“播放”子选项卡的“视频选项”组中，选中“未播放时隐藏”复选框，则在放映过程中就不会出现黑色矩形。不过，这时应该创建自动或触发的动画来启动播放，否则在幻灯片放映过程中将永远看不到该视频。

音频、视频插入以幻灯片后，不必担心文件会丢失。在复制或移动幻灯片时，也不必同时复制或移动音频和视频文件。

5.3　动画和超级链接技术

PowerPoint 提供了动画和超级链接技术，为幻灯片的制作和演示锦上添花。

5.3.1　动画设计

所谓动画设计就是给文本或对象添加特殊视觉或声音效果。对象指表、图表、图形(包括

SmartArt 图形)、图示或 OLE 对象等其他形式的信息。通过将声音、超链接、文本以及对象制作成动画,可以突出重点,控制信息流,还可以增添演示文稿的趣味性。

对所有幻灯片上的项目、幻灯片母版上的选定幻灯片或幻灯片母版视图中的自定义幻灯片版式应用内置的标准动画效果,可以简化动画的设计。

在设计动画时,有两种不同的情况:一是幻灯片内;二是幻灯片间。

1. 幻灯片内动画设计

幻灯片内动画设计是指在演示一张幻灯片时,随着演示的进展逐步显示片内不同层次、对象的内容。如首先显示第一层次的内容标题,然后,一条一条显示正文,这时可以用不同的切换方法,如飞入法、打字机法、空投法来显示下一层内容,这种方法称为片内动画设计法。

(1) 应用标准动画效果

要对文本或对象应用标准动画效果,先选定要制作成动画的文本或对象,然后在“动画”选项卡的“动画”组中设置进入、强调、退出或动作路径的动画效果,如图 5.29 所示。

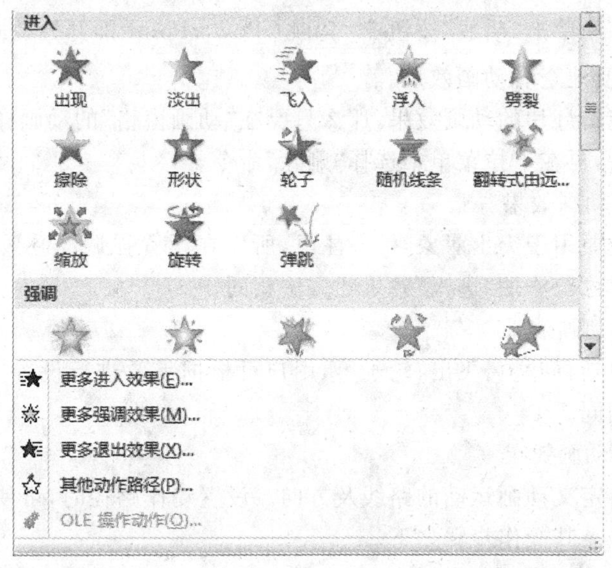

图 5.29 “动画”库

(2) 添加“进入”动画效果

PowerPoint 将一些常用的动画效果放置在“动画”库中,为对象设置动画效果时,可直接在库中选择,也可以在“更改进入效果”对话框中完成设置。

在动画库中选择“进入”动画效果的操作步骤如下。

①在幻灯片选择要设置动画的对象。

②在“动画”选项卡的“动画”组中单击“其他”按钮。

③在内置动画“进入”栏中选择“旋转式由远及近”样式。

这时,动画效果应用于选中的幻灯片,如果在“幻灯片浏览”视图中,则可在该幻灯片左下方出现动画标识,如图 5.30 所示。

④在“幻灯片浏览”视图中单击幻灯片左下方的动画标识,可预览动画设置效果。

⑤在“普通”视图中单击“动画”选项卡的“高级动画”组中的“动画窗格”按钮,会在 PowerPoint 窗口右侧出现动画窗格。

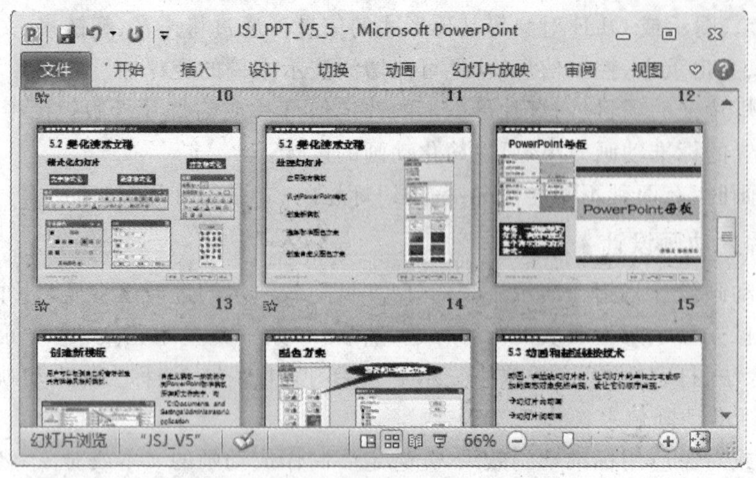

图 5.30　在“幻灯片浏览”视图中可查看动画标识

⑥在“动画窗格”中单击“播放”按钮 ▶ 播放 ，PowerPoint 即开始放映当前幻灯片。在放映过程中，用户可方便地查看动画效果。

如果要取消选定幻灯片的动画效果，那么只要在“动画窗格”的动画样式列表中，先单击该动画右侧的下拉箭头，再在下拉菜单中选择“删除”命令。

(3) 添加“强调”动画效果

强调动画效果主要用于突出对象，引人注目，所以在设置强调动画效果时，可选择一些华丽的效果。其操作方法与添加“进入”效果的方法相同。

(4) 添加“退出”动画效果

退出动画效果包括百叶窗、飞出、轮子等，用户可根据需要进行设置。其操作方法与添加“进入”效果的方法相同。

(5) 创建自定义动画效果

动作路径用于自定义动画运动的路线及方向。设置动作路径时，可使用系统中的路径，也可以自定义设置路径。其操作步骤如下。

①选定要制作成动画的对象。

②在“动画”选项卡的“动画”组中单击“其他”按钮，弹出“动画”库，如图 5.29 所示。

③在图 5.29 中，单击“其他动作路径”命令，打开“更改动作路径”对话框，如图 5.31 所示。

④选择一种样式，单击“确定”按钮。

(6) 设置动画选项

为对象应用动画效果，只是应用系统默认的动作效果，对于动画的运行方式、动画声音、动画长度等内容都可以在应用了动画效果后重新编辑。

幻灯片中对象运行方式包括“单击时”、“与上一动画同时”、“上一动画之后”3 种。系统默认情况下，使用“单击时”方式，用户可以根据需要选择适当的运行方式。

在运行动画效果时，运行的时间长度包括“非常快”、“快速”、“中速”、“慢速”、“非常慢”等 5 种方式，用户可以根据需要选择适当的时间长度。

在给幻灯片中的多个对象添加动画效果时，添加效果的顺序就是幻灯片放映时的播放顺序。当幻灯片中的动画较多时，难免会使动画次序错误，这时可以在动画效果添加完成后调整。如图 5.32 所示，在“动画”选项卡的“计时”组中可以很方便地调整。

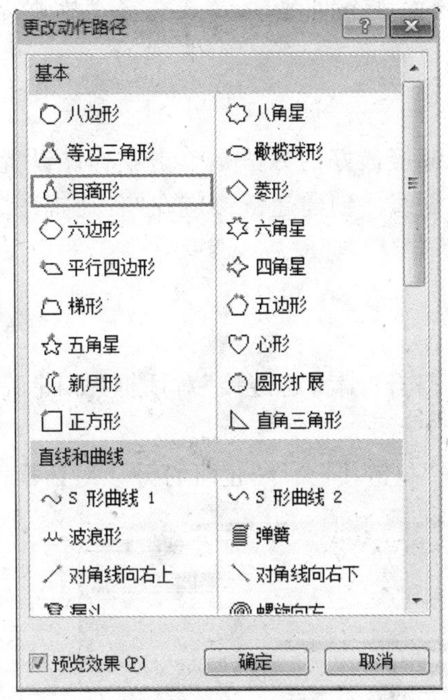

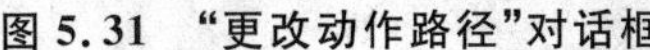

图 5.31 “更改动作路径”对话框

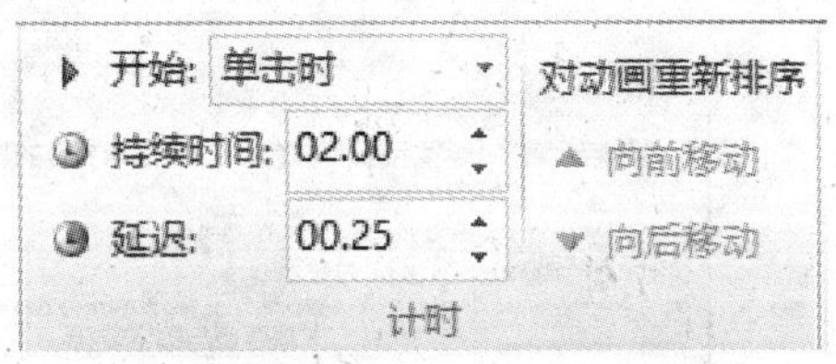

图 5.32 “动画”选项卡的“计时”组

如果在同一张幻灯片中创建的动画较多，可以在“动画”选项卡的“高级动画”组中单击“动画窗格”，显示“动画窗格”，在该窗格中选择动画选项，设置时间长度，调整播放次序也十分方便。

2. 设置幻灯片间的切换效果

幻灯片间的切换效果是指移走屏幕上已有的幻灯片，并显示新幻灯片之间的变换效果，例如百叶窗、溶解、盒状展开、随机等。设置幻灯片切换效果一般在“幻灯片浏览”视图中进行，也可以在“普通”视图中进行。设置幻灯片切换效果的操作步骤如下。

①如有必要，则单击演示文稿窗口中水平滚动条上的“幻灯片浏览”视图按钮 。

②选择要设置切换效果的幻灯片。

若选择多张幻灯片，则按住 Ctrl 键或 Shift 键再选定所需幻灯片。

③如图 5.33 所示，在“切换”选项卡的“切换到此幻灯片”组的“切换方案”中选择一种方案，如“推进”。单击“切换效果”按钮，在下拉列表中选择一种切换效果，如“自左侧”。

④在“切换”选项卡的“计时”组设置声音、持续时间、换片方式等。

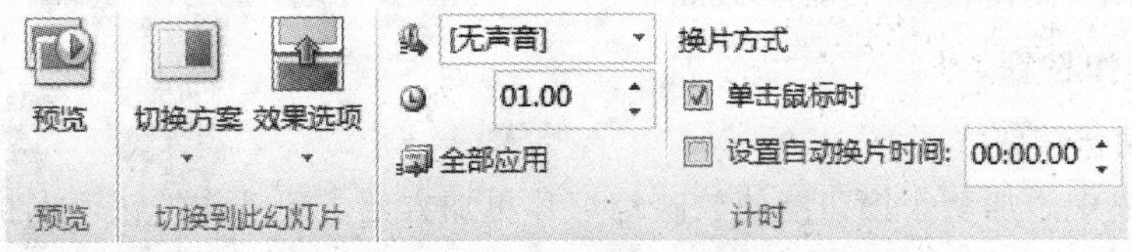

图 5.33 “切换”选项卡

5.3.2 创建交互式演示文稿

用户可以在演示文稿中添加超级链接和动作，然后利用它跳转到演示文稿的某一张幻灯片、其他演示文稿、Word 文档、Excel 电子表格、Internet 的某个网页等，实现交互式放映。创建交互式演示的方法有“超链接”和“动作”两种。

1. 创建超链接

创建超链接的起点可以是任何文本或对象，激活超链接最好的方法是单击鼠标。设置了超链接后，代表超链接起点的文本或对象带有颜色和下划线。创建超链接应在“普通视图”中进行。其操作步骤如下。

①打开要创建超链接的演示文稿。

②在幻灯片上选中代表超链接起点的对象。

③在“插入”选项卡的“链接”中单击“超链接”按钮，打开“编辑超链接”对话框，如图 5.34 所示。

用鼠标右键单击该对象，在弹出的快捷菜单中，选择“超链接”命令，也可打开该对话框。

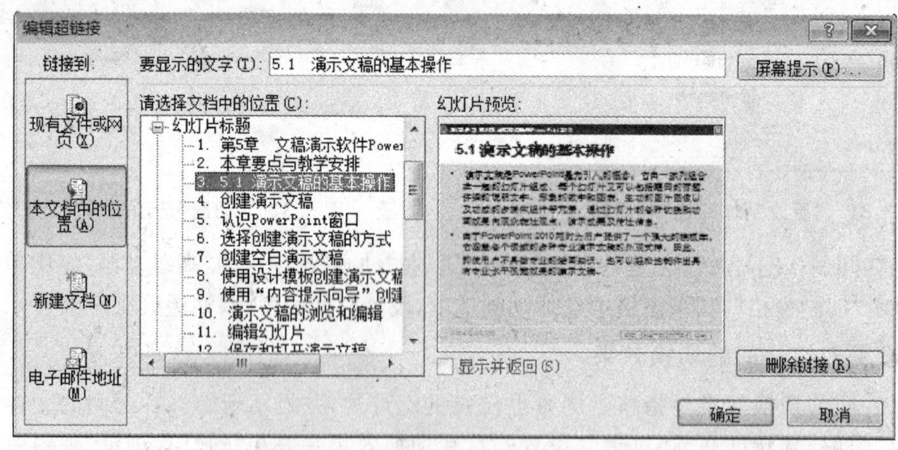

图 5.34 “编辑超链接”对话框

④在“链接到”列表中进行适当选择。若选择“现有文件或网页”，则允许演示者或浏览者从此处跳转到所需的文件或网页；若选择“本文档中的位置”，则可设置链接到当前演示文稿的某个位置或链接到希望看到的自定义放映；若选择“新建文档”，则可创建指向新文件的超链接；若选择“电子邮件地址”后，在“电子邮件地址”框中键入所需的电子邮件地址或在“最近用过的电子邮件地址”框中选取所需的电子邮件地址，在主题框中键入电子邮件消息的主题，则可创建电子邮件的超链接。

⑤单击“确定”按钮，超链接设置完成。

2. 制作动作按钮

(1) 插入动作按钮

在演示文稿中添加动作按钮能使放映幻灯片更加方便。用动作按钮可以指向某张特定的幻灯片，或进行其他的动作。用动作按钮可防止在放映幻灯片的过程中因幻灯片的切换错误而导致的尴尬局面。制作动作按钮的操作步骤如下。

①在“插入”选项卡的“插图”组中单击“形状”按钮，弹出形状列表，如图 5.35 所示。

②在该列表框的最下方“动作按钮”栏选择所需要的按钮，在幻灯片上绘制该动作按钮。

③绘制完成后，系统会自动弹出如图 5.36 所示的“动作设置”对话框，在该对话框中进行一系列动作设置。

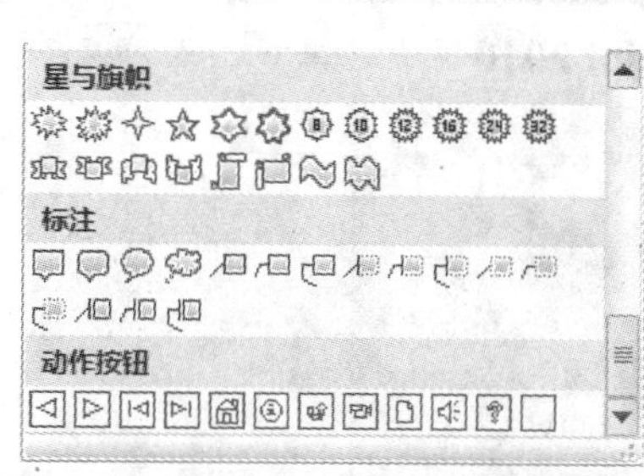

图 5.35 “动作按钮”工具

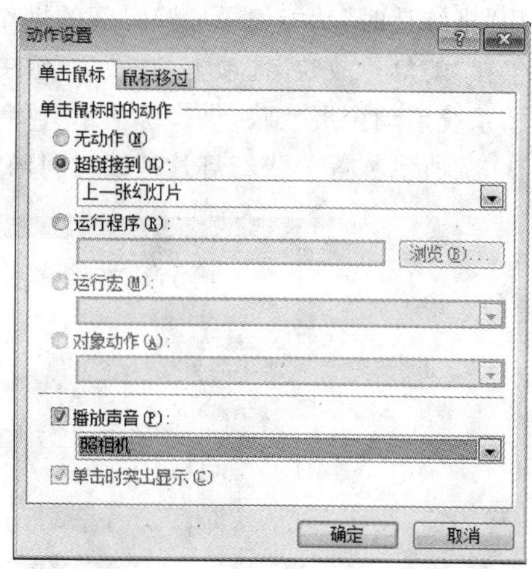

图 5.36 “动作设置”对话框

④单击“确定”按钮,完成动作按钮制作。

(2) 自定义动作按钮

插入的动作按钮只有图形标记用于提示按钮的类型。如果要制作按钮的提示文字或更多样式的按钮,就需要自定义动作按钮。其操作步骤如下。

①在“插入”选项卡的“插图”组中单击“形状”按钮,在弹出的列表中选择“圆角矩形”。

②按住鼠标左键不放,在幻灯片中拖曳绘制圆角矩形的大小。

③绘制完成后,将其选中并单击鼠标右键,在弹出的快捷菜单中选择“编辑文字”命令。

④在圆角矩形中输入文字。

⑤在“插入”选项卡的“链接”组中单击“动作”按钮,打开“动作设置”对话框。

⑥在该对话框中选择“单击鼠标”选项卡,在“超链接到”下的列表中选择链接到的对象;可以选中“插入声音”复选框,在列表中选择播放的声音;也可以选中“单击时突出显示”复选框。

⑦单击“确定”按钮。

5.4 放映和输出演示文稿

创建演示文稿后,用户可以根据使用者的不同设置放映方式进行所需的放映,也可以将演示文稿以各种方式输出来。

5.4.1 使放映更有效

制作好演示文稿后,需要查看制作好的成果或让观众欣赏,可通过幻灯片放映来观看幻灯片的总体效果。

1. 排练计时

当完成演示文稿内容制作后,演讲者可以运用“排练计时”功能来了解每一张幻灯片需要讲解的时间,以及排练整个演示文稿放映所需的时间。

用“排练计时”功能记录放映时间的操作步骤如下。

①在“幻灯片放映”选项卡的“设置”组中单击“排练计时”按钮。

②系统启动全屏放映，供排练演示文稿，此时在每张幻灯片上所用的时间将被记录下来，如图5.37所示。等一张幻灯片持续时间确定后，单击鼠标左键切换到下一张幻灯片计时。

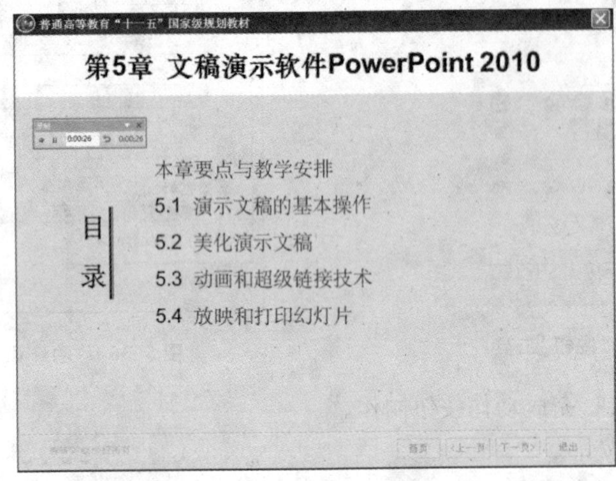

图5.37 幻灯片排练计时

图5.38 “Microsoft PowerPoint”对话框

③整个演示文稿放映完成后，将打开“Microsoft PowerPoint”对话框，显示幻灯片播放的总时间，如图5.38所示。单击“是”按钮，保留幻灯片排练时间。

④在“幻灯片浏览”视图下，可以在幻灯片左下方查看每张幻灯片持续的时间，如图5.39所示。在播放时，演示文稿将按时间自动播放。

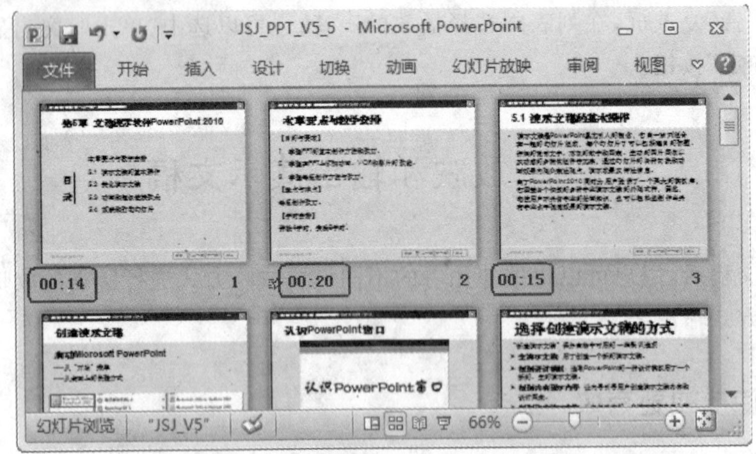

图5.39 查看每张幻灯片播放时间

2. 录制幻灯片演示

如果想在演示文稿自动播放时添加声音讲解，可以使用录制旁白功能。录制旁白功能是排练计时和插入声音的集合体，通过录制旁白，不仅可以自动记录每张幻灯片的持续时间，而且会将旁白音频自动插入每张幻灯片中。

使用录制旁白功能,记录排练时间,录制旁白音。其操作步骤如下。

①在“幻灯片放映”选项卡的“设置”组中单击“录制幻灯片演示”按钮。

②在弹出的如图 5.40 所示的“录制幻灯片演示”对话框中,先单击“幻灯片和动画计时”和“旁白和激光笔”复选框,再单击“开始录制”按钮。

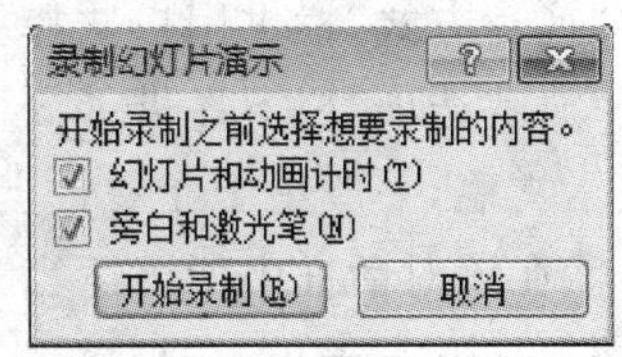

图 5.40 “录制幻灯片演示”对话框

③进入录制状态后,系统自动对演示文稿进行放映,并在左上角打开“录制”工具栏,其中显示幻灯片放映时间以及当前动作的时间,需要播放下一张时,单击“下一项”按钮。

④整个演示文稿放映完成后,将打开“Microsoft PowerPoint”对话框,显示幻灯片播放的总时间,单击“是”按钮,保留排练时间。

⑤完成录制操作后,系统自动返回“幻灯片浏览”视图,并在每张幻灯片下方显示放映所需要的时间。

3. 设置放映方式

在放映幻灯片前可以根据使用者的不同,通过设置放映方式满足各自的需要。其操作步骤如下。

①在“幻灯片放映”选项卡的“设置”组中单击“设置放映方式”命令,或按 Shift 键再单击水平滚动条上“幻灯片放映”按钮(不按 Shift 键,此为幻灯片浏览按钮),打开“设置放映方式”对话框,如图 5.41 所示。

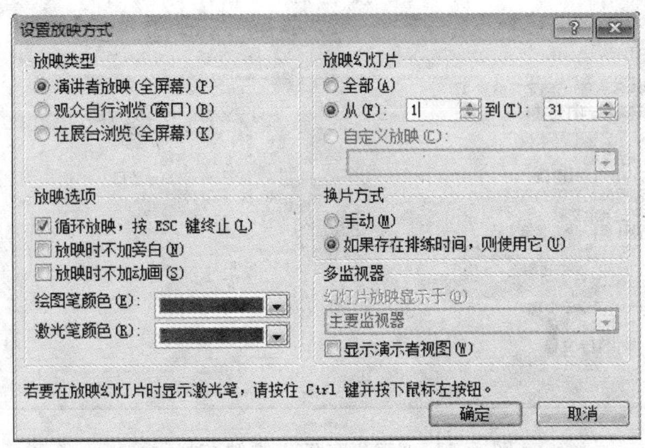

图 5.41 “设置放映方式”对话框

“放映类型”栏下的 3 个单选按钮可用来决定放映方式。

- 演讲者放映(全屏幕):指以全屏幕形式放映。可以通过快捷菜单或“PgDn”、“PgUp”键显示不同的幻灯片;提供了绘图笔进行勾画。
- 观众自行浏览(窗口):指以窗口形式放映。这时可以利用滚动条显示所需的幻灯片;也可以利用“复制”命令将当前幻灯片图像拷贝到 Windows 的剪贴板上;还可以通过“打印”命令打印幻灯片。
- 在展台放映(全屏幕):指以全屏幕形式在展台上做演示。在放映过程中,除了保留鼠标指针用于选择屏幕对象外,其余功能全部失效(连中止放映也要按 Esc 键)。因为展出不需要现场修改，也不需要提供格外功能，以免破坏演示画面。

“放映幻灯片”栏下提供了幻灯片放映的范围：全部、部分、自定义放映。

“换片方式”栏供用户选择换片方式，是手动换片还是自动换片。

“放映选项”栏下提供了3个复选项。若选中“循环放映，按Esc键终止”选项，则可自动放映演示文稿，一般用于在展台上自动重复地放映演示文稿。

②在该对话框中做出适当选择后，单击“确定”按钮，完成放映方式设置。

4. 创建自定义放映

在自定义幻灯片放映时，根据放映的需要，可以对幻灯片的顺序进行重新排列，还可以对本次放映命名。其操作步骤如下。

①在“幻灯片放映”选项卡的“开始放映幻灯片”组中单击“自定义幻灯片放映”按钮，在下拉列表中选择“自定义放映”命令。

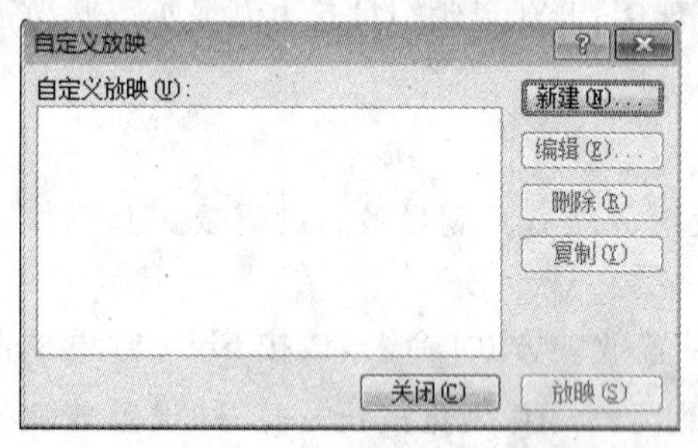

图5.42 “自定义放映”对话框

②打开“自定义放映”对话框，如图5.42所示，单击“新建”按钮。

③打开“定义自定义放映”对话框，如图5.43所示，在“幻灯片放映名称”框中输入本次放映的名称；在“在演示文稿中的幻灯片”列表中选择需要放映的幻灯片，单击“添加”按钮，再单击“确定”按钮。

④返回“自定义放映”对话框，上一步自定义的放映将出现在“自定义放映”列表中。单击“放映”按钮，执行自定义幻灯片放映动作。

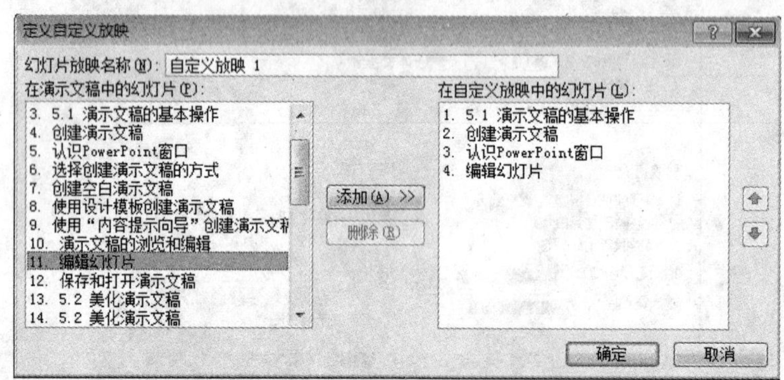

图5.43 “定义自定义放映”对话框

5. 执行幻灯片演示

放映幻灯片可以说是展现PowerPoint演示文稿的最佳方式。此时，幻灯片可以显示出鲜明的色彩，演讲者可以通过鼠标指针给听众指出幻灯片重点内容，甚至可以通过在屏幕上画线或加入说明文字来增强表达效果。

幻灯片放映主要有“从头开始”和“从当前幻灯片开始”两种方式。

“从头开始”指无论在浏览哪一张幻灯片，放映时都会从第一张开始。其操作方法是，在“幻灯片放映”选项卡的“开始放映幻灯片”组中单击“从头开始”按钮，或按钮F5键进行放映。

“从当前幻灯片开始”指从当前浏览的幻灯片开始放映。其操作方法是，在“幻灯片放映”选项卡的“开始放映幻灯片”组中单击“从当前幻灯片开始”按钮，或单击窗口右下角的“幻灯片放映"视图按钮。

在放映幻灯片过程中，单击鼠标左键可以切换到下一张幻灯片。PowerPoint 还有其他多种放映操作方法，如表 5.1 所示。

表 5.1　演示文稿放映操作方法

功　能	鼠标操作方式	键盘操作方式
转到下一张幻灯片	单击幻灯片	按空格键
	单击弹出式工具栏的"下一张"按钮	按→键
	单击右键，选择"下一张"	按 Enter 键
		按 PgDn 键
		按 N 键
转到上一张幻灯片	单击弹出式工具栏的"上一张"按钮	按←键
	单击右键，选择"上一张"	按 PgUp 键
	单击右键，选择"上次查看过的"	按 P 键
结束放映	单击右键，选择"结束放映"	按 Esc 键

在放映幻灯片时，如果移动鼠标指针，那么在幻灯片左下角会出现有 4 个小工具，如图 5.44 所示。这是一个弹出式工具栏，它的选项简化了"幻灯片放映"视图中演示文稿的操作。

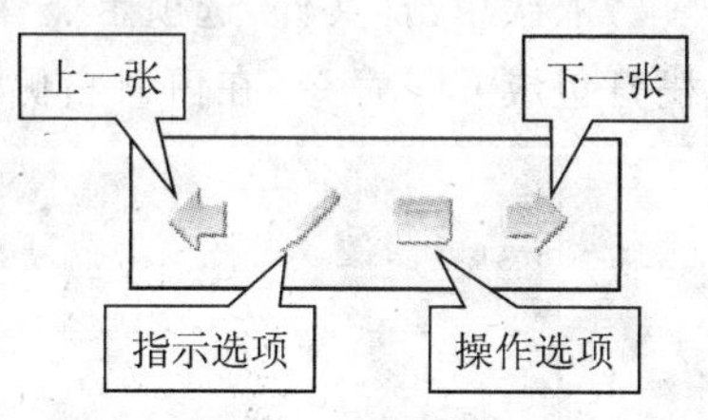

图 5.44　弹出式工具栏

单击"操作选项"按钮，列出附加的"操作选项"快捷菜单，包括"下一张"、"上一张"、"上次查看过的"、"定位至幻灯片"、"自定义放映"、"结束放映"等选项，如图 5.45 所示。对演示文稿进行修改后，有时需要在"幻灯片放映"视图中进行演示与检查，有了"操作选项"按钮，就可从当前视图选中的任意一张幻灯片开始。

在放映的幻灯片上，通过加标注可使要点突出。单击"指示选项"按钮，列出附加的"指示选项"快捷菜单，包括箭头、笔、荧光笔、墨迹颜色、箭头选项等，如图 5.46 所示。为幻灯片标注时，笔勾绘的线条最细，而荧光笔线条最粗。PowerPoint 在放映过程中，始终保持所加标注。

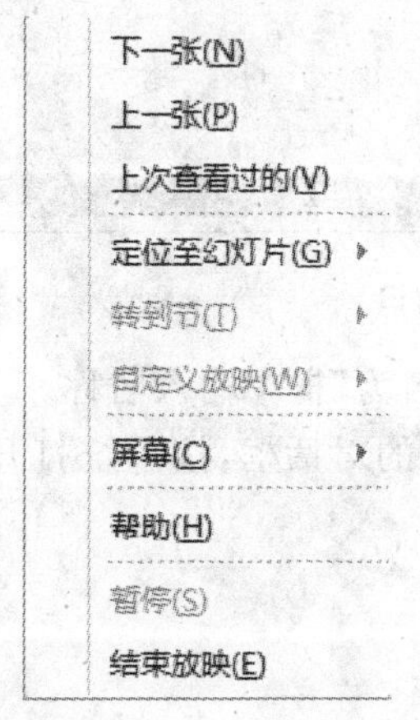

图 5.45　"操作选项"快捷菜单

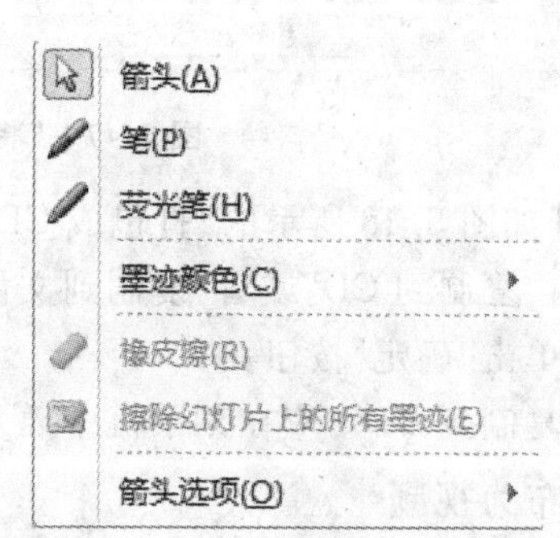

图 5.46　"指示选项"快捷菜单

若要擦除标注，则可选择"指示选项"快捷菜单中的"橡皮擦"命令，将鼠标指针变成橡皮擦工具，擦除选中的标注内容。或者，单击"擦除幻灯片上所有墨迹"或按 E 键擦除所有标注。若不擦除标注，在结束放映时 PowerPoint 将询问是否保留该标注。

5.4.2 输出演示文稿

用户创建的演示文件，除了可以在计算机上进行演示外，还可以将它们打印出来直接印刷成资料；也可以将幻灯片打印在投影胶片上，以后通过投影放映机放映。如能在幻灯片放映前将 PowerPoint 生成演示文稿时所辅助生成的大纲文稿、注释文稿等打印发给观众，则演示的效果将更好。

1. 打包演示文稿

打包演示文稿是共享演示文稿的一个非常实用的功能。打包演示文稿功能是系统会自动创建一个文件夹，包括演示文稿和一些必要的文件，以供在没有安装 PowerPoint 的计算机中观看。其操作步骤如下。

①打开拟打包的演示文稿。

②依次单击"文件"选项卡、"保存并发送"选项。在窗口中间"文件类型"栏下单击"将演示文稿打包成 CD"命令，在窗口右侧单击"打包成 CD"按钮，如图 5.47 所示。

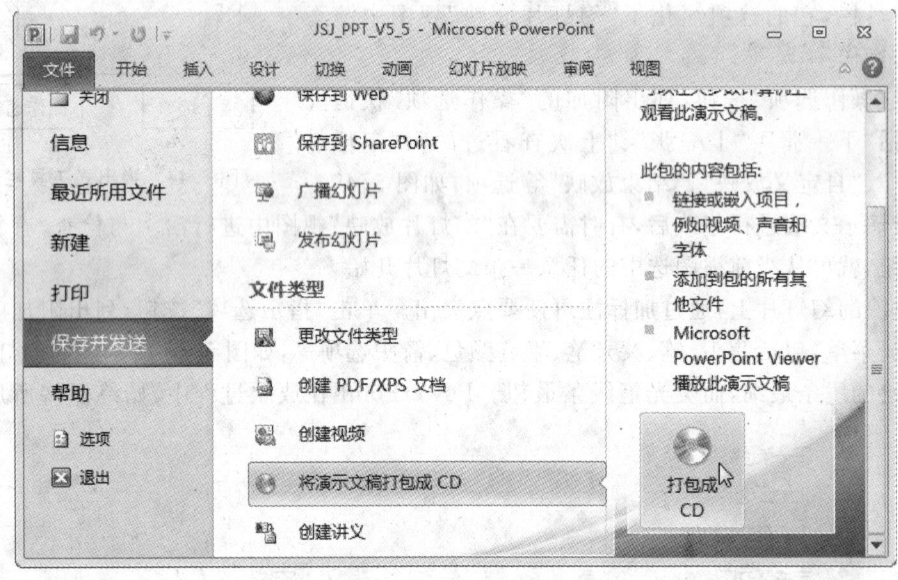

图 5.47 "将演示文稿打包成 CD"窗口

③打开如图 5.48 所示的"打包成 CD"对话框，在"CD 命名为"框中输入名称。

④单击"复制到 CD"或者"复制到文件夹"按钮，打开相应的对话框，按系统打开的对话框提示操作，单击"确定"按钮。

单击"复制到 CD"，应在刻录机中插入 CD 碟片。

2. 发布为视频

为了提高幻灯片的播放效果，可以将 PPT 文件转换为视频，这些视频可高高清晰地保留幻灯片的演示风格和动画效果。其操作步骤如下。

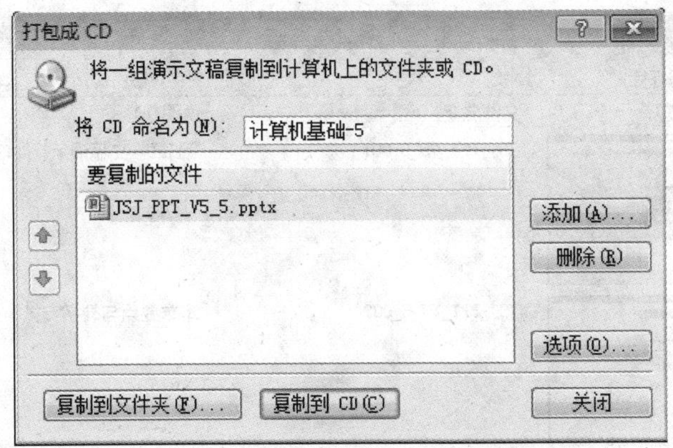

图 5.48 "打包成 CD"对话框

①打开要发布的演示文稿,依次单击"文件"选项卡、"保存并发送"选项。

②在窗口中间"文件类型"栏下单击"创建视频"命令,在窗口右侧单击"创建视频"按钮,打开"另存为"窗口。

③在该窗口中,选择要保存视频文件的文件夹,在"文件名"框中输入名称,单击"保存"按钮。

④执行"创建视频"命令后,在状态栏上显示正在制作的视频进度。完成后,在保存视频的文件夹下,可看到 WMV 格式的视频文件。

3. 将演示文稿发布到幻灯片库

将演示文稿发布到幻灯片库中后,在需要的时候可以将其从幻灯片库中调出来使用。其操作步骤如下。

①打开要发布的演示文稿,依次单击"文件"选项卡、"保存并发送"选项。

②在窗口中间"保存并发送"栏下单击"发布幻灯片"命令,在右侧单击"发布幻灯片"按钮。

③打开如图 5.49 所示的"发布幻灯片"对话框,单击"全选"按钮,在"发布到"框中输入幻灯片库所在路径后,再单击"发布"按钮。

4. 在 IE 中观看时显示幻灯片动画

用户如果有 Microsoft 账户,那么可以直接将演示文稿保存到 Web 中,这样无论身处何地都可以通过网络来访问演示文稿。其操作步骤如下。

①打开要保存到 Web 的演示文稿,依次单击"文件"选项卡、"保存并发送"选项。

②在窗口中间"保存并发送"栏下单击"保存到 Web"命令,在右侧单击"登录"按钮,显示"存在连接服务器"提示框。

③打开"连接到 docs.live.net"对话框,在"电子邮件地址"框中输入用户名,在"密码"框中输入密码,单击"确定"按钮,如图 5.50 所示。

④登录后,在"Windows Live SkyDrive"共享文件夹中选择"public"文件夹,单击"另存为"按钮。

⑤打开"另存为"窗口,在"文件名"框中输入名称,单击"保存"按钮。

⑥用鼠标右键单击任务栏上的"上载"按钮,在弹出的列表中选择"打开上载中心"命令。

⑦用鼠标双击状态标志,开始将演示文稿上传至"Windows Live SkyDrive"共享文件夹下的"public"文件夹中。

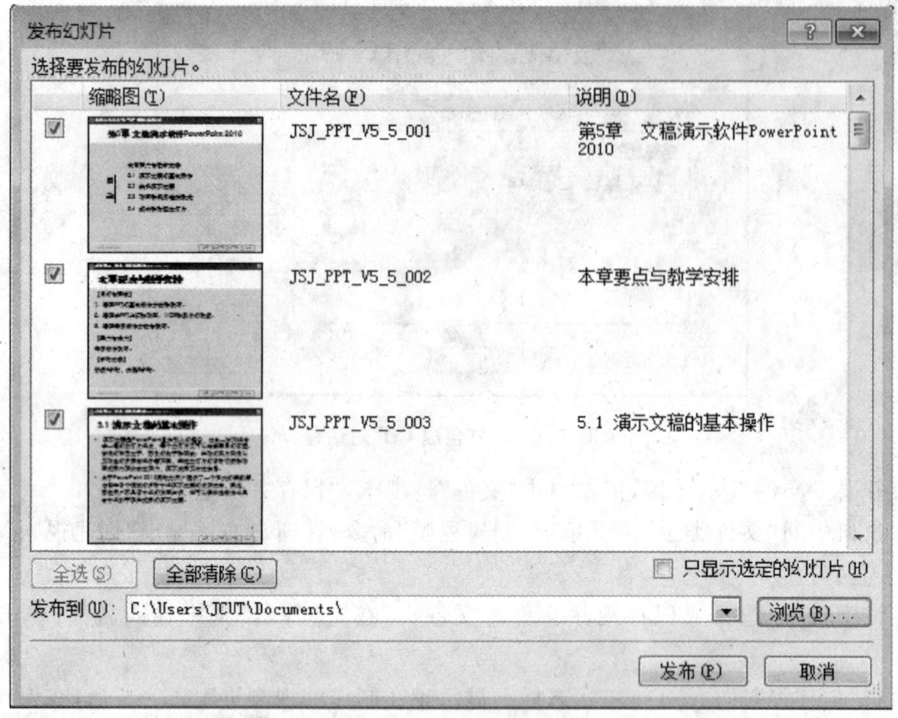

图 5.49 "发布幻灯片"对话框

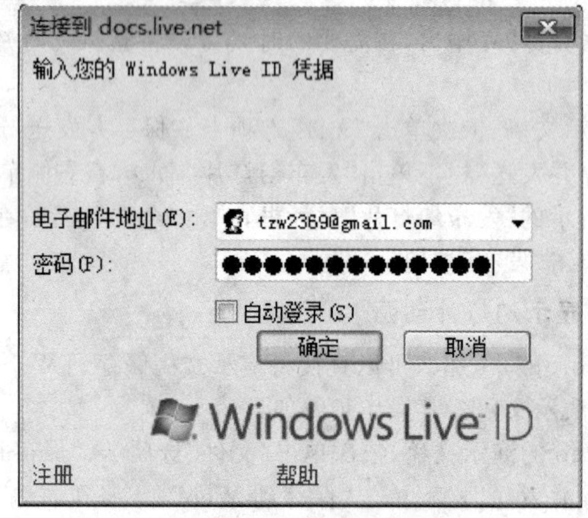

图 5.50 "连接到 docs.live.net"对话框

5.4.3 打印演示文稿

在 PowerPoint 中可以将制作好的演示文稿用打印机打印出来。在打印时，根据用户的要求将演示文稿打印成不同的形式。常用的打印稿形式有幻灯片、讲义、备注和大纲视图等。

1. 设置页面

在打印演示文稿之前，必须精心设计幻灯片的大小和打印方向，使打印的效果满足创意要求。

在"设计"选项卡的"页面设置"组中单击"页面设置"按钮，打开如图 5.51 所示的"页面设置"对话框。在此对话框中按需要进行设置后，单击"确定"按钮。

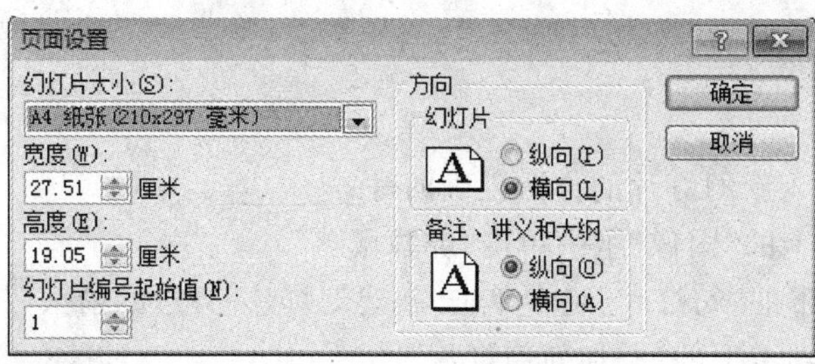

图 5.51　"页面设置"对话框

2. 设置打印选项

设置页面后就可以将演示文稿、讲义等进行打印，打印前应对打印机参数、打印范围、打印份数、打印内容等进行设置或修改。

打开要打印的文稿，在"文件"选项卡中选择"打印"命令，在窗口中间选择"打印讲义的版式"，如"6 张水平放置的幻灯片"，在窗口右侧预览区可查看效果，如图 5.52 所示。确认后，单击"打印"按钮，开始打印。

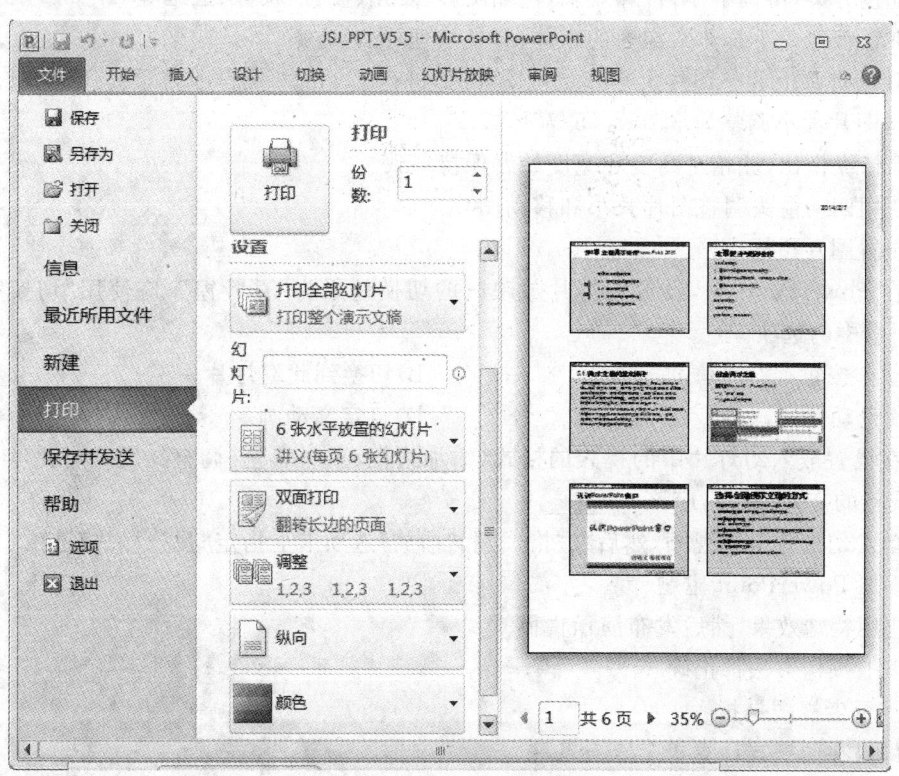

图 5.52　"打印"对话框

习题 5

一、选择题

1. 在演示文稿插入新幻灯片的方法正确的是________。

A)在“插入”选项卡的“图像”组中单击“屏幕截图”

B)在“开始”选项卡的“幻灯片”组中单击“新建幻灯片”旁边的箭头

C)单击“插入”选项卡上的“添加新幻灯片”

D)在“开始”选项卡的“幻灯片”组中单击“版式”旁边的箭头

2. 在 PowerPoint 的幻灯片浏览视图下，不能完成的操作是________。

A)调整个别幻灯片位置　　B)删除个别幻灯片

C)编辑个别幻灯片内容　　D)复制个别幻灯片

3. PowerPoint 主题所包含的三个关键元素是________。

A)一组特殊颜色；在任何颜色下都非常漂亮的字体；阴影

B)彩色纹理；在大型屏幕上易于辨认的字体；阴影和映像

C)配色方案；协调字体；特殊效果，例如阴影、发光、棱台、映像、三维等

D)在任何颜色下都非常漂亮的字体；彩色纹理；配色方案

4. 在幻灯片上调整图片大小和定位图片时，进行________操作非常重要。

A)将图片大小调整为 5.07”×5/7”

B)保持纵横比，让相对高度和宽度始终保持一致

C)使用四向箭头调整图片大小和移动图片

D)设置图片边框

5. 在 PowerPoint 中，设置幻灯片放映时的切换效果为“百叶窗”，应使用“切换”选项卡________组中的选项。

A)动作按钮　　B)切换到此幻灯片

C)预设动画　　D)自定义动画

6. 在设置嵌入幻灯片中的视频的格式(添加边框、重新着色、调整亮度和对比度、指定开始播放视频的方式等)时，应该________。

A)单击幻灯片上的视频，然后在“格式”和“播放”选项卡上指定“视频样式”选项

B)添加 PowerPoint 主题

C)应用特殊效果，然后发布演示文稿

D)以上操作方法都正确

7. 演示者视图是指________。

A)可以在便携式计算机上查看备注

B)观众只能看到您的幻灯片，而看不到演示者备注

C)该视图需要有多个监视器，或者一台投影仪或具有双显示功能的便携式计算机

D)以上说法都正确

8. 在 PowerPoint 中，若要为幻灯片中的对象设置放映时的动画效果为“飞入”，应在

________中选择。

A)“动画”选项卡的“动画”组　　B)“开始”选项卡的“幻灯片”组

C)“动画”选项卡的“计时”组　　D)“幻灯片放映”选项卡的“设置”组

9. 若要在幻灯片放映视图中结束幻灯片放映，应执行的操作是________。

A)按键盘上的 Esc　　B)单击右键并选择“结束放映”

C)继续按键盘上的向右键，直至放映结束　　D)以上说法都正确

10. 在打印演示文稿之前，通过________访问打印预览。

A)在“开始”选项卡上，单击“打印预览”

B)在“文件”选项卡上，单击“打印”。“打印预览”显示在右侧

C)在“文件”选项卡上，单击“打印”。“打印预览”显示在“设置”下

D)在“视图”选项卡上，单击“打印预览”

二、填空题

1. PowerPoint 的视图方式有________、________、________、________、________和备注页视图 6 种。

2. 在 PowerPoint 的普通视图和________视图模式下，可以改变幻灯片的顺序。

3. 在 PowerPoint 窗口中，用于添加幻灯片内容的主要区域是窗口中间的________。

4. 在 PowerPoint 工作界面中，________窗格用于显示幻灯片的序号或选用的幻灯片设计模板等当前幻灯片的有关信息。

5. 添加新幻灯片时，首先应在“开始”选项卡上，单击箭头所在的“________”按钮的下半部分选择它的版式。

6. 快速将幻灯片的当前版式替换为其他版式的方式是，右键单击要替换其版式的幻灯片，然后指向“________”。

7. 经过________后的 PowerPoint 演示文稿，在任何一台安装 Windows 操作系统的计算机上都可以正常放映。

8. 在 PowerPoint 中，要删除演示文稿中的一张幻灯片，可以利用鼠标单击要删除的幻灯片，再按下________键。

9. 如果想让公司的标志以相同的位置出现在每张幻灯片上，不必在每张幻灯片上重复插入该标志，只需简单地将其放在幻灯片的________上，该标志就会自动地出现在每张幻灯片上。

10. 在 PowerPoint 中，如果要在幻灯片浏览视图中选定若干张编号不连续的幻灯片，那么应先按住________键，再分别单击各幻灯片。

11. 在 PowerPoint 中，模板是一种特殊的文件，其文件扩展名是________。

12. 在 PowerPoint 中，单击“文件”选项卡，选择________命令，可退出 PowerPoint 程序。

13. 在 PowerPoint 中，若想向幻灯片中插入影片，应选择________选项卡。

14. 要在 PowerPoint 中设置幻灯片动画，应在________选项卡中进行操作。

15. 要在 PowerPoint 中显示标尺、网络线、参考线，以及对幻灯片母版进行修改，应在________选项卡中进行操作。

三、操作题

1. 让大纲窗格自动隐藏。
2. 重用其他演示文稿幻灯片。
3. 让幻灯片随窗口大小自动调整显示比例。
4. 使幻灯片内容更安全。
5. 让演示文稿自动保存。
6. 对图形设置了格式后，发现效果不好。现在只更改形状保留格式。
7. 设置幻灯片中的网格大小。
8. 让声音跨幻灯片播放。
9. 只播放音频中需要的片段。
10. 在幻灯片中添加了音频和视频文件后，将其压缩成媒体文件。
11. 将自己的模板设置成默认模板。
12. 用最简单的方法将一张幻灯片的配色方案应用到其他幻灯片。
13. 使用母版添加统一的图片。
14. 自定义新版式。
15. 自定义背景颜色。
16. 使用声音突出超链接。
17. 让超链接文本颜色不发生改变。
18. 让链接图片显示文字显示。
19. 删除超链接。
20. 让对象播放动画后隐藏。
21. 取消 PPT 放映结束时的黑屏片。
22. 在打印时不显示标题幻灯片编号。
23. 在一张 A4 的纸张中编排多张幻灯片。
24. 在播放时保持字体不变。
25. 让观众自由引导幻灯片放映。

第 6 章　计算机网络

当今是以计算机网络为基础的信息时代，计算机网络无处不在，人们的工作和生活与网络密不可分。计算机网络是计算机技术和现代通信技术紧密结合的产物。随着计算机技术和网络技术的飞速发展，网络已经渗透经济社会的各个方面。

6.1　计算机网络概述

计算机网络由资源子网和通信子网两部分组成。众多计算机(包括各类终端)组成了计算机资源子网，传输数据的通信线缆和转发数据的各种通信设备组成了通信子网。

6.1.1　计算机网络的发展

计算机网络的发展经历了一个从简单到复杂的过程，大致可分为以下 5 个阶段。

1. 面向终端的计算机网络

从 20 世纪 50 年代末期开始，人们将多台终端通过通信线路连接到一台中心计算机(主机)上，供多个用户通过多个终端共享单台计算机资源。随着终端数目的增加，主机的负荷不断加重，既要进行数据处理，又要承担通信控制任务。因此，出现了专门负责通信控制的前端处理器(Front End Processor，FEP)，专门负责满足远程用户需求的集线器(Hub)和调制解调器(Modem)，如图 6.1 所示。

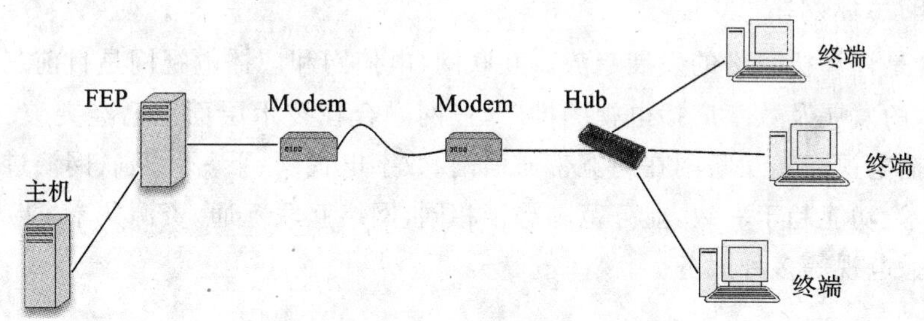

图 6.1　面向终端的计算机网络

这一阶段，计算机网络只有主机具有独立处理数据的能力，系统中的终端均无独立处理数据的能力，网络功能以数据通信为主。

2. 面向通信的计算机网络

从 20 世纪 60 年代末期开始，计算机用户不仅希望从单个主机上获取资源，而且更希望从其他计算机系统中获得资源。因此，出现了以实现资源共享为目的的多主机间的通信网络，如图 6.2 所示。

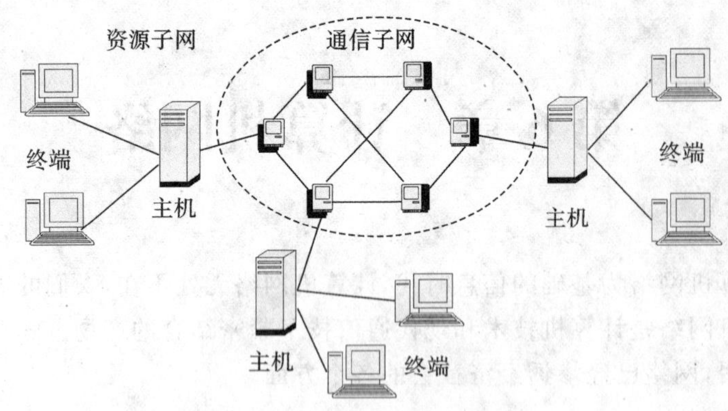

图 6.2　面向通信的计算机网络

这一阶段，计算机网络中通信的双方都具备自主处理能力，网络功能以资源共享为主。其典型代表是1969年由美国国防部高级研究计划局组建的计算机网，又称阿帕网（Advanced Research Projects Agency Network，ARPANET），它成为今天计算机网络技术发展的基础。

3. 开放的国际标准化计算机网络

从20世纪70年代末期开始，针对各公司网络互不兼容的情况，国际标准化组织（International for Standardization Organization，ISO）和国际电报电话咨询委员会（CCITT）联合制定了开放系统互连参考模型及各种网络协议，使得计算机网络体系结构和计算机网络互连标准问题得以解决，促进了网络技术的发展。

4. 高速互联网络

20世纪90年代以来，计算机网络进入了国际互联网（Internet）时代。随着互联网的发展，计算机网络向全面互连、智能和高速化方向发展。以Internet为代表的信息基础设施的建立和发展，使网络在经济、科技、教育及社会生活的各个方面都得到了广泛应用，它标志着人类已经进入信息时代。

5. 融合的全球网络

网络融合是计算机网络的发展趋势。互联网、电信网和广播电视网是目前三大运营网络，随着电信技术的发展及数字广播电视的推广，三网融合在技术层面上已经突破。三网融合是指电信网、广播电视网和互联网在向宽带通信网、数字电视网、下一代互联网演进过程中，通过技术改造，技术、功能趋于一致，业务范围趋于相同，网络互联互通，资源共享，能为用户提供语音、数据和广播电视等多种服务。

6.1.2　计算机网络的定义和功能

1. 计算机网络的定义

在不同时期，计算机网络的定义有所差别，现在一般认为，计算机网络是利用通信线路把地理上分散的多台自主计算机系统通过通信设备连接起来，在相应软件（网络操作系统、网络协议、网络通信、管理和应用软件等）支持下实现数据通信和资源（包括硬件、软件等）共享的系统。自主计算机是指具有独立处理能力的计算机，它可以运行各自独立的操作系统。

2. 计算机网络的功能

随着计算机网络应用范围的不断扩大，其功能也在不断增强，具体来讲，计算机网络具有以下主要功能。

(1) 资源共享

资源共享是指网络上用户都可以在权限范围内共享网络中各计算机所提供的共享资源，包括软件（包括程序、数据和文档）、硬件设备。这种共享不受实际地理位置的限制。资源共享使网络中分散的资源能够互通有无，大大提高了资源的利用率。

(2) 数据通信

数据通信是计算机网络的基本功能，它使得网络中计算机与计算机之间能相互传输各种信息，对分布在不同地理位置的部门进行集中管理与控制。

(3) 分布式处理

处理较大型的综合性问题时，可按一定的算法将任务分配给网络中不同计算机进行分布处理，提高处理速度。采用分布处理技术还可以将网络中多台性能不一定很高的计算机连成具有高性能的计算机系统，使它具有解决复杂问题的能力，并大大降低解决复杂问题的费用。

(4) 提高信息系统的可靠性

计算机网络中的计算机能够彼此互为备用，一旦网络中某台计算机出现故障，故障计算机的任务可以由其他计算机完成，不会出现单机故障使整个系统瘫痪的现象，从而增加了信息系统的安全可靠性。同时，当网络中某一计算机负担过重时，也可将新的作业转给网络中其他较空闲的计算机去处理，从而减少用户等待时间，均衡各计算机负担。

(5) 综合信息服务

通过计算机网络可将分散在各地的数据信息集中或分级管理，通过综合分析处理后得到有价值的数据信息资料，同时还可以向全社会提供各种经济信息、科研情报和咨询服务。如Internet上的万维网（World Wide Web，WWW）服务就是一个最典型、最成功的例子。

6.1.3 计算机网络的分类及其结构

计算机网络分类的方法很多，从不同的角度有不同的分类方法。可按拓扑结构、网络覆盖范围、信息交换方式、网络使用权限等进行分类。其中最常用的分类方法是按网络覆盖范围和网络拓扑结构进行分类。

1. 按网络覆盖范围分类

(1) 局域网（LAN）

局域网（Local Area Network，LAN）是指在一个较小地理范围内，各种计算机互连在一起的网络。局域网的作用范围较小，一般不超过10 km的距离，通常由一个部门或一个单位组建。局域网具有较高的传输速度，如100 Mb/s，具有延迟小、成本低、组网方便的特点。

(2) 城域网（MAN）

城域网（Metropolitan Area Network，MAN）的规模比局域网大，其覆盖范围通常为一座城市，作用范围可达几十千米至上百千米，由若干局域网或主机系统通过网络互联设备连接而成。

(3) 广域网(WAN)

广域网(Wide Area Network,WAN)亦称远程网,其地理分布范围较大,常常是一个国家或多个国家。它一般利用现有电话网或公用数据网连接多个城域网、局域网及主机系统。其传输速度较低,如 64 Kb/s。

2. 按网络服务性质分类

(1) 公用计算机网络

公用计算机网络是指为公众提供商业性、公益通信和信息服务的通用计算机网络,如 Internet。

(2) 专用计算机网络

专用计算机网络是指为政府、行业、企业和社会发展等部门提供具有本系统特点的面向特定应用服务的计算机网络,如教育、铁路、政府、军队、银行等专用网络。

3. 按网络的拓扑结构分类

网络的拓扑结构是指网络中各节点(连接到网络中的设备或计算机)的地理分布和互连关系的几何构形。局域网的拓扑结构一般有:星形、总线形、环形、树形和网状等。它们的形状如图 6.3 所示。

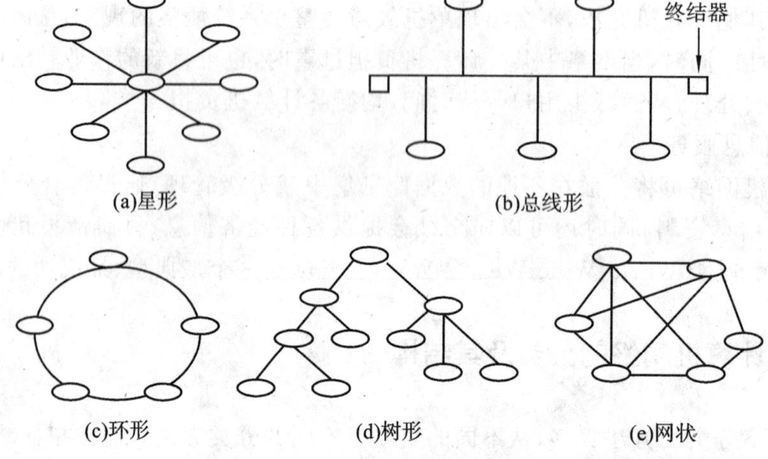

图 6.3 几种主要网络拓扑结构

(1) 星形结构

星形结构(见图 6.3(a))中,每个从节点均以一条单独信道与中心主节点相连。中心节点可以是功能很强的计算机,它具有数据处理和存储转发双重功能,也可以作为交换机或集线器。任何通信都由发送端发出到中心节点,然后由中心节点转发到接收端。星形结构的优点是结构简单、建网容易、容易检测和隔离故障;其缺点是整个网络依赖于中心节点,一旦中心节点(主控计算机)发生故障,整个网络将停止运行,每个节点到中心节点必须有一条电缆,所以成本较高。

(2) 总线形结构

总线形结构(见图 6.3(b))采用一条公共总线通过相应的硬件接口连接所有工作站(主机)和其他共享设备(文件服务器、打印机等)。任何一个站点发送的信号都可以沿总线传播,且可以被所有其他站点接收。为防止总线端点的反射造成对传输信号的破坏,在总线两端各需安装一个吸收到达端点信号的元件——终结器。

总线形结构网络的结构简单、布线容易、可扩充性好、成本低，但故障诊断较困难，总线故障将会使整个网络瘫痪。

(3) 环形结构

环形结构(见图 6.3(c))是网络中各节点通过一条首尾相连的通信链路连接起来形成的一个闭合环形结构，系统中各工作站地位平等。在网络中，信息沿固定方向单向流动。

环形网络的优点是电缆长度短，抗故障性能好，其缺点是节点故障会引起全网故障，故障诊断困难，不便重新配置网络。

(4) 树形结构

这种结构(见图 6.3(d))呈树状，是星形结构的扩展，为一种分层结构，具有根节点和子节点。越靠近根节点，这种结构的网络处理能力越强。这种结构适用于上、下级界限相当严格的军事单位、政府机构等部门。

树形结构的优点是易于扩充，便于故障隔离；其缺点是对树根节点的依赖性太大。

(5) 网状结构

网状结构(见图 6.3(e))是由分布在不同地点的计算机系统经信道连接而成的，其形状任意，每个节点均可与任何节点相连。由于每个节点至少有两条链路与其他节点相连，故任一条链路即使出现故障，报文仍可经过其他链路传输，可靠性高。

网状结构具有网络扩充和主机入网灵活、简单的特点，但其结构关系复杂、建网难度大、网络控制机制复杂、设备成本高。

6.1.4 网络参考模型

计算机网络是一个集硬件、软件于一体的结构复杂、功能强大的系统。网络中的每一个节点都只有遵守相互约定的共同规则才能进行信息交换。

由于节点之间的联系可能是十分复杂的，因此在制定规则时，一般是把复杂的网络分解成一些简单的成分，再将它们复合起来。最常用的复合方式是层次方式，即上一层可以调用下一层，而与再下一层不发生关系。通信协议的分层是这样规定的：把用户的程序作为最高层，把物理通信线路作为最低层，将其间的协议处理分为若干层，规定每层处理的任务，即规定每层的接口标准。

1. OSI 参考模型

为了把网络结构和协议的层次标准化，国标标准化组织(ISO)于 1984 年提出“开放系统互连参考模型”，即 OSI(Open System Interconnection)参考模型。它将计算机网络体系结构的通信协议划分为 7 层：物理层、数据链路层、网络层、传输层、会话层、表示层和应用层，具体结构如图 6.4 所示。它为现今各种计算机网络结构标准。

2. TCP/IP 参考模型

Internet 是建立在全世界范围的计算机网络，在这个巨大的网络中包含着许多不同种类的计算机系统、工作站和局域网等，因此需要一个能将不同类型的计算机和局域网统一起来的协议，这就是 TCP/IP 协议(Transmission Control Protocol / Internet Protocol)。

TCP/IP 协议共含有 100 多个协议，其中最重要的两个协议是传输控制协议(TCP 协议)

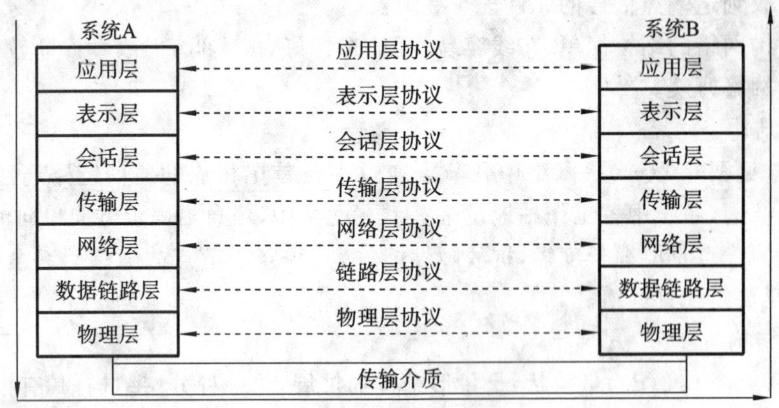

图 6.4 OSI 参考模型

和网与网之间(网际)协议(IP 协议)。IP 协议负责信息的实际传输,而 TCP 协议则保证所传输的信息是正确的。

TCP/IP 参考模型有 4 个层次,即应用层、传输层、网络层和物理链路层。它去掉了 OSI 参考模型很少用到的表示层和会话层,且将数据链路层和物理层合在一起了。

6.2 计算机网络系统

计算机网络系统包括网络硬件系统和网络软件系统两部分。

6.2.1 计算机网络硬件系统

网络硬件即网络通信设备,主要是指为保证网络中的计算机互连、能稳定可靠地传输信息、实现低层网络协议的硬件设备。

1. 网络设备

(1) 网卡

网卡又称网络适配器或网络接口卡,是网上设备(如工作站、服务器等)到网络传输介质(媒体)的通信枢纽,是完成网络数据传输的关键部件。网卡通常做成一块插件板,插在计算机工作站上的扩展槽中,是计算机中的一种通信接口设备。

(2) 网关

网关(Gate Way)是一种配备了专门软件的、用于网络互连的专用计算机,通过它能使具有不同通信协议的网络相互进行通信。例如:Novel 公司的 Netware 网络和微软公司的 NT 网络分别使用不同的通信协议,通过网关就可以使两个网络中的计算机之间完成通信。

(3) 网桥

网桥(Bridge)是一种局域网数据存储转发的设备,具有两个基本用途:扩展网络和通信分段。网桥可以在各种传输介质中转发数据信息,扩展网络距离。它也可以有选择地将数据从一段传输介质传输给另一段传输介质,并有效地限制两段介质系统中的无关通信,从而能有效减轻网络负载。

(4) 中继器

中继器(Repeater)是一种介质连接设备，用于同类型网段互连。它实际上是一种信号再生放大器，驱动长距离通信，将接收到的弱信号数据提出来，经放大产生与原来的信号完全相同、但强度大幅度提高的新信号。

(5) 集线器

集线器(HUB)是一种特殊的中继器。它作为网络传输介质间的中央节点，突破了介质单一通路的限制，用于连接多个非屏蔽双绞线电缆段。

(6) 路由器及交换机

路由器(Router)是一种配备了专门的软件，用于网络互连的专用计算机，可以将数据从一个网络传输到另一个网络。当两台位于不同网络的计算机进行通信时，如果中间需跨越多个网络，则路由器还可以为数据传输选择最佳的传输路径。

交换机(Switch)是一种计算机联网设备，其作用类似于集成器，使网络采用电路交换技术。它以计算机中的存储程序控制来代替常规的硬件逻辑，使系统具有更强的智能与更大的灵活性。

(7) 调制解调器

调制解调器(Modem)可以将模拟信号转为数字信号，也可以将数字信号转为模拟信号。它作为网络设备与电信通信线路的接口，用于在电话线上传递数字信息，从而通过电话线实现计算机的长距离互连。

(8) 无线接入点

无线接入点(Access Point，AP)也称无线访问点，简称无线 AP。它提供有线网络和无线终端的相互访问，在无线 AP 覆盖范围内的无线终端可以相互通信。无线 AP 是无线网络和有线网络之间沟通的桥梁。无线 AP 相当于一个无线交换机，与有线交换机或路由器进行连接，为与它相连的无线终端获取动态主机配置协议(Dynamic Host Configuration Protocol，DHCP)分配的 IP 地址。

无线 AP 的类型有多种，有的只提供简单的接入功能，有的是无线接入、路由功能和交换机的集合体。因为无线 AP 覆盖区域范围较小，理论上为 30～100m，所以无线客户端与无线 AP 的直线距离最好不要超过 30m。根据面积和开放程度可配置多个无线 AP，实现无线信号的覆盖。

2. 传输介质

传输介质是数据传输系统中发送装置与接收装置之间的物理媒体。数据传输是依靠传输介质按一定顺序传输的。在计算机网络介质中采用的有线传输介质主要有双绞线、同轴电缆、光纤和电话线等，无线传输介质主要有无线电波、微波、卫星通信和红外通信等。

(1) 双绞线

双绞线由 4 对 8 芯铜线按照一定的规则扭绞而成，且每对芯线的颜色各不相同。双绞线有非屏蔽双绞线(Unshielded Twisted Pair，UTP)和屏蔽双绞线(Shielded Twisted Pair，STP)两种。目前，常用的是超 5 类 UTP 和 6 类 UTP，超 5 类线的传输速率为 1000 Mb/s，6 类线传输速率可达 1 Gb/s。双绞线的覆盖地理范围最小，抗干扰能力最低，但价格最便宜。

用于连接双绞线与网卡 RJ45 接口的接头称为 RJ45 水晶头。在制作双绞线时，水晶头质量的好坏会直接影响整个网络的稳定性。在实际网络工程中，常用的直通线多采用两端均为 568B 的标准，即橙白、橙、绿自、蓝、蓝白、绿、棕自、棕的线序。

(2) 同轴电缆

同轴电缆由内导体铜质芯线、绝缘层、网状编织的外导体屏蔽层及保护塑料外层组成。与双绞线相比,同轴电缆价格高,但带宽更宽,传输距离更长,抗干扰能力更强。同轴电缆是与同轴电缆连接器(Bayonet Nut Connector,BNC)头相连接配套使用的。

(3) 光缆

光缆又称光导纤维电缆,由一捆光纤组成。光纤由能够传导光波的石英玻璃纤维作为纤芯,外面由包层、防护保护层等构成。光纤分为多模光纤和单模光纤。多模光纤一般用于距离相对较近的区域内的网络连接,单模光纤通常用来连接办公楼与办公楼之间或地理分散更广的网络。单模光纤传递数据的质量更高,传输距离更长。光缆与同轴电缆相比,带宽更宽、抗干扰能力强、安全性好,但价格比较昂贵。

(4) 无线电波

无线电波是指在空气中传播的射频频段的电磁波,网络通信的使用频率为 2.4 GHz～2.483 GHz。无线电波是目前应用较多的一种无线传输介质,它具有覆盖范围广、抗干扰和抗衰减能力强的特点。当前广泛应用的无线网络传输技术—Wireless-Fidelity 技术(常被写为 Wi-Fi、WiFi 或 Wifi)就是一种以无线电波作为传输介质的无线网络互联技术。

Wi-Fi 是一种可以将个人计算机、手持设备(如 PDA、智能手机)等终端以无线方式互相连接的技术。由于 Wi-Fi 产品的标准遵循 IEEE 所制定的 802.11X 系列标准,因此有人把使用 IEE802.11 系列协议的局域网称为无线局域网。WF-Fi 上网可以简单地理解为无线上网,大部分智能手机、平板式计算机和笔记本式计算机支持 Wi-Fi 上网。

(5) 卫星通信

卫星通信就是地面上无线电通信站之间利用同步地球卫星作为中继器的一种微波接力通信,如图 6.5 所示。其优点是通信距离远,通信的频带宽,通信容量大,信号受干扰小,可靠性高;缺点是具有较大的传播时延。

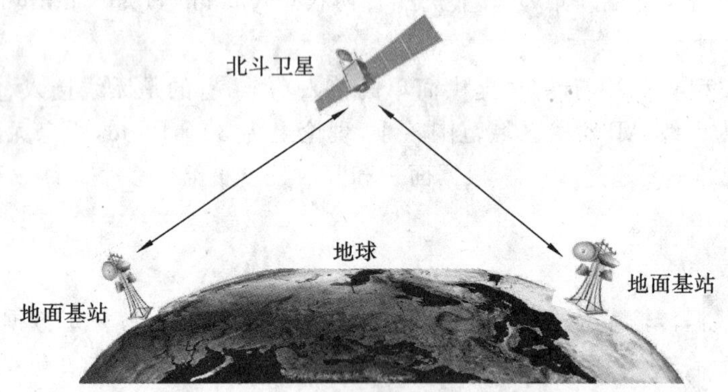

图 6.5　卫星通信示意图

6.2.2　计算机网络软件系统

计算机网络软件主要包括网络操作系统、网络协议、网络通信软件、网络管理软件和网络应用软件,用来实现结点间的通信、资源共享、文件管理、访问控制等。

1. 网络操作系统

网络操作系统(Network Operating System,NOS)使网络中的计算机能方便、有效地共享网络资源，向网络用户提供各种服务。常用的网络操作系统有 Linux、UNIX、Windows Server 等。网络操作系统的主要功能有以下 3 个方面。

- 提供高效、可靠的网络通信能力。
- 提供多种网络服务功能，如文件传输服务、电子邮件服务、远程打印服务等。
- 提供对网络用户的管理，如用户账号在授权范围内访问网络资源等。

2. 网络协议

网络协议实质上就是计算机通信时所使用的一种通用语言，它是确保网络上通信双方的设备能正确通信，为通信信息的内容、格式、顺序等制定的一套规则、标准和约定。网络协议是计算机网络不可缺少的组成部分。

(1) 网络协议的定义

为实现网络中数据交换而建立的规则、标准和约定称为网络协议。

(2) 网络协议的三要素

网络协议包括语法、语义和同步三要素。语法，即数据与控制信息的结构或格式；语义，即需要发出哪种控制信息，完成哪种动作及做出什么样的响应；同步，即事件实现顺序的详细说明，解决何时进行通信的问题。

(3) 网络协议分层的优点

为了便于对协议描述、设计和实现，计算机网络都采用分层的体系结构。其优点是，各层之间相互独立，通过相邻层之间的接口使用低层提供的服务，使复杂问题简单化；灵活性好，只要接口不变就不会因某层的变化而变化，有利于促进标准化。

(4) 常用的网络协议

- 域名服务(Domain Name Server，DNS)协议是提供域名到 IP 地址的转换服务协议。DNS 协议采用字符型层次式主机命名机制。
- 文件传输协议(File Transfer Protocol，FTP)是进行文件传输来实现文件共享的协议。FTP 的目的是提高文件的共享性和可靠高效地传送数据。
- 远程登录协议即 Telnet，是支持本地用户登录到远程系统的协议。
- 邮局协议的第 3 个版本(Post Office Protocol-Version 3，POP3)是规定个人计算机如何连接到互联网邮件服务器收发邮件的协议。POP3 允许用户从服务器上把邮件存储到本地主机上，同时根据客户端的操作删除或保存邮件服务器上的邮件。
- TCP/IP 协议规范了网络上所有通信设备之间的数据往来格式及传送方式。

3. 网络通信软件

网络通信软件是用于实现网络中各种设备之间通信的软件。

4. 网络管理软件

网络管理软件负责对网络的运行进行监视和维护，使网络能够安全、可靠地运行，如浏览器、传输软件、远程登录软件、电子邮件收发软件等。

6.2.3 计算机网络的主要性能指标

影响计算机网络性能的因素有很多，如传输距离、传输介质、传输技术等。衡量计算机网络性能的主要指标有带宽和延迟。

1. 带宽

带宽分为模拟带宽和数字带宽。模拟带宽是指某个模拟信号具有的频带宽度,即通信线路允许通过的信号频带范围,单位是 Hz(或 kHz、MHz、GHz 等)。当通信线路传输数字信号时,就用数字带宽来表示网络的通信线路所能传输数据的能力。

计算机发送的数据信号都是数字形式的,比特(bit)是计算机中最小的数据单位。数字信道传输数字信号的速率称为比特率,即在通信线路中每秒能传输的二进制位(bit)数,单位为 bps(bit per second),或表示为 b/s。

在局域网中,经常使用带宽来描述它们的传输容量。如,人们日常说的 100 M 局域网是指速率为 100 Mb/s 的局域网,理论上的下载速度是 12.5 MB/s,实际网速约为 10 MB/s。

2. 延迟

网络延迟又称时延,即数据通过传输介质从一个网络节点传输到另一个网络节点所需要的时间,单位是毫秒(ms)。产生网络延迟的因素很多,如网络设备、传输介质及网络软件等。由于物理设备的限制,网络延迟不可能完全消除。网络延迟越小,说明网络越顺畅。

6.3 Internet 基础

6.3.1 Internet 的基本概念

1. 什么是 Internet

Internet 一般译为因特网或国际互联网,是一个广域计算机网络,它互连了数目极多的主机系统和网络系统,它们分别属于不同的组织或机构,拥有各种各样的软、硬件资源,所有的用户都可以通过 Internet 共享这些资源;用户自己编制的软件也可作为 Internet 资源供其他用户使用。从本质上讲,Internet 不是一个具体网络的名称,而是一个使世界上不同类型的计算机能交换各类数据的通信媒介。

Internet 可连接各种各样的计算机系统和计算机网络,不管它们处于世界上的哪个地方,具有何种规模,只要遵循共同的网络通信协议 TCP/IP,就可以加入到 Internet 中。因此也可以说 Internet 是由通信线路连接的、基于统一的通信协议 TCP/IP、由众多网络互连而成的网络,是建立在网络之上的网络,是一个资源共享的集合体。

2. IP 地址

TCP 是建立在 IP 之上的一个可靠的服务协议,它确保所有的资料都能送至对方的系统;而 IP 则制定了网络上传送数据资料的格式和规则。

与 Internet 相连的任何一台计算机,不论大小都称为主机。每台主机都有一个唯一的号码,并称它为该主机的 IP 地址。这是 IP 协议提供的一种全网统一的地址格式。在统一管理下进行地址分配,保证一个地址对应一台主机(包括路由器或网关)。

IP 地址是 Internet 能够运行的基础,现行的 IP 协议版本是 IPv4。在 IPv4 中 IP 是由 32 位二进制数组成的,将这 32 位二进制数分成 4 组,每组 8 个二进制数,将这 8 个二进制数转化成十进制数,就是我们看到的 IP 地址,其范围是 0～255。因为 8 个二进制数转化为十进制数的最大范围就是0～255。在4组数字之间以圆点加以分隔，例如，某台计算机的IP地址为202.4.143.100，另一台计算机的IP地址为202.114.80.1。

IPv6(Internet Protocol Version 6)是互联网工程任务组(Internet Engineering Task Force，IETF)设计的用于替代IPv4的下一代IP协议，它由128位二进制数码表示一个IP地址。

IP地址不是随机的，它跟电话号码类似，即处在某一网络范围的所有计算机都有相同的地址前缀。如上例中，两台计算机的地址前缀都是202，从而提高了数据进行路由选择的效率。

3. 域名

在Internet中，由于IP地址不直观，较难记忆，因此Internet上的主机也通常使用便于记忆的名字来代替IP地址，这就是域名。域名就是Internet上主机的符号化名字。如果把主机比作人，那么主机的号码(IP地址)相当于人的身份证号码，而域名相当于人的姓名。

为使主机的名字好记，域名应尽量与使用者相关联。常采用层次结构，每一层构成一个子域名，子域名之间用圆点隔开，自左至右分别为

主机名.网络名.机构名.最高域名

其中，最高域名分为机构域名和地区域名两类。

机构域名的作用在于提供该主机所属的机构性质，如表6.1所示。

表6.1 常用机构性域名

机构域	含义
COM	盈利性的商业实体
EDU	教育机构或设施
GOV	非军事性政府组织机构
INT	国际性机构
MIL	军事机构和设施
NET	网络组织和机构
ORG	非盈利性组织

地址域名指示了该域名源自的国家或地区。通常，地理域名是基于两字母的国家或地区代码，只有美国的地域名可以省略。以地域区分的最高域名如表6.2所示。

表6.2 常用国家或地区的地域名

地域名	国家或地区	地域名	国家或地区
AU	澳大利亚	HK	中国香港地区
AT	奥地利	IN	印度
CA	加拿大	IT	意大利
CH	瑞士	JP	日本
CN	中国	MX	墨西哥
CU	古巴	RU	俄罗斯

续表

地域名	国家或地区	地域名	国家或地区
DE	德国	GB	英国
FR	法国	US	美国

4. Internet 地址

Internet 地址也称网址,有时称统一资源定位符,通常由两部分组成:协议和主机名(域名)。例如,地址"http://www.yahoo.com"中 http 表示这台 Web 服务器使用的是 HTTP 协议,"www.yahoo.com"表示要访问服务器的主机名。如果地址中是 https 开头,那么表示这台 Web 服务器使用的是 HTTP 安全版协议,用于安全的 HTTP 数据传输。

6.3.2 Internet 连接

要访问 Internet 资源,得到其服务,就必须首先实现与 Internet 的连接。连接 Internet 有多种方式,但目前大多数单机个人用户都通过电话拨号方式入网,本小节介绍如何建立网络连接。

1. 上网的硬件和软件条件

将上网设备正确连接到计算机上,且建立软件的网络连接才能上网浏览并进行网上活动。表 6.3 所示列出了个人计算机上网的硬件和软件条件。

表 6.3 个人计算机上网的硬件和软件条件

名称	用途	使用条件
计算机	提供上网浏览程序的显示环境	需要安装操作系统
网卡	提供与网络连接端口(如宽带接入口)	需要安装连接程序
调制解调器	提供网络连接端口(如电话线接入口)	需要安装调制解调器的驱动程序
浏览器	提供浏览、搜索窗口	安装 Windows 各个版本均可

2. 安装网卡或 Modem

现在计算机上一般不需安装独立网卡,因为计算机主板上装有集成网卡。若需要安装独立网卡,则要将网卡插入主板上的网卡插槽中。计算机启动时,会自动寻找并安装网卡的驱动程序。

若需要通过电话线上网,则需要安装 Modem,一般操作步骤如下。

①按调制解调器说明书将 Modem 与计算机和电话线连接妥当。

②双击"控制面板"中的"调制解调器"图标,安装所选 Modem 的驱动程序。

③单击"调制解调器属性"对话框的"常规"标签中的"拨号属性"按钮,根据需要进行相应的设置。

3. 建立 Internet 连接

将一台计算机或其他设备连接到 Internet,有很多种方式,包括宽带和基带、有线和无线等。接入服务通常由 Internet 服务提供商(ISP)提供。Internet 服务提供商主要为用户提供接入 Internet 服务和各种类型的信息服务，如电子邮件服务、信息发布代理服务和广告服务等。下面介绍 6 种连接服务。

(1) 通过 Modem 拨号接入 Internet

在这种连接方式下，计算机用户通过 Modem 连接公用电话网络，再通过公用电话网络连接到 ISP，通过 ISP 的主机接入 Internet，如图 6.6 所示。使用拨号上网方式的用户在建立拨号连接前需向 ISP(在我国一般是当地电信部门)申请拨号连接的使用权，获得账户和密码，每次上网前通过账户和密码拨号。采用拨号上网方式，在上网之后会被动态地分配一个合法的 IP 地址。在用户和 ISP 之间要用专门的通信协议 SLIP 或 PPP。

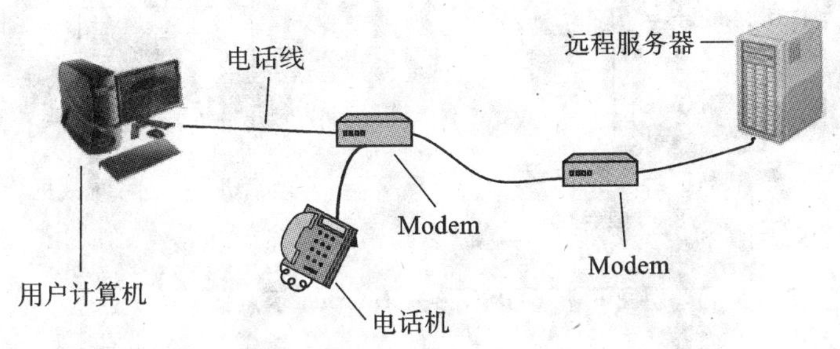

图 6.6 拨号接入 Internet 示意图

拨号上网的投资不大，适合一般家庭及个人用户使用。但其速度慢，因为它受电话线及相关接入设备的硬件条件限制，一般在 56 Kb/s 左右。目前，在我国中等以上城市已经基本不用这种上网方式。

(2) 通过 ISDN 接入 Internet

综合业务数字网络(Integrated Service Digital Network，ISDN)俗称"一线通"，是一个数字电话网络国际标准，是一种典型的电路交换网络系统。它可提供端到端的数字连接，不仅可以用来打电话，还可以提供诸如可视电话、数据通信、电视会议等多种服务，从而将电话、传真、数据和图像通信等多种业务综合在一个统一的数字网络中进行。在这种连接方式下，网络终端 NT、用户终端和 ISDN 终端适配器 TA 等通过电话网络连接到 ISP。需要强调的是，与拨号上网不同，在电话线上传输的是数字信号。由于 ISDN 使用数字传输技术，因此其线路抗干扰能力强、传输质量高、速度快(网速最高可达到 128 Kb/s)，可支持多种不同设备，打电话、上网两不误。

(3) 通过 DDN 专线接入 Internet

数字数据网(Digital Data Network，DDN)是利用铜缆、光纤、数字微波或卫星等数字传输通道，提供永久或半永久连接电路，以传输数字信号为主的数字传输网络。在连接到 Internet 时，是通过 DDN 专线连接到 ISP，再通过 ISP 连接到 Internet。局域网通过 DDN 专线连接 Internet 时，一般需要使用基带调制解调器和路由器。

DDN 提供点到多点的连接，适合广播发送信息，也可用于集中控制等业务，适用于大型企业。数字电路的传输质量高，时延小，通信速率可根据需要选择；其电路可以自动迂回，可靠性高。

(4) 通过 xDSL 接入 Internet

数字用户线路(Digital Subscriber Loop，DSL)可以利用双绞线高速传输数据。现有的 DSL 技术已有多种，如 HDSL、ADSL、VDSL、SDSL 等。中国电信为用户提供了 HDSL、

ADSL 接入技术。非对称式数字用户线路(Asymmetric Digital Subscriber Line,ADSL)采用了先进的数字处理技术,将上传频道、下载频道和语音频道的频段分开,可在一条电话线上同时传输 3 种不同频段的数据,并且能够实现数字信号与模拟信号同时在电话线上传输。采用这种连接方式时,主机通过 DSL Modem 连接到电话线,再连接到 ISP,通过 ISP 连接到 Internet,如图 6.7 所示。

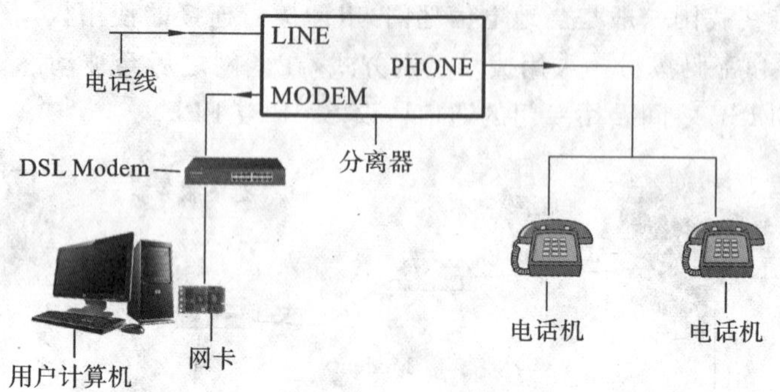

图 6.7　ADSL 接入 Internet 示意图

ADSL 提供了下载传输带宽最高可达 8 Mb/s、上传传输带宽为 64 Kb/s～1 Mb/s 的宽带网络。与拨号上网和 ISDN 相比,它减轻了电话交换机的负载,不需要拨号,属于专线上网。

(5) 通过电缆调制解调器接入 Internet

目前,我国已发展成为世界第一大有线电视网络国家,且用户数还在逐年增加。随着相关技术的快速发展,现在能够利用一些特殊的设备把该网络的信号转化成计算机网络的数据信息,这个设备就是电缆调制解调器(Cable Modem)。有线电视网传输的是模拟信号,通过 Cable Modem 把数字信号转化成模拟信号,就可以与电视信号一起通过有线电视网传输;在用户端,使用电缆分线器将电视信号和数据信号分开。

采用这种方法,连接速率高、成本低,并且提供非对称的连接;与使用 ADSL 一样,用户上网不需要拨号,提供了一种永久型连接;还有就是不受距离的限制。其不足之处在于有线电视是一种广播服务,同一信号发向所有用户,从而带来了很多网络安全问题;另外,由于它是共享信道,如果一个地方的用户较多,那么数据传输速率就会受到影响。

(6) 无线接入

无线上网分两种:一种是通过手机开通数据功能,计算机通过手机或无线上网卡来达到无线上网,速度则由使用的技术、终端支持速度和信号强度共同决定,目前正在发展的 5G 上网即是指这一种;另一种是通过无线网络设备(如无线 AP、无线网卡等)以传统局域网为基础,来实现无线上网。

除了上述的几种上网方式,还有其他一些接入 Internet 技术,如通过电力网络接入等,但这些技术还不够成熟,实际应用也较少。

6.4　Internet 的应用

Internet 为网络用户提供了极其丰富的应用,本节介绍其基本的应用。

6.4.1 基本服务

1. 超文本链接与 WWW

WWW 是 World Wide Wed 的缩写，又称万维网。WWW 中使用的文本是超文本。超文本是一个包含有与其他文件链接的文本格式文件，这种特性使得用户容易从一个正在阅读的文件进入另一个有关的文件。这种与其他文件的链接叫超文本链接。用户可以利用 WWW 对 Internet 的各种数据资源进行检索，从而方便地获取各种文本文件、超文本文件(图像、声音、动画等)。

2. 超文本标记语言

超文本标记语言(Hyper Text Markup Language，HTML)是一种制作网页的标准语言。HTML 使用标记标签来描述网页，包括标题、图形定位、表格和文本格式等，浏览器根据 HTML 来显示网页中的文本和其他信息，以及如何进行链接等。超级文本标记语言消除了不同计算机之间信息交流的障碍，它是 Web 编程的基础

3. 网站和网页文件

网站(Web 站点)是指在 Internet 上向全球发布信息的地方。网站主要由 IP 地址和内容组成，存放于 Web 服务器上。网站中包含很多网页(Web 页)，网页文件是用超文本标记语言(HTML)编写的一种超文本文件。其扩展名是 htm 或 html，其中的标记可由浏览器进行解释和显示。一个网页可以包含多个文件。网页中除了文件外，还可以包括嵌入在其中的图像、动画、视频、声音和流媒体等。

4. 统一资源定位符(URL)

每个网页都具有唯一的名称标识，通常称为统一资源定位符(Uniform Resource Locator，URL)地址。这种地址可以是本地磁盘，也可以是局域网上的某一台计算机，更多的是 Internet 上的站点。简单地说，URL 就是 Web 地址(俗称“网址”)。

URL 的格式由资源类型、存放资源的主机域名、资源文件名 3 部分组成。URL 的一般语法格式为

传送协议://主机名[:端口号]/路径/[参数][? 查询]#信息片段

不是每个 URL 都包含以上各项内容，方括号中的内容可以省略。一个正确的 URL 除了主机名(服务器)不可缺少外，其他都可以使用默认值。

5. HTTP

HTTP 规定了浏览器在运行超文本文件时所遵循的规则和协议，它是 Web 的基本协议。用户通过 URL 可以定位自己想要查看的信息资源，而这些资源存储在世界各地 Web 服务器中。如果用户想通过浏览器去浏览这些信息资源，就要使用 HTTP 将超文本等信息从服务器传输到用户的客户机上。

6. 远程登录(Telnet)

远程登录为用户使用别的主机上的信息、软件和硬件资源提供服务。用户通过 Telnet 远程终端仿真协议将自己的计算机变成 Internet 上另一主机系统的远程终端，从而使用该主机系统的各种硬、软件资源。可以使处理能力较弱的用户利用功能强大的异地主机，增强自己的

工作能力，完成力所不能及的任务。

7. 文件传输(FTP)

Internet 中的 FTP 服务是提供文件传输功能的网络工具。FTP 使用 TCP/IP 实现远程登录，用户可以直接与远程主机进行交互，并可下传存储在远程主机上的数据，或将用户端数据传给远程主机。数据可以是文本、程序，还可能是多媒体信息(图像、声音、动画等)。

8. 网络新闻组(USENET)

它是一个世界范围的论坛，在这些新闻组中，具有某一种相同兴趣的群体可以相互交流，互通消息。

9. 电子公告栏系统(BBS)

BBS 电子公告栏系统是 Internet 提供的一种社区服务。它具有在远程或局部区域内进行信息交流(包括布告栏、讨论区、聊天室、下载文件、收发邮件等)的功能。

6.4.2 浏览器的使用

浏览器是可以显示网页服务器或文件系统的 HTML 格式文件内容，并让用户与这些文件交互的一种软件。浏览器主要通过 HTTP 协议与网页服务器交互并获取网页。许多浏览器还支持其他的 URL 类型及其相应的协议，如 FTP、Gopher、HTTPS(HTTP 协议的加密版本)等。目前最流行的 Web 浏览器为微软公司的 Internet Explorer(简称 IE)，它是一个专门用于定位和访问 WWW 信息的浏览器。本节将以 IE11.0 为例说明浏览器软件的基本使用方法。

1. IE 简介

用户可通过 2 种方法启动 IE。

①双击桌面上的 IE 图标。

②单击“任务栏”左边的 IE 快捷方式图标。

IE 启动后，显示相应的窗口，如图 6.8 所示。

(1) 地址栏

地址栏是输入和显示网页地址的文本框，如输入 http://zhidao.baidu.com/，按 Enter 键后进入百度知道网站。有时在地址栏无须输入完整的地址就可以跳转。

(2) 工具按钮

IE11.0 的“工具”按钮 位于窗口右侧，“关闭”按钮之下。单击“工具”按钮，弹出如图 6.9所示的菜单。使用此菜单及相应的子菜单可以方便地执行打印、保存、安全设置等操作。

(3) 收藏按钮

IE11.0 的“收藏”按钮 在窗口中位于“工具”按钮的左侧。单击“收藏”按钮，弹出如图 6.10 所示的“收藏中心”，可以查看收藏夹、源和历史记录。单击“添加到收藏夹”按钮，可以将正在浏览的网页添加到指定的收藏夹文件夹中；单击“添加到收藏夹”右侧的按钮，可执行“整理收藏夹”等操作。单击左侧的“固定收藏中心”按钮 ，可将“收藏中心”固定到浏览器窗口左侧。

图 6.8　IE11.0 窗口布局

(4) 菜单栏

IE11.0 默认窗口不显示菜单栏。用鼠标右键单击选项卡上方任意空白处，弹出如图 6.11 所示的快捷菜单。单击“菜单栏”就可将“菜单栏”显示在窗口上方。“菜单栏”包括“文件”、“编辑”、“查看”、“收藏夹”、“工具”和“帮助”等菜单项，利用其相应的菜单命令可以方便快捷地对网页进行保存、收藏，以及对浏览器的运行环境进行设置。

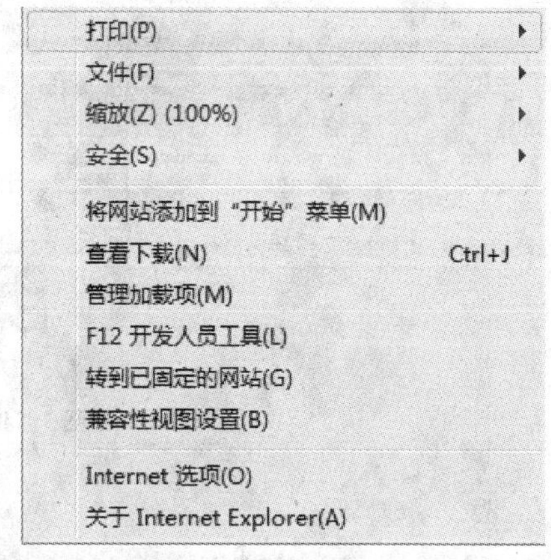

图 6.9　“工具”菜单

用鼠标在图 6.11 所示的快捷菜单选中“收藏栏”、“命令栏”，可以在浏览器上方窗口显示“收藏栏”和“命令栏”；若选中“状态栏”，则显示在窗口下方，如图 6.12 所示。

2. 设置主页

浏览器的主页是启动浏览器后默认打开的网址，如果把经常访问的网址设为浏览器的默认网址，则可迅速开启该网页，提高效率。设置主页的操作步骤如下。

①在浏览器窗口中单击“工具”按钮⚙，在弹出的菜单上选择“Internet 选项”命令，打开“Internet 选项”对话框。

②在“Internet 选项”对话框的“常规”标签下的“主页”文本框中键入主页网址，或者单击“使用当前页”按钮或“使用默认值”按钮或“使用新选项卡”按钮。图 6.13 所示的“主页”文本框中的地址是单击“使用默认值”按钮后产生的。

③单击“应用”按钮，再单击“确定”按钮。

3. 安全设置

在“Internet 选项”对话框中单击“安全”选项卡，可以对不同类别的网站设置不同的安全

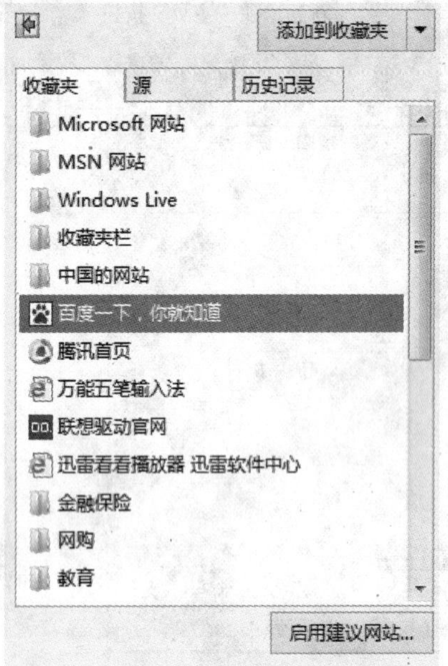

图 6.10　查看收藏夹、源和历史记录

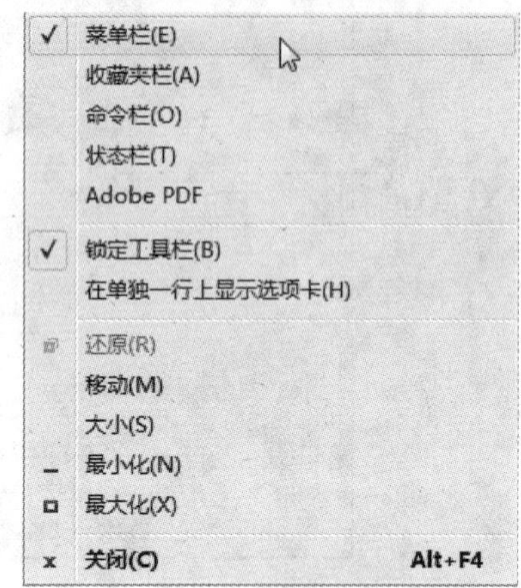

图 6.11　IE11.0 窗口右键快捷菜单

图 6.12　传统样式的 IE 窗口

级别。选择的级别超高，就越能有效地应对来自网络的病毒、木马等威胁，但利用浏览器可能会受到更多的限制。

4. 高级设置

在"Internet 选项"对话框中单击"高级"选项卡，可以进行更多设置，如图 6.14 所示。

在"设置"列表框中，用户根据需要进行选择后，依次单击"应用"按钮、"确定"按钮就可完成设置。例如，如果选中"关闭浏览器时清空 Internet 临时文件夹"，那么在用户退出浏览器时，系统会将查看网页过程中存储在计算机上的"临时 Internet 文件"文件夹中的与网页关联的文件、图片等内容删除。因为 IE 可以从计算机上而不是从 Web 上打开频繁访问或已经查看过的网页，目的是为了加快这些内容的显示速度。如果不选中该项，那么临时文件太多将会占用过多磁盘空间。

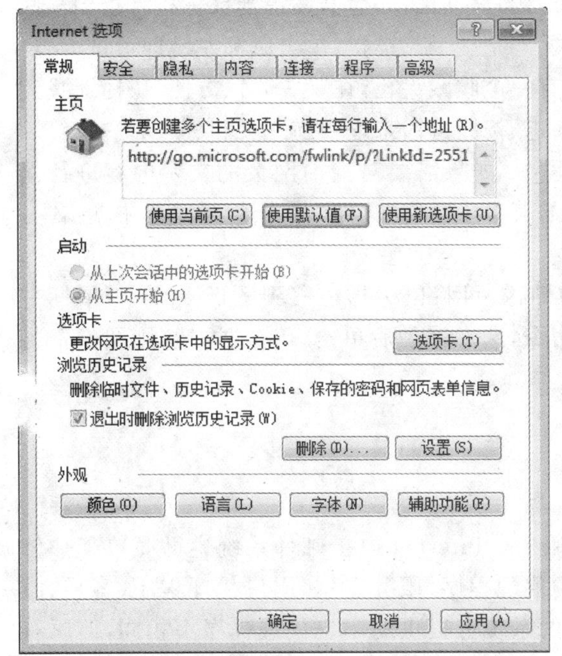

图 6.13　"Internet 选项"对话框的"常规"选项卡

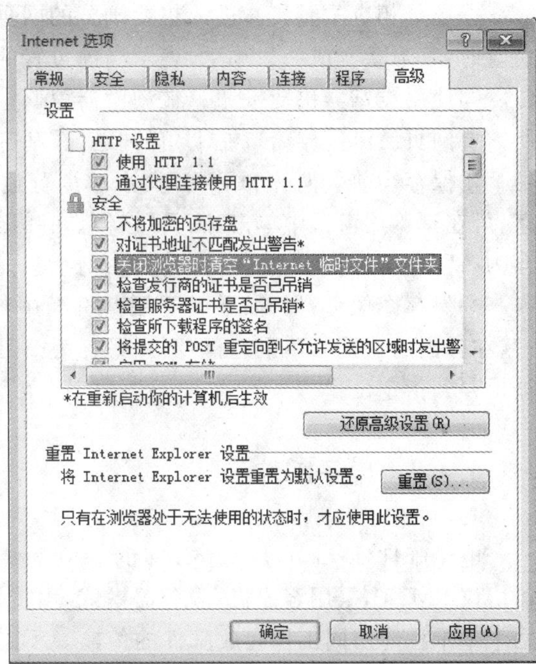

图 6.14　"Internet 选项"对话框的"高级"选项卡

5. 网上浏览

在网卡浏览，可以根据需要进行下列操作。

①输入需浏览的网址。在 IE11.0 浏览器窗口中单击"新选项卡"，在其地址栏中输入想访问的 WWW 网址，如 http://www.microsoft.com，按回车键后出现图 6.15 所示的微软公司主页。

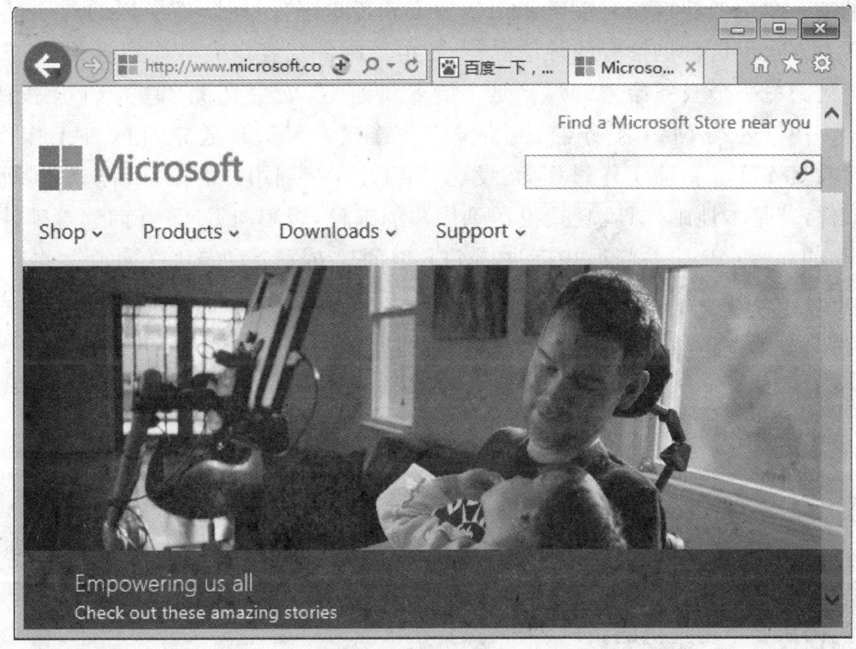

图 6.15　微软公司主页

②选择相应的链接。进入想要浏览的网页后，当移动鼠标时，会发现当鼠标指针指到某些位置时，其形状变成一只小手，表示当前位置的文本是一个超链接，单击鼠标左键即可进入。

③使用浏览器快捷按钮。在浏览器窗口中有一个收藏夹栏，在其中可以方便、快捷地找到所需要网页。浏览器窗口左上角的“返回”和“前进”按钮可用来返回前一页和进入后一页等。

④保存当前页面的 HTML 文本。浏览过程中，如果需要对当前网页的文字内容进行保存，可在浏览器窗口中单击“工具”按钮，在弹出的菜单中指向“文件”，在下级子菜单中单击“另存为…”命令，将 HTML 文本存入本地磁盘。

⑤保存图像资料。如果需要保存页面中的图像，可将鼠标指针移到图像上，单击鼠标右键，在弹出的快捷菜单中选择“图片另存为…”命令，选定路径后单击“确定”按钮，则图像资料被保存到指定位置。

6.4.3 电子邮件

电子邮件(E-mail)是 Internet 的一项重要服务。Internet 电子邮件系统遵循简单邮件传输协议 SMTP，采用客户机/服务器模式，由传输代理程序(服务方)和用户代理程序(客户方)两个基本程序协同工作完成邮件的传输。不同的系统上提供的用户代理程序不相同，但所有的用户代理程序都遵守 SMTP 协议，传输代理程序遵守 POP(邮局)协议，原理相同。

1. 电子邮件(E-mail)工作原理

用户可通过 Internet 向世界各地的其他 Internet 用户发送电子邮件，也可接收从世界各地发来的电子邮件。有了 E-mail，无论天涯海角，邮件都可以转瞬即至。若接收方的 E-mail 地址有误，则电子邮件服务系统会自动将邮件退回，且说明退信缘由。

在电子邮件工作中用到的协议主要有 SMTP、POP3、MIME 和 IMAP。

(1) SMTP

SMTP 的一个重要特点是它能够采用接力方式传送邮件，即邮件可以通过不同网络上的服务器以接力方式传送。包括有两种情况：一是电子邮件从客户机传输到服务器；二是从某一个服务器传输到另一个服务器。SMTP 是个请求/响应协议，它监测 25 号端口，用于接收用户的 Mail 请求，并与远端 Mail 服务器建立 SMTP 连接。SMTP 通常有两种工作模式：发送 SMTP 和接收 SMTP。具体工作过程为：发送 SMTP 在接到用户的邮件请求后判断此邮件是否为本地邮件，若是本地邮件，就直接投送到用户的邮箱，否则向 DNS 查询远端邮件服务器的 MX(Mail Exchange)纪录，并与远端接收 SMTP 之间建立一个双向传送通道。此后 SMTP 命令由发送 SMTP 发出，并由接收 SMTP 接收。一旦传送通道建立，SMTP 发送者发送 MAIL 命令，指明邮件发送者。如果 SMTP 接收者认可接收邮件，则返回 OK 应答。SMTP 发送者再发出 RCPT 接受命令，以确认邮件是否接收到。如果 SMTP 接收者接收到，则返回 OK 应答；如果不能接收到，则发出拒绝接收应答(但不中止整个邮件操作)，双方将如此重复多次。

(2) POP3

POP3 采用客户机/服务器工作模式。当客户机需要服务时，客户端的软件(Outlook Express 等)将与 POP3 服务器建立 TCP 连接，此后要经过 POP3 协议的 3 种工作状态。首先是认证过程，确认客户机提供的用户名和密码；在认证通过后便转入处理状态，在此状态下用户可收取自己的邮件或做邮件的删除；在完成响应的操作后客户机便发出 QUIT 命令，此后便进入更新状态，将做删除标记的邮件从服务器端删除掉。到此为止，整个过程即告完成（在Outlook Express中，是否删除邮件可由用户设置时选择）。

(3) MIME

MIME是多用途网际邮件扩充协议，用于说明如何安排消息格式，使消息在不同的邮件系统内进行交换。MIME的格式灵活，允许邮件中包含任意类型的文件。MIME允许邮件包括：单个消息中可含多个对象，文本文档不限制一行长度或全文长度，可传输ASCII以外的字符集、多字体消息、二进制或特定应用程序文件，以及图像、声音、视频及多媒体消息等。MIME的安全版本S/MIME用来支持邮件的加密。S/MIME为电子消息应用程序提供认证、完整性保护、鉴定及数据保密等加密安全服务。

(4) IMAP

IMAP是与POP3对应的一种协议。IMAP除了提供与POP同样方便的邮件下载服务，让用户能进行离线阅读外，还提供了摘要浏览功能，可以让用户在阅读完所有的邮件到达时间、主题、发件人、大小等摘要信息后，才做出是否下载邮件的决定。不过，由于服务成本高等原因，目前能提供IMAP协议服务的还较少。

2. E-mail地址

Internet上的E-mail地址是指电子邮件的地址。E-mail地址具有以下统一的标准格式：

用户ID@主机域名

例如，重庆建筑大学计算机系的E-mail地址为：jsj@cqjzu. edu. cn。

E-mail地址由两部分组成：第一部分即@符号左边的部分称为用户ID(标识)，它标识了一个网络系统内的某个用户名；第二部分即@符号右边的部分称为域或宿主名，它标识了该用户ID所属的网络机构或网络服务提供者。当用户ID与域名结合时，就得到了一个标识网络上某个用户的唯一地址。

3. 客户端程序配置

Outlook Express、Foxmail等都是常见的电子邮件软件，本节以Outlook 2010为例介绍它的基本使用法。使用电子邮件软件前都需建立邮件账户，并对账户进行一些简单设置。其操作步骤如下。

①单击“开始”按钮，指向“所有程序”，再单击“Microsoft Office”，选择“Microsoft Outlook 2010”命令，启动Outlook。

②依次单击“文件”选项卡、“信息”选项、“添加账户”按钮，打开“添加新账户”对话框，如图6.16所示。

如果是第一次启动Outlook，那么系统会自动打开“自动账户设置”对话框，提醒用户设置账户。

③选中“电子邮件账户”单选钮，单击“下一步”按钮，显示“自动账户设置”对话框，如图6.17所示。在“您的姓名”框中输入发件人名称，该名称将在邮件接收方一端显示，以便收件人知道发件人是谁；在“电子邮件地址”框中输入有效的、完整的电子邮件地址；在“密码”和“重新键入密码”框中输入用户的电子邮件密码。完成设置后，单击“下一步”按钮。

④Outlook开始联机搜索用户的服务器设置，配置过程可能需要几分钟时间。设置成功后，将显示成功提示，单击“完成”按钮，返回到Outlook窗口，显示测试消息。当看到“这是在测试您的账户设置时Microsoft Outlook自动发送的电子邮件。”消息时，表明真正完成了自动

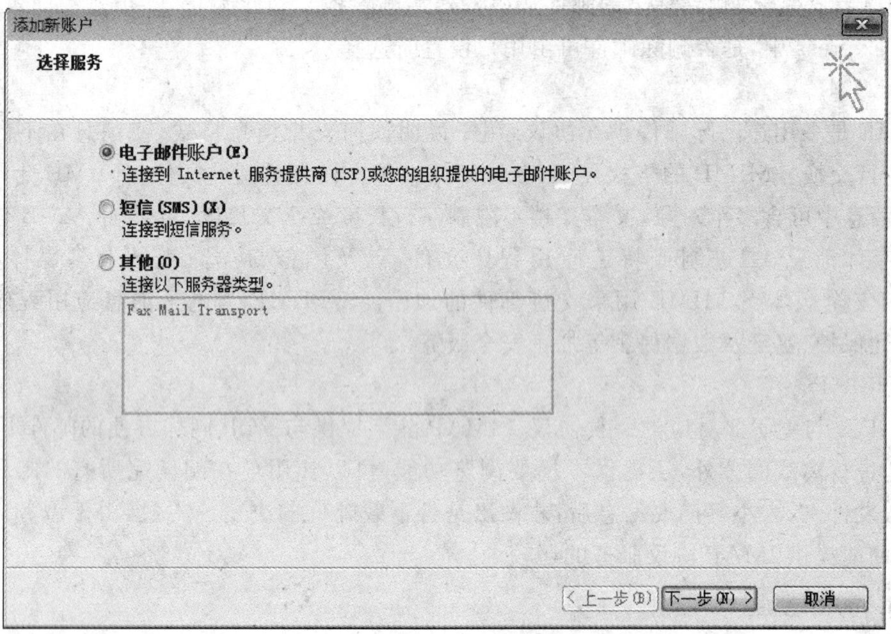

图 6.16 “添加新账户”对话框的“选择服务”

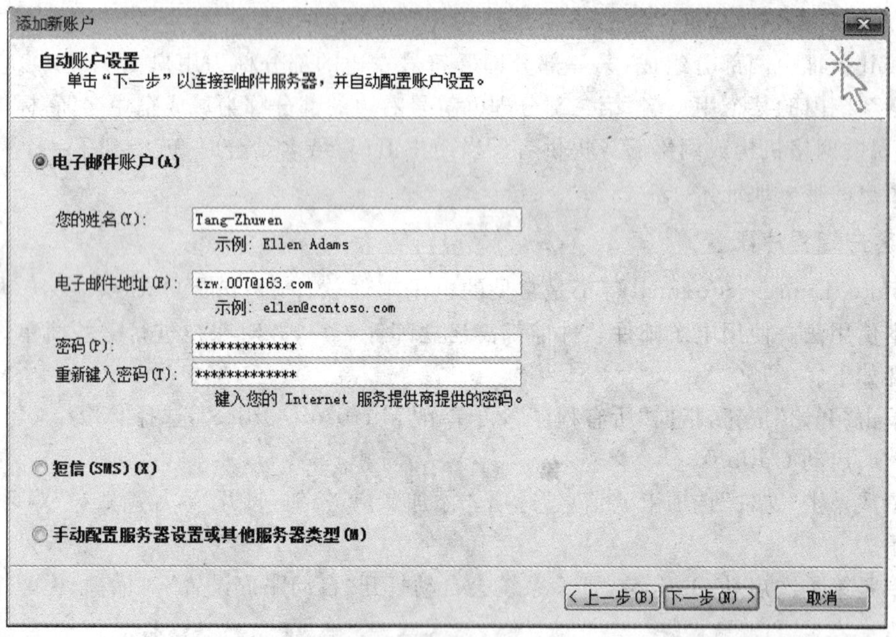

图 6.17 “添加新账户”对话框的“自动账户设置”

账户设置。

特别提醒:在配置过程中,务必保持网络畅通!

如果 Outlook 配置失败,那么系统会提示使用未加密连接,对邮件服务器再次进行尝试。如果在自动设置账户时出现了错误,或者邮件服务器发生了变化,或者对账户内容(如密码)进行了修改,那么可使用手动设置账户的方式进行设置。用户可按系统提示进行手动设置。

4. 收发电子邮件

(1) 编辑电子邮件

编辑电子邮件的操作步骤如下。

①启动 Outlook。

②在“开始”选项卡的“新建”组中单击“新建电子邮件”按钮，打开“邮件”窗口，如图 6.18 所示。

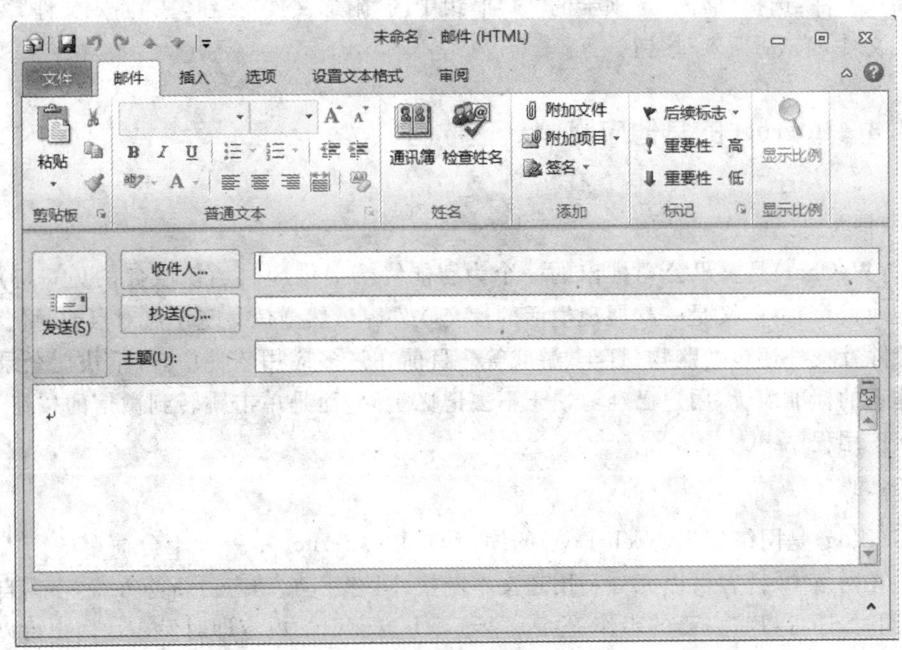

图 6.18 “邮件”编辑窗口

“收件人”框：填写收信人的 E-mail 地址。这是必填项目，可同时键入多个 E-mail 地址，中间用英文分号“;”隔开。用户可以在“邮件”选项卡的“姓名”组中单击“通讯簿”，或单击“收件人”按钮，从已有的“通信簿”中选择收件人。

“抄送”框：如想把该邮件同时发送给另外的人，可在此栏键入他们的 E-mail 地址。

“主题”框：键入邮件的标题。

正文框：键入邮件内容。

(2) 发送邮件

编辑好邮件后，单击“发送”按钮即可将邮件发送出去。若发送邮件成功，则会在“已发送邮件”文件夹中保存备份。

若正在脱机撰写邮件，则依次单击“文件”选项卡、“另存为”选项，将邮件保存在文档库中的“Outlook”文件夹中，以后发送。

(3) 接收邮件

在“发送/接收”选项卡的“发送和接收”组中单击“发送/接收所有文件夹”按钮，系统将在邮件服务器中检查自己的邮箱，如有新的邮件，则将自动接收。

(4) 在邮件中插入链接、图片或附件

Outlook 提供了在电子邮件中插入链接、图片或附件的功能，用户可将多种格式的文件发送到收件人手中。在邮件中单击想要放置图片或文件的位置，或者选定需要链接到文件或网页的文本，然后进行以下操作就可完成相关任务。

①插入链接：选定需要链接的文本或其他对象，单击“插入”选项卡的“链接”组中的“超链接”按钮，选择链接类型，再键入链接的位置或地址。

②插入图片：在“插入”选项卡的“插图”组中单击“图片”按钮，在“插入图片”窗口查找要插入的图片文件，单击“插入”按钮。

③插入文件：选择“插入”选项卡的“添加”组中的“附加文件”按钮，在“插入文件”窗口查找要插入的文件，单击“插入”按钮。

6.4.4 Internet 的其他应用

1. 微信

微信(WeChat)是腾讯公司推出的一个为智能终端提供即时通信服务的免费应用程序。它既是即时通信软件，又是一款展现生活的社交软件。虽然微信是基于点对点的通信工具，但它的功能除社交外还包括购物、打车、游戏等。目前在许多应用软件中，微信快捷登录已经成为登录体系的标准配置，用户已经习惯于不去记忆密码，而是单击跳转到微信的按钮，再单击授权进入应用程序中。

2. 博客

博客(Blog)是网络日志(Web Log)的缩写，它是 Internet 中一种十分简单的个人信息发布方式。在网络中，博客可以充分利用超文本链接、网络互动、动态更新等方式，丰富自己的博客资源，同时，还可以将自己的工作、生活、学习等方方面面的内容即时发布。用户可以到提供博客(如新浪、搜狐、博客中国等)服务的网站上申请自己的博客空间。

3. 微博

微博(Microblog)即微型博客，是一个基于用户关系的信息分享、传播及获取的平台。微博中每篇文字一般不超过 140 字，用户可以通过手机、网络等方式来即时更新自己的个人信息，并实现即时分享。微博作为全新的广播式社交网络平台越来越受到网民的欢迎。现在我国有很多网站提供微博服务，如新浪微博、腾讯微博、搜狐微博、网易微博等。注册微博后，用户就可以在自己主页上发表微博，通过“粉丝”转发来增加阅读数，同时，还可关注自己喜欢的微博账号，通过@对方或私信对其微博进行评论。

4. 即时通信(IM)

即时通信(Instant Messenger，IM)是一个终端连接即时通信网络的服务。与 E-mail 不同，这种沟通、交流是即时的。大部分的即时通信服务都提供了状态信息的特征——显示联络人名单、联络人是否在线，以及能否与联络人交谈。

在 Internet 上较为流行的即时通信服务包括 QQ、Windows Live Messenger、Skype、Yahoo、Messenger 和 ICQ 等。

5. 电子商务

(1) 电子商务的定义

电子商务是一个新兴事物，它的定义可从广义和狭义两个方面来理解。广义的电子商务包括两层含义，一是指应用各类电子工具，如电话、电报、传真等从事的商务活动；二是指企业利用互联网从事包括产品广告、设计、研发、采购、生产、营销、推销、结算等各种经济事务活动的总称。狭义的电子商务主要是指利用 Internet 从事以商品交换为中心的商务活动。

(2) 电子商务模式

常见的电子商务模式有以下 3 个种。

- B2B(business to business)模式，即企业对企业模式，如阿里巴巴、生意宝(网盛科技)、慧聪网等。
- B2C(business to customer)模式，即企业对个人模式。这种模式以互联网为载体，为企业和消费者提供网上交易平台，即网上商店，如京东、亚马逊、当当网等。
- C2C(customer to customer)模式，即个人对个人模式，如淘宝网、拍拍网、易趣网等。

(3) 网上购物流程

电子商务网站可提供网上交易和管理等全过程的服务，网上购物流程如图 6.19 所示。

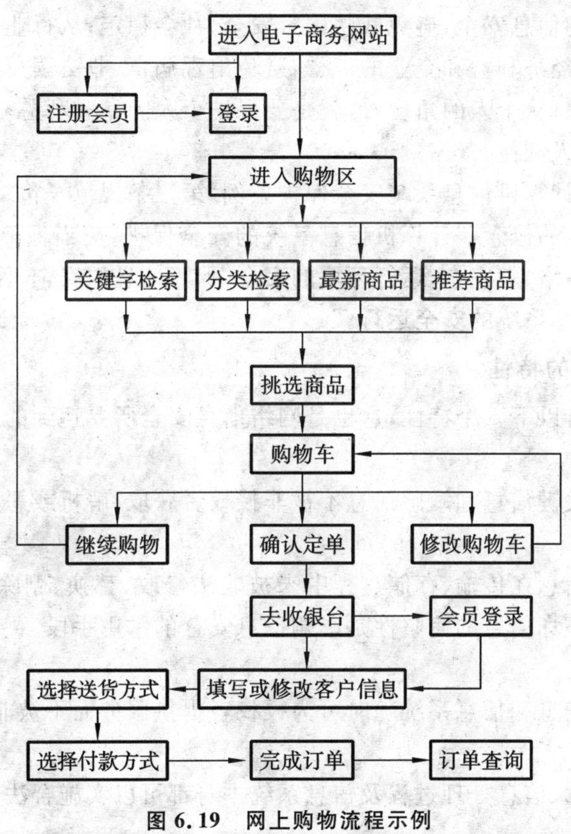

图 6.19 网上购物流程示例

6.5 网络信息安全

信息时代，人们日常活动中依赖计算机网络日益增强，如网上购物、网络银行、网上交友等。越来越多的重要信息和数据会上传到网络上，网络信息受到计算机病毒、黑客、系统漏洞等所带来的网络安全威胁，成为人们十分关心的重要问题。

6.5.1 网络信息安全概述

网络信息安全涉及国家、社会、企业和个人生活等各个领域，计算机网络信息安全通常是指通过采取各种技术和管理措施，确保网络数据的可用性、完整性和保密性，其目的是确保经过网络传输和交换的数据不会发生增加、修改、丢失和泄漏等问题。

1. 网络信息安全的含义

计算机网络信息安全主要包括网络实体安全和网络信息安全。网络实体安全主要指计算机的网络硬件设备和通信线路的安全，网络信息安全主要指软件安全和数据信息(包括用户信息)安全。本质上，就是保护计算机网络系统中的硬件、软件和数据的安全。即凡是涉及网络信息的保密性、完整性、可用性、可控性、不可否认性的相关技术和理论都是网络安全所要研究的范畴。网络安全在不同的环境和应用中有不同的含义，从国家和社会的角度看，网络安全就是要保护国家和社会的信息安全，避免威胁国家安全、社会稳定；从行业企业的角度看，就是要保护企业的商业机密、经济利益和企业的声誉，避免出现病毒、非法读/写、拒绝服务、资源非法占用及非法控制等现象；从个人的角度看，就是要保护个人隐私和利益，避免他人利用窃听、假冒、篡改等手段损害个人利益。

《中华人民共和国计算机信息系统安全保护条例》第三条规范了包括计算机网络系统在内的计算机信息系统安全的概念："计算机信息系统的安全保护，应当保障计算机及其相关的和配套的设备、设施(含网络)的安全，运行环境的安全，保障信息的安全，保障计算机功能的正常发挥，以维护计算机信息系统的安全运行。"

2. 网络信息安全的特性

网络信息安全具有以下 5 个特性，这也是网络信息安全所要达到的目标。

(1) 保密性

保密性是指保证关键信息和敏感信息不被非授权者获取、解析或恶意利用。

(2) 完整性

完整性是指保证信息在传输、存储过程中未被非法修改、替换、删除。信息完整性是信息网安全的基本要求。破坏信息的完整性是影响信息安全的常用手段。

(3) 可用性

可用性是指保证信息和信息系统随时可为授权者提供服务而不被非授权者滥用和阻断。

(4) 可控性

可控性是指对信息、信息处理过程及信息系统本身都可以实施合法的安全监控和检测。

(5) 不可否认性

不可否认性又称信息的抗抵赖性，是指保证出现网络信息安全问题后有据可查，可以追踪责任到人或事。

具体来说，网络信息安全保护的对象是信息。其中，信息的保密性、完整性和可用性是保证信息网络安全的基本特性。

3. 网络信息安全的层次

为了实现网络信息安全的 5 大特性，必须从物理设备、网络、系统、应用和管理各层面保证其安全。网络信息安全层次如图 6.20 所示。

(1) 物理安全

物理安全是保护计算机设备、设施(含网络)以及其他媒体等实体免遭地震、水灾、火灾、电磁污染等环境事故,以及因为操作失误或者各类计算机犯罪行为导致破坏的措施和过程。为了保证网络实体安全必须做到环境安全、设备安全和媒体安全,物理安全是整个网络信息安全的基石。

(2) 网络安全

网络安全的组成如图 6.21 所示。

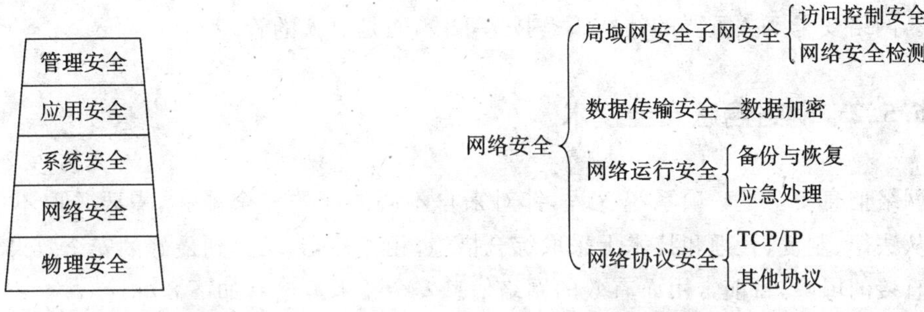

图 6.20　网络信息安全的 5 个层次

图 6.21　网络安全的组成

在内网和外网之间,设置合理的访问控制,可使内网对外网和外网对内网的访问都变得安全可靠,且实用。网络安全检测通常对内网的硬件和软件进行安全评估,检测出存在的漏洞和潜在的威胁,以达到增强网络安全的目的。数据备份不仅能在网络系统硬件故障或操作失误时起保护作用,而且能在入侵者实施非授权访问或对网络进行攻击及破坏数据完整性时起保护作用,使网络系统及时获得恢复。TCP/IP 协议在设计之初,只强调开放性和便利性,没考虑安全性,存在严重安全漏洞,给网络安全留下了隐患。

(3) 系统安全

用户常用的系统包括操作系统和数据库系统两种。用户通常对操作系统的安全比较重视,而对数据库系统的安全不够重视。实际上,数据库系统作为众多应用系统的底层平台,其安全性也十分重要。系统安全的组成如图 6.22 所示。

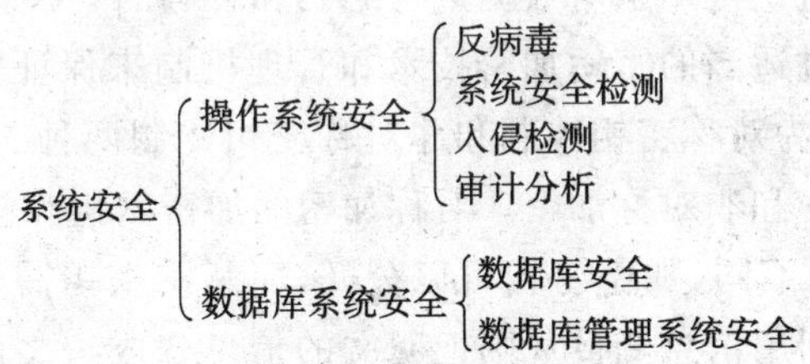

图 6.22　系统安全的组成

(4) 应用安全

应用安全建立在系统平台之上,人们普遍重视系统安全,而忽视应用安全。主要是因为对应用安全缺乏应有的认识;应用系统过于灵活,需要较高的安全技术。因为应用程序存在很多漏洞,配置上存在很多问题,很容易成为恶意软件攻击或利用的目标。只有通过及时的更新才能避免受到攻击。应用安全的组成如图 6.23 所示。

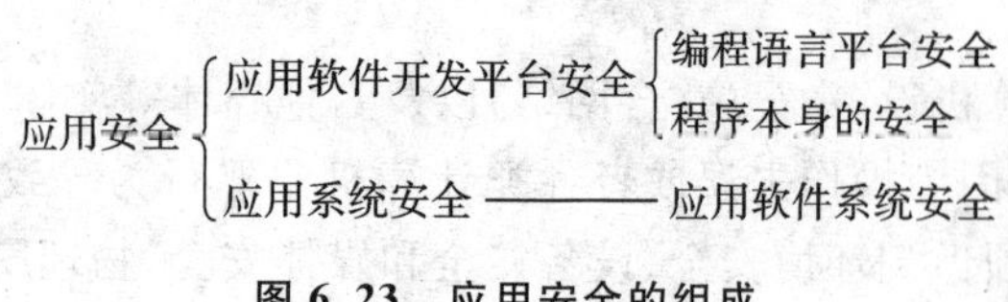

图 6.23 应用安全的组成

(5) 管理安全

管理安全是信息网络安全体系中不可缺少的一部分。完整的网络信息安全解决方案不仅包括物理安全、网络安全、系统安全和应用安全等技术手段,还需要以人为核心的策略和管理支持。网络安全至关重要的往往不是技术手段,而是对人的管理。

6.5.2 网络信息安全技术

网络信息安全是一项系统工程,针对来自不同方面的安全威胁,需要采取不同的安全策略。从法律、制度、管理和技术上采取综合措施,相互补充,以达到最好的安全效果。技术措施是最直接的屏障,目前常用而有效的网络信息安全技术策略有如下 8 种。

1. 身份认证技术

身份认证技术是为了在计算机网络中确认操作者的身份而实施的解决方法。网络世界中的一切信息,包括用户的身份信息都是用一组特定的数据来表示的,计算机只能识别用户的数字身份,所有对用户的授权也是针对用户数字身份的授权。身份认证技术就是为了保证以数字身份进行操作的操作者就是这个数字身份合法拥有者,也就是说保证操作者的物理身份与数字身份一一对应。作为防护网络资产的第一道关口,身份认证有着举足轻重的作用。在网络信息安全中,经常使用的身份认证手段有静态密码、智能卡(IC 卡)、短信密码、动态口令牌、USB KEY、数字签名、生物识别等。

2. 加密技术

加密技术包括算法和密钥两个元素。算法是将普通的文本与一串数字(密钥)结合,产生不可理解的密文的步骤;密钥是用来对数据进行编码和解码的一种算法。

在安全保密中,可通过适当的密钥加密技术和管理机制来保证网络的信息通信安全。密钥加密技术的密码体制分为对称密钥体制和非对称密钥体制两种。相应地,对数据加密的技术也分为两类,即对称加密和非对称加密。对称加密的加密密钥和解密密钥相同,而非对称加密的加密密钥和解密密钥不同,加密密钥可以公开,而解密密钥需要保密。加密算法多种多样,在信息网络中一般是利用信息变换规则把明文的信息变成密文的信息。攻击者即使得到经过加密的信息,所看到的是一串毫无意义的字符。加密可以有效地对抗截收、非法访问等威胁。加密算法可以分为对称加密、非对称加密和哈希算法 3 类。

(1) 对称加密算法

加密和解密使用相同密钥或者可以由其中一个推知另一个,通常把参与加密、解密过程的相同的密钥叫作公共密钥。代表性的对称式加密算法有 DES(数据加密标准)、IDEA(国际数据加密算法)、Rijndael(莱恩戴尔加密算法)、AES、RC4 算法等。

(2) 非对称加密算法

加密和解密使用不同的密钥,每个用户拥有一对密钥,其中一个为公钥,公钥是公开的,任何人都可以获得；另一个为私钥，私钥是保密的，只有密钥对的拥有者独自知道。在使用过程中一个用来加密，另一个一定能够进行解密。典型的非对称加密算法有 RSA、DSA 等。

(3) 哈希算法

哈希算法（HASH 算法）也称为单向散列函数、杂凑函数或消息摘要算法。它通过一个单向数学函数，将任意长度的一块数据转换为一个定长的、不可逆转的数据。这段数据通常被称为消息摘要，其实现过程通常为压缩。典型的哈希算法有 MD5、SHA、HMAC、GOST 等。

3. 虚拟专用网技术

虚拟专用网（VPN）被定义为通过一个公用网络（如因特网）建立一个临时的、安全的连接，是一条穿过公用网络的安全、稳定的隧道。使用这条隧道可以对数据进行几倍加密达到安全使用互联网的目的。虚拟专用网是对企业内部网的扩展，可以帮助远程用户、企业分支机构、商业伙伴及供应商，同企业的内部网建立可信的安全连接，并保证数据的安全传输。虚拟专用网可用于不断增长的移动用户的全球因特网接入，以实现安全连接；也可用于实现企业网站之间安全通信的虚拟专用线路。

VPN 可以提供的功能有数据加密、数据完整性、数据源认证和防重放保护。VPN 有 3 种解决方案，即远程访问虚拟网、企业内部虚拟网和企业扩展虚拟网。

4. 安全扫描技术

安全扫描技术也称为脆弱性评估技术，采用模拟黑客攻击的方式对目标可能存在的已知安全漏洞进行逐项检测，以便对工作站、服务器、交换机、数据库等各种对象进行安全漏洞检测。安全扫描技术按扫描的主体分为基于主机的安全扫描技术和基于网络的安全扫描技术。按扫描过程分为 ping 扫描技术、端口扫描技术、操作系统探测扫描技术、已知漏洞的扫描技术等。

5. 防火墙技术

防火墙技术是指设置在不同网络（如可信任的企业内部网和不可信的公共网）或网络安全域之间的一系列部件的组合，是用来阻挡外部不安全因素影响的内部网络屏障，其目的就是防止外部网络用户未经授权的访问，它是一种计算机硬件和软件的结合，使 Internet 与 Intranet 之间建立起一种隔离技术，从而保护内部网免受非法用户的侵入。

防火墙主要由服务访问政策、验证工具、包过滤和应用网关 4 个部分组成。它包括 3 个方面功能。一是过滤不安全服务和非法用户，二是控制对特殊站点的访问，三是提供监视 Internet 安全和预警的方便端点。

6. 入侵检测技术

入侵检测技术是一种积极主动的安全防护技术，提供了对内部入侵、外部入侵和误操作的实时保护，在网络系统受到危害之前拦截相应入侵。随着时代的发展，入侵检测技术正朝着分布式入侵检测、智能化入侵检测和全面的安全防御方案等 3 个方向发展。

进行入侵检测的软件与硬件的组合就是入侵检测系统，它的主要功能是完成检测的功能。此外，还有如下功能：检测部分阻止不了的入侵；检测入侵的前兆，并加以处理，如阻止、封闭等；入侵事件的归档，以提供法律依据；网络遭受威胁程度的评估和入侵事件的恢复。入侵检测系统根据信息源的不同可分为基于主机的入侵检测系统（HIDS）和基于网络的入侵检测系统（NIDS）。

7. 病毒防护技术

计算机病毒是对网络信息安全威胁比较大的因素之一，它也随着信息技术的进步在不断地发展着，从最初的单机间通过存储介质相互传播，发展到今天的多种渠道传播，如 E-mail 传播、即时通信工具传播、无线信道传播等。其破坏性越来越大，由最初的破坏文件数据发展到今天的破坏信息系统、网络系统、盗窃用户一切信息(包括钱财)。用户可以通过病毒防护技术来减少病毒、间谍软件、恶意软件带来的危害。

8. 数据备份与恢复技术

计算机系统经常会因各种原因不能正常工作，造成数据损坏或丢失，甚至出现整个系统崩溃。因此，一般通过备份技术保留用户甚至整个系统数据，当系统不正常时可以通过该备份恢复工作环境。

数据备份方式有多种，用户可根据情况选择最合适的方式。按备份的数据量来划分有完全备份、增量备份、差分备份和按需备份；按备份的状态来划分有物理备份和逻辑备份；按备份的地点来划分有本地备份和异地备份。

6.5.3 防火墙技术的使用

对于个人计算机用户来讲，使用防火墙软件即可。常用的有 360 防火墙、Windows 7 自带防火墙等。本小节以 Windows 7 中的防火墙为例，介绍防火墙的基本设置。

1. 打开/关闭 Windows 防火墙

其操作步骤如下。

①依次单击“开始”按钮、“控制面板”命令，打开“控制面板”窗口，选择图标查看方式。单击“Windows 防火墙”链接，打开“Windows 防火墙”窗口，其中有两种网络类型——家庭或工作(专用)网络、公用网络。即 Windows 7 支持对不同网络类型进行独立配置，且互不影响。

②单击“打开或关闭 Windows 防火墙”链接，打开“自定义设置”窗口，选中“启用 Windows 防火墙”单选钮，选中“Windows 防火墙阻止新程序时通知我”复选框，以便用户随时根据需要做出响应。

③单击“确定”按钮，完成设置。

2. 设置防范勒索病毒端口

勒索病毒是通过远程攻击 Windows 的 445 端口，植入勒索病毒恶意程序，导致一些文件被加密，无法打开。其操作步骤如下。

①依次打开“Windows 防火墙”窗口、“高级设置”链接、“高级安全 Windows 防火墙”窗口。

②选中“入站规则”选项，在“操作”任务窗格中单击“新建规则”链接，打开“新建入站规则向导”对话框，选中“端口”单选钮。

③单击“下一步”按钮，选中“特定本地端口”单选钮，在其右侧文本框中输入端口号 445。

④单击“下一步”按钮，选中“阻止链接”单选钮。

⑤单击“下一步”按钮，选中“域”“专用”和“公用”复选框。

⑥单击“下一步”按钮，在“名称”文本框中输入自定义的规则名称，单击“确定”按钮。

6.6 计算机网络新技术

第三次信息化浪潮发生于2010年前后，为了解决信息爆炸的问题，计算机网络新技术全面开启了云计算、物联网和大数据时代。

6.6.1 云计算

1. 云计算的概念

云计算(Cloud Computing)的定义有多种。云计算是基于互联网相关服务的增加、使用和交互模式，通常涉及通过互联网来提供动态易扩展且经常是虚拟化的资源。美国国家标准与技术研究院(NIST)给云计算的定义是，一种按使用量付费的模式，这种模式提供可用的、便捷的、按需的网络访问，进入可配置的计算资源(资源包括网络、服务器、存储、应用软件、服务)共享池，这些资源能够被快速提供，只需投入很少的管理工作，或与服务供应商进行很少的交互。

可以这样理解"云"：计算机运行软件完成某项任务时，需要执行输入/输出步骤、计算步骤，在执行输入/输出步骤时需要输入/输出设备，在执行计算步骤时需要使用计算设备(即，计算资源)，云计算能够让人们方便、快捷地自助使用包括远程计算资源在内的计算资源。计算资源所在地称为"云端"，输入/输出设备称为"云终端"，云终端触手可及，而云端在"远方"(与地理位置无关)，两者通过计算机网络连接在一起。

简而言之，云计算就是把有形的设备设施，如服务器、网络设备、存储设备、各种软件等，转化为服务产品，通过网络让人们远程使用。作为用户，只需要把所有任务都交给"云"，即"云服务器"去完成，而不必关心存储或计算发生在哪个"云"上。"云"计算、处理、分析之后，再将结果回传给用户。

(1) 云计算的特征

云计算有以下5个基本特征。

- 自助服务。用户不需要或很少需要云服务提供商的协助，就可以单方面按需获取云端的计算资源。
- 广泛的网络访问。用户可以随时随地使用任何云终端设备接入网络并使用云端的计算资源。常见的云终端设备包括手机、平板、笔记本电脑、PDA掌上电脑和台式机等。
- 资源池化。云端计算资源需要被池化，以便通过多租户形式共享给多个用户，也只有池化才能根据用户的需求动态分配或再分配各种物理的和虚拟的资源。用户通常不知道自己正在使用的计算资源的确切位置，但是在自助申请时允许指定大概的区域范围(如在所在国家、省份或者哪个数据中心)。
- 快速弹性。用户能方便、快捷地按需获取和释放计算资源。也就是说，需要时能快速获取资源从而扩展计算能力，不需要时能迅速释放资源以便降低计算能力，从而减少资源的使用费用。对于用户来言，云端的计算资源是无限的，可以随时申请并获取任何数量的计算资源。我们一定要消除一个误解，那就是一个实际的云计算系统不一定是投资巨大的工程，也不一定要购买成千上万台计算机，更不一定要求具备超大规模的运算能力。事实上，一台计算机就可以组建一个最小的云端，云端建设方案务必采用可伸缩性策略，刚开始时可能只采用几台计算机,而后根据用户数量规模来增减计算资源。

• 计费服务。用户使用云端计算资源是要付费的,付费的计量方法有很多。如,根据某类资源(如存储、CPU、内存、网络带宽等)的使用量和时间长短计费,或按照使用次数计费。但不管如何计费,对用户来说,价码要清楚、计量方法要明确,而云服务提供商需要监视和控制资源的使用情况,并及时输出各种资源的使用报表,做到供/需双方费用结算清楚、明白。

(2) 云计算的部署模型

云计算的部署模型有以下 4 种。

• 私有云。云端资源专门供一个组织内的用户使用。云端的所有权、日常管理和操作的主体,没有明确界定。

• 社区云。云端资源专门提供给固定的几个组织内的用户使用。这些组织对云端有相同的安全要求、云端使命、规章制度、合规性要求等诉求。云端的所有权、日常管理和操作的主体,也没有明确界定。

• 公共云。云端资源开放给社会公众使用。云端的所有权、日常管理和操作的主体,可以是商业组织、学术机构、政府部门或它们中的几个。

• 混合云。混合云由两个或两个以上不同类型的云(私有云、社区云、公共云)组成,它们各自独立,但用标准的或专有的技术将它们组合起来,这些技术能实现云之间的数据和应用程序的平滑流转。

(3) 云计算的服务模式

云计算的服务模式有以下 3 种。

• 软件即服务(Software as a Service,SaaS)。云服务提供商把 IT 系统中的应用软件层作为服务出租出去,消费者不用自己安装应用软件,直接使用即可。

• 平台即服务(Platform as a Service,PaaS)。云服务提供商把 IT 系统中的平台软件层作为服务出租出去,消费者自己开发或者安装程序,并运行程序。

• 基础设施即服务(Infrastructure as a Service,laas)。云服务提供商把 IT 系统的基础设施层作为服务出租出去,由消费者自己安装操作系统、中间件、数据库和应用程序。

2. 云计算的关键技术

按照美国国家标准与技术研究院(National Institute of Standards and Technology,NIST)定义的通用云计算架构参考模型,云计算参与者有 5 种角色,即云服务消费者、云服务提供商、云服务代理商、云计算审计和云服务承运商。其中,云服务消费者、云服务提供商是最重要的角色,缺少任意一个都不能成为云。这 5 个角色可以是个人,也可以是组织。因此,云计算的关键技术主要包括虚拟化和容器技术、分布式存储、分布式计算、多租户等。

(1) 虚拟化和容器技术

虚拟化技术主要用于物理资源池化,是指将一台物理计算机虚拟为多台逻辑计算机,在一台计算机上同时运行多个逻辑计算机,每个逻辑计算机可运行不同的操作系统,应用程序可以在相互独立的空间内运行而互不影响,从而提高计算机的工作效率。

虚拟化的资源包括服务器、存储、网络、软件等。过去,把一台 IBM 服务器划分成若干台逻辑服务器,每台逻辑服务器拥有独占的计算资源,可以单独安装操作系统,这就是主机虚拟化思想。将服务器物理资源抽象成逻辑资源,让一台服务器变成几台甚至上百台相互隔离的虚拟服务器,让 CPU、内存、磁盘、I/O 等硬件变成可以动态管理的“资源池”,简化系统管理,提高资源的利用率。VMware、微软、红帽、Parallels 等都是非常典型的虚拟化技术。

物理计算机虚拟化多台逻辑计算机后，虽然不启动虚拟机，就不会占用CPU和内存资源，但会占用大量存储空间。若将虚拟机全部启动，CPU和内存资源将被操作系统消耗掉，可能无法运行应用程序了。为了解决虚拟机大量消耗计算资源的问题，人们在操作系统层上创建一些容器，这些容器共享下层操作系统内核和硬件资源，每个容器可单独限制CPU、内存、硬盘、网络带宽，但容器里不再安装操作系统，节省的资源可以服务于更多的用户。Hyper-V Container、Parallels Container for Windows 等是应用较广泛的容器技术。

容器技术是一种新型轻量级虚拟化技术（也被称为"容器型虚拟化技术"），在同样配置的物理机上，能同时运行比虚拟机多3倍的容器。

(2) 分布式存储

前面提到过，计算资源主要是指服务器（CPU、内存）、存储和网络，存储是虚拟内存的组成部分，也是软件和数据存放的场所。CPU和内存通过主板捆绑在一起，利用主板上的并行总线通信；存储与CPU是分离的，分离可以共享存储，根据存储与CPU分离程度可以把存储划分为外部存储、直接存储和分布式存储3种类型。外部存储与CPU不在同一台计算机上，它们通过以太网线、光纤通信。直接存储指存储设备直接插在主板上，如固态硬盘，通过PATA、SATA或者PCI-E接口总线通信。分布式存储是通过分布式文件系统把各台计算机上的直接存储整合成一个大的存储，对参与存储的每台计算机而言，既有直接存储部分又有外部存储部分。

GFS（Google File System）是谷歌公司推出的一款分布式文件系统，可以满足大型、分布式、对大量数据进行访问的应用需求。GFS具有很好的硬件容错性，可以把数据存储到成百上千台服务器上，在硬件出错的情况下能保证数据的完整性。GFS支持GB或者TB级别超大文件的存储，一个大文件会被分成许多块，分散存储在由数百台计算机组成的存储集群里。

(3) 分布式计算

面对海量的数据，传统的单指令单数据流顺序执行的方式无法满足快速数据处理的要求。分布式计算是把一个大的数据集切分成多个小的数据集，分布到不同的计算机上进行并行计算。谷歌公司推出的并行编程模型MapReduce允许开发者在不具备并行开发经验的前提下开发出分布式并行程序，让任何人都可以在短时间内迅速获得海量数据计算的能力。

(4) 多租户

以一个组织（如企业、部门或团体）的名义云租赁云计算服务，该组织就是一个租户，每一个租户包含若干个用户。多租户技术是指使大量用户能够共享同一软硬件资源，每个用户按需使用。多租户技术的核心包括租户隔离、客户配置、架构扩展和性能定制。

3. 云计算的应用

云计算的目的是云应用，离开应用，搭建云计算中心则毫无意义。目前，我国云计算中心主要有购物云、企业私有办公云、政务云、公民档案云、医疗云、卫生保健云、教育云、出行云、交通云、农村农业云、高性能计算云、人工智能云等，并且其他云应用如雨后春笋般涌现。这些云计算中心一般都是政府大手笔投资建设的，但是云应用却寥寥无几。事实上，如政务云上可以部署公共安全管理、城市管理、应急管理、智能交通、社会保障等应用，以实现信息资源整合和政务资源共享，推动政务管理创新；医疗云可以推动医院之间，医院与社区、急救中心、家庭之间的服务共享，提高医疗质量。

4. 网络云盘

网络云盘(以下简称云盘)是一种专业的网络存储工具。它是云计算技术的产物,通过互联网为用户提供信息存储、下载、读取、分享等服务。云盘是将文件保存到远端网络存储空间的技术,它是一种在线的存储服务。云盘具有存储方便、容量大、安全稳定、保密及好友共享等特点。比较常用的云盘服务商有360云盘、百度云盘、金山快盘等。

6.6.2 物联网

物联网一词来自物流行业的需要,但它的内涵和外延已远远超出物流领域了。物联网是新一代信息技术的重要组成部分,广泛应用于经济社会发展的各个领域,与云计算、大数据有着密切的联系。

1. 物联网的概念

什么是物联网,目前还没有精确公认的定义。可以认为,物联网是一个基于互联网、电信网等信息载体,让所有能够被独立寻址的普通物理对象实现互联互通的网络;也可以理解为,物联网是物(指物体、环境)与物、人与物通过新的通信技术连在一起,实现信息化和远程管理控制的网络。

(1) 物联网的特点

从网络的角度看,物联网具有以下5个特点。

• 联网终端规模化。物联网时代的一个重要特征是"物品触网",每一件物品均具有通信功能,成为网络终端。

• 感知识别普适化。作为物联网的末端,自动识别和传感网技术近年发展迅猛,应用广泛。人们的衣食住行都能折射出感知识别技术的发展。无所不在的感知与识别将物理世界信息化,对传统上分离的物理世界和信息世界实现高度融合。

• 异构设备互联化。不同型号和类别的RFID(Radio Frequency Identification,即射频识别,俗称电子标签)、传感器、手机、笔记本电脑等各种异构设备,利用无线通信模块和标准通信协议,可以构建成自组织网络。在此基础上,运行不同协议的异构网络之间通过"网关"互联互通,实现网际间信息共享及融合。

• 管理处理智能化。物联网将大规模数据高效、可靠地组织起来,为上层行业应用提供智能的支撑平台。数据存储、组织以及检索成为行业应用的重要基础设施。与此同时,各种决策手段包括运筹学理论、机器学习、数据挖掘、专家系统等广泛应用于各行各业。

• 应用服务链条化。链条化是物联网应用的重要特点。以工业生产为例,物联网技术覆盖原材料引进、生产调度、节能减排、仓储物流、产品销售、售后服务等各个环节,成为提高企业整体信息化程度的有效途径。更进一步,物联网技术在一个行业的应用也将带动相关上下游产业,最终为整个产业链服务。

(2) 物联网的模型

从技术架构上看,物联网模型可分为感知识别层、网络构建层、管理服务层和综合应用层4层。

• 感知识别层。相当于人体神经的末梢,用来感知物理世界,采集来自物理世界的各种信息。该层包含了大量的传感器,如温度传感器、度传感器、应力传感器、加速度传感器、重力传感器、气体浓度传感器、土壤成分传感器，二维码标签，RFID标签和读写器、摄像头、GPS设备等。

• 网络构建层。相当于人体的神经中枢，用来传输信息。它包含各种类型的网络，如互联网、移动通信网、卫星通信网等。

• 管理服务层。相当于人体的大脑，用于存储和处理数据，包括数据存储、管理和分析平台。

• 综合应用层。直接面向用户，满足各种应用需求，如智慧医疗、智慧农业、智能交通、智慧工业等。

2. 物联网的关键技术

物联网形式多样，技术复杂，根据信息生成、传输、处理和应用的原则，可以把物联网相关技术概括为以下4个方面。

(1) 感知和识别技术

感知识别是物联网的核心技术，是联系物理世界和信息世界的纽带。感知和识别技术包括二维码技术、RFID、无线传感器、各种智能电子产品等信息自动生成设备。二维码是物联网中一种很重要的自动识别技术，包括堆叠式/行排式二维码和矩阵式二维码。其中，矩阵式二维码较为常见，它在一个矩形空间中用黑、白像素在矩阵中的不同分布进行编码，点(方点、圆点或其他形状)出现的位置表示二进制的“1”，点不出现的位置表示二进制的“0”。

RFID标签中存储着规范且有互用性的信息，通过无线数据通信网络把它们自动采集到中央信息系统，可以实现物品的识别和管理。

无线传感器网络主要利用各种类型的传感器对物质性质、环境状态、行为模式等信息开展大规模、长期、实时的获取。而人们可以随时随地使用包括智能手机、平板电脑、笔记本电脑、穿戴式电子产品等在内的各种智能电子产品接入互联网来分享信息。信息生成方式多样化是物联网区别于其他网络的重要特征。

(2) 网络与通信技术

物联网中的网络与通信技术包括短距离无线通信技术和远程通信技术。短距离无线通信技术包括蓝牙(802.11系列标准)、ZigBee(802.15.4标准)、NFC、Wi-Fi、RFID等。远程通信技术包括互联网、2G/3G/4G/5G移动通信网络、卫星通信网络等。

(3) 数据挖掘与融合技术

云计算和大数据技术，为物联网数据存储、处理和分析提供了强大的技术支撑，海量物联网数据可以借助云计算基础设施实现廉价存储，利用大数据技术实现快速处理、分析，满足各种实际应用需求。

(4) 综合应用技术

物联网从最初用来实现计算机之间的通信，发展到以用户为中心的万维网、电子商务、视频点播、在线游戏、物品追踪、环境感知、智能物流、智能电网等，呈现多样化、规模化、行业化特点。物联网各层之间既相互独立又密切联系，技术的选择应当以应用为导向，根据具体的需求和环境，选择合适的感知技术、联网技术和信息处理技术，构成综合完整地解决策略。

3. 物联网的应用

物联网已广泛应用于经济社会发展的各个领域，带动生产力、生产方式和生活方式的巨大变革，对经济社会绿色、智能、可持续发展起着重要的推动作用。

• 智能物流。基于物联网的智能供应链技术充分利用了互联网和无线射频识别网络设施支撑整个物流体系，使客户在任何地方、任何时候都能以最便捷、最高效、最可靠、成本最低的方式享受到物流服务。

• 智能交通。利用RFID、摄像头、导航设备等物联网技术构建智能交通系统，能让人们随时通过智能手机、大屏幕、电子站牌等，了解城市各条道路的交通状况、各停车场的车位情况、每辆公交车的当前位置信息等。

• 智能建筑。基于物联网的整栋建筑或一个建筑群的"智能互联"，具有对建筑内人员实时管理，建筑结构健康监测，安防与应急逃生，能耗监测与节能控制，室内环境舒适度自动控制，数据显示、统计、分析和预警等功能。

• 环境监测。以传感网为代表的自主监测系统，部署在被监测区域，传感器节点包含感知、计算、通信和电池4大模块，能长期准确地监测环境，将数据实时传输到监控中心，出现问题实时发出预警。

物联网的应用还涵盖智慧医疗、智能家居、智能安防、智能电网、智慧农业、智能工业等领域，且在不断发展中。

6.6.3 大数据

信息科技需要解决信息存储、信息传输、信息处理3大核心问题，经济社会在信息科技领域的不断发展，为大数据时代提供了有力的技术支撑。

1. 大数据的概念

大数据是指在一定时间内无法用常规软件工具对其内容进行抓取、分析、管理和处理的数据集合。人们通常用4个"V"来概括大数据的特征，即Volume（数据量大）、Variety（数据类型繁多）、Velocity（数据处理速度快）、Value（数据价值密度低）。

（1）数据量大

如果把印刷在纸上的文字和图形也看作数据的话，那么人类历史上第一次"数据爆炸"发生在造纸术和印刷术发明以后的时期，现在我们正生活在第二次"数据爆炸"时代。数据按自然方式增长，其产生不以人的意志为转移，各种数据产生速度之快，产生数量之大，已经远远超出人类可以控制的范围，"数据爆炸"成为大数据时代的鲜明特征。Web 2.0应用领域中，在1 min内，新浪网可以产生2万条微博，Twitter可以产生10万条推文，苹果公司可以下载4.7万次应用，淘宝网可以卖出6万件商品，人人网可以发生30万次访问，百度可以产生90万次搜索查询，Facebook可以产生600万次浏览量。大名鼎鼎的大型强子对撞机（LHC）大约每秒产生6亿次的碰撞，每秒生成约700MB的数据，有成千上万台计算机分析这些碰撞。

今天，世界上只有25%的设备是联网的，大约80%的上网设备是计算机和手机，而在可预期的将来，汽车、电视、家用电器、生产机器等各种设备都将接入互联网。著名咨询机构IDC（Internet Data Center）估测，人类社会产生的数据一直都在以每年50%的速度增长，也就是说，每两年就增加一倍，这被称为"大数据摩尔定律"。预计到2020年，全球将总共拥有35 ZB（1 ZB$=2^{40}$ GB）的数据量，与2010年相比，数据量将增长到近30倍。

（2）数据类型繁多

大数据的数据来源众多，科学研究、企业应用和Web应用等都在源源不断地生成新的数据。生物大数据、交通大数据、医疗大数据、电信大数据、电力大数据、金融大数据等，无不呈现出“井喷式”增长，所涉及的数量已经从 TB 级别跃升到 PB 级别。

大数据的数据类型丰富，包括结构化数据和非结构化数据，其中，前者占 10%左右，主要是指存储在关系数据库中的数据；后者占 90%左右，且种类繁多，主要包括邮件、音频、视频、微信、微博、位置信息、链接信息，手机呼叫信息，网络日志等。类型繁多的异构数据，对数据处理和分析技术提出了新的挑战，也带来了新的机遇。

(3) 数据处理速度快

大数据时代的很多应用都需要基于快速生成的数据给出实时分析结果，用于指导生产实践。因此，数据处理和分析的速度通常要达到秒级响应，这一点和传统的数据挖掘技术有着本质的不同，后者通常不要求给出实时分析结果。

为了实现快速分析海量数据的目标，新兴的大数据分析技术通常采用集群处理和独特的内部设计。谷歌公司的 Dremel 就是一种可扩展的、交互式的实时查询系统，用于只读嵌套数据的分析，通过结合多级树状执行过程和列式数据结构，它能做到几秒内完成对万亿张表的聚合查询，系统可以扩展到成千上万的 CPU 上，满足谷歌上万用户操作的 PB 级别数据需求，并且可以在 2～3s 内完成 PB 级别数据的查询。

(4) 数据价值密度低

大数据看起来很美，而其价值密度也远低于传统关系数据库中已经有的那些数据。大数据时代，很多有价值的信息都是分散在海量数据中的。以小区监控视频为例，如果没有意外事件发生，连续不断产生的数据都是没有任何价值的，当发生偷盗等意外情况时，也只有记录了事件过程的那一小段视频是有价值的。但是，为了能够获得发生偷盗等意外情况时的那一段宝贵的视频，我们不得不投入大量资金购买监控设备、网络设备、存储设备，耗费大量的电能和存储空间来保存摄像头连续不断传来的监控数据。

大数据技术的战略意义不在于掌握庞大的数据信息，而在于对这些含有意义的数据进行专业化处理。也就是说，如果把大数据比作一种产业，那么这种产业实现盈利的关键在于提高对数据的“加工能力”，通过“加工”实现数据的“增值”。

2. 大数据的关键技术

人们常说的大数据，不仅指数据本身，而是指数据与大数据技术这二者的总称。大数据处理的基本流程，主要包括数据采集、存储、分析和结果呈现等环节。因此，大数据技术主要包括数据采集与预处理、数据存储和管理数据处理与分析、数据安全和隐私保护的相关技术等 4 个层面。

(1) 数据采集与预处理

利用数据仓库技术(Extract-Transform-Load，ETL)工具将分布的、异构数据源中的数据，如关系数据、平面数据文件等，抽取到临时中间层后进行清洗、转换、集成，最后加载到数据仓库或数据集市中，成为联机分析处理、数据挖掘的基础；也可以利用日志采集工具(如 Flume、Kafka 等)把实时采集的数据作为流计算系统的输入，进行实时处理分析。

(2) 数据存储与管理

利用分布式文件系统(Distributed File System)、数据仓库、关系数据库、NoSQL 数据库、云数据库等，实现对结构化、半结构化和非结构化海量数据的存储和管理。

(3) 数据处理与分析

利用分布式并行编程模型和计算框架，结合机器学习和数据挖掘算法，实现对海量数据的处理和分析；对分析结果进行可视化呈现，帮助人们更好地理解数据、分析数据。

(4) 数据安全和隐私保护

在从大数据中挖掘潜在的巨大商业价值和学术价值的同时,构建隐私数据保护体系和数据安全体系,有效保护个人隐私和数据安全。

总之,大数据技术是许多技术的一个集合体,这些技术并非全部都是新生事物,诸如关系数据库、数据仓库、数据采集、ETL、OLAP、数据挖、数据隐私和安全、数据可视化等技术是已经发展多年的技术,在大数据时代得到不断补充、完善、提高、升华。近些年新发展起来的大数据核心技术,包括分布式并行编程、分布式文件系统、分布式数据库、NoSOL 数据库、云数据库、流计算、图计算等。

3. 大数据的应用

当今社会各行各业,包括金融、汽车、餐饮、电信、能源、体育和娱乐等,无一不已经烙上了大数据的印迹。

互联网行业:借助于大数据推荐系统、协同过滤算法和基于物品的协同过滤算法,帮助分析客户行为,进行商品推荐和有针对性广告投放。

生物医学:大数据可以帮助我们实现流行病预测、智慧医疗、生物信息学、综合健康管理服务平台,同时还可以帮助我们解读 DNA,了解更多的生命奥秘。

制造业:利用工业大数据提升制造业水平,包括产品故障诊断与预测、分析工艺流程、改进生产工艺、优化生产过程能耗、工业供应链分析与优化、生产计划与排程等。

能源行业:随着智能电网的发展,电力公司可以掌握海量的用户用电信息,利用大数据技术分析用户用电模式,可以改进电网运行,合理地设计电力需求响应系统,确保电网运行安全。

汽车行业:利用大数据和物联网技术的无人驾驶汽车,不久将走入我们的日常生活。

金融行业:大数据在高频交易、社交情绪分析和信贷风险分析三大金融创新领域发挥重要作用。

电信行业:利用大数据技术实现客户离网分析,及时掌握客户离网倾向,出台客户挽留措施。

物流行业:利用大数据优化物流网络,提高物流效率,降低物流成本。

城市管理:可以利用大数据实现智能交通、环保监测、城市规划和智能安防。

安全领域:政府可以利用大数据技术构建起强大的国家安全保障体系,企业可以利用大数据抵御网络攻击,警察可以借助大数据来预防犯罪。

餐饮行业:利用大数据实现餐饮 O2O 模式,彻底改变传统餐饮经营方式。

体育和娱乐:大数据可以帮助我们训练球队,决定投拍哪种题材的影视作品,以及预测比赛结果。

个人生活:大数据可以应用于个人生活,利用与每个人相关联的“个人大数据”分析个人的生活行为与习惯,为其提供更加周到的个性化服务。

4. 大数据与云计算、物联网的关系

如图 6.24 所示,大数据与云计算、物联网三者既有区别又有联系。它们的区别在于,大数据侧重于对海量数据的存储、处理与分析,从海量数据中发现价值,服务于生产和生活。云计算本质上旨在整合和优化各种 IT 资源,并通过网络以服务的方式廉价地提供给用户。物联网的发展目标是实现万物相连,物联网的发展核心是应用创新。它们的联系在于三者是相伴相生、相辅相成的技术,大数据根植于云计算,其技术很多都来自云计算。云计算的分布式数据存储和管理系统提供了海量数据的存储和管理能力。物联网的传感器源源不断产生的大量数据,构成了大数据的重要数据来源。物联网借助于云计算和大数据技术,实现物联网大数据的存储、分析和处理。

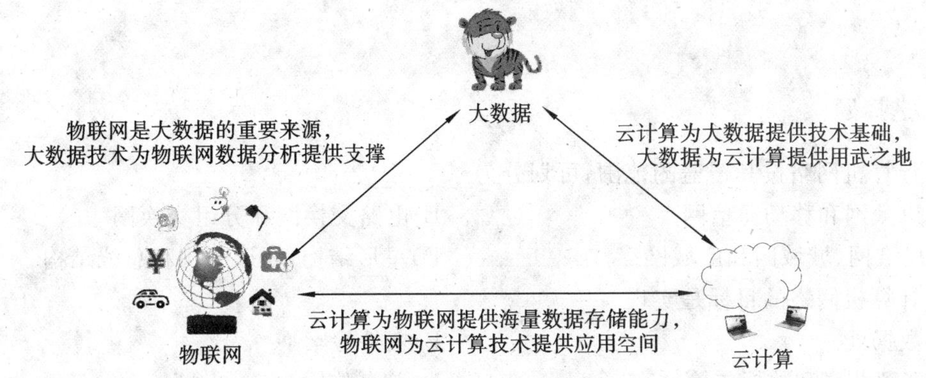

图6.24 大数据与云计算、物联网之间的关系

大数据与云计算、物联网三者已经彼此渗透、相互融合,在很多应用场合都可以同时看到三者的身影。在未来,三者会继续相互促进、相互影响,更好地服务于社会生产和生活的各个领域。

6.6.4 移动互联网

移动互联网(Mobile Internet,MI)是指通过移动终端,采用宽带移动无线通信协议接入互联网,并从互联网获取信息和服务的新兴业务。随着宽带无线接入技术的发展,以及移动智能终端的普及,人们获取信息的方式已经逐渐转向了移动互联网。移动互联网相比于传统互联网的优势在于用户可以随时随地获得互联网服务。移动互联网包括3个要素:移动终端、移动网络和应用服务。其中,应用服务是移动互联网的核心。移动互联网产生了大量新型的应用(如美团、滴滴出行等),这些应用已经影响着人们的日常学习和生活方式,并且这种改变将会向更深更广的方向发展。

6.6.5 人工智能

人工智能(Artificial Intelligence,AI)是一门独特的新生学科,从计算机科学中派生出来,它试图破解智能的实质,并生产出一种像人类一样能从经验中学习、理性思考、记忆重要信息、应付日常生活需求的认知能力,且能以智能行为的方式做出反应的智能机器。

有学者认为,人工智能由人类(People)、想法(Idea)、方法(Method)、机器(Machine)和结果(Outcome)组成。人类把想法(用算法、启发式、程序或作为计算机骨干的系统表示)变成方法,生产出来的机器(程序)就是结果,每个结果都可以从其价值、有效性、效率等方面进行衡量。

人工智能包罗万象,如自然语言处理、智能搜索、知识表示、专家系统、自动规划、机器学习、人工神经网络复杂系统、数据挖掘、遗传算法、模糊控制等。在人工智能研究中产生的技术都已嵌入许多控制系统、金融系统和基于Web的应用程序中。要学习人工智能,就要从学习理解算法开始，再学习将算法转换为计算机程序，一步一个脚印，踏实向前。

习题 6

一、选择题

1. 计算机网络按其覆盖的范围，可划分为________。

A)以太网和移动通信网　　B)电路交换网和分组交换网

C)局域网、城域网和广域网　　D)星形结构、环形结构和总线结构

2. 计算机网络的目标是实现________。

A)数据处　　B)文件检索

C)资源共享和数据传输　　D)信息传输

3. 下列域名中，表示教育机构的是________。

A)ftp. bta. net. cn　　B)ftp. cnc. ac. cn

C)www. ioa. ac. cn　　D)www. buaa. edu. cn

4. 下列属于计算机网络所特有的设备是________。

A)显示器　　B)UPS 电源　　C)服务器　　D)鼠标

5. 统一资源定位器 URL 的格式是________。

A)协议://IP 地址或域名/路径/文件名　　B)协议://路径/文件名

C)TCP/IP 协议　　D)http 协议

6. 计算机网络拓扑是通过网络中节点与通信线路之间的几何关系反映出网络中各实体间的________。

A)逻辑关系　　B)服务关系　　C)结构关系　　D)层次关系

7. 下列各项中，非法的 IP 地址是________。

A)126. 96. 2. 6　　B)190. 256. 38. 8　　C)203. 113. 7. 15　　D)203. 226. 1. 68

8. 下面关于光纤叙述不正确的是________。

A)光纤由能传导光波的石英玻璃纤维加保护层组成

B)用光纤传输信号时，在发送端先要将电信号转换成光信号，而在接收端要由光检测器还原成电信号

C)光纤在计算机网络中普遍采用点到点连接

D)光纤无法在长距离内保持较高的数据传输率

9. 对于众多个人用户来说，接入因特网最经济、简单、采用最多的方式是________。

A)专线连接　　B)局域网连接　　C)无线连接　　D)电话拨号

10. 单击 Internet Explorer 地址栏中的“刷新”按钮，下面有关叙述一定正确的是________。

A)可以更新当前显示的网页　　B)可以终止当前显示的传输，返回空白页面

C)可以更新当前浏览器的设置　　D)以上说法都不对

11. Internet 在中国被称为因特网或________。

A)网中网　　B)国际互联网　　C)国际联网　　D)计算机网络系统

12. 下列不属于网络拓扑结构形式的是________。

A)星形 B)环形 C)总线形 D)分支形

13. Internet 上的服务都是基于某一种协议,Web 服务是基于________。

A)SNMP 协议 B)SMTP 协议 C)HTTP 协议 D)TELNET 协议

14. 下面关于 TCP/IP 协议的叙述不正确的是________。

A)全球最大的网络是因特网,它所采用的网络协议是 TCP/IP

B)TCP/IP 协议即传输控制协议 TCP 和因特网协议 IP

C)TCP/IP 协议本质上是一种采用报文交换技术的协议

D)TCP 协议用于负责网上信息的正确传输,而 IP 协议则是负责将信息从一处传输到另一处

15. 电子邮件地址由两部分组成,用@分开,其中@号前为________。

A)用户名 B)机器名 C)本机域名 D)密码

16. 云计算就是把计算资源都放到________上。

A)对等网 B)因特网 C)广域网 D)无线网

17. 云计算是对________技术的发展与运用。

A)并行计算 B)网格计算

C)分布式计算 D)以上三个选项都对

18. 大数据的最显著特征是________。

A)数据规模大 B)数据类型多样 C)数据处理速度快 D)数据价值高

19. 数据清洗的方法不包括________。

A)缺失值处理 B)噪声数据清除

C)一致检查 D)重复数据记录处理

20. RFID 属于物联网的________层。

A)应用 B)网络 C)业务 D)感知

二、填空题

1. 计算机网络主要由________和________两部分组成。
2. 因特网提供服务采用的模式是________。
3. 传输媒体可以分为________和________两大类。
4. 在计算机网络上,网络的主机之间传送数据和通信是通过一定的________进行的。
5. 万维网(WWW)采用________的信息结构。
6. 网络协议由________、________、________三个要素组成。
7. 用于衡量电路或通道的通信容量或数据传输速率的单位是________。
8. 计算机网络节点的地理分布和互联关系上的几何排序称为计算机的________结构。
9. ISP 是掌握 Internet ________的机构。
10. ________被认为是美国信息高速公路的雏形。
11. 物联网的理念是基于________、________、________,在计算机互联网的基础上,利用________、________等构造一个实现全球物品信息实时共享的实物互联网,即物联网。
12. 中国的第一个提出建设物联网城市是________。
13. AI 是________的缩写。

14. 人工智能是计算机科学中涉及研究、设计和应用________的一个分支。

15. 机器学习系统由环境、________、________和________4 部分组成。

三、操作题

1. 申请一个免费电子邮箱,给自己发一封电子邮件。通过 E-mail 问候你的几个同学。

2. 通过谷歌(http://www. google. com)或百度(http://www. baidu. com)搜索引擎找出《南方都市报》的网址,并将该网址放入收藏夹中。

3. 学会设置 Outlook 邮件管理工具,并利用 Outlook 收发电子邮件。

申请到电子邮箱后,每人给老师发一封电子邮件。注意:在邮件中添加一张图片作为附件,落款标明班级、学号、姓名。

附录A 全国计算机等级考试一级 MS Office 考试大纲(2019年版)

一、基本要求

1. 具有微型计算机的基础知识(包括计算机病毒的防治常识)。
2. 了解微型计算机系统的组成和各部分的功能。
3. 了解操作系统的基本功能和作用,掌握 Windows 的基本操作和应用。
4. 了解文字处理的基本知识,熟练掌握文字处理 MS Word 的基本操作和应用,熟练掌握一种汉字(键盘)输入方法。
5. 了解电子表格软件的基本知识,掌握电子表格软件 Excel 的基本操作和应用。
6. 了解多媒体演示软件的基本知识,掌握演示文稿制作软件 PowerPoint 的基本操作和应用。
7. 了解计算机网络的基本概念和因特网(Internet)的初步知识,掌握 IE 浏览器软件和 Outlook Express 软件的基本操作和使用。

二、考试内容

(一)计算机基础知识

1. 计算机的发展、类型及其应用领域。
2. 计算机中数据的表示、存储与处理。
3. 多媒体技术的概念与应用。
4. 计算机病毒的概念、特征、分类与防治。
5. 计算机网络的概念、组成和分类;计算机与网络信息安全的概念和防控。
6. 因特网网络服务的概念、原理和应用。

(二)操作系统的功能和使用

1. 计算机软、硬件系统的组成及主要技术指标。
2. 操作系统的基本概念、功能、组成及分类。
3. Windows 操作系统的基本概念和常用术语,文件、文件夹、库等。
4. Windows 操作系统的基本操作和应用。

(1) 桌面外观的设置,基本的网络配置。
(2) 熟练掌握资源管理器的操作与应用。
(3) 掌握文件、磁盘、显示属性的查看、设置等操作。
(4) 中文输入法的安装、删除和选用。

(5) 掌握检索文件、查询程序的方法。

(6) 了解软、硬件的基本系统工具。

(三)文字处理软件的功能和使用

1. Word 的基本概念,Word 的基本功能和运行环境,Word 的启动和退出。

2. 文档的创建、打开、输入、保存等基本操作。

3. 文本的选定、插入与删除、复制与移动、查找与替换等基本编辑技术;多窗口和多文档的编辑。

4. 字体格式设置、段落格式设置、文档页面设置、文档背景设置和文档分栏等基本排版技术。

5. 表格的创建、修改;表格的修饰;表格中数据的输入与编辑;数据的排序和计算。

6. 图形和图片的插入;图形的建立和编辑;文本框、艺术字的使用和编辑。

7. 文档的保护和打印。

(四)电子表格软件的功能和使用

1. 电子表格的基本概念和基本功能,Excel 的基本功能、运行环境、启动和退出。

2. 工作簿和工作表的基本概念和基本操作,工作簿和工作表的建立、保存和退出;数据输入和编辑;工作表和单元格的选定、插入、删除、复制、移动;工作表的重命名和工作表窗口的拆分和冻结。

3. 工作表的格式化,包括设置单元格格式、设置列宽和行高、设置条件格式、使用样式、自动套用模式和使用模板等。

4. 单元格绝对地址和相对地址的概念,工作表中公式的输入和复制,常用函数的使用。

5. 图表的建立、编辑和修改以及修饰。

6. 数据清单的概念,数据清单的建立,数据清单内容的排序、筛选、分类汇总,数据合并,数据透视表的建立。

7. 工作表的页面设置、打印预览和打印,工作表中链接的建立。

8. 保护和隐藏工作簿和工作表。

(五)PowerPoint 的功能和使用

1. 中文 PowerPoint 的功能、运行环境、启动和退出。

2. 演示文稿的创建、打开、关闭和保存。

3. 演示文稿视图的使用,幻灯片基本操作(版式、插入、移动、复制和删除)。

4. 幻灯片基本制作(文本、图片、艺术字、形状、表格等插入及其格式化)。

5. 演示文稿主题选用与幻灯片背景设置。

6. 演示文稿放映设计(动画设计、放映方式、切换效果)。

7. 演示文稿的打包和打印。

(六)因特网(Internet)的初步知识和应用

1. 了解计算机网络的基本概念和因特网的基础知识,主要包括网络硬件和软件,TCP/IP 协议的工作原理,以及网络应用中常见的概念,如域名、IP 地址、DNS 服务等。

2. 能够熟练掌握浏览器、电子邮件的使用和操作。

三、考试方式

上机考试，考试时长 90 分钟，满分 100 分。

(一)题型及分值

单项选择题(计算机基础知识和网络的基本知识)：20 分。
Windows 操作系统的使用：10 分。
Word 操作：25 分。
Excel 操作：20 分。
PowerPoint 操作：15 分。
浏览器(IE)的简单使用和电子邮件收发：10 分。

(二)考试环境

操作系统：中文版 Windows 7。
考试环境：Microsoft Office 2010。

附录B 全国计算机等级考试二级MS Office高级应用考试大纲(2019年版)

一、基本要求

1. 掌握计算机基础知识及计算机系统组成。
2. 了解信息安全的基本知识，掌握计算机病毒及防治的基本概念。
3. 掌握多媒体技术基本概念和基本应用。
4. 了解计算机网络的基本概念和基本原理，掌握因特网网络服务和应用。
5. 正确采集信息并能在文字处理软件Word、电子表格软件Excel、演示文稿制作软件PowerPoint中熟练应用。
6. 掌握Word的操作技能，并熟练应用编制文档。
7. 掌握Excel的操作技能，并熟练应用进行数据计算及分析。
8. 掌握PowerPoint的操作技能，并熟练应用制作演示文稿。

二、考试内容

(一)计算机基础知识

1. 计算机的发展、类型及其应用领域。
2. 计算机软硬件系统的组成及主要技术指标。
3. 计算机中数据的表示与存储。
4. 多媒体技术的概念与应用。
5. 计算机病毒的特征、分类与防治。
6. 计算机网络的概念、组成和分类；计算机与网络信息安全的概念和防控。
7. 因特网网络服务的概念、原理和应用。

(二)Word的功能和使用

1. Microsoft Office应用界面使用和功能设置。
2. Word的基本功能，文档的创建、编辑、保存、打印和保护等基本操作。
3. 设置字体和段落格式、应用文档样式和主题、调整页面布局等排版操作。
4. 文档中表格的制作与编辑。
5. 文档中图形、图像(片)对象的编辑和处理，文本框和文档部件的使用，符号与数学公式的输入与编辑。
6. 文档的分栏、分页和分节操作，文档页眉、页脚的设置，文档内容引用操作。
7. 文档审阅和修订。

8. 利用邮件合并功能批量制作和处理文档。
9. 多窗口和多文档的编辑,文档视图的使用。
10. 分析图文素材,并根据需求提取相关信息引用到 Word 文档中。

(三)Excel 的功能和使用

1. Excel 的基本功能,工作簿和工作表的基本操作,工作视图的控制。
2. 工作表数据的输入、编辑和修改。
3. 单元格格式化操作、数据格式的设置。
4. 工作簿和工作表的保护、共享及修订。
5. 单元格的引用、公式和函数的使用。
6. 多个工作表的联动操作。
7. 迷你图和图表的创建、编辑与修饰。
8. 数据的排序、筛选、分类汇总、分组显示和合并计算。
9. 数据透视表和数据透视图的使用。
10. 数据模拟分析和运算。
11. 宏功能的简单使用。
12. 获取外部数据并分析处理。
13. 分析数据素材,并根据需求提取相关信息引用到 Excel 文档中。

(四)PowerPoint 的功能和使用

1. PowerPoint 的基本功能和基本操作,演示文稿的视图模式和使用。
2. 演示文稿中幻灯片的主题设置、背景设置、母版制作和使用。
3. 幻灯片中文本、图形、SmartArt、图像(片)、图表、音频、视频、艺术字等对象的编辑和应用。
4. 幻灯片中对象动画、幻灯片切换效果、链接操作等交互设置。
5. 幻灯片放映设置,演示文稿的打包和输出。
6. 分析图文素材,并根据需求提取相关信息引用到 PowerPoint 文档中。

三、考试方式

上机考试,考试时长 120 分钟,满分 100 分。

(一)题型及分值

单项选择题:20 分(含公共基础知识部分 10 分)。
Word 操作:30 分。
Excel 操作:30 分。
PowerPoint 操作:20 分。

(二)考试环境

操作系统:中文版 Windows 7。
考试环境:Microsoft Office 2010。

参 考 文 献

[1] [美]Ed Bott,Carl Siechert,Craig Stinson. Windows 7 Inside Out(中文版)[M]. 周靖,相丽驰,译. 北京:清华大学出版社,2010.

[2] 刘晓明,崔立超. Windows 7 完全自学手册[M]. 北京:人民邮电出版社,2012.

[3] 唐铸文. 计算机应用基础[M]. 6 版. 武汉. 华中科技大学出版社,2014.

[4] 吕英华,刘莹,隋新,等. 计算机思维与大学计算机基础教程[M]. 北京:科学出版社,2018.

[5] 王爱平. 大学计算机应用基础[M]. 成都:电子科技大学出版社,2017.

[6] 林子雨. 大数据技术原理与应用[M]. 2 版. 北京:人民邮电出版社,2017.

[7] 王良明. 云计算通俗讲义[M]. 2 版. 北京:电子工业出版社,2017.

[8] [美]史蒂芬·卢奇,丹尼·科佩克. 人工智能[M]. 2 版. 林赐,译. 北京:人民邮电出版社,2018

[9] 刘云浩. 物联网导论[M]. 3 版. 北京:科学出版社,2017.

[10] 全国计算机等级考试命题研究中心,未来教育教学与研究中心. 全国计算机等级考试一本通:一级计算机应用基础及 MSOffice 应用[M]. 北京:人民邮电出版社,2014.

[11] 宋晏,刘勇,杨国兴,等. 计算机应用基础[M]. 2 版. 电子工业出版社,2013

[12] 黄波,刘洋洋,纪芳. 信息网络安全管理[M]. 北京:清华大学出版社,2013.

[13] 王国胜. Office 2010 实战技巧精粹词典[M]. 北京:中国青年出版社,2012.

[14] 前沿文化. Office 2010 完全自学手册[M]. 北京:科学出版社,2012.

[15] 罗显松,谢云. 计算机应用基础[M]. 2 版. 北京:清华大学出版社,2012.

[16] 王倍昌. 计算机病毒揭秘与对抗[M]. 北京:电子工业出版社,2011.

[17] 教育部高等学校大学计算机课程教学指导委员会. 大学计算机基础课程教学基本要求[M]. 北京:高等教育出版社. 2016.